# FERNSPRECH-TECHNIK

EINE REIHE, HERAUSGEGEBEN VON

F. LUBBERGER UND E. HETTWIG

# FERNSPRECH-WÄHLANLAGEN

Von

**Dr.-Ing. habil. E. Hettwig**

**4. Auflage**

**Mit 262 Bildern**

VERLAG VON R. OLDENBOURG

MÜNCHEN 1952

# GELEITWORT

Das technische Wissen, das der Allgemeinheit zur Verfügung stehen soll, wird in Büchern und Zeitschriften niedergelegt.

Neuentwicklungen werden vor allem in Aufsätzen behandelt, die in den verschiedensten Zeitschriften des In- und Auslands erscheinen. Die Fülle dieser Veröffentlichungen durchzusehen, ist für viele der Interessenten unmöglich. Ihre Zugänglichkeit wird ferner im Laufe der Zeit, besonders für den Nachwuchs, immer schwieriger. Hier ist es Aufgabe des Buches, das Wichtigste zusammenzufassen.

Bei dem schnellen Fortschreiten der Technik ist es zweckmäßig, große Sachgebiete in einer Buchreihe statt in einem „dicken Wälzer" darzustellen. Dadurch können Wiederholungen und Überschneidungen, die bei voneinander unabhängigen Werken zwangsläufig entstehen, weitgehend vermieden werden. Außerdem ist die Neubearbeitung einzelner Bände leichter durchzuführen als die eines umfangreichen Einzelwerkes, so daß eine Buchreihe besser sowohl dem Fortschreiten der Technik als auch den unterschiedlichen Interessen des Leserkreises folgen kann.

Der Verlag R. Oldenbourg hat sich daher entschlossen, die seinerzeit auf meinen Vorschlag begonnene Buchreihe über die Fernsprechtechnik wieder aufzunehmen. Der erste Band liegt hiermit in seiner 3. wesentlich erweiterten Auflage vor; weitere Bände werden in zwangloser Reihenfolge erscheinen.

Der vorliegende Band „Fernsprech-Wählanlagen" hat die Aufgabe, als Einführung einen eingehenden Überblick über das gesamte Gebiet der Fernsprech-Wähltechnik, insbesondere für Schrittschaltsysteme, zu geben und durch Klarstellung der Grundbegriffe die übrigen Bände vorzubereiten. In dem Maße, in dem dies durchgeführt worden ist, kann er sowohl dem Nachwuchs zur Einarbeit in dieses umfangreiche Gebiet dienen, als auch dem Fachmann in bezug auf Definitionen, einheitliche Bezeichnungen, Formeln, Kurven usw. als Nachschlagewerk wertvoll sein.

Der Verlag R. Oldenbourg und der unterzeichnete Betreuer dieser Buchreihe hoffen, durch Schaffung der so eingeleiteten Folge Studium und Weiterbildung auf dem Gebiet der Fernsprechtechnik zu erleichtern und zu fördern.

F. Lubberger

# VORWORT ZUR 3. AUFLAGE

Einrichtungen für den Fernsprech-Wählverkehr werden seit über 50 Jahren entwickelt und eingesetzt, und jedes der vielen seitdem entstandenen Wählsysteme erfüllt zahlreiche Betriebsbedingungen. Dadurch ist eine vielseitige und zum Teil verwickelte Technik entstanden. Will man sich in dieses umfangreiche Gebiet einarbeiten oder die Vorzüge der verschiedenen Systeme und Konstruktionen gegeneinander abwägen oder die Wirtschaftlichkeit bestimmter Ausführungsformen nachprüfen, so ist neben der Kenntnis der hierfür entwickelten Einrichtungen und ihrer unterschiedlichen Einsatzmöglichkeiten auch die richtige Einschätzung der jeweils verwendeten Technik wichtig. Die hierfür erforderlichen Kenntnisse können auf einfache Weise nur durch eine Darstellung gewonnen werden, die aus der oftmals verwirrenden Vielgestaltigkeit moderner Systeme die grundsätzlichen Vorgänge und die sie bestimmenden Merkmale herausschält, was wiederum eine einheitliche Begriffsbestimmung voraussetzt. Hierzu einen Beitrag zu liefern, ist Aufgabe dieses Buches.

Die gute Aufnahme, die die ersten beiden Auflagen gefunden haben, läßt den dort eingeschlagenen Weg richtig erscheinen: An Hand eines Querschnitts durch die Hauptgebiete der Fernsprech-Wähltechnik zu versuchen, die mannigfaltigen Einrichtungen, Vorgänge und Begriffe durch eindeutige Bezeichnungen und Definitionen zu klären und festzulegen. Bei der 3. Auflage wurde daher die Gliederung der vorherigen Auflagen beibehalten. Die Vergrößerung des Umfanges ergab sich aus der Weiterentwicklung der letzten Jahre und aus Abrundungen von Teilgebieten, für die voraussichtlich in absehbarer Zeit keine Spezialschriften zu erwarten sind. Hierbei konnten zahlreiche Anregungen verarbeitet werden, die mir zu meiner großen Freude aus dem Leserkreis zugeflossen sind.

Die einzelnen Probleme werden in der Hauptsache ausgehend vom Siemens-Wählsystem behandelt, das in verschiedenen Ausführungsformen sowohl für die Fernsprechanlagen deutscher und ausländischer Verwaltungen oder Gesellschaften, als auch auf dem großen Gebiet der Nebenstellentechnik eingesetzt ist. Es konnte daher mit Recht als Grundlage für die Behandlung der Wähltechnik herangezogen werden. Um jedoch die Formulierung aller grundsätzlichen Vorgänge und Anordnungen, auf deren einwandfreie Definition besondere Sorgfalt verwendet wurde, nicht nur auf das deutsche Schrittschaltsystem zu beschränken, sondern ihnen allgemeinere Gültigkeit zu geben, wurden an allen erforderlichen Stellen ausgewählte Beispiele anderer Konstruktionen und Hinweise auf deren Systeme gebracht; dabei wurden auch Entwicklungsgänge, die z. Z. nicht mehr verfolgt werden, berücksichtigt, wenn sie für den gegenwärtigen Stand der Technik interessant oder bestimmend gewesen sind. Beides konnte naturgemäß nur in dem Umfange geschehen, der durch den Rahmen des vorliegenden Buches gegeben ist, besonders da die eingehende Behandlung ausländischer Technik und ihrer Entwicklungsgänge in dem bekannten Werk von F. Lubberger gebracht wird, das ebenfalls zu dieser Buchreihe gehört.

Ich hoffe, daß die hier getroffene Auswahl gerade dem gegenwärtigen Bedürfnis entsprechen wird und gleichzeitig die Basis für Spezialschriften auf den verschiedenen Teilgebieten bilden kann. Dabei ist es mir eine angenehme Pflicht, an dieser Stelle meinen Dank auszusprechen allen Berufskameraden, die mich durch Rat und Anregungen unterstützten, der Siemens & Halske AG., die mir Unterlagen und zahlreiche Klischees zur Verfügung stellte, und dem R. Oldenbourg Verlag, der meine Arbeit auch bei dieser Auflage durch bereitwilliges Eingehen auf meine Wünsche förderte.

Berlin, im Frühjahr 1949                                    E. Hettwig


## VORWORT DES VERLAGS ZUR 4. AUFLAGE


Im Juni 1950 konnte der Verlag die dritte vollständig neubearbeitete Auflage (erste Nachkriegsauflage) vorlegen. Obwohl diese reichlich bemessen war, ist bereits nach $1^1/_2$ Jahren ein Nachdruck erforderlich, da das Interesse auch des Auslandes über Erwarten groß war. Die Neuauflage ist im Einverständnis mit dem Autor ein unveränderter Nachdruck der 3. Auflage.

Der Verlag

# INHALTSVERZEICHNIS

Seite

10 Inhaltsverzeichnis

# I. EINFÜHRUNG IN DIE WÄHLTECHNIK

Im Selbstwählverkehr werden die Fernsprechverbindungen von den Teilnehmern selbst ohne Mitwirken einer Vermittlungsperson hergestellt. Die Vermittlungstätigkeit der Bedienungspersonen von handbedienten Anlagen wird dabei von Schalteinrichtungen verschiedener Ausführung übernommen, deren Gesamtheit mit *Amt, Wähl- oder Wähleramt, Zentrale* oder auch mit *Wähleinrichtung* bezeichnet wird.

Die Sprechstellen sind über Doppelleitungen mit dem Amt verbunden *(Anschlußleitung, Teilnehmerleitung, Amtsleitung)*. Beim Abheben des Handapparats wird diese Doppelleitung im Fernsprecher zu einer Schleife geschlossen *(Teilnehmerschleife)*.

Der anrufende Teilnehmer bezeichnet die von ihm gewünschte Sprechstelle durch Wählen mit dem Nummernschalter seines Fernsprechers *(Nummernwahl)*. Jeder vom Teilnehmer gewählten Ziffer entspricht eine Reihe von Schleifenunterbrechungen, die bei der Nummernwahl als sog. „Stromstöße" oder „Impulse" zum Amt gegeben werden. Im Amt wirken die einzelnen Stromstoßreihen auf die Schalteinrichtungen ein, die die Nummerngabe des Teilnehmers verarbeiten und dabei die gewünschte Verbindung herstellen. Amt bzw. Zentrale sowie die Sprechstellen und die Teilnehmerleitungen bilden zusammen die *Wählanlage* oder allgemeiner die *Fernsprechanlage*.

Die Schalteinrichtungen bestehen aus einer mehr oder weniger großen Zahl elektromagnetischer Schaltmittel, durch deren Anzug bzw. Abfall Kontakte betätigt *(Relais)* oder Schaltarme von Kontaktlamelle zu Kontaktlamelle geschaltet werden *(Wähler)*.

Bild 1 zeigt eine Wählanlage, in der die Verbindung über einen *Drehwähler* aufgebaut wird. Der Drehwähler ist die einfachste Wählerform. Die Leitung des anrufenden Teilnehmers (unten) sei mit dem Schaltarm des Drehwählers verbunden. Die eintreffenden Stromstöße wirken auf einen Antriebsmagnet ein, dessen Anker dadurch im gleichen Takt angezogen wird und wieder abfällt. Die Bewegungen des Ankers werden über eine

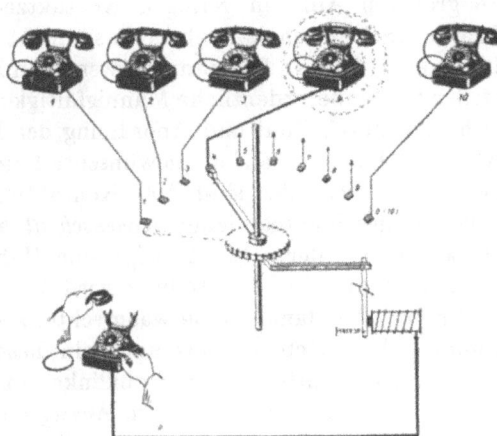

Bild 1. Grundsätzliche Darstellung einer Drehwähleranlage mit 10 Sprechstellen.

Stoßklinke auf ein gezahntes Rad übertragen. Bei jedem Anzug des Ankers wird dieses Rad um einen Zahn und der mit ihm fest verbundene Schaltarm um eine Kontaktlamelle weitergeschaltet. An diese Kontaktlamellen, d. s. die „Ausgänge" des Wählers, sind die Leitungen nach den übrigen Sprechstellen angeschlossen. Der anrufende Teilnehmer ist also nach dem Einstellen des Drehwählers mit der gewünschten Sprechstelle verbunden.

In Wirklichkeit liegt der Drehmagnet des Wählers nicht unmittelbar an der Teilnehmerleitung, da u. a. wegen der zum Schalten erforderlichen Stromstärke sonst ein Querschnitt der Teilnehmerleitung vorgesehen werden müßte, der wirtschaftlich untragbar wäre. Vielmehr nehmen Stromstoßrelais die im Amt eintreffenden Stromstoßreihen auf und übertragen diese auf den Schaltmagnet des Drehwählers. Weitere Relais erfüllen andere für den Verbindungsauf- und

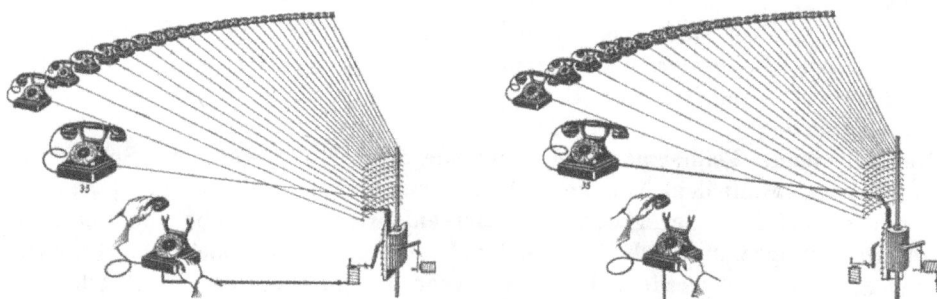

Bild 2. Grundsätzliche Darstellung einer Hebdrehwähleranlage.
Links: Zehnerwahl = Heben des Wählers.
Rechts: Einerwahl = Drehen des Wählers.

-abbau unerläßliche Forderungen, so daß sich die verschiedenen Schalteinrichtungen eines Amtes oder einer Zentrale jeweils aus mehreren Schaltungsteilen zusammensetzen.

In größeren Anlagen genügen Kontaktzahl oder Geschwindigkeit dieses einfachen „Schrittschalt-Drehwählers" nicht mehr den Anforderungen des Verbindungsaufbaues. Die dann verwendeten Schaltwerke zeigen je nach dem Hersteller eine außerordentliche Mannigfaltigkeit der Ausführung. Sie unterscheiden sich u. a. durch Zahl und Anordnung der Kontaktlamellen oder durch die Art, wie die Schaltarme auf die gewünschte Lamelle eingestellt werden.

Beim *Hebdrehwähler* sind 100 Kontaktlamellen in 10 Höhenschritten übereinander geschichtet; jeder *Höhenschritt* enthält 10 Lamellen (10 × 10- bzw. 100 teiliger Wähler). Bild 2 zeigt eine Hebdrehwähleranlage in grundsätzlicher Form (Lit. 4). Zur Einstellung wird zuerst eine senkrechte, geradlinige Hebbewegung und danach eine waagrechte, kreisbogenförmige Drehbewegung ausgeführt. Das Heben übernimmt ein besonderer Hebmagnet (Bild 2, links), dessen Anker mittels einer Stoßklinke eine entsprechend gezahnte Zahnstange schaltet und dadurch bei jedem Anzug den Schaltarm um einen Höhenschritt *(Dekade)* hebt. Zum Drehen greift die Stoßklinke eines Drehmagnets in einen mit Längsriffelungen versehenen Schaltzylinder ein (Bild 2, rechts), wodurch

der Schaltarm bei jeder Erregung des Drehmagnets auf die nächste Kontaktlamelle *(Schritt)* gedreht wird. Das Umschalten von dem Heb- auf den Drehvorgang übernehmen Relais. Jede der beiden Bewegungen wird in diesem Falle
vom Teilnehmer gesteuert. Er hat seinen Nummernschalter zu diesem Zweck
zweimal entsprechend der gewünschten Anrufnummer ablaufen zu lassen; der
Wähler arbeitet als *Nummernempfänger.* Bei einer Verbindung zum Teilnehmer 35
muß der Hebdrehwähler also zuerst in die 3. Dekade gehoben und danach auf
den 5. Schritt dieser Dekade gedreht werden.
In dem angeführten Beispiel kann der abgebildete Teilnehmer jede andere Sprechstelle erreichen. Um Verbindungen von jedem Teilnehmer zu jedem anderen
aufbauen zu können, müßte jeder Teilnehmer einen eigenen Hebdrehwähler
zugeordnet erhalten. In diesem Falle könnten alle Teilnehmer gleichzeitig Verbindungen einleiten. Aber selbst bei Voraussetzung einer niemals auftretenden
Verkehrszusammenballung, bei der alle Teilnehmer an Gesprächen beteiligt sind,
wären 50 Wähler überflüssig, da für jede Verbindung nur ein Wähler benötigt
wird und die 50 angerufenen Teilnehmer keine Wähler einzustellen brauchen.
Verkehrsmessungen in Fernsprechanlagen haben aber gezeigt, daß selbst in
Zeiten des stärksten Verkehrs, in den sog. *Hauptverkehrsstunden* (HVSt), ein
so starker „Gleichzeitigkeitsverkehr" auch nicht angenähert vorkommt. Die
gleichzeitig bestehenden Verbindungen betragen ·im allgemeinen etwa 5...15%
der Zahl der angeschlossenen Teilnehmer. Dieser Wert, der von Größe und Verwendung der Anlage abhängt, wird bei der Planung dem Ausbau zugrunde
gelegt.
Für die allgemeineren Betrachtungen soll hier der Einfachheit halber ein oft
benutzter Wert von 10% für die gleichzeitigen Verbindungsmöglichkeiten verwendet werden. 10% Verbindungsmöglichkeiten bedeuten also für die zuletzt
behandelte Anlage von 100 Teilnehmern (100teilige Anlage, 100er-Amt), daß
10 Wähler als Verbindungswege vorgesehen werden müssen.
Über die 10 Hebdrehwähler der 100er-Anlage werden die Leitungen nach den
Teilnehmer-Sprechstellen ausgewählt. Nach dieser Betriebsweise haben sie· die
Bezeichnung *Leitungswähler* (LW) erhalten. Über jeden dieser 10 LW muß jeder
der angeschlossenen 100 Teilnehmer erreicht werden können. Die Kontaktlamellen der einzelnen Hebdrehwähler werden daher *vielfachgeschaltet,* d. h. beispielsweise für den Teilnehmer 35 wird der 5. Schritt der 3. Dekade des ersten
Hebdrehwählers mit dem 5. Schritt der 3. Dekade des zweiten, dritten bis zehnten
Hebdrehwählers verbunden. Die hierfür benutzten Leitungen werden als *Vielfachleitungen,* die Gesamtheit der Kontaktlamellen und ihrer Verdrahtung
als *Vielfachfeld* oder *Wählervielfach* bezeichnet (vgl. Bild 3 und 4).
Andererseits muß aber Vorsorge getroffen werden, daß jedem beliebigen Teilnehmer beim Abheben des Handapparates einer der 10 LW zum Aufbau einer
Verbindung zur Verfügung gestellt wird. Diese Aufgabe wird im allgemeinen
von Drehwählern übernommen, die sofort nach dem Abheben selbsttätig anlaufen und dem Teilnehmer einen freien Verbindungsweg zuordnen. Diese Drehwähler werden vor den ersten *Nummernempfängern,* im Beispiel also vor den
LW, in den Verbindungsweg eingefügt. Sie arbeiten „vor der Nummernwahl",

und die durch sie gebildete Wahlstufe wird daher *Vorwahlstufe* genannt. Je nach ihrer Arbeitsweise werden die Wähler der Vorwahlstufe als Vorwähler oder als Anrufsucher bezeichnet.

Die **Vorwähler** (VW) sind im allgemeinen kleine 10 teilige Drehwähler, an deren Schaltarme die Teilnehmerleitungen geführt sind. Jedem Teilnehmer ist also im Amt ein besonderer VW zugeordnet. An die Kontaktlamellen der VW sind die Leitungen nach der ersten Nummernwahlstufe, also hier die nach den LW, angeschlossen (Bild 3). Da beispielsweise alle 1. Schritte der VW zum 1. LW,

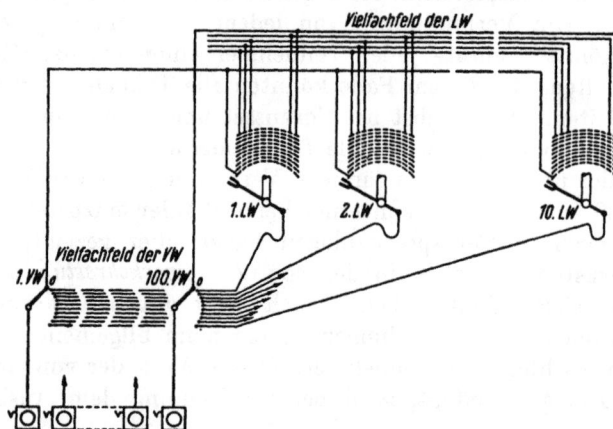

Bild 3. Wählanlage für 100 Sprechstellen mit Vorwählern in der Vorwahlstufe.

VW = Vorwähler. LW = Leitungswähler.

alle 2. Schritte der VW zum 2. LW usw. führen, sind die Kontaktbänke der VW ebenfalls durch Vielfachleitungen verbunden. Der VW läuft beim Abheben des Teilnehmers sofort selbsttätig an und sucht seine Kontaktbank nach freien Ausgängen ab. Sind z. B. die ersten vier angeschlossenen LW schon von anderen VW aus belegt, so dreht der danach anlaufende VW über die Schritte 1...4 auf den Schritt 5, belegt den 5. LW und stellt ihn dem „anrufenden" Teilnehmer zur Verfügung *(Freiwahl)*.

Die **Anrufsucher** (AS) dagegen sind nicht den Teilnehmern, sondern den Verbindungswegen zugeordnet. In 100 teiligen Anlagen sind also ihre Schaltarme unmittelbar mit LW verbunden, während die Teilnehmerleitungen an die Kontaktlamellen der AS geführt sind (Bild 4) und dort ein Vielfachfeld bilden. Hebt hier ein Teilnehmer ab, so läuft ein AS selbsttätig an und dreht so lange, bis seine Arme auf die Kontaktlamellen des betreffenden Teilnehmeranschlusses aufgelaufen sind. Danach sind Teilnehmerleitung und LW über den AS verbunden, und die Nummernwahl kann beginnen. Nach dieser Betriebsart, den „Anruf aufzusuchen", ist der Name „Anrufsucher" geprägt worden.

In einem 100 teiligen Amt würden also bei der ersten Art der Vorwahl 100 VW, bei der zweiten Art und bei 10% Verbindungsmöglichkeiten 10 AS erforderlich werden, um die 10 LW bedarfsweise den 100 Teilnehmern zuzuordnen. Während jedoch die VW kleine 10teilige Drehwähler sind, müssen als AS größere, 50-, 100- oder mehrteilige Drehwähler, unter Umständen auch Hebdrehwähler usw., eingesetzt werden; ihre Kontaktlamellenzahl richtet sich nach der angeschlossenen Teilnehmerzahl bzw. nach der Größe der Teilnehmergruppe.

Obwohl bereits die Bilder 3 und 4 gewisse Abkürzungen enthalten und den Aufbau der Anlage nur grundsätzlich wiedergeben, ist diese Darstellungsart für größere Anlagen zu umständlich. Man hat daher für die einzelnen Einrichtungen Kurzzeichen eingeführt und setzt, sofern nicht etwas Besonderes gezeigt

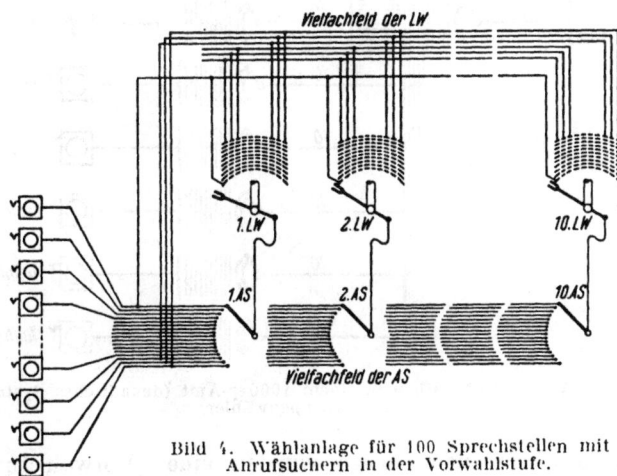

Bild 4. Wählanlage für 100 Sprechstellen mit Anrufsuchern in der Vorwahlstufe.
AS = Anrufsucher.  LW = Leitungswähler.

werden soll, jeweils für alle gleich eingeordneten Einrichtungen nur ein einziges Zeichen. Bild 5 zeigt eine Anlage mit VW und LW, Bild 6 eine solche mit AS und LW in der Kurzform. In beiden Bildern ist oben für alle Sprechstellen ein einziger Wählfernsprecher eingetragen, von dem die Leitung zum VW bzw. AS abgeht und zu dem die Leitung vom LW wieder hinführt. Diese Darstellung entspricht den tatsächlichen Verhältnissen (vgl. Bild 3, 4 und 86). Um jedoch die Rückführung von den LW zu den Sprechstellen zu ersparen und dadurch die Zeichnung klarer zu gestalten, werden die Sprechstellen im allgemeinen zweimal dargestellt (unten im Bild 5 und 6), und zwar einmal für abgehende und das andere Mal für ankommende Verbindungen, d. h. einmal kennzeichnen sie den anrufenden und das andere Mal den angerufenen Teilnehmer.

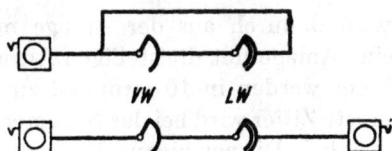

Bild 5. Anlage mit Vorwählern und Leitungswählern in Kurzform.

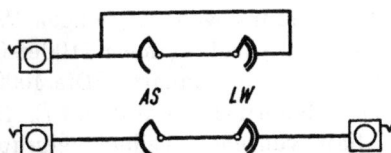

Bild 6. Anlage mit Anrufsuchern und Leitungswählern in Kurzform.

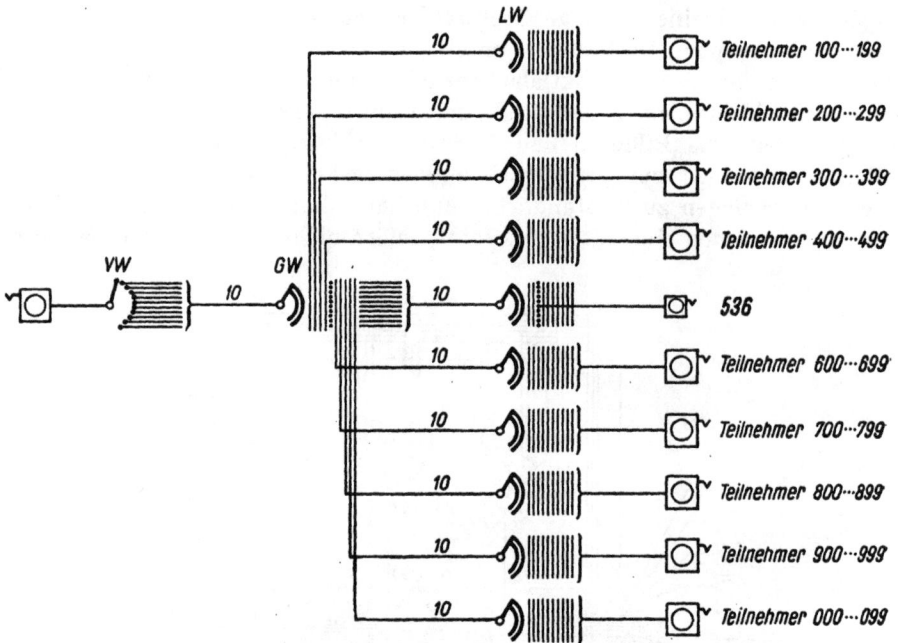

Bild 7. Verbindungsaufbau in einem 1000er-Amt (dekadisches System).
GW = Gruppenwähler.

In der bisher beschriebenen Anlage wurden eine „Vorwahlstufe" und eine „Leitungswahlstufe" unterschieden; die Rufnummern waren zweistellig (z. B. 35 in Bild 2). An diese Anlage konnten im Höchstfall 100 Sprechstellen angeschlossen werden. Es besteht jedoch auch die Aufgabe, größere Ämter für 1000, 10000 usw. Teilnehmer zu bilden. Die Kontaktlamellenzahl der LW kann nicht beliebig gesteigert werden, da Kontaktwerke für 1000, 10000 usw. Ausgänge verwickelte und daher unzuverlässige Bauarten darstellen und vor allem höchst unwirtschaftlich sein würden. In die Praxis hat man daher als größte Bauarten bisher Wähler mit 500 Ausgängen eingeführt, wobei jedoch schon eine Reihe später noch ausführlich zu behandelnder Komplikationen in Kauf genommen werden müssen (undekadischer Aufbau der Anlagen; Einführung von Registern; Maschinenantrieb). Für größere Anlagen reichen jedoch auch derartige Wähler allein nicht mehr aus; man ist daher einen anderen Weg gegangen und schaltet in solchen Fällen weitere Wahlstufen in den Verbindungsaufbau ein.

Bei Verwendung von 100teiligen Wählern wird dadurch aus der Anlage mit zweistelligen Anrufnummern (100er-Bauart) eine Anlage mit dreistelligen Anrufnummern (1000er-Bauart). Die 1000 Teilnehmer werden in 10 Gruppen zu je 100 Teilnehmern eingeteilt (Bild 7). Durch die erste Ziffer wird bei der Nummernwahl die gewünschte „Teilnehmergruppe ausgewählt". Die neu hinzugekommenen Wähler nennt man nach dieser Tätigkeit *Gruppenwähler* (GW); die von ihnen gebildete Wahlstufe wird mit *Gruppenwahlstufe* bezeichnet.

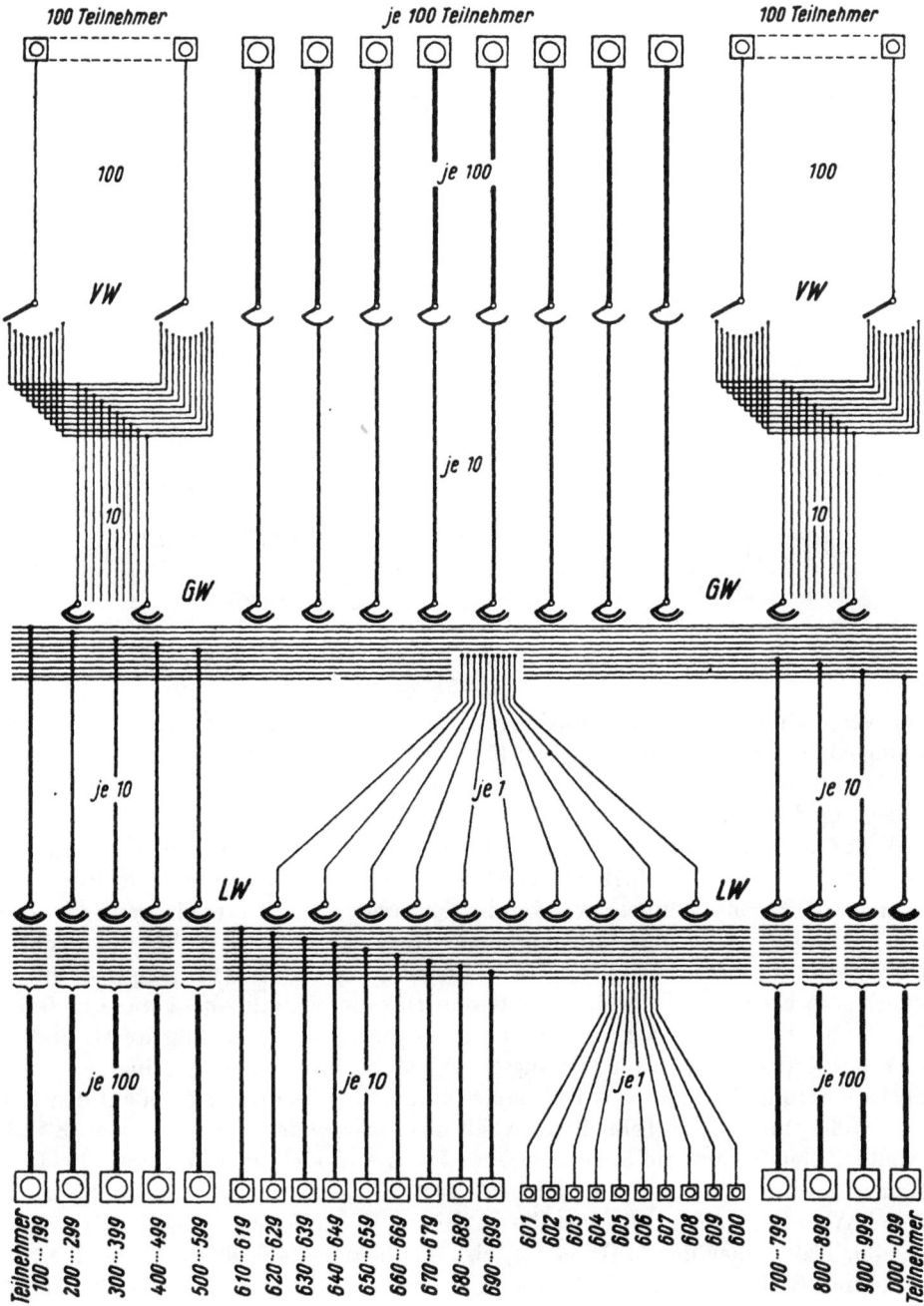

Bild 8.  Grundsätzliche Anordnung der Wähler in einem 1000 er-Amt mit 10 % Verbindungsmöglichkeiten (dekadisches System).

2*

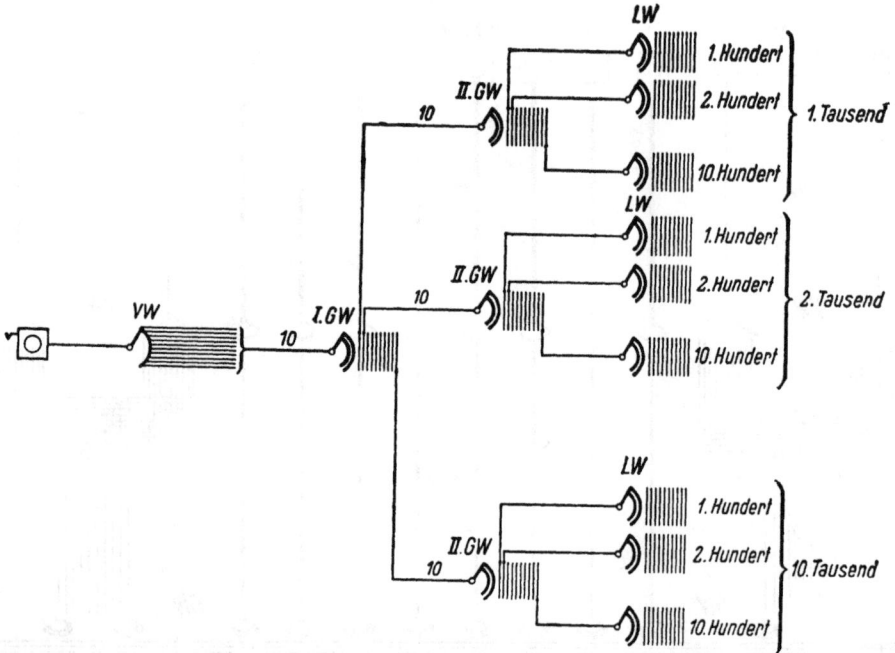

Bild 9. Verbindungsaufbau in einem 10000er-Amt (dekadisches System).

Die Verbindung nach dem Teilnehmer 536 wird dann folgendermaßen aufgebaut:
Beim Abheben des Handapparates läuft der VW an, sucht in freier Wahl aus
10 Ausgängen den ersten freien Gruppenwähler (GW) aus und sperrt ihn gegen
Belegung durch andere VW. Die erste Stromstoßreihe (Ziffer „5") stellt den
GW auf den 5. Höhenschritt ein. Die Ausgänge dieses Höhenschrittes führen
zu den LW des 5. Teilnehmerhunderts. Die hier angeschlossenen 100 Teil-
nehmer (500...599) können, wie verabredet, über 10 LW erreicht werden. Der
GW hat also weiter die Aufgabe, einen freien dieser 10 LW für die nächste
Nummernwahl bereitzustellen. Nach Beendigung des Hebvorganges dreht er
daher sofort selbsttätig in die betreffende Dekade ein und sucht diese in freier
Wahl ab. Der erste freie LW wird belegt und gegen Belegung durch andere
GW gesperrt. Die Gesamtheit dieser Vorgänge muß beendet sein, bevor die
nächste Stromstoßreihe vom Teilnehmer eintrifft. Diese wirkt dann auf den LW
und stellt ihn — der Teilnehmer wählt in vorliegendem Beispiel eine „3" als
zweite Ziffer — auf die 3. Dekade ein. Danach findet im LW sofort die Umsteuerung von „Heben" auf „Drehen" statt. Die letzte Stromstoßreihe dreht
den LW, entsprechend der gewählten Ziffer „6", auf den 6. Schritt. Dort ist
der 36. Teilnehmer des 5. Hunderts, also Teilnehmer 536, angeschlossen.
Während Bild 7 den Verbindungsaufbau grundsätzlich darstellt, ist in Bild 8
ein 1000er-Amt in etwas ausführlicherer Form wiedergegeben. Die 1000 Teilnehmer sind in 10 Gruppen zu je 100 Teilnehmer unterteilt. Jedes Teilnehmerhundert hat 100 VW, deren Schritte vielfachgeschaltet sind. Aus jeder VW-

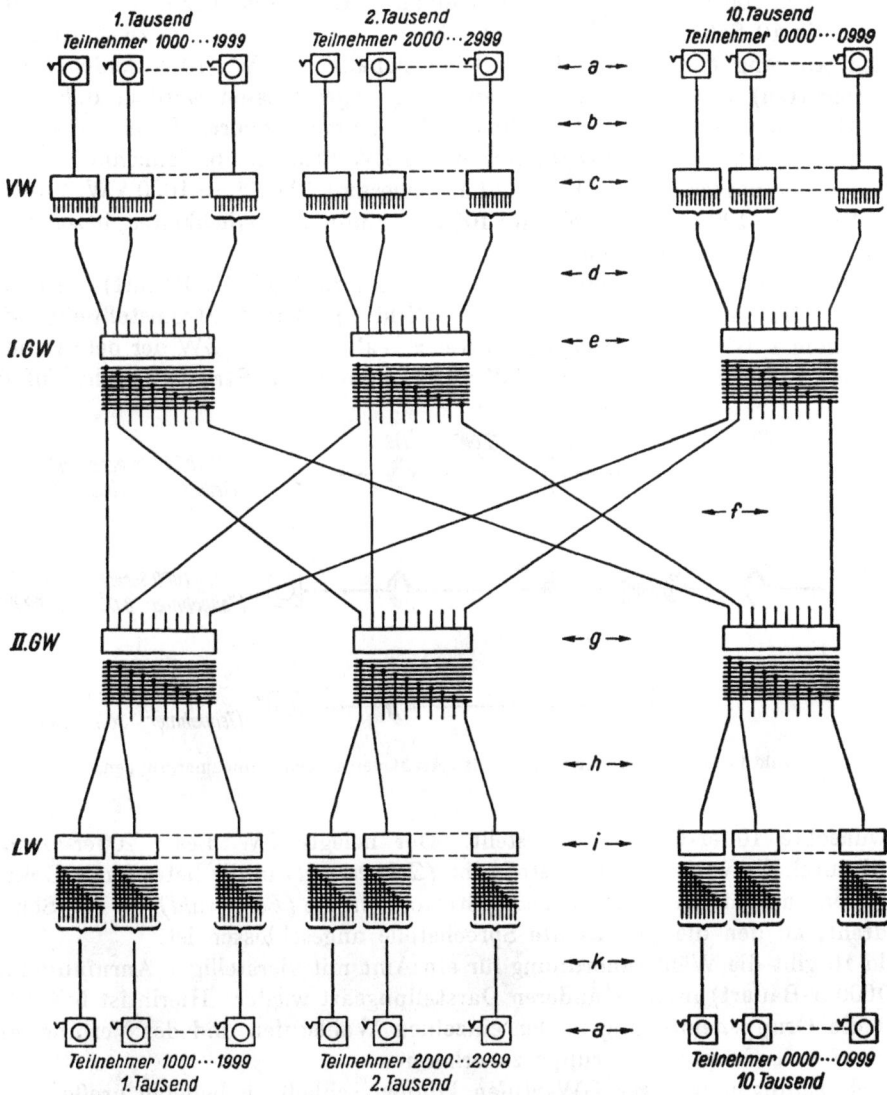

Bild 10. Grundsätzliche Anordnung der Wähler in einem 10000er-Amt mit 10%
Verbindungsmöglichkeiten (dekadisches System).

a = 10000 Sprechstellen (10 · 10 · 100).
b = 10000 Leitungen.
c = 10000 Vorwähler (10 · 10 · 100).
d =  1000 Leitungen.
e =  1000 I. Gruppenwähler (10 · 100).
f =  1000 Leitungen.
g =  1000 II. Gruppenwähler (10 · 100).
h =  1000 Leitungen.
i =  1000 Leitungswähler (10 · 10 · 10).
k = 10000 Leitungen.

Gruppe von 100 VW führen 10 Leitungen zu 10 GW. Jede der 10 GW-Dekaden, in der die 10 Schritte vielfachgeschaltet sind, hat 10 Ausgänge zu 10 LW. An jeden Ausgang dieser ebenfalls vielfachgeschalteten LW (10 Dekaden mit je 10 Schritten) kann eine Teilnehmerleitung angeschlossen werden, d. h. jeder LW-Gruppe von 10 LW entspricht ein Teilnehmerhundert. In der VW-Stufe ist das 1. und 10. Teilnehmerhundert, in der LW-Stufe das 6. Teilnehmerhundert genauer herausgezeichnet. Das Amt hat insgesamt $10 \cdot 100 = 1000$ VW, 100 GW und $10 \cdot 10 = 100$ LW; es ist also für 10% Verbindungsmöglichkeiten, bezogen auf die Teilnehmerzahl, ausgebaut.

In einer Anlage mit vierstelligen Anrufnummern (10000er-Bauart) wird eine weitere Gruppenwahlstufe erforderlich (Bild 9). Die 1. Stromstoßreihe wird von einem I. GW verarbeitet, der in freier Wahl einen II. GW der betreffenden 1000er-Gruppe belegt. Der II. GW wird durch die 2. Stromstoßreihe auf die

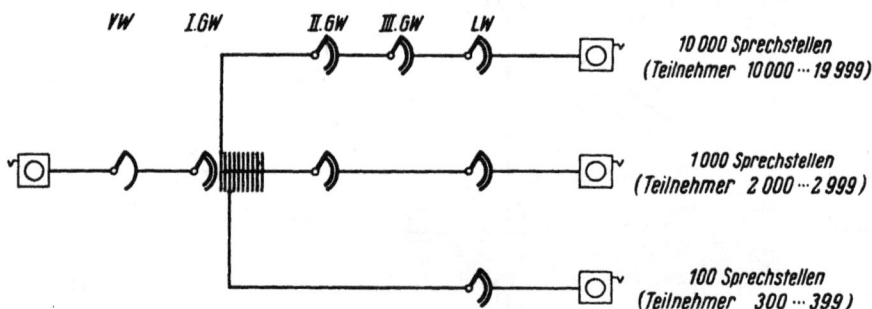

Bild 11. Übersicht über ein Amt mit verschieden großen Teilnehmergruppen.

gewünschte 100er-Gruppe eingestellt. Der belegte LW dieser 100er-Gruppe wird durch die vorletzte Stromstoßreihe *(Zehnerwahl)* in die betreffende Dekade gehoben und danach durch die letzte Stromstoßreihe *(Einerwahl)* auf den Schritt gedreht, an den die gewünschte Sprechstelle angeschlossen ist.

Bild 10 gibt die Wähleranordnung für ein Amt mit vierstelligen Anrufnummern (10000er-Bauart) in einer anderen Darstellungsart wieder. Hierin ist besonders gut die Gruppeneinteilung in den einzelnen Wahlstufen und der Verbindungs- verlauf von Gruppe zu Gruppe zu erkennen.

Durch Einfügen weiterer GW-Stufen können schließlich beliebig große Ämter gebildet werden. Das hier behandelte dekadische System ermöglicht es ferner ohne weiteres, je nach den Betriebserfordernissen verschieden große Teilnehmer- gruppen an die einzelnen Dekaden der I. GW anzuschließen. So kann man beispielsweise an die 1. Dekade II. und III. GW-Stufen (Bild 11), an die 2. Dekade eine II. GW-Stufe und an eine andere Dekade nur LW anschließen. Auf diese Weise können z. B. die Teilnehmergruppen der verschiedenen Bezirke einer Großstadt oder der einzelnen Werke eines Konzerns in Teilämtern zusammen- gefaßt werden. Durch Einschalten einer Gruppenwahlstufe in irgendeine dieser Teilnehmergruppen kann schließlich deren Anschlußzahl jederzeit vergrößert werden, ohne daß die anderen Teilnehmergruppen oder ihre Anrufnummern irgendwie geändert werden müssen. Diese Anpassungsfähigkeit ist einer der großen Vorzüge des hier beschriebenen Schrittschaltsystems.

Die bisher gegebenen Beispiele befassen sich ausschließlich mit dem Aufbau der sog. dekadischen Systeme:

Ein **dekadisches Wählsystem** ist aus Wählern mit dekadischem Aufbau zusammengesetzt, bei denen die Wählereinstellungen den gewählten Ziffern entsprechen. Die Wähler dürfen also für alle Einstellvorgänge, die durch die Nummernwahl gesteuert werden, nur 10 Dekaden, Höhenschritte usw. haben, wobei in der LW-Stufe für die gesteuerte Einstellung ebenfalls nur 10 Ausgänge je Höhenschritt vorgesehen sind. Die Zahl der Ausgänge, die für die freie Wahl vorgesehen sind, ist naturgemäß nicht an diese Vorschrift gebunden.

Im Gegensatz hierzu stehen die sog. undekadischen oder nicht dekadischen Systeme:

Ein **undekadisches** oder **nicht dekadisches Wählsystem** setzt sich aus Wählern mit nicht dekadischem Aufbau zusammen, bei denen Wählereinstellung und gewählte Ziffer einander nicht entsprechen. Hierbei ist die Nummernwahl wie üblich dekadisch, d. h. die Stromstoßreihen bestehen aus max. 10 Stromstößen; die Wähler dagegen müssen durch die Nummernwahl auch auf eine Schrittstellung eingestellt werden können, die höher als 10 ist. Die Nummernwahl muß daher umgerechnet werden.

Als Beispiel für undekadische Wähler sei der 500- (25 × 20-)teilige Kulissenwähler von L. M. Ericsson, Stockholm, genannt. An Hand dieser Wählerkonstruktion sollen die grundsätzlichen Beispiele dieses Einführungskapitels ergänzt werden.

Beim **Kulissenwähler** entsprechen den bisher erwähnten Kontaktlamellen blanke, senkrecht gespannte Drähte, die über max. 70 übereinander geschichtete Wähler reichen (vgl. Bild 44). Je 20 Ausgänge des Wählers sind dabei zu einer *Kulisse* vereinigt; 25 Kulissen sind strahlenförmig um den Mittelpunkt des Wählers angeordnet. Der Schaltarm (Stöpsel) des Wählers führt bei der Einstellung zuerst eine Drehbewegung bis vor die gewünschte Kulisse aus (max. 25 Schritte) und schiebt sich dann in diese hinein (max. 20 Schritte = 25 × 20 teiliger Wähler). Die Bewegungen des Stöpsels werden dadurch erreicht, daß die Wähler zwecks Einstellung an dauernd laufende Wellen angekuppelt werden; der Antrieb ist also ein sog. *Gruppen-* oder *Maschinenantrieb* (vgl. Abschnitt III, 1 e 2). Der Kulissenwähler wird in AS, GW und LW verwendet.

Wie bereits gesagt, ist es in undekadischen Systemen nicht möglich, mit den Stromstößen der Nummernwahl, die stets mittels 10 ziffrigen Nummernschaltern abgegeben werden, direkt die Wähler einzustellen, da diese unter Umständen mehr als 10 Schritte (Stellungen) in einem Lauf zurückzulegen haben. Zwischen Vorwahlstufe und den GW/LW-Stufen muß daher eine Einrichtung, das sog. *Register*, eingefügt werden, in dem die vom Teilnehmer ankommenden Nummernstromstöße aufgenommen *(Speicher)*, danach in die für die Wählereinstellung

erforderlichen Stromstoßreihen umgerechnet *(Umrechnung)* und schließlich in
der für die Wählerbewegung geeigneten Form abgegeben werden *(Abgreifer* oder
*Geber).* Die Wirkungsweise dieser komplizierten Schalteinrichtung wird an
späterer Stelle noch eingehender behandelt werden (vgl. Abschnitt VII, 1). Es
sei hier nur noch erwähnt, daß die teuren Register aus Gründen der Wirtschaftlichkeit den Verbindungswegen (z. B. GW) nicht fest zugeordnet, sondern nur
während des Verbindungsaufbaues angeschaltet werden. Ist eine Verbindung
hergestellt, so werden sie wieder abgeschaltet und stehen für den Aufbau anderer
Verbindungen zur Verfügung. Diese Anschaltung kann über Wähler oder über
Kupplungsrelais stattfinden.

In bezug auf die Einstellung der Wähler können die Systeme also auch in d i r e k t
g e s t e u e r t e und in i n d i r e k t g e s t e u e r t e S y s t e m e eingeteilt werden.

Bei einem **direkt gesteuerten System** werden die Wähler direkt von den Nummernschalter -Stromstößen gesteuert, naturgemäß unter Benutzung von Stromstoßrelais
und u. U. auch unter Verwendung von Impulsumsetzern.

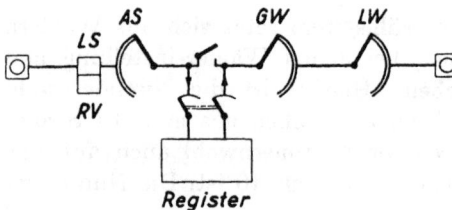

Bild 12. Verbindungsaufbau in einem 12 500 er-
Amt mit Registern (undekadisches System).
LS = Linienschaltung.
RV = Rufverteiler.

Bei einem **indirekt gesteuerten System**
werden die Nummernschalter-Strom-
stöße von einer Einrichtung, Register
genannt, aufgenommen, die dann ihrerseits die Wählereinstellung in der für
die Wähler geeigneten Form übernimmt.

Die Gruppierungsanordnung für eine
Anlage mit den beschr. Kulissenwählern ist in den Bildern 12 und 13 in
grundsätzlicher Form entsprechend den
bisher gebrachten Beispielen dargestellt. Es handelt sich um eine Anlage mit e i n e r
GW-Stufe, d. h. die Anlage umfaßt vollausgebaut 25 × 500 = 12500 Anschlüsse.
Der Verbindungsaufbau in einem derartigen undekadischen Maschinenwähler-
amt ist durch die Einfügung des Registers wesentlich komplizierter als in einem
direkt angetriebenen Schrittschaltsystem. Die Betriebsabwicklung soll daher
zuerst kurz angedeutet werden. Dabei ist die Darstellung möglichst vereinfacht,
um die wesentlichen Gesichtspunkte besser erkennen zu lassen.

Beim Abheben des Handapparates veranlaßt die sog. „Linienschaltung" LS,
daß in jedem der zugehörigen AS der betreffenden Teilnehmergruppe diejenige
Kulisse gekennzeichnet wird, in der die Teilnehmerleitung des Anrufenden angeschlossen ist; gleichzeitig läuft ein sog. „Rufverteiler" RV an, der beispielsweise zweimal je 500 Anschlüsse vorhanden ist, und läßt mehrere freie AS an.
Die AS suchen die gekennzeichnete Kulisse auf, und derjenige AS, der diese
Kulisse zuerst erreicht, schiebt seinen Stöpsel bis zur Leitung des Anrufenden
ein. Inzwischen wird ein freies Register über einen kleinen Drehwähler oder
über Kupplungsrelais an den betreffenden AS angekuppelt. Der Teilnehmer,
dem nun ein freier AS/GW-Satz und ein freies Register zur Verfügung steht,
erhält das Amts- oder Wählzeichen. Durch die sich nun anschließende Nummernwahl wird im Register für jede gewählte Ziffer ein Speicherwähler (kleiner Schritt-

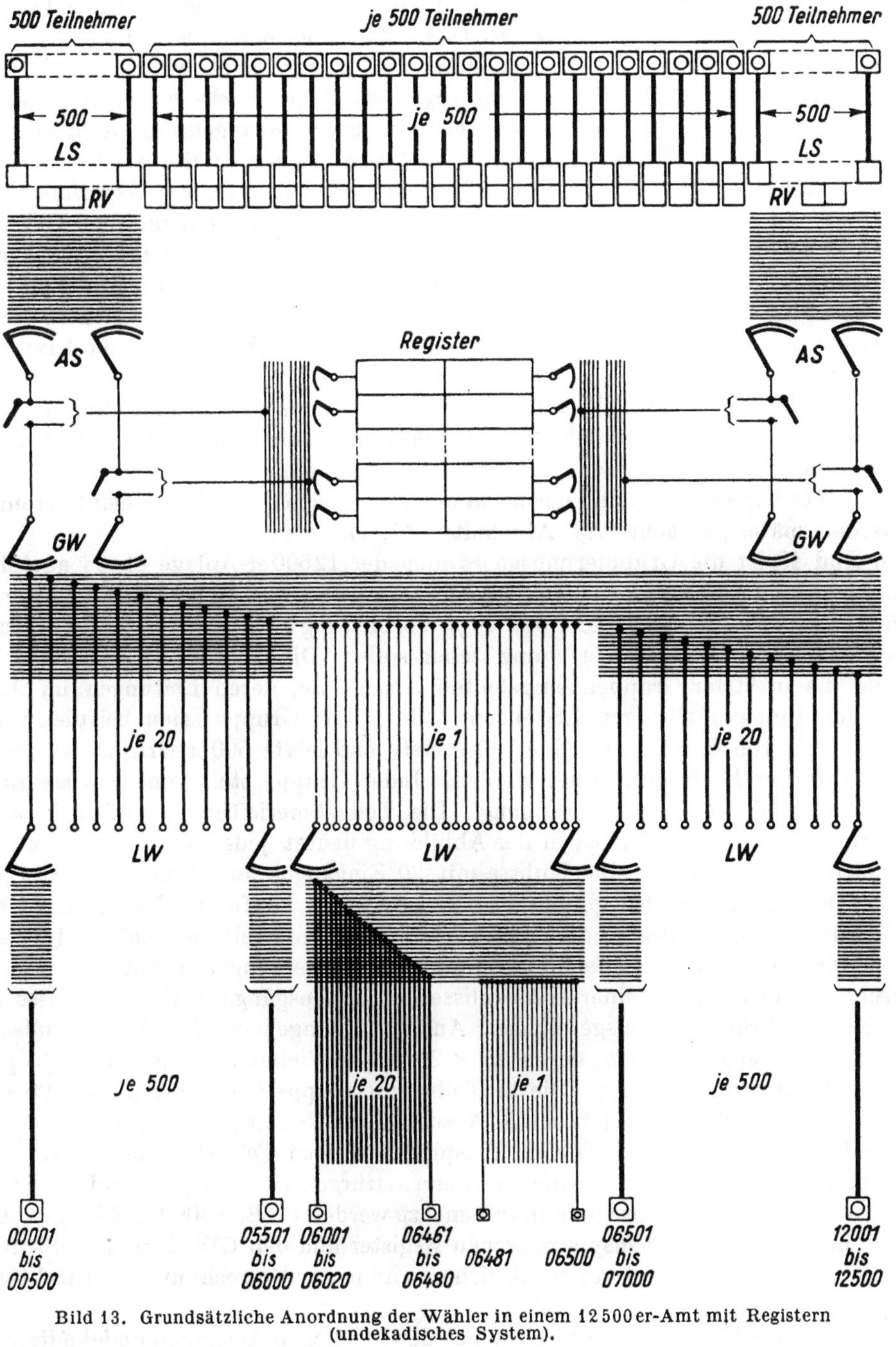

Bild 13. Grundsätzliche Anordnung der Wähler in einem 12500er-Amt mit Registern (undekadisches System).

schalt-Drehwähler) eingestellt. Durch die Stellung der Speicherwähler und durch
die Umrechnungs-Verdrahtung (zwischen den Speicherwählern und den Abgreiferwählern) werden die Stromstoßreihen so umgerechnet, wie sie für die Einstellung der GW und LW an den Abgreiferwählern wirksam werden sollen.
Zur Einstellung des GW wird dieser vom Register aus angelassen, d. h. an eine
dauernd laufende Welle angekuppelt; während seines Laufes sendet er entsprechend jeder erreichten Kulisse einen Stromstoß zum ersten Abgreiferwähler
zurück, der sich somit gleichzeitig mit dem GW weiterschaltet und den GW anhält, wenn dieser die durch die Umrechnungsverdrahtung gekennzeichnete Schrittstellung (Kulisse) erreicht hat. Innerhalb dieser Kulisse wird in freier Wahl ein
Ausgang nach einem freien LW belegt, der dann in ähnlicher Weise über einen
zweiten und dritten Abgreiferwähler des Registers auf den gewünschten Anschluß
eingestellt wird.

Der vorstehende kurze Abriß bringt nur das Grundsätzliche über Aufbau und
Arbeitsweise in einem undekadischen Maschinenwählersystem mit Speicherung
und Umrechnung (Register). Einzelheiten, insbesondere über die hier nur an-
gedeutete Umrechnung, und der notwendige Vergleich mit dekadischen Systemen
werden später gebracht (vgl. Abschnitt VII, 1).

In Bild 13 ist die Gruppierungsanordnung der 12 500 er-Anlage etwas ausführlicher gekennzeichnet; den eingetragenen Wählerzahlen liegt wieder die verein-
fachende Annahme zugrunde, daß 10% Verbindungsmöglichkeiten, bezogen auf
die Teilnehmerzahl, zur Verfügung stehen sollen. Die Anordnung zeigt oben im
Bild die in 500 er-Gruppen eingeteilten Anschlüsse, deren Leitungen im Amt
an den Linienschaltungen LS enden; jeder 500 er-Gruppe seien beispielsweise
zwei Rufverteiler RV zugeordnet. Die erste und letzte 500 er-Gruppe ist etwas
ausführlicher herausgezeichnet worden. Jeder Gruppe steht eine gewisse Zahl
von AS/GW-Sätzen zur Verfügung. Die Teilnehmerleitungen enden in dem
500 teiligen AS-Vielfachfeld; in der Abbildung deutet jede der 25 waagrechten
Linien dieses Vielfachs eine Kulisse mit 20 Eingängen an. Jeder AS/GW-Satz
hat Zugang zu dem Kupplungsglied der Register; hierfür sind in Bild 13 als
Beispiel kleine Wähler eingezeichnet, von denen jeder einem Register fest zugeordnet ist. Im GW-Vielfachfeld entspricht jeder der eingezeichneten 25 waage-
rechten Linien wieder einer GW-Kulisse mit 20 Ausgängen; die 13. Kulisse ist
dabei ausführlicher herausgezeichnet. An die Ausgänge jeder der 25 GW-Kulissen
sind 20 LW angeschlossen, deren 25 × 20 teiliges Vielfachfeld zu einer Gruppe
von 500 Anschlüssen führt. Die 13. Teilnehmergruppe (Anschluß 06001...06500)
und innerhalb dieser die letzten 20 Anschlüsse 06481...06500 sind in der Skizze
ebenfalls hervorgehoben. Die im Beispiel benutzten Teilnehmernummern sind
willkürlich angenommen worden; es kann natürgemäß auch jede andere Kombination von 12500 Anrufnummern benutzt werden (z. B. 10000...22499), wobei
sich nichts im Zusammenspiel zwischen Register und den GW- bzw. LW-Stufen,
wohl aber in der Einstellung des Speichers und in der Umrechnungs-Verdrahtung
ändert.

Obiges Beispiel bringt ganz grundsätzlich den möglichen Ausbau in undekadischen
Systemen mit 500 teiligen Wählern. In der Praxis werden jedoch auch mit

Kulissenwählern im allgemeinen nur 10000er-Ämter errichtet, indem nur 20 Kulissen der (letzten) GW-Stufe für Ausgänge nach der LW-Stufe benutzt werden.

In den bisherigen Abbildungen sind bewußt verschiedene Darstellungen angewendet worden. Sie alle stellen in ihrer Art eine Kurzschrift dar, die jeweils auf eine bestimmte Fragestellung besonders eingeht. Entsprechend wird in der Praxis stets die Darstellungsform herangezogen, in der die behandelte Aufgabe am klarsten wiedergegeben und am wenigsten durch überflüssiges Beiwerk gestört wird.

# II. AUFTEILUNG DES STOFFES

Die Aufgabe, Fernsprechverbindungen selbsttätig von Teilnehmer zu Teilnehmer aufzubauen, erfordert eine große Zahl unterschiedlicher Einrichtungen. Diese sind je nach ihrem Zweck beim Teilnehmer oder im Amt untergebracht; sie können einmalig je Anlage vorgesehen oder in größerer Zahl gleichberechtigt nebeneinander eingestuft sein. Einige von ihnen dienen nur der Verbindungsherstellung oder nur der Sprachübertragung, andere wiederum müssen beides berücksichtigen.

Die Menge der verwendeten Einrichtungen besonders in größeren Anlagen, die Art ihrer Einordnung in den Verbindungsweg und das Ineinandergreifen der Vorgänge und Bedingungen erscheinen auf den ersten Blick für jeden verwirrend, der sich in dieses Gebiet einarbeiten will. Es ist daher notwendig, das Gesamtgebiet in Einzeldarstellungen aufzulösen und sich auf die für die betreffende Untersuchung wichtigen Teilaufgaben zu beschränken. Dabei ist es selbstverständlich, daß diese Auflösung nur in bestimmtem Umfange möglich ist und in Wirklichkeit keins der Teilgebiete für sich allein besteht.

Für die Einteilung können grundsätzlich viele Wege beschritten werden. Sie hängen, ebenso wie der Grad der Unterteilung, von der Art der Aufgabe ab. Einige Beispiele sollen dies zeigen.

Jedes Gespräch hat die Verbindungsherstellung zur Voraussetzung und muß zwangsmäßig den Abbau des benutzten Verbindungsweges nach sich ziehen. Sinn und Zweck jeder Verbindungsherstellung aber ist es, die Sprache von Teilnehmer zu Teilnehmer zu übertragen. Daraus ergibt sich schon eine grundsätzliche Einteilung in:

1. Verbindungsauf- und -abbau mit den erforderlichen Einrichtungen und Vorgängen,
2. Sprachübertragung mit ihren Forderungen.

Das erste behandelt u. a. das Übertragen von Zeichen, das Einstellen und Schalten von Wählern und Relais oder das Aneinanderfügen von Leitungen. Der zweite Punkt befaßt sich z. B. mit dem Übermitteln der Sprachwechselströme, mit Verständlichkeit, Lautstärke oder naturgetreuer Wiedergabe. Im Fernsprecher dienen Nummernschalter und Wecker lediglich dem ersten, Mikrofon und Telefon dem zweiten Zweck. In den Ämtern müssen die Schalteinrichtungen, über die der Sprechweg verläuft, beiden Anforderungen genügen, während andere, z. B. Mitlaufwerke, Register, lediglich für Aufgaben der Verbindungsherstellung eingesetzt sind.

Eine andere Gliederung betont mehr die Lage und den Einsatz der Einrichtungen bzw. Verbindungsmittel. Danach könnte die Gesamtanlage eingeteilt werden in:

1. Teilnehmereinrichtungen,
2. Leitungsnetz,
3. Amtseinrichtungen.

Unter *Teilnehmereinrichtungen* versteht man dann alle an der Sprechstelle erforderlichen Teile. Diese können z. B. im Fernsprecher zusammengefaßt sein oder ergeben Zusätze zu den Fernsprechern in Gestalt von Sockeln, Beikästen usw.

Das *Leitungsnetz* umfaßt die Wege zwischen Teilnehmer und Amt (Teilnehmerleitungen, Amtsleitungen) oder zwischen den einzelnen Ämtern (Verbindungsleitungen, Fernleitungen). Neben den eigentlichen „Leitungen", wie Freileitungen, Kabel, Trägerfrequenzverbindungen oder drahtlose Verbindungswege, gehört dazu auch eine große Zahl von zusätzlichen Einrichtungen, wie z. B. Verstärker, Übertrager, Anpassungen, Untersuchungsschalter.

Im *Amt* bzw. in der *Zentrale* ist schließlich alles vereinigt, was zum Verbindungsauf- und -abbau, für das Aneinanderschalten der Leitungen usw. notwendig ist.

Eine weitere Möglichkeit der Einteilung ist durch die Betrachtungsweise selbst gegeben. Das Amt z. B., der verwickeltste Teil der Gesamtanlage, setzt sich aus einer Vielzahl von *Schalteinrichtungen* zusammen. Diese Einrichtungen — z. B. Vorwähler, Leitungswähler, Relaisübertragung — sind in bezug auf den Verbindungsweg nach ganz bestimmten Gesichtspunkten innerhalb des Amts angeordnet (Gruppierung). Jede der Schalteinrichtungen vereinigt in sich mehr oder weniger viele *Schaltungsteile*. Diese Schaltungsteile — z. B. Hebdrehwähler, Drehwähler, Relais, Drosseln, Kondensatoren — sind miteinander nach „Übersichtsstromläufen" verdrahtet, in denen das Arbeiten und die Betriebsweise der betreffenden Einrichtung festgelegt sind. Die Schaltungsteile schließlich bestehen aus einer oft außerordentlich großen Zahl von *Einzelteilen* — z. B. Federn, Schrauben, Hebel, Kontakte.

Die Betrachtung einer Wählanlage kann daher auch entsprechend diesen Gesichtspunkten vorgenommen werden. Je nach Art der Aufgabe ist dann zu berücksichtigen:

1. Konstruktion,
2. Schaltung,
3. Gruppierung.

Die **Konstruktion** schafft die Unterlagen für die körperliche Verwirklichung der Schaltungsteile usw. in der Werkstatt, d. h. sie entwickelt den Aufbau der Wähler, Relais, Nummernschalter, Fernsprecher usw.

Die **Schaltung** bestimmt das sinnvolle Zusammenarbeiten der zu einer Schalteinrichtung gehörenden Schaltungsteile und die Befehls- und Zeichenübermittlung zwischen den einzelnen Schalteinrichtungen, beides auf Grund der gestellten Betriebsbedingungen. Die Schaltung findet ihren Niederschlag in *Übersichtsstromläufen* (allgemein auch: *Stromläufe*), in denen die einzelnen Stromkreise angeben, wie die Schaltungsteile durch die Verdrahtung elektrisch zusammengefaßt werden sollen.

Die **Gruppierung** gibt die Anordnung und Verdrahtung der verschiedenen Schalteinrichtungen innerhalb der Anlage an. Sie liefert die Verfahren für das Sammeln des Verkehrs der zahlreichen Verkehrsquellen und für das gewollte nummernmäßige Verteilen der einzelnen Verkehrsflüsse auf die verschiedenen Verkehrsziele. Die Gruppierung bestimmt beispielsweise die Anzahl der hinter- und nebeneinander erforderlichen Einrichtungen, also u. a. die Zahl der Wahlstufen und die Zahl der in ihnen vorzusehenden Verbindungsmöglichkeiten. Die Gruppierung beschäftigt sich ferner mit den Vielfachfeldern und ihrer Ausbildung, in weiterem

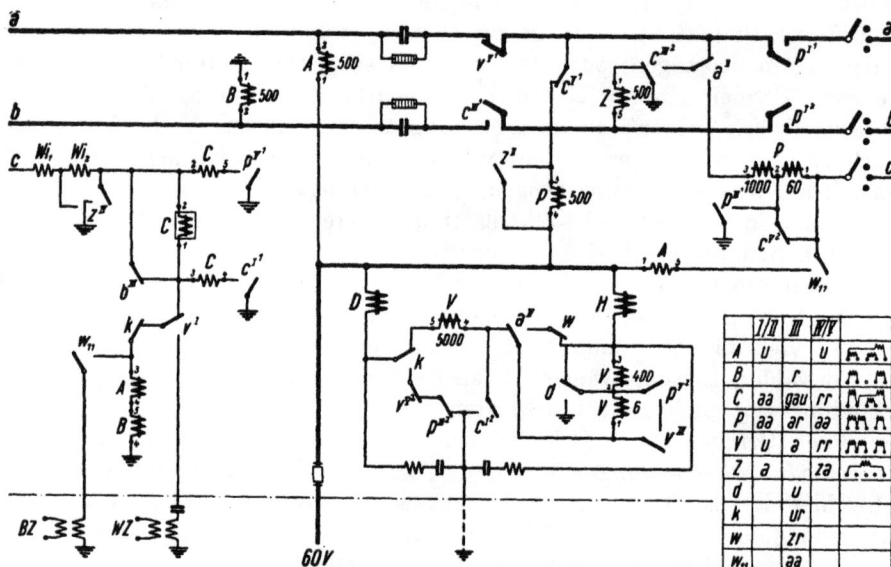

Bild 14. Übersichtsstromlauf eines I. Gruppenwählers.
Große Buchstaben = Wählermagnete, Relais usw.
Kleine Buchstaben = Zugehörige Kontakte.

Sinne auch mit der Netzgestaltung. Leistungs- und Verlustberechnungen, Wirtschaftlichkeitsuntersuchungen usw. sind Gebiete, die eng mit den Fragen der Gruppierung zusammenhängen.

Durch das Gesagte ist Sinn und Zweck der Aufteilung angedeutet. Ist ein I. Gruppenwähler (I. GW), um ein Beispiel zu geben, Gegenstand einer Untersuchung, so stellt er sich je nach Aufgabe etwa folgendermaßen dar:

Der Konstruktionsingenieur sieht in ihm z. B. einen Hebdrehwähler und eine Anzahl von Relais, Widerständen, Kondensatoren usw. (vgl. Bild 26, 52 usw.). Er führt die konstruktive Entwicklung dieser Geräte durch, d. h. er verbindet die aus Schaltung und Gruppierung erwachsenen Aufgaben mit den Werkstoff- und Herstellungsfragen. Ihm obliegt ferner die konstruktive Zusammenfassung der Schaltungsteile zu einem „Satz" oder zu einem „Rahmen" (vgl. Bild 249) oder deren Einbau in „Gestellrahmen" (vgl. Bild 245).

Der Schaltungsingenieur hingegen nimmt Wähler, Relais, Kondensatoren usw. nur als Bauteile. Für ihn lautet die Aufgabe, mit diesen Schaltungsteilen bestimmte Betriebsbedingungen sicher und auf wirtschaftlichste Weise zu erfüllen. Bild 14 zeigt beispielsweise einen Auszug aus dem Stromlauf eines I. GW, in dem durch die eingezeichneten Stromkreise alle vorgeschriebenen Forderungen und Betriebsvorgänge festgelegt sind. Ferner bestimmt der Schaltungsingenieur u. a. Aufbau und elektrische Daten der verwendeten Schaltungsteile, wie Windungszahl und Drahtstärke der Relaiswicklungen, die Zahl der Wicklungen und Kontakte eines Relais usw. und legt diese in „Bauvorschriften" fest.

Die Untersuchung für Sprachübertragung dagegen beschränkt sich im all-

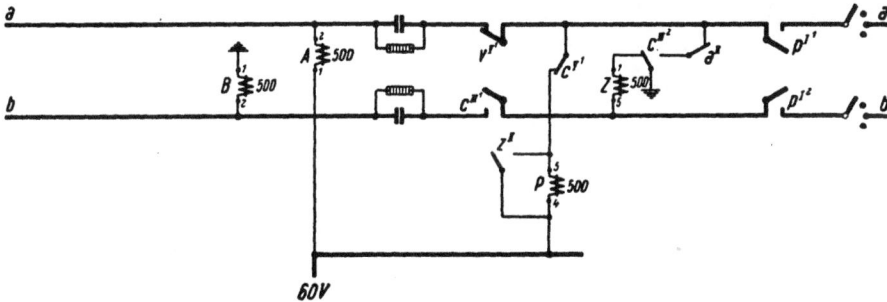

Bild 15. Auszug aus dem I. Gruppenwähler von Bild 14 für Fragen der Sprachübertragung.

gemeinen auf die Sprechadern und alle Schaltungsteile, die mit ihnen verbunden sind. Alles andere wird aus der Betrachtung weggelassen, so daß sich von dem gezeigten I. GW für diese Aufgabe z. B. ein Ausschnitt wie Bild 15 ergibt. Hierfür werden dann Forderungen für einzuhaltende Dämpfung, Symmetrie, Frittung, Beschränkung der Kontaktstellen usw. aufgestellt. Neben dieser mehr „schaltungstechnischen" Aufgabe gehören hierher auch „aufbautechnische" Fragen, wie Führung der Sprechadern in den Gestellkabeln, Einfluß der Vielfachfelder auf die Sprachübertragung, Über- und Nebensprechen, Eindringen von Störströmen, Abschirmung usw.

Soll schließlich eine Frage der Gruppierung gelöst werden, so stellt der I. GW eine Einheit dar, die einen Eingang und 100 Ausgänge, je 10 in 10 Dekaden, hat (Bild 16). Es wird weiterhin noch beachtet, daß die 10 Ausgänge jeder De-

Bild 16. I. Gruppenwähler in der Gruppierung.

kade in freier Wahl abgesucht werden, daß die vorhergehende Wahlstufe von Vorwählern (VW) oder Anrufsuchern (AS) und die sich anschließende Wahlstufe je nach Größe des Amtes von II. GW, Mischwählern (MW) oder Leitungswählern (LW) gebildet wird.

Während die Beispiele der Bilder 14 bis 16 in der Hauptsache die schaltungstechnische Entwicklung betreffen, sind andere Unterlagen den Aufgaben der Beschaltung in Fabrikation und Montage angepaßt oder sie sind für Prüfarbeiten und Fehlersuchen im Betrieb unentbehrlich. So enthält z. B. der „Montagestromlauf" (Bild 17) die räumliche Anordnung der Schaltungsteile, ohne dabei

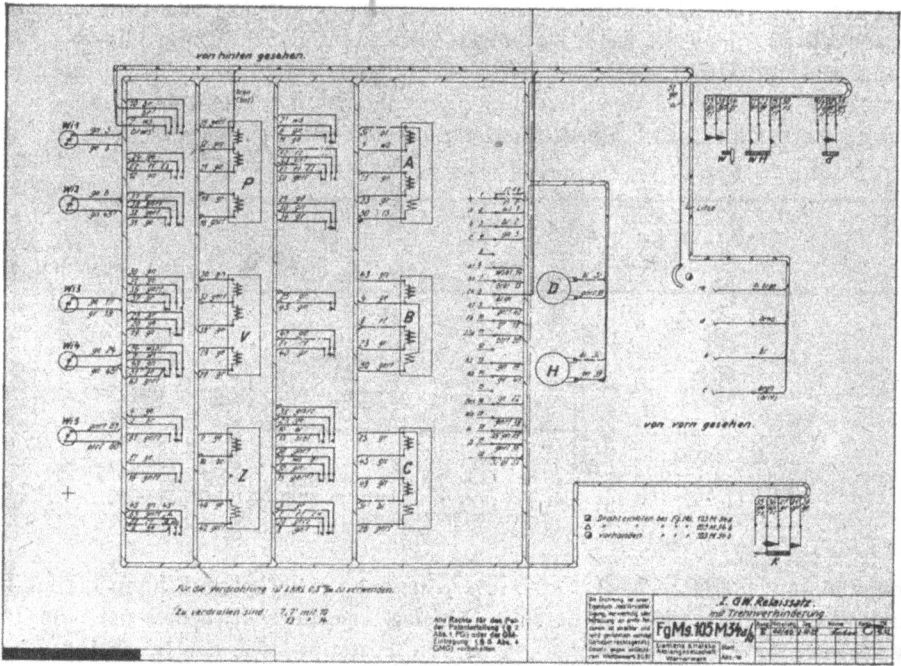

Bild 17. Montagestromlauf eines I. Gruppenwählers.

jedoch maßstäblich zu sein. In ihm ist das Hauptgewicht auf die Drahtführung und auf die Kennzeichnung der zahlreichen Lötstellen für die Drähte gelegt; ferner sind Drahtquerschnitt, Drahtart, Farbe der Bespinnung und etwa erforderliche besondere Verlegungsmaßnahmen angegeben.

Je größer die Stückzahlen sind, die von einer Einrichtung hergestellt werden, desto mehr wird der Arbeitsgang unterteilt. Jede Fertigungsstufe, die aus den verschiedensten Gründen eingeführt sein kann, benötigt dabei im allgemeinen eigene Unterlagen in Form von Plänen, Vorschriften, Anleitungen usw. So ist es z. B. technisch und wirtschaftlich unmöglich, die vielen Anschlußstellen (Lötösen) in den Schalteinrichtungen einzeln durch lose Drähte miteinander zu verbinden. Vielmehr werden die Drähte gesondert von der Schalteinrichtung auf einem Formbrett zu einem Drahtkabel „geformt" und „abgebunden" (Bild 18), und erst das fertige Drahtkabel wird in die betreffende Schalteinrichtung eingelegt und eingelötet. Das Formen des Kabels und das Anlöten können dabei unter Umständen jedes für sich besondere Pläne zweckmäßig machen (z. B. „Formtabellen" für Drahtkabel, wenn diese in größeren Stückzahlen gefertigt werden sollen).

Die Beispiele lassen den Zweck der Auflösung erkennen, nämlich Darstellung und Bearbeitung zu vereinfachen. In Wirklichkeit aber kann, wie schon gesagt, keins der Teilgebiete für sich bestehen. Erst die Gesamtheit aller Einzelaufgaben und ihre einwandfreie Anpassung sind entscheidend für den Wert der Lösung.

Bild 18. Formbrett mit Drahtkabel für eine größere Wähleinrichtung.
Rechts oben die Formtabellen.

Es läßt sich daher auch keine Wertigkeit der einzelnen Sachgebiete aufstellen. Die „Schaltung" muß die „Konstruktion" ebenso berücksichtigen wie die „Konstruktion" bestimmten Grundsätzen der „Schaltung" oder der „Sprachübertragung" Rechnung tragen muß. Durch die Kontaktzahl der Wähler beeinflußt die „Gruppierung" die „Konstruktion", und diese liefert wiederum bestimmte Bedingungen für die „Schaltung". Die „Schaltung" darf nicht etwa zugunsten einer Vereinfachung ihrer Technik gegen die Forderungen der „Sprachübertragung" verstoßen, und diese hat ebenso bestimmte Tatsachen der „Konstruktion", der „Schaltung" oder der „Gruppierung" als gegeben hinzunehmen. Dabei dürfen keinesfalls die Forderungen der „Fabrikation" vernachlässigt werden. Über allem hat schließlich die „Wirtschaftlichkeit" zu stehen; denn jede Anlage, jedes Gerät soll dem Benutzer, d. h. dem Teilnehmer, im besten Sinne als Werkzeug bei der Erledigung seiner vielfältigen Aufgaben dienen.

# III. DIE WICHTIGSTEN BAUTEILE EINES WÄHLERSYSTEMS

Jede Schalteinrichtung setzt sich aus mehr oder weniger vielen Schaltungsteilen zusammen. Diese sind also die eigentlichen Bauteile, aus denen sich das Amt oder die Zentrale aufbaut. Aus Gründen der Wirtschaftlichkeit, z. B. mit Rücksicht auf Fertigung, Betrieb, Wartung, Instandhaltung usw., besteht die Forde-

Bild 19.  Viereckwähler (Hebdrehwähler), Drehwähler und Relais, die charakteristischen Bauteile des Siemens-Schrittschaltsystems.

rung, diese Bauteile weitgehend zu vereinheitlichen, also mannigfaltige Abarten möglichst zu vermeiden.  Unter den vielen „Systemen", die für Wählanlagen in der ganzen Welt geschaffen worden sind und noch entwickelt werden, wird bei einer sachlichen Prüfung demjenigen der Vorzug zu geben sein, das bei gleicher Betriebsgüte und unter sonst gleichen Bedingungen für große und kleine Anlagen, für öffentliche Ämter und für private Zentralen die einfachsten Bauteile und die geringste Zahl von Bauarten benutzt.  Dies wird sich sowohl auf die Herstellung (eigentliche Fabrikation, Montage usw.) als auch auf die spätere Betriebs-

unterhaltung einschließlich Amtserweiterungen, Verkehrsanpassungen, Personal-
ausbildung usw. auswirken.

Wähler und Relais sind die charakteristischen Bauteile der Wählanlagen (Bild 19).
Außer ihnen werden Widerstände, Drosseln, Kondensatoren, aber auch Thermokontakte (Wärmekontakte), Sicherungen, Lampen, Gleichrichter, Zähler usw.
verwendet. Aufbau, Arbeitsweise und Hauptanwendungsgebiete einiger dieser
Teile sollen als Grundlagen für die spätere Betrachtung zuerst behandelt werden.
Dieser Abschnitt befaßt sich also, wenn auch nur in beschreibender Form, mit
der Konstruktion.

## 1. WÄHLER

### a) Allgemeines

Ein **Wähler** ist ein fernsteuerbares Kontaktwerk, das dazu dient, eine Leitung
mit einer bestimmten anderen aus einer Mehrzahl von Leitungen zu verbinden.
Dabei wird im allgemeinen eine „suchende" Leitung nach einer „aufzusuchenden" durchgeschaltet.

Die Aufgabe, eine suchende Leitung nach einer aufzusuchenden Leitung
durchzuschalten, kann auf die unterschiedlichste Art gelöst werden. Die Ausführungen, mit denen diese Aufgabe im Laufe der Zeit und in den verschiedenen
Ländern und von den verschiedenen Herstellern durchgeführt wurde, sind daher
auch entsprechend vielgestaltig. Bei Verwendung von Wählern in Form elektromagnetischer Schaltwerke sind dabei grundsätzliche Unterschiede festzustellen
(vgl. Abschnitt III, 1e):

1. in der Art, wie und in welchen Bahnen die Wählereinstellung stattfindet,
2. in der Art der Antriebsmittel,
3. in der Art des Triebwerks selbst,
4. in der Art, wie die Kontaktgabe bei der Durchschaltung stattfindet, und
   damit in der Art, wie die Kontaktbank aufgebaut ist,
5. in der Zahl der sog. Einstellglieder, d. h. derjenigen Teile des Wählers,
   durch die die Kontaktgabe an der gewünschten Stelle veranlaßt wird.

Diese Andeutungen, mit denen die vorhandenen Möglichkeiten und Ausführungen
bei weitem nicht erschöpft sind, sollen vorerst nur die verschiedenartigen Wege
kennzeichnen, die man in der Wählerentwicklung beschritten hat. Sie zeigen
aber, daß sowohl bei der Einarbeit in die Konstruktion der verschiedenen Bauarten als auch ganz besonders bei einem kritischen Vergleich eine Gliederung
unerläßlich ist, durch die erst eine eindeutige und fruchtbare Betrachtung ermöglicht wird. Als besonders zweckmäßig hat sich eine Gliederung in:

1. Kontaktbank (Kontaktfeld),
2. Einstellglied,
3. Antrieb

erwiesen, wobei Kontaktbank und Einstellglied das *Kontaktwerk* bilden.

Als *Kontaktbank* bezeichnet man die Gesamtheit aller Kontaktlamellen (Kontaktstifte, -drähte usw.), an die die aufzusuchenden und u. U. auch die suchen-

den Leitungen angeschlossen werden. Die Kontaktbank besteht je nach Wählerbauart abwechselnd aus Schichten von Kontaktlamellen (Kontaktstiften, Kontaktdrähten) und Isolierzwischenlagen.

Das *Einstellglied* ist der bewegliche Teil des Wählers, der auf die gewünschte
Kontaktlamelle eingestellt wird und suchende und aufzusuchende Leitungen
miteinander verbindet.

Der *Antrieb* schließlich bewegt das Einstellglied in die gewünschte Stellung und
im allgemeinen nach Gesprächsschluß weiter oder wieder zurück in seine Anfangsstellung.

Die suchende Leitung ist mit den Schaltarmen verbunden; die Gesamtheit
der aufzusuchenden Leitungen ist an den Kontaktlamellen (Kontaktstifte,
-drähte) angeschlossen, auf die sich
die Schaltarme einstellen (Bild 20).

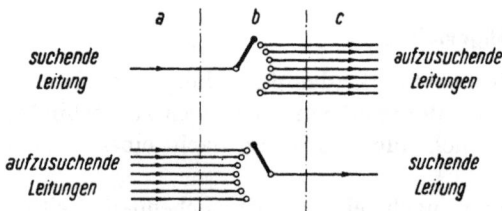

Bild 20. Verschiedene Einordnung der Wähler
in den Verbindungsweg.

a = Eingänge.
b = Wähler.
c = Ausgänge.

Im allgemeinen ist die suchende
Leitung „ankommend", die aufzusuchende Leitung „abgehend" an
den Wähler geführt, d. h. es liegen
suchende Leitung, Wähler und aufzusuchende Leitung in Richtung
des Verbindungsaufbaues hintereinander (Bild 20, oben). Der Wähler
hat in diesem Fall einen „Eingang"
und eine größere Zahl von „Aus-
gängen". Man spricht dann davon, daß der Wähler für seinen Eingang
einen beliebigen Ausgang auswählen kann, woher auch seine Bezeichnung
„Wähler" herrührt. Ist der Wähler umgekehrt in den Verbindungsaufbau eingeordnet, so hat er eine größere Anzahl von Eingängen und nur einen
Ausgang (Bild 20, unten). In diesem Falle kann der Wähler für seinen Ausgang
einen der Eingänge aussuchen, und man spricht von „Suchern" (z. B. Anrufsucher).

In den meisten Fällen werden die Wähler in der zuerst gekennzeichneten Weise
eingesetzt, d. h. „suchende Leitung" bedeutet „Eingang" und die „aufzusuchenden Leitungen" entsprechen den „Ausgängen". Der Einfachheit halber
soll dies bei der Beschreibung der Bauteile verallgemeinert und, soweit keine
Verwechslungen entstehen können, in diesem Kapitel nur noch von „Eingängen"
und „Ausgängen" gesprochen werden.

### b) Schrittschalt-Drehwähler

Ein **Schrittschalt-Drehwähler** (Bild 21) ist ein Drehwähler mit Einzelantrieb;
als Antrieb ist, wie der Name sagt, ein Schrittschaltwerk vorgesehen.

Aufbau und Arbeitsweise der Schrittschalt-Drehwähler sollen an Hand der
Bauarten von Siemens & Halske behandelt werden.

Die Kontaktbank des Drehwählers (Bild 22) enthält die für den Anschluß
sämtlicher Ausgänge erforderlichen Kontaktlamellen. Diese sind in mehreren

Bild 21. 11teiliger Schrittschalt-Drehwähler (Siemens & Halske).

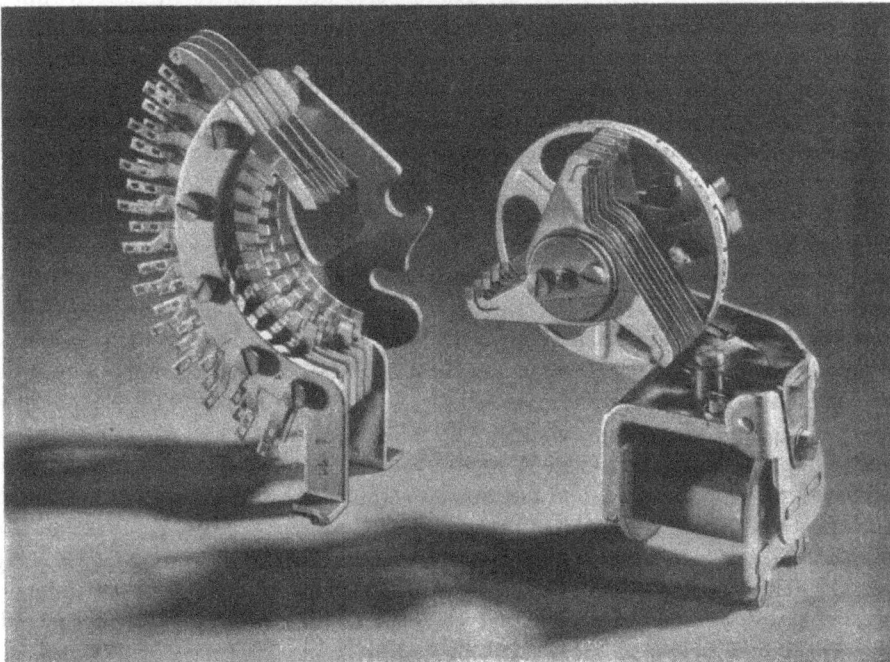

Bild 22. 11teiliger Schrittschalt-Drehwähler. Einstellglied und Antrieb (rechts) nach
Lösen einer Schraube aus der Kontaktbank (links) herausgezogen.

Schichten (Ebenen, Kränzen) angeordnet, die durch Isolier- und Metallzwischenlagen elektrisch und räumlich sorgfältig voneinander getrennt sind. Entsprechend
der Drehbewegung der Schaltarme ist die Kontaktbank kreisbogenförmig ausgebildet. In einer Stellung des Wählers (Nullstellung) sind keine Kontaktlamellen,
sondern *Stromzuführungsfedern* eingebaut, die in den Schaltarmsatz hineinragen
und die Anschlußstellen für die Adern des Eingangs darstellen.

Die Zahl der in einer Ebene liegenden Lamellen richtet sich nach der Zahl der
anzuschließenden Leitungen, d. h. nach den Ausgängen, die von dem Wähler
erreicht werden sollen.

Die angeschlossenen Leitungen sind mehradrig. Ihre Adernzahl hängt von den
Schaltungsforderungen ab. Entsprechend hat jede Stellung oder jeder *Schritt*
des Wählers drei, vier oder mehr Lamellen. Man unterscheidet dabei a-, b-,
c-Kontaktebenen usw. An den a- und b-Kontaktlamellen enden im allgemeinen
die zweiadrigen Sprechleitungen. Die c-Kontaktlamellen dienen Prüfzwecken.
Weitere Kontaktebenen werden je nach Bedarf für besondere Schalt- oder Sperr-
vorgänge verwendet oder steuern den selbsttätigen Heimlauf des Wählers in
die Nullstellung. Die Kontaktebenen können Einzellamellen oder auch ein
durchgehendes *Segment* enthalten. Um elektrostatische Beeinflussungen zwischen
den einzelnen Kontaktebenen zu verhindern, werden die Metall-(Aluminium)-
Zwischenlagen der Kontaktbank durch ein Messingband (unter Umständen
auch durch einen Splint) miteinander verbunden und geerdet.

Die Kontaktlamellen enden auf der Außenseite des Wählers in Lötschwänzen.
Diese dienen zum Anlöten der Vielfachverdrahtung (vgl. Abschnitt XII' 1a).
Soll als Vielfachverdrahtung für die Wähler die sog. „Blankverdrahtung" verwendet werden, bei der die einander entsprechenden Lamellen durch gerade,
blanke Drähte miteinander verbunden sind, so ist die Stellung der Lötschwänze
von Schicht zu Schicht so versetzt, daß die blanken Drähte ohne gegenseitige
Berührung eingelegt werden können (vgl. Bild 242). Der äußerste Wähler einer
Vielfachverdrahtung ist mit längeren Lötschwänzen ausgerüstet, die am Ende
mit zwei Lötlöchern versehen sind. Die äußeren Lötlöcher sind die Anschlußstellen für die Anschlußdrähte, die nach anderen Einrichtungen weiterführen.
In Bild 21 ist ein derartiger Drehwähler abgebildet, der als äußerster Wähler
eines 10teiligen VW-Rahmens eingesetzt wird und an seinen zweifach gelochten
Lötschwänzen sowohl die Drähte der Vielfachverdrahtung als auch die Adern
der Anschlußleitungen aufnehmen kann.

Das Einstellglied hat die gleiche Anzahl von *Schaltarmen*, wie die Kontaktbank Kontaktebenen oder -reihen hat. Dreht sich die Welle des Einstellgliedes,
so kommen die Schaltarme mit ihren Ausläufern *(Bürsten)* nacheinander mit
den einzelnen Lamellen der Kontaktbank in Berührung. Die Kontaktlamellen
füllen je nach Größe des Wählers 120° oder 180° eines Kreisbogens aus (vgl.
Bild 24). Um bei der Rückkehr in die Anfangsstellung einen Leerlauf oder gar
ein Zurückdrehen der Schaltarme zu vermeiden, hat jeder Schaltarm drei oder
zwei Bürsten, die ebenfalls um 120° bzw. 180° gegeneinander versetzt sind; je
nach der Zahl der Bürsten, die ein Schaltarm hat, unterscheidet man „Dreifach-
und Zweifachschaltarme", u. U. auch „Einfachschaltarme". Verläßt eine Bürste

des Schaltarmes die letzte Lamelle, so läuft bereits eine andere auf die erste Lamelle auf (vgl. auch Bild 37). Zur Anzeige der jeweiligen Schrittstellung trägt das Einstellglied eine Zahlentrommel. Um zu verhindern, daß die Schaltarme sich beim Weiterschalten des Wählers durch Schwingen gegenseitig berühren, befinden sich dünne Isolierscheiben zwischen den Schaltarmen und zwischen dem äußeren Schaltarm und der Zahlentrommel.

Entsprechend der Wichtigkeit, die der sicheren Kontaktgabe zukommt, sind Ausführungen und Baustoff der Schaltarme das Ergebnis langjähriger Untersuchungen. Die Schaltarme bestehen aus je zwei Federn und umfassen die Kontaktlamellen im allgemeinen von beiden Seiten; die „Bürstenspitzen" sind ferner dachförmig gegeneinander geneigt und können geschlitzt sein. Dadurch wird ein sicherer Vielfachkontakt (im letzten Falle: Berührung in mindestens vier Punkten) erzielt.

Der Antrieb besteht im wesentlichen aus dem Drehmagnet, dem Anker mit Stoßklinke und aus dem Antriebsrädchen. Als Magnetsystem haben sich zwei Ausführungen herausgebildet, die sich durch ihre Kraftreserve unterscheiden und je nach Wählergröße und Armzahl verwendet werden. Der Antrieb arbeitet derart, daß die Stoßklinke bei jedem Ankeranzug das Antriebsrädchen und die mit diesem starr verbundenen Schaltarme um einen Zahn bzw. um einen Schritt weiterschaltet. Eine Sperrfeder, die in die Verzahnung des Antriebsrädchens eingreift, verhindert eine Rückwärtsbewegung des Einstellgliedes. In Bild 23 ist der Schaltvorgang vereinfacht dargestellt (Lit. 4).

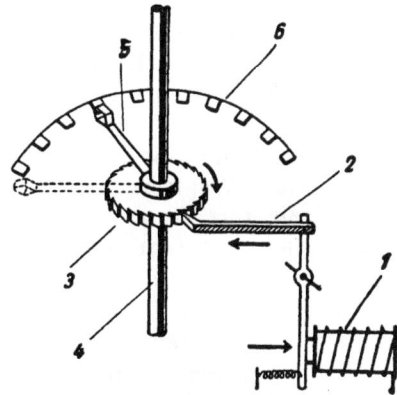

Bild 23. Grundsätzliche Darstellung eines Drehwählers.
1 = Drehmagnet.
2 = Stoßklinke.
3 = Antriebsrädchen.
4 = Welle.
5 = Schaltarm.
6 = Kontaktbank.

Diesem *direkten Antrieb (unmittelbarer Antrieb, Stoßantrieb)* steht der *indirekte Antrieb (mittelbarer Antrieb, Zugantrieb)* gegenüber, bei dem die Schaltklinke bei jedem Ankeranzug um einen Zahn entgegen einer Federkraft weitergeschaltet wird, die Schaltarmbewegung jedoch erst bei Ankerabfall und Rückzug der Schaltklinke durch die Feder bewirkt wird.

In manchen Fällen wird schaltungstechnisch ein besonderer Hilfskontakt benötigt, der bei jedem Anzug des Drehmagnets arbeiten soll. Dieser *Drehmagnetkontakt (d-Kontakt)* ist an einem Winkel vor dem Anker befestigt und wird durch einen Hartgummipimpel betätigt. Einige der in Bild 24 dargestellten Wähler sind mit diesem Drehmagnetkontakt ausgerüstet.

Je nach Verwendungszweck der Wähler findet man 10...50teilige Schrittschalt-Drehwähler (Bild 24), d. h. Wähler mit 10...50 beschalteten Ausgängen. Die Zahl der wirklich vorhandenen Schritte des Drehwählers ist dabei etwas größer als die Zahl der sog. beschalteten Ausgänge. Dies hat sowohl schaltungstechnische als auch konstruktive Gründe.

Schaltungstechnisch braucht man z. B. bei 10-(11-)teiligen Drehwählern als I. Vorwähler einen 11. Schritt, den sog. „Durchdrehschritt" auf dem ein Wähler, der keinen freien Ausgang findet, stillgesetzt wird (vgl. Abschnitt V, 4c). Ein weiterer Schritt ist die Ruhestellung, in die sich der Wähler nach dem Überlaufen aller 11 Schritte schaltet; diese Stellung ist also gleichzeitig der 0. und 12. Schritt. Die Ausgänge oder allgemeiner die aufzusuchenden Leitungen werden an die ersten 10 Schritte angeschlossen und haben den Namen „10teiliger" Wähler veranlaßt. Auf dem 0. Schritt sind die Stromzuführungsfedern eingebaut, die die Adern des Eingangs mit den Schaltarmen verbinden. Bei diesem 10teiligen Drehwähler, der z. B. in großen Stückzahlen als Einheitsbauart der Deutschen Postverwaltung eingesetzt ist, sind bei seiner Verwendung als I. Vorwähler drei oder vier 12teilige Kontaktkränze mit Einzellamellen vorhanden; eine weitere Kontaktebene, die zur Weiterschaltung des I. Vorwählers in seine Ruhestellung dient (vgl. Abschnitt V, 3), besteht aus einer Einzellamelle für die Ruhestellung, einem durchlaufenden Segment für die übrigen Schritte und in neueren Systemen aus einer Einzellamelle für den Durchdrehschritt (= 11. Schritt).

Konstruktiv und fabrikationstechnisch ist man bestrebt, die Einzelteile jeweils für mehrere Wählerbauarten zu benutzen. Unter Verwendung des gleichen 36zähnigen Antriebsrädchen beispielsweise, zusammen mit anderen gemeinsamen Einzelteilen, entsteht dadurch aus dem „10teiligen" Drehwähler mit 12 Schritten (einschließlich Ruhestellung; Kontaktlamellen auf einem Drittelkreisbogen) ein sog. „15- oder 17teiliger" Drehwähler mit 18 Schritten (einschließlich Ruhestellung; Kontaktlamellen auf einem Halbkreisbogen). Im übrigen ist dieser Wähler grundsätzlich so aufgebaut wie der 10teilige Drehwähler; er hat jedoch entsprechend der Anordnung der Kontaktlamellen auf einem Halbkreisbogen mehrere Schaltarme mit zwei Bürsten, die um 180⁰ gegeneinander versetzt sind („Zweifachschaltarme"). Seine Bezeichnung als „15teiliger" Drehwähler stammt von seiner Hauptverwendung als II. Vorwähler her, bei dem in der Regel nur 15 von den 17 vorhandenen Ausgängen beschaltet werden.

Die Zahl der Ausgänge wird ferner auf einfache Weise dadurch verdoppelt, daß man beim Wähler mit halbkreisförmiger Kontaktbank die Kontaktkränze in doppelter Anzahl vorsieht. Die Kontaktlamellen gleicher Art, z. B. die a-Lamellen, liegen dann nicht mehr in einer einzigen, sondern in zwei Ebenen; sie werden nacheinander von zwei Bürsten bestrichen, die sowohl gegeneinander um 180⁰ versetzt, als auch in Richtung der Schaltarmachse gegeneinander verschoben sind. Aus dem „17teiligen" Drehwähler wird dadurch ein „2 × 17teiliger" oder „34teiliger" Drehwähler, aus einem „25teiligen" Drehwähler ein „2 × 25teiliger" oder „50teiliger" Drehwähler. Für Schaltarme, die in zwei oder sogar vier Ebenen über Kontaktlamellen gleicher Art streichen, sei die Bezeichnung 2- oder 4paarig geprägt. Der „2 × 17teilige" Drehwähler ist dann also mit 2paarigen Einfachschaltarmen ausgerüstet.

Im übrigen richtet sich die Benennung der Drehwähler danach, ob die schaltungsmäßige Verwendung oder der konstruktive Aufbau gekennzeichnet werden soll. Die in Bild 24 dargestellten Wähler sind hauptsächlich bekannt als 10- oder

Bild 24. Schrittschalt-Drehwähler verschiedener Größe mit 11 (10), 17 (15), 34 (vordere Reihe) sowie mit 26 (25) und 52 (50) Ausgängen (hintere Reihe). Bauart Siemens & Halske.

11 teilig, 15- oder 17 teilig, 34- oder 2 × 17 teilig, 25 teilig (26 teilig), 50- oder 2 × 25 teilig (52- oder 2 × 26 teilig).

Für besondere Schaltvorgänge können die Drehwähler mit einem weiteren Hilfskontakt ausgerüstet sein, durch den gekennzeichnet wird, ob sich der Wähler in der Nullstellung befindet oder nicht. Dieser *Nullkontakt* besteht aus einem Kontaktfedersatz (ähnlich den Relaiskontakten) und wird durch einen Kontakthebel betätigt, der zwischen Zahlentrommel und dem Schaltarmsatz eingeschichtet ist.

Drehwähler werden in der Wähltechnik für die verschiedensten Zwecke verwendet. In Vorwählern, Anrufsuchern, Mischwählern und Umsteuerwählern haben sie die Aufgabe, eine Leitung in freier Wahl aus einer Gruppe von Leitungen auszusuchen und sie selbsttätig mit der suchenden Leitung zu verbinden. Als Mitlaufwerk, Drehgruppenwähler, Drehleitungswähler usw. werden sie durch die Nummernwahl gesteuert. Man braucht sie ferner als Steuerschalter, Abzählwerk, Zeitschalter usw.

Die Schrittgeschwindigkeit der Wähler richtet sich nach ihrer Verwendung. Es werden Drehgeschwindigkeiten bis 50 Schritte/s erreicht, wenn der Wähler selbsttätig, d. i. in freier Wahl, dreht. Wird er dagegen z. B. von den Stromstößen der Nummernwahl eingestellt, so werden die Schaltarme entsprechend dem Nummernschalterablauf mit 10 Schritten/s weitergeschaltet.

Für besondere Verwendungszwecke des Drehwählers haben sich gewisse konstruktive Abweichungen von seinen Hauptausführungen (für Vorwähler, Anrufsucher, Mischwähler usw.) herausgebildet. Als Beispiel sei der *Steuerschalter* herausgegriffen. Der Steuerschalter hat die Aufgabe, eine Reihe von Stromkreisen zum Teil gleichzeitig, zum Teil nacheinander in festgelegter Reihenfolge zu schließen oder zu öffnen; er kann daher die Obliegenheiten einer mehr oder weniger großen Zahl von Relaiskontakten übernehmen. Jede Kontaktebene dieses Drehwählers besteht aus einem isolierenden Hartpapiersegment als Zwischenlage, an dessen beiden Seiten je eine Reihe paarweise zusammengehöriger Kontaktlamellen angeordnet ist. Jeder der Schaltarme wirkt nur als Kurzschließer, indem seine beiden Federn lediglich die beiden Kontaktlamellen einer Kontaktebene miteinander verbinden. Ein Lamellenpaar entspricht also zusammen mit dem betreffenden Schaltarm schaltungstechnisch einem Relaiskontakt. Eingang und Ausgang liegen dabei an den Kontaktlamellen, so daß die Stromzuführungsfedern bei dieser Wählerausführung fortfallen. Die Schaltarmbürsten sind ferner derart ausgebildet, daß sie beim Weiterschalten jeweils bereits auf die Kontaktlamelle des nächsten Schrittes auflaufen, bevor sie die des vorhergehenden verlassen haben (Bürsten mit *Übergang*).

### c) Schrittschalt - Hebdrehwähler

Die Schrittschalt-Hebdrehwähler sind im allgemeinen 100teilig, seltener 200teilig, d. h. sie haben im allgemeinen eine Kontaktbank mit 100 Ausgängen. Die dafür erforderlichen Lamellen sind in 10 Reihen *(Dekaden, Höhenschritte)* zu je 10 Lamellen übereinander geschichtet. Demzufolge werden beim Hebdrehwähler die Schaltarme zur Einstellung zuerst in eine der Dekaden gehoben und anschließend innerhalb dieser auf die gewünschte Kontaktlamelle gedreht.

Aufbau und Arbeitsweise der Schrittschalt-Hebdrehwähler sollen an Hand des *Viereckwählers* behandelt werden, der die letzte in der Praxis eingeführte Form der Siemens-Hebdrehwähler darstellt (Bild 25).

Der Viereckwähler wurde in den Jahren 1925 bis 1927 entwickelt und im Jahre 1926 in seiner ersten, größeren Form, danach im Jahre 1927 in einer gedrängteren, weiterentwickelten Ausführung herausgebracht.

Die Schaltarme des Viereckwählers führen zur Einstellung, wie oben angegeben, zuerst eine Heb- und danach eine Drehbewegung aus. Bei der Auslösung drehen die Schaltarme innerhalb der Dekade weiter bis über die letzte Kontaktlamelle hinaus, fallen in ihre tiefste Lage hinab und schnellen unterhalb der Kontaktbank in die Anfangsstellung zurück. Von dieser „Viereckbewegung" rührt der Name des Wählers her, der in allen größeren Siemens-Fernsprechanlagen zu finden ist und ferner von Verwaltungen, wie die Deutsche Reichspost usw., als Einheitsbauart allen Lieferfirmen vorgeschrieben wurde.

Die Viereckbewegung steht im Gegensatz zu der „rückläufigen Auslösebewegung", bei der die Schaltarme während des Auslösevorganges wieder bis v o r die Kontakt-

Bild 25. Entwicklung des Hebdrehwählers (Siemens & Halske).
Strowgerwähler, Bauart 1906 (hinten links),
Hebdrehwähler, Bauart 1910 (hinten rechts), Raumbedarf = 100 %, Gewicht = 100 %,
Viereckwähler, Bauart 1926 (vorn rechts), Raumbedarf = ca. 65 %, Gewicht = ca. 75 %,
Viereckwähler, Bauart 1927 (vorn links), Raumbedarf = ca. 50 %, Gewicht = ca. 50 %.

bank zurückgedreht werden, um dort in die Ruhestellung herabzufallen. Gegenüber der rückläufigen Auslösebewegung bietet sie Vorteile, wie z. B.:

zweckmäßigere Ausbildung der Schleifflächen der Schaltarme, deren Bürsten nur für eine Schleifrichtung konstruiert zu werden brauchen,

verringerte Verschmutzungsgefahr (Staubablagerung, Oxydationsbildung), da bei jeder Benutzung des Wählers alle Lamellen der betreffenden Dekade überstrichen und somit gereinigt werden, während bei Wählern mit rückläufiger Auslösebewegung die hinteren Lamellen seltener bestrichen werden. Damit gleichzeitig

geringere Abnutzung der vorderen Lamellen, da gleichmäßige Abnutzung aller
Lamellen einer Dekade,

Einsparung des Auslösemagnets mit zugehörigem mechanischem Teil.

Der Viereckwähler (Bild 26) unterscheidet sich, wie schon rein äußerlich an seiner
Form zu erkennen ist, von anderen Schrittschalt-Hebdrehwählern.

Die Kontaktbank ist entsprechend der Heb- und Drehbewegung zylinder-
mantelförmig ausgebildet. Sie setzt sich aus Schichten von Kontaktreihen mit

Bild 26. Viereckwähler (Siemens & Halske).

je 10 Lamellen, von Metallzwischenlagen zur Erzielung der erforderlichen Steifig-
keit und von Isolierzwischenlagen zur elektrischen Trennung der Kontaktlamellen
zusammen (Bild 27). Die gesamte Kontaktbank ist in drei Teilbänke mit je
100 Lamellen eingeteilt. Diese Teilbänke werden mit a-, b- und c-Bank bezeichnet,
je nachdem, ob an ihre Kontaktlamellen die a/b-Leitungen (Sprechadern) oder
die c-Adern (Prüfader) herangeführt sind. Die 100 Lamellen jeder der drei
Bänke sind in 10 Dekaden mit je 10 Schritten angeordnet.

Die Metallzwischenlagen der a- und b-Bank sind durch ein Messingband miteinander verbunden und werden im Betrieb über den Gestellrahmen geerdet,
in den die Kontaktbänke eingebaut werden. Dadurch werden elektrostatische
Beeinflussungen zwischen Lamellen benachbarter Höhenschritte vermieden und
eine der Ursachen für das Übersprechen von Sprechleitung zu Sprechleitung
beseitigt.

Die Kontaktlamellen enden an der hinteren Seite des Wählers in Lötschwänzen. Jeder Lötschwanz hat zwei offene Lötösen. Die innere Lötöse ist für die Vielfachverdrahtung der Wähler bestimmt; an die äußere Lötöse werden die weiterführenden Anschlußdrähte, *Verbindungskabel* genannt, angeschlossen. Die Vielfachverdrahtung wird mittels *Bandkabel* ausgeführt (vgl. Abschnitt XII, 1b). Die bisher in der Praxis fast ausschließlich benutzte Ausführung des Viereckwählers hat eine 100 teilige Kontaktbank (10 Dekaden mit je 10 Lamellen).

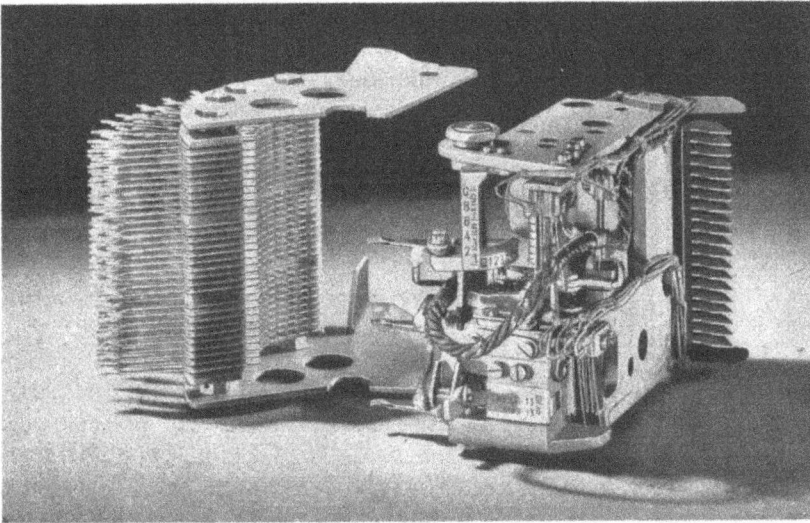

Bild 27. Viereckwähler. Wählerbock (rechts) mit Einstellglied und Antrieb aus der Kontaktbank (links) nach Lösen zweier Schrauben herausgezogen.

Daneben ist auch noch ein 110 teiliger Viereckwähler entwickelt worden, bei dem jeder Höhenschritt 11 Kontaktlamellen aufweist. Diese 11 Lamellen sind für die Erfüllung bestimmter schaltungstechnischer Forderungen erwünscht. Beim Gruppenwähler beispielsweise hat der 11. Schritt ( = *Durchdrehschritt*) Bedeutung, wenn der Gruppenwähler bei der Freiwahl auf den vorherliegenden 10 Drehschritten keinen freien Ausgang gefunden hat und auf den 11. Schritt „durchdreht". Die hierbei erforderlichen Schaltmaßnahmen werden beim normalen 100 teiligen Viereckwähler durch den $w_{11}$-Kontakt (Durchdrehkontakt; vgl. später) vorgenommen. Zusätzliche Bedingungen, wie die Messung derartiger Durchdreher je Dekade, lassen sich mit dem $w_{11}$-Kontakt nicht einwandfrei durchführen, sondern werden erst mit der 110 teiligen Kontakbank ermöglicht. Beim Leitungswähler kann die 110 teilige Kontaktbank für Sammelanschlüsse (vgl. Abschnitt XI, 4) von Vorteil sein.

Das Einstellglied hat entsprechend den drei Teilbänken drei Schaltarme. Ein vierter, versetzt eingebauter Schaltarm tritt bei Verwendung der „Sammelkontakte" in Tätigkeit (vgl. später). Für den Heb- und Drehvorgang ist das Einstellglied an einer entsprechend gezahnten Zahnstange und an einem mit

Längsriffelungen versehenen Schaltzylinder befestigt, die in Bild 28 grundsätzlich dargestellt sind. Durch Schalten an der Zahnstange und am Schaltzylinder wird die gewünschte senkrechte, geradlinige und danach die waagrechte, kreisbogenförmige Bewegung erzielt. Der Ausgang, auf den der Wähler eingestellt ist, kann an der „Heb- und Drehskala" abgelesen werden.

Die Sicherheit der Kontaktgabe ist durch Mehrfachberührung zwischen Schaltarm und Lamelle erhöht. Ähnlich wie beim Drehwähler umfassen die Schaltarme auch hier die Kontaktlamellen von beiden Seiten; einige Ausführungen sind vorn geschlitzt. Die verwendete „Maulform" beruht auf langjährigen Untersuchungen und Erfahrungen. Derartig geformte Schaltarme laufen am leichtesten auf die Lamellen auf und behalten, weil sich die Auflagefläche nicht ändert, selbst bei Abnutzung einen nahezu konstanten spezifischen Kontaktdruck.

Der Antrieb (Einzelantrieb; Schrittschaltantrieb) besteht entsprechend den zwei Bewegungsrichtungen der Schaltarme aus dem Hebteil und dem Drehteil. Der Hebteil umfaßt in der Hauptsache den Hebmagnet, die Hebklinke und die schon erwähnte Zahnstange mit der Hebverzahnung. Bei jedem Anzug des Hebmagnets drückt die Hebklinke die Zahnstange und damit auch den Schaltarmsatz um einen Schritt in die Höhe. Der Drehteil setzt sich hauptsächlich aus Drehmagnet, Drehklinke und dem Schaltzylinder mit der Drehverzahnung zusammen. Die genaue Einstellung des Einstellgliedes wird sowohl beim Heben als auch beim Drehen durch Anschläge und durch Sperrfedern gesichert.

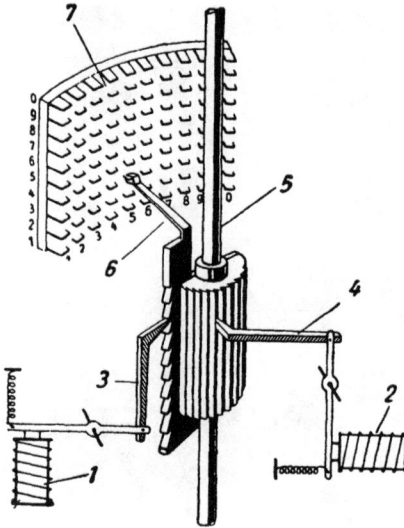

Bild 28.  Grundsätzliche Darstellung des Hebdrehwählers.

1 = Hebmagnet.
2 = Drehmagnet.
3 = Hebklinke.
4 = Drehklinke.
5 = Welle mit Schaltzylinder.
6 = Schaltarm.
7 = Kontaktbank.

Zur Rückkehr in die Anfangsstellung werden die Schaltarme über den letzten Kontakt der betreffenden Dekade hinausgedreht, fallen dann hinter der Kontaktbank herab (12. Schritt) und schnellen unterhalb der Kontaktbank in die Anfangsstellung. Diese Rückstellbewegungen werden von einer Spiralfeder unterstützt bzw. veranlaßt, die beim Einstellen zusammengedrückt und gespannt wird. Dadurch bleiben die Bewegungsvorgänge des Viereckwählers unabhängig von seiner Aufstellung, und er arbeitet auch noch in anderen als in der normalen Lage einwandfrei. Ein besonderer Auslösemagnet, wie bei älteren Hebdreh-wählerbauarten, ist bei der Auslösebewegung des Viereckwählers nicht mehr erforderlich.

Der Viereckwähler ist also mit einem *Einzelantrieb* ausgerüstet, d. h. die Wählereinstellung ist unabhängig von gemeinsamen Antriebsmitteln. Jeder Wähler hat ein eigenes *Schrittschaltwerk*, das direkt arbeitet; wenn also Stromstöße auf den Hebmagnet oder auf den Drehmagnet einwirken, ziehen diese ihren Anker an und schalten bei der Anzugsbewegung das Einstellglied um einen Höhen- bzw. Drehschritt weiter.

Der Siemens-Viereckwähler ist ferner je nach seinem Einsatz mit einer Reihe von *Sonder-* und *Hilfskontakten* ausgerüstet (Bild 29). Diese Hilfskontakte sind entweder Federsätze ähnlich den Relaisfedersätzen, oder die Kontaktgabe findet zwischen Hilfsschaltarmen und Hilfslamellen statt. Federsätze sind für Kopf- kontakte, Wellenkontakte, Durchdrehkontakte, Dekadenkontakte, Drehmagnet- kontakte und Hebmagnetkontakte vorgesehen, Hilfslamellen und -schaltarme werden beim Sammelkontakt und beim Höhenschrittkontakt verwendet.

**1. Kopfkontakte** (k-Kontakte).

Der Name stammt vom Strowgerwähler her, bei dem dieser Kontakt am Kopf des Einstellgliedes angebracht war. Da er sich auch, wie z. B. beim Viereck- wähler (Bild 29), unten am Wähler befinden kann, wurde daneben die Bezeichnung „Fußkontakt" (jedoch ungebräuchlich) geprägt.

Die Kopfkontakte kennzeichnen, ob der Wähler sich in der Anfangsstellung be- findet oder diese verlassen hat. Sie werden beim ersten Hebschritt betätigt und erst wieder zurückgelegt, wenn die Schaltarme am Ende der Rückstellbewegung in die Anfangsstellung zurückschnellen.

**2. Wellenkontakte** (w-Kontakte).

Der Name stammt ebenfalls von der Anordnung des Kontaktes am Strowger- wähler her, bei dem er an der Achse des Einstellgliedes ($=$ Welle) angebracht war.

Die Wellenkontakte (Bild 29) sind ein Kennzeichen dafür, ob die Drehbewegung bereits eingesetzt hat oder nicht. Sie werden beim ersten Drehschritt umgelegt, also dann, wenn die Schaltarme in die gewünschte Dekade eindrehen. Die Wellen- kontakte werden wieder zurückgelegt, wenn die Schaltarme bei der Rückstell- bewegung unterhalb der Teilbänke in die Anfangsstellung zurückschnellen.

**3. Durchdrehkontakte.** ($w_{11}$-Kontakte).

Die Bezeichnung $w_{11}$-Kontakt deutet an, daß es sich um eine Art Wellenkontakt, und zwar für den 11. Schritt, handelt (Bild 29).

Der Durchdrehkontakt wird nur in der 11. Schrittstellung jeder Dekade betätigt. Er wird schaltungstechnisch bei Gruppenwählern ausgenutzt, wenn der Wähler sämtliche Ausgänge einer Dekade besetzt gefunden hat; dieser Kontaktsatz entspricht also z. B. dem 11. Schritt des 11 teiligen Drehwählers im Vorwähler, nur daß dort besondere Lamellen in der Kontaktbank vorgesehen sind.

**4. Dekadenkontakte** ($k_x$-Kontakte, $k_0$-Kontakte; dk-Kontakte).

Die Bezeichnung deutet an, daß die Kontakte in bestimmten Dekaden eingebaut werden können, z. B. der $k_0$-Kontakt in der 10. ($=$ 0.) Dekade.

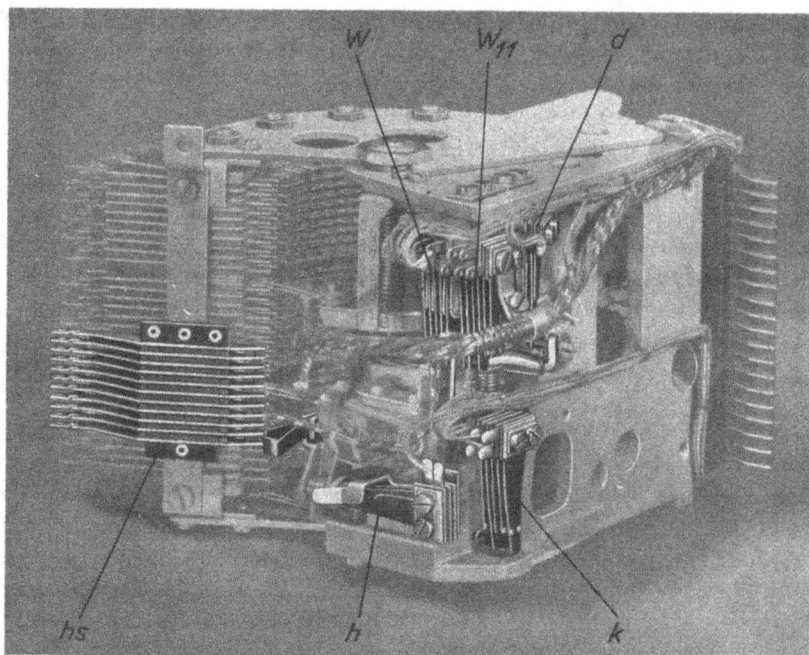

Bild 29. Hilfskontakte am Viereckwähler (Einbaumuster).
d  = Drehmagnetkontakte.
h  = Hebmagnetkontakte.
hs = Höhenschrittkontakte.
k  = Kopfkontakte.
w  = Wellenkontakte.
$w_{11}$ = Durchdrehkontakte.

Die Dekadenkontakte werden umgelegt, wenn das Einstellglied die betreffende Dekade erreicht hat; sie werden wieder zurückgelegt, sobald der erste Drehschritt stattfindet. Dekadenkontakte werden schaltungstechnisch bei Leitungswählern benutzt, wenn diese anschließend an die Hebbewegung selbsttätig in bestimmte Dekaden eindrehen sollen, um danach unter Benutzung des „Sammelkontaktes" die betreffende Dekade in freier Wahl abzusuchen. Derartige Leitungswähler arbeiten dann in bestimmten Dekaden wie Gruppenwähler (*gruppenwählermäßiges Arbeiten*); sie werden daher auch *Leitungsgruppenwähler* (LGW) genannt. Solche Leitungswähler findet man z. B. in Anlagen ohne Gruppenwahlstufe (100er-Anlagen), in denen an bestimmte Dekaden Verbindungsleitungen angeschlossen sind.
Je nach Ausführung des Dekadenkontaktes kann das selbsttätige Eindrehen von der 7. oder von der 8. oder von der 9. Dekade ab oder für die 8. und 10. (=0.) oder nur für die 8. oder nur für die 10. (=0.) Dekade vorgesehen werden.

## 5. Drehmagnetkontakte (d-Kontakte).

Die Drehmagnetkontakte (Bild 29) werden bei jeder Erregung des Drehmagnets betätigt. Sie entsprechen den d-Kontakten der Drehwähler.

## 6. Hebmagnetkontakte (h-Kontakte).

Die Hebmagnetkontakte (Bild 29) werden bei jeder Erregung des Hebmagnets betätigt.

## 7. Sammelkontakte (sk-Kontakte).

Der Name stammt von der Verwendung dieses Kontaktes für „Sammelanschlüsse" in Leitungswählern her.

Der Sammelkontakt besteht aus einem Hilfsschaltarm (vierter Arm) und dem Sammelkontaktsatz (Bild 30). Dieser Kontaktsatz wird dadurch gebildet, daß kammartige Segmente in zwei Säulen eingeschoben werden, in denen entsprechend den 10 Dekaden 10 Einschnitte als Halterungen vorgesehen sind. Die verwendeten „Kämme" haben im allgemeinen 9 oder 10 Zähne, die nach Bedarf stehengelassen oder vor dem Einsetzen abgeschnitten werden. Der Sammelkontakt hat die Aufgabe, einen Stromkreis der Wählerschaltung zu schließen, wenn in dem betreffenden Höhenschritt ein Segment eingesetzt ist und der Zahn des Segments für diesen Schritt nicht abgeschnitten worden ist. Die Zuleitung zum Sammelkontakt ist in die Anschlußschnur für die Schaltarme eingeflochten und führt zum Hilfsarm.

Bild 30. Befestigung der Sammelkontakt-Segmente („Kämme") in den Einschnitten der Säulen (Ausführung mit Metallsäulen).

Der weiterführende Anschlußdraht wird je nach Bauart des Sammelkontaktes verschieden angeschlossen. Sind die beiden Säulen aus Metall, so sind die Segmente leitend mit den Säulen und mit einer gemeinsamen Lötöse für den Anschlußdraht verbunden. Sind die beiden Säulen aus Isoliermaterial (z. B. Hartgummi), so stehen die einzelnen Segmente elektrisch nicht miteinander in Verbindung und haben jedes für sich eine Lötöse für einen besonderen Anschlußdraht. Im ersten Falle kann der Sammelkontakt in allen Höhenschritten schaltungstechnisch nur für den gleichen Zweck eingesetzt werden. Im zweiten Falle können mit ihm in den einzelnen Höhenschritten unterschiedliche Aufgaben gelöst werden.

Schaltungstechnisch wird der Sammelkontakt vor allem dazu benutzt, um den Leitungswähler selbsttätig weiterdrehen zu lassen, wenn der vierte Arm auf einen Zahn des kammartigen Segmentes aufläuft und der zugeordnete Ausgang bereits belegt ist. Diese Betriebsforderung tritt für „Leitungsgruppenwähler" und bei „Sammelanschlüssen" auf. *Sammelanschlüsse* werden z. B. vorgesehen, wenn einem Teilnehmer mehrere hintereinanderliegende Ausgänge aus der Leitungswahlstufe zugeordnet werden; diese Ausgänge werden dann durch Wählen einer Anrufnummer erreicht und müssen daher in freier Wahl abgesucht werden können. Sind Leitungswähler vorwiegend für derartige *Sammelanschlüsse* bzw. *Großsammelanschlüsse* bestimmt, so werden sie nach ihrem Betriebseinsatz auch als *Sammelleitungswähler* oder als *Großsammelleitungswähler* bezeichnet.

Weitere Aufgaben des Sammelkontaktes und eine neuere Ausführung, der sog. „Doppelsammelkontakt", werden später besprochen (vgl. Abschnitt XI, 4).

### 8. Höhenschrittkontakte (hs-Kontakte).

Der Höhenschrittkontakt kann als ein abgewandelter Dekadenkontakt angesehen werden. Er wird durch einen weiteren Hilfsschaltarm (fünfter Arm) und eine Kontaktlamellenreihe gebildet (Bild 29). Diese Lamellenreihe besteht aus 11 Lamellen (Nullstellung + 10 Höhenschritte), die vorn am Wähler übereinander befestigt sind. Der Schaltarm wird zusammen mit dem Einstellglied gehoben, macht jedoch die Drehung des Einstellgliedes nicht mit. Der fünfte Arm kommt also beim Heben nacheinander mit den Lamellen des Höhenschrittkontaktes in Berührung; die Kontaktgabe mit der zuletzt erreichten Lamelle bleibt so lange bestehen, wie sich der Wähler in der betreffenden Dekade befindet; bei der Auslösung bestreicht der fünfte Arm wieder rücklaufend die darunter angeordneten Kontaktlamellen. Der Höhenschrittkontakt wird verwendet, wenn der Viereckwähler selbsttätig heben soll, um sich beispielsweise als Anrufsucher selbsttätig auf einen bestimmten Drehschritt einer bestimmten Dekade einzustellen.

Die Hilfskontakte sind wichtige Schaltmittel, da mit ihnen bestimmte schaltungstechnische Forderungen auf einfachste Art und ohne großen Aufwand erfüllt werden können (so z. B. Eigensperrung des Wählers durch den Kopfkontakt für die Zeit vom Beginn der Auslösung bis zum Erreichen der Nullstellung; vgl. Abschnitt V, 3). Bei Wählern ohne Hilfskontakte oder mit einer nicht ausreichenden Zahl von Hilfskontakten müssen grundsätzliche Aufgaben zum Teil von Relais übernommen werden, was die Schaltung verteuern kann. Als Verwendungsbeispiele seien hier nur aufgeführt, daß Gruppenwähler Kopf-, Wellen-, Durchdreh- und Drehmagnetkontakte enthalten. Leitungswähler sind mit Kopf-, Wellen- und Drehmagnetkontakten, die sog. Sammelleitungswähler außerdem mit Sammelkontakten und zum Teil noch, wie auch die sog. Leitungsgruppenwähler, außerdem mit Dekadenkontakten ausgerüstet. Die Höhenschritt- und Hebmagnetkontakte werden z. B. für Hebdrehwähler benutzt, die als Anrufsucher arbeiten.

Die Schrittgeschwindigkeit des Viereckwählers richtet sich ebenfalls nach der Verwendung. Sie kann etwa bis 50 Schritte/s betragen, wenn der Wähler in freier Wahl dreht. In „erzwungener" Wahl, d. h. eingestellt z. B. von den Stromstößen der Nummernwahl, wird er entsprechend dem üblichen Nummernschalterablauf mit 10 Schritten/s geschaltet.

Hebdrehwähler dienen als Einstellwerk für Gruppen- und Leitungswähler und werden auch für größere Mitlaufwerke verwendet. In diesen Fällen werden sie durch die Stromstoßgabe bei der Nummernwahl eingestellt, der sich u. U. eine freie Wahl anschließt. Sie können jedoch auch als Anrufsucher verwendet werden und suchen dann in freiem Lauf einen ihrer Ausgänge auf.

### d) Motorwähler

Neben Schrittschalt-Drehwähler und -Hebdrehwähler ist eine neuere Wählerbauart bemerkenswert: der Motorwähler (Bild 31; Entwicklungsbeginn 1930).
Der Motorwähler ist ein 100- oder 200teiliger Drehwähler, der von den bisher beschriebenen Ausführungen besonders in bezug auf den Bewegungsvorgang abweicht.

Bild 31. Motorwähler mit 10 Schaltarmpaaren (Siemens & Halske).

Durch den neuartigen Motorantrieb wird weniger ein schrittweises Weiterschalten
als ein fast gleichmäßiges Durchlaufen der Schaltarme hervorgerufen (Laufschaltwerk), wobei die schrittweise Bewegung im allgemeinen nur noch durch Zeit-
lupenaufnahmen feststellbar ist.
Der 100teilige Hebdrehwähler enthält die 100 Kontaktlamellen in je 10 Dekaden
übereinander, so daß durch schrittweises Heben zuerst auf eine Dekade eingestellt und diese dann bis zu dem gewünschten Schritt durchlaufen wird. Der

4*

Motorwähler dagegen ist ein Drehwähler, bei dem die Kontaktlamellen sämtlicher Dekaden hintereinander auf Kreisbögen angeordnet sind. Bei der Einstellung des Motorwählers werden also jeweils alle Lamellen zwischen der Anfangsstellung und dem gewünschten Schritt bestrichen, d. h. der Motorwähler erreicht die gewünschte Dekade und in ihr den gewünschten Schritt durch Überlaufen der Kontaktlamellen aller vorherliegenden Dekaden.

Die Kontaktbank des Motorwählers ist ähnlich der des Schrittschalt-Drehwählers aufgebaut (Bild 32). Sie ist 50- bzw. 51teilig, d. h. die vorhandenen 102

Bild 32. Motorwähler. Einstellglied und Antrieb (links) aus der Kontaktbank (rechts) herausgezogen.

(oder 204) Kontaktlamellen je „Ebene" sind in zwei (oder vier) Kontaktkränze zu je 51 Lamellen aufgeteilt, die nacheinander von zwei (oder vier) versetzt angeordneten, gleichbenannten Schaltarmen bestrichen werden. Die Gesamtzahl der Kontaktkränze richtet sich nach dem Verwendungszweck; es sind im allgemeinen mindestens $2 \times 4$ Reihen erforderlich. Der größte bisher verwendete Motorwähler hat $2 \times 10$ Schaltarme und eine Kontaktbank mit 1020 Lamellen (vgl. Bild 31).

Entsprechend der Nummernwahl ergibt sich folgende Numerierung der Kontaktlamellen: Nach der Lamelle 0 für die Nullstellung folgen die Lamellen 11, 12...19, 10 der ersten Dekade, danach die Lamellen 21, 22...29, 20 der zweiten Dekade usw. bis zu den Lamellen 01, 02...09, 00 der zehnten Dekade. Dabei füllen die Lamellen der Nullstellung und der ersten bis fünften Dekade einen Kontaktkranz aus; die Lamellen der sechsten bis zehnten Dekade bilden den anderen Kontaktkranz für zwei zusammengehörige Schaltarme (Schaltarmpaar).

Das Einstellglied enthält eine der Größe der Kontaktbank entsprechende Anzahl von Schaltarmpaaren. Die beiden Schaltarme eines jeden Paares sind gegenseitig um 180° versetzt (2paarige Einfachschaltarme) und durchlaufen nacheinander die gleichbenannten, in verschiedener Höhe angeordneten 51teiligen Kontaktkränze. Diese liegen aus übertragungstechnischen Gründen (Übersprechen) nicht unmittelbar nebeneinander, son-

dern werden nach bestimmten Gesichtspunkten gemischt (Bild 33). Die Reihenfolge der einzelnen Schaltarme wird durch entsprechende Beschaltung der Stromzuführungsfedern festgelegt. Die Schaltarmpaare sind zu einem festen Schaltarmsatz vereinigt, der mit dem Antriebszahnrad auf der gleichen Achse befestigt ist.

Jeder Schaltarm (Bürste) besteht aus zwei Schaltarmfedern mit maulförmigen Enden. Die Schaltarme umfassen daher auch hier die Kontaktlamellen von beiden Seiten und geben einen sicheren Vielfachkontakt. Als Stromzuführung für die Schaltarme sind Schleiffedern mit Silberkontakten vorgesehen, die auf Silberscheiben des Einstellgliedes schleifen.

Der Antrieb, der bemerkenswerteste Teil des Motorwählers, enthält einen kleinen Motor (Bild 34). Dieser besteht aus zwei Elektromagneten 1 und 2, deren Achsen senkrecht aufeinander stehen. Im Schnittpunkt der Achsen befindet sich ein kleiner drehbarer Anker 3 aus geschichteten Weicheisenblechen, der mit zwei Hauptpolen und zur Sicher-

Bild 33. Beispiel einer Schaltarmanordnung des Motorwählers.
1 = Lamellen der Kontaktbank.
2 = Schaltarme a...e.
3 = Zwischenlagen.
4 = Welle.

stellung der Drehrichtung mit zwei schnabelförmigen Hilfspolen ausgerüstet ist. Die Ankerdrehung wird durch den Wähler selbst gesteuert. Zu diesem Zweck sind zwei sog. Motorkontakte $m_1$ und $m_2$ (in Bild 34 mit 11 und 12 bezeichnet) vorgesehen, die von einer kleinen Unterbrecherscheibe 4 geöffnet und geschlossen werden. In Bild 34 sind die Unterbrecherkontakte mit der Unterbrecherscheibe der Einfachheit halber als Nockenkontakte mit einer Nockenscheibe gezeichnet. Wird der Wähler mittels des Kontaktes 5 unter Strom gesetzt, so dreht der Magnet 1 den Anker um 90° in Pfeilrichtung weiter. Bei dieser Drehung öffnet die auf der Ankerachse befestigte Unterbrecherscheibe 4 den Kontakt 11, der den Magnet 1 ausschaltet. Kurz vorher wurde der Kontakt 12 geschlossen, wodurch der Magnet 2 eingeschaltet wird und seinerseits die Weiterdrehung des Ankers bewirkt. Der Anker wird also um weitere 90° gedreht, usw. Die Drehung der Ankerachse wird mittels Zahnräder auf das Einstellglied übertragen. Dabei entspricht einer Ankerdrehung um 90° im allge-

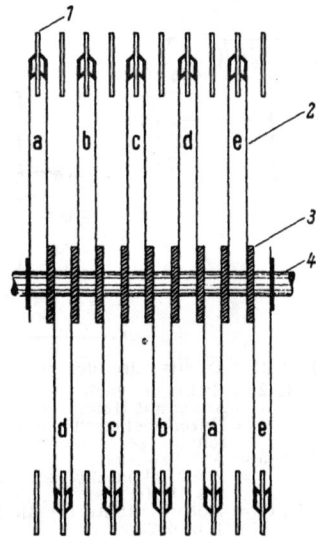

meinen ein Schritt der Schaltarme von einer Kontaktlamelle zur anderen. Der Motorwähler wird stillgesetzt, wenn derjenige Magnet, der den Anker gerade in die betreffende Stellung gezogen hat, nicht abgeschaltet, sondern weiterhin unter Strom gehalten wird. Der Magnet hält dann den Anker vor seinem Pol fest. Da im letzten Zeitabschnitt der Drehbewegung der Motorkontakt des anderen Magnets bereits wieder geschlossen wurde, wird auch dieser erregt. Dadurch bleibt der Anker nicht genau vor dem bremsenden Magnet stehen, sondern wird durch den anderen Magnet noch etwas (13⁰) weitergedreht. Obwohl zum Abbremsen nur ein Magnet erforderlich ist, wird in der Praxis das Anhalten im allgemeinen durch Erregung beider Magnete benutzt, da dies schaltungstechnisch die einfachste Lösung darstellt. Die Stellung, in der der Anker jeweils in Ruhe kommen soll, wird durch eine Rastfeder fixiert.

In der geschilderten Weise wird der Motorwähler in seinem Lauf ohne harte Anschläge angehalten; der Anker schwingt dabei kurzzeitig um seine Endstellung in stark gedämpften Schwingungen, deren Dämpfung mit der Zahl der vorhandenen Schaltarme wächst. Diese elektrische Abbremsung arbeitet im Gegensatz zu Schrittschaltwerken außerordentlich weich.

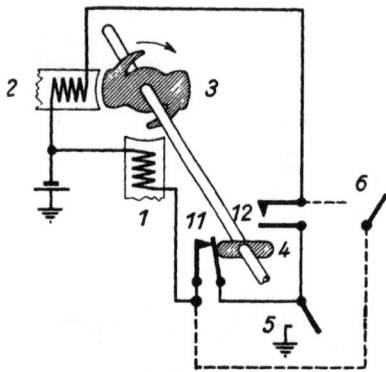

Bild 34. Arbeitsweise des Motorwählers.
1, 2 = Elektromagnete.
3 = Anker mit Haupt- und Hilfspolen.
4 = Unterbrecherscheibe (als Nockenscheibe gezeichnet).
5 = Anlaßkontakt.
6 = Stillsetzkontakt (z. B. Kontakt des Prüfrelais).
11, 12 = Motorkontakte für die Magnete 1 und 2.

Der Motorwähler dreht also, indem beide Magnete abwechselnd ein- und ausgeschaltet werden. Er wird angehalten, indem der zuletzt wirksame Magnet weiter unter Strom gehalten wird oder beide Magnete gleichzeitig so lange unter Strom stehen, bis der Ausschwingvorgang mit Sicherheit beendet ist (etwa 60 ms). Der Stromkreis für das Anhalten des Wählers wird über ein sehr schnell ansprechendes Prüfrelais oder über einen der Schaltarme (Steuerarm) geschlossen. Der Kontakt des Prüfrelais (in Bild 34 mit 6 bezeichnet) oder der Steuerarm überbrückt dann den öffnenden Motorkontakt. Hierfür wird das Prüfrelais benutzt, wenn der Wähler beispielsweise bei der Freiwahl auf einem beliebigen freien Ausgang anhalten soll; dabei ist die Drehgeschwindigkeit durch die erforderliche Ansprechzeit des Prüfrelais (unter 2 ms) begrenzt. Der Steuerarm wird für den Vorgang benutzt, wenn das Anhalten beispielsweise auf bestimmten Raststellungen oder in der Nullstellung erfolgen soll; hierbei kann eine größere Drehgeschwindigkeit zugelassen werden.

Durch obige Angaben ist der freie Lauf des Motorwählers gekennzeichnet, wie er für die Freiwahl, für das Drehen als Anrufsucher und beim Heimlauf in die Nullstellung benutzt wird. In ähnlicher Weise erfolgt auch die Einstellung bei der Nummernwahl, die dadurch vollkommen von derjenigen der Schrittschaltwähler abweicht. Während beim Hebdrehwähler die Nummernwahl-Stromstöße das Einstellglied bei der Dekadenwahl schrittweise heben, muß der Motorwähler bei der Dekadenwahl bei jedem Stromstoß sämtliche Schritte der vorherigen Dekade überlaufen. Zu diesem Zwecke wird er nach dem ersten Stromstoß der Nummernwahl angelassen und dreht in freiem Lauf über die Lamellen der ersten Dekade. Damit dieser Lauf in Einklang mit dem Ablauf des Nummernschalters bleibt, dreht der Motorwähler schneller, als es die eintreffenden Stromstöße der Nummernwahl erfordern, und wird durch eine besondere Steuerung daran gehindert, die Stromstoßgabe sozusagen zu überholen. Dies findet mittels eines der Schaltarmpaare (Steuerarm) statt, in dessen Kontaktkranz bestimmte Schritte als Raststellungen gekennzeichnet sind. Der letzte Schritt jeder Dekade (z. B. Schritt 10, 20, 30...) ist als Hauptrast vorgesehen, auf der der Wähler solange durch Kurzschluß des sich öffnenden Motorkontaktes festgehalten wird, bis der nächste Stromstoß eintrifft. Um zu verhindern, daß der Wähler bei langsamen Nummernschaltern die Stromstoßgabe so weit überholen kann, daß er fälschlicherweise während eines Stromstoßes zwei Dekaden überläuft, ist innerhalb jeder Dekade eine Hilfsrast vorgesehen (im allgemeinen der 6. oder 7. Schritt jeder Dekade). Diese kann der Wähler erst überlaufen, wenn bereits der erste Teil des Stromstoßes beendet ist. Während also die einzelnen Stromstöße der Nummernwahl eintreffen, läuft der Wähler während des ersten Teils jedes Stromstoßes (entsprechend der Öffnungszeit des Nummernschalters) bis zur Hilfsrast, auf der er so lange festgehalten wird, bis der zweite Teil des Stromstoßes beginnt. Während dieses Teils (entsprechend der Schließungszeit des Nummernschalters) legt er in freiem Lauf den Weg von der Hilfsrast bis zur Hauptrast zurück. Stimmen Drehgeschwindigkeit und Nummernschalter-Ablauf überein, so kann der Wähler die Hilfsrast überlaufen, ohne zeitweilig angehalten zu werden.

Hat der Wähler nach Beendigung der Dekadenwahl die gewünschte Dekade erreicht, so schließt sich beim Gruppenwähler die Freiwahl, beim Leitungswähler die Einerwahl an. Bei der Freiwahl des Gruppenwählers dreht der Wähler in der bereits geschilderten Weise, bis das Prüfrelais anzieht und den Strom im gerade wirksamen Magnet aufrecht erhält. Bei der Einerwahl des Leitungswählers wird der Wähler schrittweise weitergeschaltet.

Die Schrittgeschwindigkeit des Motorwählers ist nicht einheitlich. Für jeden der vorkommenden Drehvorgänge, wie Dekadenwahl, Freiwahl, Einerwahl, arbeitet er mit einer anderen Geschwindigkeit, die dem betreffenden Vorgang angepaßt ist. So kann die Schrittgeschwindigkeit bei der Dekadenwahl z. B. 160...200 Schritte/s, bei der Freiwahl z. B. 80...120 Schritte/s und bei der Einerwahl entsprechend dem Ablauf des Nummernschalters 10 Schritte/s betragen.

Obwohl der Motorwähler im Vergleich zum Hebdrehwähler (Vierecksähler) bei der Betätigung die fünffache Lamellenzahl zu überstreichen hat, ist bei ihm die Abnutzung der Schleifarme geringer als beim Hebdrehwähler. Dies ist auf den ruhigen Lauf des Motorwählers zurückzuführen, der durch die Art seines Antriebs und der Stillsetzung praktisch erschütterungsfrei läuft.

Auch für den Motorwähler sind einige Sonderkontakte vorgesehen. Neben den bereits erwähnten Motorkontakten sind dies die sog. Einzelschrittkontakte und der Nullkontakt.

### 1. Motorkontakte ($m_1$- und $m_2$-Kontakt).

Die Motorkontakte sind Unterbrecherkontakte, die durch eine Unterbrecherscheibe auf der Ankerachse abwechselnd geöffnet und geschlossen werden. Sie haben die Aufgabe, das wechselseitige Arbeiten der beiden Magnete für den freien Lauf des Wählers zu steuern. Um Totpunkte in der Drehung des Ankers zu verhüten, arbeiten die beiden Kontakte mit Überlappung, d. h. in keiner Ankerstellung sind die beiden Kontakte gleichzeitig geöffnet.

### 2. Einzelschrittkontakte (es-Kontakte).

Die Einzelschrittkontakte sind Hilfskontakte, die bei Bedarf auf den beiden Magnetjochen befestigt werden. Ihre kleinen Anker liegen im Streufeld der Magnete; sie werden deswegen auch *Streufeldkontakte* genannt. Die Kontakte werden betätigt, wenn die betreffende Magnetspule von Strom durchflossen wird.

Mittels der Einzelschrittkontakte kann zusammen mit den Motorkontakten die Einzelschrittsteuerung des Motorwählers bei der Einerwahl für den Leitungswähler durchgeführt werden. In neueren Schaltungen verzichtet man jedoch auf die Einzelschrittkontakte für diesen Drehvorgang und benutzt für die Einzelschrittsteuerung sog. Taktrelais der Wählerschaltung.

### 3. Nullkontakt ($m_0$-Kontakt).

Der Nullkontakt ist ein Federsatz, der arbeitsmäßig etwa dem Kopfkontakt des Hebdrehwählers entspricht. Die Kontakte dieses Federsatzes werden durch einen Mitnehmer (Pimpel) betätigt, der an dem großen Zahnrad des Einstellgliedes befestigt ist. Das Schalten bzw. Rückschalten findet jeweils statt, wenn der Motorwähler seine Nullstellung verläßt bzw. sie beim Verbindungsabbau wieder erreicht. Derartige Nullkontakte sind in allen Motorwählern vorhanden, die eine bestimmte Anfangsstellung haben, d. h. nach jeder Verbindung in eine Ruhestellung zurücklaufen.

Der Motorwähler hat ein außerordentlich weites Anwendungsgebiet. Als Anrufsucher eingesetzt, ermöglicht er es, in der Vorwahlstufe günstige 100er- oder 200er- Gruppen zu bilden. Außerdem wird der Motorwähler auch als Nummernempfänger, z. B. als Gruppen- oder Leitungswähler, verwendet. Besonders geeignet ist er für Sonderaufgaben, die z. B. eine große Anzahl von Schaltarmen und Kontakten erfordern. Es soll hier nur ganz kurz hingewiesen werden auf: Anrufsucher in großen Gruppen; Sucher für große Sammelanschlüsse; Zonenschalter in großen Zeitzonenzählern; selbsttätiges Anschalten von Verstärkern und Leitungsnachbildungen im Fernverkehr; Wähler für vierdrähtige Durchschaltung von Fernleitungen; Verwendung in Sonderanlagen, wie Polizei- und Feuermelder, Zählwerke bei Verkehrsüberwachungen usw. (Lit. 10).

Dabei ist neben seiner großen Lamellen- und Schaltarmzahl und seinem schnellen Lauf erwähnenswert, daß seine Dekadeneinteilung nicht wie beim Hebdrehwähler mechanisch, sondern elektrisch bestimmt wird. Das bedeutet, daß die Dekaden größenmäßig nicht durch den Aufbau festgelegt sind, sondern daß die Anzahl der Schritte je „Dekade" innerhalb bestimmter Grenzen größer oder kleiner als 10 gewählt werden kann.

Für eine Reihe von Betriebsfällen wird ein schnellaufender Wähler mit einer geringeren Ausgangszahl gebraucht, als sie der 100teilige Motorwähler bietet. Um auch dafür die Vorzüge des Motorwählers ausnutzen zu können, wurde als Abart ein kleinerer 18teiliger Motorwähler geschaffen. Bild 35 zeigt diese Ausführung, die beispielsweise im Fernwahlverkehr für Mischwähler und Umsteuerwähler Anwendung findet.

Bild 35. Kleiner 18teiliger Motorwähler (Siemens & Halske).

### e) Überblick über die Wählerbauarten und Wege zu ihrer Einordnung in Bauklassen

Wie bereits gesagt, kann die eingangs für Wähler charakterisierte Aufgabe, eine suchende Leitung nach einer aufzusuchenden Leitung durchzuschalten, auf die verschiedensten Arten gelöst werden. Entsprechend mannigfaltig sind auch die Ausführungen, mit denen diese Aufgabe im Laufe der Zeit in den verschiedenen Ländern und von den verschiedenen Herstellern gelöst worden ist. Die Zahl dieser in die Praxis eingeführten Bauarten wird noch vermehrt durch Patentansprüche, die zum Teil zwar technisch interessant sind, jedoch bisher keine praktische Bedeutung gewonnen haben. Auf eine eingehendere Behandlung aller dieser Bauarten, so interessant dies auch wäre, muß jedoch im Rahmen dieses Buches verzichtet werden (Lit. 11). Als Ergänzung zu den bisher beschriebenen Siemens-Bauarten soll aber wenigstens ein kurzer Überblick gegeben werden, der durch seine ordnende Zusammenfassung sozusagen als ein Leitfaden bei dem Studium anderer Unterlagen dienen kann. Die für diese Zusammenstellung wissenswerten Einzelheiten sind im Anschluß daran für einige Wählerbauarten kurz zusammengestellt (vgl. Abschnitt III, 1f). Ausführlichere Angaben sind in obigem Werk zu finden.

Bei einer solchen Einteilung der Wählerbauarten können verschiedene Gesichtspunkte herangezogen werden. Man kann zugrunde legen:

## 1. Unterschiede in der Bewegungsmöglichkeit des Einstellgliedes

In bezug auf die Bewegungsmöglichkeiten für das Einstellglied müssen dann Unterschiede zwischen

Wählern mit einer Bewegungsmöglichkeit und
Wählern mit mehreren Bewegungsmöglichkeiten

gemacht werden. Dabei bestehen gleichzeitig Unterschiede in der Art, in der das Einstellglied bis zu der jeweils in Betracht kommenden Endstellung geführt wird. Die Wählerausgänge könnten grundsätzlich in jeder beliebigen Bahn angeordnet werden, die für die Führung des Einstellgliedes möglich und geeignet ist. Von allen Bewegungsmöglichkeiten ergeben jedoch die Drehung um eine Achse und die gradlinige Verschiebung kinematisch die einfachsten Bauarten, so daß von allen denkbaren Bahnen in der Praxis nur zwei Formen vorkommen, nämlich die Gerade und der Kreis. Die Schraubenlinie ist lediglich in einem Patentanspruch enthalten. Für das Einstellglied bestehen also praktisch nur die beiden Bewegungsmöglichkeiten

gradlinige Verschiebung und
kreisförmige Drehung.

Diese beiden Bahnen allein oder in verschiedenen Kombinationen für Wähler mit einer oder mehreren Bewegungsmöglichkeiten verwendet, ergeben folgende Gruppen (Bild 36):

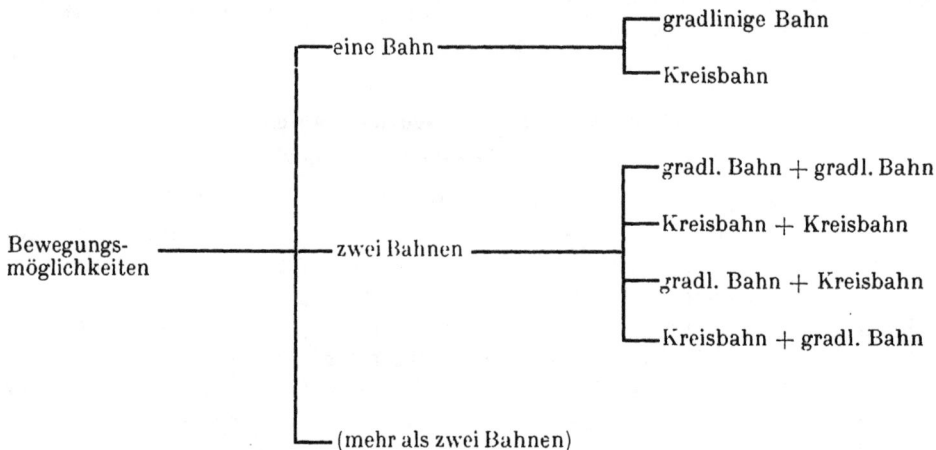

Bild 36. Einordnung der Wählerbauarten auf Grund der Bewegungsmöglichkeiten (Bahnen) des Einstellgliedes.

### a) *Wähler mit einer Bewegungsmöglichkeit für das Einstellglied*

Für Wähler mit einer einzigen Bewegungsmöglichkeit ist sowohl die gradlinige Bewegung als auch die Drehbewegung verwendet worden.

#### aa) *Wähler mit einer gradlinigen Bewegungsmöglichkeit*

Im Laufe der Jahrzehnte sind diesbezüglich in der Hauptsache folgende Wählerformen entstanden:

**10teiliger Vorwähler von Betulander,** Stockholm

Die Kontaktbank für 10 Wähler besteht aus blanken Silberdrähten, die waagrecht gespannt und übereinander angeordnet sind. Das Einstellglied ist ein Schlitten, der senkrecht auf- und abwärts bewegt wird; die Bürsten für die Sprechadern sind abhebbar. Der Antrieb ist ein Einzelantrieb in Form eines Schrittschaltwerkes. Der Wähler wurde im Jahre 1910 entwickelt, wird aber nicht mehr gebaut; er ist jedoch für die Beurteilung der schwedischen Technik interessant.

**20teiliger pneumatischer Wähler von Christensen,** Kopenhagen

Die Kontaktbank besteht aus Plättchen und Lamellen. Das Einstellglied ist ein Schlitten mit abhebbaren Bürsten für die Sprech- und einige Hilfsadern. Der Antrieb ist ein Einzelantrieb, und zwar ein Gleitantrieb. Die gradlinige Gleitbewegung wird durch einen Druckluftkolben veranlaßt. Der Wähler stammt etwa aus dem Jahre 1911; er wird aber heute nicht mehr gebaut.

**500teiliger Stangenwähler der Western Electric Co (ATT Co),** New York

Der Wähler besitzt als Haupteinstellglied einen Bürstenträger mit fünf abhebbaren Bürstensätzen (vgl. nachfolgende kurze Beschreibung unter 1 f 6). Je nach Ankupplung an eines von zwei entgegengesetzt umlaufenden Reibungsrädern wird der Bürstenträger bei der Wählereinstellung gradlinig aufwärts, bei der Auslösung wieder abwärts bewegt.

**200teiliger Fallwähler der Telefonbau und Normalzeit** (vorm. Fuld), Frankfurt/Main

Das Haupteinstellglied dieses Wählers ist ein Schlitten mit zehn abhebbaren Bürstensätzen (vgl. nachfolgende kurze Beschreibung unter 1 f 7). Zur Wählereinstellung „fällt" der Schlitten durch die Schwerkraft gradlinig abwärts, wobei die Geschwindigkeit durch eine Fliehkraftbremse geregelt, der Lauf selbst durch Stromstoßmagnet und Hemmung gesteuert wird. Bei der Auslösung wird der Wähler durch einen Kettentrieb wieder in seine Anfangslage gehoben.

bb) *Wähler mit einer kreisförmigen Drehbewegung*

Die Kreisbahn hat die häufigste Anwendung bei den verschiedenartigen Bauarten und die größte Verbreitung in der Welt gefunden. Derartige Drehwähler werden bzw. wurden in verschiedener Ausführung und Größe unter anderem von folgenden Firmen gefertigt:

| | |
|---|---|
| **Siemens & Halske AG,** Berlin | **Siemens Brothers,** London |
| **Automatic Electric Co.,** Chicago and Liverpool | **Mix & Genest AG,** Berlin |
| | **C. Lorenz AG,** Berlin |
| **Western Electric Co.** (ATT Co), New York | **L. M. Ericsson,** Stockholm |
| **Bell Telephone Mfg. Co.** (Intern. Standard Electric Co.), Antwerpen | **Thomson Houston,** (ITT Co), Paris |

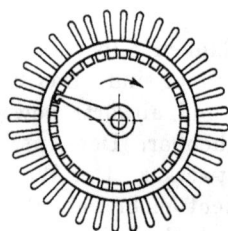

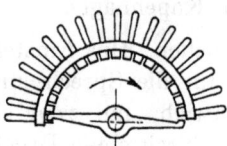

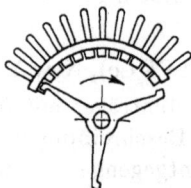

Bild 37. Ausführungen der kreisförmigen Kontaktbank.
oben: Vollkreis und Schaltarm mit einer Bürste.
Mitte: Halbkreis und Schaltarm mit zwei Bürsten.
unten: Drittelkreis und Schaltarm mit drei Bürsten.

Die bei diesen Wählern verwendete Kontaktbahn kann grundsätzlich durch einen Vollkreis oder einen Kreisbogen gebildet werden (Bild 37). Der Vollkreis, der z. B. bei einer früheren Bauart von L. M. Ericsson verwendet wurde, gestattet es ohne weiteres, das Einstellglied ohne Leerlauf vom letzten Ausgang wieder auf den ersten gelangen zu lassen. Wegen mangelnder Übersichtlichkeit, wegen Unzugänglichkeit des Einstellgliedes und wegen der Schwierigkeiten bei der Verdrahtung ist der Vollkreis jedoch nicht viel verwendet worden.

Die meisten Drehwähler-Bauarten benutzen daher Kreisbögen, und zwar je nach ihrer Größe, d. h. je nach ihrer Ausgangszahl, entweder einen Kreisbogen von 120° oder von 180°. Um hierbei einen Leerlauf des Einstellgliedes zu vermeiden, werden die Schaltarme in der bereits beim Siemens-Drehwähler geschilderten Art mit drei oder zwei Bürsten ausgerüstet (Bild 37).

Ist die Zahl der Ausgänge so groß, daß sie nicht mehr in einer konstruktiv zweckmäßigen und für die Serienfertigung wirtschaftlichen Weise auf einem halben oder Drittelkreisbogen untergebracht werden können, so ordnet man sie in verschiedenen Ebenen an, deren Lamellen nacheinander von Schaltarmbürsten bestrichen werden, die gegeneinander versetzt angeordnet und außerdem in Richtung der Schaltarmachse gegeneinander verschoben sind (Bild 33). Das Grundsätzliche hierüber wurde bereits bei der Behandlung der Siemens-Drehwähler angegeben (vgl. Abschnitt III, 1b).

b) *Wähler mit mehreren Bewegungsmöglichkeiten für das Einstellglied*

Die Größe einer Kontaktbank ist gegeben:
durch die Zahl der erforderlichen Lamellen,
durch die Lamellenbreite, die so dimensioniert sein muß, daß eine sichere Einstellung des Schaltarms mit guter Kontaktgabe gewährleistet wird,
durch den Abstand der Lamellen voneinander, wobei einmal eine Überbrückungsgefahr beim Überstreichen durch den Schaltarm, sodann eine Berührungsgefahr der Lamellen untereinander (z. B. auch in bezug auf abgeschliffenen Metallstaub) vermieden werden muß.

Werden Wähler mit hohen Ausgangszahlen benötigt, so würden bei Wählern mit nur einer Bahn sehr große Einstellwege und bei normaler Schrittgeschwindigkeit zu lange Einstellzeiten entstehen. Eine Möglichkeit zur Verkürzung der Einstellwege bieten unter anderem Wähler mit mehreren Bewegungsmöglichkeiten; bei ihnen sind die Ausgänge derart gruppenweise zusammengelegt, daß durch den ersten Bewegungsvorgang die Gruppe, durch den zweiten Bewegungsvorgang ein Ausgang innerhalb dieser Gruppe ausgewählt wird (eine weitere Möglichkeit der Verkürzung des Einstellweges ist nachfolgend unter 1 e 3 angegeben). Bei Verwendung der gradlinigen Bewegung und der Drehbewegung ergeben sich vier Kombinationen (Bild 36):

Gradlinige Bahn mit gradliniger Bahn,
Kreisbahn mit Kreisbahn,
gradlinige Bahn mit Kreisbahn,
Kreisbahn mit gradliniger Bahn.

aa) *Wähler mit zwei gradlinigen Bewegungen*

Der einzige Wähler, der mit dieser Kombination von zwei gradlinigen Bahnen arbeitet, ist der sog.

**XY-Wähler von L. M. Ericsson,** Stockholm

Das Einstellglied dieses 110teiligen Wählers (vgl. nachfolgende kurze Beschreibung unter 1 f 5) ist ein flacher Rahmen mit je einem Schaltarm für die a/b- und c/d-Adern. Dieser waagrecht liegende Rahmen wird bei der Wählereinstellung zuerst schrittweise vor den Kulissen des Kontaktfeldes entlang geführt und danach rechtwinklig zu dieser Bewegung weitergeschaltet, wobei die Schaltarme in die betreffende Kulisse eindringen. Von diesen beiden senkrecht zueinander verlaufenden, gradlinigen Bewegungen stammt sein Name „XY-Wähler" her. Beide Bahnen liegen in einer Ebene, so daß der XY-Wähler zur Gruppe der Flachwähler gehört.

bb) *Wähler mit zwei kreisförmigen Bewegungen*

Aus der Kombination von zwei Kreisbahnen ist der Kugelwähler der Siemens & Halske AG. entstanden. Dies ist eine Versuchsbauart aus dem Jahre 1906, die wegen des ungeeigneten Kontaktfeldes niemals praktisch verwendet wurde, jedoch eine gewisse Bedeutung als Vorentwicklung für den späteren Siemens-Viereckwähler hat.

cc) *Wähler mit einer gradlinigen und einer Kreisbewegung*

Die Kombination einer gradlinigen Bahn mit einer Kreisbahn, wobei zuerst die gradlinige Bewegung ausgeführt wird, bildet die am meisten benutzte Grundlage für Wähler mit zwei Bewegungsmöglichkeiten. Sie wurde bereits bei dem bekannten Strowger-Wähler verwendet, der auf einen Vorschlag von Almon B. Strowger aus dem Jahr 1891 aufbaut; sie ist damit auch bei allen sonstigen Hebdrehwählern zu finden, da diese Weiterentwicklungen des Strowger-Wählers darstellen. Es sind dies vor allem Bauarten der Firmen:

**Siemens & Halke AG,** Berlin

100teiliger Hebdrehwähler; neueste Form: der 1926/27 eingeführte Viereckwähler (vgl. Abschnitt III. 1 c).

**Automatic Electric Co.,** Chicago

110- bzw. 220 teiliger Hebdrehwähler; neueste Form: der 1935 eingeführte Wähler 32 A bzw. Typ BPO 2000 (vgl. nachfolgende kurze
Beschreibung unter 1 f 1).

**Mix & Genest AG.,** Berlin:

100-(110-) und 200-(220)-teiliger Hebdrehwähler.

**Dietl bzw. Österreichische Verwaltung,** Wien:

100 teiliger Hebdrehwähler,

**Autofabag** (Automatische Fernsprechanlagen-Bau G.m.b.H.), Berlin:

100 teiliger Hebdrehwähler.

dd) *Wähler mit einer Drehbewegung vor einer gradlinigen Bewegung*

Diese Kombination einer Kreisbahn mit einer gradlinigen Bahn, bei
der zuerst die Drehbewegung ausgeführt wird, findet sich bei folgenden
Bauarten:

**Dreh-Heb-Wähler der North Electric Co.,** Galion (Ohio)

Dieser 100 teilige Wähler war eine Umkehrung der bekannten Hebdreh-
wählerbauarten. Diesen gegenüber sind die Kontaktlamellen um 90⁰
gedreht, d. h. die einzelnen Lamellen stehen senkrecht. Dementspre-
chend führen die Schaltarme zuerst eine Drehbewegung unterhalb der
Kontaktbank aus und werden dann innerhalb der senkrechten Lamellenreihen (= Dekaden) gehoben. Der Wähler wird nicht mehr
gebaut.

**Kulissenwähler von L. M. Ericsson,** Stockholm

Bei diesem 500 teiligen Wähler (vgl. nachfolgende kurze Beschreibung
unter 1 f 4) sind als Kontaktfeld 25 Kulissen mit je 20 × 3 blanken
Drähten vorgesehen. Das Einstellglied führt zuerst eine Drehbewegung
bis vor die in Betracht kommende Kulisse aus und wird dann gradlinig
in diese Kulisse eingeschoben. Beide Bahnen liegen in einer Ebene,
so daß der Wähler zur Gruppe der Flachwähler gehört.

**Drehtauchwähler von Hasler,** Bern

Dieser Wähler ist ein 110-(121-)teiliger Kulissenwähler, dessen Kontaktbank und Bewegungsvorgänge denen des Kulissenwählers von
Ericsson gleichen. Der Wähler weist jedoch an Stelle des Maschinen-
antriebs einen Einzelantrieb mit Schrittschaltwerk auf. Er ist ebenfalls ein Flachwähler.

Mit den Wählerbauarten, die eine oder zwei Bahnen für die Bewegung des
Einstellgliedes aufweisen, sind die Grundformen in bezug auf die verwendeten Bahnen behandelt. Theoretisch wäre darüber hinaus zwar auch
die Verwendung von drei Bahnen denkbar, um beispielsweise Wähler mit
hohen Ausgangszahlen zu erreichen. Dieser Weg muß jedoch aus praktischen Überlegungen heraus verworfen werden, da abgesehen von der

Komplizierung des mechanischen Teils die Vielfachverdrahtung für derartige Wähler völlig unübersichtlich werden und sich alles in allem ein durch nichts gerechtfertigter Aufwand ergeben würde.

## 2. Unterschiede in der Antriebsart und im Triebwerk.

In bezug auf die Antriebsart des Einstellgliedes kann man unterscheiden zwischen

Wählern mit Einzelantrieb und
Wählern mit Gruppenantrieb.

Bei Wählern mit **Einzelantrieb** sind jedem Wähler die notwendigen Antriebsmittel unmittelbar zugeordnet; es sind dies im allgemeinen Schrittschaltmagnete oder kleine Einzelmotore.

Bei Wählern mit **Gruppenantrieb** ist ein gemeinsamer Antrieb für eine Gruppe von Wählern bzw. für alle Wähler eines Amtes vorgesehen. Die verbreitetste Form des Gruppenantriebs ist der sog. **Maschinenantrieb;** bei diesem werden von einer gemeinsamen Antriebsvorrichtung dauernd laufende Wellen angetrieben, an die die Wähler zwecks Einstellung angekuppelt und von denen sie nach dem Erreichen der gewünschten Stellung wieder abgekuppelt werden; in ähnlicher Weise findet dann bei der Auslösung die Rück- oder Weiterführung der Wähler in die Anfangsstellung statt.

Die Parallele zwischen diesen beiden Antriebsarten einerseits und Maschinensälen mit Einzelmotorenantrieb und Transmissionsantrieb mit ihren Vor- und Nachteilen andererseits ist offensichtlich.

In bezug auf die Gestaltung des Triebwerks selbst findet man

Schrittwerke und
Gleitwerke.

Bei den **Schrittwerken** wird das Einstellglied von der Anfangsstellung in die gewünschte Endstellung in einzelnen Schritten bewegt, die von kurzen Stillstandzeiten unterbrochen sind. Dabei werden entweder „Motore" mit *Schwinganker* oder Motore mit *Drehanker* vorgesehen. Bei der Verwendung von Schwingankern, d. h. bei den *Schrittschaltwerken*, ist die schrittweise Weiterschaltung des Einstellgliedes ganz offensichtlich. Bei den Motoren mit Drehanker, d. h. bei den sog. *Laufschaltwerken*, nähert sich die schrittweise Weiterschaltung oftmals schon einer mehr durchlaufenden Bewegung und ist dann nur mittels Zeitlupenaufnahme noch als schrittweise Weiterschaltung erkennbar.

Bei den **Gleitwerken** findet die Bewegung von der Anfangsstellung bis in die gewünschte Endstellung stets schrittlos kontinuierlich statt.

Man kann also folgende vier Möglichkeiten unterscheiden (Bild 38):

Einzelantrieb mit Schrittwerk,
Einzelantrieb mit Gleitwerk,
Gruppenantrieb mit Schrittwerk,
Gruppenantrieb mit Gleitwerk.

Antrieb
- Einzelantrieb
  - Schrittwerk
    - Schrittschaltwerk (Schwinganker)
    - Laufschaltwerk (Drehanker)
  - Gleitwerk
    - Luftdruckkolben
    - Solenoid
- Gruppenantrieb
  - Schrittwerk
    - Schrittschaltwerk (Schwinganker)
    - Laufschaltwerk (Drehanker)
  - Gleitwerk
    - Maschinenantrieb
    - Solenoid
    - Schwerkraftantrieb

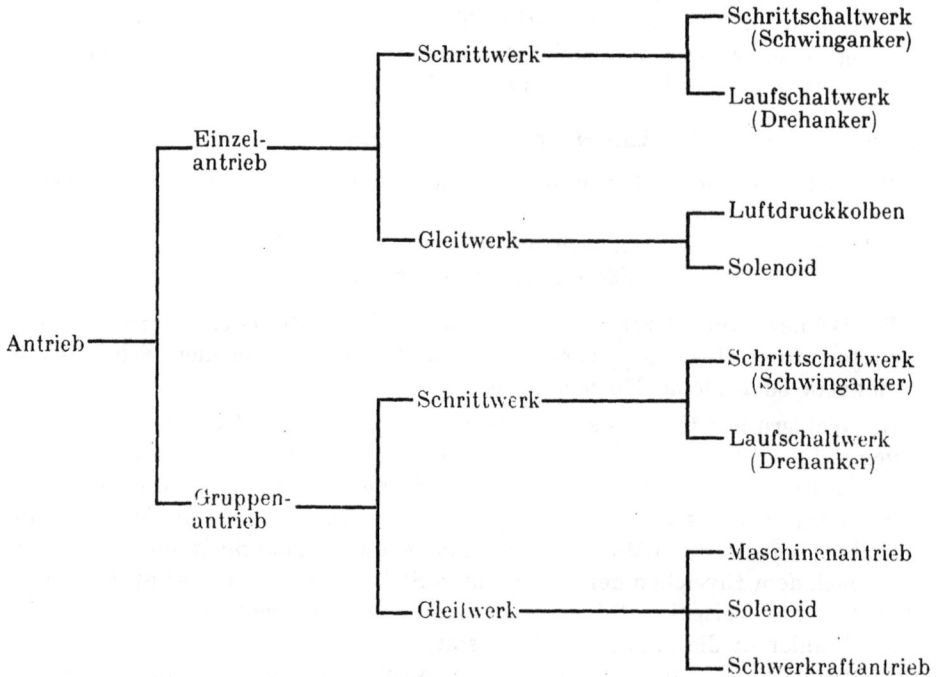

Bild 38. Einordnung der Wählerbauarten auf Grund ihrer Antriebsart und der Ausbildung ihres Triebwerks.

a) *Einzelantrieb mit Schrittwerk (Schrittschaltwerk oder Laufschaltwerk)*

Diese Gruppe umfaßt die größte Zahl der eingeführten Wähler. Für eine detailliertere Einteilung sind bezüglich dieses Gesichtspunktes noch weitere Unterschiede als bestimmende Merkmale vorhanden: So können z. B. neben der schrittweisen Weiterschaltung von einem Ausgang zum nächsten Ausgang (=„kleine Schritte") auch sog. „große Schritte" über Bahnlängen von beispielsweise 10 Ausgängen vorgenommen werden. Je nach der Art, wie die Bewegung des Schwingankers auf das Einstellglied übertragen wird, kann man ferner zwischen direktem (unmittelbarem) Antrieb und indirektem (mittelbarem) Antrieb unterscheiden. Beim **direkten Antrieb** (= *unmittelbarer Antrieb; Stoßantrieb)* wird eine Stoßklinke am Anker bzw. an einem Ankerfortsatz bei jedem Ankeranzug in die Schaltverzahnung des Einstellgliedes gestoßen und dieses damit um einen Zahn weitergeschaltet, d. h. im allgemeinen um einen Schritt. Beim **indirekten Antrieb** (= *mittelbarer Antrieb; Zugantrieb)* wird die Schaltklinke bei jedem Ankeranzug um einen Zahn der Schaltverzahnung entgegen einer Federkraft weitergeschaltet, während die Bewegung des Einstellgliedes erst bei Ankerabfall mittels der beim Ankeranzug gespannten Feder veranlaßt wird.

Zur Gruppe der Wähler mit Einzelantrieb und Schrittwerk unter Ver-

wendung von Schrittschaltwerken gehören beispielsweise:
**alle Schrittschalt-Drehwähler, z. B.**
mit direktem Antrieb: **Siemens & Halske AG.**
mit indirektem Antrieb: **Autelco** (Automatic Electric Co.), **Western Electric Co.** (ATT Co.), **L. M. Ericsson, Mix & Genest.**
**Drehwähler der Tefag** (Telefon-Fabrik AG., vorm. J. Berliner), Berlin.
50 teiliger Drehwähler, bei dem zur Dekadeneinstellung „große Schritte" mittels Federkraft und danach rücklaufend Einzelschritte durch direkten Antrieb des Schrittschaltmagnets ausgeführt werden. Die Feder wird beim Heimlauf gespannt. Der Wähler wird nicht mehr gebaut.
**Alle Hebdrehwähler** als Weiterentwicklungen des Strowgerwählers, z. B.: **Siemens & Halske, Autelco, Mix & Genest, Dietl, Autofabag.**
**XY-Wähler von L. M. Ericsson,** Stockholm.
**Drehtauchwähler von Hasler,** Bern.

Zu dieser Gruppe, jedoch mit Laufschaltwerk, gehören ferner:
**Motorwähler der Siemens & Halske AG.,** Berlin (vgl. die Beschreibung in Abschnitt III, 1 d).
**Motorwähler von Siemens Brothers,** London.
Dieser 4 × 50 teilige Motorwähler entstand auf Grund von Entwicklungsgrundlagen, die von Siemens & Halske für Siemens Brothers freigegeben wurden. Er gleicht dem Siemens-Motorwähler, erhielt jedoch dort zusätzlich einen Sperrmagnet, der zum Stillsetzen des Wählers ein Zahnsegment schlagartig in eines der Triebräder einfallen läßt.

b) *Einzelantrieb mit Gleitwerk*

Ein Vertreter dieser Gruppe ist:
**Pneumatischer Wähler von Christensen,** Kopenhagen.
Die Gleitbewegung wird bei diesem Wähler durch einen Druckluftkolben entgegen einer Federkraft veranlaßt (vgl. auch unter 1 e 1 a).

c) *Gruppenantrieb mit Schrittwerk*

Ein Vertreter dieser Gruppe ist:
**Keith-Vorwähler der Automatic Electric Co.,** Chicago.
Der Keith-Vorwähler ist ein 10 teiliger Drehwähler mit „vorbereiteten" Kontakten (vgl. auch nachfolgend unter 1 e 3 b). Sein Einstellglied hat daher nur die rein mechanische Aufgabe, die jeweils in Betracht kommende Kontaktkombination zu betätigen. Zu diesem Zweck ist es vorn als ein Stöpsel (Isoliermaterial; 10 in Bild 41) ausgebildet und besitzt hinten einen kerbförmigen Einschnitt (11 in Bild 41), in den die Schneide einer schwenkbaren Schiene eingreifen kann. Diese Schiene, die über 25...50 übereinander liegende Wähler reicht, ist exzentrisch gelagert und kann durch einen „Hauptsatzschalter" geschwenkt werden. Dabei greift ihre Schneide in die kerbförmigen Einschnitte aller freien Wähler ein und nimmt deren Einstellglieder bei der Schwenkung mit, bis ein freier Ausgang erreicht ist (= Voreinstellung). Der Antrieb des Hauptsatzschalters ist ein

Schrittschaltwerk (in einer anderen Ausführung ein Solenoid). Soll einer der voreingestellten Vorwähler benutzt werden, so wird sein Einstellglied durch einen ihm zugeordneten Magnet in die Kontaktkombination hinein-gestoßen.

d) *Gruppenantrieb mit Gleitwerk.*

Zu dieser Gruppe gehören alle Maschinenwähler, also:

**Stangenwähler der Western Electric Co.** (ATT Co.), New York (vgl. nach-folgende kurze Beschreibung unter 1 f 6).

**Kulissenwähler von L. M. Ericsson,** Stockholm (vgl. nachfolgende kurze Beschreibung unter 1 f 4).

**Rotarywähler der Bell Telephone Mfg. Co.** (Intern. Standard Electric Co.), Antwerpen.

Bei diesen Wählern wird die gleitende Bewegung durch den Maschinen-antrieb verursacht, an dessen dauernd und kontinuierlich laufende Wellen die Wähler bei Bedarf angekuppelt werden.

**Fallwähler der Telefonbau und Normalzeit** (vorm. Fuld), Frankfurt/Main. Bei diesem Wähler (vgl. nachfolgende kurze Beschreibung unter 1 f 7) gleitet bzw. „fällt" das Haupteinstellglied bei der Wählereinstellung durch die Schwerkraft herab. Dieser Schwerkraftsantrieb wird durch eine Flieh-kraftbremse in bezug auf die Fallgeschwindigkeit geregelt und durch Stromstoßmagnet und Hemmung gesteuert.

## 3. Unterschiede in der Art der Kontaktbildung.

Auch in bezug auf die Art der eigentlichen Zusammenschaltung von suchender und aufzusuchender Leitung, d. h. in bezug auf die Anordnung der beiden kontaktgebenden „Pole" gibt es Unterscheidungsmöglichkeiten (Bild 39):

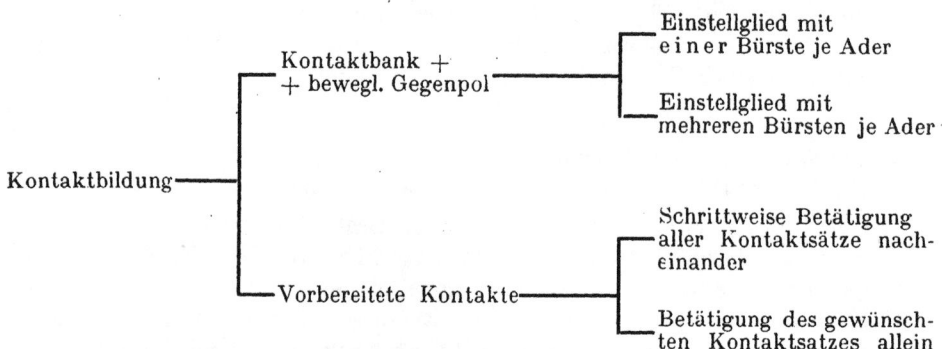

Bild 39. Einordnung der Wählerbauarten auf Grund der Kontaktbildung.

a) *Wähler mit Kontaktbank und beweglichem Gegenpol.*

Bei den weitaus meisten Wählerbauarten ist eine größere Zahl von festen Polen vorhanden, die der Zahl der aufzusuchenden Leitungen entspricht, und ein einziger beweglicher Gegenpol, an den die suchende Leitung heran-geführt ist (da je Leitung im allgemeinen drei und mehr Adern durchzu-

schalten sind, tritt diese Anordnung dann entsprechend oft auf). Die festen
Pole sind in Form von *Kontaktlamellen* (z. B. bei fast allen Schrittschalt-
Drehwählern und -Hebdrehwählern), von *Kontaktstiften* (z. B. beim Grup-
pen- und Leitungswähler des Rotarysystems 7 A und 7 A 2) oder von blanken
*Kontaktdrähten* (z. B. beim Kulissenwähler, Drehtauchwähler, XY-Wähler)
zu einer *Kontaktbank* oder einem *Kontaktfeld* zusammengefaßt. Der gewünschte Kontakt wird dadurch hergestellt, daß der bewegliche Pol (Schaltarm, Kontaktarm, Bürste, Stöpsel) nach einem Bewegungsgesetz, das der
vorgesehenen Bahn bzw. den Bahnen entspricht, in die gewünschte Stellung
gebracht wird. In dieser Stellung ist dann der
Stromkreis z. B. über den Schaltarm einerseits und
die aufgesuchte Lamelle andererseits geschlossen.
Wie bereits bei der Eingruppierung der Wähler
mit mehreren Einstellbahnen erwähnt wurde, ist
man bei Wählern mit vielen Ausgängen bemüht,
kürzere Einstellwege und Einstellzeiten zu erhalten.
Eine weitere Möglichkeit hierfür ergibt sich dadurch, daß man ein Einstellglied vorsieht, das die
Kontaktgabe jeweils an mehreren Stellen ermöglicht, z. B. indem es mehrere Bürsten trägt. Bild 40
veranschaulicht diesen Gedankengang. Oben im
Bild steht den 10 Ausgängen e i n e Bürste des
Einstellgliedes gegenüber, das also insgesamt zehn
Schritte auszuführen hätte. In der Mitte des Bildes
ist das Einstellglied mit zwei Bürsten ausgerüstet,

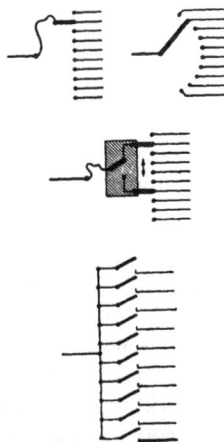

Bild 40. Möglichkeiten der
Kontaktgabe zwischen Ein-
und Ausgang.
oben: Einstellglied mit einer
Bürste je Schaltarm.
Mitte: Einstellglied mit zwei
Bürsten und Bürstenwahl.
unten: Reine Bürstenwahl.

so daß es nur höchstens fünf Schritte bis zur letzten Lamelle benötigt; die jeweils benutzte Bürste
wird dann durch eine besondere „*Bürstenwahl*"
bestimmt, was im Bild durch den Umschalte-
kontakt dargestellt ist. Die Verwirklichung dieses
Gedankenganges findet man beispielsweise bei folgenden Wählern:

**Stangenwähler der Western Electric Co. (ATT Co.), New York**

Das Haupteinstellglied dieses 5 × 100 teiligen Wählers (vgl. nachfolgende
kurze Beschreibung unter 1 f 6) trägt fünf abgehobene Bürstensätze, je
einen Bürstensatz für jedes der fünf Paneele. Bei der Wählereinstellung
wird der jeweils benötigte Bürstensatz durch die Bürstenwahl bestimmt
und ausgeklinkt, wodurch er allein bei der sich anschließenden gradlinigen
Bewegung des Einstellgliedes mit den Kontaktlamellen in Berührung
kommt; die anderen Bürstensätze bleiben abgehoben.

**Rotarywähler 7 A und 7 A 2 der Bell Telephone Mfg. Co. (Intern. Standard
Electric Co.), Antwerpen**

Bei diesem 200- bzw. 300 teiligen Wähler (vgl. nachfolgende kurze Beschreibung unter 1 f 2) steht den in zehn Ebenen übereinander angeordneten Kontaktstift-Gruppen ein drehbarer „Bürstenwagen" mit zehn

Bürstensätzen gegenüber; die Bürsten sind alle abgehoben. Der benötigte Bürstensatz wird durch die Bürstenwahl ausgeklinkt und kommt dadurch bei der sich anschließenden Drehung des Bürstenwagens allein mit den Kontaktstiften der betreffenden Ebene in Berührung.

### b) *Wähler mit vorbereiteten Kontakten*

Wird der in Bild 40 veranschaulichte Gedankengang bis zur letzten Konsequenz fortgesetzt, so kommt man zu einer Lösung, die je Ausgang ein besonderes Einstellglied vorsieht (Bild 40 unten). Hierbei ist die überhaupt mögliche Verkürzung des Einstellweges erreicht; dieser ist dann nur noch gleich der Schließungsstrecke der betreffenden Kontakte. Die Wählereinstellung ist zu einer „*reinen Bürstenwahl*" geworden.

Auf diese Weise entstehen Wähler mit vorbereiteten Kontaktstellen, d. h. jeder Ausgang endet in einer Kontaktfeder, der eine besondere Kontaktfeder des Eingangs gegenübersteht. Zur Kontaktgabe muß die gewünschte Kontaktstelle gekennzeichnet und der betreffende Kontakt geschlossen werden. Die Mittel für die eigentliche Kontaktgabe sind also bei diesen Wählerformen vom Einstellglied losgelöst. Derartige *vorbereitete Kontakte* können Einzelkontakte sein (z. B. einfache Arbeitskontakte); sie können aber auch durch umfangreiche Federpakete mit unterschiedlichen Kontaktkombinationen gebildet werden. Es werden entweder für beide Pole Kontaktfedern ähnlich den Relaisfedern mit Edelmetallkontakten verwendet, oder als Gegenpol dient eine Kontaktschiene (Segment). Wähler mit vorbereiteten Kontakten sind in mehreren Ausführungen in Betrieb. Sie unterscheiden sich wesentlich voneinander durch die Art, wie die Kennzeichnung und Betätigung des gewünschten Kontaktes vorgenommen wird:

### Keith-Vorwähler der Automatic Electric Co., Chicago

Der Keith-Vorwähler ist die älteste Wählerbauart mit vorbereiteten Kontakten; er entstand im Jahre 1904 und ist noch heute in Betrieb. Die Kontaktbank dieses 10teiligen Vorwählers besteht aus 10 Federsätzen mit je 8 Federn (Bild 41), die in den Paarungen 1—4, 2—3, 6—7 und 5—8 zusammengehören. Die Federn 1, 2, 7 und 8 sind fest und stellen den Eingang des Wählers dar; sie können als Einzelfedern oder als durchlaufende Segmente ausgebildet sein und sind mit den Schaltarmen der üblichen Drehwähler zu vergleichen. Die anderen Federn, die dann also den Kontaktlamellen der üblichen Drehwähler

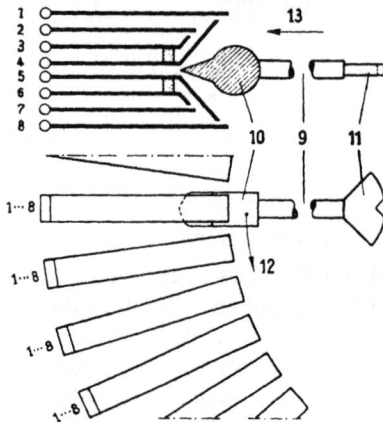

Bild 41. Grundsätzliche Darstellung des Keith-Vorwählers.
1—4, 2—3, 5—8, 6—7 =
= Kontakte je Federsatz.
9 = Einstellglied.
10 = Isolierstöpsel.
11 = Scheibe mit kerbförmigem Einschnitt.
12 = Bewegung des Stöpsels bei der Einstellung.
13 = Bewegung des Stöpsels bei der Kontaktbetätigung.

entsprechen, werden beim Eintreiben des Einstellgliedes (Stöpsel 9 mit Spitze 11 aus Isolierstoff) gegen die zugehörigen festen Federn gedrückt. Der Keith-Vorwähler wird gegenwärtig nur noch für Erweiterung bestehender Ämter und für kleinere Nebenstellenanlagen gebaut.

**Walzenwähler von Elektrisk Bureau, Oslo**
Die Kontaktbank dieses 10 teiligen Wählers besteht aus 10 Federsätzen nach Art der Relais-Federsätze. Das Einstellglied ist eine Walze mit 10 Nasen, die in einer Schraubenlinie auf dem vollen Umfang der Walze verteilt sind. Bei Drehung der Walze (Schrittschalt-Antrieb) kommen die Nasen nacheinander mit den zugehörigen Federsätzen in Berührung und bringen diese nacheinander eine bestimmte Zeitlang in Arbeitsstellung.

**Kugelwähler von L. M. Ericsson, Stockholm**
Die Kontaktbank dieses 16- oder 30 teiligen Wählers (vgl. nachfolgende kurze Beschreibung unter 1 f 8) besteht aus einer entsprechenden Zahl von Federsätzen. Das Einstellglied ist eine Stahlkugel von 3,16 mm $\phi$, die auf einer Kombination von beweglichen und nicht beweglichen Zahnstangen mit abgeschrägten Zähnen liegt. Beim Arbeiten des Schaltmagnets bewegt sich die bewegliche Zahnstange auf- und abwärts, wodurch die Kugel schrittweise von Federsatz zu Federsatz transportiert wird und diese nacheinander betätigt.

**Koordinaten- oder Kreuzstangenwähler der Schwedischen Staatstelegraphenwerke, Stockholm, und der Western Electric Co. (ATT Co.), New York.**
Die Koordinatenwähler (vgl. nachfolgende kurze Beschreibung unter 1 f 9) sind 100- oder 200 teilig. Die Kontaktbank besteht aus 10 waagrechten Reihen mit je 10 oder 20 Federpaketen nach Art der Relaisfedersätze. Als Einstellglieder sind eine Anzahl von Schienen vorhanden, die teils waagrecht, teils senkrecht vor den Federsätzen angeordnet sind. Mittels einer der waagrechten und einer der senkrechten Schienen wird der gewünschte Federsatz gekennzeichnet und betätigt.

## 4. Unterschiede in der Zahl der Einstellglieder

Eng mit den bei der Kontaktbildung behandelten Fragen hängt die Zahl der je Wähler verwendeten Einstellglieder zusammen. Man findet demnach:

a) *Wähler mit einem Einstellglied*
Zu dieser Gruppe gehören die weitaus meisten der in der Praxis eingeführten Wähler. So z. B.:
die üblichen Drehwähler,
die üblichen Hebdrehwähler,
die Kulissenwähler,
der XY-Wähler.

b) *Wähler mit zwei Einstellgliedern*
Vertreter dieser Gruppe sind:
**Rotarywähler (Gruppen- und Leitungswähler) des Systems 7A und 7A2 der Bell Telephone Mfg. Co. (Intern. Standard Electric Co.), Antwerpen.**

Dieser Wähler (vgl. nachfolgende kurze Beschreibung unter 1 f 2) hat als Haupteinstellglied einen sog. „Bürstenwagen" mit 10 abhebbaren Bürstensätzen und als zweites Einstellglied einen sog. „Bürstenauslöser". Mit dem Bürstenauslöser wird bei der Zehnerwahl zuerst diejenige Bürste des Bürstenwagens bestimmt und ausgeklinkt (Bürstenwahl), die bei der sich anschließenden Drehung des Bürstenwagens mit den Kontaktstiften in Berührung kommen soll.

**Rapidwähler von Mix & Genest, Berlin**

Das erste Einstellglied dieses Wählers (vgl. nachfolgende kurze Beschreibung unter 1 f 3) ist ein 7 armiger Drehwähler, das zweite Einstellglied ein 34 armiger Drehwähler, die beide eine gemeinsame Achse haben. Durch den ersten Wähler werden bei der Zehnerwahl diejenigen Arme des zweiten Wählers bestimmt, die für den Verbindungsaufbau herangezogen werden sollen, wenn der zweite Wähler bei der sich anschließenden Einer- oder Freiwahl eingestellt wird.

**Stangenwähler der Western Electric Co. (ATT Co.), New York**

Das Haupteinstellglied dieses Wählers (vgl. nachfolgende kurze Beschreibung unter 1 f 6) ist ein sog. „Bürstenträger" mit 5 abhebbaren Bürstensätzen, das zweite Einstellglied eine sog. „Bürstenwahlstange". Diese hat die Aufgabe, denjenigen Bürstensatz zu bestimmen und auszuklinken, der bei der sich anschließenden gradlinigen Bewegung des Bürstenträgers über die Kontaktlamellen schleifen soll.

**Fallwähler der Telephonbau und Normalzeit** (vorm. Fuld), Frankfurt/Main. Dieser Wähler (vgl. nachfolgende kurze Beschreibung unter 1 f 7) ist ähnlich wie der Stangenwähler aufgebaut. Das Haupteinstellglied ist ein „Schlitten" mit 10 abhebbaren Bürstensätzen, von denen bei der Wählereinstellung jeweils einer durch das zweite Einstellglied, die sog. „Bürstenwahlstange", ausgewählt und ausgeklinkt wird.

c) *Wähler mit mehr als zwei Einstellgliedern*

Vertreter dieser Gruppe sind zur Zeit nur die

**Koordinaten- oder Kreuzstangenwähler**

Bei diesen Wählern (vgl. nachfolgende kurze Beschreibung unter 1 f 9) muß jede der 5 waagrechten und der 10 (oder 20) senkrechten Schienen als Einstellglied angesehen werden. Bei der jetzigen Ausführungsform dieser Wählerart sind also 15 (oder 25) Einstellglieder vorhanden. Die erste Stromstoßreihe wirkt auf die waagrechten Schienen, die zweite Stromstoßreihe auf die senkrechten Schienen ein. Der Schnittpunkt der dabei in Arbeitsstellung bleibenden waagrechten und senkrechten Schiene kennzeichnet den in Betracht kommenden Federsatz; dieser befindet sich so lange in Arbeitsstellung, wie es die beiden Schienen sind bzw. eine von ihnen ist.

5. **Sonstige Unterschiede für Wählervergleiche**

Mit den obigen vier Möglichkeiten für Wählervergleiche bzw. für eine Einordnung der Wählerbauarten sind wohl die Hauptmerkmale gekennzeichnet.

Naturgemäß können auch noch andere Gesichtspunkte herangezogen werden. So könnte man über das bereits Gesagte hinaus etwa noch folgende Einteilungen vornehmen:

Nach der Form der Kontaktbank:

a) Wähler mit ebenen Kontaktbänken
   (z. B. Pneumatischer Wähler; Stangenwähler; Fallwähler),
b) Wähler mit zylindermantelförmigen Kontaktbänken
   (z. B. Drehwähler; Hebdrehwähler; Rotarywähler).

Nach der Zahl der gleichzeitig möglichen Verbindungen:

a) Wähler, die jeweils nur eine einzige Verbindung führen können (fast alle Wählerbauarten),
b) Wähler, die gleichzeitig mehrere Verbindungen führen können (z. B. Koordinatenwähler; Sonderformen des Dreh- und Hebdrehwählers).

Nach dem Material der Kontaktstellen:

a) Wähler mit unedlen Kontaktstellen
   (z. B. alle Wähler, bei denen die Bürsten während der Wählereinstellung schleifen),
b) Wähler mit edlen Kontaktstellen
   (z. B. Wähler mit „vorbereiteten" Kontakten oder auch solche mit abhebbaren Bürsten).

Nach der Bewegungsrichtung des Einstellgliedes bei der Einstellung:

a) Wähler mit nur vorwärts gerichteter Einstellbewegung
   (z. B. fast alle Dreh- und Hebdrehwähler; Stangenwähler; Fallwähler usw.),
b) Wähler mit vorwärts und rückwärts gerichteter Einstellbewegung
   (z. B. 50teiliger Drehwähler der Tefag, vgl. unter 1e 2a; Keith-Vorwähler).

Nach der Bewegungsrichtung des Einstellgliedes bei der Auslösung:

a) Wähler mit rückläufiger Auslösebewegung
   (z. B. fast alle Strowgerwähler; Drehwähler der Tefag; Stangenwähler; Fallwähler; Kulissenwähler; XY-Wähler),
b) Wähler ohne rückläufige Auslösebewegung
   (z. B. fast alle Drehwähler; Viereckwähler; Strowgerwähler 32A).

### f) Weitere Wählerformen

Bei der Eingruppierung im vorigen Abschnitt konnten die als Beispiele angeführten Wählerbauarten naturgemäß nur bezüglich der gerade zu kennzeichnenden Merkmale und dabei auch nur stichwortartig behandelt werden. Als Ergänzung hierfür sollen für einige Wählerbauarten zusammenhängende Beschreibungen folgen, auf die auch bereits bei der Eingruppierung verwiesen wurde. Wie bereits gesagt, müssen auch diese Beschreibungen aus Raumgründen auf das Notwendigste beschränkt bleiben. Die dabei getroffene Auswahl berücksichtigt teils Wähler, die in größeren Stückzahlen eingeführt worden sind, teils solche, die durch ihre Konstruktionsgrundsätze interessant sind. Ein Werturteil ist jedoch weder aus dieser Auswahl noch aus der Reihenfolge der Beschreibungen abzuleiten. Eine ausführliche Behandlung der verschiedenen Konstruktionen und der für sie entwickelten Wählsysteme wird in Lit. 11 gegeben.

**1. Hebdrehwähler 32A** bzw. **BPO 2000** der **Automatic Electric Co.**, (Autelco), Chicago and Liverpool.

Der Hebdrehwähler 32A (= Bezeichnung für Privatanlagen in Amerika) bzw. BPO 2000 (= Bezeichnung für Postzwecke in England) wird im allgemeinen als 110- oder 220teiliger Wähler gebaut, wobei für jeden Schaltarm entweder Einfachlamellen oder gegeneinander isolierte Lamellenpaare je Schrittstellung vorgesehen sind. Der Wähler kann aber auch bis zu 10 Schaltarme erhalten, was bei Verwendung von Lamellenpaaren einer Anschlußmöglichkeit von 2200 Einzeladern entspricht.

Die Kontaktbank setzt sich im allgemeinen aus 3 Teilbänken zusammen, kann aber auch bis 10 Teilbänke erhalten. Jede Teilbank besteht aus 10 Höhenschritten mit je 11 Einfachlamellen oder mit je 11 Lamellenpaaren. Das Einstellglied ist eine Schaltarmachse, die soviel Schaltarme trägt, wie Teilbänke vorhanden sind. Je nachdem, ob Einfachlamellen oder Lamellenpaare bestrichen werden, ergibt sich zwischen Schaltarm und Lamelle ein Doppel- oder nur ein Einfachkontakt. Als Antrieb ist ein Einzelantrieb vorgesehen; die Schrittschaltmagnete (Heb- und Drehmagnet) arbeiten mit direktem Antrieb.

In bezug auf die Bewegung des Einstellgliedes sind drei verschiedene Bauarten geschaffen worden:

Die Normalbauart sieht für Wählereinstellung und Auslösung die Viereckbewegung vor, d. h. die Schaltarme werden zur Einstellung zuerst vor der Kontaktbank bis zum gewünschten Höhenschritt gehoben, um dann in diesen eingedreht zu werden; bei der Auslösung drehen die Schaltarme weiter bis zum 12. Schritt, fallen dort hinter der Kontaktbank herab und drehen unterhalb ihrer Teilbank wieder in die Anfangsstellung. Es findet also eine Viereckbewegung statt.

Eine Sonderbauart für bestimmte LW verwendet den Hebmagnet gleichzeitig für eine Teilauslösung, durch die die Schaltarme vom 11. Schritt aus rückläufig bis vor die erste Lamelle der betreffenden Dekade zurückgedreht werden. Der Wähler kann dadurch folgende Einstellbewegungen ausführen: Heben in eine Dekade, Eindrehen in diese Dekade bis zum 11. Schritt (ohne einen freien Ausgang gefunden zu haben), Rückstellen durch den Hebmagnet bis vor die Dekade, Heben in die nächste Dekade, Eindrehen bis zum 11. Schritt, Rückstellen usw. Die Auslösung findet statt, wenn die Schaltarme in einer Dekade bis auf den 12. Schritt drehen können, und zwar dann einer Viereckbewegung.

Eine weitere Sonderbauart benutzt den Hebmagnet gleichzeitig als Auslösemagnet. Hierbei findet nach Einstellung auf den gewünschten Höhenschritt eine mechanische Umstellung der Klinke statt, wodurch der Hebmagnet zum Auslösemagnet wird. Die Auslösebewegung ist dann rückläufig, wobei die Schaltarme auf demselben Wege wieder in die Anfangsstellung zurückkehren, auf dem sie bei der Wählereinstellung zu dem gewünschten Ausgang gelangten. Der Wähler wurde zum erstenmal im Jahre 1934 eingesetzt.

**2. Rotarywähler** (GW und LW) des Systems 7A und 7A2 der **Bell Telephone Mfg. Co.** (Intern. Standard Electric Co., ITT Co.), Antwerpen.

Der Rotarywähler 7A bzw. die neuere, etwas verkleinerte Form 7A2 (Bild 42, ist ein 200- oder 300teiliger Wähler. Seine Kontaktbank besteht aus 10 übereinander angeordneten Kontaktebenen mit je 20 (für LW) oder 30 (für GW) Kontaktstiftgruppen (a-, b-, c-Stifte), die auf einem Halbkreisbogen angeordnet sind. In jeder dieser 10 „Dekaden" liegen also die a-, b- und c-Stifte einer jeden Schrittstellung übereinander. Es sind zwei Einstellglieder vorhanden. Das Haupteinstellglied (1 in Bild 42) ist ein sog. „Bürstenwagen", das ist ein drehbarer Rahmen mit 10 übereinander angeordneten 3teiligen Bürstensätzen (a-, b- und c-Bürste); diese Bürstsätze (2) sind in der Ruhestellung derartig durch ein Hartgummiplättchen verkeilt, daß sie bei einer Drehung des Bürstenwagens die Kontaktstifte ihrer Ebene nicht berühren würden. Das zweite Einstellglied (3) ist ein sog. „Bürstenauslöser" mit 10 auf einer Schraubenlinie angeordneten Nasen, von denen jeweils eine in den Weg der Hartgummiplättchen hineinragt. Zur Dekadenwahl oder Bürstenwahl wird der Bürstenauslöser durch die Zehnerwahl so weit gedreht, daß sich die Nase der gewünschten Kontaktstiftgruppe in den Weg des zugehörigen Hartgummiplättchens stellt. Bei der sich dann anschließenden Einerwahl (für LW) bzw. Freiwahl (für GW) dreht

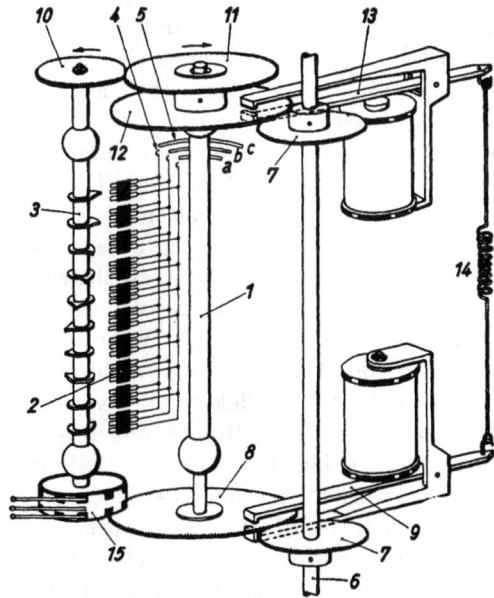

Bild 42. Grundsätzliche Darstellung des Rotary-Wählers 7A2.

1 = Bürstenwagen (= Haupteinstellglied).
2 = Bürstensatz (a-, b- und c-Bürste).
3 = Bürstenauslöser (= zweites Einstellglied).
4 = Schleifbürsten.
5 = Schleifringe.
6 = Antriebswelle (Maschinenantrieb).
7 = starres, nichtfederndes Zahnrad.
8 = biegsame, federnde Zahnscheibe.
9 = Anker des Kupplungsmagnets für den Bürstenwagen.
10 = starres, nichtfederndes Zahnrad.
11 = nichtfederndes Übersetzungsrad.
12 = biegsame, federnde Zahnscheibe.
13 = Anker des Kupplungsmagnets für den Bürstenauslöser.
14 = Ankerrückzugfeder.
15 = Kollektor.

sich der Bürstenwagen um seine Achse, wobei das Hartgummiplättchen an die eingedrehte Nase des Bürstenauslösers stößt und der betreffende Bürstensatz ausgeklinkt wird. Dieser kommt also dadurch bei der Drehung des Bürstenwagens mit den Kontaktstiftgruppen seiner Ebene nacheinander in Berührung, bis er auf einem der Schritte stillgesetzt wird. Bei der Auslösung wird der Bürstensatz nach dem Überstreichen sämtlicher Kontaktstifte durch eine Walze wieder eingeklinkt. Sämtliche a-Bürsten sind miteinander verbunden, ebenso die b-Bürsten und die c-Bürsten. Die Stromzuführung findet über Schleifbürsten (4) und Schleifringe

(5) statt. Der Antrieb des Wählers ist ein Gruppenantrieb, und zwar ein Maschinenantrieb über dauernd laufende Wellen. Neben den übereinander angeordneten Wählern (bis 15 Wähler beim System 7 A, bis 20 Wähler beim System 7 A 2) befindet sich eine senkrechte, dauernd laufende Antriebswelle (6), auf der je Wähler zwei dünne, nichtfedernde Zahnräder (7) befestigt sind. Der Bürstenwagen trägt unten eine dünne, federnde Zahnscheibe (8), die in der Ruhestellung durch den Anker (9) des unteren Kupplungsmagnets außer Eingriff mit dem dauernd laufenden Zahnrad (7) gehalten wird. In ähnlicher Weise trägt der Bürstenauslöser oben ein nichtfederndes Zahnrad (10), das in ein nichtfederndes Übersetzungsrad (11) eingreift; dieses steht in fester Verbindung mit der federnden Zahnscheibe (12), die in ihrer Ruhestellung durch den Anker (13) des oberen Kupplungsmagnets außer Eingriff mit dem dauernd laufenden oberen Zahnrad (7) der Antriebswelle gehalten wird. Wird einer der Kupplungsmagnete erregt, so gibt sein Anker die entsprechende Zahnscheibe frei; diese federt in das zugehörige Zahnrad der Antriebswelle, so daß der Bürstenwagen oder der Bürstenauslöser so lange dreht, bis der Kupplungsmagnet wieder ausgeschaltet wird und die Zahnscheibe außer Eingriff mit dem Antriebszahnrad bringt (Ankerrückzugsfeder 14). Wird der Wähler als GW benutzt, so trägt der Bürstenauslöser unten einen Kollektor (15); wird er als LW benutzt, so tragen sowohl Bürstenauslöser als auch Bürstenwagen je einen Kollektor. Mit Hilfe dieser Kollektoren werden bei der Wählereinstellung Stromstöße rückwärts, d. h. entgegen der Aufbaurichtung der Verbindung, zum vorgeordneten Register gesendet (= Rückwärtswahl; vgl. Abschnitt V, 2 unter „Nummernwahl").
Der Wähler wurde erstmalig etwa 1916 in seiner Vorform als sog. Mc. Berty-Wähler eingesetzt; er wird noch heute gebaut.

### 3. Rapidwähler von Mix & Genest, Berlin

Der Rapidwähler (Bild 43) ist ein 100-(130-)teiliger Wähler. Er ist eine Kombination von zwei vielarmigen Schrittschalt-Drehwählern, einem 7 armigen Zehner- und einem 34 armigen Einerwähler, die sich auf einer gemeinsamen Achse befinden. Die Kontaktbank des Wählers besteht aus $3 + 4 = 7$ Lamellenreihen

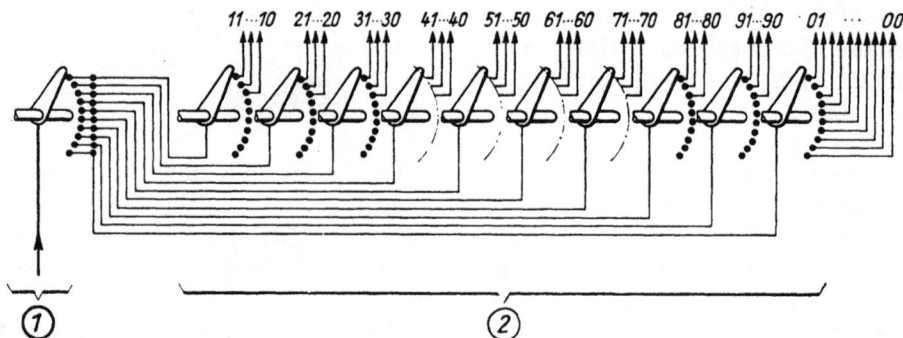

Bild 43.  Grundsätzliche Darstellung des Rapidwählers.
1 = Zehnerwähler.
2 = Einerwähler.

für den Zehnerwähler und $10 \times 3 + 4 = 34$ Lamellenreihen für den Einerwähler; jede Lamellenreihe hat 13 Kontaktlamellen, die auf einem Drittelkreisbogen angeordnet sind. Der Wähler hat zwei Einstellglieder. Das erste Einstellglied, der sog. Zehnerwähler, hat drei Hauptschaltarme (a-, b- und c-Arm) sowie vier Hilfsschaltarme; das zweite Einstellglied, der sog. Einerwähler, hat $10 \times 3$ Hauptschaltarme (a-, b- und c-Arme) und ebenfalls vier Hilfsschaltarme. Jeder Schaltarm hat entsprechend der Anordnung der Lamellen auf einem Drittelkreisbogen drei Bürsten. Die Bürsten sind während der Einstellbewegung von den Lamellen abgehoben, sofern sie nicht aus schaltungstechnischen Gründen über die Lamellen schleifen müssen; die abgehobenen Arme werden nach beendeter Einstellung durch einen gemeinsamen Andrückmagnet auf die Lamellen gedrückt. Der Antrieb ist ein Einzelantrieb mit Schrittschaltwerk. Das Schrittschaltwerk besteht aus je einem Drehmagnet für den Zehner- und für den Einerwähler; es arbeitet mit indirektem Antrieb.

Der Eingang des Wählers ist an die Schaltarme des Zehnerwählers angeschlossen, dessen Lamellen zu den Schaltarmen des Einerwählers führen (Bild 43). Jede Schaltarmgruppe (a-, b- und c-Arm) des Einerwählers entspricht sozusagen einer Dekade des Hebdrehwählers. Bei der Zehnerwahl wird zuerst der Zehnerwähler auf die gewünschte Gruppe eingestellt (= eine Art von Bürstenwahl); danach wird der Einerwähler entweder durch die Einerwahl (beim LW) oder in freier Wahl (beim GW) auf die gewünschte Schrittstellung geschaltet. Die 11. bis 13. Lamelle jeder Lamellenreihe dient beim LW zur Bildung von Sammelanschlüssen oder beim GW zur Vergrößerung des abgehenden Bündels.

Als Schrittgeschwindigkeit werden für den Rapidwähler 60 Schritte/s angegeben. Der Wähler wurde im Jahre 1938 eingeführt und ist bisher nur in kleineren Stückzahlen gefertigt worden.

## 4. Kulissenwähler von L. M. Ericsson, Stockholm

Der Kulissenwähler (Bild 44) ist ein 500teiliger Wähler. Seine Kontaktbank besteht aus blanken Kontaktdrähten. Je 20 a-, b- und c-Drähte sind senkrecht in einen Rahmen gespannt und bilden eine sog. Kulisse (1). 25 derartiger Kulissen sind strahlenförmig um den Drehpunkt des waagrecht eingebauten Wählers angeordnet, so daß ein Kontaktfeld von insgesamt $25 \times 20 = 500$ Ausgängen entsteht. Das Einstellglied besitzt als Schaltarm einen langen Stöpsel (2), der bis vor die gewünschte Kulisse gedreht und dann in diese Kulisse eingeschoben werden kann. Diese Bewegungen werden folgendermaßen ermöglicht: Zu dem Einstellglied gehören zwei Scheiben (3) und (4), die um die Achse (5) drehbar sind. Die Scheibe (3) hat Topfform; der Außenrand ist gezahnt (Drehverzahnung), im Inneren befindet sich ein Zahnkranz (7) für ein Planetengetriebe. Die Scheibe (4) trägt das Planetengetriebe mit den Zahnrädern (8) und (9). Das Zahnrad (8) steht in Eingriff mit dem inneren Zahnkranz (7), das Zahnrad (9) in Eingriff mit der Schiebeverzahnung des Schaltarms (2). Die Scheibe (4) hat außen eine Sperrverzahnung (10), in die ein Ankerfortsatz des Sperrmagnets (11) eingreift. Ein weiterer Sperrmagnet (12) steht mit seinem Ankerfortsatz in Eingriff mit einer zweiten Verzahnung des Schaltarms (Sperrverzahnung 13). Der stöpselartige

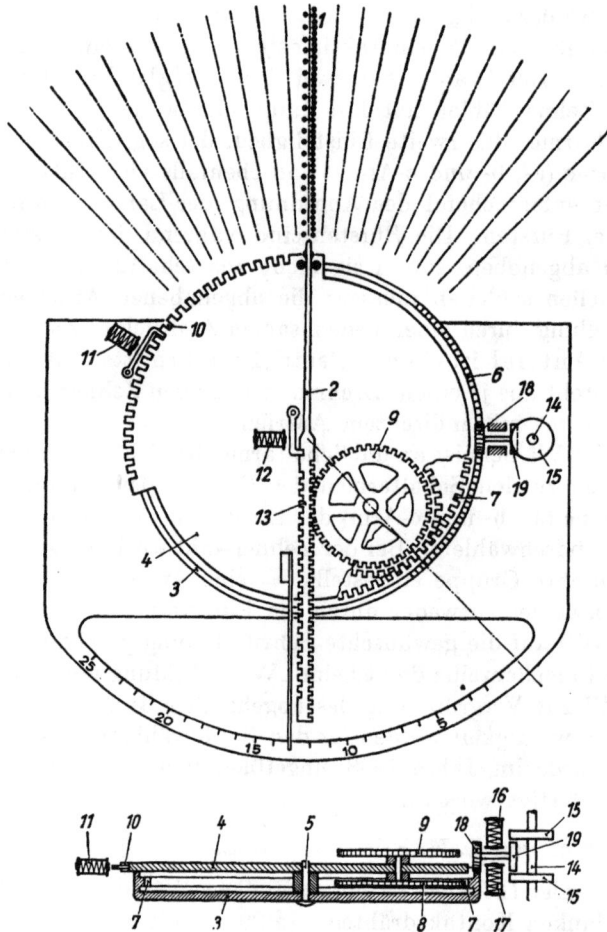

Bild 44. Grundsätzliche Darstellung des Kulissenwählers.
1 = Kulisse mit je 20 a-, b- und c-Drähten.
2 = Schaltarm (Stöpsel) mit Schiebeverzahnung und Sperrverzahnung.
3 = topfförmige Scheibe mit Drehverzahnung (6) und innerem Zahn-
      kranz (7).
4 = Scheibe für Planetengetriebe (8, 9) und mit Randverzahnung für
      mechanische Sperrung (10).
5 = Gemeinsame Achse für die Scheiben (3) und (4).
6 = Drehverzahnung.
7 = Innerer Zahnkranz von Scheibe (3).
8,  9 = Zahnräder des Planetengetriebes.
10 = Randverzahnung für mechanische Sperrung.
11 = Sperrmagnet für Scheibe (4).
12 = Sperrmagnet für Schaltarm (2).
13 = Sperrverzahnung am Schaltarm.
14 = Antriebswelle (Maschinenantrieb).
15 = Reibungsräder der Antriebswelle.
16, 17 = Kupplungsmagnete.
18 = Kupplungsrad für Drehverzahnung (6).
19 = Reibungsrad.

Schaltarm trägt innen die a-, b- und c-Drähte der Zuführung, die vorn an der
Spitze des Schaltarmes jeweils an Doppelfedern enden. Diese Federn kommen
bei der Einstellung in Berührung mit den entsprechenden Drähten der Kulissen.

Die Kontaktgabe zwischen Schaltarm und Kulissendraht erfolgt also über einseitige Doppelkontakte. Der Antrieb ist ein Gruppenantrieb, und zwar ein Maschinenantrieb über dauernd laufende Wellen. Diese senkrecht angeordneten Wellen (14) befinden sich neben den übereinander liegenden Kulissenwählern (sehr oft bis 40 Wähler, aber auch bis 70 Wähler übereinander) und tragen je Wähler zwei Reibungsräder (15). Durch die Kupplungsmagnete (16) und (17) kann die Achse des Kupplungsrades (18) gehoben und gesenkt werden; damit kommt das Reibungsrad (19) in Berührung mit einem der beiden Reibungsräder (15), und das Kupplungsrad (18) dreht die Scheibe (3) im Uhrzeigersinn bzw. in entgegengesetzter Richtung.

Zur Wählereinstellung wird bei der Zehner- oder Kulissenwahl die Scheibe (3) zuerst im Uhrzeigersinn gedreht und nimmt dabei die Scheibe (4) und den Schaltarm (2) mit. Bei dieser Drehung wird über eine nicht gezeichnete Kontaktanordnung für jede erreichte Kulisse ein Stromstoß rückwärts, d. h. entgegen der Richtung des Verbindungsaufbaues, zum Register gesendet (= Rückwärtswahl; vgl. Abschnitt V, 2 unter „Nummernwahl"). Ist die gewünschte Kulisse erreicht, so wird der Magnet (11) abgeschaltet, wodurch der Fortsatz seines Ankers in die betreffende Zahnlücke der Verzahnung (10) einfällt und die Scheibe (4) festgehalten wird. Da dadurch auch die Achse des Planetengetriebes feststeht, wirkt sich die weitere Drehung der Scheibe (3) über die Verzahnung (7) zum Zahnrad (8) und vom Zahnrad (9) auf die Schiebeverzahnung des Schaltarms (2) aus, der dadurch radial nach außen in die betreffende Kulisse eingeschoben wird. Beim LW wird auch hierbei durch eine ebenfalls nicht gezeichnete Kontaktanordnung für jede erreichte Leitung der Kulisse ein Stromstoß rückwärts zum Register abgesandt; wird der Wähler als GW verwendet, so wird die radiale Bewegung des Schaltarms in freier Wahl durchgeführt. Ist der gewünschte Ausgang erreicht, so fällt der Ankerfortsatz des Sperrmagnets (12) in die Sperrverzahnung (13) des Schaltarmes ein; gleichzeitig wird die Kupplung zwischen den Reibungsrädern (15) und (19) wieder aufgehoben. Bei der Auslösung findet die Rückführung des Wählers in die Nullstellung in umgekehrter Reihenfolge der Kupplungs- und Sperrmaßnahmen statt; zu diesem Zweck wird das Reibungsrad (19) durch den Kupplungsmagnet (17) an das andere Reibungsrad (15) gedrückt und die Scheibe (3) dadurch entgegen dem Uhrzeigersinn gedreht.

Als Schrittgeschwindigkeit des Kulissenwählers wird angegeben, daß die Gesamtdrehung an 25 Kulissen vorbei etwa 1,75 s (= etwa 14 Schritte/s) und das Überstreichen der 20 Ausgänge je Kulisse etwa 1 s beansprucht. Der Wähler, der erstmalig im Jahre 1924 eingeführt wurde, wird noch heute gebaut.

## 5. XY-Wähler von L. M. Ericsson, Stockholm

Der XY-Wähler (Bild 45) ist ein 110 teiliger Wähler. Sein Name rührt von den beiden zueinander senkrechten Bewegungen her, die die Schaltarme entsprechend den x- und y-Koordinaten eines rechtwinkligen Koordinatensystems ausführen. Die Kontaktbank des Wählers ist nach ähnlichen Grundsätzen aufgebaut wie die des Kulissenwählers. Sie besteht aus 10 Kulissen (1) für a/b-Drähte und zehn Kulissen (2) für c/d-Drähte. Jede Kulisse hat 2 × 11 blanke Bronze-

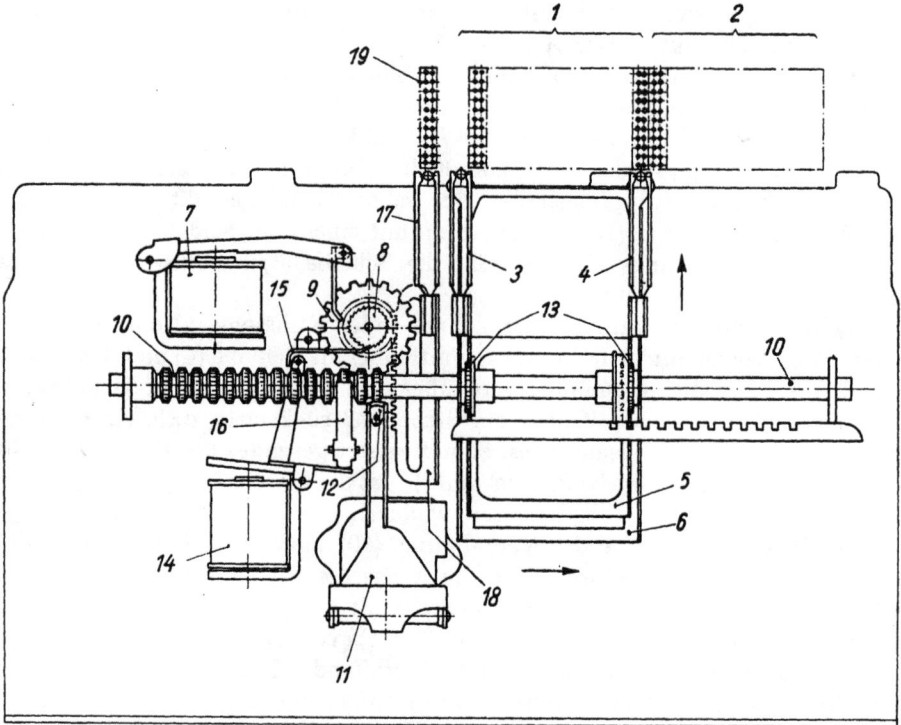

Bild 45.  Grundsätzliche Darstellung des XY-Wählers.

 1 = Kulissen mit je 11 a- und b-Drähten.
 2 = Kulissen mit je 11 c- und d-Drähten.
 3 = Bürstensatz (Schaltarmpaar) für die a/b-Kulissen.
 4 = Bürstensatz (Schaltarmpaar) für die c/d-Kulissen.
 5 = Bürstenschlitten für die Y-Bewegung.
 6 = Hilfsschlitten für die X-Bewegung.
 7 = X-Magnet für den Transport des Hilfsschlittens in der X-Richtung
        (= vor den Kulissen).
 8 = Schrittschaltrad.
 9 = Zahnrad für Bewegung der Schaltstange 10 in der X-Richtung.
10 = Schaltstange.
11 = Y-Magnet für den Transport des Bürstenschlittens in der Y-Rich-
        tung (= in den Kulissen).
12 = Stoßklinke.
13 = Zahnräder der Schaltstange für die Y-Bewegung des Bürsten-
        schlittens.
14 = Auslösemagnet.
15, 16 = Sperrfedern.
17 = Zusatz-Bürstensatz (Schaltarmpaar) für Anrufsucher.
18 = Zahnstange.
19 = Zusatz-Vielfachrahmen (X-Rahmen) für Anrufsucher.

drähte (a/b-Drähte oder c/d-Drähte) von 1 mm $\phi$; an das Vielfachfeld können
also max. 110 Ausgänge angeschlossen werden. Die $2 \times 10$ Kulissen sind parallel
zueinander in Abständen von 5 mm angeordnet. Der Abstand zwischen den 11
Drähten jeder Kulisse beträgt 3 mm. Das Einstellglied besitzt im allgemeinen
zwei Schaltarmpaare (3) und (4). Diese gehören zu einem Bürstenschlitten (5), der
in einem Hilfsschlitten (6) in der Y-Richtung verschoben werden kann. Der
Hilfsschlitten selbst ist in der X-Richtung verschiebbar. Der Antrieb ist ein
Einzelantrieb, und zwar ein Schrittschaltantrieb mit 2 Magneten für die beiden

Einstellbewegungen der Schaltarme; die Schrittschaltmagnete arbeiten mit direktem Antrieb. Die Rückstellung des Einstellgliedes in die Nullstellung wird durch einem Auslösemagnet eingeleitet.

Zur Wählereinstellung treibt der X-Magnet (7) bei der Zehner- oder Kulissenwahl ein Schrittschaltrad (8) an. Mit diesem ist ein grobgezahntes Rad (9) fest verbunden, dessen Zähne in die Nuten der Schaltstange (10) eingreifen. Jede Drehung der Räder (8) und (9) um einen Zahn fördert die Schaltstange um eine Kulissenbreite in der X-Richtung weiter, und gleichzeitig damit die Schlitten (5) und (6) mit den Schaltarmpaaren (3) und (4). Bei der Einerwahl wird der Y-Magnet (11) erregt, greift mit seiner Stoßklinke (12) in die Drehverzahnung der Schaltstange (10) ein und dreht diese schrittweise entsprechend der gewählten Ziffer. Oberhalb des Bürstenschlittens trägt die Schaltstange zwei Zahnräder (13), die in Verzahnungen auf den Schenkeln des Bürstenschlittens eingreifen und diesen bei ihrer Drehung in der Y-Richtung verschieben. Dabei dringen die Schaltarme schrittweise in die Kulissen ein, bis der gewünschte Ausgang erreicht ist. Bei den Einstellbewegungen werden Federn gespannt, durch die der Schaltarmrahmen wieder in die Anfangsstellung zurückgeführt wird, wenn der Auslösemagnet (14) die beiden Sperrfedern (15) und (16) aus den betreffenden Zahnradsätzen heraushebt.

Wird der XY-Wähler als Anrufsucher eingesetzt, so erhält er einen besonderen Bürstensatz (17), dessen Zahnstange (18) unmittelbar von der Schaltradkombination (8)—(9) verschoben wird. Wenn der X-Magnet die Schaltstange (10) und mit ihr die Schaltarmpaare (3) und (4) in der X-Richtung vor den Kulissen entlang bewegt, wird der Bürstensatz (17) in einen besonderen Vielfachrahmen (19), X-Rahmen genannt, eingeschoben. Dadurch wird die Kulisse bestimmt, vor der die X-Bewegung der Schaltarmpaare (3) und (4) beendet werden soll.

Als Schrittgeschwindigkeit des XY-Wählers werden 40 Schritte/s bei der X-Bewegung und 50 Schritte/s bei der Y-Bewegung angegeben. Der Wähler wurde 1938 erstmalig beschrieben.

## 6. Stangenwähler der Western Elektric Co. (ATT Co.), New York

Der Stangenwähler (Bild 46) ist ein 500teiliger Wähler. Seine Kontaktbank besteht aus fünf „Paneelen" (daher auch der Name *panelswitch*), die sich aus 300 waagrecht liegenden Messingstreifen (abwechselnd a-, b- und c-Streifen) zusammensetzen. Jeder Messingstreifen (Bild 47) hat an beiden Seiten bis 30 herausstehende Lappen, die die Kontaktlamellen für ebensoviele Wähler bilden; die a-, b- und c-Lamellen sind dabei seitlich gegeneinander versetzt. Die fünf Paneele (1) für insgesamt 5 × 100 Ausgänge liegen übereinander, wodurch sich für das gesamte Wählergestell eine Höhe von 3 m ergibt. Die Wähler werden an beiden Seiten des Paneels angebracht; in Bild 46 ist der Wähler der einen Seite vollständig gezeichnet, der Wähler der anderen Seite nur oben und unten angedeutet. Je Wähler sind zwei Einstellglieder vorhanden. Das Haupteinstellglied ist der sog. Bürstenträger (2) mit fünf Bürstensätzen (3), für jedes Paneel ein eigener Satz. Dieses Einstellglied ist in seiner Längsrichtung verschiebbar. Die Bürstensätze sind in ihrer Ruhestellung abgehoben und derart

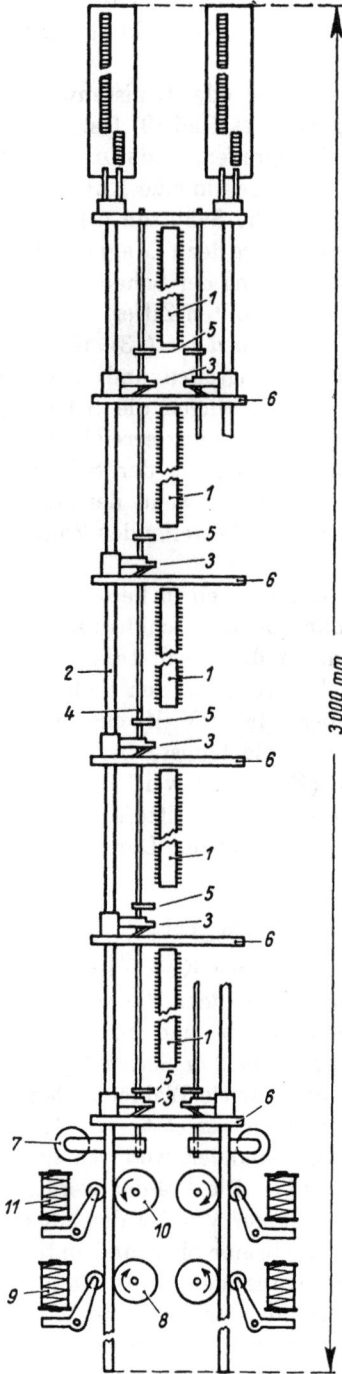

Bild 46. Grundsätzliche Darstellung des Stangenwählers.

1 = Paneele der Kontaktbank mit je 100 a-, b- und c-Lamellenstreifen.
2 = Haupteinstellglied (Bürstenträger) mit fünf abhebbaren Bürstensätzen.
3 = Abhebbarer Bürstensatz mit a-, b- und c-Bürsten (Schaltarme).
4 = Zweites Einstellglied (Bürstenwahlstange).
5 = Nasen der Bürstenwahlstange.   6 = Platten.
7 = Magnet zur Drehung der Bürstenwahlstange.
8 = Antriebswelle für Einstellung (Maschinenantrieb).
9 = Kupplungsmagnet für Einstellung.
10 = Antriebswelle für Auslösung (Maschinenantrieb).
11 = Kupplungsmagnet für Auslösung.

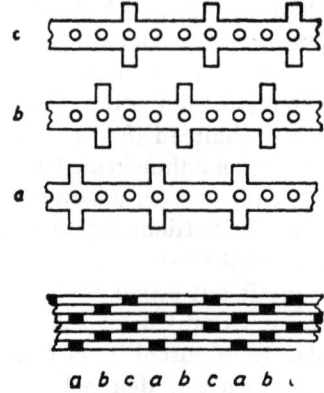

Bild 47. Streifen mit Lamellenlappen für die Paneele der Kontaktbank des Stangenwählers.

eingeklinkt, daß sie die zugehörigen Lamellen bei einer Verschiebung des Bürstenträgers nicht berühren würden. Das zweite Einstellglied dient zur Bürstenwahl; diese sog. Bürstenwahlstange (4) ist drehbar und trägt fünf Nasen (5), die im Verhältnis zu den zugehörigen Bürsten (3) bzw. zu den darunter befindlichen Platten (6) verschieden hoch angeordnet sind, und zwar in 1/6, 2/6...5/6 Höhe des Raumes zwischen Platte und unterer Begrenzung des Paneels. Bei der Bürstenwahl wird zuerst der Bürstenträger (2) gehoben, und zwar verschieden hoch je nach dem Paneel, in dem der gewünschte Ausgang liegt. Wird beispielsweise ein Ausgang aus dem dritten Paneel gewünscht, so wird der Bürstenträger (2) um 3/6 des Raumes zwischen Platte und Paneel gehoben. Danach erhält der Magnet (7) kurzzeitig einen Stromstoß und verdreht die Bürstenwahlstange, wobei die Nase für das dritte Paneel auf den dritten Bürstensatz trifft und diesen ausklinkt. Bei der sich anschließenden weiteren Verschiebung des Bürstenträgers nach oben schleifen dann diese Bürsten über die Lamellen des dritten Paneels. Bei der

Auslösung wird der Bürstenträger wieder herabgezogen, wobei der benutzte Bürstensatz beim Auftreffen auf seine Platte (6) wieder zurückgehoben und eingeklinkt wird. Der Antrieb ist ein Gruppenantrieb, und zwar ein Maschinenantrieb über dauernd laufende Wellen. Der Bürstenträger (2) setzt sich unten in einem flachen Bronzeband fort, das zwischen den mit Kork belegten, dauernd laufenden Wellen (8) und (10) einerseits und den Rollen der Kupplungsmagnete (9) und (11) andererseits liegt. Wird der Magnet (9) erregt, so fördert die Welle (8) den Bürstenträger aufwärts; wird der Magnet (11) erregt, so zieht die Welle (10) den Bürstenträger wieder abwärts.

Der Wähler, der zum ersten Male im Jahre 1915 eingesetzt wurde, wird seit 1937 nicht mehr gebaut und ist durch den Koordinatenwähler abgelöst worden. Er ist jedoch noch in den mit ihm ausgerüsteten Wählerämtern (z. B. New York) in Betrieb.

**7. Fallwähler der Telefonbau und Normalzeit** (vorm. Fuld), Frankfurt/Main. Der Fallwähler (Bild 48) ist ein 200-(100-)teiliger Wähler. Seine Kontaktbank besteht aus zehn „Paneelen" (1)...(10) zu je 60 Streifen (abwechselnd a-, b- und c-Streifen; in Bild 48 stellt jeder waagrechte Strich in den Paneelen die a-, b- und c-Streifen einer Leitung dar). An beiden Seiten eines jeden Streifens stehen 8...10 Lappen heraus, die als Kontaktlamellen für die Wähler dienen, von denen an jeder Seite der Kontaktbank 8...10 angebracht werden können. Der Aufbau ist also ähnlich dem der Stangenwähler-Kontaktbank. Es sind zwei Einstellglieder vorhanden. Das Haupteinstellglied (11) ist ein Schlitten mit zehn abhebbaren Bürstensätzen (1')...(10'); der Schlitten kann senkrecht auf- und abwärts bewegt werden; an seinem unteren Ende greift eine Hemmung, die von einem Stromstoßmagnet betätigt wird, in eine Verzahnung ein. Das zweite Einstellglied ist eine drehbare Stange mit zehn Nasen zur Bürstenwahl (Bürstenwahlstange). Der Antrieb ist sozusagen ein Schwerkraftantrieb, d. h. für die abwärts gerichtete Einstellbewegung wird das Gewicht des Schlittens als Antriebskraft benutzt; die „Fall"-Geschwindigkeit wird durch eine Fliehkraftbremse geregelt; der zurückzulegende Weg wird durch den erwähnten Stromstoßmagnet bemessen, der die Hemmung am unteren Ende des Schlittens schaltet und das Einstellglied auf dem gewünschten Schritt anhält. Zur Auslösung fällt der Schlitten weiter in seine tiefste Lage und wird von dort aus durch einen Kettentrieb in die Höchst-(Ruhe)lage zurückgeführt; der Kettentrieb wird durch einen gemeinsamen Motor je Wählerrahmen angetrieben (Gruppenantrieb für den Heimlauf).

Die Bürstensätze des Schlittens sind im Verhältnis zu ihren Paneelen verschieden hoch angeordnet. Der Bürstensatz (1') steht um zwei Schritte oberhalb der obersten Lamelle des Paneels (1), der Bürstensatz (2') drei Schritte oberhalb der obersten Lamelle des Paneels (2) usw., der Bürstensatz (10') schließlich um elf Schritte oberhalb der obersten Lamelle des Paneels (10). Als zweites Einstellglied ist die Bürstenwahlstange vorgesehen (im Bild nicht gezeichnet), deren Aufgabe es ist, den gewünschten Bürstensatz auszuklinken. Zu diesem Zweck hat sie zehn Nasen, die jeweils um einen Schritt höher als die oberste Lamelle des betreffenden Paneels angeordnet sind. Zur Einstellung wird zuerst der Schlitten so weit gesenkt, daß der gewünschte Bürstensatz einen Schritt vor der obersten Lamelle des gewünschten Paneels steht; dann wird die Bürstenwahlstange gedreht, wodurch nur der betreffende Bürstensatz getroffen und aus-

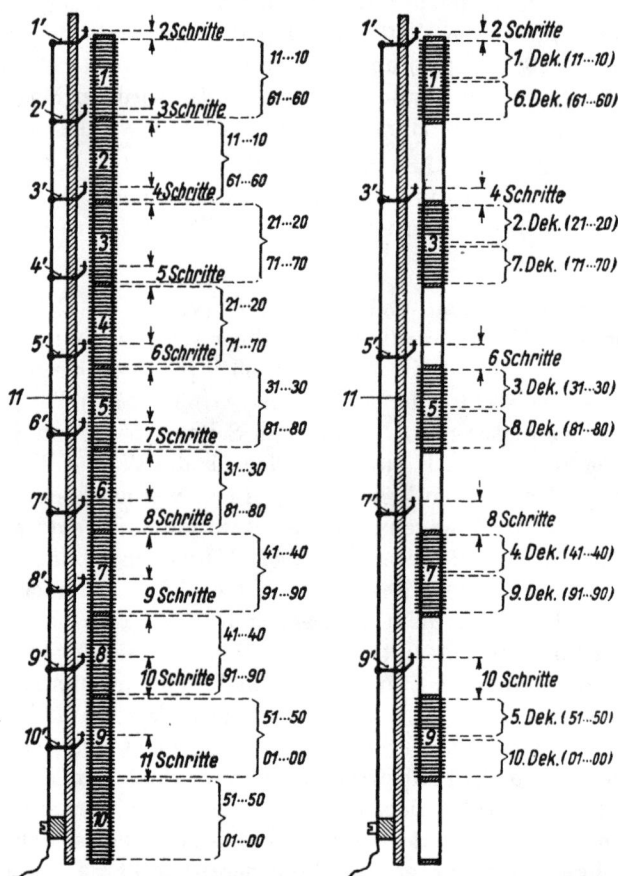

Bild 48. Grundsätzliche Darstellung der Arbeitsweise des Fallwählers.
1...10 = Paneele der Kontaktbank mit je 20 a-, b- und c-Lamellenstreifen.
1'...10' = Abhebbare Bürstensätze mit a-, b- und c-Bürsten (Schaltarme).
11 = Haupteinstellglied mit den zehn abhebbaren Bürstensätzen.

geklinkt wird (= Bürstenwahl, Zehnerwahl). Danach fällt der Schlitten in Einerwahl bzw. in freier Wahl weiter herab.

Bild 48 zeigt links die Nummernverteilung für 200 tlge, rechts für 100 tlge LW. Die Paneele 1, 3, 5, 7 und 9 sind für ungerade Hunderte (also z. B. für die Anrufnummern 111...110, 161...160 usw.), die Paneele 2, 4, 6, 8 und 10 für gerade Hunderte (also z. B. für die Anrufnummern 211...210, 261...260 usw.) bestimmt. Der LW fällt bei Wahl eines ungeraden Hunderts (2n—1) Schrittlängen, bei Wahl eines geraden Hunderts (2n) Schrittlängen, wobei n = Zehnerziffer. Die Schrittlängen werden in ungeraden Hunderten durch 1 Einzelschritt und (n—1) Doppelschritte, in geraden Hunderten durch 1 Einzelschritt, 1 selbsttätigen Zusatz-schritt und (n—1) Doppelschritte zurückgelegt. Die Arbeitsweise des Wählers ist in Tabelle 1 für Anrufnummern aus verschiedenen Paneelen gekennzeichnet.

| Nummern-wahl | Zehner-ziffer n | Schrittlängen 2n—1  2n | | Bürste | Ruhestellung der Bürste | | | Doppel-schritte |
|---|---|---|---|---|---|---|---|---|
| 11b | 1 | 1 | — | 1′ | 2 Schritte über | | 111 | 0 |
| 215 | 1 | — | 2 | 2′ | 3 ,, | ,, | 211 | 0 |
| 165 | 6 | 11 | — | 1′ | 12 ,, | ,, | 161 | 5 |
| 265 | 6 | — | 12 | 2′ | 13 ,, | ,, | 261 | 5 |
| 105 | 10 | 19 | — | 9′ | 20 ,, | ,, | 101 | 9 |
| 205 | 10 | — | 20 | 10′ | 21 ,, | ,, | 201 | 9 |

Tabelle 1. Einstellung des Fallwählers

Als Fallgeschwindigkeit werden 45 Schritte/s angegeben. Der Fallwähler wurde 1935 eingeführt und seitdem vorwiegend in Nebenstellenanlagen der Firma Telefonbau und Normalzeit verwendet.

## 8. Kugelwähler von L. M. Ericsson, Stockholm

Der Kugelwähler (Bild 49) ist ein 16- bzw. 30teiliger Wähler. Er gehört zu der Gruppe der Wähler mit „vorbereiteten" Kontakten, d. h. das Einstellglied ist bei der Kontaktgabe nicht mehr als einer der beiden Kontaktpole beteiligt, sondern hat bei ihr nur rein mechanische Aufgaben zu erfüllen. Die Kontakt-bank besteht aus 16 oder 30 Federsätzen nach Art der Relaisfedersätze (= vor-bereitete Kontakte), die waagrecht nebeneinander angeordnet sind. Diese Feder-sätze, von denen in Bild 49 nur die unterste Feder (1) angedeutet ist, können durch beliebige Kontaktzusammenstellungen ge-bildet werden. Das Einstellglied ist eine Stahlkugel von 3,16 mm $\phi$. Diese Stahlkugel (2) wird durch bewegliche (3) und feste (4) Kämme mit schrägen Zähnen unterhalb der Federsätze entlang befördert; sie hat lediglich die Aufgabe, die Bewegung des Antriebsankers auf die Federpakete zu übertragen. Der Antrieb ist ein Einzelantrieb, und zwar ein Schrittschalt-werk mit indirektem Antrieb. Mit dem Anker des Schrittschaltmagnets sind zwei gezahnte Schienen (3) mit z. B. 16 Zähnen fest verbun-den; diese Kämme werden bei dem Arbeiten des Ankers auf und ab be-wegt. Außerdem sind zwei nicht bewegliche Schienen (4) vorhanden, deren z. B. 15 Zähne in die Zahnlücken der Schienen (3) eingreifen.

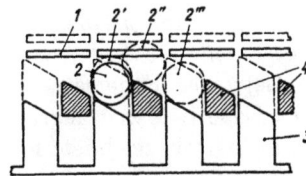

Bild 49. Grundsätzliche Darstellung der Arbeitsweise des Kugelwählers.
1 = Unterste Feder eines der 16 (bzw. 30) Federsätze der Kontaktbank.
2 = Stahlkugel in verschiedenen Stellungen (2, 2′, 2″, 2‴).
3 = Bewegliche Zahnschienen.
4 = Feste Zahnschienen.

Zur Wählereinstellung wird der Schrittschaltmagnet ein- und ausgeschaltet, wobei sich die Schienen (3) ab- und aufwärts bewegen. Hebt sich die Schiene, so wird die Kugel (2) ebenfalls senkrecht bis zur Berührung mit der untersten Feder des darüber befindlichen Federsatzes gehoben (Stellung 2′). Hebt sich die Schiene (3) weiter, so wird die Kugel durch die Schräge des beweglichen

Zahns nach rechts in eine Lage (2″) gedrückt, die durch die Schräge des nächsten festen Zahnes, durch die senkrechte Fläche des nächsten beweglichen Zahnes und durch die unterste Feder des Federsatzes fixiert ist. In dieser Stellung bleibt die Kugel so lange eingeklemmt, wie der Anker stromlos ist, und drückt den betreffenden Federsatz in seine Arbeitsstellung. Wird der Magnet erregt, so geht der Anker mit der Schiene (3) wieder abwärts, und die Kugel rollt von selbst in ihre nächste tiefste Lage (2‴), usw.

Es sind zwei bewegliche und zwei feste Schienen vorhanden, deren Zähne derart abgeschrägt sind, daß die eine Kombination von beweglicher und fester Schiene die Kugel von links nach rechts, die andere sie von rechts nach links befördert. Dabei werden die Federsätze nacheinander betätigt, und zwar beim Hin- und Rücklauf entweder die gleichen Federsätze (= 16 teiliger Wähler) oder verschiedene Federsätze (= 30 teiliger Wähler).

Die Schrittgeschwindigkeit soll entsprechend der ersten Veröffentlichung über diesen Wähler etwa 80...100 Schritte/s betragen. Die erste Veröffentlichung über den Wähler erfolgte im Jahre 1939.

## 9. Koordinaten- oder Kreuzstangenwähler

Die Koordinatenwähler sind auch als „Betulanderwähler" (vom Erfinder Betulander/Palmgren), als „Sundsvallwähler" (vom ersten Einsatz in der schwedischen Stadt Sundsvall) oder als *Crossbarswitch* = Kreuzschienenwähler bekannt. Sie werden etwa nach den gleichen Grundsätzen gebaut von

**Schwedische Staatstelegraphenwerke,** Stockholm, neuerdings in Fabrikationsgemeinschaft mit L. M. Ericsson, und **Western Electric Co.** (ATT Co.), New York.

Die Koordinatenwähler sind 100- oder 200 teilig (Bild 50); sie gehören zur Gruppe der Wähler mit „vorbereiteten" Kontakten. Die Kontaktbank besteht aus 10 waagrechten Reihen mit je 10 (oder 20) Federsätzen nach Art von Relaisfedersätzen. Je Federsatz (1) können bis 8 Kontakte vorgesehen werden. Um die Lage der Federsätze zu kennzeichnen, sind diese in Bild 50 entsprechend ihrer Lage in den waagrechten und senkrechten Reihen mit $1^{11}$, $1^{12}$ usw. oder $1^{21}$, $1^{22}$ usw. bezeichnet; Federsatz $1^{64}$ liegt also im Kreuzungspunkt der sechsten waagrechten und vierten senkrechten Reihe. Die 100 bzw. 200 Federsätze enthalten also den Eingang oder die Eingänge des Wählers und liefern die 100 bzw. 200 Ausgänge. Als Einstellglieder sind 5 waagrecht und 10 oder 20 senkrecht angeordnete Schienen vorhanden, durch die die Betätigung des gewünschten Federsatzes vorgenommen wird. Diese Schienen können durch Magnete um ihre Längsachse gedreht werden. Der Antrieb ist ein Einzelantrieb; er kann als Schrittschaltwerk mit direktem Antrieb angesehen werden und besteht aus einer Reihe von Schaltmagneten, deren Anker fest mit den waagrechten und senkrechten Schienen verbunden sind. Jede der 5 waagrechten Schienen (2) trägt 10 oder 20 Wählfinger (3); dies sind rechtwinklig aus den Schienen herausragende Stahlfedern, die am andern Ende freistehen und in der Nähe der Schiene spiralig gewickelt sind. Hinter diesen Schienen sind 10 oder 20 senkrechte Schienen (4), auch Brücken genannt, angebracht. Die waagrechten Schienen (2) tragen an einem Ende jeweils zwei Lappen (z. B. $5^1$ und $5^2$ an der Schiene $2^1$); diese Lappen sind die Anker von Magneten (6), die paarweise hinter den Ankern angeordnet sind und bei Erregung die betreffende Schiene um ihre Längsachse jeweils um einige Grade in der einen oder anderen Richtung drehen. Jede Brücke (4) trägt an einem Ende einen Lappen (7) als Anker für den zugeordneten Magnet (8),

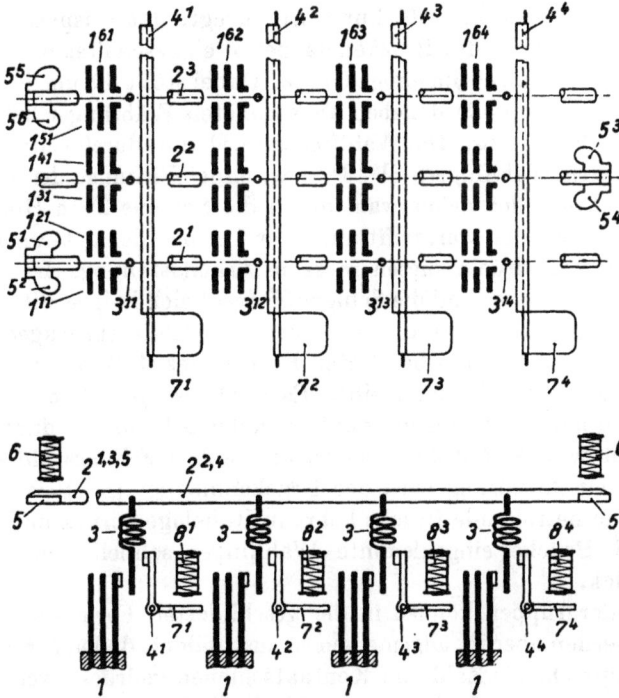

Bild 50. Grundsätzliche Darstellung der Arbeitsweise des Koordinatenwählers.

1 = Federsätze der Kontaktbank.
2 = Waagrechte Schienen mit je zehn (bzw. zwanzig) Wählfingern (3) und mit je zwei Ankern (5).
3 = Wählfinger (Stahlfedern).
4 = Senkrechte Brücken mit je einem Anker (7).
5 = Anker der waagrechten Schienen (2).
6 = Magnet zur Drehung der waagrechten Schienen (2).
7 = Anker der senkrechten Brücken (4).
8 = Magnet zum Klappen der senkrechten Brücken (4).

bei dessen Erregung die Brücke um ihre Längsachse ebenfalls um einige Grade in einer Richtung geklappt wird.

Zur Wählereinstellung werden bei der Zehnerwahl durch die eintreffenden Stromstöße der Nummernwahl nacheinander die entsprechenden Magnete (6) kurzzeitig erregt und verdrehen nacheinander kurzzeitig die zugehörigen Schienen (2). Derjenige Anker, der der gewählten Ziffer entspricht, bleibt erregt und hält die zugehörige Schiene in der gedrehten Lage, so daß sich ihre sämtlichen Wählfinger in Höhe der Federsätze der betreffenden Reihe befinden. Ist beispielsweise als Zehnerziffer eine „3“ gewählt worden, so bleibt der Magnet $6^3$ erregt und hat durch seinen Anker $5^3$ die Schiene $2^2$ so verdreht, daß sich deren Wählfinger in Höhe der Federpakete der dritten waagrechten Reihe befinden. (Wäre eine „4" gewählt worden, so würde der Magnet $6^4$ erregt bleiben und die Schiene $2^2$ durch den Anker $5^4$ in der anderen Richtung verdrehen, so daß die Wählfinger in Höhe der Federpakete der vierten waagrechten Reihe gelangen.) Bei der Einerwahl werden durch die eintreffenden Stromstöße nacheinander die entsprechenden Brückenmagnete (8) kurzzeitig erregt. Ist beispielsweise eine „2" gewählt worden, so bleibt der Brückenmagnet $8^2$ eingeschaltet und klappt durch den Anker $7^2$ die Brücke $4^2$ um einige Grade. Dabei stößt die umgebogene Außenkante der Brücke gegen alle danebcn angeordneten Wählfinger $3^{12}$, $3^{22}$, $3^{32}$ usw. der Schienen $2^1$, $2^2$, $2^3$ usw. Die Wählfinger werden dadurch seitwärts gedrückt. Dies bleibt bei den Wählfingern $3^{12}$, $3^{32}$ usw. ohne Wirkung; der Wählfinger $3^{22}$ jedoch, der als Folge der Zehnerwahl durch die Schiene $2^2$ in Höhe des Federsatzes $1^{32}$ gedreht worden war, trifft auf einen Lappen der unteren Kontaktfeder des Federsatzes und drückt diesen in seine Arbeitsstellung. Danach wird der Magnet $6^3$ wieder stromlos und die Schiene $2^2$ dreht sich in ihre Mittellage zurück; dabei werden alle Wählfinger dieser Schiene ebenfalls zurückgedreht bis auf denjenigen ($3^{22}$) unterhalb des betätigten Federsatzes ($1^{32}$), der zwischen Brücke und Kontaktfeder eingeklemmt bleibt. Es wird also jeweils der Federsatz betätigt, der sich über dem Kreuzungspunkt von der Schiene, die durch die Zehnerwahl bezeichnet wurde, und der Brücke, die nach der Einerwahl erregt bleibt, befindet. Bei der Auslösung wird der Brückenmagnet (im Beispiel $8^2$) wieder abgeschaltet; die betreffende Brücke kehrt in Ruhelage zurück und der zwischen Federsatz und Brücke eingeklemmte Wählfinger schnellt ebenfalls in seine Ruhelage zurück.

Die Kontaktfedergruppen können in der geschilderten Form als Einzelgruppen bestehen; sie werden aber im allgemeinen so ausgebildet, daß 4, 5, 6 oder 8 Federn gegen eine entsprechende Zahl von Kontaktschienen gedrückt werden, die längs der Brücken liegen. Die Federn haben Edelmetall-Doppelkontakte, die gegen Edelmetallkontakte der gemeinsamen Kontaktschienen treffen. Diese Kontaktschienen können dann mit den Schaltarmen von 10teiligen Wählern verglichen werden, und jeder Koordinatenwähler besteht dann aus 10 (bzw. 20) derartigen Einheiten. Außerdem können die einander entsprechenden Federn der waagrechten Reihen untereinander verbunden werden, so daß jeder 200teilige Koordinatenwähler z. B. 10 Eingänge und 10 (bzw. 20) Ausgänge hat. Schließlich können auch die Federn von einander entsprechenden Kontaktgruppen verschiedener Koordinatenwähler miteinander verbunden werden, so daß dann die betreffenden Leitungen von je einer Brücke der so zusammengefaßten Koordinatenwähler erreichbar sind.

Der Koordinatenwähler kann als Wähler in einem *direkt gesteuerten* oder in einem *indirekt gesteuerten System* arbeiten.

Auf die Arbeitsweise in einem direkt gesteuerten System bezieht sich vorwiegend die obige Beschreibung. Der Wähler wird als Einheit benutzt, z. B. der 100teilige Koordinatenwähler wie ein 100teiliger LW; je Wähler ist eineVerbindung möglich. Da der Koordinatenwähler nicht zum Empfangen der Nummernwahl-Stromstöße eingerichtet ist, dient eine Hilfsrelaisanordnung zum Einstellen, deren Relais nacheinander die Magnete der waagrechten Schienen, darauf nacheinander die Magnete der senkrechten Brücken ein- und ausschalten. Die Magnete der gewählten Reihen bleiben erregt.

Im indirekt gesteuerten System wird der Wähler in so viele Einheiten aufgeteilt, wie er Brücken besitzt, ein 100 teiliger Koordinatenwähler z. B. in zehn 10 teilige Wähler. Durch das sog. *Zwischenleitungsprinzip* wird jede Wahlstufe in 2 Wählerstufen aufgelöst, nämlich in eine primäre (A-) Stufe und in eine sekundäre (B-) Stufe. Dabei sind z. B. die Brückenausgänge der A-Stufe über die waagrechten Vielfachleitungen der B-Stufe gemischt, ähnlich wie zwischen den Wählern der später beschriebenen doppelten Vorwahl. Es entstehen dadurch 100 bis 400 teilige Anordnungen. Die Nummernwahl wird in Registern gespeichert; die Wählereinstellung erfolgt durch sog. „Marker", die die Magnete der gewünschten waagrechten Schiene und der gewünschten senkrechten Brücke bezeichnen, so daß nur diese erregt werden. Der Magnet der waagrechten Schiene fällt nach der Erregung des Brückenmagnets wieder ab. Über einen Wähler können mehrere Verbindungen gleichzeitig bestehen.

Der 200 teilige Koordinatenwähler mit 200 Kontaktfedergruppen kann in der oben geschilderten Weise durch 5 waagrechte Schienen und 20 senkrechte Brücken ($=$ $10 \cdot 20$ Kontaktfedergruppen) gebildet werden. Er kann aber auch je Brücke $2 \cdot 10$ Kontaktfedergruppen erhalten, so daß nur 10 senkrechte Brücken benötigt werden ($10 \cdot 2 \cdot 10$ Kontaktfedergruppen). Der Wähler erhält dann 6 waagrechte Schienen und 10 senkrechte Brücken. Jede Brücke entspricht einem 20 teiligen Wähler. Mit Hilfe der 6. waagrechten Schiene wird der obere oder untere Kontaktgruppenteil angeschaltet; die 6. waagrechte Schiene wählt also die 10 er-Gruppe aus; sie kann durch Relais ersetzt werden.

Der Wähler, dessen Grundgedanken von J. N. Reynolds (Patentanmeldung 1915) stammt, wurde in seiner schwedischen Ausführung erstmalig im Jahre 1923, in seiner amerikanischen Ausführung erstmalig im Jahre 1938 eingesetzt.

## 2. RELAIS

In Wählanlagen kommt von allen Bauteilen das Relais in der weitaus größten Stückzahl vor. Mit Relais werden die zahlreichen Stromkreise gebildet, in denen die zu erfüllenden Betriebsbedingungen festgelegt sind. Sie dienen zum Aufnehmen und Umsetzen von Stromstößen, zum Ein- und Ausschalten von Stromkreisen, zum Steuern, Prüfen, Sperren, kurz zum Einleiten, Ausführen, Begrenzen und Überwachen der vielen und oft schwierigen Schaltvorgänge der Wähltechnik. Um ihr Vorkommen und ihre Bedeutung etwas zu kennzeichnen, sei nur erwähnt, daß in einem Wähleramt für 10000 Teilnehmer, also in einer Anlage mit vierstelligen Anrufnummern, bei einem Amtsaufbau für durchschnittliche Verkehrsstärke vorhanden sein können:

2 500 Hebdrehwähler
10 600 Drehwähler
36 000 Relais.

### a) Einteilung und hauptsächliche Bauarten

Das **Relais** der Wähltechnik ist ein Elektromagnet; mittels seines Ankers werden Kontaktfedern betätigt und dadurch Stromkreise geschlossen oder geöffnet, also Schaltvorgänge veranlaßt. Dabei kann ein Relais von einem oder mehreren Steuerstromkreisen beeinflußt werden und ebenso selbst einen oder mehrere Stromkreise steuern.

Es gibt die unterschiedlichsten Relaisausführungen (Lit. 5,13). Eine Einteilung kann nach verschiedenen Gesichtspunkten vorgenommen werden, beispielsweise:

1. Nach der *Art des magnetischen Zustandes* im Ruhezustand:
   a) Ungepolte bzw. neutrale Relais,
   b) gepolte bzw. polarisierte Relais.
2. Nach der *Art des Erregerstromes*:
   a) Gleichstromrelais,
   b) Wechselstromrelais.
3. Nach der *Länge der Arbeitszeit*:
   a) Unverzögerte Relais,
   b) Verzögerungsrelais (verlängerte Anzug- und Abfallzeit)
      aa) elektromagnetisch verzögert,
      bb) mechanisch verzögert.
4. Nach der *Art des örtlichen Einsatzes*:
   a) Leitungsrelais (Linienrelais),
   b) Ortsrelais (Lokalrelais).
5. Nach der *Art des Verwendungszweckes*:
   a) Stromstoß-, Empfangs- und Senderelais,
   b) Überwachungsrelais,
   c) Prüf-, Trenn-, Sperr- und Durchschalterelais,
   d) Steuerrelais usw.
6. Nach der *Größe der Schaltleistung*.

Die weitaus am meisten verwendeten Relais sind die „neutralen" Gleichstromrelais, d. h. Relais ohne Vormagnetisierung, zu deren Erregung Gleichströme benutzt werden. Derartige Relais bestehen grundsätzlich aus einem Weicheisenkern, der eine oder mehrere Erregerwicklungen trägt, und einem Weicheisenanker, der mechanisch auf „Kontaktfedersätze" einwirkt. Ein derartiges Relais wird durch jeden Gleichstrom, der mit genügender Stärke und genügend lange durch seine Wicklung fließt, ohne Rücksicht auf die Stromrichtung zum „Anziehen" gebracht. Hört der Strom auf zu fließen bzw. sinkt er unter einen bestimmten Wert (Haltewert, Haltestrom), so wird der Anker durch die Federkraft der bei seinem Anziehen umgelegten Kontaktfedern wieder in die Ruhelage zurückgebracht. Der Erregerstrom hat also beim Anziehen des Ankers gleichzeitig mit der Kontaktbetätigung die Energie für das Rückstellen aufzubringen. Ist der Anker vollständig angezogen, so stellen Klebstifte oder Klebbleche sicher, daß zwischen Anker und Kern ein bestimmter, von ihrer Länge oder Stärke abhängiger Luftspalt bestehen bleibt. Dadurch soll der magnetische Widerstand des Kreises derart festgelegt werden, daß der Restmagnetismus nach dem Abschalten des Erregerstromes nicht mehr ausreicht, um den Anker in angezogenem Zustand festzuhalten; es wird verhindert, daß der Anker „kleben" bleibt.

Für Berechnung und Arbeitsweise der Relais sind also vier Stromwerte maßgeblich:

1. *Anzugsstrom*, das ist die Stromstärke, bei deren Erreichen in zunehmendem Sinne das Relais den Anker gerade sicher anzieht und seine Kontakte betätigt.
2. *Haltestrom*, das ist die Stromstärke, bei deren Erreichen in abnehmendem Sinne das Relais den Anker noch sicher in angezogenem Zustand hält.
3. *Abfallstrom*, das ist die Stromstärke, bei deren Erreichen in abnehmendem Sinne der Anker gerade beginnt, in die Ruhelage zurückzugehen und seine Kontakte zurückzustellen.
4. *Fehlstrom*, das ist die Stromstärke, bei deren Erreichen in zunehmendem Sinne entweder noch keine Ankerbewegung stattfindet oder bei einer geringen Ankerbewegung mit Sicherheit noch kein Kontakt betätigt wird.

Die bei diesen Grenzfällen auftretenden Stromstärken bzw. die hierfür erforderlichen Amperewindungen (AW) ergeben dann die *„einfachen Sicherheiten"* für den betreffenden Betriebsfall. Auf diese einfachen Sicherheiten werden die in den Stromkreisen praktisch vorkommenden Stromstärken bzw. erforderlichen AW bezogen, so daß man dann beispielsweise von 1,5-facher Sicherheit für Anziehen oder Halten oder Abfallen oder Fehlstrom spricht.

Die Berechnung eines Relais auf theoretischem Wege ist außerordentlich umständlich (Lit. 13). In der Praxis benutzt man Kurven oder Tabellen, in denen für jede Kontaktbelastung die durch Messung ermittelten AW-Zahlen vermerkt sind.

Ähnlich wie bei den Wählern findet man auch bei den Relais die verschiedensten Ausführungen. Im Gegensatz zu den Wählerbauarten treten jedoch bei den Relais die gemeinsamen Merkmale der einzelnen Bauarten stärker hervor. Es genügt daher im Rahmen dieses Buches, die Relais an einigen Bauarten einer einzigen Firma (Siemens & Halske) zu besprechen.

In Bild 51 sind einige charakteristische Relaisausführungen der Siemens & Halske AG. wiedergegeben. Von links nach rechts sind ein Rundrelais, ein Flachrelais, zwei Doppelrelais (Kleinrelais), ein Wechselstromrelais und ein gepoltes Relais abgebildet.

Das Rundrelais, in der dargestellten Form auch „Schneidankerrelais" genannt, ist ein neutrales Gleichstromrelais. In Siemens-Wählanlagen wurde es bis etwa zum Jahre 1927 in der weitaus größten Stückzahl verwendet. Seitdem ist es durch das Flachrelais abgelöst worden und wird gegenwärtig nur noch in Sonderfällen eingesetzt[1]).

Das Flachrelais ist ebenfalls ein neutrales Gleichstromrelais. Es zeichnet sich besonders durch allgemeine Verwendbarkeit für fast alle schaltungstechnischen Aufgaben und, gegenüber dem Rundrelais, durch geringeren Platzbe-

---

[1]) Das bezog sich natürlich nur auf Hersteller, denen das Flachrelais zum Bau freigegeben wurde, sowie auf die Anlagen großer Verwaltungen, wie z. B. der Deutschen Post, Deutschen Bahn usw., bei denen das Flachrelais für die Anlagen vorgeschrieben war.

Bild 51. Relais verschiedener Ausführung (Siemens & Halske).
Von links nach rechts: Rundrelais (Schneidankerrelais), Flachrelais, zwei Doppel- oder
Kleinrelais, Wechselstromrelais, gepoltes Relais.

darf sowie durch niedrigere Herstellungskosten aus. Während z. B. bei den
Ausführungen des Rundrelais noch viele Flächen bearbeitet werden müssen,
ist das Flachrelais entsprechend den neuzeitlichen Fertigungsverfahren derart
konstruiert, daß fast ausschließlich gestanzte Teile verwendet werden. Das
Flachrelais wurde zusammen mit dem Siemens-Viereckwähler und dem kleinen
Drehwähler entwickelt; mit diesen Ausführungen konnten Gewicht und Raumbedarf der Wähleinrichtung wesentlich herabgesetzt werden.
Ein neutrales Gleichstromrelais sehr kleiner Ausführung ist das Doppelrelais,
auch „Kleinrelais" genannt. Es vereinigt zwei getrennt arbeitende, besonders
kleine Relais: zwei Spulen mit je einem Anker und den entsprechenden Kontakten
sind auf einem gemeinsamen Joch untergebracht. Das Doppelrelais ist besonders
als Teilnehmerrelais in Anrufsucherzentralen und vor allem für Relaiszentralen,
d. s. Zentralen ohne Wähler, entwickelt worden.
Das Wechselstromrelais gehört ebenso wie die bisher genannten Relaisausführungen zu den neutralen Relais; es wurde für die Aufnahme und Umsetzung
von Wechselstromzeichen und für ihre Weitergabe in Form von Gleichstromzeichen entwickelt. Die dargestellte Bauart ist ein sog. „Zweiphasenrelais";
ein derartiges Relais hat zwei Wicklungen, die parallelgeschaltet und vom er-
regenden Wechselstrom gleichzeitig durchflossen werden. Durch Kondensatoren
verschiedener Kapazität, die in Reihe mit den beiden Wicklungen geschaltet
werden, werden die Erregerströme in ihrer Phase um etwa $90^0$ gegeneinander
verschoben. Durch diese Phasenverschiebung der Erregerströme und der Flüsse
in den beiden Wicklungen wird der gemeinsame Anker, ohne im Takt der Frequenz des Wechselstromes zu schnarren, während der Dauer des betreffenden

Schwingungszuges angezogen, ähnlich wie ein Gleichstromrelais auf ein entsprechend langes Gleichstromzeichen anziehen würde. Wechselstromrelais dienen ausschließlich als Leitungs- oder Stromstoßrelais; je nach Ausführung wird Wechselstrom von 25, 50 oder 100 Hz verwendet (vgl. Abschnitt IX, 5b).

Das gepolte Relais arbeitet in Wählanlagen im allgemeinen mit Doppelstrom, d. h. der Anker wird durch Stromstöße wechselnder Richtung in die Arbeits- und wieder in die Ruhestellung umgelegt. Der Anker ist auf einer Achse drehbar zwischen den Nordpolen zweier U-förmig gebogener Dauermagnete gelagert. Das eine Ende des Ankers liegt zwischen den Polschuhen zweier Weicheisenkerne, die die Wicklungen des Relais tragen. Das andere Ende des Ankers, das gleichzeitig zur Kontaktgabe dient, spielt zwischen zwei Kontaktschrauben. Die beiden Weicheisenkerne sind zusammen mit einer Weicheisenbrücke auf den Südpolen der Dauermagnete befestigt und stellen also ebenfalls Südpole dar. Die Wicklungen des Relais werden vom Strom in entgegengesetztem Sinne durchflossen. Eintreffende Stromstöße stärken daher jeweils das eine Magnetfeld und schwächen gleichzeitig das andere, wodurch der Anker umgelegt wird. Hört der Erregerstromstoß auf, so behält der Anker seine letzte Stellung bei. Relaisaufbau und Arbeitsweise ergeben ein außerordentlich schnelles Umlegen des Ankers. Gepolte Relais werden in der Wähltechnik hauptsächlich als Leitungs- oder Stromstoßrelais eingesetzt (vgl. Abschnitt IX, 5c).

Die größte Bedeutung unter den genannten Relaisbauarten kommt dem Flachrelais zu. Wegen seines häufigen Vorkommens sollen daher Aufbau, Wirkungsweise und Einsatz der neutralen Gleichstromrelais an Hand dieser Bauart behandelt werden.

### b) Flachrelais

Das Flachrelais (Bild 52) ist ein neutrales Gleichstromrelais. Neben der allgemeinen Verwendbarkeit für fast alle schaltungstechnischen Aufgaben treten

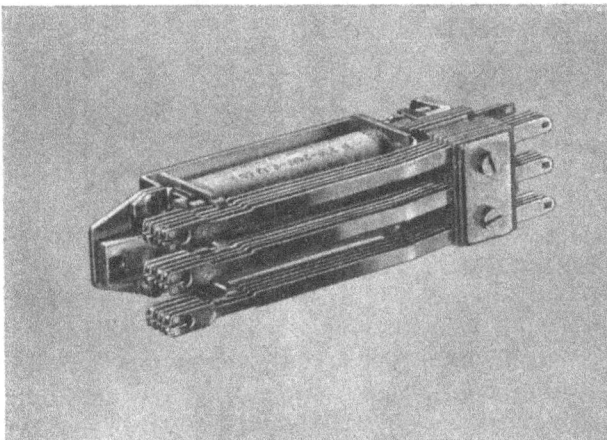

Bild 52. Flachrelais.

folgende Vorzüge besonders hervor: geringer Platzbedarf, gute Zugänglichkeit, leichte Einstellmöglichkeit, preiswerte Fabrikation durch Berücksichtigung moderner Herstellungsverfahren.

Um die erforderliche universelle Verwendbarkeit bei wirtschaftlicher Fertigung sicherzustellen, muß allen Teilen des Relais, für die eine Variationsmöglichkeit besteht, besondere Beachtung geschenkt werden. Es sind dies: Relaiswicklungen, der Kontaktsatz, der Ankerhub und das Klebblech. Das Flachrelais gestattet hierfür sowohl die fertigungstechnisch erforderliche einfache Variation als auch, so weit dies erforderlich, eine einfache Änderung im Betrieb am eingebauten Relais.

Je nach seinem Einsatz können für ein Relais eine, zwei oder mehr *Wicklungen* erforderlich werden. Windungszahl und Widerstand der Wicklungen ergeben sich durch die Größe und Art des Kontaktsatzes (= *Kontaktbelastung)* und aus

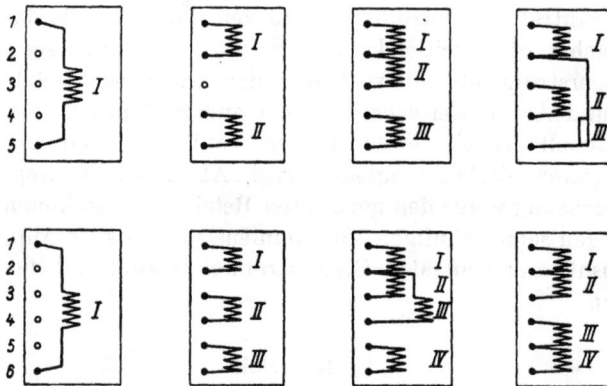

Bild 53. Beispiele für den Anschluß der Relaiswicklungen an die Lötösen.
oben: Beispiel für Flachrelais mit 5 Lötösen (ältere Bauart),
unten: Beispiel für Flachrelais mit 6 Lötösen (neue Bauart).

den elektrischen Werten des steuernden Stromkreises. Die Zahl der Wicklungen ergibt sich vor allem aus der Zahl der steuernden Stromkreise. Dabei ist der Raum, der zur Aufnahme der Wicklungen dient (= *Wickelraum)* durch die konstruktive Gestaltung des Relais festgelegt. Diese beschränkt also Zahl und Umfang der aufzubringenden Wicklungen. Zahl der Wicklungen, Windungszahl und Widerstand je Wicklung und damit die zu verwendende Drahtstärke müssen also auf die konstruktive Gegebenheit abgestimmt werden. Anfang und Ende jeder Wicklung werden an *Lötösen* geführt. Die bisher übliche Form des Flachrelais hatte 5 Lötösen (Bild 53, oben). Sind mehr als zwei Wicklungen erforderlich, so müssen Lötösen mehrfach belegt werden; das setzt jedoch voraus, daß die betreffenden Wicklungsenden auch schaltungstechnisch zusammengehören (z. B. zum gleichen Potential führen). Hierauf muß bereits bei dem Entwurf der Schaltung Rücksicht genommen werden. Um in dieser Beziehung freizügiger sein zu können, trägt die neueste Ausführung des Flachrelais 6 Lötösen (Bild 53, unten). Man nimmt die dadurch bedingte gedrängtere Lötösenanordnung in

Kauf, um die Möglichkeit zu haben, je Relais drei voneinander unabhängige Wicklungen oder unter der vorher genannten Einschränkung z. B. vier Wicklungen vorsehen zu können.

In der Fertigung können aus wirtschaftlichen Gründen Widerstand und Windungszahl nicht zusammen genau eingehalten werden; für einen der beiden Werte sind daher Toleranzen zuzulassen. In Deutschland fordert man die genaue Windungszahl und läßt für den Widerstand im allgemeinen Abweichungen von ± 10% zu. Ist der Wickelraum durch die notwendigen Erregerwicklungen *(Arbeitswicklungen)* noch nicht ausgefüllt, so können reine *Widerstandswicklungen* aufgetragen werden. Für derartige Wicklungen werden im allgemeinen Widerstandstoleranzen von ± 5% zugelassen. Da die Widerstandswicklungen das Relais nicht beeinflussen dürfen, wird der Widerstandsdraht „bifilar" aufgespult. Um jedoch eine unzulässig hohe Erwärmung des Relais zu vermeiden, dürfen derartige Widerstände nicht so stark belastet werden wie Einzelwiderstände. Als Grenze für die *Strombelastung* eines Flachrelais gelten 5 W in bezug auf sämtliche Erreger- und Widerstandswicklungen, die gleichzeitig unter Strom stehen können. ·

Art und Zahl der von einem Relais zu betätigenden *Kontakte* und damit Größe und Aufbau des *Kontaktsatzes* werden ganz allgemein von den zu steuernden Stromkreisen bestimmt. Die dabei zulässige *Kontaktbelastung* des Relais ist durch die Leistungsfähigkeit der betreffenden Bauart begrenzt.

Die umfangreichen und komplizierten Schaltungen der Wähltechnik erfordern eine Reihe ganz unterschiedlicher Kontakte. Im Laufe der Entwicklung haben sich daher bestimmte Kontaktausführungen herausgebildet. Aus der Kombination verschiedener derartiger Kontakte sind bestimmte Kontaktzusammenstellungen entstanden, die aus Gründen einer wirtschaftlichen Fertigung — die Relaisfertigung muß sowohl den Forderungen nach sehr hohen Stückzahlen als auch hohen Ansprüchen in bezug auf Genauigkeit genügen — zahlenmäßig beschränkt worden sind. Hierauf hat der Schaltungsingenieur bei seiner Entwicklungsarbeit zurückzugreifen, um jede Verzettelung durch unnötige Sonderformen zu vermeiden.

Die benutzten Kontaktzusammenstellungen bauen sich auf drei Grundkontakte bzw. auf deren Abarten, durch die eine gewisse zeitliche Reihenfolge der Vorgänge gewährleistet ist, auf:

1. Arbeitskontakte, die im „Ruhezustand" des Relais geöffnet sind und durch das Anziehen des Ankers geschlossen werden.

2. Ruhekontakte, die im „Ruhezustand" des Relais geschlossen sind und durch das Anziehen des Ankers geöffnet werden.

3. Umschaltekontakte, bei denen die mittlere von drei Federn durch das Anziehen des Ankers umgelegt wird und dadurch einen Ruhekontakt öffnet und einen Arbeitskontakt schließt.

In Bild 54 sind die gebräuchlichen Kontaktarten, ihre Bezeichnung, ihr Aufbau und ihre Darstellung in Stromläufen angegeben. Diese Kontaktgruppen werden allein oder in mannigfachen Zusammenstellungen auf den Relais in einer oder

# Die wichtigsten Bauteile eines Wählersystems

| Kontaktart | | Kontaktaufbau mit Justierwerten | Kurzzeichen | DIN 41220 |
|---|---|---|---|---|
| Arbeitskontakt | $a$ | 0,4÷0,6   15±3   23±4 | | 1 |
| Ruhekontakt | $r$ | ≧0,4   35±17   23±4 | | 2 |
| Umschaltekontakt | $u$ | 0,4÷0,6   23±4 / ≧0,3   35±17   23±4 | | 21 |
| Arbeit-Arbeitskontakt | $aa$ | 0,4÷0,6   6±2   20±4 / 0,4÷0,6   6±2   20±4 | | 1-1 |
| Ruhe-Ruhekontakt | $rr$ | ≧0,3   35±17   20±4 / ≧0,3   35±17   20±4 | | 2-2 |
| Arbeit-Ruhekontakt | $ar$ | ≧0,3   35±17   20±4 / 0,4÷0,6   6±2   20±4 | | 1-2 |
| Arbeit-Umschaltekontakt | $au$ | 0,4÷0,6   20±4 / ≧0,3   20±4 / 0,4÷0,6   6±2   20±4 | | 121 |
| Umschalte-Ruhekontakt | $ur$ | ≧0,3   20±4 / 0,4÷0,6   20±4 / ≧0,3   35±17   20±4 | | 212 |
| Zwillingsarbeitskontakt | $za$ | 0,4   23±4 / 0,4   15±3 | | 11 |
| Zwillingsruhekontakt | $zr$ | ≧0,3   23±4 / ≧0,3   35±17   13±4 | | 22 |
| Folge-Arbeit-Arbeitskontakt | $faa$ | 0,3÷0,5   6±2   20±4 / 0,3÷0,5   6±2   20±4 | | 1+1 |
| Folge-Arbeit-Ruhekontakt | $far$ | ≧0,3   35±17   20±4 / 0,4÷0,6   6±2   15±4 | | 1+2 |
| Folge-Ruhe-Arbeitskontakt | $fra$ | 0,3÷0,5   6±2   20±4 / ≧0,7   35±17   20±4 | | 2+1 |
| Zwillings-Ruhe-Arbeitskontakt | $zra$ | 0,4÷0,6   20±4 / ≧0,3   20±4 / ≧0,3   35±17   13±4 | | 221 |
| Ruhe-Zwillings-Arbeitskontakt | $rza$ | 0,3÷0,5   20±4 / 0,3÷0,5   15±4 / ≧0,3   35±17   20±4 | | 211 |
| Getrennt-Arbeit-Umschaltekontakt | $gau$ | 0,4÷0,6   20±4 / ≧0,3   20±4 / 0,4÷0,6   6±2   20±4 | | 1-21 |
| Getrennt-Ruhe-Umschaltekontakt | $gru$ | 0,4÷0,6   20±4 / ≧0,3   35±17   20±4 / ≧0,3   35±17   20±4 | | 221 |

Bild 54. Zusammenstellung der üblichen Kontaktarten beim Flachrelais mit Justierwerten (Betriebstoleranzen).

(1) — Mindesthub.
(2) — Pimpel- oder Stegluft.
(3) — Kontaktöffnung.
(4) — Druck auf Gegenlage.
(5) — Kontaktdruck.
(6) — Kontaktgruppen mit zeitlich nacheinander arbeitenden Kontakten

mehreren *Lochreihen* untergebracht. Jeder Kontakt bzw. jede Kontaktgruppe besteht aus zwei oder mehr Federn. Je Lochreihe ordnet man bis 4, bei Bedarf auch bis 5 *Kontaktfedern* an; die erforderlichen Kontakte sind entsprechend ihrer Zahl und Art auf 1, 2 oder 3, früher auch in Ausnahmefällen auf 4 Lochreihen verteilt. In den Relaistabellen der Übersichtsstromläufe (vgl. z. B. Bild 76, 86) werden die Lochreihen durch römische Ziffern gekennzeichnet, und zwar beim Flachrelais durch I...V, beim Rundrelais durch I...III. Entsprechend dem oben Gesagten werden beim Flachrelais die Lochreihe III, die Lochreihen II, IV oder I, III, V oder seltener I, II, IV, V belegt (vgl. auch Abschnitt V, 1). Da die Belegung von vier Lochreihen auf Sonderfälle beschränkt bleibt und im übrigen keine Verwechslungen vorkommen können, sind die Relaistabellen der Übersichtsstromläufe aus Platzersparnis nur mit drei Spalten (I/II, III, IV/V) ausgerüstet.

Die Kontakte müssen nach bestimmten Vorschriften eingestellt (= justiert) sein, damit die Kontaktbetätigung einwandfrei ist und die Arbeitsweise des Relais den Anforderungen der betreffenden Schaltung genügt. Es handelt sich hierbei um:

die Pimpel- oder Stegluft, das ist der Abstand in mm zwischen dem Betätigungslappen oder -pimpel der „beweglichen" Kontaktfeder und dem betätigenden Teil, also im allgemeinen der Isolierplatte (Steg) der Ankerbrücke des Relais;

den Ankerhub, das ist der Abstand in mm zwischen Relaiskern und Klebblech im Ruhezustand des Relais. Als Mindesthub bezeichnet man den geringsten Hub, der für die einwandfreie Betätigung des betreffenden Kontaktes oder der Kontaktgruppe erforderlich ist. Der Hub wird zwischen Kern und Anschlaglappen der Ankerbrücke gemessen, wobei der Anker von Hand angedrückt gehalten wird;

die Kontaktöffnung, das ist der Abstand in mm zwischen den Kontaktkuppen der beiden Kontaktfedern, und zwar bei Arbeitskontakten im Ruhezustand und bei Ruhekontakten im Arbeitszustand des Relais;

den Kontaktdruck, das ist der Druck in g, mit dem die „bewegliche" Feder des geschlossenen Kontaktes auf die Gegenfeder drückt;

den Druck auf Gegenlage, das ist der Druck in g, mit dem der Stützlappen der Gegenfeder auf der Unterlage ruht.

Die hierfür erforderlichen Werte sind mit den zulässigen Toleranzen am Kontaktaufbau in Bild 54 angegeben. Es handelt sich hierbei um die Betriebstoleranzen; die Fertigungstoleranzen liegen entsprechend enger. Die Angaben stellen die sog. „Normaljustierungen" dar, die bei der Entwicklung möglichst zu verwenden sind. Können hiermit die auftretenden Bedingungen nicht gelöst werden, so müssen „Sonderjustierungen" eingeführt werden, die bei der Laboratoriumsuntersuchung der betreffenden Schalteinrichtung festgelegt werden. Sonderjustierungen sind jedoch aus fertigungstechnischen Gründen so weit wie nur irgend möglich zu vermeiden.

Bei der Umkonstruktion des Flachrelais (Bauart mit 6 Lötösen) wurden gleichzeitig die Kontaktfedern vereinheitlicht, um die erforderlichen Kontakte mit möglichst wenig unterschiedlichen Kontaktfedern bilden zu können. Dabei verzichtete man außerdem auf die Lochreihen II und IV, deren geringer Abstand voneinander und von den Lochreihen I und V sich als unzweckmäßig erwiesen hatte. Hiernach können also nur noch Lochreihe III oder die Lochreihen I, V oder die Lochreihen I, III, V benutzt werden; jede dieser Lochreihen kann bis 5 Kontaktfedern, der gesamte Kontaktsatz also bis 15 Kontaktfedern aufnehmen. Beim Flachrelais sind die Kontaktfedern sämtlicher Lochreihen zu einem gemeinsamen *Kontakt-* oder *Federsatz* zusammengefaßt und zwischen Abschlußplatten fest verschraubt; beim Rundrelais dagegen bilden die Kontaktfedern jeder Lochreihe einen besonderen Federsatz. Aus ähnlichen Federsätzen bestehen auch die bereits früher erwähnten Hilfskontakte der Wähler (z. B. Kopf-, Wellen-, Drehmagnetkontakte usw.).

Weitere Variationsmöglichkeiten bieten *Ankerhub* und Stärke des *Klebbleches*, wobei auf einfachste Änderungsmöglichkeit am eingebauten Relais Wert gelegt werden muß. Dies ist bei der konstruktiven Entwicklung des Flachrelais berücksichtigt worden. Der Hub läßt sich durch einfaches Verbiegen eines gut zugänglichen Anschlaglappens der Ankerbrücke ändern (normaler Hub: 1,1 mm bis 1,5 mm). In Bild 54 ist am Kontaktaufbau der Mindesthub eingetragen, der für den betreffenden Kontakt bzw. die betreffende Kontaktgruppe erforderlich ist. Je nach den Schaltungserfordernissen kann dieser Mindesthub oder ein größerer Hub festgelegt werden. Das Klebblech liegt zwischen Anker und Ankerbrücke; es läßt sich nach Lösen zweier Schrauben bequem auswechseln (normale Klebbleche: 0,1 mm bis 0,5 mm). Ein derartiges Auswechseln des Klebbleches verändert weder den Hub noch die Kontaktjustierung, was als ein besonderer Vorzug des Flachrelais angesehen werden kann.

Zur Berechnung der erforderlichen Wicklungen des Flachrelais sind Tabellen aufgestellt, die die erforderlichen AW-Zahlen für sämtliche Bestückungsmöglichkeiten enthalten, d. h. für jeden nur möglichen Kontaktaufbau mit den Kontakten von Bild 54, untergebracht in einer oder mehreren Lochreihen. Mit dem so gegebenen AW-Wert und der in dem betreffenden Stromkreis möglichen bzw. zweckmäßigen Stromstärke wird Windungszahl und Drahtdurchmesser der Wicklungen bestimmt.

### c) Schaltzeiten

Aufgabe der Relais ist es, Kontakte zu schließen oder zu öffnen. Dabei sind Massen zu bewegen und wieder abzubremsen; ferner muß der Federdruck der auf dem Anker ruhenden Kontakte überwunden werden. Bewegte Massen und Federkräfte sind beim Relais verhältnismäßig gering. Größere Bedeutung als der durch sie hervorgerufenen „mechanischen Trägheit" kommt der „elektrischen Trägheit" zu, verursacht durch die Selbstinduktivität des Stromkreises, in dem die betreffende Relaiswicklung liegt. Dies ist besonders offensichtlich bei Relais mit großen Verzögerungen der Ansprech- und Abfallzeit.

Zwischen dem Ein- und Ausschalten eines Relais und der Kontaktbetätigung, also zwischen dem steuernden und gesteuerten Zeichen, bestehen daher Zeitunterschiede. Diese „Schaltzeiten" setzen sich zusammen                          .

1. aus der „Anlaufzeit", das ist die Zeit vom Beginn der Stromänderung in der Relaiswicklung (Ein- bzw. Ausschalten) bis zum Beginn der Ankerbewegung,

2. aus der „Umschlagzeit", das ist die Zeit, die für die Anker- und Kontaktbewegung selbst benötigt wird.

Besondere Bedeutung haben folgende beiden Zeiten

3. *Ansprechzeit* (Anzugszeit), das ist die Zeit vom Beginn des Stromflusses (bzw. in selteneren Fällen der Stromverstärkung) bis zur Betätigung des zuerst wirksam werdenden Kontaktes (bzw. in selteneren Fällen bis zur Betätigung eines bestimmten anderen Kontaktes).

4. *Abfallzeit*, das ist die Zeit vom Fortfall des Stromflusses, der das Relais in angezogenem Zustand gehalten hat, bis zur Betätigung des zuerst wirksam werdenden Kontaktes (bzw. in selteneren Fällen bis zur Betätigung eines bestimmten Kontaktes).

Ansprech- und Abfallzeiten kann man durch verschiedene Maßnahmen beeinflussen und so das Relais seinem besonderen Verwendungszweck genau anpassen. Dabei werden

a) entweder die Schaltvorgänge im steuernden (Erreger-) Kreis zeitlich möglichst unverzerrt auf den gesteuerten (Kontakt-)Kreis weitergegeben. Diese Bedingung gilt für Empfangs-, Stromstoß- und andere Leitungsrelais. Außer Gleichhaltung von Ansprech- und Abfallzeiten, d. h. möglichst keine *Verzerrung*, wird dabei Wert auf kurze Schaltzeiten gelegt.

b) oder die Schaltvorgänge im gesteuerten (Kontakt)-Kreis werden zeitlich positiv oder negativ verzerrt, d. h. durch bestimmte Maßnahmen werden Ansprech- oder Abfallverzögerungen erzielt. Bei ausgeprägter Verlängerung der Ansprechzeit spricht man von *Zeitrelais*, bei ausgeprägter Verlängerung der Abfallzeit von *Verzögerungsrelais*. Derartige Möglichkeiten werden für Umsteuerrelais, Überbrückungsrelais usw. ausgenutzt.

Da die Beeinflussung der Schaltzeiten für die Schaltungsentwicklung von großer Bedeutung ist, sollen einige der gebräuchlichen Mittel kurz angedeutet werden. Die Abmessungen des Relais liegen fest; in bezug auf die Einzelteile können lediglich Stärke des Klebbleches und Hub verändert werden. Zur Beeinflussung der Schaltzeiten wie auch der Anzug-, Halte-, Abfall- oder Fehlstrombedingungen stehen einmal die Werte für Erregung, Belastung, Hub und Klebblech zur Verfügung; ihre Wirkung ist augenscheinlich. Geringe Erregung, hohe Belastung (= zahlreiche und schwere Kontakte) und großer Hub ergeben längere Ansprechzeiten als große Erregung, geringe Belastung und kleiner Hub. Große Erregung, kleine Belastung, dünnes Klebblech begünstigen ein spätes Abfallen des Ankers. Längere Schaltzeiten können jedoch mit diesen Mitteln nicht erzielt werden. Um sie zu erreichen, müssen für das Relais besondere Stromkreise gebildet werden, die entweder das wirksame (resultierende) magnetische Feld nur langsam entstehen lassen oder beim Ausschalten das Abklingen des Feldes möglichst lange hinziehen. Die Mittel hierfür sind Dämpfungskreise, wie Kupferringe, Dämpfungs-, Kurzschluß- und Gegenwicklungen, Kondensatoren großer

Kapazität usw. Sehr lange Verzögerungszeiten kann man ferner auf mechanischem Wege mit „Hemmwerken" erreichen.

Die Schaltzeiten der in der Wähltechnik verwendeten Relais betragen, abgesehen von Sonderausführungen, für den Anzug etwa 5 bis 80 ms (ms = Millisekunde = Tausendstelsekunde), etwa 8...300 ms und mehr für den Abfall. Durch entsprechende Maßnahmen hat man es also in der Hand, das gewollte Zusammen- und Ineinanderspielen der Relais gemäß den zu erfüllenden Bertiebsbedingungen zu gewährleisten.

### d) Kontakte

Ein Fernsprechamt mit vierstelligen Anrufnummern, also für 10 000 Teilnehmer, hat schätzungsweise 36000 Relais mit etwa 265000 Relaiskontaktfedern. Ein 10000er-Amt mit Koordinatenwählern enthält sogar fast 2 Millionen Edelmetallkontakte, wobei fast 1000 Relais mit durchschnittlich 7 Kontakten für den Aufbau einer Verbindung arbeiten (Register!). Bei jeder Verbindungsherstellung wird also eine große Zahl von Kontakten benutzt. Ihrer Ausführung muß also besondere Aufmerksamkeit gewidmet werden, da die Sicherheit der Verbindungsherstellung und damit die Güte der Anlage von ihrem einwandfreien Arbeiten abhängt. Für Relaiskontakte werden im allgemeinen Edelkontakte verwendet.

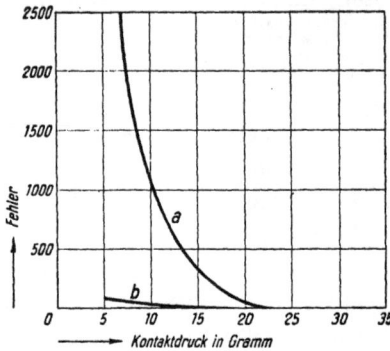

Bild 55. Fehler, die bei 500 000 Schaltungen an Einfach- und Doppelkontakten bei verschiedenem Kontaktdruck gemessen wurden.
a = Einfachkontakte,
b = Doppelkontakte.

Im Jahre 1915 wurden von Siemens & Halske Doppel-Silberkontakte eingeführt, deren hervorragende Betriebseigenschaften im Laufe der Jahre von vielen maßgeblichen Stellen des In- und Auslandes anerkannt worden sind. Messungen haben ergeben, daß allein durch Verwendung von Doppelkontakten an Stelle von Einfachkontakten die Kontaktstörungen auf 1/40 herabgestzt wurden. In Bild 55 sind die Fehler angegeben, die bei 500 000 Kontaktbetätigungen an Doppel- und Einfachkontakten bei verschiedenem Kontaktdruck festgestellt wurden. Als Fehler wurden Kontaktversager (kein Stromdurchlaß oder hoher Übergangswiderstand) gezählt.

Diese Doppelkontakte sind derart ausgebildet, daß die Kontaktfedern vorn einen Schlitz bzw. eine Aussparung und dadurch zwei Berührungspunkte erhalten, die gegeneinander beweglich und in gewissen Grenzen unabhängig voneinander sind (vgl. Bild 52). Eine etwa im Betrieb auftretende Verschmutzung wird äußerst selten beide Kontaktstellen gleichzeitig beeinträchtigen. Wird aber eine von ihnen gestört, so übernimmt die andere allein die Kontaktgabe. Durch die Bewegung kommt die gestörte Berührungsstelle nach einiger Zeit wieder in Ordnung, so daß man von gegenseitiger Aushilfe der Berührungspunkte sprechen kann.

Soweit normale Schaltleistungen vorliegen ($\leqq$ 1 A), verwendet man Silber für beide Kontaktpole. Für höhere Strombelastungen hat man Platinkontakte eingeführt; da Platin jedoch starke Materialwanderung und Spitzenbildung zeigt, müssen bei Platinkontakten die Mittel der Funkenlöschung besonders genau bestimmt werden. Sehr gut haben sich Wolfram-Silberkontakte bewährt (Stromrichtung wichtig!), die gegenwärtig für stark belastete Kontakte verwendet werden. Auch Palladiumkontakte sind für bestimmte Anwendungsgebiete vorteilhaft.

Diese Hinweise seien noch durch einige Angaben für außerdeutsche Systeme ergänzt:

In den Systemen der Bell Telephone Mfg. Co. benutzte man im Laufe der Jahre: Silber und Platin bzw. dessen Irridiumverbindungen; ab 1915/20 das sog. Metall Nr. 1, das eine Gold/Silber/Platin-Legierung ist; ab 1925 Palladium an Stelle von Platin, und wegen niedrigeren Marktpreises ab 1932 auch an Stelle von Metall Nr. 1. Platin-Irridium wird seitdem nur noch für besondere Bedingungen verwendet.

Das amerikanische Koordinatenwähler-System wurde ab 1937/38 mit Silberkontakten ausgerüstet; neuerdings mit Palladiumkontakten (Bimetall aus Palladium und Nickel), verwendet für Sprech- und Summerkreise, um einen geringen Kontaktwiderstand zu erhalten, für häufig betätigte Kontakte, um die Unterhaltungskosten zu senken.

## 3. WÄHLERRELAIS

Das Wählerrelais (Bild 56) nimmt konstruktiv eine Zwischenstellung zwischen Wähler und Relais ein. Es zeigt den Grundaufbau eines Relais, dessen Hauptbestandteile übernommen worden sind, und hat innerhalb bestimmter Grenzen ähnliche Aufgaben wie der Wähler zu erfüllen.
Bei der Betrachtung des Aufbaues von Wählerrelais kann ebenfalls die bei den Wählern gegebene Einteilung in Kontaktbank, Einstellglied und Antrieb herangezogen werden. Als Beispiel werden einige Ausführungen von Siemens & Halske beschrieben.
Die Kontaktbank bzw. derjenige Teil, der die Aufgaben der Kontaktbank übernimmt, kann auf zwei Arten ausgeführt sein. Bei der einen Bauart (Bild 57, links und Mitte) sind Kontaktlamellen auf den vollen Umfang eines Kreises verteilt und bilden einen *Kontaktkranz* oder eine *Kontaktscheibe*. Im allgemeinen sind 24 oder 36 Kontaktlamellen vorgesehen.
Bei der anderen Ausführung der Kontaktbank wird diese durch einen oder mehrere Federsätze gebildet (Bild 57, rechts), ähnlich den Relaisfedersätzen. Es handelt sich dann also um eine Kontaktbank mit „vorbereiteten" Kontakten.
Die Wählerrelais können mit einer der beiden Kontaktbank-Arten allein oder mit gleichzeitig beiden Kontaktbank-Arten (vgl. Bild 56) ausgerüstet sein.
Das Einstellglied des Wählerrelais ist der Art der Kontaktbank angepaßt.

7*

Bild 56. Wählerrelais mit 36 teiliger Kontaktscheibe (Siemens & Halske).

Bei der einen Ausführung wird die Kontaktscheibe von einem oder mehreren Schaltarmen bestrichen. Besteht die Aufgabe, innerhalb eines Stromkreises eine Zuleitung mit einer von den 24 oder 36 Kontaktlamellen zu verbinden, so ist nur ein Schaltarm vorgesehen (Bild 56). Soll dagegen eine zweiadrige Zuleitung, z. B. die beiden Sprechadern, nach einem von mehreren zweiadrigen Ausgängen durchverbunden werden, so verwendet man zwei um $180^0$ versetzte Schaltarme (Bild 57, links); die beim Drehwähler in verschiedenen Ebenen liegenden a/b-Lamellenreihen (Teile eines Kreisbogens) sind dann in einer Ebene auf einem vollen Kreisbogen angeordnet.

In dem anderen Fall, in dem die Kontaktbank von „vorbereiteten" Kontakten in Form von Federsätzen gebildet wird, werden die Kontaktfedern durch Nockenscheiben gesteuert (Bild 57, rechts). Die Nocken betätigen dabei die Kontakte einmal oder mehrmals während eines Umlaufes oder auch ununterbrochen während mehrerer Schritte bzw. während des größten Teiles des Umlaufes. Die Nockenscheiben können fest angeordnet oder beliebig einstellbar sein.

Die Schaltarme bzw. die Nockenscheiben sind auf einer Achse mit einem Antriebsrädchen angebracht, dessen Zähnezahl der erforderlichen Schrittzahl des Wählerrelais entspricht.

Bild 57. Einige Ausführungen von Wählerrelais (Siemens & Halske).

Als Antrieb werden gegenwärtig vorwiegend die Einzelteile des Rundrelais verwendet; der Anker schaltet bei jedem Anzug das Antriebsrädchen über Ankerarm und Stoßklinke um einen Schritt weiter. Außerdem kann der Anker auch wie beim Relais auf weitere Kontakte oberhalb des Relaisjochs einwirken (vgl. Bild 57), die dann bei jeder Betätigung des Ankers, also bei jedem Schritt des Wählerrelais geschaltet werden. Dadurch bietet das Wählerrelais die Möglichkeit, zahlreiche Schaltvorgänge durch ein einziges Schaltungsteil zu steuern. Neben den beschriebenen Wählerrelais gibt es auch Bauarten, die als Grundaufbau die Einzelteile des Flachrelais an Stelle der des Rundrelais verwenden.

Wählerrelais werden beispielsweise verwendet für Gemeinschaftsumschalter (Wohnungsanschlüsse) und in Sprechstellen von Wahlrufanlagen (Gesellschaftsleitungen für Selbstwählverkehr) und von Befehlsanlagen (Zug- und Betriebsüberwachungsanlagen). In Gemeinschaftsumschaltern (vgl. Abschnitt X, 2b), die ohne eigene Stromversorgung arbeiten, werden sie unmittelbar vom Wähleramt aus über die Doppelleitung geschaltet, wofür geringe Ansprechströme Voraussetzung sind. In Wahlrufanlagen (vgl. Abschnitt X, 1a) und Befehlsanlagen (Lit. 27) werden die Wählerrelais zwar nicht über eine längere Leitung, sondern ortsmäßig betrieben; als Stromversorgung für die Wähleinrichtung an den Sprechstellen stehen jedoch nur Ortsbatterien von 4 oder 6 V zur Verfügung. Wählerrelais werden also überall dort an Stelle von Drehwählern verwendet, wo wenig Energie zur Verfügung steht. Sie zeichnen sich ferner durch geringeren Platzbedarf und niedrigere Kosten aus. In bezug auf Schaltarmzahl und Schrittgeschwindigkeit steht das Wählerrelais jedoch den Drehwählern nach, so daß das Anwendungsgebiet begrenzt bleibt; man kann es entsprechend der eingangs gegebenen konstruktiven Einordnung auch schaltungstechnisch als ein zwischen Wähler und Relais stehendes Schaltungsteil ansehen.

## 4. WIDERSTÄNDE, DROSSELN, KONDENSATOREN

Neben Wählern und Relais enthalten die Schalteinrichtungen weitere Bauteile. Unter ihnen nehmen, der Häufigkeit ihres Vorkommens nach, Widerstände, Drosseln und Kondensatoren eine besondere Stellung ein.

### a) Widerstände

In der Wähltechnik versteht man unter „Widerständen" im allgemeinen reine Ohmsche Widerstände. Sie haben u. a. Aufgaben wie:

1. Schwächung des Gleichstromflusses,
2. Schutz für Kontakte,
3. Frittung.

Zur Stromschwächung werden sie in den Schalteinrichtungen verwendet, wenn der Ohmsche Widerstand der Relaiswicklungen in dem betreffenden Stromkreis nicht wunschgemäß hoch genug bemessen werden kann; man bildet mit ihnen ferner unter Umständen auch Parallelstromkreise, z. B. Dämpfungskreise. *Schutzwiderstände* geringer Ohmzahl schaltet man z. B. vor Kontaktfedern, die sonst unmittelbar an Spannung gelegt werden müßten; aus betrieblichen Gründen wird letzteres im allgemeinen vermieden; Schutzwiderstände werden ferner zur Funkenlöschung verwendet und dann zusammen mit einem entsprechend bemessenen Kondensator parallel zu den dafür in Betracht kommenden Kontakten geschaltet.

Als *Frittwiderstände* werden Hochohmwiderstände benutzt, mit denen ein niedriger Frittstrom über die Sprechadern in denjenigen Verbindungsabschnitten sichergestellt wird, die sonst während des Gesprächszustandes zeitweilig oder dauernd frei von Gleichstromfluß wären. Hierdurch sollen plötzliche Widerstandserhöhungen an Kontakten (insbesondere an unedlen Kontakten), die zu störenden Dämpfungen oder gar zu Gesprächsschwund führen können, bekämpft werden (vgl. Abschnitt V, 2 unten „Sprechkreis").

Die Ausführung der Widerstände ist verschieden. Sie werden als „Widerstandswicklungen" auf Relais aufgebracht, wenn der Wickelraum durch die Erregerwicklungen noch nicht völlig ausgefüllt ist (vgl. Bild 53, rechts). Der Widerstandsdraht wird zu diesem Zweck „bifilar" aufgespult, d. h. er wird doppeldrähtig gewickelt und so angeschlossen, daß sich die beim Stromdurchfluß entstehenden magnetischen Felder gegenseitig aufheben, also keine Wirkung auf den Relaisanker ausüben. Widerstände werden nur dann auf die Relaiswicklungen aufgebracht, wenn sie keiner zu starken Erwärmung ausgesetzt sind; die Gesamt-Strombelastung des Relais in allen Wicklungen, die gleichzeitig eingeschaltet sein können, kann bis etwa 5 W betragen.

Ist starke Erwärmung zu erwarten oder steht auf den Relais der betreffenden Einrichtung kein freier Wickelraum mehr zur Verfügung, so verwendet man sog. „Drahtwiderstände"; bei ihnen ist der „Widerstandsdraht" z. B. auf einen Steatitkörper gewickelt (Bild 58, links). Zur gegenseitigen Isolierung der Windungen dient z. B. eine Oxydschicht des Drahtes. Der vorderste Drahtwider-

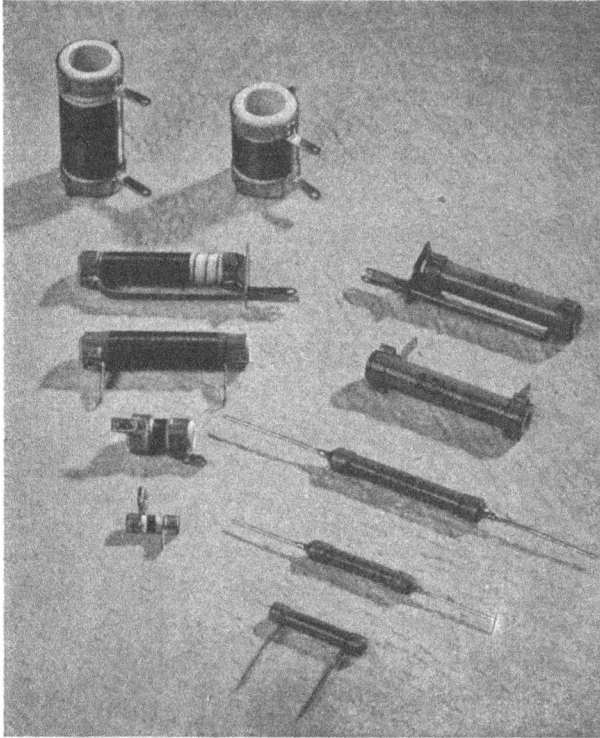

Bild 58. Einige in der Wähltechnik übliche Widerstände.
Links: Drahtwiderstände.    Rechts: Schichtwiderstände.

stand der abgebildeten Reihe wird zur „Funkenlöschung" verwendet und ist aus aufbautechnischen Gründen sehr klein gehalten, damit er am Kondensator befestigt werden kann.

Sehr hohe Widerstände werden als sog. „Schichtwiderstände" ausgeführt. Auf einem Tragkörper (z. B. Steatit) ist eine dünne Schicht kristalliner Kohle aufgetragen (Karbowid-Widerstände), aus der eine Schraubenlinie herausgefräst ist (Bild 58, rechts). Um den Steatitkörper läuft also eine Art Kohleband, dessen Breite und Länge den gewünschten Widerstandswert ergibt. Der Tragkörper mit Kohleband ist zum Schutz gegen mechanische Beschädigungen mit einem Lacküberzug versehen.

Die in Bild 58 dargestellten Widerstände sind nicht veränderbar. Bild 59 zeigt demgegenüber drei Ausführungen von „veränderbaren Widerständen". Diese werden beispielsweise in den Relaisübertragungen der Wechselstromwahl (vgl. Abschnitt IX, 5b) verwendet, um die Sendespannung jeweils der betreffenden Fernwahlleitung anpassen zu können. In Bild 59, rechts, sind zwei „Schiebewiderstände" für stufenlose Widerstandsregelung gezeigt, deren Abgreifer entweder mittels eines Drahtes oder mittels einer Schraube verschoben wird, die zur Einstellung einen gerändelten Drehknopf aus Isolierpreßstoff trägt. In

Bild 59. Regelbare Drahtwiderstände.
Links: Stufenwiderstand.    Rechts: Schiebewiderstände.

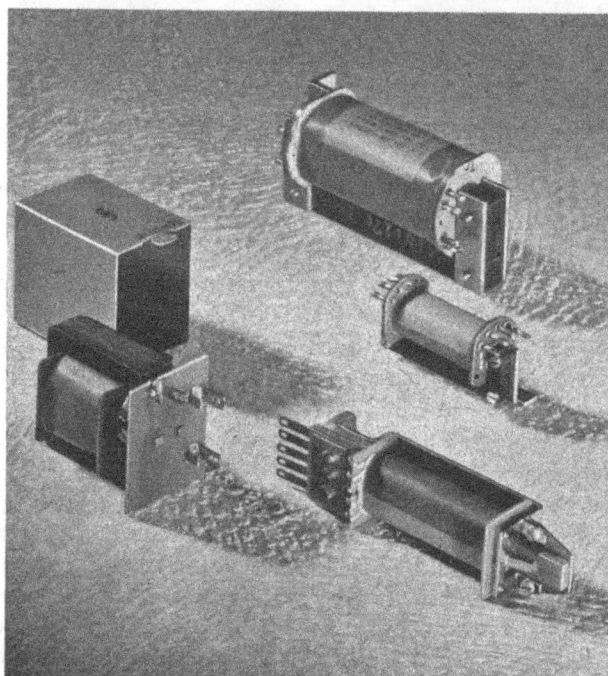

Bild 60. Einige in der Wähltechnik übliche Drosselspulen.
Vorn: Flachrelais ohne Kontaktaufbau als Drosselspule.

Bild 61. In der Wähltechnik verwendete Becherkondensatoren
verschiedener Kapazität.
Vordere Reihe: Papierkondensatoren,
Hintere Reihe: Elektrolytkondensatoren.

Bild 59, links, ist ein „Stufenwiderstand" abgebildet, bei dem die einzelnen
Widerstandswerte stufenweise abgegriffen werden können.

Über die Größenordnung der in der Wähltechnik hauptsächlich verwendeten
Widerstände seien folgende Zahlen als Anhalt angegeben. Drahtwiderstände
werden im allgemeinen bis etwa 600 $\Omega$ (belastbar bis etwa 15 W), Karbowid-
Widerstände bis etwa 100 000 $\Omega$ (belastbar bis etwa 2 W) verwendet. Sind
Widerstände hoher Ohmzahl einer stärkeren Belastung ausgesetzt, so verwendet
man entsprechende Drahtwiderstände.

### b) Drosselspulen

Drosselspulen haben in der Wähltechnik u. a. die Aufgabe, Stromkreise gegen
Wechselströme, z. B. Sprechströme, zu sperren und dabei den Gleichstromfluß
möglichst wenig zu schwächen. Zusammen mit Kondensatoren werden sie für
Sperrglieder, Filter usw. oder andere Netzwerke verwendet.

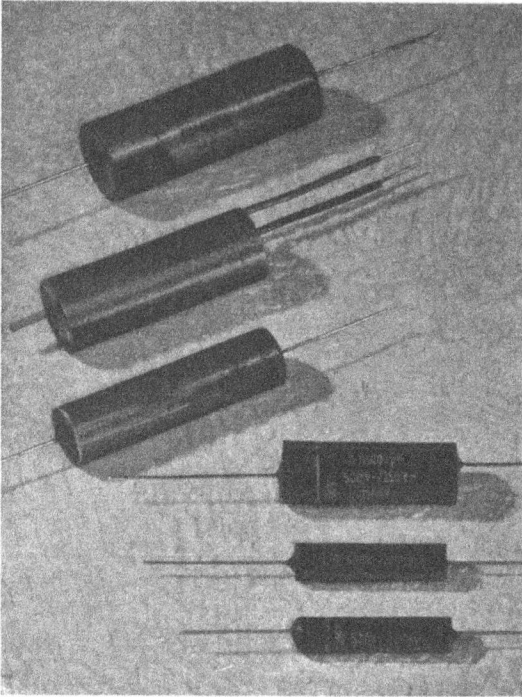

Bild 62. In der Wähltechnik verwendete Rundkondensatoren verschiedener Kapazität.

Eine Drosselspule besteht aus einer Wicklung, die auf einen Eisenkern aufgebracht ist. Ihr veränderlicher Wechselstromwiderstand hängt von der Windungszahl der Wicklung und der Ausbildung des Eisenkernes ab; er wächst mit der Frequenz des Wechselstromes. Für Gleichstrom ist der reine Ohmsche Widerstand des Wicklungsdrahtes maßgebend, der sich aus Querschnitt, Länge und Werkstoff des Drahtes ergibt.

Jedes Relais ist also schon eine Drosselspule. Wird in einem Stromkreis eine Drosselwirkung erforderlich, ohne daß gleichzeitig Kontakte betätigt werden sollen, so kann man hierzu z. B. ein Flachrelais entsprechend hoher Windungszahl ohne Kontaktaufbau benutzen; um den bestmöglichen Eisenschluß zu erzielen, wird der Anker des Relais am Kern festgeklemmt (Bild 60, rechts unten). Zur Erzielung hoher Drosselwirkung werden Spulen mit vollkommen geschlossenem Eisenkreis verwendet (Bild 60); der Eisenkreis ist dann zwecks Herabsetzung der Wechselstrom- und Hystereseverluste aus dünnen Eisenblechen zusammengesetzt.

### c) Kondensatoren

Kondensatoren dienen in der Wähltechnik hauptsächlich dazu, verschiedene Stromkreise gleichstrommäßig voneinander zu trennen. Sie werden ferner für Funkenlöschung (mit einem Widerstand), als Störschutz, für Sperrglieder, Filter oder andere Netzwerke (mit Drosselspulen), zur Phasenverschiebung, Stromstoßaufspeicherung usw. verwendet.

Der Widerstand eines Kondensators ist für Gleichstrom gleich dem Isolationswiderstand, also praktisch nahezu unendlich groß. Für Wechselstrom nimmt der Widerstand mit wachsender Frequenz ab.

In der Wähltechnik benutzt man:

1. Papierkondensatoren,
2. Elektrolytkondensatoren.

Beide können als „Becherkondensator" (Bild 61) oder als „Rundkondensator'
(Bild 62) ausgeführt sein.

Die in Wählanlagen verbreitetste Form ist der Papierkondensator als Becherkondensator; er wird hauptsächlich mit Kapazitätswerten von 0,01...4 $\mu$F verwendet (Bild 61, vordere Reihe). Der Papierkondensator als Rundkondensator
kommt mit Kapazitätswerten von etwa 0,01...1 $\mu$F vor (Bild 62, rechte Reihe).
Elektrolytkondensatoren werden hauptsächlich mit Kapazitätswerten von
10...1000 $\mu$F (als Becherkondensator; Bild 61, hintere Reihe) bzw. von 5...50$\mu$F
(als Rundkondensator; Bild 62, linke Reihe) eingesetzt.

# IV. DIE SPRECHSTELLE

Die Sprechstelle umfaßt alle Einrichtungen, die der Teilnehmer zum Verbindungs-
auf- und -abbau und zum eigentlichen Gespräch benötigt. Da dem Teilnehmer
keine technische Schulung zugemutet werden kann, ist zu fordern, daß diese
Einrichtungen einfach und in ihrer Bedienung unmißverständlich sind. Ihre
Haltbarkeit muß den Anforderungen gewachsen sein, die an einen technischen

Bild 63. Tischfernsprecher aus Preßstoff (Bauart 1936, Siemens
& Halske) mit geräuscharmem Nummernschalter.

Gebrauchsgegenstand zu stellen sind; eine besondere Wartung darf nicht erforderlich werden. Der Umfang der Einrichtungen ist ferner, da sie in jeder
Sprechstelle vorhanden sein müssen, auf das Notwendigste zu beschränken.
Zahl und Art dieser Einrichtungen ergeben sich aus folgenden Forderungen
bzw. Handlungen, die vor, während und nach einem Gespräch an der Sprechstelle zu erfüllen bzw. auszuführen sind:

1. Der Anrufende muß den Wunsch, ein Gespräch zu führen, irgendwie äußern können.
2. Er muß die gewünschte Sprechstelle kennzeichnen können.
3. Dort muß die Verbindung angekündigt werden.
4. Der Angerufene muß den Anruf entgegennehmen können.
5. Die Teilnehmer müssen das Gespräch führen können.
6. Nach Beendigung des Gesprächs muß für die Rückstellung der benutzten Einrichtungen gesorgt werden.

Zu diesen „unerläßlichen" Forderungen bzw. Handlungen können noch weitere treten, wenn zusätzliche Betriebsbedingungen gestellt werden, wie z. B. in Nebenstellenanlagen die Rückfragemöglichkeit, das Gesprächsumlegen, Aufschalten, Flackern usw.

Die Sprechstelle ist mit dem Amt oder mit der Zentrale im allgemeinen durch eine eigene Doppelleitung verbunden. Über diese Anschlußleitung (Teilnehmerleitung, Amtsleitung) werden alle Zeichen zwischen Sprechstelle und Amt gegeben; über sie wird auch das Gespräch selbst abgewickelt.

Den Wunsch, ein Gespräch zu führen, äußert der Teilnehmer durch Abheben seines Handapparates; dabei werden im Fernsprecher durch das Hochschnellen der Gabel die beiden Adern der Teilnehmerleitung zu einer „Schleife" geschlossen. Auf diesen Schleifenschluß hin wird im Amt über die Vorwahlstufe ein freier Nummernempfänger, z. B. ein I. Gruppenwähler, bereitgestellt. Von der endgültigen Verbindung besteht dann schon der Anfang: Fernsprecher, Teilnehmerleitung, Vorwähler (oder Anrufsucher) und I. Gruppenwähler.

Die gewünschte Sprechstelle wird vom Anrufenden durch die Nummernwahl gekennzeichnet, während der die Teilnehmerschleife durch den Nummernschalter je gewählte Ziffer ein- bis zehnmal unterbrochen wird. Diese Schleifenöffnungen stellen die Nummernempfänger so ein, daß die Verbindung über einen oder mehrere Gruppenwähler und über den Leitungswähler zur gewünschten Sprechstelle aufgebaut wird.

Als Zeichen, daß eine Verbindung angekommen ist, läutet in der Sprechstelle der Wecker. Der Angerufene nimmt die Verbindung durch Abheben seines Handapparates entgegen, wodurch auch bei ihm die Teilnehmerleitung zu einer Schleife geschlossen wird. Danach kann das Gespräch stattfinden. Nach Gesprächsschluß legen die Teilnehmer ihre Handapparate wieder auf, wodurch die Teilnehmerschleifen wieder geöffnet werden und die Rückstellung der benutzten Einrichtungen im Wähleramt veranlaßt wird. Dabei kann diese „Auslösung" des Verbindungsweges je nach dem verwendeten System von dem Handapparat-Auflegen eines der beiden Teilnehmer oder von dem beider abhängig sein.

Die Einrichtungen, die der Teilnehmer zum Einleiten, Durchführen oder Steuern der geschilderten Vorgänge benötigt, sind im Fernsprecher zusammengefaßt. Dieser wird unter Umständen durch Zusätze in Gestalt von Beikästen, Sockeln usw. ergänzt. Bauteile und Schaltung des Fernsprechers sollen zuerst grundsätzlich besprochen werden.

## 1. AUFBAU DES FERNSPRECHERS

Die äußere Form des Fernsprechers ist im Laufe der Jahre zahlreichen Abwandlungen unterworfen worden, die sowohl von den jeweiligen technischen Möglichkeiten der Fertigung als auch besonders vom Zeitgeschmack bestimmt wurden. Die heutige Form ist durch weitestgehende Benützung des Preßstoffs gekennzeichnet. Bild 63 zeigt eine der ersten Ausführungen dieser Entwicklungsreihe, die in der Folge in ihren Hauptformen beibehalten werden konnte. Gehäuse und Handapparat bestehen aus Preßstoff. Dieser Werkstoff bietet einen vollkommenen elektrischen Berührungsschutz. Die Preßstoffausführung — sie

Bild 64. Wandfernsprecher aus Preßstoff (Siemens & Halske) mit geräuscharmem Nummernschalter.

ist im allgemeinen tiefschwarz und hochglänzend — zeichnet sich durch besondere Formschönheit und klare Linienführung aus. Außer als *Tischfernsprecher* (Bild 63) wird der Wählfernsprecher auch als *Wandfernsprecher* (Bild 64) verwendet. Dem Fernsprecher als dem beim Teilnehmer untergebrachten Anlageteil ist besondere Bedeutung beizumessen, weil durch ihn die Betriebsgüte der Gesamtanlage stark beeinflußt werden kann. Eine dauerhafte und einfache Ausführung, d. h. eine Ausführung, die keine verwickelten und daher störanfälligen Teile enthält, die also keiner besonderen Pflege bedarf und Bedienungsfehler weitgehend ausschaltet, entlastet den Störungsdienst außerordentlich; denn für diesen Dienst ist gerade jede Tätigkeit außerhalb des Amtes besonders zeitraubend und kostspielig.

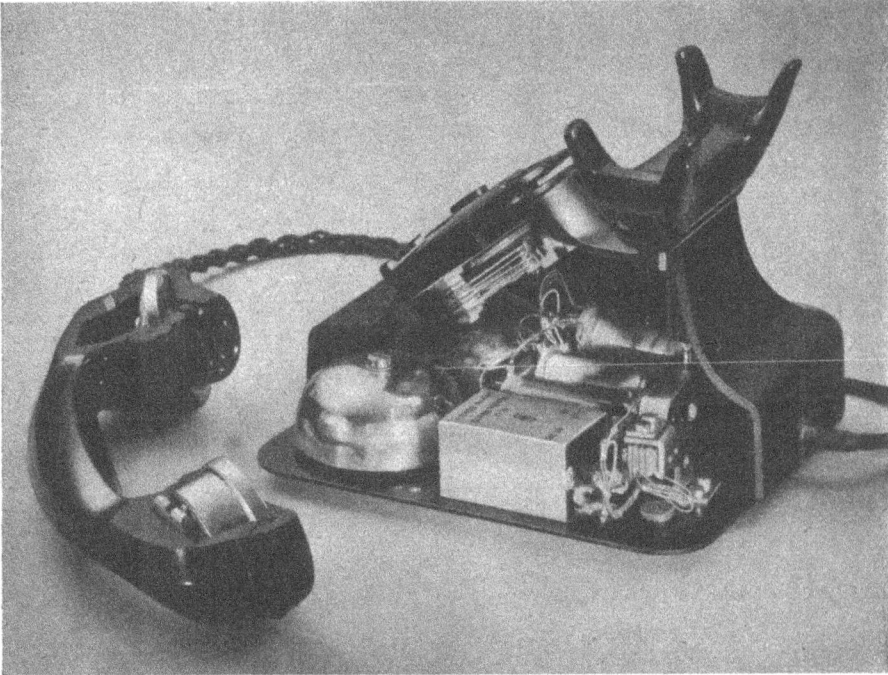

Bild 65. Wählfernsprecher und Handapparat, aufgeschnitten.

Der Fernsprecher enthält die wichtigsten Schaltungsteile der Sprechstelle, also Nummernschalter, Wecker, Induktionsspule sowie Mikrofon und Telefon (Bild 65). *Mikrofon* und *Telefon* sind in Form von leicht auswechselbaren Kapseln im Handapparat untergebracht (Bild 66); sie dienen der Umwandlung der akustischen Sprachschwingungen in elektrische Sprachwechselströme bzw. umgekehrt (Lit. 38). Ihre Aufgabe ist also lediglich die Übertragung der Sprache bzw. der Hörzeichen. Die Herstellung der Verbindung wird durch Mikrofon und Telefon kaum beeinflußt, da diese entweder für den betreffenden Betriebsvorgang abgeschaltet (beim Eintreffen des Rufstromes) oder kurzgeschlossen sind (bei der Nummernwahl); lediglich beim Abheben des Handapparates zu Beginn der Verbindungsherstellung und zwischen den einzelnen Stromstoßreihen wird die Teilnehmerschleife über das Mikrofon mit parallelgeschaltetem Widerstand geschlossen. Dadurch kann in bezug auf die zulässige Reichweite des Belegungsvorganges der Gleichstrom-Widerstand des Mikrofons (für ZB-Mikrofone im Durchschnitt etwa 100 $\Omega$, u. U. bis 135 $\Omega$) von Interesse sein.

Mikrofon und Telefon sind im *Handapparat* untergebracht. Dieser hat also ganz allgemein die Aufgabe, Mikrofon und Telefon beim Gespräch in die richtige Lage zu Mund und Ohr des Sprechenden zu bringen. Für den abgebildeten Fernsprecher (Bild 63) sind Form und Maße des Handapparates das Ergebnis von sorgfältigen Kopfmessungen an 5000 Personen. Durch Verkürzung des Abstandes zwischen Mund und Mikrofon und durch besondere Ausbildung der Einsprache

Bild 66. Handapparat, Bauart 1936 (links: auseinandergenommen; rechts: aufgeschnitten).

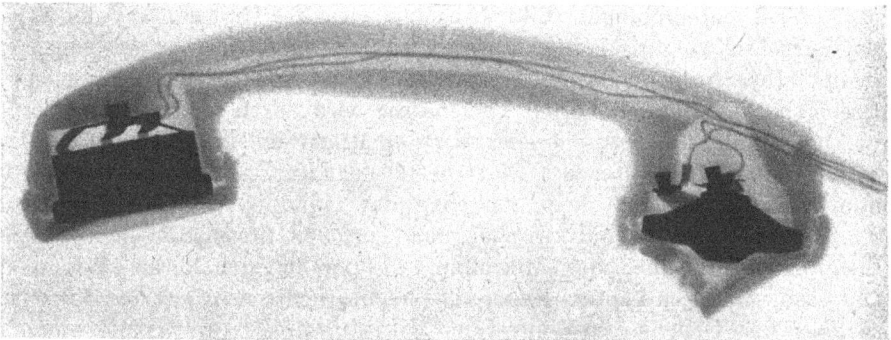

Bild 67. Röntgenaufnahme eines Handapparats, Bauart 1936.

ergibt sich ein außerordentlich günstiges Verhältnis zwischen dem Nutzschall (Sprache) und dem Störschall (Raumgeräusch); gleichzeitig wird die Schallschattenwirkung des Kopfes besser ausgenutzt. Bild 66 zeigt den Handapparat im Schnitt sowie seine Einzelteile (Handapparatkörper; Mikrofonkapsel mit Einsprache und Schraubring; Telefonkapsel mit Hörmuschel). Bild 67 ist die

Röntgenaufnahme eines Handapparates, aus der sehr gut seine Form und sein Aufbau, die Lage der Sprech- und Hörkapseln und der Anschlußdrähte zu erkennen sind.

Die Bruchlast des Handapparates beträgt bei ruhender Last, die auf der Mitte des Handapparatekörpers angreift, etwa bis 300 kg; als Abnahmewert wird eine Bruchlast von mindestens 180 kg vorgeschrieben.

## 2. NUMMERNSCHALTER

Der **Nummernschalter** ist diejenige Einrichtung im Fernsprecher, durch die der Teilnehmer seine Wünsche in bezug auf den Verbindungsaufbau zum Ausdruck bringt.

Es gibt unterschiedliche Nummernschalter-Ausführungen. Ganz allgemein hat ein Nummernschalter:

1. Einstellglied,
2. Antrieb,
3. Bremse (Regler),
4. Kontaktwerk.

Das Einstellglied aller gebräuchlichen Ausführungen hat an der Außenseite eine *Fingerscheibe*, die gegenwärtig in allen Ausführungen 10 Fingerlöcher enthält. Diese sind durch Ziffern oder durch Ziffern und Buchstaben bezeichnet. Der Teilnehmer dreht bei der Nummernwahl das Fingerloch, das der zu wählenden Ziffer entspricht, im Uhrzeigersinne bis zum „Fingeranschlag" und läßt danach die Fingerscheibe zurücklaufen. Beim Aufzug wird eine Feder gespannt, die fest mit der Achse der Fingerscheibe verbunden ist. Nach Freigabe wird die Fingerscheibe von der Feder in die Anfangslage zurückgetrieben (Antrieb). Dabei nimmt ein Sperrädchen über einen Stoßzahn einen Schneckentrieb mit; ein Flügelrädchen schlägt durch einen Stromstoßkontakt hindurch und öffnet jedesmal die Teilnehmerschleife bzw. schließt sie wieder (Kontaktwerk). Die Anzahl der Schleifenöffnungen und der damit verbundenen Stromunterbrechungen entspricht im allgemeinen der gewählten Ziffer. Die Schleifenöffnungen wirken auf die Empfangsmittel der Wähleinrichtung im Amt ein und veranlassen dort die gewünschten Schaltvorgänge. Je nach Art des Wählsystems wirken die Unterbrechungen der Teilnehmerschleife unmittelbar auf die Empfangsrelais der Einrichtungen der einzelnen Wahlstufen ein oder sie werden im I. Gruppenwähler in Erdstromstöße (bzw. Spannungsstöße) über eine oder beide Sprechadern umgesetzt. Man verallgemeinert dies und bezeichnet die Nummernwahl ganz allgemein auch als *Stromstoßgabe* und spricht vom „Aussenden von *Stromstößen*". Obwohl diese Ausdrücke strenggenommen nur auf eine bestimmte Art der Weitergabe der Nummernwahl zutreffen, ist diese Verallgemeinerung der Ausdrucksweise üblich, um die Fernwirkung der beim Teilnehmer erzeugten Schleifenöffnungen auf die Einrichtungen des Amtes zu veranschaulichen.

Um die Schalteinrichtungen im Amt einwandfrei einstellen zu können, müssen die einzelnen Stromstöße, d. h. die einzelnen Schleifenöffnungen und

-schließungen, in einer bestimmten Geschwindigkeit aufeinanderfolgen und dabei innerhalb gewisser Grenzen ein festgesetztes Stromstoßverhältnis (vgl. unten) einhalten. Aus diesem Grunde hat man das Abgeben der Stromstöße in eine vom Teilnehmer unabhängige Bewegung, nämlich in die Rücklaufbewegung des Schalters, gelegt.

Bei einem Antrieb durch die Feder allein würde das Werk entsprechend der veränderlichen Federcharakteristik nicht mit konstanter Geschwindigkeit ablaufen; der Ablauf wird daher durch eine besondere Bremse geregelt (Regler). Vorspannung der Aufzugfeder und Einstellung der Bremse gewährleisten den erforderlichen gleichmäßigen und zeitlich einwandfreien Ablauf des Nummernschalters.

Die *Ablaufgeschwindigkeit* des Nummernschalters wird so eingestellt, daß die Abgabe von 10 Stromstößen (Wahl der Ziffer 0) im Mittel 1 s dauert. Für das Verhältnis zwischen Öffnungs- und Schließungszeit des Stromstoßkontaktes *(Stromstoßverhältnis)* ist als Mittelwert 1,6 : 1 festgelegt. Aus fabrikationstechnischen und betrieblichen Gründen sind bestimmte Abweichungen von diesen Mittelwerten zulässig, so daß sich folgende Vorschriften ergeben:

Ablaufgeschwindigkeit  = 100 ms + 10% für jeden vollständigen Stromstoß (Öffnung + Schließung),

Stromstoßverhältnis    = 1,6 : 1 mit zulässigen Abweichungen in den Grenzen 1,9 : 1 und 1,3 : 1 (Öffnung : Schließung).

Daraus ergibt sich für die Öffnungszeiten eine Dauer von 51...72 ms (im Mittel etwa 62 ms) und für die Schließungszeiten eine Dauer von 31...48 ms (im Mittel etwa 38 ms). Neben dem angegebenen Stromstoßverhältnis von 1,6 : 1 sind in ausländischen Systemen auch andere Werte üblich, so z. B. 2 : 1 (Vereinigte Staaten von Amerika, England) oder 1,5 : 1.

Der Nummernschalter ist mit einer Reihe von Kontakten ausgerüstet, die zu einem Kontaktsatz (z. B. in Bild 68) oder auch zu zwei Kontaktsätzen (z. B. in Bild 69) zusammengefaßt sind. Derartige Nummernschalter-Kontakte sind:

nsi-Kontakt    = Nummernschalter-Impulskontakt bzw. -*Stromstoßkontakt*, durch den die Schleifenunterbrechungen der Teilnehmerleitung entsprechend der gewählten Ziffer veranlaßt werden.

nsa-Kontakt    = Nummernschalter-Arbeitskontakt, auch *Kurzschluß-* oder *Steuerkontakt* genannt, der bei Beginn der Aufzugbewegung schließt und gegen Ende der Ablaufbewegung wieder öffnet, wenn die Schleifenunterbrechungen durch den nsi-Kontakt beendet sind. In bestimmten Nummernschalterausführungen (Leerlauf-Nummernschalter) können auch zwei nsa-Kontakte eingebaut werden (nsa$_1$- und nsa$_2$-Kontakt), von denen der zusätzliche (nsa$_2$-) Kontakt erheblich später als der übliche (nsa$_1$-) Kontakt öffnet.

nsr-Kontakt    = Nummernschalter-Ruhekontakt, auch *Leerlauf-* oder *Überbrückungskontakt* genannt, der im sog. Leerlauf-Nummernschalter (vgl. Abschnitt IV, 2b) zur Überbrückung derjenigen zusätzlichen Öffnungen des nsi-Kontaktes dient, die nicht auf der Teilnehmerleitung wirksam werden dürfen.

Durch eine Sperrung am Nummernschalter muß sichergestellt werden, daß eine Stromstoßgabe bei aufgelegtem Handapparat nicht möglich ist. Diese Sperrung kann mechanisch oder elektrisch sein. Bei der „mechanischen Sperrung" ist eine Sperrfeder vorgesehen (in Bild 68 und 69 rechts oben aus dem Nummernschalter herausragend); diese wird in der Ruhelage des Haken- bzw. Gabelumschalters von diesem derart heruntergedrückt, daß ein mit ihr verbundener Hebel den Nummernschalter an der Drehung hindert. Ein so ausgerüsteter Nummernschalter kann also erst nach dem Abheben des Handapparates aufgezogen werden, d. h. durch die mechanische Sperrung ist zwangsweise sichergestellt, daß die Handhabungen der Teilnehmer in der Reihenfolge „Erst Handapparat abheben, dann wählen" vorgenommen werden. Bei der „elektrischen Sperrung" liegen die Kontakte des Gabelumschalters zwischen dem nsi-Kontakt und dem nsa-Kontakt (vgl. Bild 72); der nsa-Kontakt kann nicht mehr die Kontakte des Gabelumschalters kurzschließen. Es ist also schaltungsmäßig verhindert, daß die Schleife bei aufgelegtem Handapparat geschlossen werden kann, d. h. daß sich Betätigungen des Nummernschalters bei aufgelegtem Handapparat auswirken können.

Bei der mechanischen Sperrung wird eine falsche Reihenfolge in den Teilnehmer- handhabungen zwangsläufig unmöglich gemacht. Bei der elektrischen Sperrung wird dagegen nur sichergestellt, daß sich Spielereien am Nummernschalter bei aufgelegtem Handapparat nicht im Amt auswirken; wird jedoch der Nummernschalter zuerst aufgezogen und während seines Ablaufs der Handapparat abgenommen, so ergeben sich Falschwahlen. Der Aufwand im ersten Fall ist eine Sperrfeder; im zweiten Fall muß eine Ader mehr in der Nummernschalterschnur vorgesehen werden, da eine Zusammenfassung von je einer Feder des nsi- und nsa-Kontaktes infolge der eingeschleiften Kontakte des Gabelumschalters nicht mehr möglich ist (vgl. Bild 72).

Von den vorhandenen Nummernschalterausführungen werden anschließend als Beispiele einige Bauarten von Siemens & Halske beschrieben (Lit. 19). Dabei ist grundsätzlich zwischen „Drehnummernschalter" und „Zugnummernschalter" zu unterscheiden. Während der Drehnummernschalter durch eine kreisförmige Bewegung aufgezogen wird, ist die Aufzugbewegung am Zugnummernschalter fast geradlinig.

### a) Drehnummernschalter mit langsam laufendem Regler

Dieser Nummernschalter (Bild 68) wurde bei seiner Entwicklung äußerlich dem damals üblichen Fernsprecher mit Blechgehäuse angepaßt. Er hat zwei Wellen. Die Hauptwelle (im Bild waagrecht, von vorn nach hinten) trägt vorn die Fingerscheibe und hinten das im Bild sichtbare Schneckenrad (lose auf der Welle). Wird der Nummernschalter aufgezogen, so wird die mit der Hauptwelle fest verbundene Antriebsfeder (im Bilde nicht zu sehen) gespannt; eine Drehung des Schneckenrades findet noch nicht statt. Die zweite Welle, die Schneckenwelle (im Bilde senkrecht), dreht sich beim Rücklauf des Nummernschalters, wenn das Schneckenrad von der Hauptwelle mitgenommen wird. Die Schneckenwelle trägt an ihrem

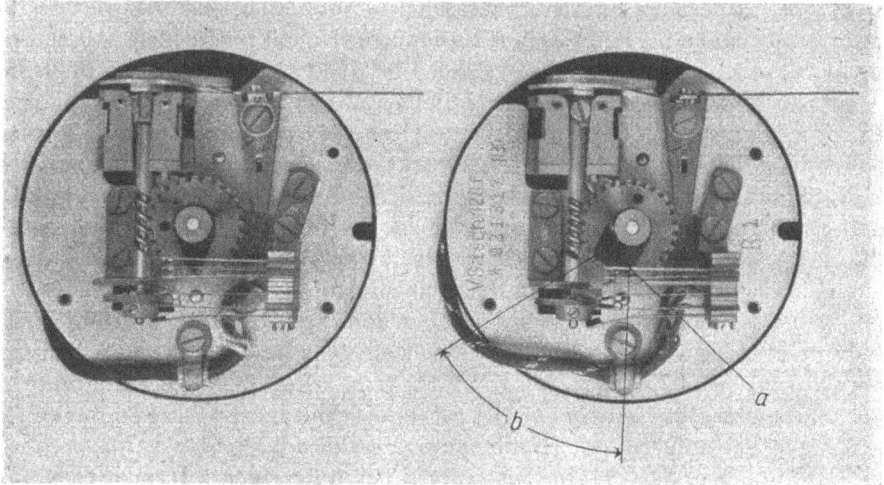

Bild 68. Nummernschalter, Baujahr 1929/30.
Links: Nummernschalter mit Sperrung, ohne „Leerlauf".
Rechts: Nummernschalter mit Sperrung, mit „Leerlauf".
a = Nocken zum Betätigen des Überbrückungskontaktes.
b = Überbrückungsweg.

unteren Ende das Flügelrädchen, das bei der Drehung durch den Stromstoß-kontakt (nsi-Kontakt) hindurchschlägt; an ihrem oberen Ende sind zwei Brems-backen befestigt, deren Hartgummipimpel beim Rücklaufen des Schalters gegen eine Bremsscheibe gedrückt werden (Regler). Ein Kurzschluß- oder Steuer-kontakt (nsa-Kontakt, oberhalb des nsi-Kontaktes) schließt während des Ar-beitens des Schalters Mikrofon und Telefon kurz; dadurch wird bezweckt, daß während der Nummernwahl:

1. der Gleichstromwiderstand der Teilnehmerschleife herabgesetzt und dadurch die Reichweite der Nummernwahl heraufgesetzt wird,
2. der veränderliche Widerstand des Mikrofons ausgeschaltet wird und damit die Widerstandsverhältnisse für die Stromstoßgabe verbessert werden,
3. Knackgeräusche während der Nummernwahl im Telefon vermieden werden.

Die beschriebene Bauart ist durch einen langsam laufenden Regler gekennzeichnet (Drehgeschwindigkeit des Reglers: 600 Umdrehungen/min). Entsprechend den erweiterten Bedingungen (vgl. anschließend) und zur Anpassung an die neu-zeitlichen Preßstoff-Fernsprecher wurde dieser Nummernschalter in den letzten Jahren u. a. mit Fingerscheiben aus Preßstoff ausgerüstet. Eine Bauart dieses Nummernschalters arbeitet auch mit „Leerlauf" (Bild 68, rechts); auf die Be-deutung des „Leerlaufs" wird im folgenden Abschnitt genauer eingegangen.

### b) Drehnummernschalter mit schnell laufendem Regler

Dieser Nummernschalter, auch unter den Namen „Leerlauf-Nummernschalter", „Nummernschalter mit Stromstoßüberbrückung" oder „geräuscharmer bzw. geräuschgedämpfter Nummernschalter" bekannt, ist äußerlich besonders dem

Fernsprecher mit Preßstoffgehäuse angepaßt. Als besondere Bedingungen wurden
bei der Entwicklung des Schalters (Bild 69)
neben der selbstverständlichen Forderung nach größter Betriebssicherheit, guter
Lesbarkeit der Ziffern und leichter Be-
dienbarkeit gestellt:

1. Größter Berührungsschutz, d. h. es
   darf kein Metallteil zugänglich sein,
   das bei irgendwelchen Störungen Schluß
   mit Stromführungen bekommen könnte.
2. Der Schalter soll mit „Leerlauf" bzw.
   „Stromstoßüberbrückung" arbeiten.
3. Der Schalter soll möglichst leise laufen.
4. Neuzeitliche Formgebung und Herstellungsverfahren.

Bild 69.  Geräuscharmer Nummernschalter
          mit Leerlauf und Sperrung.

Schalterkörper und Fingerscheibe bestehen
aus Preßstoff. Dies hat neben dem Berührungsschutz den Vorzug, daß die
äußeren Teile sich nicht im Gebrauch ändern; vernickelte Scheiben werden
z. B. nach dem Abgreifen der Vernickelung unansehnlich. Die Ziffernscheibe
enthält weiße Ziffern auf schwarzem Grund, um die Lesbarkeit zu erhöhen (vgl.
Bild 63); bei schwarzen Ziffern auf weißem Grund können leicht Überstrahlungen
eintreten.

Der Nummernschalter hat drei Wellen. In der Mitte des Schalters (im Bild von
vorn nach hinten) befindet sich die Hauptwelle mit Fingerscheibe, großem Zahnrad und Antriebsfeder. Im Eingriff mit dem großen Zahnrad steht ein kleineres,
das auf der zweiten Welle befestigt ist (im Bilde rechts, ebenfalls von vorn nach
hinten); diese Welle trägt ferner ein dreiflügeliges Flügelrädchen und ein Schnek-
kenrad zum Antrieb der dritten Welle (im Bilde schräg verlaufend). In diese
Welle ist eine Schnecke eingeschnitten; an ihrem Ende befindet sich der Regler,
dessen wesentlich leichtere Bremsklötzchen (gegenüber der Bauart mit langsam
laufendem Regler) innerhalb einer Bremshülse angebracht sind. Von der größeren
Umdrehungsgeschwindigkeit dieser Schnecken- oder Reglerwelle (2400 Umdre-
hungen/min) stammt die Bezeichnung „Nummernschalter mit schnell laufendem
Regler". Der geräuscharme Aufzug und Ablauf des Schalters beruhen u. a.
auf dem verwendeten geräuschdämpfenden Werkstoff sowie auf Drehgeschwindigkeit und Ausführung des Reglers und auf der Ausführung aller schallübertragen-
den Lagerstellen.

Der Nummernschalter mit schnell laufendem Regler arbeitet stets mit *Leerlauf*
bzw. *Stromstoßüberbrückung* (Spatium), d. h. er ist so ausgeführt, daß die Zeit
zwischen zwei vom Teilnehmer abgegebenen Stromstoßreihen (= *Wahlpause*)
zwangsweise etwas verlängert wird. Durch diese Verlängerung der Wahlpausen
soll die Zeit für Freiwahl und andere Vorgänge im Amt sichergestellt werden,
die durch nicht einwandfreies und überschnelles Aufziehen des Nummernschalters
gefährdet werden kann. Bei normalem Wählen erfordert die Wählzeit der ge-

samten Rufnummern bei Leerlauf-Nummernschaltern praktisch nicht mehr Zeit als bei Schaltern ohne „Leerlauf". Die zusätzliche Pause, der „Leerlauf", entspricht der Dauer von zwei Stromstößen. Diese beiden Öffnungen des Stromstoßkontaktes finden am Schluß jeder Stromstoßreihe zusätzlich statt, wirken sich jedoch nicht auf die Teilnehmerschleife aus; sie werden von einem sog. „Überbrückungskontakt" überbrückt (nsr-Kontakt), der den Stromstoßkontakt kurzschließt. Im Bild 70 ist die Arbeitsweise der verschiedenen Kontakte dar-

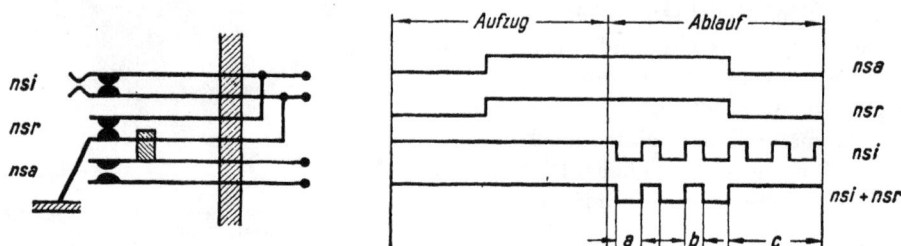

Bild 70. Arbeitsweise der Kontakte eines Nummernschalters mit „Leerlauf"
bei Wahl der Ziffer „3".
nsa = Steuer- bzw. Kurzschlußkontakt.
nsi = Stromstoßkontakt.
nsr = Überbrückungskontakt.
a = Öffnungszeit des nsi-Kontaktes.
b = Schließungszeit des nsi-Kontaktes.
c = Leerlaufzeit, während der der nsi-Kontakt durch den nsr-Kontakt
kurzgeschlossen ist.

gestellt. Rein äußerlich ist die Ausführung mit Leerlauf an dem größeren Abstand zwischen Fingeranschlag und der ersten Ziffer zu erkennen (vgl. Bild 63). Der Nummernschalter kann mit einem oder zwei Kurzschluß-(nsa-)Kontakten ausgerüstet sein. Der in jedem Falle vorhandene nsa- (bzw. $nsa_1$-) Kontakt ist gemeinsam mit dem nsi- und nsr-Kontakt in einem Federpaket untergebracht (vgl. Bild 70). Dieser nsa-(bzw. $nsa_1$-) Kontakt wird beim Ablauf des Nummernschalters gleichzeitig mit dem nsr-Kontakt in seine Anfangstellung zurückgelegt, und zwar je nach Fabrikationstoleranz kurz vor oder kurz nach der Beendigung der letzten wirksamen Unterbrechung des nsi-Kontaktes. Zusätzlich hierzu kann ein zweiter Kurzschlußkontakt ($nsa_2$-Kontakt) vorgesehen werden, der erst wieder zurückgelegt wird, wenn der Nummernschalter in seine Ruhestellung gelangt. Er wird von einer Feder betätigt, die das Flügelrädchen des nsi-Kontaktes in der Ruhestellung festhält und zu diesem Zwecke in eine Kerbe desjenigen der drei Flügel des Flügelrädchens eingreift, der gerade vor der Feder zur Ruhe gekommen ist. Im Bild 69 sind die Feder (jedoch ohne $nsa_2$-Federsatz) und die Kerben in den Flügeln des Flügelrädchens zu erkennen. Der $nsa_2$-Kontakt gibt also die von ihm kurzgeschlossenen Teile erst etwa 200 ms nach Beendigung der letzten wirksamen Unterbrechung des nsi-Kontaktes frei.

Der Nummernschalter kann mit und ohne mechanische Sperrung ausgerüstet sein, was bei seiner Anschaltung zu berücksichtigen ist.

Im Bild 69 ist ein Nummernschalter mit mechanischer Sperrung abgebildet.

### c) Zugnummernschalter

Das eigentliche Werk des Zugnummernschalters (Bild 71) entspricht dem des Drehnummernschalters. An Stelle der runden Finger- und Zifferscheiben ist ein Fingerlochstreifen verwendet, der über eine Zahnradübersetzung auf das Kontaktwerk einwirkt. Der Fingerlochstreifen hat zwei Reihen von länglichrunden Fingerlöchern; links sind von unten nach oben die Löcher für die

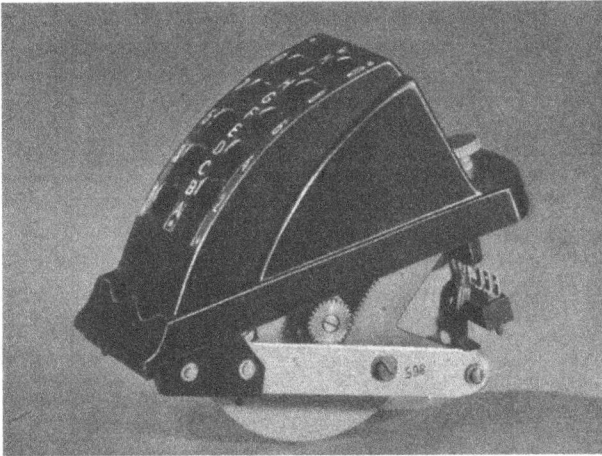

Bild 71. Zugnummernschalter.

ungeraden Ziffern 1, 3, 5, 7 und 9, rechts diejenigen für die geraden Ziffern 2, 4, 6, 8 und 0 angeordnet.

Die Aufzugbewegung des Nummernschalters ist durch die Übersetzung fast geradlinig; der Aufzugweg ist ferner etwa um die Hälfte kürzer als beim Drehnummernschalter. Dadurch wird die Benutzung des Nummernschalters erleichtert und ermüdet auch bei sehr häufigem Wählen nicht.

Der Zugnummernschalter ist ebenfalls mit „Leerlauf" bzw. mit Stromstoßüberbrückung ausgeführt. Er kann je nach Verwendung mit 1 oder 2 Stromstoßkontakten ausgerüstet sein. Der Werkstoff fast aller Bedienungsteile und außenliegenden Trägerteile ist Preßstoff. Außenliegende Metallteile sind nichtleitend befestigt. Das gesamte Werk ist eingekapselt und dadurch gegen Verstaubung geschützt.

Der Zugnummernschalter wird für Sonderfernsprecher, wie z. B. große Direktorenfernsprecher bzw. Fernsprechtische (vgl. Abschnitt XI, 3m), verwendet. Er ist ferner in fast allen neuzeitlichen Vermittlungsplätzen enthalten, für die er ursprünglich auch entwickelt worden ist. Nach dem Lösen einer Rändelschraube (Bild 71, rechts oben) läßt sich der Nummernschalter leicht aus der Bedienungsplatte herausheben und auswechseln, was für seine Verwendung als zentrales Teil von stark benutzten Vermittlungsplätzen wichtig ist. Anschlußleitungen sind dabei nicht zu lösen, da sämtliche Verbindungen über Steck- oder Messerkontaktleisten geführt sind.

### 3. SCHALTUNG DES FERNSPRECHERS

Die Schaltung des Fernsprechers, d. h. die Art, in der die verschiedenen Teile des Fernsprechers zusammengeschaltet sind, ist in Bild 72 dargestellt. Die Kontakte des Haken- oder Gabelumschalters U schließen sich beim Abheben des Handapparates (= Schleifenschluß). Beim Aufziehen des Nummernschalters wird der nsa-Kontakt geschlossen und der nsr-Kontakt geöffnet. Beim Ablaufen des Nummernschalters bleibt der nsa-Kontakt geschlossen, der nsr-Kontakt geöffnet; der nsi-Kontakt unterbricht die Teilnehmerschleife entsprechend der gewählten Ziffer. Während der letzten beiden Öffnungen, die sich für die „Leerlaufzeit" an die Stromstoßreihe anschließen, überbrückt der nsr-Kontakt den nsi-Kontakt, so daß die Öffnungen des Stromstoßkontaktes sich nicht auf die Teilnehmerschleife auswirken (vgl. Bild 70). Für den nsa-Kontakt sind zwei Anschaltmöglichkeiten angegeben. Der punktiert gezeichnete Stromkreis in Bild 72 setzt das Vorhandensein einer mechanischen Sperrung voraus. Da der nsa-Kontakt nämlich beim Aufziehen und Ablaufen des Nummernschalters geschlossen ist, würden sich sonst Spielereien am Nummernschalter

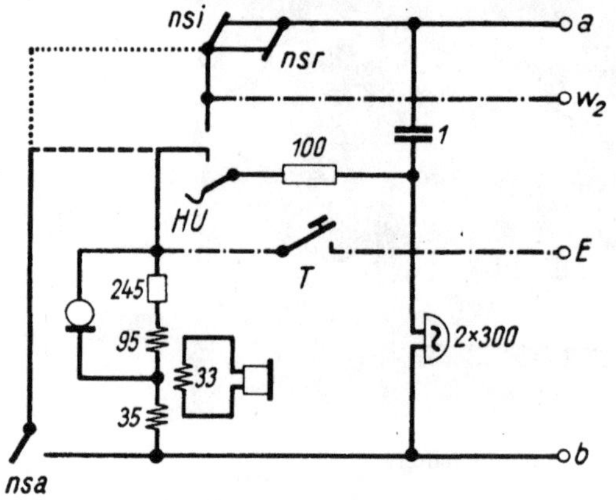

Bild 72. Schaltung eines Wählfernsprechers.

a/b = Anschlußpunkte der zweiadrigen Teilnehmer-
          leitung.
E   = Anschlußpunkt für eine Erdung.
HU  = Haken- bzw. Gabelumschalter.
nsa = Steuer- bzw. Kurzschlußkontakt.
nsi = Stromstoßkontakt.
nsr = Überbrückungskontakt (Leerlauf).
T   = Taste, Erdungstaste.
$w_2$ = Anschlußpunkt für einen zweiten Wecker.

bei aufgelegtem Handapparat in Stromstoßreihen zum Wähleramt auswirken und dort Unruhe oder Falschwahlen verursachen. Die Nummernschalterschnur hat in diesem Falle nur drei Adern, da je eine Feder des nsi- und nsa-Kontaktes unmittelbar im Nummernschalter miteinander verbunden werden können. Ist keine mechanische Sperrung vorgesehen, so wird der gestrichelt gezeichnete Stromkreis verwendet. Der nsa-Kontakt überbrückt hierbei nicht mehr die Kontakte des Gabelumschalters U, so daß die Teilnehmerleitung bei aufgelegtem Handapparat durch den nsa-Kontakt nicht zu einer Schleife geschlossen werden kann. Solange der Handapparat aufgelegt ist, können sich Spielereien am Nummernschalter auch bei dieser Schaltung nicht auswirken; wird jedoch der Handapparat während einer Betätigung des Nummernschalters abgehoben, so ergeben sich Falschwahlen. Für die Nummernschalterschnur werden bei dieser Schaltung vier Adern benötigt.

Die Gabelumschalter-Kontakte sind in Bild 72 derart geschaltet, daß nur einer von ihnen im Sprechstromkreis liegt.

Im ankommenden Verkehr läutet als Anruf der Wecker; der Rufwechselstrom fließt über die Teilnehmerleitung, Kondensator und Wechselstromwecker. Der Kondensator trennt diesen Rufstromkreis gleichstrommäßig auf. Zusammen mit einem Widerstand dient er ferner zur Funkenlöschung für Stromstoßkontakt und Hakenumschalter.

Das Mikrofon wird vom Amt her mit Gleichstrom gespeist (*Zentralbatterie-Betrieb*, *ZB-Betrieb*); für den Mikrofon- und Telefonkreis ist eine Schaltung mit „Rückhördämpfung" verwendet. Hierbei werden die vom Mikrofon ausgehenden Sprachwechselströme infolge der Brückenschaltung mit Ausgleichwiderstand nur in geringem Maße auf die Zweitwicklung der Induktionsspule übertragen, an die das Telefon angeschlossen ist (Bild 73). Alles, was das Mikrofon aufnimmt, gelangt dadurch nur stark gedämpft in den eigenen Hörer (*Rückhördämpfung*). Dies ist für das Gespräch angenehmer, besonders in geräuschvoller Umgebung, und verhindert gleichzeitig eine akustische Rückkopplung zwischen Telefon und Mikrofon.

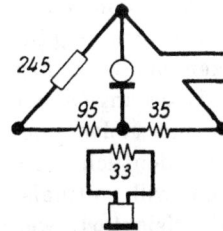

Bild 73. Brückenschaltung für Fernsprecher mit Rückhördämpfung (Auszug aus Bild 72).

Der Ausgleichwiderstand von 245 Ω in Reihe mit den Erstwicklungen der Induktionsspule wird fest eingebaut. Er entspricht dem Scheinwiderstand von Leitung und Einrichtungen jenseits der Brückenschaltung; er ist als Mittelwert der im Betrieb vorkommenden Werte bestimmt. Ein vollständiger Ausgleich ist daher in den seltensten Fällen zu erwarten; eine vollkommene Rückhördämpfung ist auch gar nicht erstrebenswert, da ein schwaches Mithören der eigenen Sprache für den Teilnehmer erwünscht ist. Dem Sprechenden wird dadurch das Gefühl des richtigen Sendens vermittelt; er hat das Empfinden, daß seine Einrichtung „arbeitet" und erhält nicht den Eindruck eines „toten" Gerätes. Die Deutsche Post verwendet zum Ausgleich einen Widerstand von 600 Ω und einen Kondensator von 0,3 μF, der wahlweise dem Widerstand parallelgeschaltet werden kann. Hierdurch können Art und Länge der Leitungen, besonders der Verbindungsleitungen zwischen Orts- und Fernamt berücksichtigt werden.

Das Mikrofon liegt nicht direkt in der Teilnehmerschleife, sondern parallel zu ihm sind eine Übertragerwicklung und der Ausgleichswiderstand geschaltet, Dies dient einerseits zum Schutz für das Mikrofon und soll andererseits unbeabsichtigte Schleifenöffnungen durch Unterbrechungen im Mikrofon (z. B. bei lagenabhängigen Mikrofonen) verhindern.

Die Taste am Fernsprecher (T in Bild 72) erdet beim Drücken die Teilnehmerschleife. Dadurch können in den Wähleinrichtungen bestimmte Vorgänge eingeleitet werden (wichtig z. B. in der Nebenstellentechnik); die Taste wird, ebenso wie ein etwaiger zweiter Wecker (Anschlußklemme $w_2$), nur bei Bedarf eingebaut.

# V. SCHALTUNG

An jede Fernsprechanlage wird eine Reihe von Anforderungen gestellt, die von dem Verwendungszweck der Anlage abhängen und sich durch Zahl und Art wesentlich voneinander unterscheiden können. Diese Betriebsbedingungen finden ihre Verkörperung in den sog. *Übersichtsstromläufen.* In diesen ist das Zusammenwirken der einzelnen Schaltungsteile und die Art, wie sich die erforderlichen Schaltvorgänge abwickeln und auswirken sollen, genau festgelegt. Es gibt Stromläufe mit vielen und solche mit weniger zahlreichen Bedingungen; sie können außerordentlich verwickelt sein und erscheinen besonders dem, der sich einarbeiten will, oftmals geradezu unverständlich. Die Beschäftigung mit ihnen wird erleichtert, wenn man Richtlinien schafft, nach denen die vorhandenen Schaltungen zergliedert oder neue Schaltungen aufgebaut werden können. Es ist also eine Betrachtungsform zu finden, durch die vermieden wird, daß die verwirrende Vielheit der insgesamt vorhandenen und ineinandergreifenden Vorgänge die Grundzüge des Wählsystems verschleiert.

Untersucht man die einzelnen Betriebsbedingungen, so kann man bestimmte Grundzüge herausschälen, die in jeder Anlage in irgendeiner Form wiederkehren und sogar wiederkehren müssen. Es sind dies diejenigen Betriebsbedingungen, die für den sicheren Auf- und Abbau der Verbindung und für den Nachrichtenaustausch unbedingt erforderlich sind: Man kann sie als **unerläßliche Bedingungen** bzw. als **technische Grundforderungen** bezeichnen. Aus diesen unerläßlichen Betriebsbedingungen oder Schaltvorgängen setzt sich das eigentliche „Wählsystem" zusammen, nach dem die betreffende Anlage oder Einrichtung arbeitet. Da es im allgemeinen mehrere Wege gibt, um bestimmte Forderungen zu lösen, unterscheiden sich auch die in der Welt vorhandenen Systeme grundsätzlich voneinander. Diese Unterschiede sind oft so typisch, daß man beispielsweise je nach der Art der Wähler von Schrittschalt- und Maschinensystemen, je nach der Gruppierung von dekadischen und nichtdekadischen Systemen, je nach der Verarbeitung der Nummernwahl von registerlosen und Register-Systemen, je nach dem Hersteller von deutschen, amerikanischen, englischen oder schwedischen Wählsystemen spricht.

Zu den unerläßlichen Forderungen, die dem Wählsystem sozusagen „das Gesicht" geben, treten **zusätzliche Forderungen**. Es sind dies Bedingungen, die zwar für bestimmte Betriebsfälle unbedingt erforderlich sein können, für den reinen Verbindungsaufbau und -abbau sowie für die Nachrichtenübermittlung selbst jedoch nicht „technisch unerläßlich" sind. Ein Teil dieser zusätzlichen Forderungen kann z. B. aus Gründen der Wirtschaftlichkeit gestellt und dadurch für die Entwicklung und Ausbreitung der betreffenden Technik von ausschlaggebender

Bedeutung sein. Als Beispiel hierfür seien die II. Vorwähler oder die Mischwähler genannt, deren Bedeutung und Arbeitsweise später noch behandelt werden. Ein anderer Teil der zusätzlichen Forderungen mag seine Ursache in betrieblichen oder organisatorischen Fragen haben und besondere Belange des betreffenden Betriebes berücksichtigen. Als Beispiele hierfür seien die Signalisierung von Störungen oder bestimmten Verkehrserscheinungen oder die Erfassung der Gesprächsgebühren oder die Maßnahmen für Verkehrsmessungen genannt. Ein weiterer Teil der zusätzlichen Forderungen hat sich aus dem selbstverständlichen Bestreben ergeben, die Benutzung des Fernsprechers einfach und dem Teilnehmer angenehm zu gestalten bzw. dem Teilnehmer über den Nachrichtenaustausch hinaus Hilfe zu sein. Als Beispiele hierfür seien die verschiedenen Zusätze zu den einfachen Fernsprechern, wie Direktions- und Konferenzanlagen, sowie die Dienststellen, wie Fernsprech-Auftragsdienst, Bescheiddienst, Entstörungsstelle usw. genannt. Schließlich kann man zusätzlich Bedingungen finden, die auf Grund einer besonderen Verwendung der Anlage oder zwecks Anpassung an andere Fernmeldemittel usw. entstanden sind. Dabei können diese zusätzlichen Bedingungen ohne weiteres für den betreffenden Betriebsfall von größter Bedeutung sein; eine Wertigkeit in bezug auf die Wichtigkeit der einzelnen Bedingungen ist daher durch die Bezeichnung „unerläßlich" und „zusätzlich" nicht gegeben.

Will man sich in eine Schaltung einarbeiten, so hat man sich zuerst mit den Grundzügen, also mit den unerläßlichen Vorgängen, zu befassen. Darauf bauen sich dann die in dem betreffenden Falle benötigten zusätzlichen Vorgänge auf. Durch dieses Vorgehen kann man sich gleichzeitig ein treffendes Bild von der Güte des in Betracht kommenden Systems machen. Nur einem Wählsystem, das die unerläßlichen Forderungen auf die einfachste Weise und in klarer, übersichtlicher Form erfüllt, können die zusätzlichen Forderungen zugefügt werden, ohne daß umständliche und unwirtschaftliche Änderungen im Aufbau notwendig werden; nur ein derartiges System ist anpassungsfähig genug, allen Anforderungen der Praxis in gleicher Güte gerecht zu werden. Jede Abweichung von der einfachen Lösung vergrößert aber auch die Betriebskosten; denn verwickeltere Vorgänge sind schwerer zu verstehen und benötigen bei der Ausbildung des Personals, bei der Fehlersuche oder Störungsbeseitigung längere Zeit usw., als dies bei einfacheren Vorgängen der Fall ist.

## 1. DARSTELLUNG DER SCHALTUNG IN STROMLÄUFEN

In den wenigsten Fällen, nämlich höchstens bei Kleinstanlagen, kann ein einziger *Übersichtsstromlauf* (abgekürzt: *Stromlauf*) die Schaltung der Gesamtanlage vollständig erfassen. Im allgemeinen wird in einem Stromlauf nur ein Ausschnitt behandelt werden können. Von Art und Aufgabe der Bearbeitung hängt es dabei ab, wie dieser Ausschnitt vorgenommen ist und welchen Umfang er annimmt. Er kann eine ganze Schalteinrichtung, nur einen Teil von ihr oder das Zusammenarbeiten mehrerer Schalteinrichtungen behandeln. Der Stromlauf kann aber auch einen vollständigen Verbindungsweg durch die gesamte Anlage herausgreifen, wobei dann die übrigen Verbindungsmöglichkeiten und die gemeinsamen Einrichtungen weggelassen oder nur angedeutet werden. Zum vollständigen Verständnis aller Vorgänge ist daher im allgemeinen die Kenntnis der vorgeordneten oder nachfolgenden Teile, der gemeinsamen Einrichtungen, der Gruppierung usw. Voraussetzung.

Der Stromlauf stellt eine Art Kurzschrift dar, die sich aus Gründen der Übersichtlichkeit auf die notwendigsten Angaben beschränkt. Zum Einarbeiten wird daher außerdem eine eingehende *Stromlaufbeschreibung* benötigt, aus der die

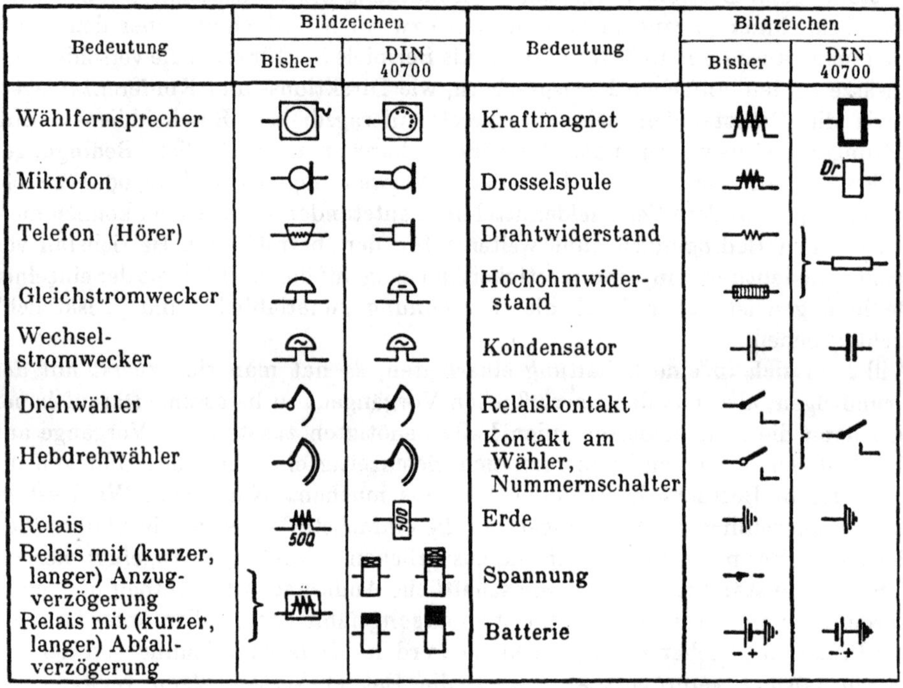

| Bedeutung | Bildzeichen | | Bedeutung | Bildzeichen | |
|---|---|---|---|---|---|
| | Bisher | DIN 40700 | | Bisher | DIN 40700 |
| Wählfernsprecher | | | Kraftmagnet | | |
| Mikrofon | | | Drosselspule | | |
| Telefon (Hörer) | | | Drahtwiderstand | | |
| Gleichstromwecker | | | Hochohmwiderstand | | |
| Wechselstromwecker | | | Kondensator | | |
| Drehwähler | | | Relaiskontakt | | |
| Hebdrehwähler | | | Kontakt am Wähler, Nummernschalter | | |
| Relais | | | Erde | | |
| Relais mit (kurzer, langer) Anzugverzögerung | | | Spannung | | |
| Relais mit (kurzer, langer) Abfallverzögerung | | | Batterie | | |

Bild 74. Gebräuchliche Bildzeichen für Stromläufe.

zeitliche Folge bestimmter Schaltvorgänge hervorgehen muß. Eine derartige Beschreibung kann als ausführlicher Text oder in Form eines *Diagramms, Schaubildes* oder *Schaltzeitplanes* gegeben werden. Sie ist nur dann nicht unbedingt erforderlich, wenn keiner der Schaltvorgänge irgendwelchen Zeitbedingungen unterliegt, sondern wenn sich alle in einer klaren zwangsläufigen Reihenfolge abwickeln.

Die Schaltungsteile werden im Stromlauf durch Bildzeichen dargestellt (Bild 74). Ein Teil von ihnen, z. B. Kondensatoren, Drosselspulen, Widerstände usw., kann durch ein einfaches Bildzeichen wiedergegeben werden. Andere wieder, wie die Wähler, Relais, Schalter, Tasten usw., haben mehrere Einzelteile, die alle für den Stromlauf wichtig sind und daher alle besonders gezeichnet werden müssen. Für die zu verwendenden Bildzeichen haben sich bestimmte Formen herausgebildet, die aber nicht einheitlich für die gesamte Technik geschaffen wurden, sondern sich je nach dem Land und in den einzelnen Ländern u. U. auch noch nach der verwendenden Stelle unterscheiden. In Bild 74 sind zwei Darstellungen wiedergegeben. Unter „Bisher" sind die Bildzeichen in der Form eingetragen, die sich in einem weiten Gebiet der deutschen Fernsprechtechnik durchgesetzt hatte. Daneben sind zum Vergleich die im Januar 1941 herausgegebenen Schaltzeichen nach DIN 40700 gesetzt, die vom „Verband Deutscher Elektrotechniker" (VDE) herausgegeben worden sind und weitestgehend die Festlegungen der „Internationalen Elektrotechnischen Kommission" (IEC) berücksichtigen.

Die Stromlaufzeichnungen selbst sollen möglichst leicht verständlich sein. Für diese „leicht verständliche" Darstellung sind im Laufe der Zeit die unterschiedlichsten Vorschläge gemacht worden.

In der älteren Darstellung, die noch in jüngster Zeit in ähnlicher Form im Ausland verwendet und z. B. vom amerikanischen Patentamt gefordert wird, legte man Wert darauf, die Einzelteile eines Relais usw. im Stromlauf nicht zu trennen. Die Kontakte wurden in unmittelbarer Nähe der Wicklung oder der Wicklungen eingetragen, unter Umständen sogar mit allen Stegen oder Pimpeln, von denen die Ankerbewegung übertragen wird (Bild 75, oben). Dies hatte zwar den im allgemeinen nur geringen Vorzug, daß man den Aufbau der Schaltungsteile sofort aus dem Stromlauf erkennen konnte; es stand dem jedoch als großer Nachteil gegenüber, daß die Verbindungslinien zwischen den einzelnen „Anschlußstellen" auf langen Wegen und Umwegen geführt werden mußten und besonders bei umfangreichen Einrichtungen ein wirres Durcheinander bildeten. Es entstanden zahllose Überkreuzungen der Striche, so daß die einzelnen Stromkreise und besonders die Stromverzweigungen bei dieser Darstellung sehr schwer zu verfolgen waren.

Eine andere Wiedergabeart zog die Kontakte von den Wicklungen ab, ordnete sie jedoch noch auf sog. „Wirkungslinien" der Wicklungen an (Bild 75, Mitte). Die Stromkreise wurden dabei hauptsächlich durch senkrechte Linien gebildet. Das Stromlaufbild ist gegenüber der vorher genannten Art schon etwas aufgelockert; die einzelnen Stromkreise sind jedoch ebenfalls sehr lang und führen viele Male hin und her. Auch hier ist es noch nicht möglich, mit einem Blick die Bedeutung der einzelnen Stromkreise, die Arbeitsbedingungen für ein Relais oder die Wirkung eines Kontaktes zu erkennen.

Auch ein Versuch, jeden Stromkreis durch eine besondere Nummer zu kennzeichnen und diese Nummer den ganzen Stromkreis entlang zu wiederholen, ergab nicht die notwendige Klarheit. In verwickelten Stromkreisen erscheinen hierbei ungeheuer viele kleingedruckte Zahlen, die den Überblick mehr erschweren, als erleichtern.

Die jetzige Darstellungsart trennt die Einzelteile (Wicklungen, Kontakte, Schaltarme) vollkommen voneinander und ordnet sie im Stromlauf an der zweckmäßigsten Stelle ein (Bild 75, unten). Dadurch entstehen einfache, kurze und übersichtliche Stromkreise; Überschneidungen und Winkel werden weitgehend vermieden. Die Bedeutung jedes Stromkreises offenbart sich sofort, und man kann schnell die Bedingungen bzw. Auswirkungen eines Relais oder eines Kontaktes

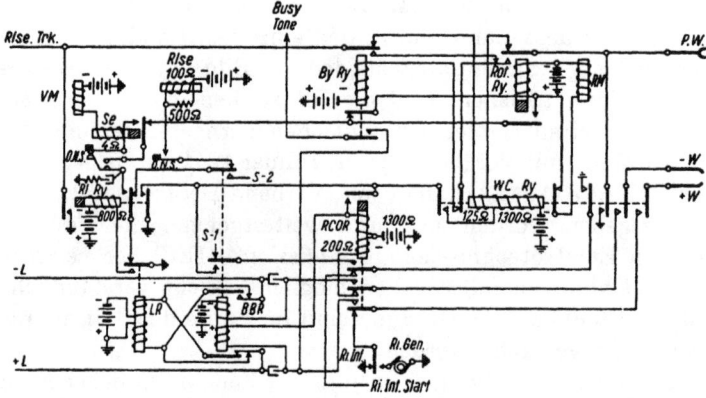

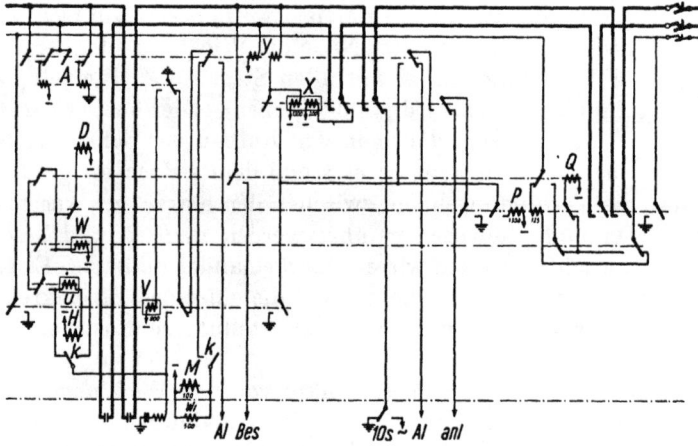

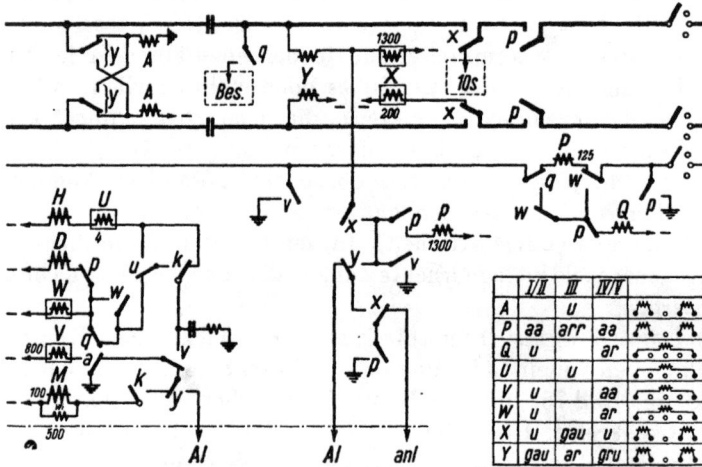

Bild 75.  Schaltung eines Leitungswählers in verschiedenen Stromlauf-
darstellungen.

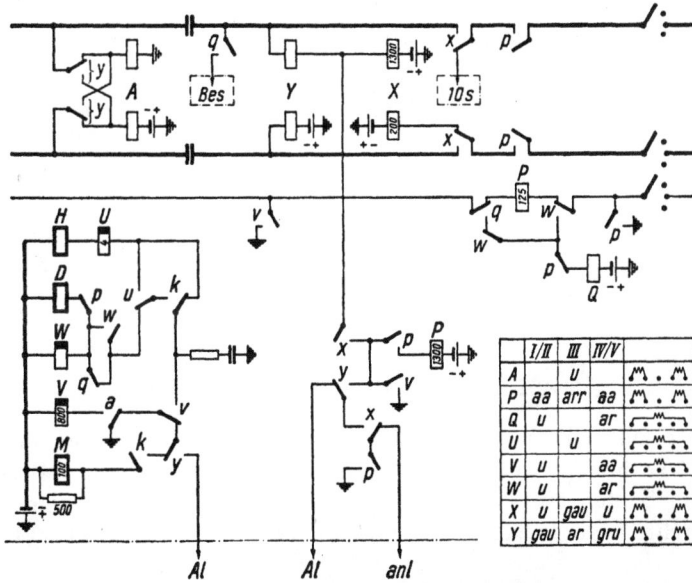

| | I/II | III | IV/V | |
|---|---|---|---|---|
| A | u | | | ⋀ . ⋀ |
| P | aa | arr | aa | ⋀ . ⋀ |
| Q | u | | ar | ⌐⋏⋏ |
| U | | u | | ⌐⋏⋏ |
| V | u | | aa | ⌐⋏⋏ |
| W | u | | ar | ⌐⋏⋏ |
| X | u | gau | u | ⋀ . ⋀ |
| Y | gau | ar | gru | ⋀ . ⋀ |

Bild 76. Schaltung des Leitungswählers von Bild 75 in der Darstellung nach DIN 40700.

erfassen. Um einen schnellen Überblick über die Gesamtbestückung der Relais zu vermitteln, werden in der Praxis Wicklungszahl, Kontaktzahl und Kontaktart tabellarisch auf den Stromlaufzeichnungen vermerkt.

Bild 75 zeigt die gleiche Schalteinrichtung in verschiedenen Darstellungsarten. Es wurde ein in der alten Darstellung veröffentlichter Stromlauf eines LW in die Darstellungsart mit „Wirkungslinien" und in die jetzige Wiedergabeart umgezeichnet. Man erkennt den großen Vorteil einer einfachen Darstellung. Das Verfahren, die Kontakte von den Relaiswicklungen zu trennen, ist etwa um 1910 in Deutschland entstanden. Es wurde nach und nach auch in anderen Ländern eingeführt. Bild 76 gibt die gleiche Anordnung wie in Bild 75 unten wieder, verwendet jedoch die Bildzeichen nach DIN 40700.

Die Zugehörigkeit der voneinander getrennt gezeichneten Relaiswicklungen und -kontakte wird durch die Benennung ausgedrückt. Die Wicklungen werden mit großen, die Kontakte mit den entsprechenden kleinen Buchstaben bezeichnet. Die Buchstaben sind entweder willkürlich gewählt oder sie nehmen auf die Aufgaben des Relais Bezug (z. B. Umsteuerrelais U, Verzögerungsrelais V, Trennrelais T, Prüfrelais P, Relais A oder B an der a- oder b-Ader usw.). Für oft vorkommende Relais haben sich bestimmte Buchstaben eingeführt. Um die Kontakte eines Relais voneinander zu unterscheiden, werden sie in den Veröffentlichungen der Einfachheit halber lediglich durch fortlaufende Indizes bezeichnet (z. B. $a_1$, $a_2$, $a_3$ als Kontakte des Relais A). Für die Praxis ist es jedoch wichtig, den genauen Ort der Kontakte auf dem Relais selbst zu kennen. Die Kontakte werden dann durch die Angabe ihrer Lage im Federsatz gekennzeichnet, und zwar durch eine römische Ziffer (bei Flachrelais I...V; bei Rundrelais I...III), wodurch die Lochreihe angegeben wird, und durch eine arabische Ziffer, die die Lage innerhalb der Lochreihe festlegt und vom Anker aus rechnet. Fünf Kontakte eines A-Relais würden beispielsweise durch $a^{I_1}$, $a^{I_2}$, $a^{III}$, $a^{V_1}$, $a^{V_2}$ bezeichnet. Bei dieser Benennung hat man ferner die Möglichkeit, Relais mit irgendwie ähnlichen Aufgaben durch gleiche Buchstaben zu kennzeichnen und sie ihrerseits durch Indizes zu unterscheiden (z. B. $V_1$-Relais mit den Kontakten $v_1^{I_1}$, $v_1^{I_2}$ usw. und $V_2$-Relais mit $v_2^{I_1}$, $v_2^{I_2}$ usw.).

Die Kontakte werden im Stromlauf stets so gezeichnet, daß ihre Stellung dem stromlosen Zustand des Relais entspricht.

## 2. UNERLÄSSLICHE FORDERUNGEN UND VORGÄNGE

Es gibt insgesamt **elf unerläßliche Forderungen** bzw. **Vorgänge,** die in jedem Wählsystem vorhanden sein müssen. Sie sollen zuerst bei der Beschreibung der einzelnen Stufen eines Verbindungsauf- und -abbaues in einem direkt gesteuerten Schrittschaltsystem gekennzeichnet und danach kurz besprochen werden.

Der anrufende Teilnehmer hebt seinen Handapparat ab und *belegt* z. B. durch Schleifenschluß den ihm zugeordneten Vorwähler (VW). Dieser läuft an, wird dadurch gegen eine Belegung von der Leitungswahlstufe her *gesperrt* und sucht seine Ausgänge in *freier Wahl* nach einem freien Nummernempfänger ab. Während dieser freien Wahl *prüft* der VW jeden Ausgang auf „frei" oder „besetzt". Über den ersten freien Ausgang *belegt* er den angeschlossenen Nummernempfänger und *sperrt* ihn gegen Belegungen von anderen VW her. Die a/b-Leitung wird nach dem Nummernempfänger — dies kann ein Leitungswähler (LW) oder in größeren Anlagen ein I. Gruppenwähler (I. GW) sein — *durchgeschaltet*. Ist z. B. in einer größeren Anlage ein I. GW *belegt* worden, so gibt er dem Teilnehmer als Aufforderung, mit dem Wählen zu beginnen, das Wähl- oder Amtszeichen zurück *(Hörzeichengabe)*. Der Anrufende beginnt mit der *Nummernwahl*, in deren Verlauf er die GW und LW durch Wählen mit dem Nummernschalter einstellt. Jeder GW wird durch eine Stromstoßreihe in die gewünschte Dekade gehoben, *steuert* danach selbsttätig auf Drehen *um* und sucht in *freier Wahl* die Ausgänge dieser „Richtung" nach einer freien Leitung zur nächsten Wahlstufe ab. Dabei *prüft* der GW jeden Ausgang der betreffenden Dekade; der erste freie Ausgang wird *belegt* und *gesperrt*, und die a/b-Leitung wird *durchgeschaltet*. Der LW wird sowohl beim Heben als auch beim Drehen durch eine Stromstoßreihe eingestellt; zwischen Heben und Drehen findet wieder eine *Umsteuerung* im Wähler statt. Sind die Schaltarme des LW auf dem gewünschten Anschluß angelangt, so wird dieser auf „frei" oder „besetzt" *geprüft*. Ist der Gewünschte nicht frei, so erhält der Anrufende das Besetztzeichen *(Hörzeichengabe)*. Ist der Anschluß frei, so wird *belegt, gesperrt* und *durchgeschaltet*. Danach wird in bestimmten Abständen Rufstrom zur angerufenen Sprechstelle gesendet; der Anrufende erhält im gleichen Takt das Ruf- oder Freizeichen *(Hörzeichengabe)*. Der Angerufene meldet sich durch Abheben seines Handapparates. Dadurch werden der Ruf und das Ruf- bzw. Freizeichen abgeschaltet; die Sprechadern werden, sofern dies nicht bereits vorher stattgefunden hat, endgültig *durchgeschaltet.* Das Gespräch kann stattfinden. Nach Gesprächsschluß müssen die für die Verbindung benutzten Schalteinrichtungen wieder freigegeben werden, d. h. die Verbindung muß *auslösen.* Für das Gespräch selbst ist der Ausbildung des *Sprechkreises,* für Gespräch, Verbindungsauf- und -abbau ganz allgemein der *Stromzufuhr (Stromlieferung, Stromversorgung)* Beachtung zu schenken.

In dieser Beschreibung eines Verbindungsaufbaues sind alle 11 unerläßlichen Forderungen enthalten, d. h. es wurde der Grundaufbau eines Wählsystems behandelt. Diese **unerläßlichen Forderungen** sind also, ohne daß durch die Reihenfolge der Aufzählung eine Wertigkeit ausgedrückt sein soll, durch folgende Vorgänge gekennzeichnet:

1. Freie Wahl
2. Prüfen
3. Belegen
4. Sperren
5. Durchschalten
6. Erzwungene Wahl, Nummernwahl
7. Steuern, Umsteuern
8. Hörzeichengabe und Ruf
9. Auslösen
10. Sprechen, Nachrichtenaustausch
11. Stromzufuhr, Stromlieferung, Stromversorgung.

Bevor diese Forderungen bzw. Vorgänge an Hand einer eingehenden Stromlaufbeschreibung behandelt werden, sollen sie zusammen mit ihren Neben- und Unterbegriffen besprochen werden. Um diese Definitionen einfach zu gestalten, werden dabei „Leitungen" und „Schalteinrichtungen", von denen die besprochenen Vorgänge ausgehen (z. B. eine „Leitung" oder eine „Schalteinrichtung" belegt einen Wähler) oder auf die sie einwirken (z. B. eine „Leitung" oder „Schalteinrichtung" wird von einem Wähler belegt) kurz als „Einrichtungen" bezeichnet; „Einrichtung" bedeutet also in den Definitionen sinngemäß „Leitung" (z. B. Leitung zur nächsten Wahlstufe, Ortsverbindungsleitung, Fernleitung usw.) oder „Schalteinrichtung" (z. B. VW, GW, LW, Vermittlungsplatz, Teilnehmerstelle usw.).

## 1. Freiwahl, freie Wahl

**Freiwahl** oder **freie Wahl** ist ein Vorgang, durch den selbsttätig eine freie Einrichtung aus einer Anzahl einander irgendwie gleichwertiger Einrichtungen (Bündel oder Gruppe) ausgesucht wird.

Bei einer freien Wahl unterscheidet man drei Stufen: das Anlassen (Anreiz), das Fortschalten (freier Lauf) und das Anhalten. Das Anhalten, d. h. also die Beendigung der freien Wahl, fällt im allgemeinen, jedoch nicht notwendigerweise, mit einem Prüfvorgang zusammen.

Die freie Wahl ist unerläßlich für jedes nach wirtschaftlichen Gesichtspunkten aufgebaute Wählsystem und ist durch die Möglichkeit der selbsttätigen Auswahl gleichwertiger und gleich eingestufter Einrichtungen eins der Hauptkennzeichen der Wähltechnik.

Der *freie Lauf* bzw. das Fortschalten bei der Freiwahl kann auf verschiedene Arten durchgeführt werden, so z. B. im allgemeinen:

bei Schrittschaltwählern:

1. mittels eines geeigneten Stromstoßsenders, z. B. eines Relaisunterbrechers, der dann gemeinsam für eine größere Anzahl von Wählern vorgesehen wird (z. B. in Bild 86: 1 Relaisunterbrecher für 50 I. VW);

2. durch das Wechselspiel zwischen dem Wählermagnet und einem Unterbrecherrelais, wobei beide sich mit ihren Kontakten gegenseitig ein- und ausschalten (z. B. in Bild 86 im I. GW: Drehmagnet D und V-Relais),

3. durch Selbstunterbrechung über einen eigenen Kontakt (Selbstunterbrecherkontakt) des Wählermagnets,

bei Maschinenwählern:

4. durch entsprechend lange Ankupplung des Wählers an die gemeinsamen Antriebsmittel, z. B. an dauernd laufende Wellen.

Es gibt einige Vorgänge, die eine gewisse Verwandtschaft mit der Freiwahl haben. Diese sollen hier kurz besprochen werden, um diese Fragen genau abzugrenzen.

Die Kennzeichen der Freiwahl sind erstens der freie Lauf, d. h. das Weiterschalten ohne Zutun des Teilnehmers oder einer anderen wählenden Stelle, und zweitens das gleichzeitig stattfindende Prüfen auf einen beliebigen freien Ausgang. Die Freiwahl ist eine der Möglichkeiten des Prüflaufs. Sie wird bei *Verteilern (Verteilerwähler)* angewendet.

Verteilerwähler stehen im Gegensatz zu *Suchern (Suchwähler)*. Der Suchvorgang der Sucher (z. B. des AS) ist eine weitere Möglichkeit des Prüflaufs. Diese Suchwahl hat ebenfalls den freien Lauf als Kennzeichen, jedoch fehlt das Prüfen auf einen beliebigen freien Kontakt, da ja ein bestimmter Anschluß aufgesucht werden soll.

Die für die Vorwahlstufe erforderliche Freiwahl liegt daher bei AS nicht wie bei VW im Drehvorgang, sondern darin, daß dem Teilnehmer beim Abheben des Handapparates ein beliebiger freier AS (oder auch mehrere AS) zugeordnet wird und anläuft.

Der freie Lauf hat außerdem für andere Vorgänge Bedeutung. Große Drehwähler, die während der einzelnen Stromstöße der Nummernwahl jeweils über eine Reihe von Kontaktlamellen drehen (z. B. Siemens-Motorwähler), ohne daß der freie Lauf durch einen Prüfvorgang beendet wird, werden u. a. rein mechanisch oder wie beim Motorwähler über einen besonderen Arm nach dem Überstreichen der betreffenden Lamellen auf einem bestimmten Schritt angehalten. Dieser Vorgang kann als *Leerlauf* bezeichnet werden, da der Wähler l e e r über die betreffenden Schritte dreht.

Unterarten des Leerlaufs sind *Heimlauf* und *Nachlauf*. Beim Heimlauf werden die Wähler bei der Auslösung selbsttätig in eine Anfangsstellung geschaltet und dort ohne Prüfvorgang angehalten (vgl. Abschnitt V, 3 unter „Auslösung"). Beim Nachlauf drehen Wähler selbsttätig über Ausgänge hinweg, die für den betreffenden Betriebsfall nicht gebraucht werden, und werden auf bestimmten Schritten ebenfalls ohne Prüfvorgang angehalten. So dreht beispielsweise bei manchen Ausführungen des Umsteuerwählers der Wähler für die Umsteuerrichtungen bereits während der Einstellung des Mitlaufswerks (Nummernwahl) über die nicht in Betracht kommenden Ausgänge hinweg, um die Zeit für das sich anschließende Aufsuchen einer freien Leitung in der Umsteuerrichtung abzukürzen (vgl. Abschnitt IX, 6b); ein weiteres Beispiel für den Nachlauf ist der Drehvorgang des Siemens-Motorwählers bei der Dekadenwahl (vgl. Abschnitt III, 1d).

Es ergeben sich also folgende Definitionen:

Ein **Prüflauf** liegt vor, wenn ein Wähler sich selbsttätig in freiem Lauf bewegt und in seiner Bewegung durch einen Prüfvorgang angehalten wird. Zum Prüflauf gehören *Freiwahl* und *Suchwahl*.

Eine **Freiwahl** liegt vor, wenn der Prüflauf jeweils auf einem beliebigen freien Ausgang beendet werden kann.

Eine **Suchwahl** liegt vor, wenn der Prüflauf jeweils auf einem bestimmten Anschluß beendet werden soll.

Ein **Leerlauf** liegt vor, wenn ein Wähler sich selbsttätig in freiem Lauf bewegt, ohne daß die überstrichenen Kontakte in bezug auf die Forderung oder Möglichkeit des Anhaltens geprüft werden. Der Leerlauf endet also ohne Prüfvorgang auf einem bestimmten Schritt. Sonderfälle des Leerlaufs sind der *Heimlauf* und der *Nachlauf*.

Ein **Heimlauf** liegt vor, wenn der Leerlauf bei der Auslösung in der Anfangsstellung des Wählers endet.

Ein **Nachlauf** liegt vor, wenn der Leerlauf bei der Einstellung auf bestimmten, von vornherein markierten Schritten beendet wird.

## 2. bis 5. Prüfen, Belegen, Sperren, Durchschalten

**Prüfen** ist ein Vorgang, durch den festgestellt wird, ob eine Einrichtung zeitweise benutzt werden darf oder nicht oder ob eine zur Verfügung gestellte Einrichtung durchgeschaltet werden darf oder nicht.

**Belegen** ist ein Vorgang, durch den eine Einrichtung in Anspruch genommen bzw. bereitgestellt wird; letzteres kann bedeuten, daß die betreffende Einrichtung aus dem Ruhezustand in einen Empfangszustand gebracht wird. Man kann „belegen" und „belegt werden" unterscheiden.

**Sperren** ist ein Vorgang, durch den eine Einrichtung gegen Belegen unzugänglich gemacht wird. Man findet „sperren", „gesperrt werden" und „sich selbst sperren".

**Durchschalten** ist ein Vorgang, durch den eine suchende Einrichtung erst dann endgültig nach der weiterführenden Einrichtung durchverbunden wird, wenn sich beide in dem dazu geeigneten Zustand befinden.

Die Notwendigkeit des Prüfens, Belegens und Sperrens ergibt sich ohne
weiteres. Ohne diese Vorgänge kämen entweder keine Verbindungen zustande
oder bestehende Verbindungen wären niemals frei von Störungen und vom Aufschalten anderer Verbindungen. Das Durchschalten bezweckt z. B., daß die
Sprecharme eines Wählers (a/b-Arme) während des Drehens „tot" sind, d. h.
keinen Strom führen; dadurch wird verhindert, daß Knackgeräusche in denjenigen Verbindungen hervorgerufen werden, die mit den überstrichenen Lamellen in
Zusammenhang stehen. Beim LW z. B. befinden sich ferner die Schaltarme
nach Beendigung der Einstellung auf dem gewünschten Anschluß; es darf jedoch
noch keine Sprechverbindung bestehen, da der Anschluß ja bereits über einen
anderen LW oder abgehend besetzt sein kann; die Sprechadern sind daher noch
aufgetrennt und werden frühestens durchgeschaltet, wenn durch den Prüfvorgang
festgestellt worden ist, daß der Anschluß frei ist.
Die Vorgänge des Prüfens, Belegens, Sperrens und Durchschaltens sind eng
miteinander verquickt. Jeder von ihnen hat im allgemeinen die anderen als Voraussetzung bzw. zur Folge. Je nach der Schaltungsanordnung spielen sie sich
zeitlich nacheinander oder gleichzeitig ab; unter Umständen fallen einige von
ihnen auch zu einem einzigen Vorgang zusammen. Sie können ferner in der
suchenden Einrichtung, in der aufgesuchten Einrichtung oder in beiden auswirken; eine Einrichtung kann z. B. eine andere sperren, sie kann aber auch veranlassen, daß sich die andere selbst sperrt. Eine Einrichtung kann sich ferner
während der Zeit selbst sperren, in der sie zwar nicht belegt, jedoch aus irgend-
einem Grunde nicht empfangsbereit ist („*Eigensperrung*").
Der Prüfvorgang hat im allgemeinen schnell vor sich zu gehen, und der Sperrvorgang hat sich unmittelbar an das Prüfen anzuschließen, damit keiner anderen
Einrichtung die Möglichkeit gegeben wird, ebenfalls aufzuprüfen. Der Prüfvorgang muß ferner zeitlich begrenzt sein, um das gleichzeitige Anlegen von
Prüfrelais mehrerer Einrichtungen zu erschweren bzw. zu verhindern. Ist die
Prüfzeit nicht bereits zwangsläufig durch die mechanische Arbeitsweise begrenzt
(z. B. im allgemeinen beim selbsttätigen Drehvorgang), so wird das Prüfrelais
über Relaiskontakte nur zeitweilig an die zu prüfende Ader gelegt (z. B. im LW;
vgl. Abschnitt V, 3 unter „Einstellung des LW"). Das Bereitstellen, d. h. der
Vorgang, durch den eine belegte Einrichtung vom Ruhezustand in den Empfangszustand gebracht wird bzw. die Belegung weitergibt usw., muß so schnell durchgeführt werden, daß sich der nächste Vorgang ungestört auswirken kann. Beim
Durchschalten kann man unter Umständen zwischen einer „zeichenmäßigen"
und einer „sprachfrequenten" Durchschaltung unterscheiden, d. h. zwischen
einer Durchschaltung lediglich für den Verbindungsaufbau und einer solchen
für das anschließende Gespräch (sprachfrequente Durchschaltung bei der Tonfrequenzwahl).
Aus dem Gesagten geht hervor, daß dem Prüf- und Sperrvorgang eine besondere
Bedeutung zukommt, da die Betriebssicherheit und Güte des Wählsystems hiervon wesentlich beeinflußt wird. Entsprechend den sonstigen Eigenschaften der
verschiedenen Systeme haben sich im Laufe der Zeit verschiedene Prüfverfahren
herausgebildet, von denen die wichtigsten kurz angegeben werden sollen:

a) *Das Prüfrelais ist erregt und wird beim Erreichen eines freien Ausgangs abgeschaltet.*

Jeder bereits belegte Ausgang ist zwecks Sperrung z. B. geerdet. Über diese Sperrerde wird das Prüfrelais erregt gehalten, wenn der Wähler bei der Freiwahl auf einen derartigen Ausgang gelangt. Ist ein Ausgang frei, so fehlt die Sperrerde, das Prüfrelais fällt ab und unterbricht das Weiterschalten des Wählers. Danach muß in der belegten Einrichtung im allgemeinen erst ein Relais anziehen, um dort die erforderliche Sperrerde anzulegen. Die Sperrung der belegten Einrichtung erfolgt also erst nach einer gewissen Gefahrenzeit, während welcher Doppelverbindungen entstehen können. Ein weiterer Nachteil dieses Verfahrens besteht darin, daß jedes Fehlen der Sperrerde den Ausgang als frei kennzeichnet und das Prüfrelais somit auch auf unterbrochene Prüfader (Drahtbruch!) aufprüft.

b) *Das Prüfrelais ist über besetzte Ausgänge kurzgeschlossen und wird beim Erreichen eines freien Ausganges erregt.*

Dieses Verfahren stellt eine Umkehrung des vorigen dar. Das Prüfrelais wird durch die Sperrerde in den belegten Ausgängen kurzgeschlossen. Gelangt der Wähler auf einen Ausgang ohne Sperrerde (frei oder Drahtbruch!), so findet der Kurzschluß des Prüfrelais nicht mehr statt. Das Prüfrelais wird erregt, unterbricht das Weiterschalten des Wählers, sperrt den belegten Ausgang gegen andere Belegungen und schaltet durch. Die zusätzliche Gefahrenzeit für Doppelverbindungen besteht bei diesem Verfahren nicht, wohl aber die Möglichkeit, daß bei unterbrochener Prüfader (Drahtbruch) der Ausgang als frei angesehen wird (Anwendung: Londoner VW, Autelco).

c) *Das Prüfrelais wird beim Erreichen eines freien Ausganges durch Gegenpotential erregt.*

Bei gesperrten Ausgängen fehlt das erforderliche Gegenpotential, so daß das Prüfrelais nicht genügend Strom (oder gar keinen Strom) zum Ansprechen erhält. Unterbrochene Prüfadern (Drahtbruch) können also bei diesem Verfahren niemals das Aufprüfen des Prüfrelais veranlassen. Die Sperrung eines belegten Ausganges erfolgt sofort beim Ansprechen des Prüfrelais, indem dieses seine hochohmige Wicklung kurzschließt (oder abschaltet) und dadurch das Prüfpotential am Eingang der belegten Einrichtung so weit senkt, daß ein weiteres Prüfrelais nicht mehr erregt werden kann (Fehlstrom).

Dieses Verfahren wird in den deutschen (Siemens-)Systemen angewendet (vgl. Bild 86). Abgesehen von Kunstschaltungen, die sich für Spezialfälle ergeben haben, können hierfür folgende Richtlinien angegeben werden:

c 1. Das Prüfrelais besitzt eine hochohmige und eine niederohmige Wicklung (Widerstandsverhältnis = 1000 : 60; im I. VW = 600 bzw. 800 : 10).

c 2. Um möglichst kurze Ansprechzeiten des Prüfrelais zu erhalten, wird die Induktivität im Belegungskreis der nachfolgenden Einrichtung möglichst niedrig gehalten (Ansprechzeiten der Prüfrelais von Schrittschalt-Drehwählern und Hebdrehwählern je nach Leitungslänge: etwa 6...12 ms; Spezialprüfrelais des Motorwählers: unter 2 ms).

c 3. Es wird in der Hauptsache von Erde in der suchenden nach Spannung in der zu belegenden Einrichtung geprüft, damit nur freie Einrichtungen, deren Sicherung in Ordnung ist, belegt werden können. Eine Ausnahme hiervon macht nur der I. VW, da dieser im gleichen Prüfkreis einerseits von der LW-Stufe aus belegt werden kann und andererseits selbst einen I. GW belegen muß (vgl. Bild 85); in Richtung zum I. GW wird daher aus Gründen eines geringeren Aufwandes von Spannung nach Erde geprüft.

c 4. Die Sperrung erfolgt sofort beim Ansprechen des Prüfrelais durch Kurzschließen (bzw. Abschalten) der hochohmigen Wicklung.

c 5. Der erhöhte Stromverbrauch, der bei dem Kurzschließen der hochohmigen Wicklung entsteht, wird durch Widerstandserhöhung in der belegten Einrichtung wieder gesenkt; das hat gleichzeitig den Vorteil, daß durch die dabei stattfindende Spannungsverschiebung die Sperrverhältnisse verbessert werden.

c 6. Einführung einer Hilfssperrung für die Auslösung. In älteren Systemen ist die Sperrung eines auslösenden II./III. GW bzw. LW während der allerdings nur kurzen Abfallzeit des Belegungsrelais (C) rechnerisch nicht gesichert. Als Verbesserung ist daher in neueren Systemen eine Hilfssperrung eingeführt, durch die sich der auslösende Wähler während der Abfallzeit des Belegungsrelais selbst sperrt (vgl. Abschnitt V, 4 e).

d) *Für den Prüfstromkreis ist eine sog. Fremdspannung vorgesehen.*

Der Prüfstromkreis ist von der Amtsbatterie unabhängig. Die für ihn verwendete unabhängige Stromquelle kann eine ungeerdete Gleichstrombatterie oder eine Wechselstromquelle sein (Siemens-Patent aus dem Jahre 1913). Dieser Gedanke wird z. B. im neuesten Rotary-System der Bell Telephone Mfg. Co. (7E-System) benutzt, um die im vorherigen System (7D-System) erforderlichen Umgehungswege zu vermeiden. Es stehen bis 24 voneinander unabhängige Wechselstromquellen (450 Hz, Zweitwicklungen von sog. Prüftransformatoren) zur Verfügung, mit deren Hilfe die zur Wählereinstellung erforderlichen Prüfstromkreise zwischen dem Register und den verschiedenen Wahlstufen gebildet werden. Der an dem gemeinsamen Maschinenantrieb angekuppelte Drehwähler (AS, GW, LW) dreht so lange, bis sein Prüfarm auf eine Lamelle trifft, die mit derjenigen Wechselstromquelle verbunden ist, die das Register für den betreffenden Einstellvorgang angeschaltet hat.

Die vier Vorgänge „Prüfen, Belegen, Sperren, Durchschalten" sind also für ein Wählsystem unerläßlich. Das bedeutet jedoch nicht, daß in jeder Stufe alle vier zusammen auftreten müssen. An Hand kurzer Beispiele sollen einige Betriebsfälle besprochen werden:

a) *Belegen und Sperren ohne Prüfen und Durchschalten.* Im sog. Vorwählersystem ist jedem Teilnehmer ein besonderer VW zugeordnet. Hebt der Teilnehmer den Handapparat ab, so kann der VW also ohne vorheriges Prüfen belegt werden; durch den ersten Schritt, den der VW ausführt, sperrt er sich selbst gegen Belegungen von der LW-Stufe her; durchgeschaltet wird noch nicht (Näheres vgl. Abschnitt V, 3 unter „Vorwahl").

b) *Prüfen, Sperren, Durchschalten und Belegen.* Bei der freien Wahl prüft der
VW (entsprechend auch der GW) jeden seiner Ausgänge auf „Frei" oder „Besetzt". Wird das Prüfrelais erregt, so wird durch dessen Kontakte erstens die
hochohmige Wicklung kurzgeschlossen (der nachfolgende GW oder LW wird
gesperrt) und zweitens die a/b-Leitung durchgeschaltet. Der GW bzw. LW
wird belegt, indem er aus seiner Ruhelage in die Empfangslage übergeführt wird
(Näheres vgl. Abschnitt V, 3 unter „Vorwahl").

Der Sperrvorgang ist in Bild 77 grundsätzlich für eine Verbindung GW-GW
bzw. GW-LW entsprechend der
Schaltung nach Bild 86 dargestellt
(Amtsspannung: 60 V). Die Widerstandswerte im Belegungsstromkreis
sind gegenüber der praktischen Ausführung etwas vereinfacht. Bei der
Belegung des GW wird der Prüfstromkreis durch den c-Kontakt vorbereitet. Ist der Wählerarm auf eine
freie Leitung eingestellt, so fließt bei
den eingetragenen Widerstandswerten
ein Strom von etwa 38,5 mA (Bild 77,
oben), der das P-Relais erregt. Die
Sperrung des belegten Ausgangs besteht darin, daß die hochohmige
Wicklung des P-Relais kurzgeschlossen wird; der dann fließende Strom
(im Beispiel etwa 107 mA; Bild 77,
Mitte) kann herabgesetzt werden,
indem in der c-Ader des belegten
Wählers (Belegungsstromkreis) ein
nicht gezeichneter Widerstand hinzu-
geschaltet wird. Gelangt ein anderer
suchender Wähler auf die gleiche
Leitung, so liegt die 60 Ω-Wicklung

Bild 77. Stromverlauf beim Sperrvorgang
in einem 60-V-System.

des sperrenden P-Relais parallel zu dem P-Relais des prüfenden Wählers (1000 + 60 Ω). Der Strom in diesem P-Relais (etwa 5,8 mA in Bild 77,
unten) reicht nicht mehr aus, um das Relais zu erregen; der betreffende Wähler
prüft nicht auf, sondern schaltet sich weiter. Die Sperrung besteht in Bild 77
also darin, daß der Strom im Prüfrelais des auflaufenden Wählers durch die
parallel liegende niederohmige Wicklung des sperrenden P-Relais so weit herabgesetzt ist (im Beispiel: 38,5 : 5,8 = etwa 7 : 1), daß er nicht mehr zur Erregung
ausreicht (Fehlstrom).

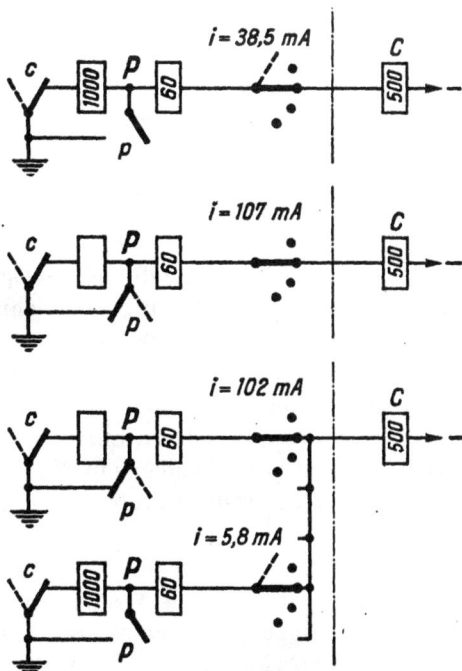

c) *Einstellen ohne Prüfen, Belegen, Sperren, Durchschalten.* Es gibt Systeme,
in denen eine Fernverbindung „vorbereitet" wird. In ihnen wird die Verbindung
zwischen Fernamt und Sprechstelle, oft ohne Wissen des Teilnehmers, vorbe-

reitend hergestellt (= Fernvorbereitung); das Durchschalten kann dann ohne Zeitverlust stattfinden, sobald die Fernleitung für das betreffende Gespräch frei wird. In einem solchen Falle wird nach der Einstellung des LW auf den gewünschten Anschluß weder sofort geprüft noch belegt, noch gesperrt, noch durchgeschaltet. Andere Verbindungen von oder nach dem betreffenden Anschluß können während dieser Zeit immer noch stattfinden. Erst wenn die Fernbeamtin ihren Prüfschalter umlegt, wird geprüft, ob der Teilnehmeranschluß frei, ortsbesetzt oder fernbesetzt ist. Ein freier Anschluß wird dann belegt und gesperrt (fernbesetzt!); bei ortsbesetztem Anschluß wird aufgeschaltet, die Ortsverbindung getrennt und der Anschluß gesperrt (fernbesetzt); anschließend bzw. gleichzeitig wird durchgeschaltet.

d) *Prüfen ohne Belegen, Sperren und Durchschalten.* II. VW, Mischwähler (MW) und Umsteuerwähler (UW) verbinden die ihnen vorgeordneten und nachgeordneten Einrichtungen vor der Nummernwahl bzw. zwischen den einzelnen Stromstoßreihen der Nummernwahl. Die Zeit zwischen ihrer Belegung und Durchschaltung muß dabei möglichst kurz gehalten werden. Dies kann z. B. dadurch erreicht werden, daß für diese Wähler die Freiwahl bereits vor der Belegung stattfindet. Man nennt dies ,,Voreinstellung", während die übliche Arbeitsweise bei der Freiwahl als ,,Nacheinstellung" bezeichnet wird.

Bei **Wählern mit Nacheinstellung** findet die Freiwahl statt, wenn der betreffende Wähler bereits für den Verbindungsaufbau in Anspruch genommen worden ist. Dies geschieht beispielsweise bei I. Vorwählern unmittelbar nach dem Belegungsvorgang, bei Gruppenwählern unmittelbar nach der Einstellung durch die Nummernwahl. Findet ein Wähler mit Nacheinstellung bei der Freiwahl einen freien Ausgang, so belegt er diesen sofort und sperrt ihn gegen Belegungen durch andere Wähler.

Bei **Wählern mit Voreinstellung** findet die Freiwahl vor dem Belegungsvorgang statt, d. h. der betreffende Wähler stellt sich vorbereitend auf eine freie Einrichtung ein, ohne sie gegen andere Belegungen zu sperren und ohne irgendwelche Schaltvorgänge in der Einrichtung zu veranlassen. Im Wähler mit Voreinstellung tritt bei der Freiwahl ein hochohmiger *Vorprüfstromkreis* in Tätigkeit, der nur das Freisein der nachgeordneten Einrichtung festzustellen hat und bei Freisein die Weiterbewegung des Wählers beendet. Die nachgeordnete Einrichtung wird dadurch noch nicht belegt oder gesperrt. Auf eine freie nachgeordnete Einrichtung können daher mehrere Wähler mit Voreinstellung vorbereitend eingestellt sein. Erst wenn einer der voreingestellten Wähler selbst belegt wird und dadurch die nachgeordnete Einrichtung für den Verbindungsaufbau benötigt wird, tritt im Wähler mit Voreinstellung ein *Hauptprüfstromkreis* in Tätigkeit. Hierbei wird ordnungsmäßig belegt, gesperrt und falls erforderlich auch durchgeschaltet. Bei diesem Vorgang verlassen die übrigen voreingestellten Wähler die für sie nicht mehr benutzbare Einrichtung und stellen sich vorbereitend auf die nächste freie Einrichtung ein.

Die Wirkungsweise der Voreinstellung ist in Bild 78 und 79 angegeben. In Bild 78 ist ein Wähler mit drei Relais, in Bild 79 ein Wähler mit einem Relais

dargestellt. Als Beispiel für Wähler mit Voreinstellung ist in Bild 78 ein MW,
in Bild 79 ein II. VW gewählt worden; beide Wählerarten können mit einem
oder drei Relais ausgeführt sein. Sie unterscheiden sich nur durch das Potential
im Belegungsstromkreis der nachgeordneten Einrichtung (Erde im I. GW und
daher Spannung im II. VW; Spannung im II./III. GW bzw. LW und daher Erde
im MW).
In Bild 78 wird der Stromkreis für den Drehmagnet D über die Kontakte t und
$c_1$ geschlossen, so daß der Drehmagnet erregt wird; der Wähler schaltet sich um

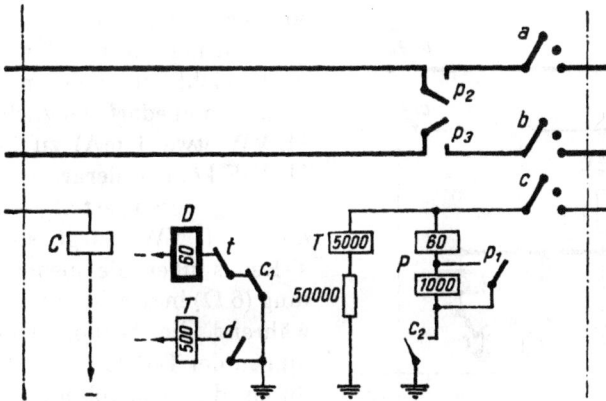

Bild 78. Mischwähler mit Voreinstellung (Ausführung
mit drei Relais).

einen Schritt weiter. Gleichzeitig wird das T-Relais (500 Ω) über den Drehmagnetkontakt d erregt und öffnet mit seinem Kontakt den Drehmagnetkreis;
D-Magnet wird stromlos; d-Kontakt schaltet das T-Relais ab; t-Kontakt schaltet
den D-Magnet wieder ein usw. Durch das Wechselspiel von D und T wird der
MW schrittweise weitergeschaltet, bis die c-Bürste auf eine freie Leitung aufläuft. In diesem Fall hält sich das T-Relais über seine zweite Wicklung (5000 Ω):
Erde, Widerstand (50 000 Ω), T-Relais, c-Arm und weiter über das Belegungsrelais der nachfolgenden Schalteinrichtung nach Spannung (Vorprüfstromkreis);
die Weiterschaltung ist unterbrochen. Das Belegungsrelais der nachfolgenden
Einrichtung hat über den Vorwiderstand von 50 000 Ω Fehlstrom, wird also
nicht erregt. Auf der gleichen Leitung können derart mehrere MW voreingestellt
stehen. Wird der MW für die Herstellung einer Verbindung in Anspruch genommen, so wird sein Belegungsrelais C erregt. Der $c_2$-Kontakt vervollständigt den
Hauptprüfstromkreis (P-Relais). Das P-Relais wird erregt, sperrt mit dem $p_1$-
Kontakt und schaltet mit den Kontakten $p_2$ und $p_3$ durch. Hierbei wird auch
das Belegungsrelais in der nachfolgenden Einrichtung erregt. Durch die Parallelschaltung der 60 Ω-Wicklung des P-Relais zu den hochohmigen T-Relais sinkt
der Strom in den T-Relais sämtlicher auf der betreffenden Leitung stehenden
MW unter den Haltewert. Bei allen anderen MW wird also der Drehmagnetkreis
wieder geschlossen, so daß die Wähler bis zur nächsten freien Leitung weiter-

schalten. Im belegten MW war dieser Stromkreis durch den $c_1$-Kontakt aufgetrennt, so daß hier das Abfallen des T-Relais bis zur Auslösung wirkungslos bleibt.

In Bild 79 schaltet sich der II. VW ebenfalls durch das Wechselspiel zwischen Drehmagnet und T-Relais (Wicklung 650 Ω) selbsttätig auf einen freien Ausgang (= Voreinstellung). Die freie Wahl wird dadurch beendet, daß das T-Relais über seine hochohmige Wicklung (10 000 Ω) nach Erde in dem nachgeordneten Wähler erregt bleibt (= Vorprüfstromkreis). Dieser Stromkreis ist wiederum so hochohmig, um die nachfolgende Einrichtung durch die Voreinstellung noch nicht zu belegen und um den Ruhestrombedarf möglichst niedrig (je II. VW etwa 1 mA) zu halten. Bis 20 II. VW können derart auf den gleichen Ausgang voreingestellt sein. Wird einer dieser II. VW belegt, so hält sich sein T-Relais über die niederohmige Wicklung (6 Ω) in der durchlaufenden c-Ader, während die hochohmigen Haltewicklungen der T-Relais der übrigen II. VW durch die niederohmige Sperrwicklung des belegenden Wählers der vorhergehenden Wahlstufe praktisch kurzgeschlossen werden und abfallen. Dadurch

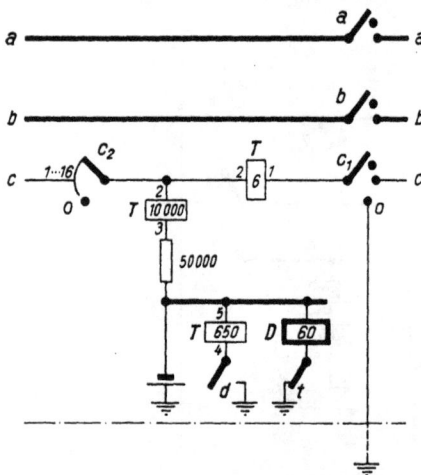

Bild 79. II. Vorwähler mit Voreinstellung (Ausführung mit einem Relais).

beginnt wieder die Voreinstellung dieser II. VW auf den nächsten freien Ausgang. Der Hauptprüfstromkreis für den belegten II. VW verläuft dann also von der c-Ader des vorhergehenden Wählers und dessen Prüfrelais über $c_2$-Arm, T-Relais (Wicklung 6 Ω), $c_1$-Arm zur c-Ader des nachgeordneten Wählers und dessen Belegungsrelais. Sind alle Ausgänge belegt, so werden die II. VW auf dem 0.Schritt (= Abschalteschritt) stillgesetzt, auf dem sich die T-Relais in einem lokalen Stromkreis über den $c_1$-Arm halten; in dieser Stellung ist eine Belegung unmöglich, da die ankommende c-Ader durch den $c_2$-Arm aufgetrennt worden ist (= Eigensperrung). Ebenso ist die Belegung eines sich gerade drehenden Wählers verhindert. Durch besondere Maßnahmen werden die auf dem Abschalteschritt stillgesetzten II. VW von Zeit zu Zeit wieder angelassen, um sich auf inzwischen frei gewordene Ausgänge voreinstellen zu können.

## 6. Nummernwahl

**Nummernwahl** ist ein Vorgang, durch den der Teilnehmer seine Verbindungswünsche kundtut und durch den die Wähler, unter Umständen auch andere Schalteinrichtungen, ferneingestellt werden.

Bei der Nummernwahl, auch *Nummerngabe* oder *Stromstoßgabe* genannt, werden „Stromstöße" bzw „Stromstoßreihen" nach der Einrichtung gesendet, die ferneingestellt werden soll. Wie bereits angegeben, wird die Bezeichnung „Stromstöße", die in der Hauptsache eigentlich nur auf eine bestimmte Art der Weitergabe der Nummernwahl im Amt zutrifft, im übertragenen Sinne auch für die Schleifenunterbrechungen, z. B. zwischen Sprechstelle und I. GW, angewendet. Die Nummernwahl ist eine erzwungene Wahl. Um ihre Auswirkungen zu kennzeichnen, kann man zwischen Gruppenwahl und Leitungswahl unterscheiden.

**Erzwungene Wahl** ist im Gegensatz zur freien Wahl ein Vorgang, bei dem z. B. ein Wähler durch eine eintreffende Stromstoßreihe zwangsmäßig auf einen bestimmten Schritt (Höhenschritt, Drehschritt usw.) geschaltet wird.

Unter **Gruppenwahl** versteht man das Einstellen eines Wählers auf eine bestimmte Richtung (z. B. Dekade) und die Auswahl eines beliebigen freien Ausganges innerhalb dieser Richtung. Die Gruppenwahl ist also eine erzwungene Wahl, der sich eine freie Wahl anschließt.

Mit **Leitungswahl** bezeichnet man das Einstellen eines Wählers auf eine bestimmte Leitung, nämlich auf die des gewünschten Anschlusses, bzw. bei Sammelanschlüssen auf eine Leitung aus einer bestimmten Gruppe. Die Leitungswahl ist daher im allgemeinen eine erzwungene Wahl; bei Verwendung von 100teiligen Wählern besteht die Leitungswahl aus zwei aufeinanderfolgenden erzwungenen Wahlvorgängen *(Zehnerwahl bzw. Dekadenwahl und Einerwahl)*. Bei Sammelanschlüssen (vgl. Abschnitt XI, 4) kann sich an die erzwungene Wahl auch noch eine Freiwahl anschließen.

Die Stromstoßgabe bei der Nummernwahl kann sowohl in Richtung des Verbindungsaufbaues (= vorwärts) als auch entgegen der Aufbaurichtung (= rückwärts) gerichtet sein. Man spricht daher von Vorwärtswahl und von Rückwärtswahl.

Die **Vorwärtswahl** wird in Wählsystemen angewendet, in denen die Wähler unmittelbar vom Nummernschalter oder einem anderen Stromstoßsender eingestellt werden können. Sie ist in allen Schrittschaltsystemen zu finden. Bei der Vorwärtswahl sendet die kennzeichnende (= wählende) Stelle die Stromstoßreihen zur einzustellenden Einrichtung; die Stromstoßreihen werden dabei im allgemeinen in Richtung des Verbindungsaufbaues gesendet, also bei spielsweise von der Sprechstelle zum I. GW und von dort weiter zum II./III. GW und LW.

Die **Rückwärtswahl**, auch z. B. „rückwärtige Stromstoßgabe" genannt, wird in Maschinenwählersystemen angewendet. Bei ihr sendet die einzustellende Einrichtung die Stromstoßreihen zur kennzeichnenden (= wählenden) Stelle; die Stromstoßreihen laufen dabei stets entgegen der Richtung des Verbindungsaufbaues. Bei der Einstellung der Maschinenwähler werden diese an dauernd drehende Wellen angekuppelt und dadurch kontinuierlich von Kontaktlamelle zu Kontaktlamelle bewegt. Bei jedem dieser „Schritte" senden sie einen Stromstoß zu einem Abzählwerk zurück (z. B. zum Abgreifer im Register) und schalten dieses ebenfalls weiter. Dies wird so lange fortgesetzt, bis der Abgreifer feststellt, daß der sich einstellende Wähler die Stellung erreicht hat, die der gewählten Ziffer entspricht, und daher veranlaßt, daß der Wähler sich wieder abkuppelt.

In Bild 80 ist die Vorwärtswahl an Hand eines Auszuges aus dem Stromlauf von Bild 86 veranschaulicht. Der nsi-Kontakt des Nummernschalters öffnet bei der Nummernwahl die Teilnehmerschleife, die vorher durch das Abheben des Handapparates und während der Betätigung des Nummernschalters außerdem durch dessen nsa-Kontakt geschlossen worden ist. Die Schleifenunterbrechungen wirken auf das A-Relais im I. GW ein. Dort kann eine Stromstoßumsetzung stattfinden, und zwar in Bild 80 von Schleifenunterbrechungen auf Erdstromstöße auf der a-Ader, die vom a-Kontakt im I. GW gegeben und von den Stromstoßrelais A jeder nachfolgenden Einrichtung nacheinander empfangen werden.

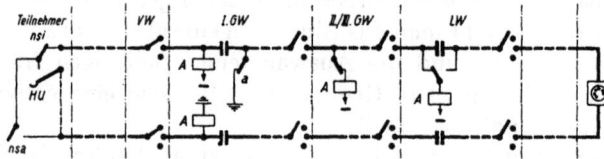

Bild 80. Grundsätzliche Darstellung der Vorwärtswahl (Auszug aus Bild 86).

Die gesamte Stromstoßgabe wirkt vorwärts, d. h. in Richtung des Verbindungsaufbaues.

In Bild 81 ist die Rückwärtswahl auszugsweise dargestellt; gezeichnet ist ein Teil des Registers und des AS/I. GW. Die Nummernwahl des Teilnehmers wird im Register gespeichert und im allgemeinen außerdem so umgerechnet, wie es

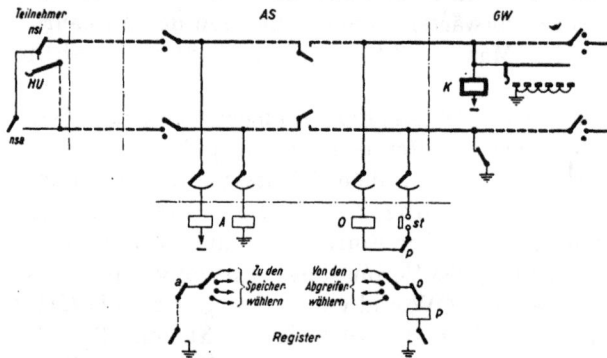

Bild 81. Grundsätzliche Darstellung der Rückwärtswahl.

die nichtdekadischen Maschinenwähler erfordern. Die umgerechneten Ziffern werden an der Kontaktbank der Abgreiferwähler markiert. So viele Schritte, wie die Abgreiferwähler bis zu diesen markierten Stellungen durchzuführen haben, ebenso viele „Schritte“, d. h. die entsprechende Zahl von Bewegungen von Dekade zu Dekade, von Lamelle zu Lamelle (z. B. Bürstenwahl beim Stangenwähler und beim Rotarywähler; Kulissenwahl beim Kulissenwähler) usw., haben die nachfolgenden Maschinenwähler auszuführen. Dieser Vorgang stellt sich in vereinfachter Weise folgendermaßen dar (vgl. Bild 81):

Sobald das Register zur Wählereinstellung bereit ist, wird z. B. durch einen Steuerschalterkontakt st ein Stromkreis zum I. GW geschlossen, in dem ein Empfangsrelais 0 des Registers und der Kupplungsmagnet K des I. GW liegt. Der Kupplungsmagnet kuppelt den Wähler an die Antriebsmittel (im allgemeinen sind dies dauernd laufende Wellen) und der Wähler dreht oder hebt. Bei jedem „Schritt" des Maschinenwählers erdet z. B. eine Bürste, die einen Kollektor überstreicht, oder ein Nockenkontakt den Stromkreis zum Register. Während sich der Kupplungsmagnet hierbei weiterhält, wird das Empfangsrelais 0 im Register jedesmal kurzgeschlossen und fällt ab. Dieses impulsweise Arbeiten des 0-Relais schaltet den Abgreiferwähler weiter, der sich dadurch synchron mit dem Maschinenwähler bewegt. Dieses Zusammenspiel zwischen I. GW und Register geht so lange vor sich, bis der Abgreiferwähler den markierten Schritt erreicht hat. In diesem Augenblick unterbricht ein Prüfrelais P den Stromkreis zwischen I. GW und Register: der Maschinenwähler wird abgekuppelt und bleibt stehen. Die Stromstoßgabe zwischen I. GW und Register erfolgt also rückwärts, d. h. entgegen der Richtung des Verbindungsaufbaues. Im Siemens-System, wie in allen direkt gesteuerten Systemen, wird die Vorwärtswahl verwendet. Dabei können die Schleifenunterbrechungen des Nummernschalters entweder nur das Stromstoßrelais des I. GW betätigen oder die Nummernwahl-Serien wirken nacheinander direkt auf die Stromstoßrelais der verschiedenen Wahlstufen ein. Dies hängt davon ab, ob und an welcher Stelle im Verbindungsweg eine gleichstrommäßige Abriegelung (Kopplungsglied, bestehend aus Ringübertrager oder aus Kondensatoren oder aus Kondensatoren mit Querdrossel) in den Sprechadern vorgesehen ist. Wenn die Stromstoßgabe auch Einrichtungen hinter der Abriegelung einstellen soll, findet eine Stromstoßweitergabe statt.

Unter **Stromstoßweitergabe** bei der Nummernwahl versteht man ganz allgemein, daß die Stromstöße (oder Schleifenunterbrechungen) von einem Relais vor einer Abriegelung aufgenommen und in der gleichen oder einer anderen Form von seinen Kontakten hinter der Abriegelung weitergegeben werden. Eine spezielle Form der Stromstoßweitergabe ist die **Stromstoßumsetzung,** bei der die Weitergabe der Stromstöße in einer anderen Form stattfindet, als die Stromstöße aufgenommen wurden. In den Reichspostsystemen beispielsweise arbeitet der I. GW als *Stromstoßumsetzer.*

Man unterscheidet dabei „Schleifenstromstoßgabe", „einadrige Stromstoßgabe" und „zweiadrige Stromstoßgabe":

Bei der *Schleifenstromstoßgabe* unterbricht ein Stromstoßkontakt die Leitungsschleife, die vom Stromstoßkontakt und von den beiden Sprechadern zur einzustellenden Einrichtung und dort über eine oder zwei Wicklungen des Stromstoßrelais nach Spannung und Erde gebildet wird. Jede Schleifenunterbrechung führt zum Abfallen des Stromstoßrelais, das mit einem Kontakt diese „Stromstöße" in irgendeiner Form weitergibt.

Die Schleifenstromstoßgabe ist die einzige *vollsymmetrische Stromstoßgabe,* da bei ihr die Stromvorgänge in den beiden Sprechadern genau zur gleichen Zeit und einander entgegengesetzt verlaufen. Bei dieser Stromstoßgabe treten die geringsten Beeinflussungen benachbarter Leitungen auf.

Als Schleifenstromstoßgabe findet beispielsweise fast ausschließlich die Nummernwahl vom Fernsprecher aus über die Teilnehmerleitung statt.

Bei der *einadrigen Stromstoßgabe* legt der Stromstoßkontakt taktmäßig Erde
oder Spannung an eine der beiden Sprechadern (im allgemeinen Erde an die
a-Ader).

Die einadrige Stromstoßgabe ist eine *unsymmetrische Stromstoßgabe*. Auch in
denjenigen Systemen, in denen gleichzeitig zu den Erdstromstößen über die
a-Ader Dauerspannung (Steuerspannung) über die b-Ader gegeben wird, ist die
Stromstoßgabe unsymmetrisch, da die Stromvorgänge in den Adern einander
nicht entsprechen. Daher können Beeinflussungen benachbarter Leitungen
auftreten; im allgemeinen haben sich jedoch in der Praxis keine Schwierigkeiten
in dieser Beziehung ergeben.

Die einadrige Stromstoßgabe wird beispielsweise bei fast allen Reichspostsystemen vom I. GW ab verwendet, und zwar findet hierbei im I. GW eine Stromstoßumsetzung von Schleifenstromstoßgabe auf der Teilnehmerleitung in einadrige Stromstoßgabe statt.

Bei der *zweiadrigen Stromstoßgabe* legt das Stromstoßrelais mit einem Kontakt
taktmäßig Erde an eine Sprechader (im allgemeinen a-Ader) und mit einem
anderen Kontakt taktmäßig Spannung an die andere Sprechader (im allgemeinen
b-Ader).

Die zweiadrige Stromstoßgabe ist nicht vollsymmetrisch; die Stromvorgänge
über die beiden Sprechadern verlaufen zwar einander entgegengesetzt, jedoch
können zwei Kontakte eines Relais nicht so eingestellt werden, daß sie mit Sicherheit genau gleichzeitig schalten. Die zweiadrige Stromstoßgabe hat eine größere
Reichweite als die Schleifenstromstoßgabe und die einadrige Stromstoßgabe,
da das Stromstoßrelais eine stärkere Erregung erhält.

Die zweiadrige Stromstoßgabe wird beispielsweise im sog. Berliner Reichspostsystem verwendet, in dem der I. GW die Schleifenstromstoßgabe auf der Teilnehmerleitung in zweiadrige Stromstoßgabe umsetzt.

Je nach Art der Stromstoßgabe werden die von einem Stromstoßrelais aufgenommenen Stromstöße (bzw. Schleifenunterbrechungen) durch Arbeitskontakte
oder Ruhekontakte weitergegeben. Die Ansprech- und Abfallzeiten der Stromstoßrelais sind nur in den seltensten Fällen einander genau gleich. Durch Leitungs-
einflüsse (Leitungslänge, Nebenschluß bei Freileitungen, Kabelkapazität bei
Kabelleitungen) und auf Grund der an den Sprechadern liegenden Schaltungsglieder treten Verzerrungen in der Weitergabe der Stromstöße auf.

Unter **Stromstoßverzerrung** versteht man den Unterschied zwischen der Dauer
des vom Relais aufgenommenen Stromstoßes und der Dauer des von seinem
Kontakt weitergegebenen Stromstoßes oder zwischen den entsprechenden Zeiten
einer Strompause. Die Stromstoßverzerrung ist also durch den Unterschied
zwischen Ansprech- und Abfallzeit des Stromstoßrelais gegeben. Die Verzerrung
kann positiv oder negativ sein.

Eine **positive Verzerrung** liegt vor, wenn das weitergegebene Zeichen (Stromstoß
oder Strompause) verlängert wird.

Eine **negative Verzerrung** liegt vor, wenn das weitergegebene Zeichen (Stromstoß oder Strompause) verkürzt wird.

Die Erfahrung hat gezeigt, daß die Stromstoßgabe in deutschen Systemen in Ordnung ist, wenn die Summe der positiven Verzerrungen sämtlicher Relais, die an dem betreffenden Wahlvorgang beteiligt sind, nicht größer als 15 ms, und die Summe der negativen Verzerrungen nicht größer als 25 ms ist.

Die Stromstoßgabe stellt jedoch nicht nur für die Stromstoßrelais Bedingungen, sondern auch für bestimmte Verzögerungsrelais, deren Abfallverzögerung so groß sein muß, daß bestimmte Zeiten der Nummernwahl überbrückt werden. Es sind dies die sog. Umsteuerrelais (vgl. nachfolgenden Abschnitt „Steuern, Umsteuern") und die sog. Auslöserelais (vgl. nachfolgenden Abschnitt „Auslösung").

Die **Reichweite** der Stromstoßgabe ist begrenzt. In Siemens- Systemen werden mit dem normal ausgeführten Flachrelais ohne Mehraufwand durch besondere Kunstschaltungen oder Reichweiten-Übertragungen folgende Bedingungen in bezug auf die Reichweite der Stromstoßgabe erfüllt:

über Teilnehmerleitungen:

$$\text{Reichweite} = 2 \times 500\ \Omega$$
$$\text{Nebenschluß} = \text{bis } 20\,000\ \Omega \text{ herab,}$$

über Verbindungsleitungen:

$$\text{Reichweite} = 2 \times 1500\ \Omega \text{ für die Sprechadern}$$
$$\text{Nebenschluß} = \text{bis } 50\,000\ \Omega \text{ herab,}$$

wobei für den Prüfvorgang über dreiadrige Verbindungsleitungen zusätzlich die Bedingung besteht, daß der Leitungswiderstand in der c-Ader zwischen zwei Wahlstufen im allgemeinen $1000\ \Omega$ nicht übersteigt.

## 7. Steuern, Umsteuern

**Steuern** bzw. **Umsteuern** ist der Vorgang, der eine Schalteinrichtung veranlaßt, ihre augenblickliche Arbeitsweise in bezug auf Bewegungsart oder Berechtigung oder Zuständigkeit usw. in eine andere Arbeitsweise zu ändern.

Ein GW wird von der erzwungenen Wahl (Heben) auf freie Wahl (Drehen) umgesteuert, ein LW vom erzwungenen Heben auf erzwungenes Drehen, ein Umsteuerwähler von seiner Hauptrichtung auf eine der Umsteuerrichtungen, ein Register beispielsweise vom Empfangen auf Senden bzw. Abgreifen usw.

Für die Steuerung werden grundsätzlich zwei Möglichkeiten angewendet, die als Eigensteuerung und als Fremdsteuerung bezeichnet werden sollen.

Bei der **Eigensteuerung** werden für die Auswertung der Vorgänge, die die Umsteuerung veranlassen sollen, nur Stromkreise innerhalb der betreffenden Schalteinrichtung verwendet. Zur Auswertung dienen sehr oft Verzögerungsrelais, die dann auch Umsteuerrelais genannt werden.

Bei der **Fremdsteuerung** ist die Umsteuerung dagegen von Schaltmitteln außerhalb der Schalteinrichtung, in der oder die umgesteuert werden soll, abhängig. Die für die Steuerung verwendeten Stromkreise reichen also in andere Schalteinrichtungen hinein.

Die ältere der beiden Ausführungen ist die Fremdsteuerung; mit ihr wurden die GW- und LW-Schaltungen der ersten Wählsysteme ausgerüstet. Bild 82 zeigt in vereinfachter Form die Schaltung eines derartigen Systems. Der gezeichnete I. GW wird nach dem Aufprüfen des VW durch Schleifenschluß über die a/b-Adern belegt, wobei die Relais A und B über die Teilnehmerschleife erregt werden. Der $a_1$-Kontakt öffnet den Kurzschluß für das C-Relais, so daß das C-Relais über die c-Ader erregt wird. Der $a_2$- und $b_1$-Kontakt öffnen also den Stromkreis für den Hebmagnet, bevor der $c_1$-Kontakt schließt. Bei der Nummernwahl unter

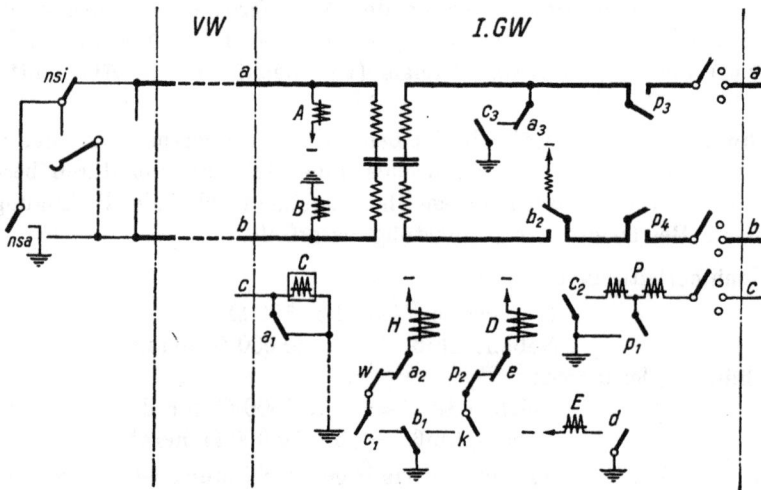

Bild 82. Fremdsteuerung in einem Erdsystem.

bricht der nsi-Kontakt die Teilnehmerschleife entsprechend der gewählten Ziffer (A-Relais pendelt), während der nsa-Kontakt die Teilnehmerschleife für die Dauer der Nummernschalterbetätigung erdet. Das B-Relais wird kurzgeschlossen und fällt ab. Der $b_1$-Kontakt öffnet den Stromkreis für den Drehmagnet D, da der D-Magnet sonst beim ersten Hebschritt des Hebdrehwählers durch das Umlegen des Kopfkontaktes k (vgl. Abschnitt III, 1c) erregt werden würde. Nach Ablauf des Nummernschalters hebt der nsa-Kontakt die Erdung der Teilnehmerschleife auf, so daß außer dem A-Relais auch das B-Relais wieder über die Teilnehmerschleife erregt wird. Der $b_1$-Kontakt schließt den Stromkreis für den D-Magnet. Der D-Magnet wird erregt; d-Kontakt schaltet das E-Relais ein; e-Kontakt öffnet den D-Stromkreis; d-Kontakt schaltet das E-Relais ab; e-Kontakt schaltet den D-Magnet ein usw. Bei jeder Erregung des D-Magnets führt der Wähler einen Drehschritt aus. Das Wechselspiel zwischen D und E wird durch den $p_2$-Kontakt unterbrochen, wenn das P-Relais auf eine freie Leitung aufprüft. Die nachfolgende Stromstoßgabe wird durch den $a_3$-Kontakt als Erdstromstöße auf der a-Ader, die Steuervorgänge durch den $b_2$-Kontakt mittels Steuerspannung auf der b-Ader zum nächsten Wähler weitergegeben.

Das Kennzeichen der Fremdsteuerung in diesem Beispiel ist die Erdung am nsa-Kontakt des Nummernschalters während der Nummerngabe bzw. die Weitergabe der Steuerspannung auf der b-Ader. Nach dieser Erdung zwecks Steuerung werden derartige Systeme auch *Erdsysteme* (Systeme mit Steuerung durch den Nummernschalter) genannt.

Bild 83 ist ein Auszug aus dem I. GW von Bild 86 und ein Beispiel für die Eigensteuerung. Die Stromstoßgabe wird im I. GW von einem nicht gezeichneten A-Relais aufgenommen und auf den Hebmagnetkreis weitergegeben (a-Kontakt in Bild 83). Der H-Magnet wird im Takt der Stromstoßgabe erregt, während sich das Verzögerungsrelais V durch den Kurzschluß der zweiten Wicklung während der gesamten Stromstoßreihe hält (Näheres vgl. Abschnitt V 3 unter „Einstellung des I. GW"). Der v-Kontakt öffnet den Drehmagnetkreis, bevor der D-Magnet durch das Schließen des Kopfkontaktes k erregt werden kann. Nach Ablauf der Stromstoßreihe öffnet der a-Kontakt dauernd; das V-Relais wird abgeschaltet und legt seine Kontakte nach einer bestimmten Verzögerungszeit um. Der v-Kontakt schließt also den Drehmagnetkreis, so daß

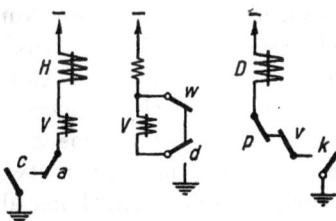

Bild 83. Eigensteuerung (Auszug aus dem Schleifensystem von Bild 86).

sich D-Magnet und V-Relais im Zusammenspiel gegeneinander ein- und ausschalten; dabei wird die Verzögerung des V-Relais durch den Drehmagnetkontakt d und den Wellenkontakt w aufgehoben. Der Stromlauf in Bild 86 ist durch Vereinigung der beiden Stromkreise des V-Relais in Bild 83 vereinfacht.

Das für den Umsteuervorgang benutzte Verzögerungsrelais wird auch *Steuerrelais* bzw. *Umsteuerrelais* genannt. Die Abfallverzögerung der Steuerrelais muß so groß sein, daß sie die kurzen (Schließungs-)Zeiten des Nummernschalters (31...48 ms; vgl. Abschnitt IV, 2) zuzüglich der maximalen negativen Verzerrung des Stromstoßrelais (bzw. der an dem Wahlvorgang beteiligten Stromstoßrelais) überbrücken. Die Abfallzeit darf andererseits nicht zu groß sein, damit die Freiwahlzeit bei GW nicht unzulässig eingeschränkt wird. Mit dem erforderlichen Sicherheitszuschlag (Zeitsicherheit) und unter Berücksichtigung einer wirtschaftlichen Fabrikation werden für Steuerrelais Abfallzeiten von 80...130 ms vorgeschrieben.

Die beschriebene Steuerung wird in den neuzeitlichen *Schleifensystemen* verwendet, bei denen für die Nummerngabe im Fernsprecher lediglich Schleifenunterbrechungen (also keine Steuererde) erforderlich sind. Zu den Schleifensystemen gehören auch Systeme, die nur eine Ader und Erde als Rückleitung benutzen. Erde an der Sprechstelle ist also nicht ohne weiteres ein Kennzeichen für ein Erdsystem.

## 8. Hörzeichen und Ruf

**Hörzeichengabe** ist der Vorgang, durch den die Teilnehmer irgendwelche für sie wichtige Zeichen erhalten.

Man muß unterscheiden zwischen Zeichen für den Anrufenden und Zeichen für den Angerufenen. Die Zeichen für den Anrufenden, die eigentlichen Hörzeichen,

sind das Wähl- oder Amtszeichen, das Ruf- oder Freizeichen und das Besetztzeichen sowie u. U. eingeführte Sonderzeichen; sie sollen dem Anrufenden, wenn
es erforderlich wird, Kenntnis vom Stand des Verbindungsaufbaues geben. Das
Zeichen für den Angerufenen ist der Ruf, der die Ankunft einer Verbindung
anzeigt.

a) Das **Wähl-** oder **Amtszeichen**[1]) teilt dem Anrufenden mit, daß er mit der
Nummernwahl beginnen kann. Dieses Zeichen ist nicht in jedem Fall unerläßlich. Im Siemens-Vorwählersystem z. B. nimmt die Vorwahl so wenig Zeit in
Anspruch, daß der erste Nummernempfänger (I. GW oder LW) bei Einzelanschlüssen immer schon bereitsteht, wenn die Stromstoßgabe des Teilnehmers
beginnt. In öffentlichen Ämtern, an die u. a. Nebenstellenanlagen angeschlossen
sind, ist das Zeichen dagegen erforderlich, da bei Verbindungen aus der Nebenstellenanlage heraus das Zuordnen einer freien Amtsleitung und die Vorwahl
im Amt zusammen einen etwas längeren Zeitraum beanspruchen können, dessen
Beendigung der Teilnehmer abwarten muß. Ähnliches gilt auch für Anrufsucher-
systeme, die je nach ihrer Einstellgeschwindigkeit längere Vorwahlzeiten aufweisen
als Vorwählersysteme. Das Wählzeichen ist daher im allgemeinen vorhanden.

b) Das **Ruf-** bzw. **Freizeichen**[2]) ertönt gleichzeitig mit dem Ruf zum Angerufenen;
es wird zum Anrufenden zurückgegeben und zeigt ihm an, daß die Verbindung
fertig aufgebaut ist und der Ruf beim Angerufenen ertönt, daß also die Wähleinrichtung sozusagen ihre Schuldigkeit getan hat. Obwohl diese Versicherung
überflüssig erscheinen mag, ist das Rufzeichen notwendig; denn der Teilnehmer
erfährt dadurch, daß er nicht „in der Luft hängt", sondern daß für ihn etwas
getan wird. Würde das Rufzeichen nicht ertönen, so würde der Teilnehmer unter
Umständen sofort wieder einhängen.

c) Das **Besetztzeichen** ertönt, wenn der gewünschte Teilnehmeranschluß und
oft auch, wenn sämtliche Ausgänge in der gewünschten Richtung besetzt gefunden werden. Um den Teilnehmer aufzufordern, den Handapparat sofort
wieder aufzulegen, ist das Besetztzeichen für nicht frei gefundene Teilnehmeranschlüsse vom LW her erforderlich. Es erspart dem Teilnehmer unnötige und
vergebliche Wartezeiten und vermeidet ferner, daß die Schalteinrichtungen
unnütz belegt bleiben. Auch bei Besetztsein aller Ausgänge einer Richtung,
also z. B. aller Ausgänge des VW oder einer Dekade eines GW, ist dieses Zeichen
zweckmäßig; denn man ist auch hier möglichst bemüht, den Teilnehmer nicht
„in der Luft hängen", d. h. ihn niemals ohne Hinweis auf den eingetretenen
Verbindungszustand zu lassen. Allerdings wählt ein großer Teil der Teilnehmer
nicht mit dem Hörer am Ohr, so daß derartige Teilnehmer bei einem Besetztzeichen wegen Besetztseins von Verbindungsmitteln unter Umständen glauben,

---

[1]) Die Bezeichnung „Amtszeichen" war für öffentliche Ämter, die Bezeichnung
„Wählzeichen" dagegen für Betriebsfernsprechanlagen (Nebenstellenanlagen oder Wähl-
anlagen für reinen Hausverkehr) gedacht. Nach einem Vorschlag des CCIF = Comité
Consultatif International Téléphonique (F = Fernsprechen), Oslo 1938, soll künftig die
Bezeichnung „Wählzeichen" allgemein benutzt werden.

[2]) Nach einem Vorschlag des CCIF, Oslo 1938, soll künftig nur die Bezeichnung
„Rufzeichen" verwendet werden.

daß es sich um Besetztsein des gewünschten Anschlusses handelt. Letzteres könnte, wie es auch schon eingeführt worden ist, durch unterschiedliche Besetzt‑ zeichen für die beiden Betriebsfälle „Teilnehmer besetzt" und „kein Ausgang mehr frei" vermieden werden. Diese beiden Zeichen müssen einerseits eine gewisse Ähnlichkeit haben, da sie fast gleiche Vorgänge anzeigen sollen; sie dürfen anderer‑ seits nicht zu ähnlich sein, da ihre unterschiedliche Bedeutung sonst vom Teil‑ nehmer doch nicht beachtet werden würde. Jede Erhöhung der Zahl der Hör‑ zeichen birgt jedoch die Gefahr in sich, den Teilnehmer zu verwirren.

d) Der **Ruf** zeigt dem angerufenen Teilnehmer an, daß eine Verbindung bis zu seiner Sprechstelle aufgebaut ist. Dieses Zeichen ist auf jeden Fall unerläß‑ lich. Man unterscheidet einen **1. Ruf** und einen **Weiterruf.** Der 1. Ruf (erstmalig im Siemens-System verwendet; MünchenSchwabing im Jahre 1909) ertönt sofort, nachdem der LW den Anschluß frei gefunden hat. Danach findet in Abständen von 5 oder 10 s der Weiterruf statt. Der 1. Ruf vermeidet ganz allgemein unnötige Wartezeiten. Er hat ferner große Bedeutung für Nebenstellenanlagen. In diesen Anlagen wird nämlich im ankommenden Verkehr die Amtsleitung erst durch den zur Nebenstellenanlage fließenden Rufstrom für Verbindungen in abgehender Richtung gesperrt. Würde der 1. Ruf fehlen, so bliebe die vom Amt aus belegte Amtsleitung bis 10 s in der Nebenstellenanlage in abgehender Richtung unge‑ sperrt; es bestände dann also die Gefahr, daß die bereits ankommend belegte, aber noch nicht gesperrte Amtsleitung noch außerdem in abgehender Richtung belegt wird. Der 1. Ruf verhindert hier somit „Falschverbindungen".

Es sind also drei Hörzeichen und der Ruf als unerläßlich bzw. sehr zweckmäßig festgestellt. Wie schon beim Besetztzeichen angedeutet, kann man die Zahl der Hörzeichen erhöhen. In England wird z. B. ein besonderes Zeichen „number unobtainable tone" oder „dead line tone" zum Teilnehmer gegeben, wenn ein Wähler auf eine Dekade oder auf eine Einzelnummer eingestellt wird, deren Ausgänge zur Zeit nicht benutzt werden oder Reserven des Amtes bilden. Es ist jedoch nicht zweckmäßig, die Zahl der Hörzeichen unnötig zu ver‑ größern. Man muß sich vielmehr bei allen Betriebsvorgängen, die vom Teil‑ nehmer verstanden und ausgewertet werden müssen, vor Augen halten, daß dieser nicht ein ausgebildeter Fernsprechtechniker ist und daß überhaupt die Zahl der gelegentlichen und daher noch weniger geübten Telefonbenutzer ziemlich groß ist. Jede Vermehrung der Hörzeichen bedeutet daher für einen größeren Teilnehmerkreis eine Erschwerung und birgt die Gefahr in sich, daß die Zeichen vom Teilnehmer nicht verstanden bzw. verwechselt werden. Man beschränkt sich daher, abgesehen vom Ruf, im allgemeinen auf

Wähl- oder Amtszeichen,
Ruf- oder Freizeichen,
Besetztzeichen.

Als **Rufstrom** wird Wechselstrom von 25 Hz benutzt. Hierbei schlägt der Klöppel des Wechselstromweckers 50mal in der Sekunde an. Der Rufstrom wird vom LW nach dessen Einstellung sofort nach dem Vorgang des Freiprüfens an die a/b-Adern gelegt.

Für die Hörzeichen wird tonfrequenter Wechselstrom verwendet, der in bestimmtem Takt gesendet wird. Die im einzelnen verwendeten Frequenzen und Morsezeichen sind von Land zu Land verschieden. Mit fortschreitender Ausdehnung der Wähltechnik auf den Fernverkehr sind die Hörzeichen auf die hierbei auftretenden zusätzlichen Forderungen abzustimmen (z. B. Verstärkertechnik, Tonfrequenzfernwahl, Echosperren usw.). Aus diesem Grunde sind vom CCIF Empfehlungen für die Art und Vereinheitlichung der Hörzeichen gegeben worden. Danach soll die Zahl der in zwischenstaatlichen Fernsprechkreisen zu übertragenden Hörzeichen möglichst beschränkt werden (möglichst nur das Ruf- bzw. Freizeichen und das Besetztzeichen); als Frequenz wird 400...450 Hz vorgeschlagen. Diesen Vorschlägen müssen sich dann auch alle Hörzeichen, die in innerstaatlichen und in Ortsnetzen gegeben werden, anpassen. Es sei z. B. an das Besetztzeichen erinnert, für das das früher verwendete Dauersummen von 150 Hz bereits zum Teil zugunsten eines unterbrochenen Tones von 450 Hz verlassen worden ist. Nach dieser Frequenzumstellung ist der Rhythmus des Wählzeichens wichtig, das bei gleicher Tonhöhe wie das Besetztzeichen leicht mit diesem verwechselt werden könnte (wenn z. B. alle Ausgänge des I. VW besetzt sind, ertönt das Besetztzeichen an Stelle des Wählzeichens). Als Wählzeichen wird daher zur Zeit in öffentlichen Ämtern ein Morse-a von 450 Hz oder ein tiefer Summerton von 150 Hz (z. B. Berlin), in Nebenstellenanlagen ein Morse-s von 450 Hz gegeben. Der tiefe Summerton von 150 Hz ist zulässig, da eine Übertragung des Wählzeichens über Fernleitungen zunächst noch nicht in Betracht kommt. Sollte jedoch bei einer künftigen Entwicklungsstufe der Fernwahltechnik eine Wiederholung des Wählzeichens während der Wahl, z. B. beim Erreichen des gewünschten Fernamtes, zweckmäßig werden, würde auch für das Wählzeichen nicht mehr die Frequenz von 150 Hz verwendet werden können.

## 9. Auslösen

**Auslösen** ist der Vorgang, durch den alle für eine vollständige oder auch noch nicht vollständige Verbindung benutzten Einrichtungen wieder in eine Ruhelage zurückkehren. Dies kann, beispielsweise bei Wählern, eine bestimmte Anfangsstellung oder eine beliebige, d. h. unter anderem auch die gerade vorher benutzte Schrittstellung sein.

Das Auslösen wird bei vollständigen Verbindungen nach Gesprächsschluß durch das Auflegen eines oder beider Handapparate eingeleitet. Der Auslösevorgang kann dabei vom Anrufenden oder vom Angerufenen oder von beiden abhängig gemacht werden; die Verbindung kann ferner von demjenigen Teilnehmer ausgelöst werden, der seinen Handapparat zuerst auflegt. Bei unvollständigen Verbindungen muß die Auslösung in jeder Phase des Verbindungsaufbaues möglich sein, also z. B. sofort nach dem Abheben des Handapparates oder während der Nummernwahl oder wenn wegen Besetztseins der gewünschten Sprechstelle oder aller Ausgänge einer Wahlstufe das Besetztzeichen ertönt. Die benutzten Wähler kehren in eine Anfangsstellung zurück (z. B. I. VW, GW, LW usw.) oder sie bleiben auf dem betreffenden Schritt stehen bzw. schalten sich nur noch um einen Schritt weiter (z. B. II. VW, MW, unter Umständen auch AS).

Um die auslösende Stelle zu kennzeichnen, spricht man von **Auslösung**, wenn der Anrufende den Vorgang veranlaßt, und von **Rückauslösung**, wenn ihn der Angerufene veranlaßt. Man kann ferner zwischen einseitiger und zweiseitiger Auslösung unterscheiden. Bei der **einseitigen Auslösung** ist der Auslösevorgang abhängig vom Auflegen eines der beiden Teilnehmer; bei der **zweiseitigen Auslösung** ist er abhängig vom Auflegen beider Teilnehmer.

Systematisch geordnet ergeben sich also in der Hauptsache folgende Möglichkeiten für die Auslösung von **vollständigen** Verbindungen:

a) *Auslösung abhängig vom Anrufenden; Angerufener blockiert*

Die Verbindung kann nur ausgelöst werden, wenn der Anrufende den Handapparat auflegt. Der Angerufene kann seinen Handapparat beliebig oft auflegen und wieder abheben, ohne den Verbindungsaufbau zu beeinflussen. Diese schaltungstechnische Lösung bietet Vorteile für Verbindungen vom Fernamt und für solche nach Nebenstellenanlagen. Der Angerufene ist jedoch durch den Anrufenden blockiert, d. h. er kann bis zu dem Zeitpunkt, in dem auch der Anrufende seinen Handapparat auflegt, weder angerufen werden noch selbst eine neue Verbindung herstellen (vgl. auch Abschnitt V, 3 unter „Auslösung"). In dieser Weise arbeiten z. B. die neueren Reichspostsysteme wie System 29 und 40.

b) *Auslösung abhängig vom Anrufenden; Angerufener nur zeitweilig blockiert*

Diese schaltungstechnische Lösung gleicht der unter a) beschriebenen. Der Angerufene kann sich jedoch durch mehrmaliges Auflegen und Wiederabheben des Handapparates freischalten. Die Ausführung ist in älteren Schrittschaltsystemen mit LW, die einen Steuerschalter enthalten, verwirklicht (z. B. Reichspostsystem 22).

c) *Auslösung abhängig vom Angerufenen*

Diese Lösung ist nicht eingeführt, da sie im allgemeinen keine Vorteile, sondern eher Nachteile bietet.

d) *Auslösung abhängig von beiden Gesprächspartnern*

Die Verbindung wird erst ausgelöst, wenn beide Teilnehmer ihren Handapparat aufgelegt haben. Diese Ausführung wird in Systemen verwendet, in denen die Mikrofonspeisung für beide Teilnehmer einer gemeinsamen Speisebrücke entnommen wird. Das findet im allgemeinen jedoch nur für kleinere Anlagen Verwendung, z. B. für kleine Nebenstellenanlagen und kleine Privatanlagen für reinen Hausverkehr (ohne Verkehr in das öffentliche Netz).

e) *Auslösung oder Rückauslösung, abhängig von dem Teilnehmer, der zuerst den Handapparat auflegt*

Die Verbindung löst aus, sobald einer der beiden Teilnehmer den Handapparat auflegt. Diese Lösung hat den Vorteil, daß die Wähler bzw. sonstigen Verbindungsmittel unmittelbar nach Gesprächsschluß freigegeben werden und keine unnötigen und unwirtschaftlichen Leerzeiten entstehen können. Sie ist auch im halbselbsttätigen Verkehr vorteilhaft, da dadurch der von der Vermittlungsperson aufgebaute Verbindungsabschnitt vom Angerufenen abhängig gehalten wird. Diese Auslöseart wird in Nebenstellenanlagen (z. B. auch im Einheitssystem der

Deutschen Bahn) und Privatanlagen für reinen Hausverkehr (ohne Verkehr in das öffentliche Netz) angewendet.

f) *Auslösung abhängig von beiden Teilnehmern, jedoch mit Freischalten jedes Teilnehmers unmittelbar nach dem Auflegen seines Handapparates.*

Die Verbindung wird gehalten, bis beide Teilnehmer ihren Handapparat aufgelegt haben. Jeder Teilnehmer wird jedoch freigeschaltet, sobald er den Handapparat auflegt. Diese schaltungstechnische Lösung erfüllt die Bedingung, daß jede Verbindung zwischen Anrufendem und Angerufenem genau verfolgt und die betreffenden Anrufnummern festgestellt werden können, sobald einer von den beiden Teilnehmern nicht auflegt, und zwar wird diese Bedingung ohne Blockierung des anderen Teilnehmers und ohne besondere Zuordnung von Fangeinrichtungen erfüllt. Die Ausführung ist nur in Anrufsuchersystemen möglich. In Vorwählersystemen dagegen ist eine Freischaltung des Anrufenden bei Nichtauslösung des übrigen Verbindungsweges technisch nicht durchführbar, so daß hierbei nur die Freischaltung des Angerufenen vorgesehen werden kann.

Der Auslösevorgang wird durch die Schleifenöffnung der Teilnehmerschleife beim Auflegen des Handapparates eingeleitet. Auf seiten des Anrufenden kommen aber auch bei der Nummernwahl Schleifenunterbrechungen vor. Das *Auslöserelais* im I. GW (C-Relais im Siemenssystem; vgl. Bild 86) muß daher die langen (Öffnungs-) Zeiten des Nummernschalters zuzüglich der maximalen positiven Verzerrung des Stromstoßrelais des I. GW (bzw. etwaiger sonstiger Umsetzerrelais z. B. in Reichweiten-Übertragungen) überbrücken. Mit dem erforderlichen Sicherheitszuschlag (Zeitsicherheit) und unter Berücksichtigung einer wirtschaftlichen Fabrikation werden für diese Auslöserelais Abfallzeiten von 125...180 ms vorgeschrieben.

## 10. Sprechkreis

Unter **Sprechkreis** ist alles zusammengefaßt, was zur Übertragung der Sprache erforderlich ist bzw. bei Übertragung der Sprache eine fördernde oder hemmende Wirkung hat.

Zwischen den beiden Fernsprechern verläuft der Sprechkreis über die Teilnehmerleitungen, über die a/b-Adern der Schalteinrichtungen und über die Verbindungsleitungen zwischen den Schalteinrichtungen. In dieser Beziehung sind als Hauptforderungen zu nennen:

a) möglichst geringe Gesprächsdämpfung innerhalb der Verbindung,

b) möglichst hohe Symmetrie der gesamten Verbindung und damit möglichst große Übersprechdämpfung zwischen verschiedenen Verbindungen und möglichst geringe Störbeeinflussung.

Die *Gesprächsdämpfung* einer vollständigen Verbindung hängt von den elektrischen Eigenschaften der Teilnehmer- und Verbindungsleitungen, der Schalteinrichtungen und der angeschlossenen Fernsprecher bzw. sonstiger Teilnehmergeräte ab. Die Gesprächsdämpfung soll einen bestimmten Wert nicht überschreiten. Hierfür sind vom CCIF Empfehlungen für zwischenstaatliche und innerstaatliche Verbindungen aufgestellt, auf die die Netzplanung Rücksicht zu nehmen hat.

Die Mikrofone im Sprechkreis sind Wechselstromerzeuger, die eine ausreichende Wechselspannung nur bei genügender „Erregung" abgeben. Der hierfür erforderliche Gleichstrom wird *Speisestrom* genannt. Er wird im allgemeinen einer gemeinsamen *Amtsbatterie (Zentralbatterie, ZB-System)* über Speiserelais entnommen, die in Brücke zwischen den Sprechadern liegen. Diese Speisebrücken sind möglichst in dem Amt anzuordnen, an das die betreffende Teilnehmerleitung angeschlossen ist, um den Speisestrom nicht durch den Widerstand von Verbindungsleitungen zu schwächen. Der Speisestrom ist dann nur noch von dem Widerstand der Teilnehmerleitungen abhängig. Die Schwächung, die der Speisestrom mit steigender Länge der Teilnehmerleitung erfährt, ergibt eine *Zusatzdämpfung.* So ergibt sich beispielsweise in einem 60-V-System (Amtsbatterie von 60 V) eine Senkung des Speisestromes **im** Mikrofon von etwa 40 mA bei 0-$\Omega$-Leitungswiderstand auf etwa 20 mA bei $2 \times 500$-$\Omega$-Leitungswiderstand und damit eine Zusatzdämpfung von etwa 0,4 N.

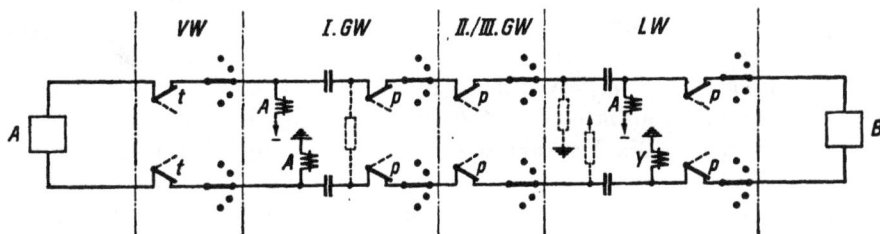

Bild 84. Sprechstromkreis über VW—I. GW—II./III. GW—LW.

Unter *Symmetrie* bzw. *Unsymmetrie* versteht man den Zustand der a/b-Adern gegen Erde. Vollkommene Symmetrie ist vorhanden, wenn die Scheinwiderstände der Schaltungsglieder, die paarweise in gleichen Abschnitten der Sprechadern eingeschaltet sind, oder paarweise in Brücke zwischen den Sprechadern und Erde (bzw. geerdeter Batterie) liegen, jeweils in Betrag und Winkel übereinstimmen.

In den Sprechadern (a/b-Adern) liegt eine Reihe von Kontakten; dies können edle Druckkontakte (z. B. an Relais) und unedle Schleifkontakte (z. B. an Wählern) sein. In Bild 84 ist der Sprechstromkreis an Hand eines Auszuges aus Bild 86 gezeichnet.

Jeder Kontakt hat einen bestimmten Widerstand (Kontaktwiderstand). Dieser entsteht erstens dadurch, daß nur Teile der scheinbaren Berührungsfläche wirklich „Kontakt geben" (Engewiderstand; Lit. 29). In der Luft — im praktischen Betrieb der Wählanlagen werden ja keine Kontakte im Vakuum verwendet — entstehen zweitens Fremdschichten auf den Metalloberflächen (z. B. Oxyde, Chloride, Sulfide usw.), die zu erheblichen Erhöhungen des Widerstandes an der Kontaktstelle führen können (Schichtwiderstand; bis zu mehreren 1000 $\Omega$). Eine Folge dieser Widerstandserhöhungen kann ein merkbarer Dämpfungszuwachs in der Sprachübertragung sein, der bis zur völligen Unterbrechung der Sprachübertragung führen kann und als *Gesprächsschwund* oder *Sprachschwund* bezeichnet wird; im Fernverkehr über verstärkte Leitungen können außerdem größere Widerstandsänderungen die Stabilität der Verbindung gefährden.

Wird jedoch an den betreffenden Kontakt eine gewisse Spannung gelegt, so wird die auf ihm entstandene Fremdschicht „durchschlagen", und der Widerstand an der Kontaktstelle geht durch die sich bildende besser leitende Brücke wieder auf einen geringeren Wert zurück. Dieser Vorgang des „Durchschlagens" wird *Frittung* genannt; er ist vor allem von der Spannung an der Kontaktstelle abhängig. Diese während des Frittvorganges an der Kontaktstelle herrschende Spannung wird als *Frittspannung* bezeichnet. Die Größe der Frittspannung hängt von dem als Kontaktmaterial benutzten Metall ab. Da der über eine Kontaktstelle fließende Strom bei kleinen Kontaktbewegungen und den damit unter Umständen verbundenen Widerstandsschwankungen Geräusche begünstigt, deren Stärke mit der Stromstärke anwächst, hält man den Strom, der über die Kontaktstelle fließt, möglichst niedrig. Für den praktischen Betrieb werden zur Frittung oft Spannungen von etwa 10 V, gemessen am offenen Kontakt, vorgesehen, wobei die Ströme über die Kontaktstelle etwa um 1 mA betragen. In Bild 84 fließen die bedeutend höheren Speiseströme für die Sprechstelle A über die Kontaktstellen im VW, für die Sprechstelle B über die Kontaktstellen im LW. An diesen Kontaktstellen sind also keine zusätzlichen Maßnahmen für Frittung notwendig. Die Kontaktstellen im I. GW und II./III. GW dagegen werden nicht vom Speisestrom, sondern nur von den Sprachwechselströmen durchflossen. Derartige Kontakte in den Sprechadern bezeichnet man auch als „trocken"; sie sind den geschilderten Einflüssen unterworfen, so daß für sie Maßnahmen zur Frittung getroffen werden müssen. Zu diesem Zweck kann z. B. ein besonderer Stromkreis über die in Bild 84 gestrichelt eingezeichneten Hochohmwiderstände *(Frittwiderstände)* gebildet werden; etwaige durch die Schaltung bedingte Brücken können dabei naturgemäß mitbenutzt werden. Die Werte von Frittwiderständen liegen je nach deren Einsatz in der Größenordnung von 50 000 bis 200 000 $\Omega$. Aus dem Gesagten geht hervor, daß in Systemen, in denen die Mikrofonspeisung für beide Teilnehmer aus dem LW stattfindet, keine Frittung erforderlich ist, da in derartigen Systemen keine „trockenen" Kontaktstellen vorkommen.

Die Art, wie die Frittung in ein System eingearbeitet wird, richtet sich nach der betreffenden Systemschaltung. Wenn möglich, bildet man einen Frittstromkreis über die beiden Sprechadern des betreffenden Verbindungsabschnittes und einen hochohmigen Querwiderstand; man bezeichnet diese Art als *Schleifenfrittung* (vgl. Bild 84). Ist dies nicht möglich, so muß man *getrennte Frittstromkreise* für beide Sprechadern bilden. Hierbei erzielt man einwandfreie Verhältnisse, wenn jeder dieser Frittstromkreise von Spannung nach Erde führt. Diese Frittung ist ebenso wie die Schleifenfrittung *leitungsunabhängig*. Unter Umständen werden jedoch für die getrennten Frittstromkreise auch nur die Potentialunterschiede an den beiden Teilnehmer-Speisebrücken (im I. GW und LW) ausgenutzt, die auf Grund der verschieden langen Teilnehmerleitungen der jeweiligen Gesprächspartner entstehen; eine derartige *leitungsabhängige* Frittung ist nicht in allen Fällen wirksam.

Der Frittstromkreis kann nach Aufbau der betreffenden Verbindung bzw. des betreffenden Verbindungteils bis zur Auslösung bestehen; man spricht dann von *Dauerfrittung*. Er kann jedoch auch nur in bestimmten Abständen kurzzeitig geschlossen werden; man bezeichnet dies mit *Stoßfrittung*.

## 11. Stromzufuhr, Stromlieferung, Stromversorgung

Unter **Stromzufuhr, Stromlieferung, Stromversorgung** versteht man die Erzeugung und Verteilung des für das Arbeiten der Gesamteinrichtung erforderlichen Gleich- und Wechselstromes.

Erforderlich ist Gleichstrom für die Erregung der Kraftmagnete und Relais, für die Mikrofonspeisung usw. sowie Wechselströme verschiedener Frequenz für die Hörzeichengabe und für die Abgabe von Schaltkennzeichen über „abgeriegelte" Fernleitungen. Die Betriebsspannungen werden in gemeinsamen Einrichtungen des Amtes oder der Zentrale erzeugt *(Stromversorgungs-, Stromlieferungsanlage)*. Die Zuführungen sind abgesichert (vgl. Abschnitt XIII).

Als Spannung der *Amtsbatterie (Amtsspannung)* wird im allgemeinen 60 V (z. B. deutsche Systeme), oder 48 bzw. 50 V (z. B. amerikanische und schwedische Systeme) verwendet. In Nebenstellenanlagen oder anderen Betriebsfernsprechanlagen findet man außerdem Spannungen der Zentralbatterie von 24 V und 36 V.

## 3. GRUNDSÄTZLICHE SCHALTUNG EINES WÄHLSYSTEMS MIT DEKADISCHEM AUFBAU

An Hand einer vereinfachten Schaltung sollen die für den Verbindungsaufbau erforderlichen Vorgänge besprochen werden. Die verwendete Schaltung (Bild 86, als Tafel am Schluß des Buches) baut sich in der Hauptsache nur auf die genannten elf unerläßlichen Forderungen auf. In dem dargestellten System werden bestimmte, für das Siemens System charakteristische Lösungen benutzt; es handelt sich um eine vereinfachte Schaltung des sog. F-Systems von Siemens & Halske. Da hier besonderer Wert auf Vereinfachung und Erleichterung für das Einarbeiten gelegt wird, ergeben sich naturgemäß gewisse Abweichungen von der Praxis, d. h. von der wirklichen Schaltung des betreffenden Siemens-Systems.

Bild 86 vereinigt in einem Stromlauf die Schaltungen vom VW, I. GW, II. GW und LW. Es handelt sich also um eine Anlage mit vierstelligen Anrufnummern. Die VW enthalten als Schrittschaltwerk 10teilige Drehwähler, die GW und LW 100teilige Hebdrehwähler ohne Auslösemagnet (Viereckwähler). In Bild 85 ist das Relaisdiagramm abgebildet, aus dem die Arbeitsweise der einzelnen Relais (Anzugs- und Abfallzeiten nur als kurze oder lange Zeiten unterschieden) zu erkennen ist.

### Vorwahl

*Belegen des VW, Freie Wahl, Sperren des eigenen Anschlusses.* Der anrufende Teilnehmer (oben in Bild 86) hebt den Handapparat ab. In seinem Fernsprecher wird die Teilnehmerschleife und dadurch der Stromkreis für das R-Relais geschlossen: Spannung, Widerstand, $t_1$, a-Ader, Sprechstelle, b-Ader, $t_2$, R-Relais, Erde.

Der r-Kontakt schließt den Fortschaltekreis des Drehwählers: Spannung, d-Arm des Drehwählers, r, $t_3$, Drehmagnet D, Relaisunterbrecher RU, Erde.

Der Stromkreis für den Drehmagnet wird über den ein- oder zweimal je Gestellrahmen (= 100 VW) vorhandenen Relaisunterbrecher abwechselnd geschlossen und geöffnet. Der Drehmagnet schaltet den Drehwähler entsprechend schrittweise weiter (freie Wahl). Beim ersten Schritt gelangt der d-Arm von Kontaktlamelle „0" auf das durchgehende Segment „1...10", das eine besondere Bedeutung für den selbsttätigen Heimlauf des VW nach Gesprächsschluß hat. Gleichzeitig öffnet der c-Arm beim ersten Schritt den Prüfweg von der LW-Stufe her und sperrt dadurch den Teilnehmeranschluß gegen Belegungen von einem der LW (ankommende Verbindungen).

*Prüfen.* Der Drehwähler sucht in freier Wahl seine Kontaktbank nach einem freien Ausgang ab, d. h. er prüft beim Drehen jeden Ausgang auf „Frei" oder „Besetzt". Beim Auftreffen auf den ersten freien Ausgang wird das Trennrelais T über folgenden Prüfstromkreis eingeschaltet:

Spannung, d-Arm, r, T-Relais Wicklung II (Prüfwicklung) und Wicklung I (Sperrwicklung), c-Arm, Leitung zum I. GW, $a_3$, Widerstand, Kopfkontakt $k_1$, Erde.

*Sperren.* Das T-Relais öffnet durch den $t_3$-Kontakt den Fortschaltekreis des Drehmagnets, hält sich über diesen Kontakt weiter und schaltet dabei die Anzugswicklung II zuerst kurz und nach Abfall des R-Relais aus. Dadurch liegt an der Prüflamelle Spannung über die niederohmige Sperrwicklung I des T-Relais. Wenn ein anderer suchender.VW danach auf diesen Ausgang dreht, liegt das T-Relais (z. B. $800 + 10\ \Omega$) dieses suchenden VW hochohmig parallel zu der niederohmigen Sperrwicklung ($10\ \Omega$) des sperrenden VW. Das T-Relais des zweiten VW wird über die niederohmige Wicklung kurzgeschlossen, hat Fehlstrom und kann nicht aufprüfen.

*Durchschalten.* Die Kontakte $t_1$ und $t_2$ schalten die Teilnehmerleitung zum I. GW durch und trennen R-Relais und Widerstand von der Leitung ab; das R-Relais wird stromlos.

## Einstellung des I. GW

*Belegen.* Durch das Durchschalten der a/b-Adern im I. VW wird im I. GW das Stromstoß- bzw. Speiserelais A über die Wicklungen I und II eingeschaltet:

Spannung, A-Relais Wicklung I, a-Arm des VW, $t_1$, Teinehmerschleife, $t_2$, b-Arm des VW, A-Relais Wicklung II, Erde.

Der $a_3$-Kontakt öffnet den Kurzschluß des C-Relais, dessen Anker dadurch anziehen kann. Das C-Relais ist als Auslöserelais „verzögert" (im Stromlauf nach Bild 86 durch ein schwarzes Feld angedeutet). Die Verzögerung wird durch eine Kurzschlußwicklung (blanke Kupferwicklung auf dem Relaiskern) hervorgerufen. Die Abfallverzögerung beträgt etwa 125...180 ms, so daß der Anker des C-Relais bei dem nachfolgenden taktmäßigen Kurzschließen durch den $a_3$-Kontakt während der Nummernwahl (Öffnungszeiten des Nummernschalters) angezogen bleibt.

Der $c_1$-Kontakt bereitet das später erforderliche Weiterleiten der Stromstöße zum II. GW und LW vor. Der $c_2$-Kontakt schließt einen Haltestromkreis für das C-Relais, so daß C im I. GW und T im VW erregt bleiben, wenn sich der $k_1$-Kontakt*) beim Heben des Hebdrehwählers öffnet. Der $c_3$-Kontakt bereitet den Prüfstromkreis für das spätere Drehen vor, der $c_4$-Kontakt die Stromkreise für den Hebvorgang.

*Wählzeichen.* Die Bereitstellung des ersten Nummernempfängers (hier I. GW) wird dem Anrufenden durch das Wählzeichen (Summerton von 450 Hz im Takt des Morse-a, Morse-s usw. oder Dauersummen von 150 Hz) angezeigt: WZ (Wählzeichen), $c_5$, Kopfkontakt $k_3$, Summerwicklung (III) des A-Relais, Erde.

Die Summerwicklung III überträgt das Wählzeichen induktiv auf die beiden anderen Wicklungen I und II des A-Relais und damit auf die Sprechadern zum Anrufenden. Das Hörzeichen wird abgeschaltet, wenn sich der Kopfkontakt $k_3$ beim ersten Hebschritt des Wählers öffnet.

*Erste Nummernwahl.* Der Teilnehmer wählt eine „2" als erste Ziffer. Der Nummernschalter öffnet beim Rücklauf zweimal die Teilnehmerschleife und damit den Stromkreis, über den das Stromstoßrelais im I. GW erregt ist (rund 60 ms Öffnung, 40 ms Schließung.)

Entsprechend den Schleifenöffnungen wird das A-Relais zweimal stromlos. Über den $a_2$-Kontakt wird der Hebmagnet zweimal erregt: Spannung, H-Magnet, Wellenkontakt w, Drehmagnetkontakt d*), V-Relais Wicklung I, $a_2$, $p_5$, $c_4$, Erde.

Das V-Relais wird über diesen Stromkreis ebenfalls eingeschaltet, sein Anker fällt aber während des taktmäßigen Öffnens des $a_2$-Kontaktes nicht ab, da die zweite Wicklung (hochohmig) des V-Relais durch die Kontakte w und d kurzgeschlossen wird. Hierbei wird eine ähnliche Abfallverzögerung hervorgerufen wie durch die vorher erwähnte Kupferwicklung des C-Relais. Das V-Relais arbeitet als Steuerrelais; da nur die kurzen Zeiten der Stromstoßgabe (= Schließungszeit des Nummernschalters) überbrückt zu werden brauchen, beträgt die Verzögerungszeit des V-Relais etwa 80...130 ms, im Mittel also etwa 100 ms.

Nach der letzten Schleifenunterbrechung bei der Stromstoßgabe bleibt das A-Relais erregt, bis der Teilnehmer die nächste Ziffer wählt. Bis zum Eintreffen dieser Stromstoßreihe stehen etwa 400 ms zur Verfügung. Während dieser Zeit muß der GW auf Drehen umsteuern, eindrehen, die betreffende Dekade selbsttätig nach einem freien Ausgang absuchen und einen freien Wähler der nächsten Wahlstufe bereitstellen.

*Steuern.* Beim ersten Hebschritt war das Steuerrelais V erregt worden; der Stromkreis für den Drehmagnet wurde mit dem v-Kontakt geöffnet, bevor der Kopfkontakt $k_2$ geschlossen hatte. Das V-Relais wird abgeschaltet, wenn der $a_2$-Kontakt nach der ersten Serie der Nummernwahl wieder dauernd geöffnet

---

*) Über die Arbeitsweise der Kopf-, Wellen- und Drehmagnetkontakte vgl. Abschnitt III, 1 c.

bleibt. Ist der v-Kontakt geschlossen, so hat der Wähler auf „Drehen" umgesteuert *(Eigensteuerung).*

*Freie Wahl.* Durch den v-Kontakt wird also der Drehmagnet eingeschaltet über:

Spannung, D-Magnet, $k_2$, v, $p_4$, Erde.

Der Drehmagnet dreht die Schaltarme auf den ersten Drehschritt. Der vom Drehmagnet gleichzeitig betätigte d-Kontakt erregt das V-Relais wieder:

Spannung, H-Magnet, V-Relais Wicklung II, d, Erde.

Der H-Magnet kann hierbei über die hochohmige Wicklung des V-Relais nicht wirksam werden. Das V-Relais öffnet mit v den Stromkreis des Drehmagnets. Dieser wird wieder abgeschaltet und öffnet mit d den Stromkreis des V-Relais. Das V-Relais wird ebenfalls abgeschaltet und erregt den Drehmagnet, wenn sich der v-Kontakt wieder schließt, usw. Da der Wellenkontakt w bereits beim ersten Drehschritt den Kurzschluß der Wicklung II geöffnet hatte, ist das V-Relais nicht mehr verzögert, so daß V-Relais und D-Magnet sich gegenseitig mit einer bestimmten Geschwindigkeit ein- und ausschalten: Der I. GW sucht in freier Wahl seine Ausgänge nach einem freien Wähler der nächsten Wahlstufe ab. Das V-Relais hat also zwei Aufgaben: es dient erstens als Umsteuerrelais von Heben auf Drehen und zweitens als Unterbrecherrelais beim selbsttätigen Drehvorgang.

*Prüfen.* Über den c-Arm des I. GW wird bei jedem Schritt des Wählers festgestellt, ob der jeweils erreichte Ausgang frei oder besetzt ist.

Sobald der c-Arm einen freien Ausgang erreicht, wird das Prüfrelais erregt:

Erde, $c_3$, P-Relais Wicklung II und I, c-Arm, Leitung zum II. GW, $k_1$, $c_3$, C-Relais Wicklung I, Spannung.

Der $p_4$-Kontakt öffnet den Dreh-Stromkreis endgültig; der Wähler bleibt auf diesem Schritt stehen.

*Sperren.* Das P-Relais schließt ferner über seinen $p_3$-Kontakt die eigene hochohmige Wicklung II kurz, wodurch der belegte Ausgang gesperrt wird, wie es an Hand von Bild 77 erläutert wurde.

*Durchschalten.* Die Kontakte $p_1$ und $p_2$ schalten die a/b-Adern zum II. GW durch.

*Sprechkreis.* Die beiden Symmetriewicklungen des A-Relais bleiben an der Leitung und bilden die Speise- und Stromstoßbrücke für die anrufende Sprechstelle.

### Einstellung des II. GW

*Belegen.* Gleichzeitig mit dem Prüfrelais P des I. GW wird im II. GW das Belegungsrelais C eingeschaltet und zieht kurz nach dem P-Relais an. Der $c_1$-Kontakt bereitet den Prüfstromkreis für die spätere freie Wahl, der $c_2$-Kontakt den Hebstromkreis vor; der $c_3$-Kontakt überbrückt den Kopfkontakt $k_1$, der sich beim ersten Hebschritt öffnet.

*Zweite Nummernwahl.* Der Teilnehmer wählt eine „2" als zweite Ziffer. Zwei Unterbrechungen der Teilnehmerschleife lassen das A-Relais des I. GW zweimal stromlos werden. Der $p_5$-Kontakt im I. GW verhindert, daß das V-Relais bei dieser und den nachfolgenden Stromstoßgaben unnötig durch den $a_2$-Kontakt erregt wird. Der $a_1$-Kontakt im I. GW legt zweimal Erde an die a-Ader in dem Stromkreis:

Erde, $c_1$, $a_1$, $p_1$, a-Arm des I. GW, Leitung zum II. GW, Wellenkontakt $w_1$, A-Relais, Spannung.

Der I. GW arbeitet also als Stromstoßumsetzer und setzt die Schleifenöffnungen der Teilnehmerleitung in einadrige Stromstoßgabe (Erdstromstöße) über die a-Ader um. Im II. GW wird der Hebmagnet durch den $a_2$-Kontakt zweimal erregt:

Spannung, H-Magnet, $a_2$, Wellenkontakt $w_2$, $c_2$, Erde.

Parallel zum Hebmagnet wirken die Stromstöße über $a_3$ auf die Wicklung III des P-Relais. Das P-Relais wird erregt und schließt mit $p_3$ seine hochohmige Wicklung II kurz. Das P-Relais erhält dadurch eine Abfallverzögerung; sein Anker bleibt während der kurzzeitigen Öffnungen von $a_3$ angezogen. Eine der Aufgaben des P-Relais ist nämlich, die Umsteuerung von Heben auf Drehen vorzunehmen; durch $p_4$ hält es den Dreh-Stromkreis offen, der beim ersten Hebschritt durch den sich schließenden Kopfkontakt $k_2$ für das spätere Drehen vorbereitet wird.

*Steuern.* Während der Pause (etwa 400 ms) bis zur nächsten Stromstoßgabe bleibt das A-Relais im I. GW erregt. Das A-Relais im II. GW wird also abgeschaltet, desgleichen das P-Relais durch Öffnen des $a_3$-Kontaktes. Durch das Abfallen des P-Relais wird von Heben auf Drehen umgesteuert *(Eigensteuerung)*; es schließt sich die freie Wahl des II. GW an.

*Freie Wahl.* Der Drehmagnet wird beim Abfall des P-Relais über den $p_4$-Kontakt erregt:

Spannung, D-Magnet, $k_2$, $p_4$, $a_1$, Erde.

Der Drehmagnet schaltet die Arme des II. GW auf den ersten Schritt, wobei die Wellenkontakte $w_1$ und $w_2$ geöffnet werden. Der Wellenkontakt $w_1$ trennt das A-Relais für die weiteren Vorgänge von der a-Ader ab; der Wellenkontakt $w_2$ verhindert endgültig ein späteres Betätigen des Hebmagnets und des P-Relais Wicklung III durch die Kontakte $a_2$ und $a_3$. Gleichzeitig mit dem Betätigen des Drehmagnets wird der d-Kontakt geschlossen, über den das A-Relais erregt wird:

Erde, d, A-Relais, Spannung.

Der $a_1$-Kontakt öffnet den Stromkreis für den Drehmagnet; der Drehmagnet wird stromlos. Der d-Kontakt öffnet den Stromkreis für das A-Relais; das A-Relais wird stromlos. Der Drehmagnet wird wieder betätigt und schaltet die Arme auf den nächsten Schritt usw. Durch wechselseitiges Arbeiten des Drehmagnets und des A-Relais dreht der II. GW mit einer bestimmten Geschwindigkeit innerhalb der eingestellten Dekade. Das A-Relais hat hier also ebenfalls zwei Aufgaben: es dient erstens als Stromstoßrelais bei der Nummernwahl und zweitens als Unterbrecherrelais beim selbsttätigen Drehvorgang.

*Prüfen.* Über den c-Arm des II. GW wird bei jedem Schritt des Wählers festgestellt, ob der jeweils erreichte Ausgang frei oder besetzt ist. Wenn der c-Arm einen freien Ausgang erreicht hat, wird das P-Relais im Prüfstromkreis in seiner zweiten Funktion als Prüfrelais erregt:

Erde, $c_1$, P-Relais Wicklung II und I, c-Arm, Leitung zum LW, $k_1$, $c_3$, C-Relais Wicklung I, Spannung.

Durch den $p_4$-Kontakt wird der Dreh-Stromkreis endgültig geöffnet; der II. GW hat den für die weitere Verbindungsherstellung erforderlichen Schritt erreicht.

*Sperren.* Mit dem $p_3$-Kontakt schließt das P-Relais seine hochohmige Wicklung II kurz und sperrt dadurch, wie bereits beschrieben, den belegten LW.

*Durchschalten.* Die Kontakte $p_1$ und $p_2$ schalten die a/b-Adern zum LW durch, so daß die nachfolgende Stromstoßgabe des $a_1$-Kontaktes im I.GW unmittelbar auf das Stromstoßrelais des LW einwirkt.

*Sprechkreis.* Die Sprechadern sind im II. GW frei von irgendwelchen Abzweigungen.

### Einstellung des LW

*Belegen.* Das Belegungsrelais C des LW wird gleichzeitig mit dem Prüfrelais des II. GW eingeschaltet und zieht kurz nach dem P-Relais an. Der $c_1$-Kontakt bereitet den Prüfstromkreis des LW vor. Der $c_3$-Kontakt überbrückt den Kopfkontakt $k_1$ und hält so den Belegungs- und Sperrstromkreis weiter geschlossen, wenn der Kopfkontakt beim ersten Hebschritt öffnet.

*Dritte Nummernwahl.* Der Teilnehmer wählt eine „3" als dritte Ziffer (Zehnerwahl). Entsprechend dem Ablauf des Nummernschalters wird das A-Relais im I. GW dreimal stromlos und erdet durch seinen $a_1$-Kontakt dreimal die a-Ader zum LW, in dem über den $p_4$-Kontakt das A-Relais Wicklung I entsprechend erregt wird. Der Hebmagnet im LW erhält 3 Stromstöße:

Spannung, H-Magnet, Wellenkontakt $w_1$, $u_4$, $a_1$, V-Relais Wicklung II und I, Erde.

Die Schaltarme des Wählers werden in die dritte Dekade gehoben. Kurz vor dem Hebmagnet wird das V-Relais erregt, das mit dem $v_4$-Kontakt die eigene Wicklung I kurzschließt. Der Anker des so verzögerten V-Relais bleibt also während der Zehnerwahl angezogen; der Heb-Stromkreis ist dadurch niederohmig.

*Steuern.* Durch den $v_4$-Kontakt ist der Umsteuerstromkreis (U-Relais, Wicklung I), der beim ersten Hebschritt des Wählers durch den $k_2$-Kontakt vervollständigt wird, vom V-Relais abhängig. Etwa 100 ms nach Beendigung der Nummernwahl fällt der Anker des V-Relais ab und schaltet mit dem $v_4$-Kontakt das Umsteuerrelais U ein:

Spannung, Hebmagnet (zieht wegen der hochohmigen U-Wicklung nicht an = Fehlstrom), Wellenkontakt $w_1$, U-Relais Wicklung I, $c_2$, Kopfkontakt $k_2$, $v_4$, Erde.

Durch den $u_4$-Kontakt wird von Heben auf Drehen umgesteuert *(Eigensteuerung)*, d. h. die vom A-Relais aufgenommenen Stromstöße wirken von jetzt ab über den gleichen $a_1$-Kontakt auf den Drehmagnet ein.

*Vierte Nummernwahl.* Der Teilnehmer wählt eine „3" als vierte Ziffer (Einerwahl). Im I. GW wird das A-Relais wieder dreimal stromlos und sendet entsprechend 3 Erdstromstöße zum A-Relais des LW. Dadurch wird diesmal der Drehmagnet dreimal erregt:

Spannung, D-Magnet, $p_5$, $u_4$, $a_1$, V-Relais, Erde.

Der Drehmagnet dreht die Schaltarme des LW auf den 3. Schritt der 3. Dekade, also auf den gewünschten Anschluß 2233. Kurz vor dem ersten Anziehen des Drehmagnets wird wieder das V-Relais erregt, dessen Anker, durch den $v_4$-Kontakt abfallverzögert, während der Stromstoßgabe angezogen bleibt.

*Steuern.* Der Stromkreis für U-Relais Wicklung I wird zwar durch den $v_4$-Kontakt geöffnet; das U-Relais bleibt aber erregt über:

Spannung, U-Relais Wicklung II, $v_5$, $u_2$, $c_4$, Erde.

Etwa 100 ms nach der letzten Stromstoßgabe fällt der Anker des V-Relais ab; dadurch wird auch das U-Relais abgeschaltet. Das U-Relais ist durch Kupferrohr verzögert; die Abfallzeit beträgt im Mittel etwa 150 ms. In diese Zeit fällt der Prüfvorgang.

*Prüfen.* Während der Zeit „$v_1$-Kontakt in Ruhestellung bereits wieder geschlossen, $u_1$-Kontakt noch nicht wieder geöffnet" findet der Prüfvorgang statt. Ist der Anschluß 2233 frei, so besteht folgender Prüfstromkreis:

Erde, $c_1$, $u_1$, $v_1$, P-Relais Wicklung II und I, c-Arm des LW, Leitung zum $VW_{2233}$, c-Arm des $VW_{2233}$ (Nullstellung), T-Relais des $VW_{2233}$, d-Arm des $VW_{2233}$, Spannung.

Das P-Relais wird betätigt und hält sich über den $c_1$-Kontakt und über seinen eigenen Kontakt $p_3$. Der $p_4$-Kontakt hebt die Abhängigkeit des A-Relais von den vorhergehenden Wahlstufen auf. Dadurch wird verhindert, daß durch „Nachwählen" des anrufenden Teilnehmers irgendwelche Schaltvorgänge hervorgerufen werden; gleichzeitig wird das Stromstoßrelais A Wicklung I zum Speiserelais.

Die für das Prüfen zur Verfügung gestellte Zeit ist durch die Abfallzeit für das U-Relais auf etwa 150 ms bemessen. Wäre der Prüfstromkreis nicht so ausgebildet, daß er zwangsläufig nach einer bestimmten Zeit aufgetrennt werden würde, so könnte der LW in Prüfstellung stehenbleiben, bis ein besetzt gefundener Anschluß wieder frei würde. Der Anrufende könnte dann also auf das Freiwerden des gewünschten Anschlusses warten. Dieser Zustand ist aber gefährlich, da mehrere LW in Prüfstellung warten können und ihre Prüfrelais beim Freiwerden des besetzten Anschlusses gleichzeitig eingeschaltet werden würden. Es bestände dann die Gefahr, daß zwei oder mehr LW durchschalten können, was zu Doppel- oder gar Mehrfachverbindungen führen würde.

*Sperren.* Der Anschluß 2233 muß gegen weitere Belegungen von anderen LW her gesperrt werden; gleichzeitig muß verhindert werden, daß beim Hörerabheben des Angerufenen der ihm zugeordnete VW anläuft. Gesperrt wird in bekannter Weise durch das P-Relais des LW, das seine hochohmige Wicklung kurzschließt. Das Anlaufen des VW wird durch dessen T-Relais verhindert, das in dem Prüfstromkreis vom LW her erregt wird und das R-Relais von der b-Ader abtrennt.

*Durchschalten.* Die Kontakte $p_1$ und $p_2$ im LW schalten die Sprechadern zum gewünschten Teilnehmer durch und ermöglichen gleichzeitig das Absenden des Rufes.

**1. *Ruf*.** Schließt das P-Relais beim Aufprüfen seine Kontakte, so entsteht folgender Stromkreis:

Spannung, D-Magnet (wird nicht betätigt, da Fehlstrom), $p_5$, $y_2$, V-Relais Wicklung III, $u_3$, Langsamunterbrecher LU, Erde.

Über den Langsamunterbrecher, der gemeinsam für die 20 LW eines LW-Gestellrahmens vorgesehen ist, wird das V-Relais etwa 500 ms lang erregt. Die Kontakte $v_2$ und $v_3$ schließen den Stromkreis für den 1. Ruf:

Rufstromquelle ($\sim$), $v_2$, $p_1$, a-Arm des LW, Teilnehmerleitung, Wecker und Kondensator der Sprechstelle 2233, Teilnehmerleitung, b-Arm des LW, $p_2$, $v_3$, Y-Relais Wicklung II, Erde.

Der Kurzschluß der Wicklung I des Y-Relais durch den $v_3$-Kontakt deutet eine Anzugverzögerung an, die verhindern soll, daß das Y-Relais durch den Rufstrom betätigt wird. Nach Ablauf der 500 ms öffnet der Langsamunterbrecher den Stromkreis für das V-Relais wieder; der 1. Ruf ist beendet. Der $v_5$-Kontakt öffnet den Haltekreis für das U-Relais Wicklung II; U-Relais wird stromlos.

*Rufzeichen*. Während der Rufstrom nach der angerufenen Sprechstelle 2233 fließt, gelangt ein kleiner Zweigstrom über den Rufzeichen-Kondensator usw. zum Anrufenden zurück. Dieses „Rufzeichen" gibt an, daß der gewünschte Teilnehmer gerufen wird.

*Weiterruf*. Das U-Relais schaltet beim Umlegen des $u_3$-Kontaktes den Erregerkreis für das V-Relais Wicklung III vom Langsamunterbrecher auf einen 10-s-Unterbrecher um. Danach wird das V-Relais in Abständen von 10 s kurzzeitig erregt. Im gleichen Takt ertönt der Ruf an der angerufenen Sprechstelle bzw. erhält der Anrufende das Rufzeichen.

*Besetztzeichen*. Wäre der Anschluß 2233 besetzt gewesen, so könnte das Prüfrelais des LW in der Zeit „$v_1$-Kontakt bereits geschlossen, $u_1$-Kontakt noch nicht wieder geöffnet" nicht erregt werden. Der Anrufende erhält das Besetztzeichen:

Erde, Besetztzeichen-Übertrager BZ, Wellenkontakt $w_2$, $p_6$, A-Relais Wicklung II, Erde.

*Melden des Angerufenen*. Wenn der angerufene Teilnehmer seinen Handapparat abhebt, werden im LW die Speiserelais A und Y erregt. Der $y_2$-Kontakt öffnet den Einschaltekreis für das V-Relais Wicklung III, so daß der Weiterruf nicht wieder einsetzen kann. Über $y_1$-Kontakt wird das spätere Abschalten des Y-Relais vom $c_6$-Kontakt, d. h. vom C-Relais, abhängig. Für die Gesprächszeit jedoch wird diese Wicklung aus Gründen der Stromersparnis durch den $a_2$-Kontakt unwirksam gemacht.

## Gespräch

Während des Gespräches sind erregt;

|  |  |
|---|---|
| Im I. $VW_{Anrufender}$ · · | Relais T |
| Im I. GW . . . . . . | Relais A, C und P |
| Im II. GW . . . . . | Relais C und P |
| Im LW . . . . . . . | Relais C, A, P und Y |
| Im I. $VW_{Angerufener}$ · · | Relais T. |

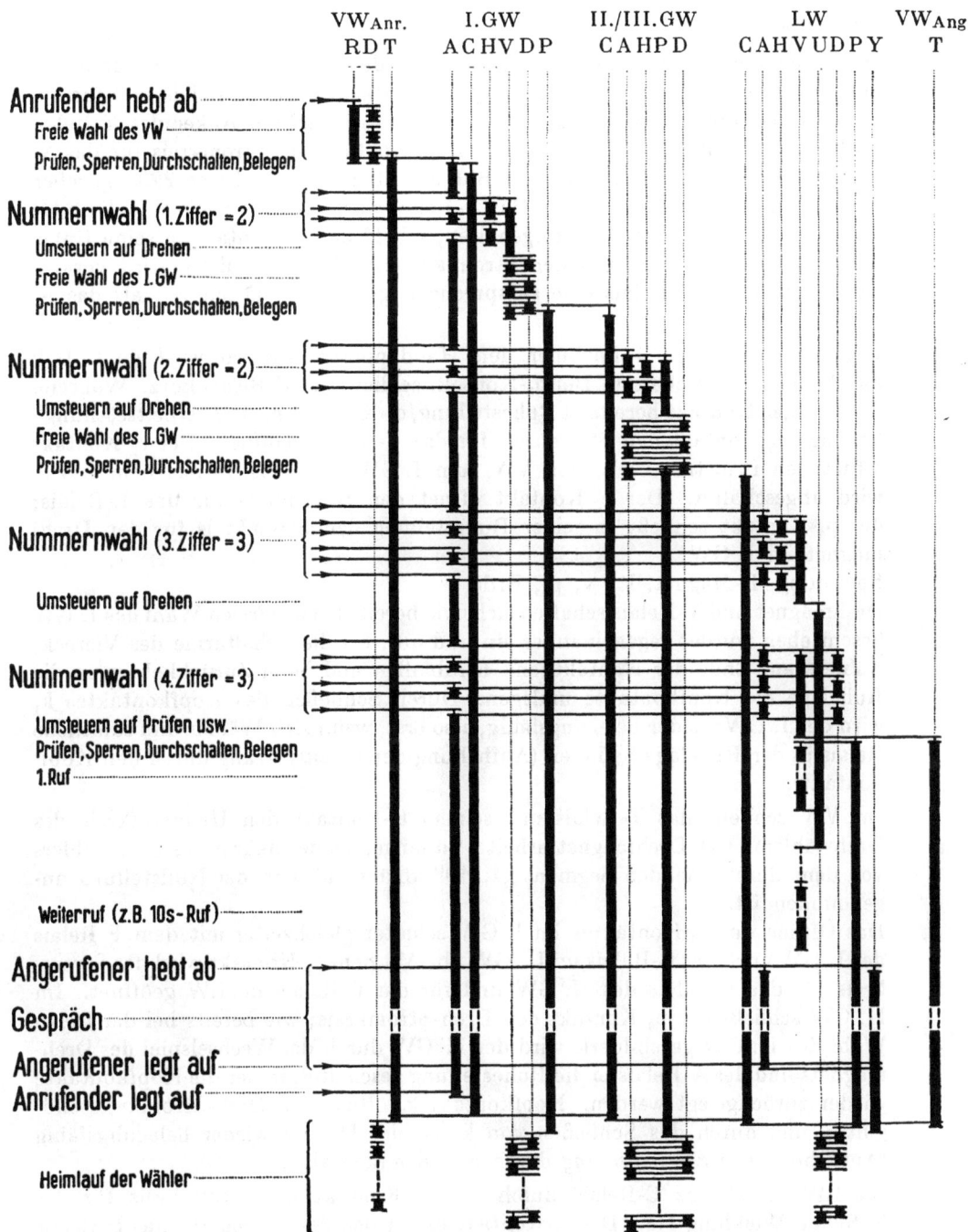

Bild 85. Relaisdiagramm für die Schaltung einer Wählanlage mit vierstelligen
Anrufnummern entsprechend Bild 86.
Stromlauf s. Bild 86 am Schluß des Buches.

## Auslösung

Wenn der angerufene Teilnehmer 2233 nach dem Gespräch den Handapparat auflegt, wird in seiner Sprechstelle der Stromkreis für das A-Relais und für das Y-Relais Wicklung I und II unterbrochen. Dabei darf der Anker des Y-Relais noch nicht abfallen, da sonst durch den $y_2$-Kontakt der Stromkreis für das V-Relais wieder geschlossen und der Ruf erneut zum Teilnehmer 2233 gegeben werden würde („Falscher Ruf"). Das Y-Relais wird daher über die Wicklung III abhängig vom $c_4$-Kontakt weitergehalten, sobald der $a_2$-Kontakt in seine Ruhelage zurückgekehrt ist. Um den Stromlauf einfach zu gestalten, wird vorausgesetzt, daß das Y-Relais eine entsprechend größere Abfallzeit hat als das A-Relais.

Legt der anrufende Teilnehmer den Handapparat auf, so wird im I. GW das A-Relais abgeschaltet. Der $a_3$-Kontakt schließt das C-Relais kurz. Während der Zeit „$a_2$-Kontakt bereits in Ruhestellung, $c_4$-Kontakt noch in Arbeitsstellung" hält der $p_5$-Kontakt den Stromkreis für das V-Relais geöffnet. Der $c_2$-Kontakt öffnet den Prüfstromkreis vom VW zum I. GW, und das T-Relais im I. VW wird abgeschaltet. Der $c_3$-Kontakt öffnet den Stromkreis für das P-Relais; der $p_4$-Kontakt schließt in seiner Ruhestellung den Stromkreis für den Drehmagnet im I. GW:

Spannung, D-Magnet, $k_2$, v, $p_4$, Erde.

Drehmagnet und V-Relais schalten sich, wie bereits bei der freien Wahl des I. GW beschrieben wurde, gegeneinander ein und aus, bis die Schaltarme des Viereckwählers am Ende der Kontaktbank herabfallen und beim Zurückkehren in die Ruhelage die Kopfkontakte umlegen. Durch Schließen des Kopfkontaktes $k_1$ wird der I. GW wieder belegungsfähig, also erst, wenn sich Wähler und sämtliche Relais in der Ruhelage befinden (Aufhebung der *Eigensperrung* durch den Kopfkontakt).

Im VW schließt das T-Relais mit seinem $t_3$-Kontakt den Heimlaufkreis des Drehwählers. Der Drehmagnet arbeitet so lange, bis der d-Arm des Drehwählers von dem durchgehenden Segment „1…10" abläuft, also in der Nullstellung angekommen ist.

Das Öffnen des $c_3$-Kontaktes im I. GW schaltet gleichzeitig mit dem P-Relais des I. GW auch das C-Relais im II. GW ab. Mit dem $c_1$-Kontakt wird der Stromkreis für das P-Relais des II. GW und für das C-Relais im LW geöffnet. Im II. GW schließt der $p_4$-Kontakt den Dreh-Stromkreis; wie bereits bei der freien Wahl des II. GW geschildert, wird der II. GW durch das Wechselspiel des Drehmagnets und des A-Relais in die Ruhestellung geschaltet, in der die Kopfkontakte wieder zurückgelegt werden. Kopfkontakt $k_2$ öffnet den Dreh-Stromkreis endgültig, und durch das Schließen von $k_1$ ist der II. GW wieder belegungsfähig (Aufhebung der *Eigensperrung* durch den Kopfkontakt).

Im LW öffnet das C-Relais durch den $c_4$-Kontakt den Stromkreis für das Y-Relais Wicklung III. Der $c_1$-Kontakt öffnet den Stromkreis für das P-Relais des LW und für das T-Relais des $VW_{2233}$. In dem dargestellten vereinfachten Stromlauf müssen die Abfallzeiten der Relais Y und P so bemessen sein, daß das V-Relais Wicklung III nicht mehr über die Kontakte $y_2$ und $p_5$ und den unter Umständen gerade betätigten 10-s-Kontakt ansprechen kann; es würde sonst die Gefahr bestehen, daß fälschlich ein kurzer Ruf zum Teilnehmer 2233 gesendet werden kann. Über die Kontakte $v_4$, $k_2$, $c_2$, $u_5$ und $p_5$ wird der Heimlaufkreis für den LW geschlossen; das Wechselspiel des Drehmagnets und des U-Relais Wicklung II, wodurch der Wähler sich selbst weiterschaltet, wird erst in der Ruhestellung des Hebdrehwählers durch Öffnen der Kopfkontakte $k_2$ und $k_3$ unterbrochen. Durch Schließen des Kopfkontaktes $k_1$ wird der LW wieder belegungsfähig (Aufhebung der *Eigensperrung* durch den Kopfkontakt).

## 4. EINIGE ZUSÄTZLICHE FORDERUNGEN UND VORGÄNGE

Wie bereits erwähnt, treten zu den genannten elf unerläßlichen Forderungen bzw. Vorgängen weitere zusätzliche, die sich aus der Art des Einsatzes und der Verwendung der Anlage oder zwecks Vereinfachung für den Teilnehmer oder aus Gründen der Betriebserleichterung usw. ergeben. Einige des öfteren vorkommende Bedingungen und Vorgänge sollen hier kurz angedeutet werden. Eine erschöpfende Zusammenstellung würde zu umfangreich werden und hier bereits Zusammenhänge als bekannt voraussetzen, auf die erst später eingegangen wird.

### a) Gesprächszählung

Öffentliche Fernsprechnetze haben die Aufgabe, jedem Benutzer gegen eine bestimmte Gebühr Fernsprechverbindungen zu liefern. Der Verkaufspreis für die „Ware" des Fernsprechamtes ergibt sich aus den Kapitalkosten (z. B. Verzinsung, Abschreibung, Instandhaltung, Steuern usw.) und den Arbeitskosten, die jede Verbindung verursacht.

Es gibt viele Arten der Gebührenerfassung. Grundsätzlich unterscheidet man zwei Tarifarten, den Pauschaltarif und den Gebührentarif.

Beim **Pauschaltarif** kann der Teilnehmer für eine feste Summe beliebig viele und beliebig lange Gespräche führen. Beim **Gebührentarif,** auch **Einzelgebührentarif** genannt, zahlt der Teilnehmer im allgemeinen eine monatliche Grundgebühr und außerdem eine bestimmte Gebühr für jede „Verkaufseinheit", also z. B. für jedes zustande gekommene Gespräch.

Der reine Pauschaltarif ist nur im Ortsverkehr üblich. Bei Bedarf kann die Pauschalgebühr verschieden abgestuft sein; sie richtet sich dann z. B. nach der durchschnittlichen Gesprächszahl, nach dem Beruf des Teilnehmers oder nach einer anderen Einteilung in „Verbraucher"-Gruppen.

In Wählanlagen mit Gebührentarif müssen die vom Teilnehmer verbrauchten „Verkaufseinheiten" zwecks Verrechnung gezählt werden. Die Zählschaltungen sind auf das abgestimmt, was man in dem betreffenden Fall unter „Verkaufseinheit" versteht. So kann für ein Wählsystem z. B. verlangt werden:

1. *Feststellung einer jeden Verbindungseinleitung.* Es wird jede Benutzung der Fernsprecheinrichtungen in abgehender Richtung gezählt, einerlei, ob sie zu einer vollständigen Verbindungsherstellung bzw. zum Gespräch führt oder nicht.

Hierdurch würde jede Leistung des Amtes mit einer Einheit bezahlt. Diese Zählung kann in einfachster Schaltung verwirklicht werden; sie ist jedoch in dieser Form nirgends eingeführt worden, da sie dem Teilnehmer als Kunden gegenüber unberechtigt ist.

2. *Feststellung jeder Verbindung zu einem freien Teilnehmer.* Jede Verbindung, die einen freien Teilnehmer erreicht, wird gezählt, einerlei, ob er sich meldet oder nicht (**Verbindungszählung**). Obwohl die Arbeit des Amtes gleich groß ist, wenn der Angerufene „besetzt" ist oder „nicht antwortet", so würde hierbei eine Verallgemeinerung gemacht werden, die tariflich nicht gerechtfertigt ist. Diese Zählart ist z. B. in Chikago (1901) und Hildesheim (1908) jahrelang in Betrieb gewesen.

3. *Feststellung der zustande gekommenen Gespräche.* Diese **Gesprächszählung** oder **Einzelzählung,** bei der erst das Melden des Angerufenen durch Abheben des Handapparates den späteren Zählvorgang ermöglicht, ist gegenwärtig in allen Systemen mit Einzelgebührentarif eingeführt; für Wählerämter wurde sie zum ersten Male in dem von Siemens & Halske gebauten Amt München-Schwabing (1909) angewendet.

4. *Feststellung der Benutzungs- oder der Gesprächsdauer.* Der Gesprächszähler summiert die Zeiteinheiten, während derer der Fernsprecher im Verlauf eines Monats benutzt oder während derer gesprochen wurde. Dabei wird der Zähler grundsätzlich von einem Zeitschalter entsprechend der Dauer der Benutzung oder der Dauer der Gespräche weitergeschaltet (**Zeitzählung**). Je nach Ausführung kann der Anrufende die Gesamtzeit berechnet bekommen, oder es können bei einem zustande gekommenen Gespräch sowohl der Anrufende als auch der Angerufene jeweils mit der halben Gebühr belastet werden. In Wien z. B. setzt die Zeitzählung ein, wenn der Handapparat abgehoben wird; die Gebühr eines Gespräches wird also auf Anrufenden und Angerufenen aufgeteilt, und zwar wird jedem von ihnen die gesamte Zeit angerechnet, während der sein Handapparat abgehoben war.

5. *Feststellung der Entfernung.* Im Vorort- oder Fernverkehr werden für die Gespräche verschieden große Entfernungen überbrückt, so daß also auf die Gespräche verschieden große Anlage- und Betriebskosten entfallen. Es ist also gerecht, die Entfernung bei der Gebühr zu berücksichtigen und dem Teilnehmer bei einem Gespräch über größere Entfernung ein Vielfaches der Gebühr eines Ortsgespräches oder einer anderen Grundeinheit anzurechnen. Da eine Berechnung, die genau die benutzten Kilometer, Meilen usw. erfaßt, verwickelte, umfangreiche und somit unwirtschaftliche Einrichtungen erfordern würde, teilt man das in Betracht kommende Gebiet in „Zonen" ein. Verschiedene Zonen veranlassen dann verschiedene Gebühren für die nach ihnen geführten Gespräche. Man bezeichnet diese Art der Gebührenerfassung mit **Zonenzählung** (Patent von Siemens & Halske aus dem Jahre 1910).

6. *Gleichzeitige Feststellung der Entfernung und der Gesprächsdauer.* Da die langen Leitungen für den Fernverkehr sehr wertvoll sind, ist eine Anrechnung der überbrückten Entfernung allein für eine gerechte Verteilung der Kosten nicht aus-

reichend. Bei Ferngesprächen werden daher sowohl Entfernung als auch Gesprächszeit berechnet. Eine derartige Gebührenerfassung nennt man **Zeitzonenzählung.** Die Zeitzonenzählung ist ein Kennzeichen des Fernwählverkehrs. Sie wurde zum ersten Male in der von Siemens & Halske im Jahre 1923 erbauten Netzgruppe Weilheim angewendet (vgl. Abschnitt VIII, 1).

Sollen die Gespräche einzeln gezählt werden, so ist folgende Aufgabe zu lösen: Dem zahlenden Teilnehmer, d. i. im allgemeinen der Anrufende, muß eine Zählvorrichtung entweder fest oder von Fall zu Fall zugeordnet werden; die Entscheidung, ob gezählt wird oder nicht, wird im allgemeinen auf der angerufenen

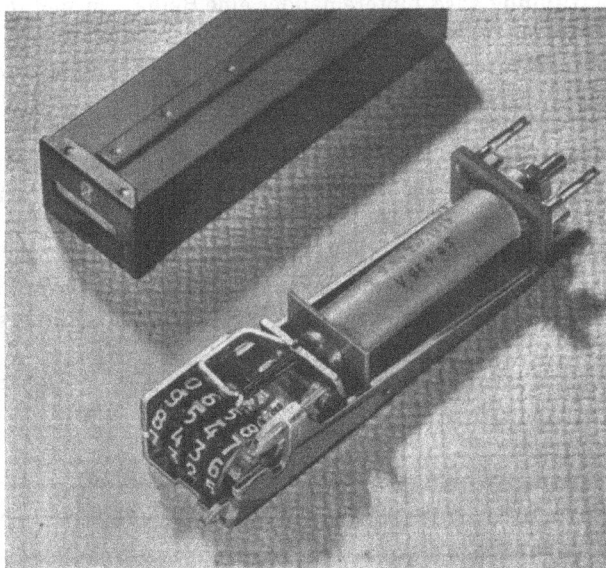

Bild 87. Gesprächszähler, Einzelzähler.

Seite getroffen, nämlich dadurch, daß dort der Teilnehmer den Handapparat abhebt. Im Falle der Zählung muß also ein Zählreiz von der angerufenen Leitung durch die gesamte Verbindung zurück bis zur anrufenden Leitung gegeben werden. Als Zählvorrichtung dient im allgemeinen der *Gesprächszähler.* Die Ausführung in Bild 87 — ein sog. *Einzelzähler* — hat vier Zahlentrommeln. Der Zähleranker wirkt auf die Einertrommel ein; die Einertrommel ihrerseits schaltet nach einem Umlauf die Zehnertrommel um einen Schritt weiter, die Zehnertrommel entsprechend die Hundertertrommel usw. Im ungünstigsten Falle, d. h. nach 999 Schritten, hat der Zähleranker also gleichzeitig vier Trommeln weiterzuschalten. Je nach Ausführung des Antriebes unterscheidet man „Stoßklinkenzähler" und „Ankergangzähler". Beim *Stoßklinkenzähler* schaltet eine Stoßklinke beim Ankerabfall die Einertrommel weiter (indirekter oder mittelbarer Antrieb); beim *Ankergangzähler* führt ein Ansatzstück des Zählerankers, das zwei gegenübergestellte Zähne hat, sozusagen eine drehende Bewegung aus und schaltet beim

Ankeranzug um eine halbe Ziffer, beim Ankerabfall um eine weitere halbe Ziffer weiter (Lit. 22).

Die Zählung kann ganz allgemein sowohl zu Beginn des Gespräches als auch nach Gesprächsschluß vorgenommen werden; sie kann ferner während des Gespräches, bei Ferngesprächen z. B. jede Minute oder alle 3 Minuten, stattfinden. Man unterscheidet demnach einmal zwischen Einzelzählung und Summenzählung.

Bei der **Einzelzählung** werden einzelne Zählstromstöße — entweder wie bei Ortsverbindungen überhaupt nur ein Stromstoß oder wie bei einer Art der Zeitzählung einzelne Stromstöße in größeren Abständen — zum Gesprächszähler gesendet.

Bei der **Summenzählung** wird hintereinander eine Reihe von mehreren Zählstromstößen zum Gesprächszähler gesendet.

Je nach der Zahl der Einheiten, die von der Zählvorrichtung für eine Verbindung zu vermerken sind, spricht man ferner von Einfachzählung und von Mehrfachzählung.

Bei der **Einfachzählung** erhält die Zählvorrichtung je Gespräch einen Zählstromstoß; die Zahlentrommel eines Zählers wird also je Gespräch um eine Einheit weitergeschaltet.

Bei der **Mehrfachzählung** erhält die Zählvorrichtung je Gespräch mehrere Zählstromstöße; die Zahlentrommel eines Zählers wird also je Gespräch um mehrere Einheiten weitergeschaltet. Zonenzählung und Zeitzonenzählung sind Mehrfachzählungen.

Bei der Mehrfachzählung können die Zählstromstöße als reine Summenzählung, als Staffelzählung oder als periodische Einzelzählung zur Zählvorrichtung gegeben werden.

Bei der **reinen Summenzählung** wird am Schluß des Gespräches die gesamte aufgelaufene Gebühr durch eine zusammenhängende Reihe von Zählstromstößen zur Zählvorrichtung gemeldet.

Bei der **Staffelzählung** wird während des Gesprächs in bestimmten Zeitabständen (z. B. alle 3 min) die in dem betreffenden Zeitabschnitt aufgelaufene Gebühr durch eine entsprechende Reihe von Zählstromstößen zur Zählvorrichtung gemeldet.

Bei der **periodischen Einzelzählung** wird während des Gespräches in bestimmten Zeitabständen, deren Dauer von der Wertigkeit des betreffenden Gesprächs abhängt, je ein Zählstromstoß — im allgemeinen zu Beginn eines jeden neuen Zeitabschnittes — zur Zählvorrichtung gemeldet.

Die Gespräche können alle, d. h. Orts- und Ferngespräche, auf einem einzigen Zähler vermerkt werden. Man kann auch getrennte Zähler, sog. *Doppelzähler*, für die Zählung der beiden Verkehrsarten verwenden. Als Doppelzähler lassen sich zwei gewöhnliche Einzelzähler benutzen, die durch eine geeignete Relaisanordnung gesteuert werden („elektrischer" Doppelzähler), oder die zwei Einzelzähler sind zu einer neuen Einheit zusammengebaut („mechanischer" Doppelzähler). In beiden Fällen vermerkt der eine Einzelzähler die Summe der Ortsgespräche, der andere die Summe der Zählstromstöße für Orts- und Ferngespräche.

Bild 88. Gebührendrucker.

Außer Einzel- und Doppelzählern können auch sog. *Gebührendrucker* (Bild 88) verwendet werden, die selbsttätig Gesprächszettel drucken, auf denen Angaben wie Nummer des Anrufenden, Nummer des Angerufenen, Jahr, Tag, Tageszeit, Gebühr usw. vermerkt werden (Lit. 28). Gebührendrucker haben im allgemeinen nur Bedeutung für den Fernverkehr. Sie werden dann den Teilnehmern nicht fest zugeordnet, sondern an die zu erfassende Verbindung angeschaltet.

Damit der Teilnehmer sofort die für ein Gespräch aufgelaufene Gebühr feststellen kann (wichtig z. B. für Gaststätten, Hotels usw.), können bei ihm schließlich sog. *Gebührenanzeiger* (Bild 89) oder *Summenzähler* untergebracht werden. Von ihnen gibt der Gebührenanzeiger die Gebühr für jedes einzelne Gespräch gesondert an, während der Summenzähler die Gebühren für alle geführten Gespräche zusammenzählt. Wird der Gebührenanzeiger mit einer selbsttätigen Druck-

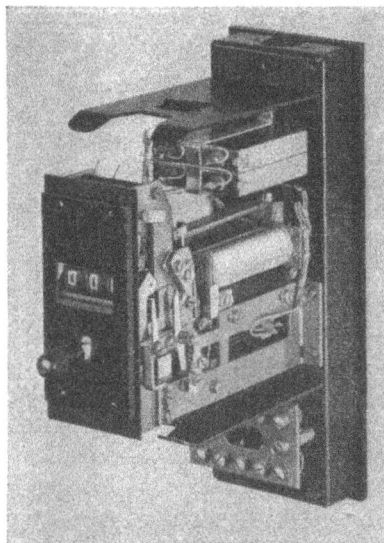

Bild 89. Gebührenanzeiger.

einrichtung ausgerüstet, so liefert er dem Teilnehmer einen schriftlichen Gebühr-
rennachweis. Derartige Einrichtungen, die nur bestimmten Teilnehmern auf
Wunsch zugeordnet zu werden brauchen, können die Einführung von Gebühren-
druckern im Amt überflüssig machen.

Die schaltungstechnischen Lösungen für die Gesprächszählung unterscheiden
sich durch die Art, wie der Zählreiz gegeben wird. Die Zählvorrichtung kann
an den Sprechadern, an der c-Ader oder an einer besonderen Ader liegen bzw.
von dort aus gesteuert werden; die Zählstromstöße können ferner in einer Verbindung stufenweise über verschiedene Adern verlaufen. Dabei kann jeder
Schaltvorgang benutzt werden, der in dem betreffenden System noch frei ist.
Es sind jedoch viele Bedingungen zu beachten, z. B. daß der Zählreiz die Verbindung nicht auslöst, daß eine Verbindung nur einmal berechnet wird, daß die
Einstell-, Prüf-, Sperr-, Auslösevorgänge usw. keine Zählung bewirken bzw.
umgekehrt, daß diese Schaltvorgänge und das Gespräch nicht durch die Zählung
gestört werden.

Der Zählvorgang soll an einem grundsätzlichen Übersichtsstromlauf (Bild 90)
gezeigt werden. Es wurde eine **Anrufsucherschaltung** zugrunde gelegt, die hierbei
gleich kurz besprochen werden kann. Die Zählumsetzung selbst ist in schaltungstechnisch gleicher Form im GW von Bild 14 vorgesehen.

Hebt der Teilnehmer den Handapparat ab, so wird das L-Relais erregt. Der
$l_1$-Kontakt gibt den Anreiz zum Anlassen des ersten freien Anrufsuchers (AS);
der $l_2$-Kontakt bereitet den Prüfkreis vor. Im Anlaßkreis wird das A-Relais
Wicklung I erregt, das mit dem $a_1$-Kontakt das durch Kupferwicklungen verzögerte R-Relais einschaltet. Das R-Relais schließt mit dem $r_1$-Kontakt den
Drehmagnetkreis, mit dem $r_2$-Kontakt den Prüfkreis, mit dem $r_3$-Kontakt den
eigenen Haltekreis und öffnet mit dem $r_4$-Kontakt den Kurzschluß der niedrig-
ohmigen Wicklung I des S-Relais. Das Umlegen von $r_5$ ist wirkungslos, da $a_2$
bereits vorher geöffnet hat. Der D-Magnet schaltet durch den Relaisunterbrecher
RU (oder im Wechselspiel mit einem anderen Relais bzw. durch einen Selbstunterbrecherkontakt) den AS schrittweise weiter, bis die Kontaktlamellen
erreicht sind, an die die Teilnehmerschaltung des Anrufenden angeschlossen ist.
Auf diesem Schritt werden in der c-Ader die Relais S und T erregt, die nacheinander ihre Anker anziehen. Der $s_1$-Kontakt öffnet den Drehmagnetkreis,
der $s_2$-Kontakt sperrt die c-Ader zur Teilnehmerschaltung durch Kurzschließen
der hochohmigen Wicklung II des S-Relais; der $s_3$-Kontakt gibt die Belegung
zum angeschlossenen GW oder LW weiter, der $s_4$-Kontakt schaltet den Anlaßkreis auf den nächsten freien AS um (Kettenschaltung), die Kontakte $s_5$ und $s_6$
schalten die a/b-Adern durch. Der $t_1$-Kontakt trennt die Anlaßerde vom Anlaßkreis des Anrufenden; der $t_2$-Kontakt überbrückt den $l_2$-Kontakt und macht die
Prüf- und Belegungsader unabhängig vom L-Relais; die Kontakte $t_3$ und $t_4$
schalten das L-Relais ab. Bei der Nummernwahl nimmt das A-Relais die Schleifenunterbrechungen vom Teilnehmer her auf und gibt sie durch den $a_2$-Kontakt
als Erdstromstöße auf die a-Ader zum angeschlossenen GW oder LW weiter.
Die Mikrofonspeisung während des Gespräches findet über das A-Relais statt.
Bei der Auslösung wird die Teilnehmerschleife durch Auflegen des Handapparates

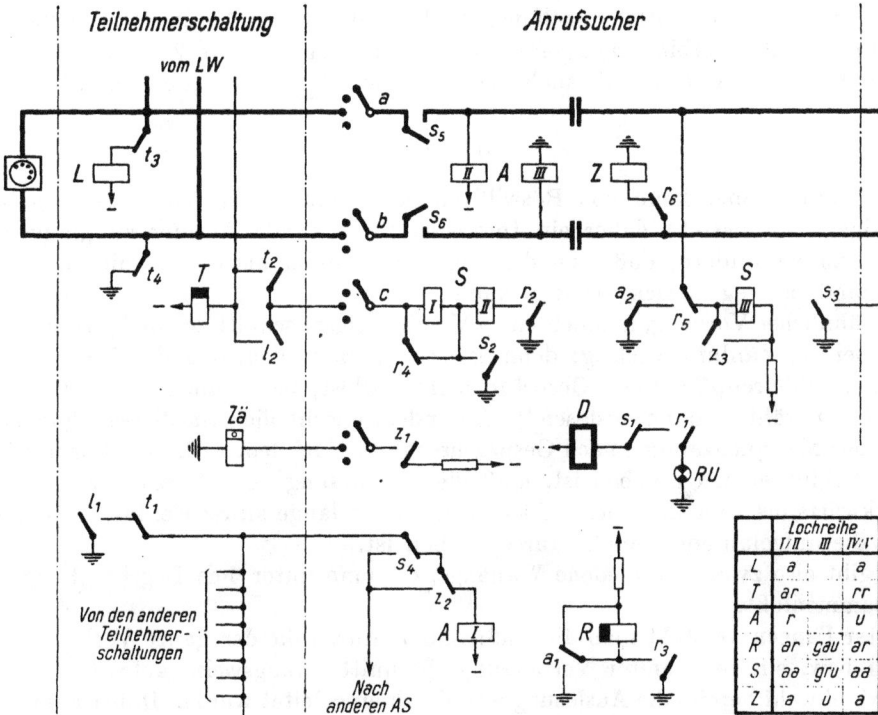

Bild 90. Anrufsucher mit Zählung.

unterbrochen und das A-Relais abgeschaltet. Der $a_1$-Kontakt schließt das R-Relais, der $r_4$-Kontakt das S-Relais Wicklung I kurz. Die Kontakte $r_2$ und $s_2$ öffnen den Prüfkreis, so daß auch das T-Relais abgeschaltet wird; der $s_3$-Kontakt entfernt die Belegungserde vom angeschlossenen GW oder LW und der $s_4$-Kontakt legt den Anlaßkreis, da das S-Relais als letztes Relais abgeschaltet wurde, auf den nun wieder empfangsbereiten AS zurück. Bei einer ankommenden Belegung vom LW her wird das T-Relais der Teilnehmerschaltung über die c-Ader des LW erregt; gesperrt wird dabei in der üblichen Weise vom belegenden LW aus. Damit sind die Schaltvorgänge in der Teilnehmerschaltung und im AS ohne Berücksichtigung der Zählung kurz wiedergegeben.

Bei der Zählung muß sichergestellt werden, daß nach Gesprächsschluß zuerst gezählt und danach ausgelöst wird. Im einfachsten Falle wird im LW bereits beim Melden des Angerufenen Spannung an die b-Ader gelegt. Diese Spannung wird zum Zählen benutzt, indem das R-Relais bei Beginn des Auslösevorganges durch den $r_6$-Kontakt das Zählrelais Z an die b-Ader legt, das mit dem $z_1$-Kontakt den Zählkreis zum Zähler Zä in der Teilnehmerschaltung schließt. Durch den $z_2$-Kontakt ist gewährleistet, daß die Anlaßkette nicht vorzeitig zurückgeschaltet wird.

Der Vorgang „Erst zählen, dann auslösen" muß auch sichergestellt bleiben, wenn die Zählspannung über die b-Ader erst gegeben wird, wenn der Angerufene auflegt.

Da dies u. U. eine Zeitlang nach dem Auflegen durch den Anrufenden geschehen kann, muß die Verbindung „gefangen" werden. Diesem Zweck dient die Wicklung III des S-Relais (vgl. auch nachfolgenden Abschnitt „Fangen").

### b) Fangen

Der Fernsprecher kann von Böswilligen dazu benutzt werden, andere zu belästigen. Es besteht daher ein Interesse, belästigende Anrufer zu „fangen", d. h. zu verhindern, daß eine derartige Verbindung auslöst, damit man den Verbindungsweg zurückverfolgen kann.

Ein ähnlicher Vorgang, nämlich einen Verbindungsabschnitt zeitweilig zu halten, ist bei der Zählung wichtig; denn es ist sicherzustellen, daß der I. GW nach einem gebührenpflichtigen Gespräch nicht auslöst, bevor die Zählung beendet ist („erst zählen, dann auslösen"). Besonders anschaulich ist dieses „Fangen" bei der Mehrfachzählung nach Gesprächsschluß. Nachdem z. B. vom Anrufenden das Schlußzeichen gegeben ist, muß die Verbindung vom Zeitzonenzähler aus rückwärts bis zum Gesprächszähler im I. VW so lange aufrechterhalten werden, bis die aufgelaufene Gebühr durchgegeben ist.

Es gibt also zwei verschiedene Vorgänge, die man unter dem Begriff „Fangen" zusammenfaßt.

Unter **Fangen** versteht man die Maßnahmen, durch die der ganze Verbindungsweg bzw. ein bestimmter Verbindungsabschnitt zwangsweise aufrechterhalten wird, obwohl bereits die Auslösung wie üblich eingeleitet wurde. Dabei kann der Zustand dieses Gehaltenwerdens kurzzeitig andauern und selbsttätig nach Beendigung bestimmter Schaltvorgänge aufhören (z. B. bei der Zählung); seine Beendigung kann aber auch von bestimmten Maßnahmen des Teilnehmers oder des Amtspersonals abhängig sein.

Der Fangvorgang zwecks Sicherstellung der Zählung hat lediglich den Auslösevorgang für diejenigen Einrichtungen, die an der Zählung beteiligt sind, so lange aufzuhalten, bis der Zählvorgang beendet ist. Diese schaltungstechnische Maßnahme ist daher im allgemeinen in Systemen enthalten, bei denen die Zählung nach Gesprächsschluß stattfindet. Der Vorgang soll an Bild 90 erklärt werden.

Es werde angenommen, daß die Zählspannung vom LW erst an die b-Ader gelegt wird, wenn der Angerufene den Handapparat auflegt. Da dies auch nach dem Auflegen durch den Anrufenden geschehen kann, dieser aber hiermit bereits die Auslösung einleitet, muß die Verbindung so lange gefangen werden, bis der Zählvorgang durchgeführt ist. Zum Fangen wird in Bild 90 die Erdung der a-Ader im LW („Fangerde") benutzt, durch die das S-Relais über die Wicklung III weitergehalten wird, wenn die bis dahin wirksame Wicklung I zwecks Auslösung durch den $r_4$-Kontakt kurzgeschlossen ist. Dann hält der $s_2$-Kontakt die Verbindung zum VW, der $s_3$-Kontakt die Verbindung zum GW bzw. LW. Dieser Zustand, der den Auslösevorgang unterbricht, bleibt so lange bestehen, bis die Zählspannung über die b-Ader eingetroffen ist und das Z-Relais erregt hat. Der $z_1$-Kontakt veranlaßt die Zählung; der $z_3$-Kontakt schließt das S-Relais

Wicklung III kurz, das verzögert abfällt und die Auslösung fortsetzt. Der $z_2$-Kontakt schaltet, da nun das Z-Relais das letzte betätigte Relais ist, die Anlaßkette auf den AS zurück.

In ähnlicher Weise kann man sich die Durchführung der Mehrfachzählung denken. Von einem Zeitzonenzähler (vgl. Abschnitt IX, 6c) werden Zählstromstöße, deren Zahl der fällig gewordenen Gebühr entspricht, zum Zähler des Anrufenden zurückgegeben. Sie treffen im AS von Bild 90 als Spannungsstöße auf der b-Ader ein und erregen taktmäßig das Z-Relais. Der Auslösevorgang wird gleichzeitig vom Zeitzonenzähler durch Fangerde über die a-Ader aufgehalten. Das S-Relais muß für Mehrfachzählung so bemessen sein, daß es trotz des taktmäßigen Kurzschließens durch den $z_3$-Kontakt erregt bleibt und erst abfällt, wenn die Fangerde im Zeitzonenzähler nach Beendigung des Zählvorganges von der a-Ader abgetrennt wird.

Der Fangvorgang zwecks Feststellung des Gesprächspartners (im allgemeinen des Anrufenden) kann auf verschiedene Weise sichergestellt werden. Im allgemeinen hat er nur von Fall zu Fall Bedeutung und zwar nur für den ankommenden Verkehr desjenigen Teilnehmers, der durch böswillige Anrufe belästigt wird und den Anrufenden feststellen lassen will. Das Fangkennzeichen wird dann von besonderen Zusatzeinrichtungen veranlaßt, die dem belästigten Teilnehmer auf Wunsch zugeordnet werden. Der Teilnehmer hat dadurch die Möglichkeit, jede ankommende Verbindung zu fangen und das Amtspersonal z. B. durch einen besonderen Alarm auf den Fangzustand aufmerksam zu machen. Als Zusatzeinrichtungen kommen sogenannte *Fang-LW*, die an Stelle der üblichen LW in dem betreffenden Teilnehmerhundert eingesetzt werden, oder eine besondere *Fangvorrichtung* in Betracht, die dem Anschluß des belästigten Teilnehmers zugeordnet wird.

Die Fangbedingung kann aber auch von vornherein in das betreffende Wählsystem eingearbeitet sein. So kann der Auslösevorgang z. B. so unterteilt sein, daß sich jeder Teilnehmer freischaltet, wenn er den Handapparat auflegt, während der Verbindungsweg so lange bestehen bleibt, bis beide Teilnehmer aufgelegt haben (diese Freischaltung des Anrufenden ist übrigens nur in AS-Systemen möglich). Bei einem derartigen System kann also jeder Teilnehmer durch Nichtauflegen die Verbindung fangen und das Amtspersonal, z. B. durch einen besonderen Fangalarm, auffordern, den Gesprächspartner festzustellen.

### c) Stillsetzen und Abschalten

In Wahlstufen mit einem Freiwahlvorgang kann es vorkommen, daß sämtliche Ausgänge eines Drehwählers oder einer Wählerdekade besetzt sind. Ohne entsprechende Vorkehrungen würde dann — wie dies vereinzelt auch in den Anfangsjahren der Wähltechnik der Fall war — ein Drehwähler so lange drehen, bis wieder ein Ausgang frei wird oder bis der Teilnehmer seinen Handapparat auflegt; die Folge hiervon wären unnützer Stromverbrauch und unnötige Abnutzung. Oder beim Viereckwähler würden die Schaltarme über die Kontaktbank hinausdrehen und in die Nullstellung zurückkehren, ohne daß der Relaisteil des betreffenden Wählers ausgelöst hätte; dadurch könnten sich auf Grund nachfolgender Stromstoßreihen irgendwelche Falscheinstellungen oder sonstige Schwierigkeiten ergeben. Bei der doppelten Vorwahl (vgl. Abschnitt VII, 3b und c) kann es vorkommen, daß zwar noch II. VW nicht belegt sind, daß aber keiner der von ihnen erreichbaren I. GW mehr frei ist. In der betreffenden II. VW-Gruppe würden also zwar noch Eingänge, aber keine Ausgänge mehr zur Verfügung stehen. Derartige II. VW müssen daher „rückwärtig gesperrt" werden, da sonst die über sie aufgebauten Verbindungen in eine „Sackgasse" geraten würden. Je nach den Erfordernissen werden daher besondere Maßnahmen getroffen, die sich schaltungstechnisch auswirken, wenn alle Ausgänge des Wählers oder der betreffenden Richtung (Dekade) belegt sind. Hierfür bestehen folgende Möglichkeiten:

1. einen Wähler, der keinen freien Ausgang gefunden und „durchgedreht" hat, nach dem Überstreichen aller Ausgänge auf einem besonderen Schritt (= Durchdrehschritt) anzuhalten.

2. alle freien Wähler einer Gruppe, deren sämtliche Ausgänge bereits belegt sind, am Anlaufen zu hindern (z. B. durch Auftrennen des Antriebsstromkreises) oder überhaupt gegenüber Belegungen zu sperren (z. B. durch Auftrennen der Belegungsader).

3. einen Drehwähler, der eine bestimmte Zeit lang seine Ausgänge abgesucht hat, ohne einen freien Ausgang zu finden, auf einem besonderen Schritt (= Abschalteschritt) anzuhalten und ihn zeitweilig aus dem Verkehr zu ziehen.

Je nach der Art, in der ein Wähler angehalten oder am unnötigen Laufen gehindert wird, unterscheidet man Stillsetzen und Abschalten. Die Voraussetzungen hierfür sind vor allem Vorgänge wie Durchdrehen und rückwärtige Sperrung.

**Durchdrehen** nennt man den Vorgang, bei dem ein Wähler alle Ausgänge bzw. die Ausgänge einer Richtung (Dekade) abgesucht hat, ohne einen von ihnen frei gefunden zu haben. Das Durchdrehen eines Wählers (z. B. I. VW, GW) findet also bei starkem Verkehr während der Verbindungsherstellung statt, wenn sämtliche Ausgänge des betreffenden Wählers besetzt sind.

**Rückwärtige Sperrung** ist ein Vorgang, durch den freie Eingänge in eine Mischwahlstufe (II. VW oder MW) gegen Belegungen gesperrt werden, wenn keine freien Ausgänge mehr zur Verfügung stehen. Die rückwärtige Sperrung findet also jeweils vorbereitend statt, wenn die Mischwahlstufe bei starkem Verkehr nicht mehr in der Lage ist, eine neu eintreffende Verbindung ordnungsgemäß weiterzuleiten; die Sperrung erfolgt „rückwärts" von derjenigen Wahlstufe aus, zu der die Ausgänge aus der zu sperrenden Mischwahlstufe führen (vgl. Abschnitt VII, 3d). Die rückwärtige Sperrung findet sich auch im Verbindungsverkehr, um in bestimmten Fällen das Belegen von Verbindungsleitungen zu verhindern.

Die schaltungstechnischen Auswirkungen, die sich aus dem Besetztsein aller Ausgänge ergeben, werden als „Stillsetzen" und „Abschalten" bezeichnet. Wie anschließend an den Beispielen gezeigt wird, werden diese Ausdrücke in der

Praxis nicht immer in der nachfolgenden strengen Definition gebraucht, sei es
bei Übergangsformen oder sei es in Wahlstufen, in denen sich die Technik geändert hat, die Bezeichnung aber beibehalten wurde.

Unter **Stillsetzen** versteht man strenggenommen einen Schaltvorgang, durch den
ein durchdrehender Wähler nach dem Überstreichen aller Ausgänge oder der
Ausgänge einer Richtung (Dekade) angehalten wird. Der freie Lauf des Wählers
wird hierbei durch einen Prüfvorgang beendet, der ein Kennzeichen für das
Stillsetzen ist; der Schritt, auf dem der Wähler stillgesetzt wird, heißt *Durchdrehschritt*. Beim Stillsetzen werden die Wähler stets einzeln am Weiterlauf
gehindert, d. h. jeder Wähler muß selbst die Notwendigkeit für das Anhalten
feststellen, indem er durchdreht und auf den Durchdrehschritt gelangt.

Unter **Abschalten** versteht man streng genommen einen Schaltvorgang, durch den
der Antriebsstromkreis oder der Belegungsstromkreis aller freien Wähler einer
Gruppe zeitweilig unterbrochen wird, wenn in dieser Gruppe keine freien Ausgänge mehr vorhanden sind. Die **Abschaltung** wirkt sich jeweils auf alle freien
Wähler der betreffenden Gruppe aus; sie wird entweder von dem ersten Wähler
der Gruppe veranlaßt, der keinen freien Ausgang mehr findet oder erfolgt vor-
sorglich von der nachfolgenden Wahlstufe aus, sobald keine Zugänge mehr
dorthin frei sind (gesteuerte Abschaltung). Ein Kennzeichen der Abschaltung
ist, daß stets *Abschalterelais* vorhanden sind.

Im Gegensatz zu dieser **Gruppenabschaltung** findet man auch Einzelabschaltungen,
die aber entsprechend den vorstehenden Definitionen im allgemeinen entweder
eine Übergangsform zum Stillsetzvorgang oder sogar einen reinen Stillsetzvorgang darstellen, der nur traditionsgemäß (oder fälschlich) als Abschaltung
bezeichnet wird.

Der Teilnehmer, dessen Verbindung wegen Stillsetzens oder Abschaltens nicht
weiter aufgebaut werden kann, erhält das Besetztzeichen, um ihn zum Auflegen
zu veranlassen.

Die verschiedenen Möglichkeiten sollen an einigen Beispielen der in Reichspostsystemen eingeführten Ausführungen erläutert werden.

Bei älteren I. VW (z. B. I. VW 22 für Reichspostsystem 22) wird der I. VW am
Anlaufen verhindert, wenn alle Ausgänge belegt sind. Ein Abschalterelais
(gemeinsam für 50 I. VW = Gestellrahmenhälfte) wird von Kontakten der
erreichbaren Wähler (I. GW und II. VW) solange kurzgeschlossen, wie die I. GW
noch frei sind bzw. die II. VW noch freie Ausgänge haben. Wird der letzte freie
Ausgang der I. VW-Gruppe belegt bzw. rückwärtig gesperrt, so wird das Abschalterelais der Gruppe erregt und trennt den Relaisunterbrecher-Stromkreis für
diese I. VW-Gruppe auf; ein abhebender Teilnehmer erhält das Besetztzeichen.
Wird ein Ausgang wieder frei, so fällt das Abschalterelais ab und schaltet den
Relaisunterbrecher wieder an. Es handelt sich also um eine *gesteuerte Gruppenabschaltung*. Die Teilnehmer können bei dieser Ausführung der Abschaltung auf
das Freiwerden eines Ausganges warten, d. h. sie brauchen bei Erhalt des Besetztzeichens nicht aufzulegen.

Bei älteren II. VW (z. B. II. VW 22, II. VW 27 und II. VW 29 für Reichspostsystem 22, 27 und 29) ist die Belegung eines II. VW nur möglich, wenn an seiner

ankommenden c-Ader Erde über einen Arbeitskontakt eines (oder mehrerer) Abschalterelais liegt. Das gemeinsame Abschalterelais (gemeinsam je II. VW-Einzelrahmen) steht solange unter Strom, wie noch erreichbare Wähler der nachfolgenden Wahlstufe (I. GW) frei sind. Sind sämtliche erreichbaren I. GW belegt (entweder von den II. VW oder direkt von den I. VW; vgl. „Teilweise doppelte Vorwahl", Abschnitt VII, 3c), so fällt das Abschalterelais ab und öffnet die Belegungsadern der noch freien II. VW des betreffenden Einzelrahmens, so daß kein I. VW mehr aufprüfen und dadurch in eine „Sackgasse" geraten kann. Wird einer der erreichbaren I. GW wieder frei, so zieht das Abschalterelais an und macht die c-Adern der noch freien II. VW wieder belegungsfähig. Es handelt sich bei dieser Ausführung also ebenfalls um eine *gesteuerte Gruppenschaltung*.

Diese zwangläufige Steuerung der Abschaltung von einer nachgeordneten Wahlstufe aus erfordert einen verhältnismäßig großen Aufwand an Relais und besonders an Kabelführung zwischen den betreffenden Wahlstufen und hat außerdem bei Verwendung von Ruhestromrelais einen hohen Strombedarf. Sie wurde daher durch Anordnungen ersetzt, bei denen die Feststellung, ob noch Ausgänge aus der I. VW-Stufe zur Verfügung stehen, in der betreffenden Wahlstufe selbst getroffen wird. In der I. VW-Stufe erhielten die hierfür verwendeten I. VW einen zusätzlichen Drehschritt (11. Schritt = Abschalte- oder Durchdrehschritt).

Bei der ersten dieser Ausführungen für die I. VW-Stufe (z. B. I. VW 27/29 für Reichspostsystem 27 und 29) führt die c-Lamelle des 11. Schrittes nach einem gemeinsamen Abschalterelais. Der erste I. VW, der keinen freien Ausgang findet, wird auf dem Abschalteschritt durch den normalen Prüfvorgang *stillgesetzt*; dabei wird auch das gemeinsame Abschalterelais (gemeinsam für 50 I. VW = Gestellrahmenhälfte) erregt und trennt den Relaisunterbrecher-Stromkreis für die betreffende VW-Gruppe auf, so daß sowohl der betreffende I. VW angehalten wird als auch weitere I. VW nicht anlaufen können. Der Teilnehmer erhält das Besetztzeichen. Die Auslösung eines I. VW, der so auf dem Abschalteschritt steht, ist abhängig vom Auflegen des Teilnehmers; damit wären auch alle übrigen Teilnehmer der betreffenden Gruppe blockiert, da das Abschalterelais den Relaisunterbrecher-Stromkreis offen hält. Um diese Blockierung der übrigen I. VW zu verhindern, wird der Relaisunterbrecher-Stromkreis selbsttätig alle 5 s durch einen Kontakt der Ruf- und Signalmaschine geschlossen. Legt also der betreffende Teilnehmer den Handapparat nicht auf, so dreht sein I. VW nach 5 s in die Ruhestellung und sucht danach nochmals alle Ausgänge ab (= Abwerfen aus der Abschaltestellung); ebenso drehen die I. VW derjenigen Teilnehmer, die inzwischen abgehoben haben. Es handelt sich bei dieser Ausführung also um *Stillsetzen* mit einer *teilnehmerabhängigen Gruppenabschaltung mit Anlassen*. Die Teilnehmer können auch hierbei auf das Freiwerden eines Ausganges warten, was jedoch mit dem Nachteil häufigen und unnötigen Drehens der I. VW verbunden ist.

Bei neueren I. VW (z. B. I. VW 31 für Reichspostsystem 29 usw.) ist man noch einen Schritt weitergegangen. Wenn alle Ausgänge der betreffenden I. VW-Gruppe besetzt sind, dreht jeder I. VW, dessen Teilnehmer abhebt, einfach durch und wird auf dem 11. Schritt (Durchdrehschritt) durch einen regulären Prüfvorgang stillgesetzt. Dabei wird ein gemeinsames Relais (gemeinsam für 50 I. VW = Gestellrahmenhälfte) erregt und legt das Besetztzeichen induktiv an die a/b-Adern; dieses Relais wird zwar noch Abschalterelais genannt, hat aber nicht mehr die Aufgaben einer Abschaltung sondern nur noch solche der Signalisierung. Der I. VW bleibt auf dem Durchdrehschritt solange stehen, bis der Teilnehmer wieder auflegt und den Haltestromkreis für das Anrufrelais unterbricht, einerlei ob bereits wieder Ausgänge frei geworden sind oder nicht. Es handelt sich hierbei also um einen reinen *Stillsetzvorgang*, dessen Beendigung nur vom Teilnehmer abhängig ist; in Anlehnung an die früher in der I. VW-Stufe übliche Technik wird er jedoch auch als *teilnehmerabhängige Einzelabschaltung* bezeichnet.

Neuere II. VW und MW arbeiten mit Voreinstellung (vgl. Abschnitt V, 2 unter „Prüfen"). Ist kein Ausgang mehr frei, auf den sie sich voreinstellen können, so muß der Voreinstellvorgang unterbrochen werden, d. h. der betreffende II. VW bzw. MW wird auf einem Abschalteschritt angehalten. Dies kann mittels Abschalterelais über eine Steuerung von der nachfolgenden Wahlstufe aus erfolgen (*gesteuerte Einzelabschaltung*); in diesem Falle schließen Kontakte der Abschalterelais den Stromkreis für den Abschalteschritt, auf den dann jeder Wähler aufprüft, der während des Voreinstellvorganges über den Abschalteschritt dreht. Die Abschaltung wird durch das Abschalterelais aufgehoben, wenn einer der Ausgänge wieder frei geworden ist. Der Stromkreis für den Abschalteschritt kann aber auch durch ein je II. VW bzw. MW vorhandenes Thermorelais geschlossen werden (*zeitabhängige Einzelabschaltung*); in diesem Falle wird der Abschalteschritt also erst wirksam, wenn der betreffende Wähler beim Voreinstellvorgang je nach Heizzeit des Thermorelais ein oder mehrere Male sämtliche Ausgänge überstrichen hat, ohne einen freien Ausgang gefunden zu haben. Im Gegensatz zum ersten Falle kann die Abschaltung hierbei nicht sofort wieder rückgängig gemacht werden, wenn ein Ausgang frei wird; derartige II. VW bzw. MW werden daher in bestimmten Zeitabständen angelassen, um festzustellen, ob inzwischen die Abschaltung unnötig geworden ist (*zeitabhängige Einzelabschaltung mit Einzel- oder Gruppenanlassung*).

Bei GW ist der 11. Schritt jeder Dekade als Durchdrehschritt vorgesehen. Findet ein GW keinen freien Ausgang, so dreht er auf diesen Schritt durch, auf den er durch einen normalen Prüfvorgang stillgesetzt wird. Er bleibt solange auf dem Durchdrehschritt eingestellt, bis der Teilnehmer als Folge des Besetztzeichens den Handapparat auflegt (*Stillsetzen*).

### d) Rückprüfen (Rückkontrolle)

Es besteht die Möglichkeit, daß der wählende Teilnehmer noch vor Beendigung der Nummernwahl auf die Verbindungsherstellung verzichtet und den Handapparat auflegt (*vorzeitige Auslösung*). Findet dies statt, wenn der LW gerade auf einen Anschluß eingestellt ist, so kann der stufenweise erfolgende Auslösevorgang so lange andauern, daß vom LW noch der 1. Ruf ausgesendet wird. Der Teilnehmer würde also fälschlich angerufen werden und sich „ins Leere" melden. Noch kritischer ist jedoch eine vorzeitige Auslösung, wenn der Anrufende gerade nach Wahl der vorletzten Ziffer auflegt (= Hebvorgang im LW beendet). In diesem Falle erhält der LW in vielen Schrittschaltsystemen zu Beginn des Auslösevorganges im I. GW einen Stromstoß über die a-Ader, der ihn auf den ersten Schritt der betreffenden Dekade einstellt. Dadurch würden also die Teilnehmeranschlüsse 11, 21, 31 usw. jedes Hunderts durch falsche Anrufe gestört werden können.

Derartige Falschanrufe sollen durch die sogenannte Rückprüfung (Rückkontrolle) vermieden oder auf ein Mindestmaß herabgesetzt werden. Durch diese Schaltungsmaßnahme stellt der LW vor dem Aussenden des 1. Rufs sozusagen fest, ob der Anrufende auch noch abgehoben hat, und sendet im anderen Falle keinen Ruf aus.

Die Rückprüfung kann zwangläufig erfolgen (z. B. in LW mit Steuerschalter), indem der Schaltungsvorgang der Rückprüfung erst beendet sein muß, ehe die für das Aussenden des Rufstromes erforderlichen Vorgänge beginnen. An Stelle der zwangläufigen Rückkontrolle kann aber auch eine Zeitsicherheit treten, indem das Aussenden des Rufstromes so lange verzögert wird, daß sich eine vorzeitige Auslösung im allgemeinen bis zum LW ausgewirkt haben muß. Die Verzögerungszeit kann durch eine Zeiteinrichtung, die gemeinsam je LW-Gruppe vorgesehen ist, oder mittels einer Relaiskette der LW-Schaltung gebildet werden.

### e) Besondere Sperrung auslösender II./III. GW und LW

Ein II./III. GW oder ein LW wird bei seiner Belegung durch die Erdung der c-Ader über die niederohmige Wicklung des Prüfrelais im vorgeordneten Wähler gesperrt (vgl. Bild 91 oben bzw. Bild 86). Nach Gesprächsschluß beginnt der Auslösevorgang für den betreffenden Wähler dadurch, daß die Erde im vorgeordneten Wähler von der c-Ader abgetrennt wird. Dadurch wird das C-Relais ausgeschaltet, fällt ab und veranlaßt die Auslösung des Wählers. Gleichzeitig öffnet das C-Relais die ankommende c-Ader des auslösenden Wählers, die durch einen Kopfkontakt k des Viereckwählers so lange offen gehalten wird, bis der Wähler nach Beendigung der Auslösung wieder belegungsfähig ist. Die Sperrung des betreffenden Wählers erfolgt also bis zur Abtrennung der niederohmigen Erde im vorgeordneten Wähler von dort aus, nach Abfall des C-Relais durch Auftrennung der ankommenden c-Ader im auslösenden Wähler. Lediglich während der allerdings nur kurzen Abfallzeit des C-Relais (etwa 8 ··· 10 ms) ist der auslösende Wähler gegenüber Neubelegungen nicht gesperrt, was aber wegen der Kürze der kritischen Zeit im allgemeinen in Kauf genommen werden kann.

In den neueren Siemens-Systemen (z. B. auch im Reichspostsystem 40; Lit. 36, 48) ist auch diese kurze Zeitspanne durch eine Hilfssperrung geschützt. Bild 91, unten, zeigt die Schaltungsanordnung. Hierbei wird die Sperrung eines auslösenden II./III. GW oder LW sofort von diesem selbst durch eine eigene Hilfserde übernommen, wenn bei Beginn des Auslösevorganges die niederohmige Sperrerde im vorgeordneten Wähler abgetrennt wird. Diese Hilfserde wird über eine Gegenwicklung des C-Relais angelegt, so daß dieses nicht durch Ausschalten sondern durch Gegenmagnetisierung abgeworfen wird.

Die Hilfserde am k-Kontakt wird über die Gegenwicklung C-200 bereits beim Heben des Viereckwählers angelegt. Sie wird jedoch erst wirksam, wenn zwecks Auslösung die niederohmige Belegungserde im vorgeordneten Wähler abgetrennt wird. Diese Hilfssperrung kann nicht so niederohmig wie die übliche Sperrung der c-Ader während der Verbindung sein, da sonst die Haltesicherheit für das P-Relais im vorgeordneten Wähler gefährdet werden würde. Die Dimensionierung des Stromkreises stellt also einen Kompromiß dar, durch den nicht die gleichen Sicher-

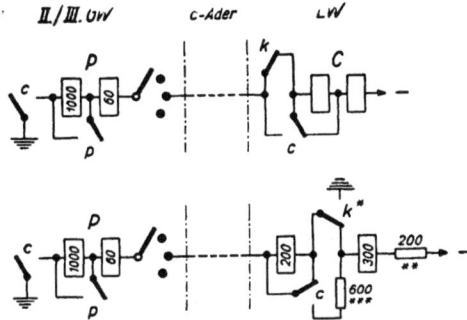

Bild 91. Prüf- und Belegungsader
II./III. GW—LW.
Oben: Auszug aus Bild 86.
Unten: Hilfssperrung während der Abfallzeit
des C-Relais.
    *   Erde ablöten, wenn c-Ader > 100 Ω.
  **  Kurzschließen, wenn c-Ader > 200 Ω.
*** Kurzschließen, wenn c-Ader > 600 Ω.

heiten erreicht werden. Dies offenbart sich im System 40 z. B. darin, daß die Hilfssperrung nur für kurze Leitungen, die allerdings am häufigsten vorkommen, eingesetzt werden kann. Eine andere Dimensionierung der Relais und Widerstände gestattet es jedoch unter Berücksichtigung von Zeitsicherheiten, die Hilfssperrung für den gesamten Bereich der Reichweite vorzusehen.

Diese und ähnliche zusätzliche Forderungen und Vorgänge können in den Wählsystemen je nach Bedarf über die elf unerläßlichen Forderungen hinaus enthalten sein. Ein Teil weiterer Bedingungen wird im Verlauf der nachfolgenden Abschnitte im Zusammenhang mit den dort behandelten Fragen gebracht werden.

## 1. GRUNDGRÖSSEN DES VERKEHRS

Der Fernsprechverkehr kann mittels bestimmter Grundgrößen erfaßt werden, die sich ihrerseits teils zu wichtigen Rechnungsgrößen, teils zu Werten zusammenfassen lassen, die unmittelbar für die Praxis Bedeutung haben. Diese Größen sollen zunächst kurz besprochen werden.

**1. Hauptverkehrsstunde (HVSt).** Jede Fernsprechanlage hat Zeiten besonders starken Verkehrs. Wie bereits gesagt, ist es wichtig, den Wert der Grundgrößen für diese Zeiten zu kennen, während es belanglos ist zu wissen, wie sie sich in Zeiten geringen Verkehrs verhalten. Alle Berechnungen werden daher auf die Stunde bezogen, die den stärksten Tagesverkehr hat.

Unter dieser **Hauptverkehrsstunde** versteht man im Verlauf von 24 Stunden diejenigen 60 aufeinanderfolgenden Minuten, deren Verkehrswerte die größte Summe ergeben.

Die Hauptverkehrsstunden (HVSt) können an den einzelnen Tagen zu verschiedenen Uhrzeiten liegen (z. B. $9^{54}$ bis $10^{53}$ oder $10^{23}$ bis $11^{22}$ usw.). Die HVSt verschiedener Ämter werden zu verschiedenen Zeiten auftreten; die HVSt für das ganze Amt wird anders liegen als die HVSt in den einzelnen Wählergruppen des Amtes; die HVSt im Ortsverkehr wird in eine andere Zeit fallen als die HVSt des Fernverkehrs.

**2. Quellen „s".** Der Verkehr muß einen Ursprung haben. Je nach Art der zu berechnenden Anlage bzw. des Anlageteiles — wenn es sich um einen Ausschnitt aus der Gesamtanlage handelt — sind z. B. die Teilnehmer (Sprechstellen, Teilnehmerleitungen, Vorwähler, Anrufsucherkontakte) oder die Verbindungsleitungen von anderen Ämtern oder die Eingänge in eine Wahlstufe derartige Quellen. Die Quellen werden im allgemeinen mit „s" bezeichnet.

Die Quellenzahl s ist eine reine Zahl, also dimensionslos.

**3. Belegungszahl „c", Gesprächszahl.** Die Quellen verursachen Belegungen. Belegungen werden durch jede Benutzung der Anlage bzw. des betreffenden Anlageteils erzeugt. Eine Belegung braucht dabei nicht zu einem Gespräch zu führen, sei es, daß der gewünschte Teilnehmer besetzt ist oder daß der Anrufende sich verwählt hat oder daß eine Störung vorliegt usw.

Unter **Belegung** versteht man irgendeine Inanspruchnahme der Schalteinrichtungen, Verbindungsleitungen usw., ganz ohne Rücksicht auf die Ursache. Ein **Gespräch** dagegen ist eine vollständige Verbindung, die erfolgreich gewesen ist, d. h. zu einer fernmündlichen Verständigung zwischen den beiden an der Verbindung beteiligten Teilnehmern geführt hat. Die Belegungszahlen (leider auch die Gesprächszahlen) werden mit „c" (= call) bezeichnet. Es ist zu empfehlen, bei anderer Bedeutung von c als Belegungszahl dies durch einen Index kenntlich zu machen.

Die *Belegungszahl* ist größer als die *Gesprächszahl*. Man muß daher die Unterlagen, die für Verkehrsberechnungen zur Verfügung gestellt werden, genau daraufhin prüfen, ob sie sich auf Belegungen oder auf tatsächlich durchgeführte Gespräche beziehen. Im letzten Falle müssen Zuschläge zu den Gesprächszahlen gemacht werden, um die für die Berechnung erforderlichen Belegungszahlen zu erhalten. Die Umrechnung kann erfolgen nach:

$$c_{Belegungen} = (1 + n) \cdot c_{Gespräche},$$

wobei folgende Erfahrungswerte vorliegen:

im Ortsverkehr: $n = 0,15...0,28$,

im Fernverkehr: $n = 0,03$.

Einen Überblick über die Gesprächszahlen in Ortsnetzen verschiedener Größe gibt Bild 95, das eine Auswertung von Veröffentlichungen der Deutschen Reichspost (vor 1939) darstellt. Die Angaben gelten für normale Verhältnisse.

Die Belegungszahlen c (wie auch die Gesprächszahlen) sind an sich reine Zahlen; sie werden jedoch häufig auf eine Zeiteinheit bezogen, so daß „c" dann z. B. Belegungen/Tag oder Belegungen/HVSt angibt.

**4. Belegungsdauer „$t_m$", Gesprächsdauer.** Die Größe des Verkehrs, den eine bestimmte Zahl von Teilnehmern (Quellen) verursacht, hängt nicht nur von der Zahl der Belegungen, sondern auch von ihrer zeitlichen Länge ab; denn es ist keineswegs gleichgültig, ob

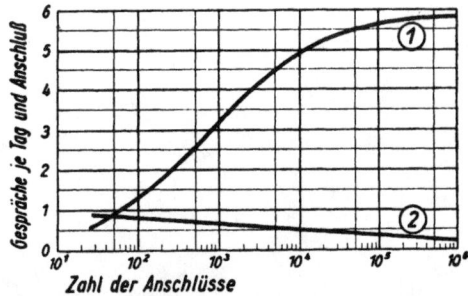

Bild 95. Gesprächszahlen je Tag und Teilnehmer in Abhängigkeit von der Größe der Ortsnetze (Zahl der Anschlüsse).
1 = Ortsgespräche.
2 = Ferngespräche.

s Teilnehmer 100 Belegungen von 1 min oder 3 min Dauer führen. Man unterscheidet dabei Belegungsdauer und Gesprächsdauer.

Die **Belegungsdauer** ist die Gesamtzeit vom Belegen bis zum Freiwerden einer Einrichtung, eines Verbindungsweges usw. Unter **Gesprächsdauer** versteht man die Zeit für das Gespräch selbst, also praktisch die Zeit für die bezahlte Belegungsdauer, d. h. im allgemeinen die Zeit vom Abheben des Angerufenen bis zum Auflegen desjenigen Teilnehmers, von dem die Gesprächszählung abhängt.

Die Belegungsdauer einer erfolgreichen Verbindung ist länger als die Gesprächsdauer. Für die Verkehrsberechnung wird nur die Belegungsdauer benutzt. Die Belegungs- (bzw. Gesprächs)dauer wird mit „t" (= tempus, time) bezeichnet.

Belegungsdauer und Gesprächsdauer sind für die einzelnen Belegungen verschieden lang. Man benutzt bei der Verkehrsberechnung daher einen Mittelwert, die *mittlere Belegungsdauer* „$t_m$". Die mittlere Belegungsdauer ist im allgemeinen kürzer als die mittlere Gesprächsdauer, da der Mittelwert der Belegungsdauer durch die Zahl der kurzzeitigen Besetztanrufe, durch unvollständige Verbindungen, durch Falschwahlen, durch betriebliche Prüfungen, durch vorübergehendes Abheben des Handapparates usw. herabgedrückt wird.

Die Belegungsdauer $t_m$ wird in Stunden oder Minuten, seltener in Sekunden ausgedrückt. Als Richtwerte können folgende Mittelwerte gelten:

für kürzere Verbindungsleitungen . . $V = 1\%$,
für wertvollere Verbindungs- und
Netzgruppenleitungen . . . . . $V = 1...5\%$.

Derartige Verluste bis 5% werden vom Teilnehmer noch nicht als störend empfunden. Teilnehmerbeschwerden beginnen im allgemeinen erst bei Verlusten
über 5% (in normalen Zeiten). Bei den Berechnungen ist jedoch zu prüfen, inwieweit besondere Verhältnisse Abweichungen von obigen Richtwerten zweckmäßig oder sogar erforderlich machen.

Neben der erwähnten mittleren Wartezeit gibt es auch noch andere Wartezeiten;
es sei hier nur aufgezählt: das Warten auf das Melden eines Teilnehmers, der
gerufen wird; das Warten auf das Abfragen einer Vermittlungsperson; das
Warten auf eine Fernverbindung nach der Anmeldung usw. Bei der Benutzung
derartiger Wartezeiten ist es zweckmäßig, den betreffenden Betriebsfall genau
zu definieren.

**6. Konzentration „k".** Sind irgendwelche Angaben auf den Tagesverkehr bezogen, so rechnet man sie auf die HVSt mit Hilfe eines Umrechnungsfaktors um.
Diesen bezeichnet man mit Konzentration.

Unter **Konzentration** versteht man das Verhältnis des Verkehrs der HVSt zum
24-Stunden-Verkehr. Der so gekennzeichnete Faktor wird auch in % angegeben.

Die Konzentration ist von verschiedenen Einflüssen abhängig. Sie ist ganz
allgemein im Ortsverkehr kleiner als im Fernverkehr und wächst mit abnehmender Gruppengröße. Sodann wird sie von den Eigenarten des Gebietes beeinflußt,
das von der betreffenden Anlage fernsprechtechnisch versorgt wird. Unter
normalen Verhältnissen beträgt die Konzentration

im Ortsverkehr:   $k = 10...15\%$,
         wobei $k = 11...12\%$ für große Gruppen (z. B. mit Verkehrs
                                   werten über 20 Erl),
         $k = 13...14\%$ für kleine Gruppen (z. B. mit Verkehrs
                                   werten unter 5 Erl),
im Fernverkehr:   $k = 15...20\%$,
         wobei $k =$      $16\%$, für größere Gruppen,
               $k =$      $18\%$ für kleinere Gruppen

einzusetzen ist. Ausnahmen mit wesentlich höheren Werten bestehen z. B. für
Ämter in Hafenstädten, Bank- und Börsenvierteln usw., in denen Konzentrationen bis

$$k = 30\%$$

festgestellt worden sind.

Bei Umrechnungen vom **Jahresverkehr** auf den Tagesverkehr wird der Verkehr an Sonn- und Feiertagen, der normalerweise schwächer ist als an Werktagen, mit 25% des Werktagsverkehrs angesetzt, so daß sich ergibt

$$c_{\text{Tag}} = \frac{1}{320} \cdot c_{\text{Jahr}}.$$

Entsprechend findet eine Umrechnung vom Monatsverkehr auf den Tagesverkehr statt durch:

$$c_{Tag} = \frac{12}{320} \cdot c_{Monat}.$$

Für Nebenstellenanlagen können Umrechnungen des Monatsverkehrs auf die HVSt auf Grund von umfangreichen Messungen durch

$$c_{HVSt} = \frac{1}{200} \cdot c_{Monat}$$

vorgenommen werden, was einer Konzentration k = 13,3% entspricht.

**7. Verkehrswert, Belastung, Leistung „y".** Der Verkehr über eine Schalteinrichtung, eine Wählergruppe usw. ergibt sich aus dem Produkt der Belegungszahl c und der mittleren Belegungsdauer $t_m$. Man nennt diese Größe Verkehrswert und bezeichnet sie mit „y".
Wird die Belegungszahl c in Belegungen je HVSt angegeben, so ist der Verkehrswert

$$y = c \cdot t_m.$$

Wird die Belegungszahl c in Belegungen je HVSt und Teilnehmer angegeben, so ist der Verkehrswert

$$y = s \cdot c \cdot t_m.$$

Wird die Belegungszahl c in Belegungen je Tag und Teilnehmer angegeben, so ist unter Berücksichtigung der Konzentration der Verkehrswert

$$y = s \cdot c \cdot t_m \cdot k.$$

Entsprechen die Faktoren obiger Gleichungen dem tatsächlich über die betreffenden Einrichtungen fließenden Verkehr, so ergibt sich als Verkehrswert die wirklich vorkommende Belastung der Anlage oder des gerade betrachteten Ausschnitts aus der Gesamtanlage, d. h. man erhält den Augenblickswert oder die Summe der Augenblickswerte des Verkehrs.
Dagegen ist der Verkehr, der einer Anlage oder dem gerade betrachteten Ausschnitt der Gesamtanlage zufließt, durch die Zahl der angebotenen Belegungen $c_A$ gekennzeichnet, die um die Zahl der Besetztfälle b größer als die wirklich verarbeitete Belegungszahl c sein kann:

$$c_A = c + b.$$

Würde man diese Gleichung mit der mittleren Belegungsdauer $t_m$ multiplizieren, die jedoch nur den Belegungen c entspricht, so erhält man Ausdrücke für Angebot und Verlustleistung, die jedoch nur Rechnungsgrößen darstellen:

$$c_A \cdot t_m = c \cdot t_m + b \cdot t_m$$
$$y_A = y + y_v.$$

Von einem bestimmten Angebot an treten in den HVSt feststellbare Verluste oder Wartezeiten auf, deren Größe mit dem Angebot steigt. Legt man einen bestimmten Verlust oder eine bestimmte Wartezeit als noch zulässig fest, so darf das Angebot nur einen gewissen Maximalwert erreichen, wenn diese festgelegten Werte während

Eine Anlage mit 100 VW (100er-Bauart) hat bei 10% Verbindungsmöglichkeiten 10 LW. Jeder VW hat, wenn sein Einstellwerk ein 10teiliger Drehwähler ist, 10 Ausgänge, die durch eine entsprechende Verdrahtung zu den 10 LW führen (Näheres über derartige „Vielfachfelder" vgl. Abschnitt VII, 2). Jeder Teilnehmer kann über seinen VW jeden der 10 LW erreichen. Die Ausgänge bilden ein vollkommenes Bündel.

In einer anderen Anlage mit ebenfalls 100 VW seien zur Bewältigung eines größeren Verkehrs 15 LW vorgesehen. Die Vorwahlstufe hat also 15 Ausgänge zu liefern. Da ebenfalls 10teilige VW vorgesehen sein sollen, kann nicht mehr jeder der VW jeden der 15 Ausgänge aus der VW-Stufe erreichen. Jedem Teilnehmer stehen zwar wie vorher 10 LW zur Verfügung; die 15 LW können sich jedoch nicht mehr gegenseitig aushelfen, da jeder VW nur zu 10 LW Zugang hat. Es ist ein unvollkommenes Bündel entstanden.

In einem **vollkommenen Bündel** (Gruppe) sind alle Leitungen (Einrichtungen) in bezug auf den Verkehrsfluß einander gleichwertig und können sich gegenseitig ohne Einschränkung aushelfen. Jede Einrichtung der Zubringergruppe muß also jede Leitung (Einrichtung) des Abnehmerbündels (-gruppe) erreichen können.

In einem **unvollkommenen Bündel** (Gruppe) sind die Leitungen (Einrichtungen) verkehrstechnisch einander nicht mehr gleichwertig und können sich nicht mehr ohne Einschränkung aushelfen. Den Einrichtungen der Zubringergruppe sind jeweils nur ein Teil der Leitungen (Einrichtungen) des Abnehmerbündels (-gruppe) zugänglich.

Vollkommene Bündel (Gruppen) sind also vorhanden, wenn die Leitungszahl des Abnehmerbündels gleich oder kleiner ist als die Zahl der Kontaktlamellen, die je Wähler der Zubringergruppe in freier Wahl abgesucht werden können. Im anderen Falle kann ein unvollkommenes Bündel durch Einschaltung von II. Wählern (II. VW oder MW) in ein vollkommenes Bündel umgewandelt werden (Näheres später).

## 3. DIE LEISTUNG VON LEITUNGSBÜNDELN BZW. VON WÄHLERGRUPPEN

Das Zulassen eines gewissen Verlustes oder einer bestimmten Wartezeit bedeutet eine Beschränkung. Sie wäre nicht notwendig, wenn man stets so viele Verbindungsmittel vorsehen würde, wie gleichzeitig Verbindungen während der äußersten Verkehrsspitze gefordert werden. Da eine solche Verkehrsspitze jedoch nur ganz kurze Zeit, im allgemeinen nur wenige Sekunden andauert, kann aus wirtschaftlichen Gründen eine gewisse Einschränkung gemacht werden.

In Systemen ohne Wartezeiten nimmt man also einen bestimmten Verlust in Kauf, der sich nach dem Wert der betrachteten Verbindungsmittel und nach den jeweils gestellten Anforderungen in bezug auf Verkehrsgüte richtet. Im allgemeinen schwanken die Verlustwerte großer Anlagen zwischen $V = 1^o/_{oo}$ und 5%. Derartige Verluste werden vom Teilnehmer praktisch nicht empfunden (Teilnehmerbeschwerden beginnen erst bei Verlusten $V > 5\%$), da ein viel größerer Prozentsatz der Verbindungsversuche aus anderen Gründen nicht zum Gespräch führt. Folgende Verteilung ist im Durchschnitt in bezug auf erfolgreiche und nicht erfolgreiche Verbindungsversuche in Ortsanlagen verschiedener Verkehrs- und Betriebsgüte festgestellt worden:

bei etwa 70...80%: Gespräch kommt zustande,

„  „  16...10%: Teilnehmer ist besetzt,

„  „  7... 8%: Teilnehmer meldet sich nicht,

„  „  7... 2%: Unvollständige Anrufe, Störungen und Verluste.

In Systemen mit Wartezeiten enden die Verbindungen, für die im Verlauf der Verbindungsherstellung keine freien Verbindungsmittel mehr gefunden werden, nicht sofort mit „besetzt" (= Verlust), sondern die Teilnehmer müssen „warten". Einem mehr oder weniger großen Verlust steht somit eine mehr oder weniger lange Wartezeit gegenüber. Die Leistung wird dann unter der Einschränkung angegeben, daß Wartezeiten bestimmter Länge im Mittel nicht überschritten werden. Obwohl derartige „Systeme mit Wartezeiten" in Großanlagen eingeführt sind, ist der Zusammenhang zwischen Leistung und Wartezeit noch nicht hinreichend geklärt; die vorhandenen Veröffentlichungen befassen sich mit wenigen Ausnahmen im allgemeinen nur mit Teilproblemen (Lit. 30, 33). Neben einer erschöpfenden Theorie fehlen bisher insbesondere einwandfreie Vergleiche zwischen „Leistungskurven bei Verlusten" und „Leistungskurven bei Wartezeiten". Diese haben, solange es sich um geringe Verluste bzw. kurze Wartezeiten handelt, auch keine größere Bedeutung für den praktischen Betrieb; sie werden jedoch mit steigender Einführung des Selbstwählfernverkehrs wichtig, da hierbei größere Verluste bzw. längere Wartezeiten zumindest für eine längere Übergangszeit unvermeidlich sein dürften. Ferner ist zu beachten, daß in Systemen mit Wartezeiten neben den Wartezeiten auch noch Verluste entstehen, wenn die Teilnehmer die Geduld verlieren und nach einer gewissen Zeit auf die Verbindung verzichten. Dadurch ergibt sich praktisch der Betriebsfall, daß mit steigender mittlerer Wartezeit ein „Wählsystem mit Wartezeiten" in ein „Wählsystem mit Wartezeiten und Verlusten" übergeht.

Die Leistung der einzelnen Leitungen (Wähler usw.) in den Bündeln (Gruppen) ist abhängig:

a) von der Größe der Bündel (Gruppen), d. h. von der Zahl der Leitungen (Wähler), die zu einem Bündel (Gruppe) zusammengefaßt sind. Unter der Voraussetzung, daß der zulässige Verlust bzw. die zulässigen Wartezeiten gleichgehalten werden, steigt mit wachsender Bündelgröße die Leistung jeder einzelnen Leitung im Bündel. Dies ist neben anderen Ursachen vor allem darin begründet, daß die Belastungsschwankungen in größeren Bündeln geringer sind als in kleineren Bündeln und daß die gegenseitige Aushilfe von Leitungen in größeren Bündeln eher möglich ist als in kleineren Bündeln.

b) von der Art des Bündels (Gruppe), d. h. davon, ob es sich um vollkommene oder unvollkommene Bündel (Gruppen) handelt. Wieder unter der Voraussetzung gleicher Verluste bzw. Wartezeiten ist die Leistung eines vollkommenen Bündels (Gruppe) stets größer als die eines unvollkommenen

durch geeignete Mischschaltungen (Näheres vgl. Abschnitt VII, 2). Die Kurven c in Bild 96 zeigen die Leistung je Leitung bzw. je Wähler in unvollkommenen Bündeln (Gruppen), die aus den Vielfachfeldern 10-kontaktiger Wähler durch geeignete Mischschaltungen gewonnen sind. Hier ist wieder die erhöhte Leistung jeder Leitung größerer Bündel gegenüber Leitungen kleinerer Bündel ersichtlich, wenn auch der Leistungsanstieg naturgemäß nicht so stark ist wie bei vollkommenen Bündeln. Ein Vergleich mit Kurve d ergibt jedoch ganz offensichtlich, daß durch Zusammenfassung kleinerer Teilbündel (Kurve d) mittels einer Mischschaltung zu einem gemeinsamen unvollkommenen Bündel (Kurven c) eine wesentliche Leistungssteigerung erreicht werden kann, und zwar ohne Aufwendung von zusätzlichen Mitteln lediglich durch Ausbildung des Vielfachfeldes. Die Leistungskurven für unvollkommene Bündel aus 20er-Feldern würden wieder entsprechend höher als diejenigen aus 10er-Feldern liegen.

Eine weitere Leistungssteigerung ergibt sich durch Bildung vollkommener Bündel (Kurven a). Dies ist aber bei größeren Leitungszahlen stets mit einer Erhöhung des Aufwandes verbunden. Entweder müssen entsprechend große und damit teuere Wähler mit vielen Ausgängen vorgesehen werden; dieses Verfahren ist aber, sofern man nicht zahlreiche Wählergrößen und somit eine unwirtschaftliche Fertigung und einen erschwerten Betrieb in Kauf nehmen will, wenig anpassungsfähig. Oder es wird an jeden Ausgang der 10teiligen Wähler bzw. Dekaden ein kleiner 10- oder 15teiliger Drehwähler angeschlossen, der seinerseits ebenfalls einen seiner Ausgänge in freier Wahl aufsucht (= *II. Vorwähler* hinter I. VW; *Mischwähler* hinter GW). Dieses Verfahren (Näheres vgl. Abschnitt VII, 3b, c) ist sehr anpassungsfähig und gestattet auf wirtschaftlichste Weise die Bildung großer vollkommener Bündel jeder Leitungszahl.

Die Leistungssteigerung, die auf diese Weise teils ohne zusätzlichen Aufwand (unvollkommene Bündel durch Mischschaltungen) teils mit Aufwand (vollkommene Bündel) erzielt werden kann, ergibt sich aus dem Vergleich für ein großes Abnehmerbündel von 100 Leitungen:

$$
\begin{array}{lll}
\text{100 Leitungen in 10 Teilbündeln} & \dots \dots & \text{15 Erl/60 je Leitung,} \\
\text{100 \quad \,, \quad im unvollkommenen Bündel} & \text{30 Erl/60 \,, \quad \,,} \\
\text{100 \quad \,, \quad im vollkommenen Bündel} & \text{. 45 Erl/60 \,, \quad \,,}
\end{array}
$$

In Bild 97 sind die Leistungskurven von Bild 96 in eine für die Berechnung einfachere Form umgezeichnet. Die Ordinaten geben nicht mehr die Leistung je Leitung sondern die Leistung des ganzen Bündels an. Die beiden unteren Schaubilder geben den Anfang der Leistungskurven in vergrößertem Maßstabe wieder. Die Leistungskurven sind für geringe Verluste ($1^0/_{00}$, $1\%$ und $5\%$) aufgestellt. Die Leistungsangaben für zwischenliegende Verluste können mit genügender Genauigkeit durch Interpolieren gefunden werden.

Leistungskurven für höhere Verluste sind mit Hilfe der Wahrscheinlichkeitsrechnung (Theorem von Bayes) abgeleitet worden. Sie stimmen gut mit entsprechenden Kontrollmessungen überein, zeigen jedoch bei niedrigen Verlustwerten geringe Abweichungen von den Kurven in Bild 96 und 97. Die für diese

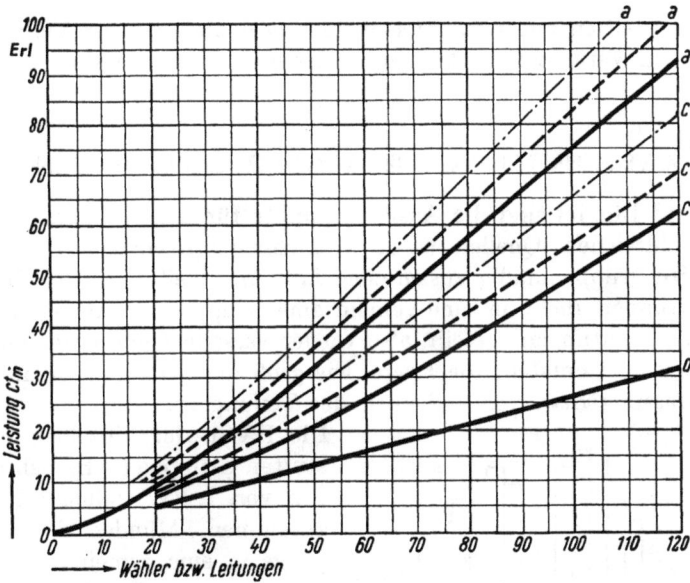

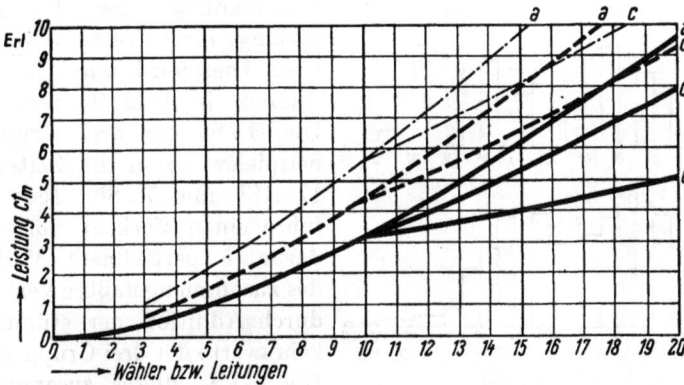

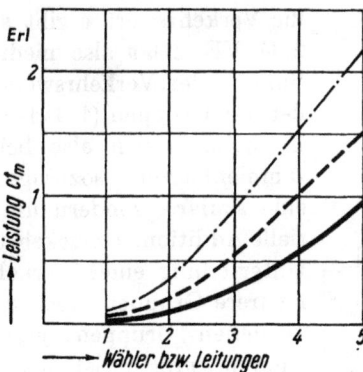

Bild 97. Leistung von Gruppen oder Bündeln in Abhängigkeit von der Wähler- oder Leitungszahl bei 1⁰/₀₀, 1 % und 5 % Verlust.

a = Vollkommene Leitungsbündel.

c = Unvollkommene Leitungsbündel aus 10 er-Feldern, gemischt.

d = Reine 10 er-Bündel, ungemischt.

| | |
|---|---|
| ——— | 1⁰/₀₀ Verlust. |
| – – – | 1 % Verlust. |
| —·—· | 5 % Verlust. |

Kurven aufgestellten Theorien unterscheiden normalen, ruhigen Verkehr (Lit. 47) und unruhigen Verkehr (Lit. 23). Sie eröffnen ein weites Gebiet der Verkehrstheorie.

## 4. VERKEHRSTEILUNG UND VERKEHRSZUSAMMENFASSUNG

Gruppen und Bündel sind die Ausgangspunkte für die Verkehrsberechnungen. Der aus zahlreichen Quellen (z. B. Teilnehmer-Sprechstellen) entspringende Verkehr wird gruppenmäßig zusammengefaßt und weitergeleitet. Der Verkehr mehrerer Gruppen fließt in eine gemeinsame Gruppe zusammen, um dort auf verschiedene Richtungen verteilt, also wieder verschiedenen Gruppen zugeführt zu werden. Dabei entsteht die Frage, wie groß die Leistung vor und nach der Zusammenfassung bzw. vor und nach der Teilung ist.

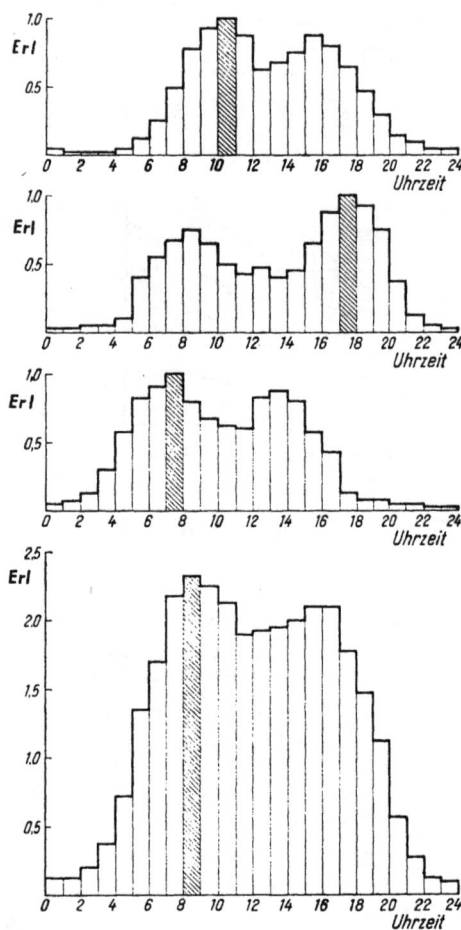

Bild 98. Verkehrsskizzen von drei Gruppen (oben) und Gesamtverkehr der drei Gruppen (unten).

Die HVSt der einzelnen gleicheingestuften Gruppen (z. B. mehrerer Gruppen von I. VW) fallen selten zeitlich zusammen. Münden daher ihre Ausgänge in eine gemeinsame Abnehmergruppe, so muß sich diese „Phasenverschiebung" bei der Zusammenfassung ihrer Verkehrswerte auswirken. Dies wird durch die Verkehrsskizzen in Bild 98 veranschaulicht. Die HVSt der drei Gruppen fallen beispielsweise in die Zeiten $10...11^h$, $17...18^h$ und $7...8^h$. Jede von ihnen führe einen Verkehr von 1 VE. Die darunter gezeichnete Verkehrskurve des zusammengefaßten Verkehrs wurde durch Addition der stündlichen Verkehrswerte der drei Gruppen gefunden. Die HVSt dieses zusammengefaßten Verkehrs fällt in die Zeit von $8...9^h$; ihr Verkehrswert ergibt sich zu etwa 2,34 VE, liegt also niedriger als die Summe der Verkehrswerte der HVSt der drei Gruppen $(1 + 1 + 1 = 3 VE)$. Es handelt sich also bei dieser Zusammenfassung sozusagen nicht um eine skalare, sondern um eine vektorielle Addition. Umgekehrt müßte eine Unterteilung einer Verkehrsmenge in mehrere Gruppen Höchstwerte in den einzelnen Gruppen ergeben, deren Summe größer ist als der Höchstwert der ungeteilten Verkehrsmenge. Die Summe des gesamten Verkehrs der drei Gruppen (= Flächen zwischen Treppenlinie und Zeitachse) ist naturgemäß stets gleich dem gesamten Verkehr der durch die Zusammenfassung entstandenen bzw. vor der Unterteilung vorhandenen Verkehrsmenge.

Angenommen sei ein Amt für $s = 1000$ Teilnehmer bei einer Belegungszahl je HVSt und Teilnehmer von $c = 1,2$ Belegungen mit der mittleren Belegungsdauer von $t_m = \frac{1}{40}$ h. Die Gesamtbelastung des Amtes in der HVSt ist dann $Y = s \cdot c \cdot t_m = 30$ Erl. Die 1000 Teilnehmer seien in 10 Gruppen zu je 100 Teilnehmern unterteilt.

Die Gesamtbelastung in 10 Teile zu teilen, um den Verkehrswert je Gruppe zu bekommen, würde nach dem Gesagten voraussetzen, daß sich der Verkehr in allen Gruppen genau gleich abwickelt, daß 100 Teilnehmer einer Gruppe in jedem Zeitpunkt den gleichen Verkehr wie die Teilnehmer in jeder der anderen 100er-Gruppen veranlassen, daß die Verkehrsspitzen aller Gruppen zur gleichen Zeit auftreten, ihre HVSt also alle genau zusammenfallen usw. Dies ist, abgesehen davon, daß Messungen das Gegenteil beweisen, aber auch auf Grund einer einfachen Überlegung ganz unzutreffend. Die verschiedenen Vorgänge und Teilnehmerhandlungen spielen sich im Fernsprechverkehr derart zufällig und unabhängig voneinander ab, daß die eben geschilderte Gleichzeitigkeit unzählige und außerordentlich scharfe Bedingungen voraussetzen würde, deren gleichzeitige Erfüllung äußerst unwahrscheinlich, ja sogar unmöglich sein dürfte.

In dem behandelten Beispiel darf man also den Gesamtverkehrswert $Y = 30$ Erl, der sich auf die HVSt der Gesamtanlage bezieht, nicht einfach durch 10 teilen, um die Verkehrswerte der Gruppen zu bekommen. Diese müssen größer als $Y/10$ sein; denn Y bezieht sich auf den Verkehrsverlauf der Gesamtanlage, bei dem sich die Schwankungen der 10 Gruppen bereits irgendwie ausgeglichen haben. Zu dem Wert $Y/10$ muß man also einen Zuschlag machen oder man muß einen größeren Verlust (oder größere Wartezeiten) in den Gruppen in Kauf nehmen. Bei Berücksichtigung eines Zuschlages ergibt sich als Verkehrswert je Gruppe:

$$y = \frac{Y}{10} + \text{Zuschlag}.$$

Wenn umgekehrt der Verkehr von 10 Teilgruppen in eine Gesamtgruppe fließt, würde die einfache Addition der 10 Verkehrsspitzen der einzelnen Teilgruppen einen zu hohen Wert für die Verkehrsspitze der Gesamtgruppe ergeben, sofern eine Phasenverschiebung der Spitzenwerte vorliegt und die Verkehrswerte der Teilgruppen maximale Werte darstellen, d. h. die Schwankungen innerhalb der kleinen Teilgruppen bereits berücksichtigen. In diesem Fall kann also, entsprechend dem Zuschlag bei Verkehrsteilung, ein Abzug gemacht werden, oder man erhält geringere Verluste (bzw. Wartezeiten) als in den Teilgruppen. Bei Berücksichtigung eines Abzuges ergibt sich der Verkehrswert Y der HVSt der Gesamtgruppe:

$$Y = 10 \, y - \text{Abzug}.$$

In der Praxis werden bei der Verkehrsteilung bzw. Verkehrszusammenfassung beide Verfahren angewendet, was eine einwandfreie Beurteilung der benutzten Verkehrsangaben voraussetzt:

1. Man dividiert bei der Verkehrsaufteilung den Summenwert nur durch die Zahl der Teilgruppen, um die gewünschten Teilwerte zu erhalten, bzw. addiert bei der Verkehrszusammenfassung die Teilwerte nur skalar, um zum Summenwert zu gelangen. Dieses Verfahren hat Berechtigung, wenn keine Phasenverschiebung in den Teilgruppen berücksichtigt werden soll oder wenn die Verkehrswerte der Teilgruppen keine Spitzenwerte sind bzw. solche durch die Teilung nicht entstehen sollen. Im anderen Falle würde man Wähler- bzw. Leitungszahlen erhalten, für die die festgelegten Verlust- (bzw. Wartezeit-)werte nicht mehr zutreffen, d. h. entweder ist der Verkehrsfluß beeinträchtigt oder die Amtsausrüstung ist zu groß.

2. Man berücksichtigt die Phasenverschiebung der HVSt dadurch, daß man die durch Division bzw. Addition gewonnenen Verkehrswerte bei der Verkehrsaufteilung durch Zuschläge und bei der Verkehrszusammenfassung durch Abzüge den tatsächlichen Verhältnissen anpaßt. Dadurch erreicht man, daß die festgelegten Verlust- (bzw. Wartezeit-)werte beibehalten werden. Dieses Verfahren hat zur Voraussetzung, daß für die Verkehrswerte der Teilgruppen phasenverschobene Spitzenwerte angegeben sind oder erhalten werden sollen.

Die jeweils in Betracht kommenden Zuschläge bzw. Abzüge kann man sog. **Zuschlagskurven** entnehmen. Die Größe der Gruppenzuschläge bzw. Gruppenabzüge hängt ab:

einmal von der Größe der Teilwerte, die zum Summenwert zusammengefaßt werden sollen bzw. in die der Summenwert aufzuteilen ist,

sodann von der Zahl der Teilgruppen, die zur Gesamtgruppe zusammengefaßt werden sollen bzw. in die die Gesamtgruppe aufzuteilen ist.

Und zwar ist der Gruppenabzug bzw. -zuschlag um so größer, je kleiner die Teilwerte sind und je größer die Zahl der betreffenden Teilgruppen ist. In Bild 99 sind Kurven für Gruppenzuschläge und Gruppenabzüge zusammengestellt. Die Zuschlagskurven (oben im Bild) für 10, 5 und 2 Unterteilungen sind zuerst von M. Langer angegeben und aus zahlreichen Messungen entstanden (Siemens & Halske, Lit. 9). Diese Kurven beziehen sich streng genommen nur auf Zuschläge für Verkehrsteilungen, werden jedoch in der Praxis oftmals auch für Abzüge bei Verkehrszusammenfassungen verwendet. Untersuchungen von G. Rückle und F. Lubberger mit Hilfe der Wahrscheinlichkeitsrechnung (Lit. 14, 34) führten zu Ergebnissen, die die Unterschiede zwischen Gruppenzuschlägen und Gruppenabzügen berücksichtigen und befriedigend mit den Meßergebnissen übereinstimmten; aus diesen Arbeiten sind die Tabellen der Deutschen Post für Gruppenzuschläge und Gruppenabzüge entstanden, die etwa den Kurven in Bild 99, Mitte und unten, entsprechen. Diese unteren Kurven für Unterteilungen in 2 bis 20 Teilgruppen bzw. für Zusammenfassungen von 2 bis 20 Teilgruppen werden in den Berechnungsbeispielen dieses Buches vorwiegend benutzt.

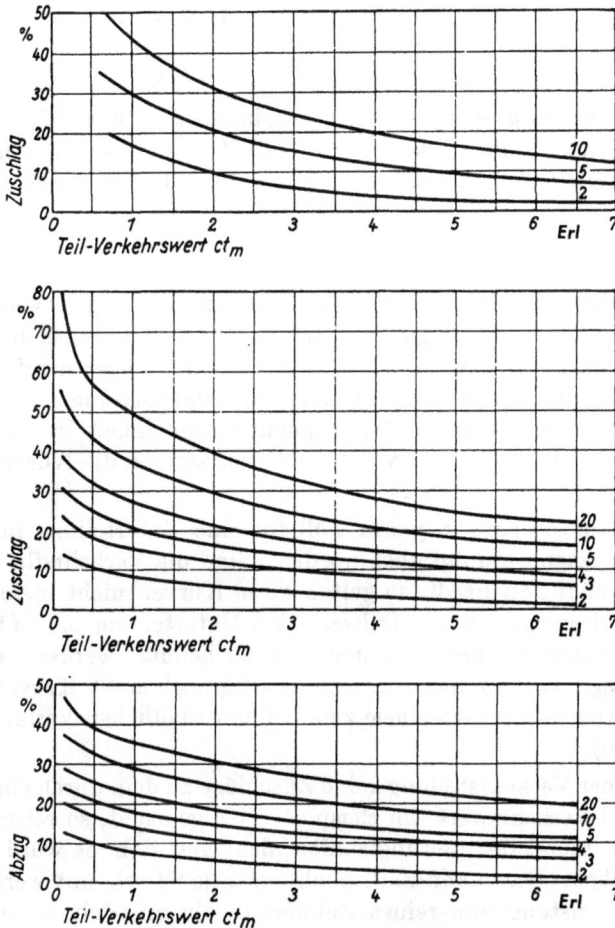

Bild 99. Gruppenzuschläge bzw. Gruppenabzüge für Verkehrsteilung
bzw. Verkehrszusammenfassung.

Oben: Zuschlagskurven nach M. Langer.
Mitte: Zuschlagskurven nach F. Lubberger (ähnlich Posttabellen).
Unten: Abzugskurven nach F. Lubberger (ähnlich Posttabellen).

2, 3, 4, 5, 10, 20 = Unterteilung in 2...20 Teil-Verkehrswerte bzw.
Zusammenfassung von 2...20 Teil-Verkehrswerten.

Das eingangs angegebene Verkehrsbeispiel würde danach also folgende Lösung
ergeben: Zu dem durch einfache Unterteilung in 10 Teile erhaltenen Teil-Verkehrswert von

$$\frac{Y}{10} = \frac{30}{10} = 3 \text{ Erl}$$

muß nach Kurve 10 in Bild 99 (Mitte) ein Zuschlag von 24% gemacht werden,
so daß zur Berechnung der Verbindungswege in jeder der 10 Gruppen ein Verkehrswert von durchschnittlich

$$y = \frac{30}{10} + \frac{30}{10} \cdot 0{,}24 = \frac{30}{10} \cdot 1{,}24 = 3{,}72 \text{ Erl}$$

zugrunde gelegt werden muß.

Umgekehrt erhält man, wenn 10 Teil-Verkehrswerte von je 3,72 Erl zusammengefaßt werden sollen, nach Kurve 10 in Bild 99 (unten) einen Abzug von 19%, so daß sich nach der Zusammenfassung ein Verkehrswert von

$$Y = 10 \cdot 3{,}72 \cdot 0{,}81 = 30 \text{ Erl}$$

ergibt.

In beiden Fällen wird der Zuschlag bzw. Abzug durch den Verkehrswert der Teilgruppe bestimmt, in obigen Beispielen also durch 3 Erl bei der Unterteilung (= Zuschlag von 24%) bzw. durch 3,72 Erl bei der Zusammenfassung (= Abzug von 19%). Für Unterteilungen bzw. Zusammenfassungen von weniger als 20 Teil-Verkehrswerten kann mit genügender Genauigkeit interpoliert werden; für solche von mehr als 20 Teil-Verkehrswerten können die Kurven für 20 Teil-Verkehrswerte benutzt werden.

Die Zuschlagskurven sind in jedem Fall für eine Unterteilung in etwa gleich große Verkehrsmengen aufgestellt worden. Sind die Verkehrsflüsse der Einzelgruppen verschieden groß, so gelten diese Kurven nicht mehr. Sie können jedoch für die Berechnung der Teilwerte bei Unterteilung bzw. für die Berechnung des Gesamtwertes bei Zusammenfassung benutzt werden. Die dann geltenden Zuschlagswerte können aber gegenwärtig noch nicht Kurven entnommen werden, sondern müssen nach einem ziemlich umständlichen Verfahren berechnet werden (Lit. 40).

Würden bei einer Verkehrsteilung keine Zuschläge zu dem durch einfache Teilung erhaltenen Teil-Verkehrswert (im Beispiel Y/10) gemacht, so reichen die daraus errechneten Wähler- oder Leitungszahlen nicht aus, d. h. es würde ein größerer Verlust entstehen. Dies kann z. B. auch aus Bild 96 erkannt werden. Kurve d gibt dort die Leistung von reinen Zehnerbündeln an, d. h. wenn 10, 20...100 Leitungen in 1, 2...10 Zehnerbündeln geführt werden. Da sich die Leitungen verschiedener Bündel gegenseitig nicht aushelfen können und andererseits den Kurven ein gleichbleibender Verlust (z. B. $V = 1^0/_{00}$) zugrunde liegt, muß die Leistung je Leitung, d. h. diejenige Belastung je Leitung abnehmen, die im Mittel ohne Überschreiten des zugelassenen Verlustes erledigt werden kann. Während in einem vollkommenen Bündel (Kurve a, Bild 96) und in einem gemischten Bündel (Kurve c) die Leistung je Leitung mit wachsender Leitungszahl im Bündel steigt, muß sie bei unterteilten Bündeln (Kurve d) sinken. Dies hängt ebenfalls damit zusammen, daß sich im ersten Falle die phasenverschobenen Verkehrsspitzen ausgleichen können, im zweiten Fall jedoch in dem betreffenden Teilbündel voll zur Auswirkung kommen. In den Teilbündeln muß also entweder die durchschnittliche Leistung je Leitung sinken oder der Verlust ansteigen. Die Analogie mit den Verhältnissen, die bei Teilung des Gesamtverkehrs in mehrere Einzelflüsse vorliegen, ist ersichtlich.

## 5. GEREIHTE VERLUSTE

Die bisherigen Angaben behandelten stets den Verkehrsfluß in den einzelnen
Wahlstufen. Die hierfür zugrunde gelegte Verkehrsgüte, ausgedrückt in Verlusten oder Wartezeiten, bezieht sich also ebenfalls nur auf die einzelnen Wahlstufen. Angaben darüber, daß die Wahlstufen für Verluste von $1^0/_{00}$ oder $1\%$
berechnet worden sind, lassen jedoch noch keine Rückschlüsse auf die Verkehrsgüte der Gesamtanlage zu. Aus den bisherigen Überlegungen ergibt sich folge-

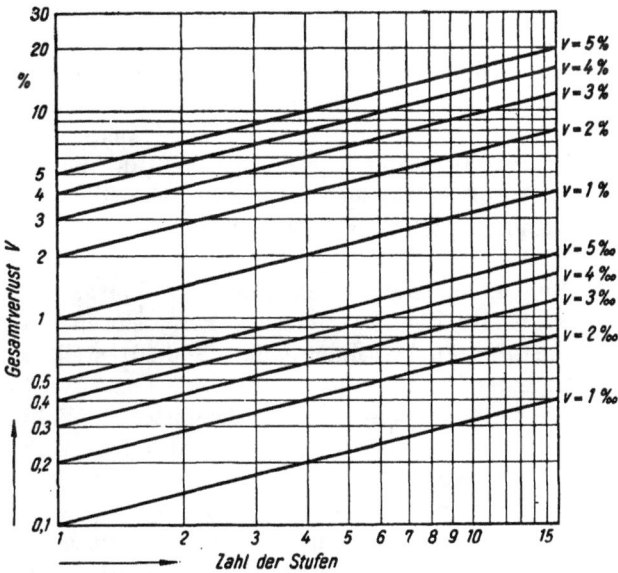

Bild 100. Gesamtverlust V einer Anlage in Abhängigkeit von der
Zahl der Wahlstufen und den für diese zugrunde gelegten
Verlusten v.

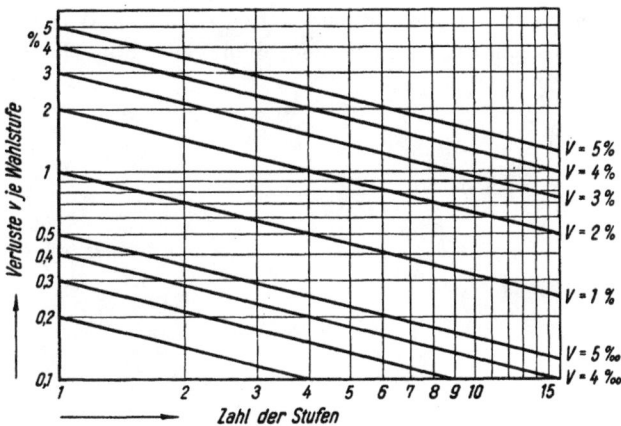

Bild 101. Verluste v je Wahlstufe in Abhängigkeit von der Zahl der
Wahlstufen und vom Gesamtverlust V der Anlage.

richtig, daß der mittlere Verlust für die Gesamtanlage nicht gleich der Summe der Verluste in den Wahlstufen ist, sondern kleiner sein muß; denn aus der Phasenverschiebung der HVSt der einzelnen Gruppen kann ohne weiteres auch auf eine Phasenverschiebung der HVSt der einzelnen Wahlstufen geschlossen werden.

Nach Feststellungen von M. Langer (Lit. 9) ergibt sich der **Gesamtverlust** V (in % oder %) für die ganze Anlage aus den Einzelverlusten $v_1$, $v_2$...$v_x$ (in % oder %) der verschiedenen Wahlstufen hinreichend genau aus der Gleichung:

$$V = \sqrt{v_1{}^2 + v_2{}^2 + v_3{}^2 + \ldots + v_x{}^2} = \sqrt{\Sigma\, v_x{}^2}\,.$$

Wertet man diese Gleichung für die verschiedenen Verluste aus, so erhält man die in Bild 100 gezeichneten Schaulinien. Diese zeigen, daß der Verlust nur verhältnismäßig gering mit wachsender Stufenzahl ansteigt.

Ein Ortsnetz mit vier GW-Stufen und einer LW-Stufe (also ein sechsziffriges System), in dem die Ausgänge aus der VW- und den vier GW-Stufen für $v = 1^0/_{00}$ Verlust berechnet sind, zeigt für die Gesamtanlage im Mittel einen Verlust von $V = 2,2^0/_{00}$.

Die Aufgabenstellung kann jedoch auch umgekehrt lauten. So kann eine bestimmte Verkehrsgüte für die Gesamtanlage vorgeschrieben sein, auf Grund der dann die Wahlstufen zu berechnen sind. Bild 101 stellt eine Auswertung obiger Gleichung in einer für diese Berechnung zweckmäßigen Form dar. Hieraus kann man die Verluste v ablesen, die für die einzelnen Wahlstufen zugrunde gelegt werden müssen, wenn ein gegebener Gesamtverlust V für die ganze Anlage im Mittel nicht überschritten werden soll. Soll beispielsweise eine Anlage mit drei GW-Stufen und einer LW-Stufe (also ein fünfziffriges System) einen durchschnittlichen Gesamtverlust von $V = 2\%$ aufweisen, so müssen nach Bild 101 die Ausgänge aus der VW- und den drei GW-Stufen für einen Verlust von $v = 1\%$ berechnet werden.

Die beiden Schaubilder gelten naturgemäß nur für den Fall, daß alle Wahlstufen für den gleichen Verlust v berechnet worden sind bzw. berechnet werden sollen. Sind verschieden hohe Verluste in den einzelnen Wahlstufen vorgesehen, so müssen die Berechnungen nach der oben genannten Formel durchgeführt werden.

# VII. GRUPPIERUNG

Unter Gruppierung versteht man die Art, wie die Wähler und die anderen Schalteinrichtungen einer Anlage neben- und hintereinander eingeordnet sind, d. h.
wie sich die Wählanlage in ihren einzelnen Stufen aufbaut. Die Gruppierung
gibt also beispielsweise an, wie die einzelnen Einrichtungen für die Verbindungsherstellung zur Verfügung stehen und aneinandergereiht werden können. Die
Gruppierung beschäftigt sich ferner mit der Anzahl der Wahlstufen und der
Zahl der in ihnen vorzusehenden Verbindungsmittel sowie mit den Vielfachfeldern
und ihrer Ausbildung. Eng verbunden mit ihren Aufgaben ist somit die Berechnung der Zahl der erforderlichen Schalteinrichtungen, Verbindungsleitungen
usw., die Leistungs- und Verlustrechnung sowie andere Fragen der Wirtschaftlichkeit. In weiterem Sinne hängen mit ihr auch Netzgestaltung, Kennzahlenvergebung usw. zusammen. Man kann also definieren:
Die **Gruppierung** befaßt sich mit den Verfahren und Anordnungen zum Sammeln
des Verkehrs aus den zahlreichen Verkehrsquellen und zum nummernmäßigen
Verteilen der einzelnen Verkehrsflüsse auf die verschiedenen Verkehrsziele entsprechend den Wünschen der Teilnehmer, einerlei ob sich diese Verkehrsziele
im gleichen Amt oder in fernen Ämtern befinden.

## 1. ALLGEMEINES

Die Stromstoßgabe bei der Nummernwahl des Teilnehmers findet gegenwärtig
in allen Wählsystemen „dekadisch" statt, d. h. die Anrufnummer des gewünschten Teilnehmers wird ziffernmäßig mittels der allgemein üblichen Nummernschalter mit 10 Ziffern- bzw. Buchstabenlöchern gewählt. Die Einstellung der
Wähler erfolgt dagegen je nach Systemart „dekadisch" oder „undekadisch".
In einem **dekadischen Wählsystem** werden Wähler mit dekadischem Aufbau
verwendet (z. B. 100teilige Hebdrehwähler mit 10 Dekaden). Die beim Wählen
entstehenden Stromstoßreihen können dabei ohne irgendeine Umrechnung auf
die einzustellenden Wähler usw. gegeben werden. In dekadischen Systemen
sind die Wähler daher mit Einzelantrieb ausgerüstet; die Stromstoßgabe erfolgt
in *Vorwärtswahl* (vgl. Abschnitt V, 2 unter „Nummernwahl"). Eine etwaige
Umrechnung der Teilnehmer-Nummernwahl hat niemals systembedingte, sondern
nur gruppierungsmäßige Gründe (z. B. Director-System, bei dem für den Umwegverkehr in London *Register* mit *Speicher*, *Umrechnung* und *Geber* vorgesehen
sind). Dekadische Wählsysteme sind im allgemeinen *direkt gesteuerte Systeme*.
In einem **undekadischen Wählsystem** werden Wähler mit undekadischem Aufbau verwendet (z. B. 500teilige Kulissen-Wähler mit 25 Kulissen; 200teilige

Rotary-LW mit 20 Teilnehmeranschlüssen je „Dekade"). Die beim Wählen entstehenden Stromstoßreihen können nicht unmittelbar zum Einstellen der Wähler usw. verwendet werden; zwischen Teilnehmerleitung (bzw. Vorwahlstufe) und Wählerteil muß eine Hilfseinrichtung eingefügt werden, die die vom Teilnehmer dekadisch abgegebenen Stromstoßreihen aufnimmt und in undekadische Stromstoßreihen umrechnet, die für die betreffende Wählerbauart erforderlich sind (*Register* mit *Speicher*, *Umrechnung* und *Abgreifer*). In undekadischen Systemen werden Wähler mit Gruppenantrieb (Maschinenantrieb) verwendet; die Stromstoßgabe zwischen Register und Wähler erfolgt dann in *Rückwärts-*

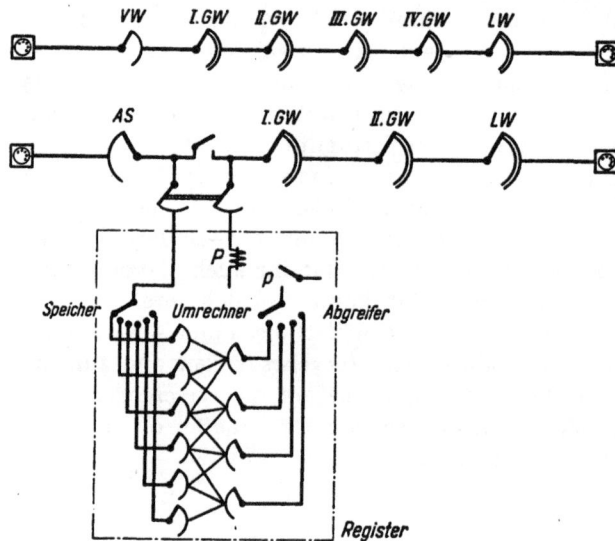

Bild 102. Wählsystem mit dekadischem und undekadischem Aufbau.
Oben: Registerloses Schrittschaltsystem.
Unten: Maschinensystem mit Register.

*wahl* (vgl. Abschnitt V, 2 unter „Nummernwahl"). Undekadische Wählsysteme sind *indirekt gesteuerte Systeme*.

Es ist augenscheinlich, daß das Speichern, Umrechnen und das sich anschließende Aussenden neuer Stromstoßreihen (beim *Geber* mit Vorwärtswahl) bzw. die Steuerung der Wählereinstellung (beim *Abgreifer* mit Rückwärtswahl) die Zahl der notwendigen Schaltvorgänge erheblich vermehrt. Es ergibt sich ferner für den Teilnehmer ein Zeitverlust, da der Verbindungsaufbau beim Abgeben der letzten Stromstoßreihe noch nicht beendet ist.

In Bild 102 sind dekadischer und undekadischer Aufbau in grundsätzlicher Darstellung gegenübergestellt. Für den dekadischen Aufbau sind 100 teilige Wähler mit 10 Dekaden zu je 10 Ausgängen verwendet. Es ist also beim Überschreiten von 100, 1000, 10 000, 100 000, 1 000 000 Anschlüssen jeweils eine weitere Wählerstufe einzuführen. Für den undekadischen Aufbau seien 500 teilige Wähler mit 25 Kulissen zu je 20 Ausgängen angenommen. Hierbei erfordert das Überschreiten von 500, 12 500, 312 500, 7 812 500 Anschlüssen den Einbau einer weiteren

Wählerstufe, sofern man von diesen theoretisch möglichen Baustufen Gebrauch machen will.

Beim dekadischen Aufbau sind beispielsweise zur Auswahl des Teilnehmers 257358 die verschiedenen Wähler in folgende Dekaden zu heben bzw. auf folgende Schritte zu drehen:

I. GW in die 2. Dekade,
II. GW „ „ 5. „
III. GW „ „ 7. „
IV. GW „ „ 3. „
LW „ „ 5. „
LW auf den 8. Schritt.

Entsprechend hat der Teilnehmer nacheinander die Ziffern 2, 5, 7, 3, 5 und 8 zu wählen.

In dem dargestellten undekadischen Aufbau werden die Wähler für eine Verbindung zu dem gleichen Teilnehmer z. B. auf folgende Kulissen bzw. Schritte eingestellt:

I. GW in die 21. Kulisse,
II. GW „ „ 15. „
LW „ „ 18. „
LW auf den 17. Schritt.

Eine Teilnehmernummer 21—15—18—17 ist aber, was wohl keiner weiteren Erklärung bedarf, im gewöhnlichen Verkehr unmöglich. Man verwendet daher auch für derartige Systeme die dekadischen Nummernschalter und gibt dem Teilnehmer für obiges Beispiel z. B. die Anrufnummer 257358 an. Der Anrufende wählt also ebenfalls nacheinander die Ziffern 2, 5, 7, 3, 5 und 8. Diese werden im zwischengeschalteten Register aufgenommen (Speicher) und in die Wählreihen 21, 15, 18 und 17 umgesetzt (Umrechnung), mit denen die Einstellung der großen Wähler gesteuert wird (Abgreifer). Es ist augenscheinlich, daß für diese zusätzlichen Vorgänge verwickelte und ziemlich unübersichtliche Einrichtungen erforderlich sind und daß der gesamte Aufbau ebenfalls schwerer zu überblicken ist. Da die Register nur für den Verbindungsaufbau selbst benötigt werden, sind sie nicht je Verbindungsmöglichkeit, sondern in geringerer Zahl vorgesehen; sie werden daher jeweils über Mischwähler oder Anrufsucher zugeteilt.

Bezogen auf die Sprechstellen bzw. Anlagen für Wählverkehr, ist in der Welt der Anteil der dekadischen Systeme bedeutend größer als derjenige der undekadischen Systeme, was u. a. auch auf den einfacheren und klareren Aufbau der dekadischen Systeme und auf die universelle Verwendungsmöglichkeit für große und kleine Anlagen zurückzuführen ist. Sie haben ferner den großen Vorteil, besondere Aufgaben, z. B. im Fernwählverkehr, erforderlichenfalls mit Registern lösen zu können, ohne daß diese komplizierten Einrichtungen für sämtliche Verbindungen eingesetzt werden müssen. Im folgenden wird daher vor allem der Aufbau der dekadischen Systeme behandelt; den grundsätzlich behandelten Beispielen wird im allgemeinen wieder der Aufbau des Siemens-Systems zu-

grunde gelegt. Der größte Teil der Betrachtungen hat jedoch auch für undekadische Systeme volle Berechtigung bzw. kann sinngemäß angewendet
werden.

Die Zahl der *Wahlstufen*, in denen die Wähler durch die Stromstoßreihen während
der Nummernwahl eingestellt werden *(Nummernwahlstufen)*, geht in dekadischen
Systemen aus der Stellenzahl der Anrufnummern hervor. Sie ist um „1" niedriger als deren Stellenzahl, da die Leitungswähler durch die letzten b e i d e n
Ziffern der Anrufnummern eingestellt werden. In einer Anlage mit sechsstelligen
Anrufnummern sind also vier Gruppenwahlstufen und die Leitungswahlstufe
vorhanden (Bild 102, oben). Zu diesen Nummernwahlstufen können weitere
Wahlstufen kommen, in denen sich die Wähler in freier Wahl völlig selbsttätig
einstellen (*Mischwahlstufen*, auch Zwischenwahlstufen genannt). Hierzu gehören
die Vorwahlstufen mit VW oder AS und die Stufen mit MW. Ferner können
Stufen mit Einrichtungen vorgesehen sein, deren Mitlaufwerke zusammen mit
den Gruppen- oder Leitungswählern eingestellt werden oder die, wie z. B. die
Umsteuerwähler, selbsttätig Umsteuerungen vornehmen.

In einem Aufbau, wie ihn das Siemens-System hat, ist es dabei gleichgültig,
ob die Teilnehmer eines Amtes Anrufnummern gleicher oder verschiedener Stellenzahl erhalten, d. h. es können ohne weiteres verschieden große Teilnehmergruppen,
also Gruppen mit verschieden vielen Wahlstufen, zu einer Anlage zusammengefaßt werden (vgl. Bild 11). In dieser weitgehenden Anpassungsfähigkeit bei
der Planung und im Betrieb liegt einer der Vorzüge des dekadischen Schrittschaltsystems.

Die Zahl der Nummernwahlstufen hängt von der Wählergröße und von der Größe
der Anlage, also z. B. von der Teilnehmerzahl, ab. Die Zahl der Mischwahlstufen
steht in Zusammenhang mit der Wählerausnutzung und damit mit der Verkehrsstärke. Zahl und Art der übrigen Stufen ist eine Frage der verwendeten
Technik.

Die Zahl der Wähler innerhalb jeder Wahlstufe wird von der Verkehrsstärke
bestimmt. Da der Verkehr der verschiedenen Gruppen innerhalb einer Stufe
verschieden sein kann, muß die Wählerzahl jeder Gruppe den vorliegenden Verhältnissen angepaßt werden.

## 2. VIELFACHFELD, VIELFACHSCHALTUNG

Die Ausgänge aus einer Wahlstufe sind mit den Eingängen in die nachfolgende
Wahlstufe durch Leitungen verbunden, von denen jede an einer bestimmten
Schalteinrichtung (Wähler usw.) der nachfolgenden Stufe endet. Jeder Ausgang
aus einer Wahlstufe muß von allen oder von einem Teil der Wähler der betreffenden Wahlstufe erreicht werden können. Die Kontaktlamellen (-stifte usw.)
mehrerer Wähler werden daher in ganz bestimmter Weise miteinander verdrahtet und führen nach einem gemeinsamen Ausgang (vgl. Bild 3). Man bezeichnet diese Maßnahme mit V i e l f a c h s c h a l t e n und nennt die einzelnen
Leitungen Vielfachleitungen. Die Gesamtheit der Vielfachleitungen bildet
das V i e l f a c h f e l d oder die V i e l f a c h s c h a l t u n g.

Die Wähler sind je nach ihrer Art in sog. *Einzelrahmen* oder in sog. *Gestellrahmen* eingebaut (vgl. Abschnitt XII, 1). Die gleichbenannten Schritte der Wähler eines Einzelrahmens oder eines Gestellrahmens sind im allgemeinen durch Vielfachleitungen miteinander verbunden (z. B. Blankverdrahtung in I. VW-Einzelrahmen; Bandvielfach in GW-und LW-Gestellrahmen). Jede dieser Vielfachleitungen ergibt einen Ausgang aus dem betreffenden Rahmen. Die Gesamtheit der Vielfachleitungen eines Einzelrahmens oder eines Gestellrahmens bildet das *Vielfachfeld* (Wählervielfach).

Jede Wahlstufe besteht je nach ihrer Größe aus einer oder mehreren Gruppen. Jede Gruppe umfaßt je nach den vorliegenden Verkehrsverhältnissen einen oder mehrere Einzel- oder Gestellrahmen *(Teilgruppen)*. Werden mehrere Rahmen zu einer Gruppe zusammengefaßt, so werden die Ausgänge aus den Rahmen nochmals vielfachgeschaltet. Die Gesamtheit dieser Vielfachleitungen, die die Ausgänge aus der Gruppe bilden, wird als *Vielfachschaltung* bezeichnet.

Vielfachfeld und Vielfachschaltung entstehen also grundsätzlich durch die gleichen Maßnahmen. Es kann zusammengefaßt werden:

Unter **Vielfachfeld** (Wählervielfach) und **Vielfachschaltung** versteht man die Zusammenfassung von Wählerschritten (Kontaktlamellen, -stifte usw.) oder von Ausgängen der Rahmen *(Teilgruppen)* durch Vielfachleitungen. Jede dieser **Vielfachleitungen** faßt jeweils die einander entsprechenden Schritte mehrerer (oder aller) Wähler einer Teilgruppe (Rahmen) oder einer Gruppe zusammen und bildet einen der Ausgänge aus der betreffenden Teilgruppe (Rahmen) oder der betreffenden Gruppe.

Das Vielfachfeld von Wählern wird direkt an den Kontaktbänken durch Verdrahtung der Lötschwänze der Kontaktlamellen gebildet. Zur Vielfachschaltung der Rahmen (Teilgruppen) werden die Ausgänge der Rahmen entweder direkt miteinander verbunden oder sie werden nach sog. *Zwischenverteilern* (vgl. Abschnitt XII, 3) geführt, an denen dann die entsprechenden Ausgänge zusammengefaßt werden.

Ist die Zahl der Einrichtungen, die von einer Gruppe aus erreicht werden sollen, also die Zahl der Ausgänge aus dieser Gruppe, gleich oder kleiner als die Zahl der Kontaktlamellen der betreffenden Wähler oder der betreffenden Wählerdekaden, so ist die Vielfachschaltung einfach. Wird jedoch für den Verkehr eine Anzahl von Ausgängen benötigt, die größer als die Zahl der Kontaktlamellen ist, so muß das Vielfachfeld besonders ausgebildet werden. Die hierfür entstandenen Verfahren, die sich auf Grund bestimmter Bedingungen entwickelt haben, sollen anschließend an einfachen Beispielen grundsätzlich besprochen werden.

### a) Einfache Vielfachschaltung

Eine Anlage mit 100 VW (100er-Bauart) hat bei 10% Verbindungsmöglichkeiten 10 LW. Jeder VW hat, wenn sein Einstellwerk ein 10teiliger Drehwähler ist, 10 Ausgänge, die zu den 10 LW führen. Die Lötöse der 1. Kontaktlamelle des 1. VW wird mit den Lötösen der 1. Kontaktlamelle des 2., 3., 4. VW usw. verbunden; entsprechend sind die 2. Kontaktlamellen aller VW miteinander verdrahtet, ebenso alle 3. Kontaktlamellen, alle 4. Kontaktlamellen usw. Die Vielfachleitung, die die 1. Schritte aller VW miteinander verbindet, ist der 1. Ausgang und führt zum 1. LW, die Vielfachleitung der 2. Schritte zum 2. LW, die der 3. Schritte zum 3. LW usw. Es werden also alle gleichbenannten Kontaktlamellen durch Vielfachleitungen miteinander verbunden; die Verdrahtung der Kontaktlamellen der 100 VW bildet ein einfaches Vielfachfeld.

Ebenso wie die Ausgänge der Wähler eines Rahmens können auch die Ausgänge mehrerer Rahmen (Teilgruppen) zu einer einfachen Vielfachschaltung zusammengefaßt werden, indem man jeweils alle gleichbenannten Ausgänge der Rahmen (Teilgruppen) zu einer gemeinsamen Abnehmerleitung (Ausgang) führt. Die Ausgänge aus der Gruppe werden dann jeweils von allen ersten, von allen zweiten usw. Schritten der Wähler aller Rahmen der Gruppe erreicht.

Bild 103 zeigt eine solche einfache Vielfachschaltung. In dieser Darstellung bedeuten die Halbkreise mit den arabischen Ziffern die vielfachzuschaltenden Zubringer-Teilgruppen (je nach Wahlstufe sind dies Einzelrahmen oder Gestellrahmen). Jeder kleine Kreis stellt eine Vielfachleitung dar, die alle gleichbenannten Schritte der Wähler der betreffenden Zubringer-Teilgruppe miteinander verbindet und z. B. zum Zwischenverteiler geführt ist; die römischen Ziffern geben die Drehschritte an, von denen die betreffenden Vielfachleitungen herkommen. Die Querlinien bilden die Vielfachschaltung im Zwischenverteiler, d. h. sie geben die Art an, wie die ankommenden Vielfachleitungen ihrerseits vielfachgeschaltet sind. Jede waagrechte Linie stellt also eine Abnehmerleitung oder einen Ausgang aus der Vielfachschaltung des Zwischenverteilers dar; jeder dieser Ausgänge ist durch eine arabische Ziffer gekennzeichnet. Die zehn kleinen Kreise der obersten waagrechten Reihe sind also zehn Vielfachleitungen (Zubringer-Leitungen), die von den Schritten I von zehn Zubringer-Teilgruppen (z. B. I. VW-Einzelrahmen oder Dekaden von GW-Gestellrahmen) zum Zwischenverteiler geführt sind, dort ihrerseits nochmals miteinander zum Ausgang 1 (Abnehmerleitung 1) verbunden werden. In Bild 103 ist also dargestellt: 10 Zubringer-Teilgruppen 1...10 (oben im Bild) sind derart vielfachgeschaltet, daß jeweils alle gleichbenannten Drehschritte I...X miteinander verbunden sind. Dadurch entstehen die 10 Ausgänge 1...10 (links im Bild) zur Abnehmergruppe (Abnehmerleitungen).

Unter einer **einfachen Vielfachschaltung** versteht man eine Vielfachschaltung (Vielfachfeld), bei der die Abnehmerleitungen (Ausgänge) jeweils sowohl über

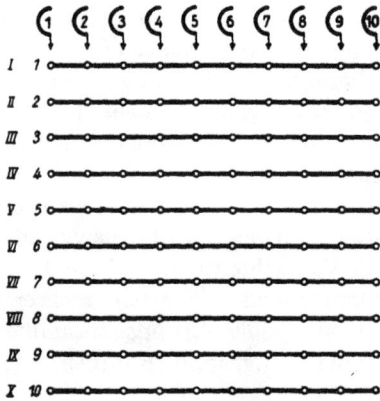

Bild 103. Einfache Vielfachschaltung.
Wählerbögen 1...10 = Zubringer-Teilgruppen.
I...X = Schritte (Suchstellungen) der Wähler.
1...10 = Abnehmerleitungen (Ausgänge).

gleich viele als auch über gleichbenannte Zubringerleitungen (Kontaktlamellen) vielfachgeschaltet sind.

Als Ergebnis einer einfachen Vielfachschaltung kann man feststellen: Das Abnehmerbündel ist ein *vollkommenes Bündel*, da jede der Zubringer-Teilgruppen 1...10 jede der Abnehmerleitungen 1...10 (Ausgänge) erreichen kann. Die Ausgänge, die von den ersten Drehschritten abgehen, sind besonders stark gegenüber den letzten Ausgängen belastet, da die Wähler bei der Drehbewegung, in freier Wahl von einer Nullstellung ausgehend, jeweils bevorzugt die ersten freien Schritte belegen. Entsprechend sind auch die an die einzelnen Ausgänge angeschlossenen Abnehmer-Schalteinrichtungen (z. B. Wähler der nachfolgenden Wahlstufe) verschieden stark ausgenutzt.

### b) Staffeln

Wenn der Verkehr, der in eine Gruppe fließt, mehr Ausgänge erfordert, als die vielfachgeschalteten Wähler Drehschritte haben, teilt man die betreffende Gruppe in mehrere Untergruppen auf, um die erforderliche Ausgangszahl zu erhalten.

Würde man für jede dieser Untergruppen eine „Einfache Vielfachschaltung" vorsehen, so hätte diese Lösung den Nachteil, daß die Leistung der einzelnen Abnehmerleitungen und damit des Gesamtbündels sinken würde (vgl. die Kurven d in Bild 96 und 97). Eine bessere Leitungsausnutzung erhält man, wenn man ein gemeinsames Bündel der Abnehmerleitungen schafft. Dies kann durch „Staffeln" geschehen. Hierbei werden wieder nur gleichbenannte Drehschritte miteinander vielfachgeschaltet, jedoch in den stärker belasteten Schritten weniger Wähler als in den weniger belasteten Schritten. Wie bereits gesagt, übernehmen bei Wählern mit Nullstellung, die bei der Freiwahl ihre Kontaktbank jeweils beim 1. Schritt beginnend absuchen, die ersten Schritte den größten Teil des Verkehrs, während die letzten Schritte nur den übrigbleibenden verarbeiten. Die Vielfachleitungen der ersten Schritte sind also auch dann noch gut ausgenutzt, wenn man sie über eine kleinere Zahl von Rahmen vielfachschaltet als die der letzten Schritte. Man faßt also für die ersten Schritte weniger Zubringer-Teilgruppen zusammen, als für die danach abgesuchten und damit schwächer belasteten hinteren Drehschritte.

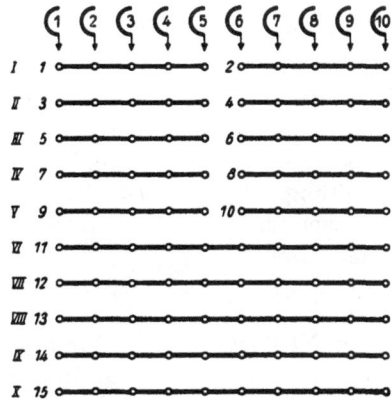

In der grundsätzlichen Darstellung von Bild 104 ist als Beispiel folgende einfache Unterteilung vorgenommen: Für die ersten fünf Drehschritte sind jeweils fünf Zubringer-Teilgruppen, für die letzten fünf Drehschritte sind jeweils zehn Zubringer-Teilgruppen vielfachgeschaltet. Auf den Drehschritten I...V können

Bild 104. Staffeln.
Wählerbögen 1...10 = Zubringer-Teilgruppen.
I...X = Schritte (Suchstellungen) der Wähler.
1...15 = Abnehmerleitungen (Ausgänge).

also die Abnehmerleitungen 1, 3, 5, 7, 9 (Ausgänge) nur von den Zubringer-Teilgruppen 1...5, dagegen die Abnehmerleitungen 2, 4, 6, 8, 10 (Ausgänge) nur von den Zubringer-Teilgruppen 6...10 erreicht werden. Auf den Drehschritten VI...X erhalten die Abnehmerleitungen 11...15 (Ausgänge) Verkehr von allen Zubringer-Teilgruppen 1...10.

Unter **Staffeln** versteht man eine Vielfachschaltung (Vielfachfeld), in der die Abnehmerleitungen (Ausgänge) über ungleich viele aber gleichbenannte Zubringerleitungen vielfachgeschaltet sind. Bei einem gestaffelten Feld ist auf den ersten Schritten eine geringere Anzahl von Kontaktlamellen vielfachgeschaltet als auf den letzten Schritten.

Als Ergebnis des Staffelns kann man feststellen: Das Abnehmerbündel ist ein *unvollkommenes Bündel*, da nicht jede Abnehmerleitung von jeder Zubringergruppe erreicht werden kann. Auf den stark belasteten ersten Drehschritten leiten die Abnehmerleitungen den Verkehr einer geringeren Zahl von Teilgruppen weiter als auf den weniger belasteten, später abgesuchten Drehschritten. Der Verkehr im Abnehmerbündel ist ausgeglichener als in einer einfachen Vielfachschaltung. Die letzten Vielfachleitungen dienen der gegenseitigen Aushilfe zwischen den einzelnen Untergruppen, zu denen die Teilgruppen zusammengefaßt sind.

### c) Übergreifen

Beim Vielfachschalten durch reines Staffeln ist der Besetzteinfluß von Zubringer-Teilgruppe zu Zubringer-Teilgruppe sehr groß. Wenn nämlich im Spitzenverkehr einer Teilgruppe von dieser alle Abnehmerleitungen belegt sind, kann benachbarten Teilgruppen keine Leitung mehr zur Verfügung gestellt werden, obwohl noch freie Abnehmerleitungen anderer Teilgruppen vorhanden

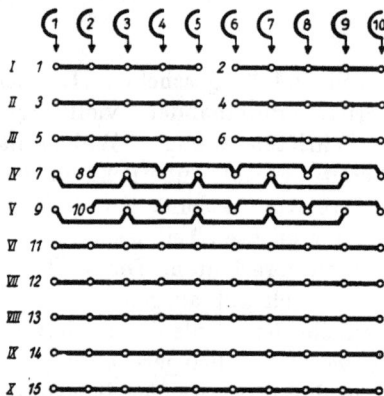

Bild 105. Staffeln und Übergreifen.
Wählerbögen 1...10 = Zubringer-Teilgruppen.
I...X = Schritte (Such-
stellungen) der
Wähler.
1...15 = Abnehmerleitun-
gen (Ausgänge).

sein können. Hat beispielsweise die Teilgruppe 2 in Bild 104 alle ihr zugänglichen Abnehmerleitungen (1, 3, 5, 7, 9, 11, 12, 13, 14, 15) belegt, so finden die Teilgruppen 1, 3...5 keinen freien Ausgang mehr, obwohl die Abnehmerleitungen 2, 4, 6, 8, 10 noch frei sein können.

In Bild 105 ist eine Vielfachschaltung gezeigt, in der die Ausgänge 7...10 zwar über die gleiche Zahl von Teilgruppen, aber über eine andere Folge von Teilgruppen vielfachgeschaltet sind, als die Ausgänge 1...6. Dadurch ist, wie schon die grundsätzliche Darstellung von Bild 105 erkennen läßt, der Besetzteinfluß von Teilgruppe zu Teilgruppe geringer geworden. So kann die Teilgruppe 2 nur noch der Teilgruppe 4 alle Ausgänge wegnehmen. Diese Verbesserung ist durch Übergreifen erzielt worden.

Unter **Übergreifen** versteht man eine Vielfachschaltung, durch die der Besetzt-einfluß von Zubringer-Teilgruppe zu Zubringer-Teilgruppe möglichst klein gehalten wird, indem man die Abnehmerleitungen (Ausgänge) zwar über gleichbenannte, aber über verschiedene Zubringerleitungen (also über unterschiedliche Rahmenfolgen) vielfachschaltet. Das Übergreifen hat das Staffeln zur Voraussetzung.

Als Ergebnis des Übergreifens kann man feststellen: Das Abnehmerbündel ist ein *unvollkommenes Bündel*. Zu den Vorteilen, die das Staffeln gegenüber einer einfachen Vielfachschaltung bietet, kommt durch das Übergreifen hinzu, daß der Besetzteinfluß der Zubringer-Teilgruppen untereinander herabgesetzt wird.

### d) Verschränken

Wie bereits gesagt, leiten in allen bisher besprochenen Vielfachschaltungen die Ausgänge, die von den ersten Schritten abgehen, den größten Teil des Verkehrs weiter. Auf die letzten Ausgänge dagegen entfällt nur noch ein geringerer Teil des Verkehrs, nämlich der Spitzenverkehr, der die davorliegenden Schritte besetzt gefunden hatte. Dies gilt naturgemäß nur für Wähler, die ihre Kontaktbank von einer bestimmten Anfangsstellung aus in freier Wahl absuchen.

Eine Messung an einer „Einfachen Vielfachschaltung" (vgl. Bild 103) kennzeichnet dies. Während einer HVSt waren belegt:

|  |  |  |  |  |  |
|---|---|---|---|---|---|
| der 1. | abgesuchte Ausgang mit | 50 min |
| „ 2. | ,, | ,, | ,, | 46 | ,, |
| „ 3. | ,, | ,, | ,, | 39 | ,, |
| „ 4. | ,, | ,, | ,, | 30 | ,, |
| „ 5. | ,, | ,, | ,, | 20 | ,, |
| „ 6. | ,, | ,, | ,, | 12 | ,, |
| „ 7. | ,, | ,, | ,, | 7 | ,, |
| „ 8. bis 10. | ,, | ,, | ,, | 6 | ,, |
|  |  |  |  | 210 min |

Der 1. Ausgang war also etwa 83% der HVSt, die letzten 3 Ausgänge waren zusammen nur etwa 10% der HVSt belegt; die Leistung der einzelnen Ausgänge betrug im Mittel 21 Erl/60.

Soll für bestimmte Verkehrsfälle eine gleichmäßigere Verteilung des Verkehrs über die Abnehmerleitungen und damit eine gleichmäßigere Belastung der angeschlossenen Schalteinrichtungen erreicht werden, so faßt man durch die Vielfachleitungen nicht mehr gleichbenannte Schritte der Zubringer-Teilgruppen zusammen; die Vielfachleitungen springen vielmehr von Teilgruppe zu Teilgruppe um einen oder mehrere Schritte. Dadurch erhalten die Abnehmerleitungen den weiterzuführenden Verkehr von verschieden belasteten Schritten der Wähler der Zubringer-Teilgruppen. Man bezeichnet dies mit Verschränken.

In Bild 106 und 107 sind Vielfachschaltungen mit Verschränken grundsätzlich gezeigt. In Bild 106 sind z. B. durch die Abnehmerleitung 1 (Ausgang)

Schritt I der Zubringer-Teilgruppe 1 mit
Schritt II der Zubringer-Teilgruppe 2 und
Schritt III der Zubringer-Teilgruppe 3 usw.

vielfachgeschaltet. In Bild 107 sind z. B. durch die Abnehmerleitung 1 (Ausgang)

Schritt I der Zubringer-Teilgruppe 1 mit
Schritt III der Zubringer-Teilgruppe 2 und
Schritt V der Zubringer-Teilgruppe 3 usw.

vielfachgeschaltet. Je nach dem Sprung, der in bezug auf die zusammengefaßten Schritte ausgeführt wird, spricht man von

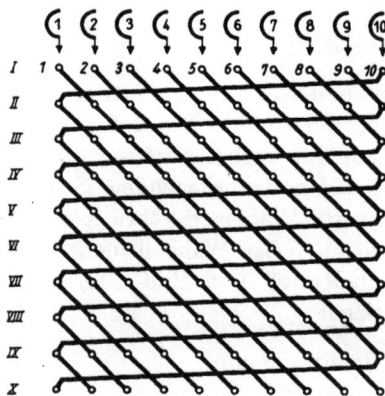

Bild 106. Verschränken (Einschritt-Verschränkung).
Wählerbögen 1...10 = Zubringer-Teilgruppen.
I...X = Schritte (Suchstellungen) der Wähler.
1...10 = Abnehmerleitungen
(Ausgänge).

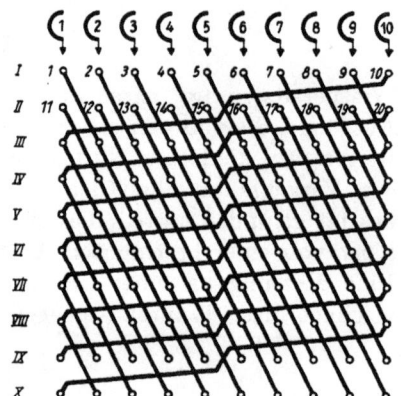

Bild 107. Verschränken (Zweischritt-Verschränkung).
Wählerbögen 1...10 = Zubringer-Teilgruppen.
I...X = Schritte (Suchstellungen) der Wähler.
1...20 = Abnehmerleitungen
(Ausgänge).

*Einschritt-Verschränkung*, wenn die Vielfachleitungen von Teilgruppe zu
Teilgruppe um einen Schritt weiterspringen (Bild 106),

*Zweischritt-Verschränkung*, wenn die Vielfachleitungen von Teilgruppe zu
Teilgruppe um zwei Schritte weiterspringen (Bild 107),

*Dreischritt-Verschränkung*, wenn der Sprung über drei Schritte erfolgt usw.

In ähnlicher Weise kann man eine Vielfachschaltung mit Staffeln und Verschränken ausbilden. Dies würde z. B. für Bild 104 bedeuten, daß die Verschränkung für die Ausgänge 1, 3, 5, 7, 9 nur über die Teilgruppen 1...5 und die
Schritte I...V reichen würde, entsprechend für die Ausgänge 2, 4, 6, 8, 10 nur
über die Teilgruppen 6...10 und die Schritte I...V ausgeführt werden würde,
während die Ausgänge 11...15 über sämtliche Teilgruppen und die Schritte
VI...X zu verschränken wären.

Unter **Verschränken** versteht man eine Vielfachschaltung, durch die eine möglichst gleichmäßige Belastung für die Abnehmerleitungen (bzw. für einen Teil
von ihnen) erreicht wird, indem diese über verschieden belastete, d. h. nicht

gleichbenannte Zubringerleitungen (Schritte) vielfachgeschaltet werden. Die Verschränkung kann in verschieden großen Sprüngen erfolgen. Es können ungestaffelte und gestaffelte Vielfachschaltungen verschränkt werden.

Als Ergebnis des Verschränkens kann man feststellen: Je nach der Grundschaltung ist das Abnehmerbündel ein *vollkommenes Bündel* (bei ungestaffelter Vielfachschaltung z. B. Bild 106) oder ein *unvollkommenes Bündel* (bei gestaffelter Vielfachschaltung z. B. Bild 107). Abnehmerleitungen (Ausgänge) gleicher Verschränkung sind etwa gleichmäßig belastet, sofern die Verkehrswerte der einzelnen Zubringer-Teilgruppen nicht zu ungleich sind. Im Gegensatz zum Staffeln und Übergreifen wird der Wirkungsgrad durch Verschränken nicht erhöht. Das Verschränken ist ein einfaches Gegenmittel gegen Übersprechen, erschwert jedoch das Verfolgen der Verbindungen im Amt.

Das Verschränken hat nur Sinn für Wähler, die eine feste Nullstellung haben. Wähler ohne Nullstellung, die wie z. B. die II. VW (ohne Voreinstellung) bei Gesprächsschluß auf dem benutzten Schritt stehenbleiben, gleichen die Belastung bereits dadurch aus, daß ihr Ablaufpunkt von der letzten Verbindung abhängt, also ganz beliebig ist.

Die gleichmäßige Belastung der Abnehmerleitungen wird besonders bei Bündeln erstrebt, die nach Abfrageplätzen usw. führen. Bei Schalteinrichtungen ist aber mit der gleichmäßigen Belastung auch eine gleichmäßige Abnutzung verbunden. Dies kann erwünscht und unerwünscht sein. Bei gleichmäßiger Abnutzung ist in den ersten Betriebsjahren keinerlei Ersatzarbeit erforderlich; die Ersatzarbeiten steigen jedoch von Jahr zu Jahr, und gleichzeitig damit muß das Pflegepersonal vermehrt werden. Bei ungleichmäßiger Abnutzung wird für die stark benutzten Einrichtungen früher Ersatz erforderlich, so daß sich die Pflegearbeiten gleichmäßiger verteilen; das Pflegepersonal kann in gleichbleibender Zahl beschäftigt werden. Man kann also sagen: Gleichmäßige Abnutzung der Einrichtungen macht die Instandhaltungskosten ungleich (steigend mit der Betriebszeit); ungleichmäßige Abnutzung bringt etwa gleiche Instandhaltungskosten für die gesamte Betriebszeit.

Die Verwendung der Verschränkung, entsprechend auch die Benutzung von Wählern ohne Nullstellung, ist also nicht allgemein empfehlenswert, sondern hängt von der Art der nachfolgenden Stufe ab.

### e) Mischen

Durch geeignete Kombination der bisher behandelten Formen der Vielfachschaltung entstehen Mischschaltungen. Bild 108 zeigt ein Beispiel, das jedoch aus Gründen der Übersichtlichkeit nur einfach aufgebaut ist. Darin erhalten die Abnehmerleitungen 1...10 Verkehr von je zwei Zubringer-Teilgruppen (Schritt I bzw. II), die Abnehmerleitungen 11...13 von je drei oder vier Zubringer-Teilgruppen (Schritt III), die Abnehmerleitungen 14...17 von je fünf Zubringer-Teilgruppen (Schritt IV bzw. V), die Abnehmerleitungen 18...22 von je zehn Zubringer-Teilgruppen (Schritte VI bis X). Gleichzeitig wechseln die Zubringer-Teilgruppen, die auf den verschiedenen Schritten durch Vielfachleitungen zusammengefaßt werden.

14*

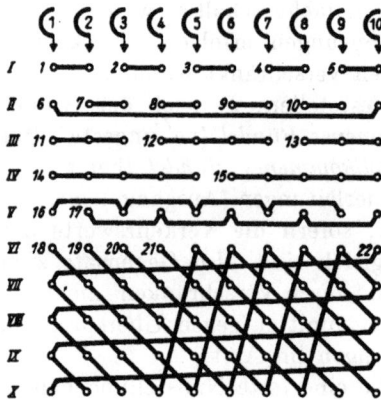

Bild 108.   Mischen.

Wählerbögen   1...10 = Zubringer-Teil-
                            gruppen.
              I...X = Schritte (Suchstel-
                      lungen) der Wähler.
              1...22 = Abnehmerleitungen
                       (Ausgänge).

Unter **Mischen** versteht man eine Vielfachschaltung, in der Staffeln, Übergreifen und
u. U. Verschränken derart verwendet werden, daß die Abnehmerleitungen (Ausgänge)
mit steigender Schrittnummer möglichst
sowohl über verschieden viele Zubringer-
Teilgruppen als auch über verschiedene
Kombinationen von Zubringer-Teilgruppen
als auch u. U. über verschieden viele Schritte
vielfach geschaltet sind.

Als E r g e b n i s des Mischens kann man feststellen: Das Abnehmerbündel ist ein *unvollkommenes Bündel*. Bei richtiger Ausführung
der Mischschaltung wird die größte Leistung
erzielt, die für unvollkommene Bündel möglich ist. Es lassen sich grundsätzlich Abnehmerbündel mit jeder erforderlichen Leitungszahl bilden, d. h. man kann jedes sinnvolle M i s c h u n g s v e r h ä l t n i s ausführen.

Unter **Mischungsverhältnis** versteht man den Quotienten aus der Zahl der
Zubringerleitungen zur Zahl der Abnehmerleitungen oder, anders ausgedrückt,
den Quotienten aus der Ausgangszahl der vorgeordneten (Zubringer-) Gruppen
zur Eingangszahl bzw. Zahl der Schalteinrichtungen der nachgeordneten Gruppe.

### f) Zwischenverteiler

Auf die Verkehrsgüte eines Wähleramtes und die Ausnutzbarkeit der Schalteinrichtungen ist nicht nur die Art der Vielfachschaltung von großem Einfluß,
sondern es ist auch sehr wichtig, daß die Vielfachschaltungen schnell und wirkungsvoll allen Verkehrsänderungen angepaßt werden können. Aus diesem
Grunde sind zwischen den meisten Wahlstufen sogenannte *Zwischenverteiler*
(Vz) angeordnet, die auf beiden Seiten mit *Lötösenstreifen* bestückt sind. An diese
Lötösenstreifen sind die Ausgänge aus einer Wahlstufe (= Zubringerleitungen
zum Vz) und die Eingänge zur nächsten Wahlstufe (= Abnehmerleitungen vom
Vz) angelötet. Die Verbindungen zwischen den Zubringer- und Abnehmerleitungen und damit die gewünschte Vielfachschaltung werden durch Schaltdrähte hergestellt (= *Rangierung* des Zwischenverteilers). Diese Rangierung
kann bei Bedarf auf einfache Weise durch Umlöten der Schaltdrähte geändert
werden, ohne daß Eingriffe in die Kabelführung des Amtes erforderlich
werden.

Die am Zwischenverteiler auszuführenden Vielfachschaltungen sind in den sog.
*Mischungsplänen* festgelegt. Diese Mischungspläne sind etwa nach der Art der
Bilder 103 bis 108 aufgezogen. Sie sind die zeichnerische Darstellung für die
Vorschriften, nach denen die betreffende Vielfachschaltung ausgeführt werden
soll. Sie geben an, welche Zubringerleitungen

a) als *Einzelausgänge* (d. h. die Zubringerleitung hat ohne Vielfachschaltung einen eigenen Ausgang bzw. eine eigene Abnehmerleitung) weitergeführt werden sollen oder

b) zu *Zweierausgängen* (d. h. zwei Zubringerleitungen haben einen gemeinsamen Ausgang bzw. eine gemeinsame Abnehmerleitung) oder

c) zu *Dreierausgängen* usw. bzw. allgemein zu *Vielfachausgängen* zusammengeschaltet werden sollen.

Sie erhalten ferner sämtliche Erläuterungen, die für die praktische Ausführung der Vielfachschaltung erforderlich sind, wie

Nummer der Wähler oder der Rahmen oder der Teilgruppen, von denen die Zubringerleitungen herkommen oder zu denen die Abnehmerleitungen führen,
Angaben über unterschiedliche Behandlung der a/b- und der c-Adern,
Angaben über die zweckmäßige Aufteilung von Vielfachausgängen bei späteren Erweiterungen,
usw.

### g) Zusammenfassung

Die zweckmäßige Gestaltung des Vielfachfeldes ist wirtschaftlich von größter Bedeutung. Durch geeignete Ausführung wird die Ausnutzbarkeit der einzelnen Leitungen wesentlich gesteigert, ohne daß ein Mehraufwand erforderlich wird, der z. B. bei Verwendung größerer Wählerbauarten stets auftritt. Durch Messungen an gemischten Feldern sind seinerzeit die Leistungskurven c in Bild 96 und 97 geschaffen worden. Sie zeigen deutlich die Leistungssteigerung gegenüber reinen 10er-Bündeln. Auch im Vergleich zur reinen Staffelung zeigt Übergreifen und besonders Mischen eine Leistungssteigerung. Da diese um so größer ist, je einwandfreier die Mischschaltungen ausgearbeitet worden sind, ist anzunehmen, daß neuere Mischschaltungen höhere Leistungen aufweisen, als ältere und weniger ausgeprägte Mischschaltungen.

Die Leistungssteigerung durch Verbesserung der Mischschaltung kann auch an dem Besetzteinfluß erkannt werden, den die Zubringer-Teilgruppen untereinander ausüben. Dies soll in dem Bild 109 durch die Gegenüberstellung mehrerer Vielfachschaltungen gezeigt werden. Während die Vielfachschaltungen der Bilder 103 bis 108 nur ganz einfache Beispiele darstellen, bringt Bild 109 eine größere Vielfachschaltung für ein Mischungsverhältnis 100/35. Die 35 Abnehmerleitungen sind über die 100 Zubringerleitungen als Einzel-, Zweier- und höhere Vielfachausgänge verteilt, und zwar sind sie

durch Staffeln (in Bild 109, oben),
durch Staffeln und Übergreifen (in Bild 109, Mitte),
durch Mischen (in Bild 109, unten)

vielfachgeschaltet. Um den Besetzteinfluß von einer Zubringer-Teilgruppe (Rahmen) auf die anderen Zubringer-Teilgruppen (Rahmen) zu veranschaulichen, ist in allen drei Vielfachschaltungen die Teilgruppe 2 hervorgehoben. Wenn diese Zubringergruppe bereits Verbindungen für alle 10 Schritte liefert, ergibt

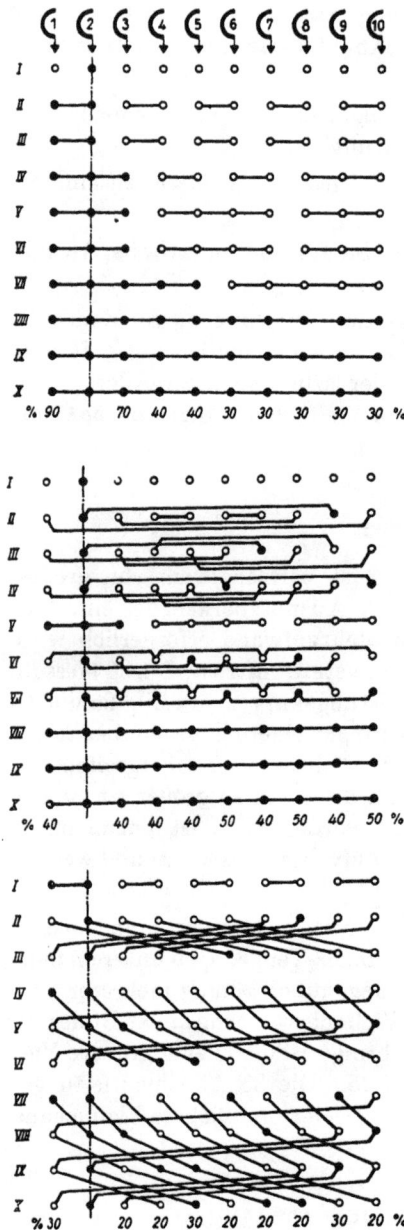

sich ein Besetzteinfluß auf die anderen Teilgruppen, der durch die ausgefüllten Kreise angegeben ist; der Anteil der so gesperrten Ausgänge (Abnehmerleitungen) an der Gesamtzahl der Ausgänge je Teilgruppe ist darunter in % angegeben. Während durch die voll belasteten Ausgänge der Teilgruppe 2 sich für das reine Staffelfeld noch Beeinflussungen von 90 und 70% ergeben, entstehen im Beispiel beim Übergreifen solche von höchstens 50%, beim Mischen sogar nur von höchstens 30%. Führt man diese Rechnung für alle Zubringer-Teilgruppen durch, so findet man als Besetzteinfluß für

Bild 109, oben:   Mittelwert = 40,4%
(Grenzwerte: 30% und 90%),

Bild 109, Mitte:   Mittelwert = 40,3%
(Grenzwerte: 30% und 50%),

Bild 109, unten:   Mittelwert = 20,4%
(Grenzwerte: 10% und 30%).

Daraus ergibt sich eindeutig die Überlegenheit der unteren Mischschaltung gegenüber den beiden anderen dargestellten Vielfachschaltungen, da sie

sowohl den niedrigsten Maximalwert,
als auch den niedrigsten Mittelwert,
als auch das schmalste Streuband

hat. Die damit verbundene Rückwirkung auf die Leistung ist offenbar; denn bei hohem Besetzteinfluß auf andere Zubringer-Teilgruppen steigen dort naturgemäß die Verluste (oder Wartezeiten), bzw. es kann bei vorgeschriebenen mittleren Verlusten (oder Wartezeiten) nur eine geringere Leistung je Leitung erwartet werden.

### h) Mischungspläne

Die Aufstellung guter Mischungspläne ist eine Spezialaufgabe, die große Erfahrung und Übung erfordert. Es können folgende **allgemeine Richtlinien für Mischungen** aufgestellt werden:

Jede Mischschaltung muß möglichst so aufgebaut sein:

Bild 109.  Vielfachfeld für ein Mischungsverhältnis 100.35.
Oben: Staffeln.
Mitte: Staffeln und Übergreifen.
Unten: Mischen.
Wählerbögen:  1...10 = Zubringer-Teilgruppen.
I...X  = Schritte (Suchstellungen) der Wähler.

1. daß die erstrebte Verkehrsgüte bei sparsamster Verwendung von Material (Wähler oder andere Schalteinrichtungen; Verbindungskabel; Schaltdraht usw.) erreicht wird,

2. daß das Mischungsverhältnis (Zubringerleitungen zu Abnehmerleitungen) zwischen 2 : 1 und 4 : 1 liegt, und zwar möglichst

    nicht unter 2 : 1, damit eine ausreichende Verkehrszusammenfassung und gute Weiterleitung des Verkehrs stattfindet,

    nicht über 4 : 1, damit der Materialaufwand an Schaltdraht usw. nicht zu hoch wird.

    Es ist jedoch nicht immer möglich, diesen anzustrebenden Bereich einzuhalten, sondern die Praxis erfordert u. U. auch höhere Mischungsverhältnisse.

3. daß eine spätere Änderung der Mischschaltung (Vermehrung bzw. Verminderung der Abnehmerleitungen) zwecks Verkehrsanpassung nur geringe Umschaltungen zur Folge hat.

    Künftigen Erweiterungen der Abnehmergruppe kann man z. B. erforderlichenfalls dadurch Rechnung tragen, daß die ersten Drehschritte der Zubringer-Teilgruppen zunächst teilweise zu Zweierausgängen vielfachgeschaltet werden; diese Vielfachleitungen können dann bei einer Erweiterung aufgetrennt werden, so daß in größerer Zahl Einzelausgänge entstehen. So kann die untere Mischschaltung von Bild 109 beispielsweise auf einfache Weise in ein Mischungsverhältnis 100 : 40 umgewandelt werden, indem man für Schritt I die Zweierausgänge in Einzelausgänge umwandelt.

Für die Zubringergruppen ist folgendes allgemein zu sagen:

4. Die einzelnen Zubringer-Teilgruppen sind möglichst gleichmäßig mit Verkehr zu belasten.

5. Die Mischschaltung ist so aufzubauen, daß die Zahl der Zubringer-Teilgruppen, die zu gemeinsamen Ausgängen zusammengefaßt werden, mit steigender Schrittzahl anwächst.

6. In großen Abnehmerbündeln von 10er-Feldern bis etwa 90 Ausgängen sind auf die stark belasteten Suchstellungen I...IV der Zubringergruppe möglichst etwa 60% der Abnehmerleitungen zu konzentrieren; in Abnehmerbündeln mit mehr als 90 Ausgängen sollen hierauf möglichst etwa 70% aller Ausgänge untergebracht werden, in beiden Fällen so viel wie möglich als Einzelausgänge. Dies ist zweckmäßig, da bei Wählern mit Nullstellung erfahrungsgemäß 70% des gesamten Verkehrs der Zubringergruppe über die drei oder vier ersten Drehschritte abfließt (vgl. Bild 110...112). Die restlichen Abnehmerleitungen werden in Form von Zweier-, Dreier-, Vielfachausgängen auf die übrigen Drehschritte V...X verteilt.

7. In kleineren Abnehmerbündeln kann diese Forderung nach 60...70% Ausgängen in den ersten vier Suchstellungen nicht immer erfüllt werden. Man versucht dann, dieser Forderung möglichst nahe zu kommen. Die Mischschaltungen werden so aufgestellt, daß man die letzten Drehschritte auf je eine Abnehmerleitung zusammenfaßt und die übrigen Abnehmerleitungen

in Form von Einzel-, Zweier-, Dreierausgängen usw. auf die noch frei gebliebenen Drehschritte verteilt.

8. Der Besetzteinfluß von Zubringer-Teilgruppe zu Zubringer-Teilgruppe ist
durch Übergreifen möglichst gering zu halten.

9. In Fällen, in denen eine gleichmäßige Belastung der Abnehmerleitungen
erwünscht ist (z. B. für Abfrageplätze), ist eine Verschränkung vorzusehen.
Eine gleichmäßige Belastung der Wähler einer Gruppe ist wegen der damit
verbundenen gleichmäßigen Abnutzung jedoch nicht immer erstrebenswert.

10. Durch Verschränken kann Übersprechen vermieden oder zumindest wesentlich gemindert werden.
Verschränken zwecks Vermeidung von Übersprechen zwischen Adern der
Höhenschritte 1, 3, 5, 7 und 9 bzw. 2, 4, 6, 8 und 0, die in älteren Band-
vielfachkabeln (vgl. Abschnitt XII, 1 b) ungeschützt nebeneinanderliegen,
ist vorzunehmen, wenn mehr als 60 Kontaktbänke der Hebdrehwähler vielfachgeschaltet werden. Beim Viereckwähler wird diese Verschränkung im
Vielfachkabel zwischen den Gestellrahmen vorgenommen.

Für die Abnehmergruppen ist folgendes allgemein zu sagen:

11. Die Wähler einer Abnehmergruppe sollen den Abnehmerleitungen derart
zugeordnet werden, daß die von einer Zubringer-Teilgruppe erreichbaren
Wähler möglichst in verschiedenen, aber zur gleichen Gruppe gehörenden
Gestell- oder Einzelrahmen (Abnehmer-Teilgruppen) untergebracht sind.

12. Die Abnehmer-Teilgruppen sollen möglichst gleichmäßig durch den von der
Vielfachschaltung zugeführten Verkehr belastet sein, d.h. die stark und
schwach belasteten Abnehmerleitungen sollen gleichmäßig auf die verschiedenen Gestell- oder Einzelrahmen (Abnehmer-Teilgruppen) verteilt werden.

13. Die Abnehmerleitungen der einzelnen Zubringer-Teilgruppen sollen möglichst gleichmäßig auf die einzelnen Abnehmer-Teilgruppen verteilt werden.

14. Die Wähler der Abnehmergruppe, die von den ersten Drehschritten der
Zubringergruppe erreicht und daher besonders belastet werden, sind derart
im Gestellrahmen unterzubringen, daß sie in der Mitte des Gestellrahmens,
d.h. möglichst günstig für das Pflegepersonal, liegen.

Weitere Hinweise werden bei der nachfolgenden Besprechung der einzelnen Wahlstufen gegeben.

### i) Die Leistung der einzelnen Ausgänge von Vielfachfeldern

Da die Wähler mit Nullstellung ihre Ausgänge (bei Drehwählern) bzw. die Ausgänge je Dekade (bei Hebdrehwählern und anderen Wählern mit Unterteilung
in „Dekaden") während der Freiwahl stets in der gleichen Reihenfolge absuchen,
übernehmen die Ausgänge der ersten Schritte den größten Teil des zu verarbei-
tenden Angebots; mit fortschreitender Schrittzahl sinkt die Belastung der einzelnen Suchstellungen (Schritte) zuerst langsam, dann erheblicher. Diese unterschiedliche Belastung der einzelnen Schritte hat z.B. zu der Staffelschaltung
(vgl. Bild 104) geführt.

Die Gesetzmäßigkeit dieser Verkehrsverteilung über die einzelnen Schritte eines 10er-Feldes (vollkommenes Bündel) ist u. a. von G. Rückle und F. Lubberger mit Hilfe der Wahrscheinlichkeitsrechnung untersucht worden (1924, Lit. 14). Als Ergebnis dieser Arbeiten entstanden in der Folgezeit Kurvenscharen (Lit. 12), die viele Jahre benutzt wurden. Auf Grund neuerer Untersuchungen zeigte es sich jedoch, daß diese Kurvenscharen für die ersten Suchstellungen etwas zu hohe, für die hinteren Suchstellungen etwas zu niedrige Leistungen ergeben.

Bei der Untersuchung der Verluste in vollkommenen Bündeln mit Hilfe der Wahrscheinlichkeitsrechnung (durch F. Lubberger bzw. unter seiner Leitung) entstanden unterschiedliche Leistungskurven für „ruhigen" und für „unruhigen (nervösen)" Verkehr. Die Kurven für „ruhigen" Verkehr (R. Steinig/Borgsmüller, Lit. 47) setzen normalen Verkehr voraus, bei dem die Teilnehmer diejenigen Verbindungsversuche, die wegen Besetztseins von Verbindungswegen oder des Angerufenen nicht zum Gespräch führen, erst nach einer gewissen Zeit wiederholen. Die Kurven für „unruhigen (nervösen)" Verkehr (F. Hahn, Lit. 23) geben höhere Verluste, die durch überschnelle Wiederholung der Verbindungsversuche bei Besetztanrufen zu erklären sind, d. h. durch ungeduldige Teilnehmer, die bei Erhalt des Besetztzeichens wegen Besetztseins des gewünschten Anschlusses oder aller erreichbaren Ausgänge eines gerade benutzten Wählers aus Ungeduld sofort wieder wählen und somit in der gleichen Verkehrsspitze einen oder mehrere weitere Besetztfälle (Verluste) erzeugen.

Durch Weiterentwicklung dieser Gedankengänge wurde von F. Lubberger die Theorie der Verkehrsverteilung über die einzelnen Suchstellungen von Wählern verbessert. In Bild 110 ist die von F. Lubberger aufgestellte Gleichung für ruhigen Verkehr in Feldern bis 15 Suchstellungen ausgewertet.

Die Kurvenschar gibt die Leistungen der einzelnen Suchstellungen I...XV (in Erl/60 bzw. Belegungsminuten/Verkehrsstunde) in Abhängigkeit vom Angebot (in Erl bzw. Belegungsstunden/Verkehrsstunde) an. So ergibt sich danach beispielsweise bei einem Angebot von 4 Erl = 240 Erl/60 für die einzelnen Suchstellungen eines 10teiligen Wählers (bzw. einer 10teiligen Wählerdekade):

| in Suchstellung | I eine Leistung von 48,2 Erl/60 |
|---|---|
| „  „ | II  „  „  „ 44,6 „ |
| „  „ | III  „  „  „ 39,9 „ |
| „  „ | IV  „  „  „ 33,6 „ |
| „  „ | V  „  „  „ 26,9 „ |
| „  „ | VI  „  „  „ 19,6 „ |
| „  „ | VII  „  „  „ 12,9 „ |
| „  „ | VIII  „  „  „ 7,5 „ |
| „  „ | IX  „  „  „ 3,9 „ |
| „  „ | X  „  „  „ 1,8 „ |

238,9 Erl/60

Ist die Zahl der Suchstellungen groß genug für das betreffende Angebot, so kann dieses völlig verarbeitet werden, d. h. die Leistung des Feldes ist gleich dem Angebot. Im anderen Falle kann ein Teil des Angebotes von dem betreffenden

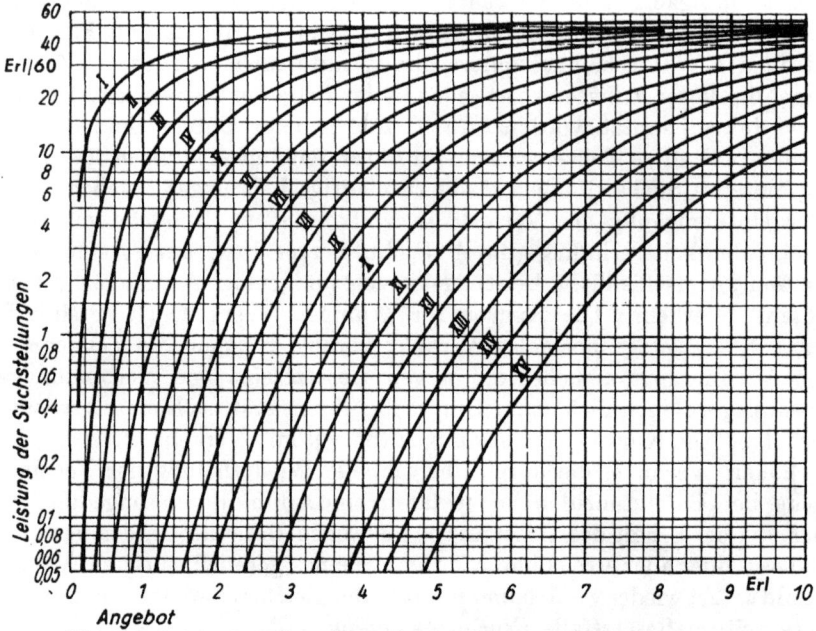

Bild 110. Leistungen der einzelnen Suchstellungen I...XV in Abhängigkeit
vom Angebot.

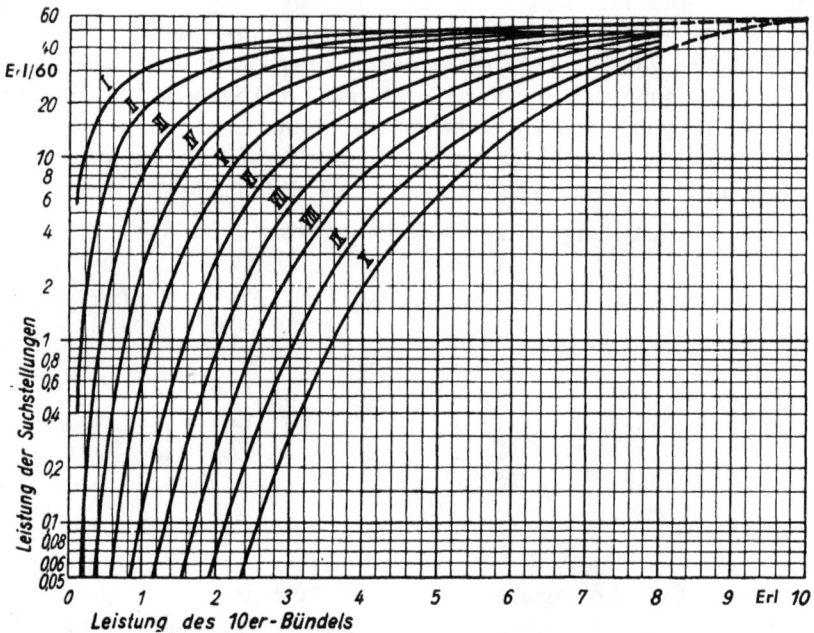

Bild 111. Leistungen der einzelnen Suchstellungen I...X eines 10er-Feldes
in Abhängigkeit von der Gesamtleistung des 10er-Feldes.

Vielfachfeld, Vielfachschaltung

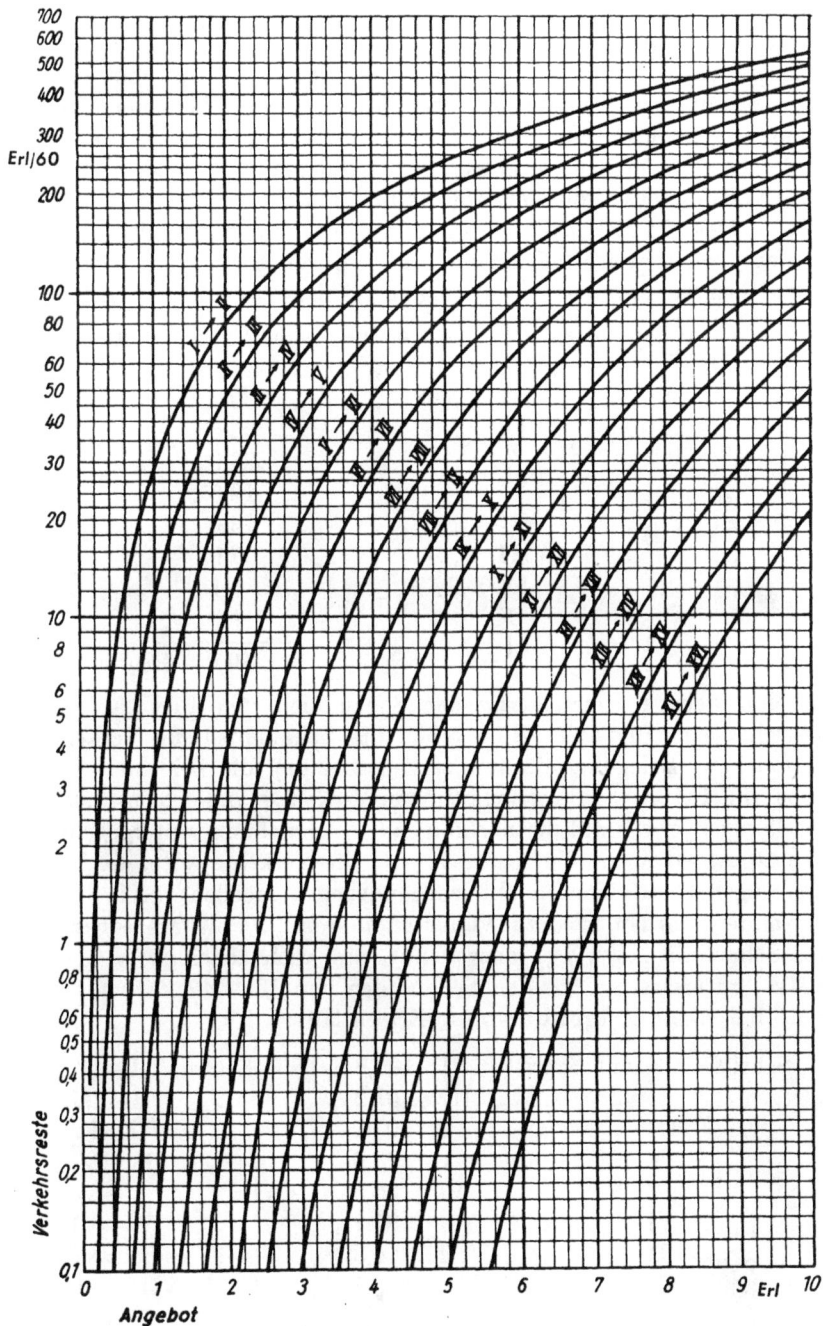

Bild 112. Verkehrsreste = Verkehrswerte, die von den einzelnen Suchstellungen I...XV an die nachfolgende Suchstellung abgegeben werden.

Feld nicht aufgenommen werden. In obigem Beispiel verarbeiten die Suchstellungen I...X vom Angebot 4 Erl = 240 Erl/60 nur 238,9 Erl/60, d. h. es tritt ein Verlust von V = 0,46% auf. Da in der Praxis das Angebot nicht immer bekannt ist, sind die Schaulinien von Bild 110 auf die Leistungen eines 10er-Feldes umgerechnet worden. Bild 111 zeigt diese Umrechnung; die Schaulinien geben die Leistungen der einzelnen Suchstellungen I...X eines 10er-Feldes (in Erl/60 bzw. Belegungsminuten/Verkehrsstunde) in Abhängigkeit von der Leistung des 10er-Feldes (in Erl bzw. Belegungsstunden/Verkehrsstunden) an. Danach ergibt sich beispielsweise bei einer Leistung von 4 Erl = 240 Erl/60 für die einzelnen Suchstellungen eines 10teiligen Wählers (bzw. Wählerdekade):

| in Suchstellung | | I | eine Leistung von | | 48,25 | Erl/60 |
|---|---|---|---|---|---|---|
| „ | „ | II | „ | „ | „ 44,65 | „ |
| „ | „ | III | „ | „ | „ 39,95 | „ |
| „ | „ | IV | „ | „ | „ 33,65 | „ |
| „ | „ | V | „ | „ | „ 26,95 | „ |
| „ | „ | VI | „ | „ | „ 19,65 | „ |
| „ | „ | VII | „ | „ | „ 13,0 | „ |
| „ | „ | VIII | „ | „ | „ 7,9 | „ |
| „ | „ | IX | „ | „ | „ 4,1 | „ |
| „ | „ | X | „ | „ | „ 1,9 | „ |
| | | | | | 240,0 | Erl/60 |

Durch eine weitere Umrechnung der Schaulinien von Bild 110 entsteht die Kurvenschar von Bild 112. Hier geben die Schaulinien die **Verkehrsreste** an (in Erl/60 bzw. Belegungsminuten/Verkehrsstunde), die bei einem bestimmten Angebot (in Erl bzw. Belegungsstunden/Verkehrsstunde) von den einzelnen Suchstellungen jeweils auf die nachfolgende Suchstellung weitergegeben werden. Für ein 10er-Feld liefert die Kurve X→XI die Verkehrswerte, die bei verschiedenem Angebot auf einen nicht vorhandenen („ideellen") XI. Schritt abgegeben werden würden, also zu Verlusten führen. Die Kurvenschar wurde bis zu der Schaulinie XV→XVI ausgedehnt, um auch 15teilige Wähler (II. VW oder MW) zu erfassen. Aus den Schaulinien von Bild 112 kann also abgelesen werden: Bei einem Angebot von 4 Erl entläßt:

| Schritt | I | auf Schritt | II: | 191,8 Erl/60 | (Kurve | I→II | ) |
|---|---|---|---|---|---|---|---|
| „ | II | „ | „ | III: 147,2 | „ | ( „ | II→III | ) |
| „ | III | „ | „ | IV: 107,2 | „ | ( „ | III→IV | ) |
| „ | IV | „ | „ | V: 73,6 | „ | ( „ | IV→V | ) |
| „ | V | „ | „ | VI: 46,5 | „ | ( „ | V→VI | ) |
| „ | VI | „ | „ | VII: 27,1 | „ | ( „ | VI→VII | ) |
| „ | VII | „ | „ | VIII: 14,3 | „ | ( „ | VII→VIII) |
| „ | VIII | „ | „ | IX: 6,7 | „ | ( „ | VIII→IX | ) |
| „ | IX | „ | „ | X: 2,9 | „ | ( „ | IX→X | ) |
| „ | X | „ | „ | XI: 1,1 | „ | ( „ | X→XI | ) |

Von den angebotenen 4 Erl = 240 Erl/60 können in einem 10er-Feld also 1,1 Erl/60 nicht weitergeleitet werden. Das entspricht einem Verlust $V = 0,46\%$.

Die Schaulinien von Bild 112 können auch in folgender Weise angewendet werden. Der Suchstellung IV werden 107 Erl/60 angeboten; es ist der Verkehrswert gesucht, der hierbei von Schritt VI auf Schritt VII abgegeben wird. Man geht zu diesem Zweck von der Ordinate 107 Erl/60 (dieser Wert entspricht dann also einem scheinbaren Verkehrsrest von Schritt III) waagrecht bis zur Kurve III→IV und von dort senkrecht herab bis zur Kurve VI→VII und liest dort etwa 27 Erl/60 ab. Bei einem Angebot von 107 Erl/60 an Suchstellung IV ergeben sich also die gleichen Verkehrsreste für die einzelnen Suchstellungen, wie wenn das ganze Feld ein Angebot von 4 Erl erhalten hätte.

Die Schaulinien von Bild 110...112 sind aus der Berechnung vollkommener Felder entstanden. Sie gelten streng genommen nur für Vielfachschaltungen ohne Verschränkung. Bei Vielfachschaltungen mit Verschränkung kann das nachfolgend beschriebene Rechnungsverfahren nur an einer Ersatzschaltung vorgenommen werden.

### k) Rechnungsverfahren für Vielfachschaltungen

Auf Grund der in den vorstehenden Abschnitten gegebenen allgemeinen Richtlinien und ferner von speziellen Hinweisen, die in den nachfolgenden Abschnitten für die einzelnen Wahlstufen gegeben werden, können die für die verschiedenen Verkehrsverhältnisse erforderlichen Vielfachschaltungen entwickelt werden. Diese sind jedoch nur dann einwandfrei, wenn sie den Verkehr der Zubringerleitungen ungehemmt durchlassen, d. h. ohne den Verlust (oder die Wartezeiten) zu erhöhen. Eine nach den verschiedenen Richtlinien entwickelte Vielfachschaltung muß daher in dieser Beziehung nachgerechnet werden.

Die Durchrechnung einer einfachen Vielfachschaltung (vollkommenes Bündel) bietet keine Schwierigkeiten. Die erforderlichen Werte können direkt aus den Bildern 110...112 abgelesen werden.

Die Nachprüfung einer Vielfachschaltung mit Staffeln usw. dagegen erfordert eine größere Rechnung. Diese ist um so umständlicher, je genauer man die verschiedenen Faktoren erfassen will (z. B. an Stelle des zufließenden Gesamtverkehrs die unterschiedlichen Teilflüsse aus den verschieden belasteten Zubringer-Teilgruppen; an Stelle der üblichen Zuschlagskurven die Teilungsgesetze für verschieden große Verkehrsmengen usw.). An dieser Stelle soll nur das schematische Verfahren beschrieben werden, das bisher allgemein in der Praxis angewendet wird und das die üblichen Zuschlagskurven (Bild 99) benutzt. Als Beispiel diene die Vielfachschaltung von Bild 113. Diese Vielfachschaltung zeigt folgende Ausgangszahlen auf den einzelnen Drehschritten I...X:

| in Suchstellung (Drehschritt) | I | II | III | IV | V | VI | VII | VIII | IX | X |
|---|---|---|---|---|---|---|---|---|---|---|
| Zahl der Abnehmerleitungen | 10 | 5 | 5 | 3 | 3 | 2 | 2 | 2 | 1 | 1 |

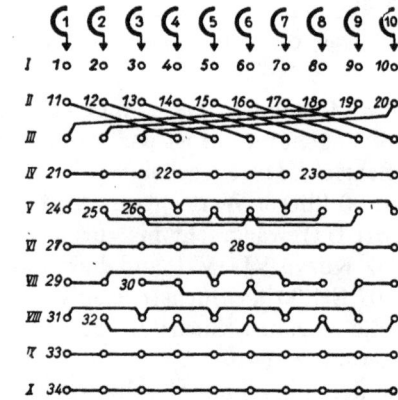

Bild 113. Vielfachschaltung mit Mischungsverhältnis 100 : 34.

Von den insgesamt 34 Abnehmerleitungen liegen 23 Abnehmerleitungen auf Schritt I...IV, das sind etwa 68%. Die 34 Leitungen im unvollkommenen Bündel leisten nach Bild 97 bei $V = 1\%$ etwa 15,7 Erl.

Dem Schritt I fließt hiervon aus jeder Zubringer-Teilgruppe ein bestimmter Verkehrsteil zu. Dieser beträgt im Beispiel bei 10 Teilgruppen 1,57 Erl, wenn man annimmt, daß jede Zubringergruppe einen gleich großen und ausgeglichenen Verkehr ohne Phasenverschiebung zwischen den einzelnen Teilgruppen führt. Ist dies nicht der Fall, so muß bei der Unterteilung ein Gruppenzuschlag vorgenommen werden. Dieser beträgt für 1,57 Erl etwa 32% (Bild 99; Mitte). Das Angebot für jede Abnehmerleitung des Schrittes I beträgt also

$$\frac{15,7}{10} \cdot 1,32 = 2,07 \text{ Erl.}$$

Hierfür wird aus Bild 112 der Verkehrsrest für denjenigen Schritt entnommen, bei dem sich die Zahl der Abnehmerleitungen ändert; dies ist bereits Schritt II.

An Schritt II wird ein Verkehrsrest von 84 Erl/60 = 1,4 Erl abgegeben (Kurve I→II). Insgesamt fließen 10 Verkehrsreste dem Schritt II zu; bei der Zusammenfassung wird ein Gruppenabzug von etwa 26,5% (Bild 99, unten) in Rechnung gestellt. Es ergibt sich ein Gesamtverkehrsrest von

$$10 \cdot 1,4 \cdot 0,735 = 10,29 \text{ Erl.}$$

Dieser Verkehrswert teilt sich auf 5 Abnehmerleitungen auf, wobei für den Teilwert von (10,29 : 5 =) 2,06 Erl ein Gruppenzuschlag von etwa 21% vorgesehen wird:

$$\frac{10,29}{5} \cdot 1,21 = 2,49 \text{ Erl} = 149,4 \text{ Erl/60.}$$

Mit diesem Ordinatenwert 149,4 Erl/60 geht man waagrecht bis zur Kurve I→II, von dort senkrecht bis zum Schritt III→IV, für den sich wieder die Zahl der Abnehmerleitungen ändert, und liest ab:

An Schritt IV wird ein Verkehrsrest von 72 Erl/60 = 1,2 Erl abgegeben. Insgesamt fließen 5 Verkehrsreste dem Schritt IV zu; es wird ein Guppenabzug von etwa 21% berücksichtigt. Es ergibt sich ein Gesamt-Verkehrsrest von

$$5 \cdot 1,2 \cdot 0,79 = 4,74 \text{ Erl.}$$

Dieser Verkehrswert teilt sich auf 3 Abnehmerleitungen auf, wobei für den Teilwert von (4,74 : 3 =) 1,58 Erl ein Gruppenzuschlag von etwa 13% berücksichtigt wird:

$$\frac{4,74}{3} \cdot 1,13 = 1,79 \text{ Erl} = 107,4 \text{ Erl/60.}$$

Mit diesem Ordinatenwert 107,4 Erl/60 als Angebot für Schritt IV (Kurve III→IV) ergibt sich für Schritt VI (Kurve V→VI) ein Verkehrsrest von 46,5 Erl/60 = 0,775 Erl. Insgesamt fließen 3 Verkehrsreste dem Schritt VI zu; es wird ein Gruppenabzug von etwa 16% berücksichtigt. Es ergibt sich ein Gesamt-Verkehrsrest von

$$3 \cdot 0,775 \cdot 0,84 = 1,95 \text{ Erl.}$$

Dieser Verkehrswert teilt sich auf 2 Abnehmerleitungen auf, wobei für den Teilwert von (1,95 : 2 =) 0,97 Erl ein Gruppenzuschlag von etwa 8% zugeschlagen wird:

$$\frac{1,95}{2} \cdot 1,08 = 1,053 \text{ Erl} = 63,2 \text{ Erl/60.}$$

Mit diesem Ordinatenwert 63,2 Erl/60 als Angebot für Schritt VI (Kurve V→VI) ergibt sich auf Kurve VIII→IX ein Wert von 14 Erl/60 = 0,23 Erl, der als Verkehrsrest auf Schritt IX abgegeben wird. Insgesamt fließen 2 Verkehrsreste dem Schritt IX zu; es wird ein Gruppenabzug von etwa 12% berücksichtigt. Dadurch ergibt sich ein Gesamt-Verkehrswert von

$$2 \cdot 0,23 \cdot 0,88 = 0,405 \text{ Erl} = 24,36 \text{ Erl/60}$$

Mit diesem Ordinatenwert 24,36 Erl/60 als Angebot für Schritt IX (Kurve VIII→IX) ergibt sich auf Kurve X→XI) ein Wert von 6,7 Erl/60 = 0,111 Erl als Verkehrsrest, der von der Vielfachschaltung nicht mehr aufgenommen wird. Dieser Verkehrsrest, auf die Leistung 15,7 — 0,111 = 15,589 Erl bezogen, ergibt einen Verlust $V = 0,71\%$. Die Mischschaltung von Bild 113 ist also in dieser Beziehung in Ordnung.

Als Ergänzung hierzu sei noch der Besetzteinfluß der Vielfachschaltung von Bild 113 geprüft. Entsprechend den Beispielen nach Bild 109 wurde der Besetzteinfluß jeder einzelnen Zubringer-Teilgruppe auf sämtliche andere Teilgruppen bestimmt und in Tabelle 2 eingetragen. Unter „Sperrende Teilgruppe" ist darin diejenige Zubringer-Teilgruppe gemeint, deren sämtliche Ausgänge jeweils als besetzt angenommen werden. Die Vielfachschaltung von Bild 113 hat demnach einen mittleren Besetzteinfluß von 41% mit den Grenzwerten 20% und 60%. In dieser Beziehung ist also Bild 109, unten, günstiger.

| Sperrende Teilgruppe | Besetzteinfluß in % auf Teilgruppe | | | | | | | | | |
|---|---|---|---|---|---|---|---|---|---|---|
| | 1 | 2 | 3 | 4 | 5 | 6 | 7 | 8 | 9 | 10 |
| 1 | — | 50 | 50 | 50 | 50 | 20 | 50 | 40 | 30 | 30 |
| 2 | 50 | — | 40 | 40 | 60 | 30 | 30 | 50 | 30 | 30 |
| 3 | 50 | 40 | — | 40 | 40 | 50 | 30 | 20 | 50 | 40 |
| 4 | 50 | 40 | 40 | — | 40 | 50 | 50 | 30 | 30 | 50 |
| 5 | 50 | 60 | 40 | 40 | — | 30 | 50 | 50 | 30 | 20 |
| 6 | 20 | 30 | 50 | 50 | 30 | — | 40 | 40 | 60 | 50 |
| 7 | 50 | 30 | 30 | 50 | 50 | 40 | — | 40 | 40 | 50 |
| 8 | 40 | 50 | 20 | 30 | 50 | 40 | 40 | — | 40 | 50 |
| 9 | 30 | 30 | 50 | 30 | 30 | 60 | 40 | 40 | — | 50 |
| 10 | 30 | 30 | 40 | 50 | 20 | 50 | 50 | 50 | 50 | — |

Tabelle 2. Besetzteinfluß für die Vielfachschaltung nach Bild 113

In den Mischungsplänen für den praktischen Betrieb ist, wie bereits erwähnt, an den einzelnen Abnehmerleitungen angegeben, zu welchem Rahmen und zu welchem Wähler innerhalb des Rahmens die Abnehmerleitungen führen. Diese Verteilung auf die Wähler der Abnehmergruppe muß so erfolgen, daß die einzelnen Gestell-(Einzel-)Rahmen gleichmäßig belastet werden. Es ist also festzustellen:

a) ob die einzelnen Gestellrahmen der Abnehmergruppe gleichmäßig mit stark und schwach belasteten Abnehmerleitungen (gekennzeichnet durch den Schritt I...X der Zubringerwähler) beschaltet sind.

b) ob die einzelnen Zubringer-Teilgruppen gleichmäßig die verschiedenen Abnehmer-Teilgruppen (Rahmen) erreichen, d. h. die Abnehmerleitungen der einzelnen Zubringer-Teilgruppen müssen möglichst gleichmäßig über die einzelnen Rahmen der Abnehmergruppe verteilt sein.

## 3. VORWAHLSTUFE

Wie bereits besprochen, steht jedem Teilnehmer eine Reihe von einander gleichwertigen Verbindungsmöglichkeiten zur Verfügung, die sich durch Aneinanderreihung von Schalteinrichtungen vor allem von Nummernempfängern (I. GW, II. GW, LW) ergeben. Beim Abheben des Handapparates muß dem betreffenden Teilnehmer selbsttätig ein freier I. Nummernempfänger (und in den Registersystemen außerdem ein freies Register) zugeordnet werden. Dies geschieht in der Vorwahlstufe, die in den registerlosen Systemen alle hierfür erforderlichen Einrichtungen umfaßt.

Unter **Vorwahl** versteht man den Vorgang, durch den die vom Teilnehmer ankommende Leitung *(Teilnehmerleitung, Anschlußleitung)* zu Beginn der Verbindungsherstellung und vor der Nummernwahl selbsttätig mit einem freien I. Nummernempfänger verbunden wird.

In der Vorwahlstufe können Vorwähler (VW) oder Anrufsucher (AS) verwendet werden.

In VW-Systemen ist jedem Teilnehmer ein eigener VW zugeordnet, an dessen Schaltarmen die Teilnehmerleitung endet. An die Ausgänge der Kontaktbank sind die weiterführenden Leitungen angeschlossen (Bild 114). Diese sucht der VW selbsttätig in freier Wahl nach einem freien Ausgang ab, wenn er beim Abheben des Handapparates zwecks Verbindungsherstellung angelassen wird. Der VW besteht im allgemeinen aus einem kleinen 10- bis 25teiligen Drehwähler und zwei Relais (bzw. einem Stufenrelais).

In AS-Systemen ist jedem I. Nummernempfänger ein AS zugeordnet, an dessen Kontaktbank die Leitungen von einer entsprechend großen Teilnehmergruppe angeschlossen sind. Die zum I. Nummernempfänger weiterführende Leitung beginnt an den Schaltarmen des AS (Bild 114). Außerdem ist jedem Teilnehmer eine sog. *Teilnehmerschaltung* fest zugeordnet, über die beim Abheben des Handapparates ein oder mehrere freie AS zwecks Bereitstellung eines I. Nummernempfängers angelassen werden (vgl. Bild 90). Dieser Anlaßvorgang eines oder

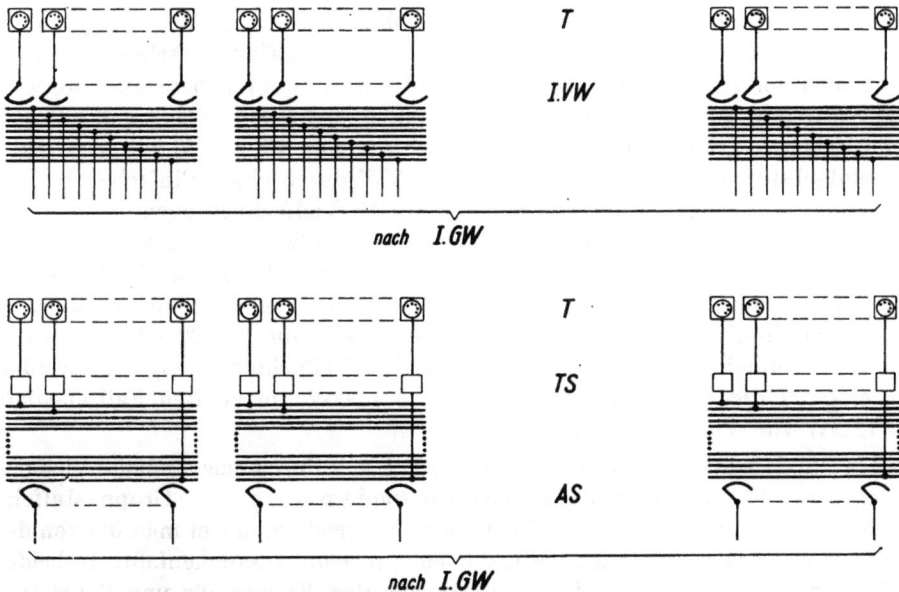

Bild 114. Einfache Vorwahl mit Vorwählern oder Anrufsuchern.
Oben: 20 Gruppen zu je 100 I. VW. Beispiel mit kleinen vollkommenen
Abnehmerbündeln je Teilnehmergruppe.
Unten: Verwendung von AS. Größe der Teilnehmergruppen abhängig von
der Wählergröße.
AS = Anrufsucher.
T = Teilnehmer-Sprechstellen.
TS = Teilnehmer-Schaltung.
VW = Vorwähler.

mehrerer freier AS stellt die Freiwahl in einer Vorwahlstufe mit AS vor. Die
Teilnehmerschaltung besteht im allgemeinen aus zwei Relais (bzw. einem Stufen-
relais). Der AS besteht im allgemeinen aus einem größeren Wähler (500-, 100-,
50 teilig; in Kleinanlagen auch 25 teilig) und aus einer Reihe von Relais, deren
Zahl sich nach den Betriebsbedingungen und nach der Art der Anlassung (z. B.
Relais in einer Kettenschaltung oder Drehwähler als Rufordner) richtet.
Zweck der Vorwahlstufe ist es, die Wähler- bzw. Leitungszahl herabzusetzen.
Es wird also der Verkehr einer größeren Zahl von Quellen oder von „anrufenden"
Leitungen, die erfahrungsgemäß nicht gleichzeitig benutzt werden, auf eine
wesentlich geringere Zahl von Verbindungsmitteln zusammengedrängt, die dem
vorhandenen Gleichzeitigkeitsverkehr entspricht.

### a) Einfache Vorwahl

Bei der **einfachen Vorwahl** wickelt sich die Vorwahl nur in einer Wählerstufe
ab, die aus VW oder aus AS bestehen kann. Die Ausgänge aus dem Vielfachfeld
der VW oder die Leitungen von den Schaltarmen der AS führen sämtlich direkt
nach I. Nummernempfängern.
In einem Amt für 2000 Teilnehmer seien beispielsweise zur Bewältigung des
Verkehrs 200 I. GW, 200 II. GW und 200 LW erforderlich. (Die hier und in

den folgenden Beispielen angegebenen Wählerzahlen sind aus Gründen der Übersichtlichkeit möglichst einfach für 10% Gleichzeitigkeitsverkehr angenommen, also vorerst nicht besonders mittels Leistungskurven berechnet worden.) Bei Verwendung von 10 teiligen VW — für 2000 Sprechstellen sind 2000 VW erforderlich — stehen dann jedem Teilnehmer nur 10 I. GW zur Verfügung. Im einfachsten Falle könnte man je 100 I. VW durch eine „Einfache Vielfachschaltung" vielfachschalten und an jede der 10 Vielfachleitungen einen I. GW anschließen. Die 2000 Teilnehmer würden dann in 20 Gruppen zu je 100 Teilnehmern eingeteilt (Bild 114). Bei Benutzung von AS werden, da 200 I. GW vorhanden sind, 200 AS vorgesehen. Sind die AS 50 teilig, so müssen die 2000 Teilnehmer in 40 Gruppen zu je 50 Teilnehmern, sind die AS 100 teilig, so müssen die 2000 Teilnehmer in 20 Gruppen zu je 100 Teilnehmern eingeteilt werden. Im ersten Falle stehen jedem Teilnehmer 5 I. GW, im zweiten Fall ebenfalls 10 I. GW zur Verfügung (Bild 114).

In der Praxis wird man jedoch nicht nur 100 I.VW durch eine einfache Vielfachschaltung zu 10 Ausgängen zusammenfassen, sondern eine größere Gruppe staffeln; ähnlich kann man auch eine Staffelung der AS vorsehen, indem man die von den AS nach den I.GW führenden Leitungen entsprechend zusammenfaßt. In beiden Fällen errechnet sich die Zahl der I.GW aus den Kurven für unvollkommene Bündel.

Das Leitungsbündel, das die Vorwahlstufe mit den I. Nummernempfängern verbindet, kann ein vollkommenes oder ein unvollkommenes Bündel sein, je nach Art und Größe der in der Vorwahlstufe verwendeten Wähler und nach der Verkehrsstärke oder Vielfachschaltung:

Bei der **einfachen Vorwahl** ist das aus der Vorwahlstufe abgehende Bündel je Teilnehmergruppe:

ein *vollkommenes Bündel*,

a) wenn bei Verwendung von VW die Zahl der Ausgänge je Teilnehmergruppe, die für den betreffenden Verkehr benötigt werden, gleich oder kleiner ist als die Zahl der Suchstellungen (Schritte) der VW. Bei 10 teiligen VW könnte also bei $V = 1^0/_{00}$ etwa 3,2 Erl mit vollkommenen 10 er-Bündeln geleistet werden; dies ist aber nur bei schwachem Verkehr und in kleinen Teilnehmergruppen möglich, die im allgemeinen unwirtschaftlich sind, wie bereits aus der allgemeinen Behandlung der Verkehrsfragen hervorgeht,

b) wenn AS verwendet werden; hierbei ist die Größe der Teilnehmergruppe von der Größe der AS abhängig.

ein *unvollkommenes Bündel*,

wenn das Vielfachfeld gestaffelt usw. wird. Dadurch kann man bei Verwendung von VW große Teilnehmergruppen mit großen abgehenden Bündeln bilden, auch bei Verwendung kleiner 10 teiliger Drehwähler als VW, und erreicht, ebenso wie durch die Staffelung der AS, eine Herabsetzung der Zahl der erforderlichen I.GW.

### b) Doppelte Vorwahl

Wie gezeigt wurde, hängt die Leistung je Leitung bzw. je Wähler von der Zahl der Leitungen bzw. Wähler im Bündel ab. Die größte Leistung je Leitung oder je Wähler wird man in Bündeln von 100 und mehr Leitungen erzielen (vgl. Bild 96 und 97).

Die Gruppenbildung mit 10 oder gar nur mit 5 I. GW für 100 Teilnehmer, die sich aus dem Beispiel der einfachen Vorwahl ergab, würde größeren Verkehrsansprüchen nicht genügen, oder mit anderen Worten: Bei größerem Verkehr ist der Sprung 2000 : 200 von Wahlstufe zu Wahlstufe zu groß. Man hat also die Wählerzahlen in den einzelnen Gruppen zu erhöhen, oder man muß den Sprung in zwei Stufen erledigen und dabei jedem Teilnehmer eine größere Zahl von I. GW zugänglich machen. Diesen Sprung in zwei Stufen erzielt man durch die doppelte Vorwahl.

Unter **doppelter Vorwahl** versteht man einen Verbindungsvorgang, bei dem die Zuordnung einer freien Einrichtung durch zwei hintereinandergeschaltete, selbsttätig arbeitende Stufen mit Freiwahl vorgenommen wird. Dabei ergibt sich die höchste Ausnutzung, wenn jede in der I. Stufe „ankommende" Leitung jede der aus der II. Stufe „abgehenden" Leitungen erreichen kann; denn dann entsteht durch die doppelte Vorwahl ein *vollkommenes Bündel* mit Freiwahl. Jede der beiden Stufen kann sowohl mit VW als auch mit AS ausgerüstet werden. Die VW bzw. AS der I. Stufe bezeichnet man mit I. VW bzw. I. AS, die der II. Stufe mit II. VW bzw. II. AS. Dabei gibt es folgende Möglichkeiten für die Ausrüstung der beiden Stufen:

$$\text{I. VW — II. VW}$$
$$\text{I. VW — II. AS}$$
$$\text{I. AS — II. VW}$$
$$\text{I. AS — II. AS}$$

Diese Möglichkeiten sollen an dem Beispiel eines Amtes für 2000 Teilnehmer besprochen werden. In den Bildern 115...118 ist dabei der Übersichtlichkeit halber die Zahl der Ausgänge aus der I. Stufe zu 10% der Teilnehmerzahl angenommen; im Anschluß daran werden die Zahlen für einen bestimmten Verkehrsfall berechnet. Um die Zeichnung einfacher zu gestalten, wird angenommen, daß die Teilnehmer in Gruppen von nur 100 unterteilt sind. Es sei jedoch ausdrücklich betont, daß diese kleinen Gruppen nur der Übersichtlichkeit wegen als Beispiel gewählt wurden.

In Bild 115 werden für die doppelte Vorwahl in beiden Stufen Vorwähler verwendet. Die VW enthalten 10teilige Drehwähler. Für 100 I. VW ist jeweils ein gemeinsames einfaches Vielfachfeld gezeichnet, in dem alle gleichbenannten Schritte durch Vielfachleitungen miteinander verbunden sind. Für 2000 Teilnehmer sind also 20 Gruppen von je 100 I. VW gebildet. Jede Gruppe hat 10 Ausgänge. Entsprechend dieser Zahl seien die II. VW in 10 Gruppen zusammengefaßt. Die Zahl der II. VW in jeder II. VW-Gruppe richtet sich nach der Zahl der Gruppen in der I. Stufe; denn jede Gruppe von I. VW stellt in Bild 115 eine Leitung für jede der Gruppen von II. VW. Das ergibt 10 Gruppen zu je 20 II. VW.

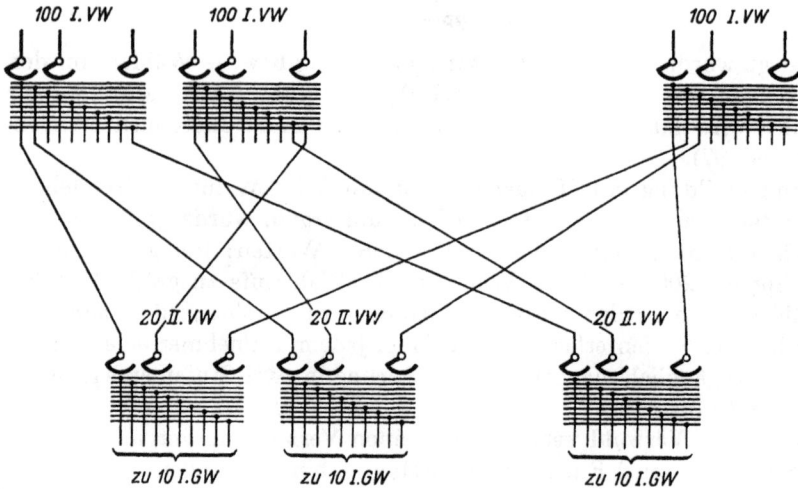

Bild 115. Doppelte Vorwahl mit I. und II. Vorwählern.
20 Gruppen zu je 100 I. VW = 2000 I. VW, 10 teilig,
200 Leitungen zwischen beiden Stufen.
10 Gruppen zu je 20 II. VW = 200 II. VW, 10 teilig,
100 I. GW.

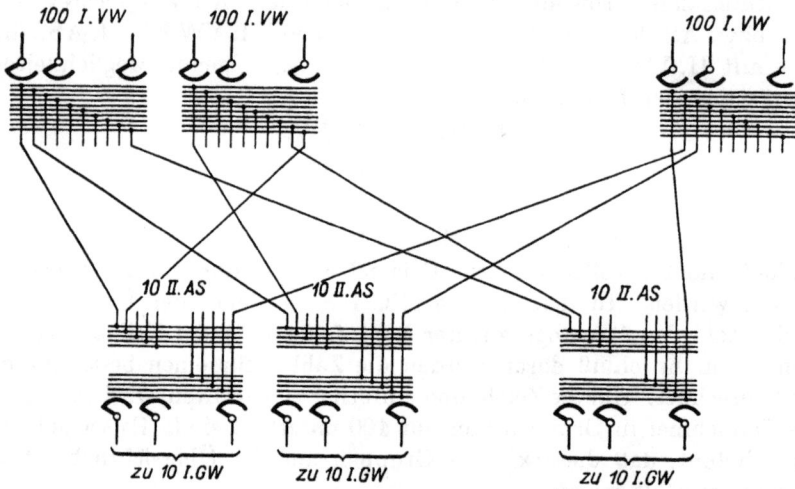

Bild 116. Doppelte Vorwahl mit I. Vorwählern und II. Anrufsuchern.
20 Gruppen zu je 100 I. VW = 2000 I. VW, 10 teilig,
200 Leitungen zwischen beiden Stufen.
10 Gruppen zu je 10 II. AS = 100 II. AS, 20 teilig,
100 I. GW.

Dabei ist darauf zu achten, daß jede Gruppe von II. VW gleichmäßig Leitungen
von allen Schritten der I. VW erhält, da sonst nicht der gewünschte Verkehrsausgleich erreicht werden würde, sondern einige Gruppen stark überlastet wären
(Näheres hierüber auch unter „Rückwärtige Sperrung"). Zwischen den beiden
VW-Stufen sind 200 Leitungen vorhanden. Alle Teilnehmer haben Zugang zu

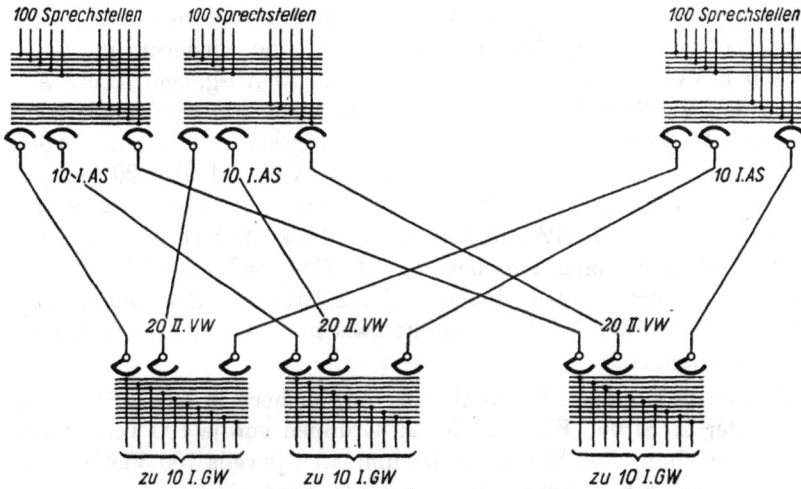

Bild 117.  Doppelte Vorwahl mit I. Anrufsuchern und II. Vorwählern.
20 Gruppen zu je 10 I. AS = 200 I. AS, 100 teilig,
200 Leitungen zwischen beiden Stufen.
10 Gruppen zu je 20 II. VW = 200 II. VW, 10 teilig,
100 I. GW.

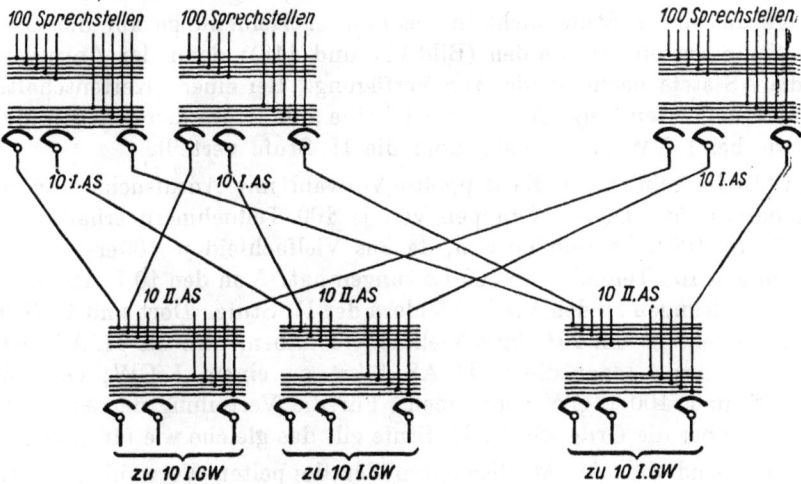

Bild 118.  Doppelte Vorwahl mit I. und II. Anrufsuchern.
20 Gruppen zu je 10 I. AS = 200 I. AS, 100 teilig,
200 Leitungen zwischen beiden Stufen.
10 Gruppen zu je 10 II. AS = 100 II. AS, 20 teilig,
100 I. GW.

jeder der Gruppen von II. VW und über diese hinaus Zugang zu allen I. GW
erhalten. Die Zahl der erforderlichen I. GW kann in diesem Fall kleiner sein als
in einer Anlage ohne doppelte Vorwahl, da ein sehr großes vollkommenes Bündel
für die Gruppenwahlstufe gebildet wird. Entsprechend den 10 Ausgängen aus
jeder der 10 Gruppen von II. VW sind 100 I. GW angegeben worden.

Bild 116 kennzeichnet die doppelte Vorwahl mit Vorwählern in der I. Stufe und Anrufsuchern in der II. Stufe. Die 2000 I. VW sind wiederum in 20 Gruppen von je 100 I. VW eingeteilt. Jede Gruppe hat 10 Ausgänge. Diese Ausgänge führen zu den Vielfachfeldern der II. AS. Es seien, um wieder auf 100 I. GW zu kommen, 10 Gruppen von je 10 II. AS vorgesehen. Zu jeder AS-Gruppe führen 20 Leitungen; das Vielfachfeld der II. AS wird also 20teilig, d. h. es müssen II. AS mit mindestens 20teiligen Wählern vorgesehen werden. Jeder II. AS führt zu einem I. GW; in Bild 116 sind also 100 II. AS und 100 I. GW angegeben. Die Leitungen zwischen dem I. VW- und II. AS-Vielfach müssen wiederum so geführt werden, daß die II. AS-Gruppen gleichmäßig Leitungen von allen Schritten der I. VW erhalten; zwischen den beiden Stufen sind 200 Leitungen vorhanden.

Bild 117 zeigt die doppelte Vorwahl mit Anrufsuchern in der I. Stufe und Vorwählern in der II. Stufe. Für jede der 20 Gruppen von je 100 Teilnehmern sind 10 I. AS vorgesehen. Die Vielfachfelder umfassen jeweils 100 Vielfachleitungen, so daß 100teilige AS benötigt werden. In der II. Stufe sind wiederum 10 Gruppen gebildet, die von jeder Gruppe der I. Stufe eine Leitung erhalten. Es sind somit in jeder Gruppe der II. Stufe 20 II. VW einzusetzen. Jede Gruppe von II. VW hat 10 Ausgänge; die I. GW-Stufe umfaßt also wieder 100 I. GW. Werden die AS z. B. mittels „Anrufverteiler" (Rufordner) angelassen, so brauchen die Ausgänge aus der I. Stufe nicht in bestimmter Reihenfolge auf die Gruppen der II. Stufe verteilt zu werden (Bild 117 und 118); denn der Anrufverteiler stellt die AS stets nacheinander zur Verfügung. Bei einer „Kettenschaltung", die immer den ersten freien AS einer AS-Reihe anläßt, werden dagegen die Ausgänge wie bei I. VW gleichmäßig über die II. Stufe verteilt.

In Bild 118 ist schließlich die doppelte Vorwahl mit Anrufsuchern in beiden Stufen dargestellt. Die 20 Gruppen von je 100 Teilnehmern erhalten jeweils 10 I. AS, die 100teilig sein müssen, da das Vielfachfeld je 100er-Gruppe entsprechend den 100 Teilnehmern 100 Leitungen hat. Von den 10 I. AS je Gruppe führen die Leitungen zu den Vielfachfeldern der II. Stufe. Dort sind 10 Gruppen gebildet, die jeweils ein 20teiliges Vielfachfeld haben, also als II. AS 20teilige Wähler erfordern. Jeder dieser II. AS führt zu einem I. GW; es sind also 100 II. AS und 100 I. GW vorgesehen. Für die Verteilung der Ausgänge aus der I. Stufe über die Gruppen der II. Stufe gilt das gleiche wie für Bild 117.

In Bild 119 sind die vier Möglichkeiten der doppelten Vorwahl in Kurzform einander gegenübergestellt.

Wie bereits erwähnt, sind die Bilder 115...118 der Übersichtlichkeit halber ohne nachprüfende Rechnung einfach mit 10% Ausgängen aus der I. Stufe gezeichnet worden. Eine Verkehrsberechnung ergibt aber folgendes:

In den vier Beispielen der doppelten Vorwahl werden den 2000 Teilnehmern jeweils 100 I. GW zur Verfügung gestellt. Für 100 Wähler gibt Bild 97, da es sich um ein vollkommenes Bündel handelt, bei $V = 1^0/_{00}$ Verlust eine durchschnittliche Leistung von 75 Erl an. Die Teilnehmeranschlüsse sind in 20 Gruppen eingeteilt. Wenn in den Gruppen der gleiche Verlust beibehalten werden soll

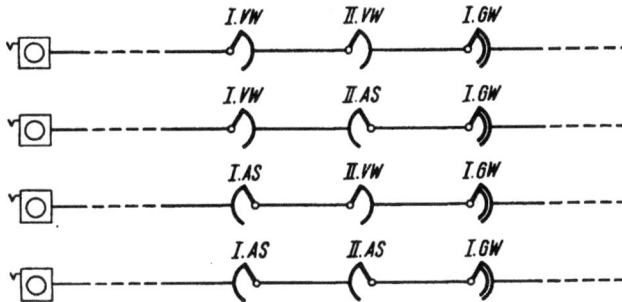

Bild 119. Die vier Möglichkeiten der doppelten Vorwahl in Kurzform.

und wenn man eine gewisse Phasenverschiebung der Verkehrswerte in den einzelnen Gruppen voraussetzt, muß für jede Gruppe mit einem durchschnittlichen Verkehrswert von

$$\frac{75}{20} + \text{Zuschlag von } 29\% = \frac{75}{20} \cdot 1{,}29 = 4{,}8 \text{ Erl}$$

gerechnet werden. Der Zuschlag von 29 % ergibt sich für 75/20 = 3,75 Erl aus Bild 99 (Mitte) Kurve 20. In den Bildern 115...118 sind jeweils 10 Ausgänge aus den Gruppen der I. Stufe gezeichnet. Für 10 Leitungen ist aber in Bild 97 für $1^0/_{00}$ Verlust ein durchschnittlicher Verkehrswert von 3,2 Erl angegeben. In den gezeichneten Beispielen sind also entweder zuviel I. GW oder zu wenig Ausgänge aus den Gruppen der I. Stufe vorgesehen. Angenommen, der zu erledigende Verkehrswert betrage 75 Erl, so müssen etwa folgende Änderungen durchgeführt werden.

In der I. Stufe muß man die Zahl der Ausgänge erhöhen. Da aber in den Ausführungen nach Bild 115 und 116 auch weiterhin 10 teilige VW verwendet werden sollen, muß die Zahl der Ausgänge durch eine entsprechende Vielfachschaltung erhöht, d. h. es muß ein unvollkommenes Bündel gebildet werden. Die erforderlichen 4,8 Erl je Gruppe ergeben nach Kurve c in Bild 97 etwa 14 Leitungen. In Bild 117 und 118 wird die Zahl der I. AS erhöht, wodurch auch weiterhin vollkommene Bündel zwischen den beiden Stufen bestehen bleiben; es werden nach Kurve a in Bild 97 etwa 13 I. AS benötigt.

In der II. Stufe sind in Bild 115 etwa 280 II. VW, entsprechend den $20 \cdot 14$ = 280 Leitungen zwischen den beiden Stufen, in Bild 117 etwa 260 II. VW vorzusehen. In den Ausführungen mit II. AS muß die Kontaktzahl der II. AS erhöht werden, und zwar wären als II. AS mindestens 28 teilige Wähler in Bild 116 und mindestens 26 teilige Wähler in Bild 118 nötig, d. h. die II. AS erhalten gängige Drehwähler der nächsthöheren Kontaktzahl, z. B. 34 teilige Drehwähler.

Wie bereits mehrfach erwähnt, sind die 100 er-Gruppen der Bilder 115...118 nur der Übersichtlichkeit halber angenommen worden. In der Praxis bildet man möglichst größere Gruppen. Faßt man beispielsweise bei Verwendung von I. VW die Teilnehmer in 500 er-Gruppen zusammen, so ergeben sich folgende Einsparungen gegenüber dem vorher berechneten Beispiel. Jede 500er-Gruppe liefert einen durchschnittlichen Verkehrswert von

$$\frac{75}{4} \cdot 1,05 = 19,7 \text{ Erl},$$

wobei der Zuschlag von 5% nach weiterreichenden Kurven als in Bild 99 geschätzt wurde. 19,7 Erl erfordern aber bei $1^0/_{00}$ Verlust im unvollkommenen Bündel etwa 47 Leitungen, so daß in Bild 115 etwa $4 \cdot 47 = 188$ II. VW (statt 280) und in Bild 116 bei 10 Gruppen in der II. Stufe nur 19teilige Wähler (statt 28teilige) bzw. die nächst größere gängige Bauart als II. AS erforderlich werden.

Der Aufwand für die vier Möglichkeiten, bei 2000 Teilnehmern, einem Verkehrswert von 75 Erl und einem Verlust von $1^0/_{00}$ in der HVSt, ist in Tabelle 3 für 500er-VW-Gruppen und für 100teilige AS in der I. Stufe angegeben.

| Bild | I. VW | I. AS | Leitungen | II. VW | II. AS | I. GW |
|------|-------|-------|-----------|--------|--------|-------|
| 115 | 2000 10 teilig | — | 188 | 188 10 teilig | — | 100 |
| 116 | 2000 10 teilig | — | 188 | — | 100 19 teilig | 100 |
| 117 | — | 260 100 teilig | 260 | 260 10 teilig | — | 100 |
| 118 | — | 260 100 teilig | 260 | — | 100 26 teilig | 100 |

Tabelle 3. Aufwandsvergleich

Ohne doppelte Vorwahl, also nur mit I. VW oder nur mit I. AS, wäre für die gleiche Teilnehmerzahl und bei gleichem Verkehr ein größerer Aufwand erforderlich. Die Zahl der Wähler in der Vorwahlstufe würde zwar herabgehen, die Zahl der viel teureren I. GW aber beträchtlich steigen. Sollen 10teilige VW verwendet und Vielfachfelder über je 500 I. VW beibehalten werden, so würden bei guter Mischung 2000 VW, 4 Bündel mit je 47 Leitungen zwischen Vorwahl- und Gruppenwahlstufe und somit 188 I. GW erforderlich werden. Bei 100teiligen AS in der Vorwahlstufe ergeben sich 260 AS, 260 Leitungen und sogar 260 I. GW.

Die einander gegenübergestellten Zahlen allein vermitteln noch kein endgültiges Bild von den Vor- und Nachteilen der einzelnen Möglichkeiten für doppelte Vorwahl. Es ergeben sich hier noch Fragen, wie z. B.:

Welche Kosten verursachen die zahlenmäßig geringeren, aber dafür größeren AS gegenüber den zwar zahlreicheren, aber viel kleineren VW?

Können die Wähler der beiden Stufen bei den einzelnen Ausführungen gleichzeitig anlaufen oder müssen sie nacheinander arbeiten?

Haben die Wähler feste oder beliebige Nullstellung? Ist eine Voreinstellung zweckmäßig?

Wie werden die AS angelassen? Wird nur ein AS oder werden gleichzeitig mehrere AS angelassen? Können sie sich gegenseitig die anrufenden Teilnehmer wegnehmen?

Wieviel Zeit wird durch die Vorwahl in den einzelnen Fällen benötigt? Muß
der Teilnehmer erst auf das Wählzeichen warten?
Welchen Einfluß übt eine Verkehrszunahme aus? Ist eine Vergrößerung der
Untergruppen möglich, ist sie kostspielig, ist sie unmöglich? Welche Form
läßt sich den jeweiligen Erfordernissen am besten anpassen?
Welchen Einfluß hat die sog. „rückwärtige Sperrung" (vgl. später)?
Welcher Aufwand ist nötig, wenn ein Amt mit einer Vorwahlstufe bei wach-
sendem Verkehr auf doppelte Vorwahl umgestellt werden soll?

Eine genauere Gegenüberstellung würde den hier gestellten Rahmen überschreiten. Es sei hier lediglich die ausgeprägte Anpassungsfähigkeit und schnelle
Einstellung bei der doppelten Vorwahl mit I. und II. VW betont. Dies waren für
den Vergleich beider Vorwahlarten sehr bestimmende Punkte, solange noch keine
betriebssicheren großen Drehwähler mit hoher Schrittgeschwindigkeit für die AS
zur Verfügung standen. Durch die Entwicklung von 100- und 200teiligen sehr
schnell drehenden Wählern, wie der Siemens-Motorwähler, hat die oft diskutierte
Frage der Zweckmäßigkeit von VW und AS neue Voraussetzungen erhalten.
Für die Ausführung I. VW/II. VW soll anschließend ein Beispiel gerechnet
werden, das später weiter ausgebaut wird. Um die Darstellung der Vielfachfelder mit ihren Ausgängen noch übersichtlich zu halten, seien jeweils nur 200
I. VW zu einer Gruppe zusammengefaßt; es sei jedoch nochmals ausdrücklich
betont, daß der Aufwand in der II. VW-Stufe bei größeren I. VW-Gruppen,
beispielsweise mit 500 I. VW, niedriger ist als in der hier berechneten Form,
was ja auch durch das vorher durchgerechnete Beispiel gezeigt worden ist.
Als Betriebsfall seien 2000 Teilnehmer mit einem Gesamtverkehr von etwa 80 Erl
in der HVSt angenommen; die Wählerzahlen sollen für einen Verlust von $V = 1\%$
berechnet werden. Im vollkommenen Bündel (= doppelte Vorwahl) erfordern
80 Erl bei $V = 1\%$ etwa 98 I. GW (Bild 97, Kurve a); es seien also 100 I. GW

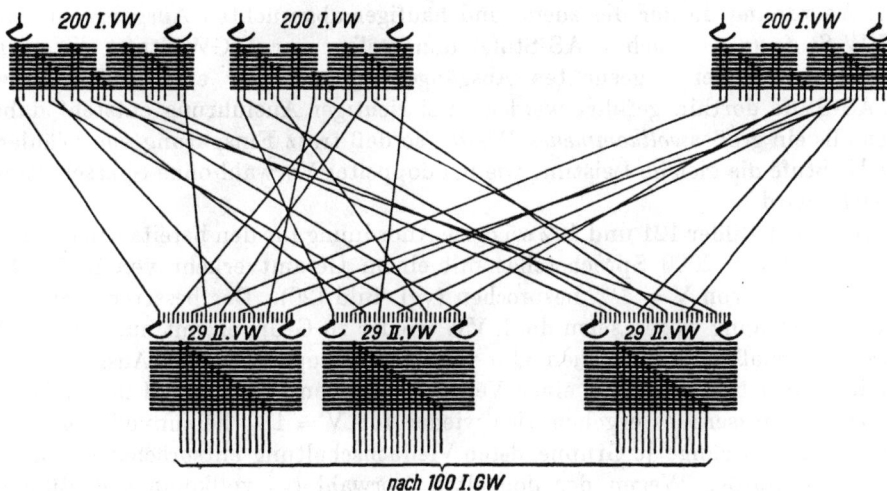

Bild 120. Doppelte Vorwahl.

vorgesehen. In der I. VW-Stufe werden, wie besprochen, Gruppen mit je 200 I. VW gebildet. Jede 200er-Gruppe führt dann einen Verkehr von $80/10 \cdot 1{,}15 = 9{,}2$ Erl (Zuschlag von etwa 15% nach Bild 99, Mitte, geschätzt); dafür sind bei $V = 1\%$ im unvollkommenen Bündel rd. 20 Ausgänge erforderlich (Bild 97, Kurve c), so daß sich $10 \cdot 20 = 200$ II. VW ergeben. Für die II. VW können z. B. 10- oder 15teilige Wähler vorgesehen werden. Um mit 15teiligen II. VW, die sich als wirtschaftlichste Form ergeben haben, 100 I. GW zu erreichen, sind $100 : 15 = 7$ Gruppen II. VW zu bilden. Jede dieser Gruppen umfaßt $200 : 7 = 29$ (bzw. 28) II. VW. Bild 120 zeigt die Wähleranordnung, die Vielfachschaltungen und ein Beispiel für die Verteilung der Ausgänge aus der I. VW-Stufe über die einzelnen Gruppen der II. VW-Stufe. Die Vielfachschaltung in der I. VW-Stufe faßt für die 1. und 2. Schritte je 50 VW, für die 3. bis 6. Schritte je 100 VW und für die 7. bis 10. Schritte je 200 VW zusammen.

### c) Teilweise doppelte Vorwahl (Sparschaltung)

Durch die doppelte Vorwahl kann man auf einfache Weise große vollkommene Bündel mit hoher Leistung je Leitung schaffen. Wie bereits erwähnt, entfällt auf die zuerst abgesuchten Schritte der I. VW ein hoher Verkehrswert (vgl. Bild 110...112). Die dort angeschlossenen Ausgänge sind also bereits so hoch ausgenutzt, daß eine besondere Verkehrssteigerung nicht mehr möglich ist. Es hat also keinen Sinn, ihnen über eine II. Vorwahlstufe noch mehr Verkehr zuordnen zu wollen. Man führt daher die zuerst abgesuchten Vielfachleitungen unmittelbar zu I. GW und nur die seltener aufgesuchten, nachfolgenden Schritte zu II. VW. Diese sammeln dann den schwächeren Verkehr der „späteren" Schritte. Die hierfür erforderliche Zahl von II. VW ist kleiner als bei einer reinen doppelten Vorwahl, in der der gesamte Verkehr über die II. Stufe verläuft. Man nennt diese Anordnung *teilweise doppelte Vorwahl* oder auch *Sparschaltung*.

Die **teilweise doppelte Vorwahl** oder die **Sparschaltung in der Vorwahlstufe** ist eine Anordnung, in der die zuerst und häufiger abgesuchten Ausgänge aus der I. VW-Stufe (u. U. auch I. AS-Stufe) unmittelbar zur I. GW-Stufe, die nachfolgenden, seltener abgesuchten Ausgänge dagegen über eine II. VW- bzw. II. AS-Stufe dorthin geführt werden. Bei richtiger Ausführung entsteht dabei ebenfalls ein großes *vollkommenes Bündel*, so daß trotz Einsparung von Wählern der II. Stufe die gleiche Leistung wie bei doppelter Vorwahl ohne Sparschaltung erreicht wird.

An·Hand der Bilder 121 und 122 sei diese Anordnung für den bereits behandelten Betriebsfall von 2000 Sprechstellen mit einem Gesamtverkehr von 80 Erl bei einem Verlust von $V = 1\%$ besprochen (vgl. Bild 120). Der besseren zeichnerischen Darstellung wegen seien die I. VW wieder zu Gruppen mit nur 200 I. VW zusammengefaßt. Es entstehen also wieder 10 Gruppen, deren Ausgänge, wie bereits früher berechnet, für einen Verkehrswert von etwa 9,2 Erl in der HVSt ausreichen müssen; es ergeben sich wieder für $V = 1\%$ bei unvollkommenen Bündeln 20 Ausgänge je Gruppe, deren Vielfachschaltung entsprechend Bild 120 aufgebaut wurde. Wegen der doppelten Vorwahl (= vollkommenes Bündel) werden für 80 Erl bei $V = 1\%$ rd. 100 I. GW benötigt.

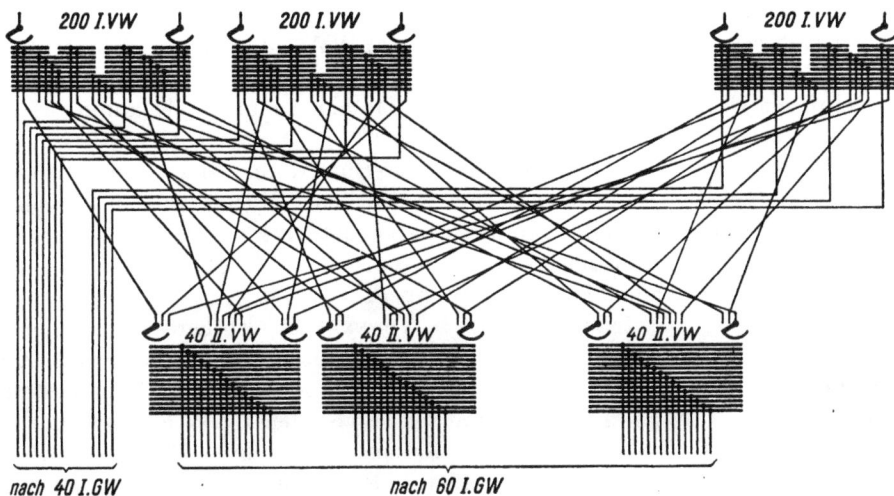

Bild 121. Teilweise doppelte Vorwahl bzw. Sparschaltung in falscher Anordnung.

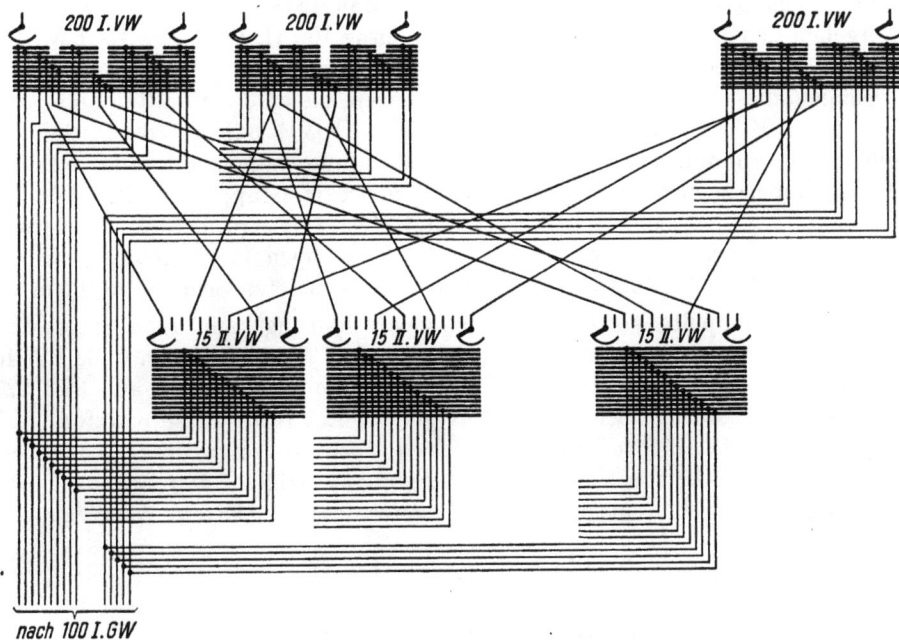

Bild 122. Teilweise doppelte Vorwahl bzw. Sparschaltung in richtiger Anordnung.

Vom 1. Schritt der 10 Gruppen gehen insgesamt $10 \cdot 4 = 40$ unmittelbare Leitungen nach 40 I. GW ab (Bild 121). Die übrigen 9 Schritte jeder 200er-Gruppe liefern 16 Ausgänge, an die dann $10 \cdot 16 = 160$ II. VW angeschlossen sind.

Werden hierfür wieder 15 teilige Wähler verwendet, so sind für die Ausgänge nach 100 — 40 = 60 I. GW vier Gruppen II. VW zu bilden. Jede Gruppe umfaßt 160 : 4 = 40 II. VW.

Eine einfache Überlegung zeigt jedoch, daß das hier benutzte Verfahren falsch ist. Jeder Teilnehmer hat lediglich Zugang zu 1 + 60 = 61 I. GW. Es ist also nicht das beabsichtigte vollkommene 100 er-Bündel mit einer Leistung von etwa 80 Erl (bei V = 1%), sondern ein wesentlich kleineres Bündel mit einer geringeren Leistung geschaffen worden. Ferner ist über die 40 unmittelbar erreichbaren I. GW kein Ausgleich möglich zwischen den gerade viel und den gerade wenig sprechenden Teilnehmergruppen.

Die Anordnung für die teilweise doppelte Vorwahl ist also derart auszubilden, daß tatsächlich ein vollkommenes Bündel entsteht, daß also jeder der 2000 Teilnehmer jeden der 100 I. GW erreichen kann. Dies ist in Bild 122 dargestellt. Jeder der 100 I. GW kann sowohl unmittelbar von den I. VW als auch mittelbar über die II. VW erreicht werden. Es sind also einmal 100 unmittelbare Ausgänge aus der I. VW-Stufe geschaffen, indem je 200 er-Gruppe die 10 Ausgänge der ersten 3 Schritte unmittelbar zur I. GW-Stufe geführt sind. An die restlichen 10 Ausgänge der 4. bis 10. Schritte werden II. VW angeschlossen, so daß in diesem Falle 10 · 10 = 100 II. VW vorzusehen sind. Damit die Teilnehmer Zugang zu allen I. GW erhalten, werden 15 teilige II. VW verwendet. Es ergeben sich 100 I. GW : 15 = 7 Gruppen zu je 100 II. VW : 7 = 15 (bzw. 14) II. VW. Jede dieser Gruppen liefert ein vollkommenes Bündel von 15 (bzw. 14) Ausgängen, die zu den gleichen 100 I. GW führen, die an die unmittelbaren Ausgänge der I. VW-Stufe angeschlossen sind. Die II. VW haben keine feste Nullstellung; sie können u. U. sogar mit Voreinstellung ausgerüstet sein. Für die 200 Teilnehmer ist also ein vollkommenes Bündel bzw. Gruppe von 100 I. GW gebildet worden; denn jeder Teilnehmer kann jeden I. GW erreichen. Dabei werden I. GW, die den gerade schwach belasteten I. VW-Gruppen unmittelbar zugeordnet sind, über die II. VW-Stufe von den gerade stark belasteten Gruppen mitbenutzt.

Die teilweise doppelte Vorwahl bzw. die Sparschaltung kann auch vorgesehen werden, wenn AS in der II. Stufe verwendet werden. Sind in diesem Falle VW in der I. Stufe vorhanden, so treten keine besonderen Forderungen auf. Bild 123 zeigt die Sparschaltung für I. VW/II. VW und für I. VW/II. AS in Kurzform.

Sollen dagegen bei der teilweisen doppelten Vorwahl AS in der I. Stufe verwendet werden, so ist eine zusätzliche Bedingung zu erfüllen. Der Grundgedanke der Sparschaltung besteht darin, an besonders stark belastete Ausgänge aus

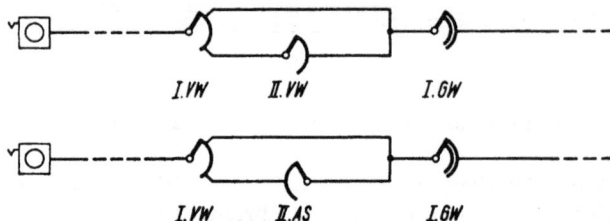

Bild 123. Teilweise doppelte Vorwahl in Kurzform.
Oben: II. VW in Sparschaltung.　　Unten: II. AS in Sparschaltung.

der I. Stufe unmittelbare Leitungen nach I. GW anzuschließen. Die I. AS jeder Gruppe müssen daher in einer festliegenden Reihenfolge zur Verfügung gestellt werden, damit der Verkehr bevorzugt über bestimmte AS fließt. Zu diesem Zweck ist als Anlaß-Stromkreis für die I. AS eine Kettenschaltung vorzusehen, durch die sichergestellt wird, daß immer wieder der erste freie AS der Kette angelassen wird. Dadurch ist die Grundforderung für die Sparschaltung erfüllt; es muß jedoch auf gewisse Verbesserungen der AS-Technik verzichtet werden, durch die die Vorwahlzeit verkürzt werden kann, wie beispielsweise das gleichzeitige Anlassen mehrerer AS oder die bevorzugte Zuordnung der AS zu bestimmten Teilnehmer-Teilgruppen; dies ist aber für AS gewöhnlicher Einstellgeschwindigkeit Voraussetzung für eine gute Betriebsabwicklung. Auch hier hat erst die Entwicklung von Drehwählern hoher Schrittgeschwindigkeit neue Möglichkeiten gegeben.

### d) Rückwärtige Sperrung

In den Bildern 115...118 hat jede Gruppe in der II. Vorwahlstufe 20 Eingänge und 10 Ausgänge. Führt eine der Gruppen bereits 10 Verbindungen, so sind zwar alle 10 Ausgänge belegt, von den 20 Eingängen sind jedoch noch 10 frei. Diese 10 Eingänge dürfen von einem Wähler der I. Stufe nicht mehr belegt werden, da die Verbindung sonst in der betreffenden Gruppe der II. Stufe steckenbleiben würde. Sind daher sämtliche Ausgänge aus einer Gruppe der II. Stufe belegt, so müssen die noch frei gebliebenen Eingänge in diese Gruppe bzw. die betreffenden Ausgänge aus der I. Stufe gegen Belegungen gesperrt werden. Eine ähnliche Sperrung wird bei der teilweise doppelten Vorwahl erforderlich (Bild 122). Hierbei kann, selbst wenn in der II. Stufe die Zahl der Eingänge gleich der der Ausgänge ist, ein Teil der Ausgänge zeitweise nicht benutzbar sein, wenn nämlich die angeschlossenen I. GW bereits unmittelbar von der I. Stufe aus belegt sind. Auch in diesem Falle können Eingänge in die II. Stufe noch frei sein, ohne daß Ausgänge zur Verfügung stehen; sie müssen dann ebenfalls gegen Belegungen gesperrt werden. In beiden Fällen nennt man diese Sperrung, da sie von einer Schalteinrichtung oder von einer Gruppe von Schalteinrichtungen aus rückwärts nach den Eingängen der davorliegenden Wahlstufe vorgenommen wird, rückwärtige Sperrung.

Die **rückwärtige Sperrung** ist ein Vorgang, durch den von einer nachfolgenden Wahlstufe aus verhindert wird, daß noch freie Einrichtungen einer Gruppe belegt werden, wenn keine freien Ausgänge mehr aus dieser Gruppe zur Verfügung stehen.

Die rückwärtige Sperrung ist nicht allein auf den hier behandelten Fall beschränkt. Sie kommt außer in den Anordnungen der doppelten Vorwahl auch bei der ähnlich arbeitenden, später behandelten Mischwahl vor. Sie hat ferner Bedeutung im Verbindungsverkehr, in dem eine Leitung nicht belegt werden darf, solange im Gegenamt keine Schalteinrichtung für diese Leitung zur Verfügung steht (Schalteinrichtung des Gegenamtes hat z. B. noch nicht vollständig ausgelöst oder ist zwecks Nachprüfens oder Ausbesserns entfernt worden usw.).

Der Unterschied zwischen der einfachen „Sperrung" und der „rückwärtigen Sperrung" ist durch die Stelle gekennzeichnet, an der sich der Sperrvorgang auswirkt. Bei der „Sperrung" wird eine belegte Einrichtung unmittelbar von der belegenden Einrichtung gesperrt (Beispiele: ein I. VW „sperrt" den belegten I. GW; ein I. GW „sperrt" den belegten II. GW usw.) oder eine Einrichtung sperrt sich selbst gegen Belegungen (Beispiele: ein GW oder LW „sperrt" sich selbst bei der Auslösung so lange, wie der Kopfkontakt des Hebdrehwählers in der c-Ader geöffnet ist = Eigensperrung). Die „Sperrung" erstreckt sich also auf den Eingang einer nachfolgenden Einrichtung oder auf den eigenen Eingang. Bei der „rückwärtigen Sperrung" wirkt sich der Sperrvorgang auf die Eingänge einer vorgeschalteten Stufe aus, und zwar werden von ihr sämtliche freien Eingänge der betreffenden Gruppe erfaßt (Beispiel: die I. GW „sperren rückwärts" die Eingänge in die zugehörige II. VW-Gruppe). Während die „Sperrung" den Zugang zu einer belegten oder herausgenommenen oder sonst nicht empfangsbereiten Einrichtung hindert, macht die „rückwärtige Sperrung" auch das Belegen einer Anzahl von freien Einrichtungen unmöglich.

Durch zusätzliche Maßnahmen wird die Wirkung der rückwärtigen Sperrung auch durch Eigensperrung erzielt, z. B. durch zeitabhängige Einzelabschaltung von II. VW oder MW mit Voreinstellung (vgl. Abschnitt V, 4 c). Hierbei sperrt der II. VW oder MW in der Abschaltestellung sich selbst oder sogar alle Wähler seiner Gruppe gegen Belegungen.

Die rückwärtige Sperrung ist durch einige Messungen und in einigen theoretischen Untersuchungen behandelt worden (Lit. 17); eine endgültige Festlegung ihres Einflusses auf die Leistung der betreffenden Stufe ist jedoch noch nicht vorhanden. Man kann jedoch folgendes feststellen:

Die Auswirkungen der rückwärtigen Sperrung können als eine „Scheinleistung" angesehen werden, da durch sie eine Reihe von Einrichtungen dem Verkehr entzogen werden, ohne daß diese am Verbindungsaufbau wirksam beteiligt sind. Zu dem wirklichen Verkehrswert, der sich aus den durchgeführten Verbindungen ergibt, tritt ein scheinbarer Verkehrswert durch die Verhinderung der Belegung von freien Einrichtungen. Diese Scheinleistung, die dem Verkehrsfluß freie Einrichtungen entzieht, ohne sie für Verbindungen auszunutzen, ist um so geringer, je kleiner das Verhältnis der Zahl der Eingänge zur Zahl der Ausgänge derjenigen Gruppe ist, die gesperrt werden soll (z. B. bei der doppelten Vorwahl), und je besser der anfallende Verkehr über die Gruppen der betreffenden Stufe verteilt wird. II.VW oder MW hoher Ausgangszahl üben ebenfalls eine geringere rückwärtige Sperrung aus als kleine Wähler. Für kritische Fälle kann empfohlen werden, die rückwärtige Sperrung dadurch zu berücksichtigen, daß man bei der Berechnung der Wählerzahl die Scheinleistung durch einen Zuschlag von 5...20% zum nutzbaren Verkehrswert berücksichtigt.

### e) Betriebsweise der II. Vorwähler

Die II. VW können mit Nacheinstellung oder mit Voreinstellung arbeiten (vgl. Abschnitt V, 2 unter „Prüfen usw.").

Bei II. VW mit Nacheinstellung ist im allgemeinen keine feste Nullstellung vorgesehen. Die II. VW stehen entweder auf dem Schritt, den die letzte Ver-

bindung ergab, oder sie führen aus schaltungstechnischen Gründen bei der Auslösung noch einen Schritt aus. In beiden Fällen sind die II. VW willkürlich
verteilt über die Ausgänge ihrer Gruppe.

II. VW mit Voreinstellung — das ist die neuere Technik — werden zum
Drehen veranlaßt, wenn der vorbereitend aufgesuchte Ausgang anderweitig belegt wird. Bei diesem Abwerfen ergibt sich die Betriebseigenheit, daß sich der
größere Teil der Wähler nach einiger Zeit gruppenweise auf den gleichen Schritten
sammelt und gemeinsam dreht. Bei der Sparschaltung (teilweise doppelte
Vorwahl) werden solche Gruppen naturgemäß auch abgeworfen, wenn die vorbereitend aufgesuchten I. GW unmittelbar von der I. VW-Stufe aus belegt
werden. Das führt, insbesondere bei schwachem Verkehr, zu übermäßigem und
unnötigem Drehen der II. VW.

Bei II. VW mit Voreinstellung sieht man daher bei der Sparschaltung sog.
**Ruheschritte** oder **Ruheleitungen** vor, die von den II. VW zu solchen I. GW
führen, die ausnahmsweise nur von der II. VW-Stufe und nicht außerdem über
unmittelbare Leitungen von den I. VW her erreicht werden können. Solange
bei schwachem Verkehr die I. VW ihre Verbindungen über die unmittelbaren
Abnehmerleitungen zur I. GW-Stufe leiten, sammeln sich die II. VW nach
kurzer Zeit auf den Ruheschritten. Sie verlassen diese erst, wenn beim Anwachsen des Verkehrs dieser auch über die II. VW-Stufe zu fließen beginnt;
durch Ruheschritte erreicht man also ein ruhigeres Arbeiten der Wähler mit
Voreinstellung.

Die Zahl der voreingestellten Wähler, die sich auf eine Abnehmerleitung vorbereitend einstellen können, wird aus schaltungstechnischen Gründen auf etwa
20 Wähler begrenzt. Aus diesem Grunde sieht man zur Zeit für einen oder zwei
II. VW-Einzelrahmen (= 10 oder 20 II. VW) eine Ruheleitung vor. Da als
II. VW 18teilige Drehwähler verwendet werden und der 17. Schritt als Abschalteschritt benutzt wird (vgl. Abschnitt V, 4 c), benutzt man den 1. Schritt der II. VW
als Ruheschritt; dadurch gelangen die II. VW, die sich zu Zeiten starken Verkehrs auf dem Abschalteschritt sammeln, nach dem Ablaufen ohne langes Drehen
auf die Ruheleitung.

### f) Richtlinien für die Vorwahlstufe

Für die Schrittschaltsysteme, die in der Welt den größten Anteil an Wählerämtern ausmachen, werden in den großen Ämtern vorwiegend Vorwähler (I. und
II. VW) in der Vorwahlstufe verwendet. Erst durch die Entwicklung von viel-
kontaktigen Wählern hoher Einstellgeschwindigkeit sind auch AS-Vorwahlstufen
gleicher Leistungsfähigkeit entstanden. Im Nachfolgenden werden jedoch nur die
Maßnahmen zusammenfassend behandelt, die sich aus dem Einsatz von Vorwählern ergeben haben. Es handelt sich in diesem Abschnitt nur um Vorwähler
ohne Umsteuerverkehr.

### 1. Einfache oder doppelte Vorwahl

Die Art der Vorwahl richtet sich nach Amtsgröße und Verkehrsstärke. Man
sieht im allgemeinen vor:

a) einfache Vorwahl nur in Gruppen bis 1000 VW, wobei jedoch bei größeren Verkehrswerten auch die doppelte Vorwahl schon wirtschaftlich sein kann,

b) doppelte Vorwahl in Gruppen über 1000 I. VW. Die doppelte Vorwahl wird zweckmäßigerweise in Sparschaltung ausgeführt (teilweise doppelte Vorwahl). Dabei werden die Abnehmerleitungen der ersten 2...4 Drehschritte unmittelbar zu I. GW, die Abnehmerleitungen der restlichen 8...6 Drehschritte über II. VW zur I. GW-Stufe geführt.

## 2. Verkehrsverteilung

Eine gute Verkehrsverteilung über die einzelnen Gruppen ist eine wesentliche Voraussetzung für einen reibungslosen Verkehrsfluß. Dies hat schon mit der gleichmäßigen Verteilung der Viel- und Wenigsprecher auf die einzelnen I. VW-Gruppen zu beginnen. Ferner ist die Verteilung der Ausgänge aus den I. VW-Gruppen über die II. VW-Gruppen bzw. I. GW-Gestellrahmen wichtig.

## 3. Vollkommene Gruppen in der I. GW-Stufe

Zweck der doppelten Vorwahl ist es, durch eine II. Stufe kleiner Wähler auf wirtschaftlichste Weise ein großes vollkommenes Bündel zu bilden. Dabei sind Engpässe in den Teilgruppen weitestgehend zu vermeiden. Es sind dabei folgende Gesichtspunkte zu beachten:

a) Die Ausgänge jeder I. VW-Teilgruppe müssen sorgfältig über die einzelnen II. VW-Teilgruppen (II. VW-Einzelrahmen) und über die I. GW-Gestellrahmen verteilt werden. Diese Verteilung muß berücksichtigen, daß die Abnehmerleitungen aus der I. VW-Stufe verschieden stark belastet sind, je nach dem Schritt, von dem sie abgenommen werden.

b) Auch der kleinsten I. VW-Teilgruppe muß eine vollkommene oder möglichst vollkommene Abnehmergruppe in der I. GW-Stufe zur Verfügung stehen, d. h. es müssen von ihr möglichst alle I. GW erreicht werden können.

c) Um Rückwirkungen von I. GW-Gestellrahmen möglichst zu vermeiden, sind die Ausgänge eines II. VW-Einzelrahmens stets über mehrere I. GW-Gestellrahmen zu verteilen.

d) Bei der Sparschaltung (teilweise doppelte Vorwahl) muß jeder I. GW sowohl unmittelbar von der I. VW-Stufe als auch mittelbar über die II. VW-Stufe erreicht werden können. Ausnahmen hiervon, wie z. B. die Ruheschritte bei II. VW mit Voreinstellung, müssen im Verhältnis zur Gesamtzahl der Wähler vernachlässigbar klein sein.

## 4. Rückwärtige Sperrung

Bei Bestimmung der Zahl der Ausgänge aus der I. VW-Stufe und damit der Zahl der II. VW ist die „rückwärtige Sperrung" durch Erhöhung des wirklichen Verkehrswertes um 5...20% zu berücksichtigen.

## 5. Bündelarten

Die Größe der Bündel zwischen den einzelnen Stufen ist abhängig von der Verkehrsstärke.

Bei der **einfachen** Vorwahl bilden je Teilgruppe die Verbindungsleitungen zwischen VW und GW: vollkommene Bündel (bis 10 Leitungen), unvollkommene Bündel (über 10 Leitungen).

Die Zahl der I. GW ergibt sich aus der Summe der Abnehmerleitungen sämtlicher VW-Gruppen.

Bei der **doppelten** Vorwahl bilden je Teilgruppe die Verbindungsleitungen zwischen I. VW und II. VW: vollkommene Bündel (bis 10 Leitungen), unvollkommene Bündel (über 10 Leitungen), zwischen II. VW und I. GW: vollkommene Bündel.

Die Zahl der II. VW ergibt sich aus der Summe der Abnehmerleitungen sämtlicher I. VW-Gruppen; die Zahl der I. GW ergibt sich aus den Leistungskurven für vollkommene Bündel (Bild 97).

Bei der **teilweise doppelten** Vorwahl (Sparschaltung) bilden je Teilgruppe die Verbindungsleitungen

zwischen I. VW und I. GW: den ersten Teil eines unvollkommenen Bündels,

zwischen I. VW und II. VW: den zweiten Teil eines unvollkommenen Bündels,

zwischen II. VW und I. GW: vollkommene Bündel.

Die Zahl der II. VW ergibt sich aus der Summe der Abnehmerleitungen sämtlicher I. VW-Gruppen, vermindert um die Zahl der I. GW; die Zahl der I. GW ergibt sich aus den Leistungskurven für vollkommene Bündel (Bild 97).

## 6. Wählerzahlen und Gruppeneinteilung

Grundsätzlich ergeben sich die Wähler- und Ausgangszahlen aus den Berechnungen entsprechend Verkehrsstärke und Gruppengröße (Bild 97). Diese errechneten Zahlen werden abgerundet, um für die üblichen Verkehrsverhältnisse die ausgearbeiteten Normalanordnungen (Normalpläne usw.) benutzen zu können. Hierfür ergibt sich im allgemeinen:

a) Die Anordnungen werden auf I. GW-Zahlen bezogen, die den ganzen oder halben Prozentsätzen der I. VW-Zahlen entsprechen. Auf diese Prozentsätze werden die errechneten I. GW-Zahlen abgerundet. Hierbei sind auch Abrundungen nach unten zulässig, wenn sonst wegen weniger Wähler ein weiterer Gestellrahmen erforderlich werden würde (vgl. nachfolgende Tabelle 6).

| %-Satz der I. GW | Größe der I. VW-Gruppen |
|---|---|
| $< 3\%$ | 4 000 I. VW |
| $3\% \ldots 5{,}5\%$ | 3 000 I. VW |
| $> 5{,}5\%$ | 2 000 I. VW |

Tabelle 4. Gruppengröße in der I. VW-Stufe in Abhängigkeit vom %-Satz der I. GW

b) In der I. VW-Stufe werden zweckmäßigerweise Gruppen, Untergruppen und Teilgruppen gebildet. Die gesamte I. VW-Stufe eines größeren Amtes besteht aus

**Gruppen** von 1500 bis 4000 I. VW.

Die jeweilige Gruppengröße hängt von der Zahl der I. GW, d. h. von der Verkehrsstärke ab. Tabelle 4 bringt Gruppengrößen, die sich in der Praxis bewährt haben.

Jede I. VW-Gruppe setzt sich aus mehreren

### Teilgruppen

zusammen, deren Größe ebenfalls vom Verkehrswert abhängt. Da die Leistung je Abnehmerleitung mit der Bündelgröße steigt, vereinigt man in großen I. VW-Gruppen mit zahlreichen Teilgruppen mehrere Teilgruppen zu sog.

### Untergruppen von max. 500 I. VW.

Die Ausgänge der so zusammengefaßten Teilgruppen werden in gleicher Weise gestaffelt usw. In Tabelle 5 sind die Ausgangszahlen aus den I. VW-Gestellrahmen, bezogen auf verschiedene Prozentsätze der I. GW und damit auf verschiedene Verkehrsstärken, zusammengefaßt.

| $\%$-Satz der I. GW | Zahl der Ausgänge je I. VW-Gestellrahmen | | | |
|:---:|:---:|:---:|:---:|:---:|
| $4\%$ | 20 | | | |
| $5\%$ | 20 | | | |
| $6\%$ | 20 | 28 | | |
| $7\%$ | 20 | 28 | | |
| $8\%$ | 20 | 28 | 50 | |
| $9\%$ | | 28 | 50 | |
| $10\%$ | | 28 | 50 | |
| $11\%$ | | | 50 | (100) |
| $12\%$ | | | 50 | (100) |
| Münzfernsprecher | 100 | | | |

Tabelle 5. Zahl der Ausgänge aus I. VW-Gestellrahmen in Abhängigkeit vom $\%$-Satz der I. GW

c) Bei der Sparschaltung ist es wirtschaftlich nicht von großem Einfluß, die Einsparung an II. VW bis zum rechnerisch geringsten Wert durchzuführen. Man kann ohne Bedenken von dem Minimalwert abweichen, um betrieblich günstigere Anordnungen zu erhalten. In der Praxis werden daher unter normalen Verkehrsverhältnissen als Zahl der II. VW in Sparschaltung genommen:

entweder: die Hälfte der Zahl der Wähler, die sich ergibt, wenn man für die gesamte I. VW-Gruppe ein unvollkommenes Bündel vorsehen würde,

oder: die Zahl der I. GW im vollkommenen Bündel, weil dabei noch geringere Anforderungen an die Gesamtanordnung gestellt werden.

d) Als II. VW haben sich „15teilige" Drehwähler als zweckmäßig erwiesen, da hiermit auch bei der Sparschaltung die erstrebten vollkommenen 100er-Gruppen der I. GW gebildet werden können. Es sind dies konstruktiv 18teilige Wähler, von denen im allgemeinen 15 Schritte für Abnehmerleitungen und der 17. Schritt als Abschalteschritt vorgesehen werden. Um die Vorwahlzeit abzukürzen, haben die II. VW keine Nullstellung bzw. arbeiten mit Voreinstellung.

## 7. Mischungen I. VW — II. VW — I. GW

Die Ausgänge aus der I. VW-Stufe, die Ein- und Ausgänge der II. VW-Stufe sowie die Eingänge der I. GW-Stufe werden an einen Zwischenverteiler (Vz) geführt, an dem die erforderliche Zusammenschaltung vorgenommen wird. In Tabelle 6 sind die Zahl der Abnehmerleitungen aus der I. VW-Stufe für verschiedene Gruppengrößen in der I. VW-Stufe und für verschiedene Prozentsätze von I. GW, d. h. für verschiedene Verkehrsstärken, zusammengestellt.

| Zubringergruppe (I. VW) | | Zubringer-Untergruppe (I. VW) | | Abnehmergruppe (I. GW) | | Zahl der Abnehmerleitungen je Zubringer-Untergruppe | | |
|---|---|---|---|---|---|---|---|---|
| Zahl der I. VW | Zahl der I. VW-Einzelrahmen | Zahl der I. VW. | Zahl der I. VW-Einzelrahmen | Zahl der I. GW | I. GW. in % der I. VW | nach der I. GW-Stufe | nach der II. VW-Stufe | insgesamt |
| 3000 | 300 | 500 | 50 | 90 | 3 | 15 | 15 | 30 |
| 3000 | 300 | 500 | 50 | 105 | 3,5 | 17 (18) | 18 (17) | 35 |
| 3000 | 300 | 500 | 50 | 120 | 4 | 20 | 20 | 40 |
| 3000 | 300 | 500 | 50 | 135 | 4,5 | 22 (23) | 23 (22) | 45 |
| 3000 | 300 | 500 | 50 | 150 | 5 | 25 | 25 | 50 |
| 3000 | 300 | 500 | 50 | 165 | 5,5 | 27 (28) | 28 (27) | 55 |
| 2000 | 200 | 500 | 50 | 120 | 6 | 30 | 30 | 60 |
| 2000 | 200 | 500 | 50 | 130 | 6,5 | 32 (33) | 33 (32) | 65 |
| 2000 | 200 | 500 | 50 | 140 | 7 | 35 | 35 | 70 |
| 2000 | 200 | 500 | 50 | 150 | 7,5 | 37 (38) | 38 (37) | 75 |
| 2000 | 200 | 500 | 50 | 160 | 8 | 40 | 40 | 80 |
| 2000 | 200 | 400 | 40 | 160 | 8[1] | 32 | 32 | 64 |

Tabelle 6. Mischungen I. VW — II. VW — I. GW
Zahl der Verbindungsleitungen für verschiedene Wählerprozentsätze in der I. GW-Stufe

## 4. GRUPPEN- UND LEITUNGSWAHLSTUFE

Während die Vorwahlstufen nur dem Sammeln des Verkehrs aus den zahlreichen Verkehrsquellen dienen, findet in den Gruppenwahlstufen das Verteilen des Verkehrs auf die einzelnen Verkehrsrichtungen statt. Gleichzeitig werden aber in den einzelnen Gruppenwahlstufen auch noch Verkehrsmengen, die das gleiche Ziel haben und z. B. von verschiedenen Gruppen bzw. Ämtern herrühren, stufenweise gesammelt. Die Leitungswahlstufe dagegen hat, mit wenigen Ausnahmen, nur noch die Aufgabe, den Verkehr zu verteilen, da die durch sie verarbeitete Nummernwahl bereits das Verkehrsziel angibt.

Die I. GW-Stufe hat im allgemeinen den größten Verkehrswert zu verarbeiten. Aus den verschiedensten Gründen nimmt der Verkehr von Stufe zu Stufe ab.

---

[1] Für besonders wichtige Anlagen.

16 *

Die Größe der Verkehrsabnahme kann je nach Eigenart des Amtes verschieden sein. Einige hauptsächliche Ursachen sollen kurz angedeutet werden.

a) *Verbindungen, die nur die erste bzw. die ersten Wahlstufen benutzen.* Bestimmte Dienststellen, wie z. B. Auskunft, Zeitansage, Störungsstelle, Fernverkehrs- und Schnellverkehrsanmeldung, sind oft an eine Dekade der I. GW-Stufe angeschlossen. Der Verkehr nach diesen Dienststellen verläßt dann den allgemeinen Wählerteil bereits in der I. GW-Stufe und wird bei Bedarf von

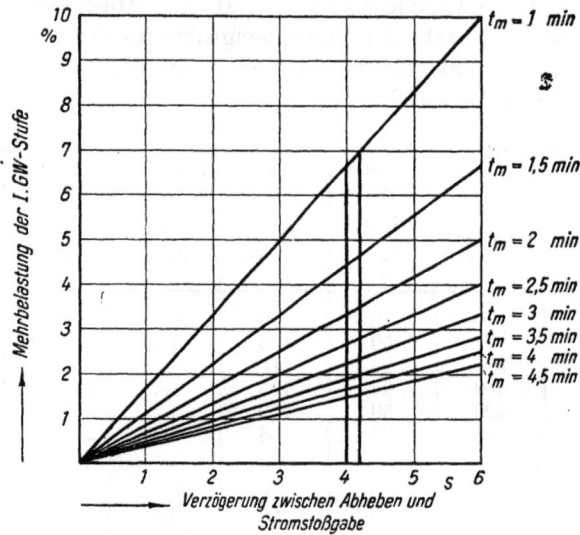

Bild 124. Mehrbelastung der I. GW-Stufe durch Verzögerungen zwischen Abheben des Handapparats und Absenden der ersten Stromstoßreihe, bezogen auf verschieden lange Belegungsdauern $t_m = 1...4,5$ min.

eigenen Wählergruppen verarbeitet. Die nachfolgenden Wahlstufen des allgemeinen Wählerteils sind also frei von diesem Verkehr.

b) *Unregelmäßigkeiten.* Jedesmal, wenn der Handapparat beim Teilnehmer abgenommen wird, findet eine Belegung eines I. GW statt. Dies kann auch durch Handhabungsfehler der Teilnehmer, z. B. durch Abnehmen und Wiederauflegen des Handapparates, beim täglichen Staubputzen, beim Verwählen, beim Aufschieben einer bereits eingeleiteten Verbindung, beim verspäteten Nachschlagen der Anrufnummer usw. vorkommen. Eine ähnliche Wirkung haben Leitungsstörungen.

Der Einfluß dieser Unregelmäßigkeiten kann ziemlich beträchtlich sein. Um einen Überblick zu geben, sei die Mehrbelastung der I. GW-Stufe angegeben, die durch die Pause entsteht, die zwischen dem Abheben des Handapparates und dem Aussenden der ersten Stromstoßreihe bedingt ist. Dieser Zeitraum, der ebenfalls durch Unregelmäßigkeiten vergrößert sein kann (z. B. Aufsuchen der Anrufnummer bei abgehobenem Handapparat), beträgt nach mehreren Meßreihen (Deutschland) im Durchschnitt etwa 4...4,2 s. In Bild 124 sind

Kurvenscharen für verschiedene Belegungsdauern $t_m = 1...4,5$ min angegeben, aus denen der Prozentsatz der Belegungsdauer abgelesen werden kann, den derartige Verzögerungen von 1...6 s ausmachen; die durch Meßreihen gefundenen Mittelwerte von 4 und 4,2 s sind hervorgehoben.

c) *Einfluß der stufenweisen Belegung.* Beim Herstellen der Verbindung werden I. GW, II. GW usw. bis LW nacheinander belegt und eingestellt. Wieweit dies die Belegungsdauer der einzelnen Stufen beeinflußt, sei an einer kurzen Überlegung gezeigt.

Die Zeit für den Ablauf des Nummernschalters ist gegeben. Sie beträgt für die Ziffern „1" bzw. „0" bei Nummernschaltern ohne Leerlauf im Mittel 0,1 bzw. 1,0 s, bei Nummernschaltern mit Leerlauf im Mittel 0,3 bzw. 1,2 s. Als Mittelwert je Zifferablauf kann also 0,65 s angesetzt werden. Ferner ist die Zeit wichtig, die im Mittel zwischen Ablauf des Nummernschalters und dem Beginn der nächsten Stromstoßreihe (Pause + Aufzug) verstreicht. In Bild 125 sind Messungen aus einer großen Nebenstellenanlage ange-

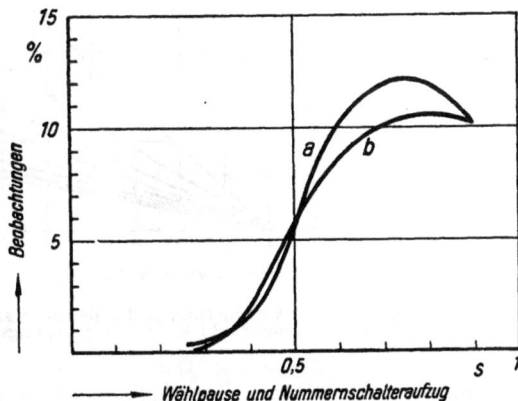

Bild 125. Verteilung der vom Teilnehmer für Wählpause und Nummernschalteraufzug benötigten Zeiten (Messungen in einer großen Nebenstellenanlage mit getrennten Zentralen für Amts- und Hausverkehr).

a = Amtsverkehr.
b = Hausverkehr, Innenverkehr.

geben, bei der der Amtsverkehr (Kurve a) und der Hausverkehr (Kurve b) über getrennte Zentralen verlaufen; die angeschlossenen Fernsprecher waren zum größten Teil mit Nummernschalter ohne Leerlauf ausgerüstet. Leerlauf-Nummernschalter würden die Zeiten um mindestens 0,2 s vergrößern; für öffentliche Ämter, in denen der Anteil der ungeübten Benutzer größer ist, können ebenfalls längere Zeiten erwartet werden. Für die hier durchgeführte Rechnung wurde für „Pause + Aufzug" ein Mittelwert von 0,75 s angenommen. Die zeitliche Verschiebung von $0,65 + 0,75 = 1,4$ s macht den in Bild 126 angegebenen Prozentsatz der Belegungsdauer ($t_m = 1...4,5$ min) aus.

d) *Zusammenfassung.* Die Verzögerung von 4,2 s zwischen Abheben des Handapparates und Abgabe der ersten Stromstoßreihe macht nach Bild 124 bei einer mittleren Belegungsdauer von $t_m = 2$ min bereits 3,5% aus (bei $t_m = 1$ min sogar 7%). Die stufenweise erfolgende Belegung bedeutet nach Bild 126 in einer Anlage mit vier GW-Stufen (z. B. Berlin) bei $t_m = 2$ min für die LW-Stufe bereits eine Verkehrsabnahme um 4,6%. Allein durch diese beiden Vorgänge führt die LW-Stufe im Beispiel bei $t_m = 2$ min einen um $3,5 + 4,6 = 8,1$% geringeren Verkehr als die I. GW-Stufe.

Der Einfluß der Anrufe bei Dienststellen (Auskunft, Störungsstelle, Fernamt usw.) sowie von Leitungsstörungen und Handhabungsfehlern der Teilnehmer

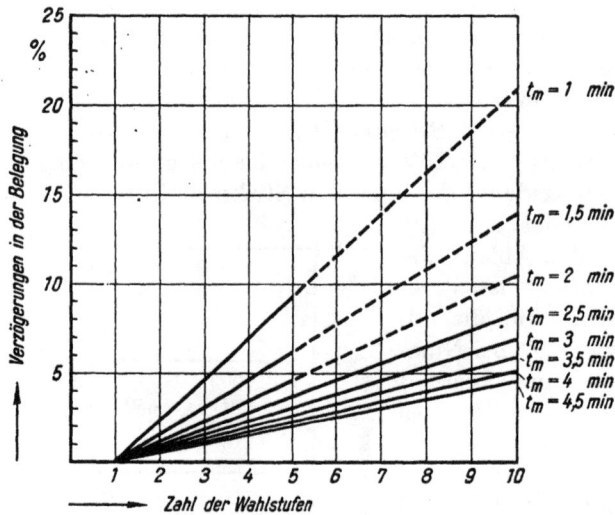

Bild 126. Verzögerung in der Belegung späterer Wahlstufen durch
die Nummernwahl in % der Belegungsdauern $t_m = 1...4{,}5$ min.

kann nach M. Langer etwa 15% der Gesamtbelegungen ausmachen (Lit. 7).
An der gleichen Stelle wird angegeben, daß der Verkehrswert der I. GW-Stufe
um 25% größer sein kann als der der nachfolgenden Stufen.

## 5. MISCHWÄHLER

Durch die doppelte Vorwahl ist eine Anordnung beschrieben worden, in der
durch eine zusätzlich eingeschaltete Stufe mit selbsttätig arbeitenden kleinen
Wählern auf wirtschaftlichste Weise große vollkommene Bündel geschaffen
werden können. Ähnliche Anordnungen sind unter Umständen auch in den
nachfolgenden Wahlstufen nötig. Die dann verwendeten Wähler nennt man
Mischwähler. Mit ihnen werden ganz allgemein Wahlstufen gebildet, in denen
die Auswahl einer freien Leitung selbsttätig zwischen zwei Stromstoßgaben der
Teilnehmer, also im Verlauf der Nummernwahl, vorgenommen wird. Mischwähler (MW) werden für zwei unterschiedliche Aufgaben verwendet:

1. Zur Zusammenfassung von kleinen Bündeln, die von einer Dekade gleicher
   GW-Gruppen abgehen, zu einem großen, z. B. 100 teiligen vollkommenen
   Bündel. Ihr Einsatz entspricht dann im großen und ganzen dem der II. VW
   in der Vorwahlstufe.
2. Als Zwischenstufe ganz allgemein zwischen einem ankommenden Bündel
   ohne Freiwahlmittel und einem abgehenden Bündel von anderer Leitungszahl und im besonderen, wenn dieses abgehende Bündel gleichzeitig von einem
   anderen ankommenden Bündel in freier Wahl belegbar ist. Im letzten Falle
   kann die Leitungszahl des abgehenden Bündels z. B. auch größer sein als
   die des ankommenden Bündels.

Die erste Möglichkeit ist durch die Analogie mit der Vorwahlstufe ohne weiteres verständlich; an Stelle der I. VW ist eine GW-Dekade und an Stelle der II. VW sind die MW zu denken. Die MW können dann ebenso wie die II. VW in Sparschaltung angeordnet werden.

Die **Sparschaltung in der Mischwahlstufe** ist eine Anordnung, in der die zuerst und häufiger abgesuchten Ausgänge aus einer GW-Stufe unmittelbar zur nächsten Stufe, die nachfolgenden, seltener abgesuchten Ausgänge dagegen über eine Mischwahlstufe dorthin geführt werden.

Die zweite Möglichkeit der Verwendung von MW, die im Fernverkehr oft vorkommt, soll an Bild 127 etwas eingehender behandelt werden. Die Darstellung

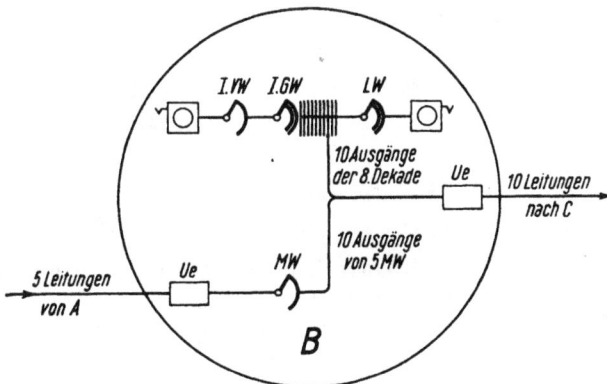

Bild 127. Mischwähler im Verbindungsverkehr.
MW = Mischwähler.
Ue = Relaisübertragung.

enthält nur das Grundsätzliche. In einem Amt B sind 10 Ausgänge der 8. Dekade einer GW-Stufe an die Relaisübertragungen Ue von 10 Leitungen nach C geführt. (Die Notwendigkeit und Aufgaben von „Relaisübertragungen" wird später behandelt; vgl. Abschnitt IX, 1). Diese 10 Leitungen nach C können also über die GW-Stufe in freier Wahl abgesucht werden. In B kommen ferner 5 Leitungen von A an, die bei Belegung in A sofort nach C durchgeschaltet werden sollen, d. h. jeder der 5 Leitungen soll bei Bedarf sofort eine beliebige freie Leitung nach C zugeteilt werden.

Eine feste Zuteilung der Leitungen wäre unwirtschaftlich, da das Bündel nach C aufgeteilt werden müßte; die Leitungen könnten sich dann nicht mehr gegenseitig aushelfen und hätten eine geringere Leistung. Die von A ankommenden Leitungen sind also derart nach dem Leitungsbündel nach C zu führen, daß jede der 5 ankommenden Leitungen jede freie der 10 abgehenden Leitungen belegen kann. Dies geschieht über die Mischwahlstufe. An jede der 5 ankommenden Leitungen ist ein MW angeschlossen, über dessen Vielfachfeld jede der 10 abgehenden Leitungen in freier Wahl erreicht werden kann.

**Mischwähler** haben also die Aufgabe, eine ankommende Leitung selbsttätig mit einer freien Leitung aus einem abgehenden Bündel zu verbinden. Dabei kann das ankommende Bündel sowohl kleiner als auch größer als das abgehende Bündel sein. Im ersten Falle können unter Verwendung von wenigkontaktigen Wählern auf wirtschaftlichste Weise große vollkommene Bündel gebildet werden; in beiden Fällen schaffen die MW einen Übergang zwischen zwei Bündeln, die nicht fest miteinander verbunden werden sollen.

Die MW gleichen also in ihrer Arbeitsweise grundsätzlich den II. VW. Im Gegensatz zu diesen arbeiten sie jedoch zwischen zwei Stromstoßgaben der Teilnehmer. Zwischen zwei Stromstoßreihen der Nummernwahl steht aber, wie aus Bild 125 zu ersehen ist, nur eine kurze Zeit zur Verfügung, da man dem Teilnehmer nicht das Warten auf die Durchschaltung und das Beachten irgendwelcher Hörzeichen zumuten kann. In diese Zwischenzeit fällt ferner bereits die Freiwahlzeit in der GW-Stufe, unter Umständen das Belegen von Fernwahlleitungen usw., so daß man für die Arbeitszeit der MW, die in derartigen Fällen noch hinzukommt, einen möglichst geringen Zeitaufwand anstreben muß. Für die MW gibt es daher verschiedene Ausführungen, um die Freiwahlzeit entweder zu verkürzen oder ganz aus der zur Verfügung stehenden Zeitspanne herauszunehmen (Voreinstellung). Es gibt dabei:

a) *MW mit Schrittschalt-Drehwähler* mit Voreinstellung.

Derartige MW suchen das abgehende Bündel nicht erst, wenn sie belegt werden, in freier Wahl nach einem freien Ausgang ab, sondern können nur belegt werden, wenn sie voreingestellt auf einem freien Ausgang stehen. Durch diese Voreinstellung ist die Freiwahlzeit aus der Zeit für die eigentliche Verbindungsherstellung herausgenommen. Wird der MW für eine Verbindungsherstellung belegt, so genügt eine ganz kurze Zeit, um den vorbereitend aufgesuchten Ausgang und die angeschlossene Schalteinrichtung zu belegen, zu sperren und für den Empfang der nächsten Stromstoßgabe bereitzustellen. Als Drehwähler werden die üblichen Schrittschalt-Drehwähler verwendet. In Bild 78 und 79 sind entsprechende Schaltungsbeispiele für MW bzw. II. VW dargestellt.

b) *MW mit Motorwähler* mit Nacheinstellung.

Derartige MW führen die Freiwahl in der üblichen Weise erst nach dem Belegen durch. Die Freiwahlzeit ist durch die große Schrittgeschwindigkeit des Motorwählers auf eine ausreichend kurze Zeit herabgesetzt. Als Motorwähler kann der 18teilige Motorwähler (Bild 35) oder eine mehrkontaktige Bauart verwendet werden. Diese Ausführung wird besonders bei der sog. 4drähtigen Durchschaltung verwendet, bei der eine größere Armzahl entsprechend der größeren Adernzahl, die für Sprech- und Steuerstromkreise durchgeschaltet werden muß, erforderlich ist.

c) *MW mit Relaiswähler.*

Derartige „Relaismischwähler" verwenden an Stelle des Drehwählers eine Relaiskette, durch die die Durchschaltung der ankommenden Leitung mit einer freien Leitung des abgehenden Bündels vorgenommen wird. Die MW mit Relaiswähler können mit **Voreinstellung** und mit **Nacheinstellung** arbeiten. In beiden Fällen wird eine ausreichend kurze Zeit für die

Durchschaltung erreicht. Relaismischwähler haben gegenüber dem MW mit Motorwähler (Nacheinstellung) den Vorteil der kürzeren Durchschaltezeit, gegenüber dem MW mit Schrittschalt-Drehwähler und Voreinstellung den Vorteil, daß das häufige Drehen, das sich zwangsweise aus dem Prinzip der Voreinstellung ergibt, in Fortfall gekommen ist. Relaismischwähler werden jedoch nicht mit größeren Ausgangszahlen und nicht für größere Adernzahlen gebaut, da der Aufwand mit steigender Ausgangszahl erheblich gegenüber

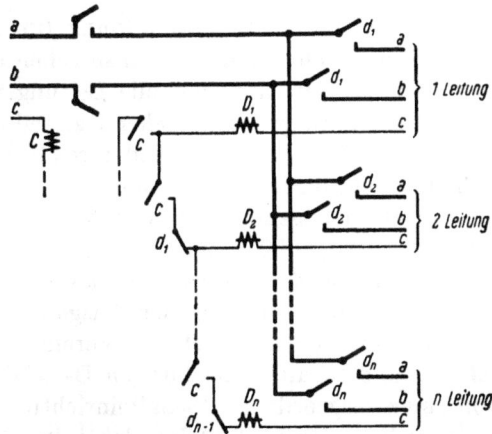

Bild 128. Grundsätzliche Darstellung eines Relaismischwählers (MW mit Relaiswähler) mit Nacheinstellung.

den Wählertypen wächst und die Zahl der durchzuschaltenden Adern durch die Zahl der möglichen Relaiskontakte begrenzt ist.

Bild 128 zeigt in grundsätzlicher Darstellung einen Relaismischwähler mit Nacheinstellung. Bei einer Belegung schaltet das C-Relais die D-Relais sämtlicher Ausgänge ein. Das D-Relais des ersten freien Ausgangs wird erregt, hält sich, schaltet den nachfolgenden Teil dieser Belegungskette ab, verhindert durch eine

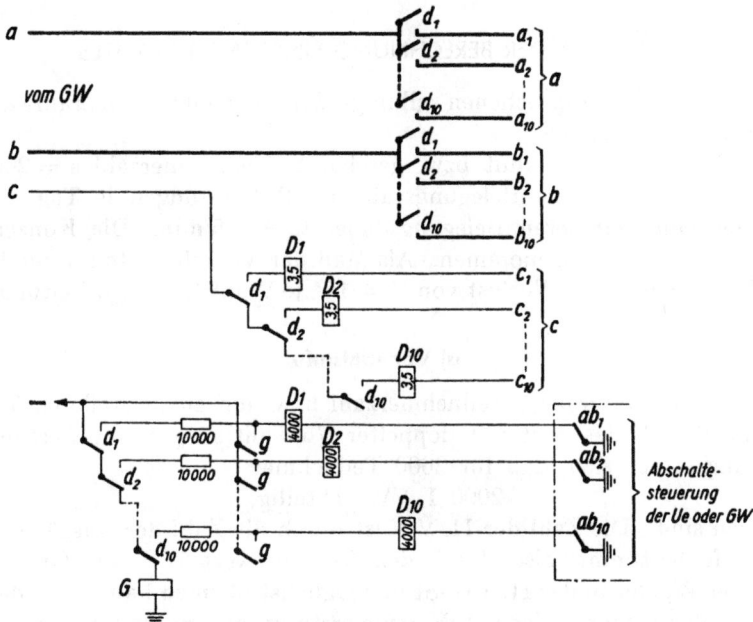

Bild 129. Grundsätzliche Darstellung eines Relaismischwählers (MW mit Relaiswähler) mit Voreinstellung.

entsprechende Schaltungsanordnung (in der grundsätzlichen Darstellung von Bild 128 nicht enthalten) das Ansprechen der vor ihm angeschlossenen D-Relais und verbindet die ankommende Leitung mit dem betreffenden Ausgang.

Bild 129 zeigt in grundsätzlicher Darstellung einen Relaismischwähler mit Voreinstellung. Freie Ausgänge sind durch Erde über ab-Kontakte der nachfolgenden Schalteinrichtungen und besondere Adern zum MW gekennzeichnet. Wird der MW in Betrieb genommen, so schaltet das G-Relais sämtliche Durchschalterelais ($D_1...D_{10}$; 4000-$\Omega$-Wicklung) in diesen Adern zur nachfolgenden Stufe ein. Eine Kette von d-Kontakten stellt sicher, daß nur das in der Kette zuerst angeordnete D-Relais eines freien Ausganges endgültig ansprechen kann. Hat ein D-Relais angezogen, so ist der Voreinstellungsvorgang beendet; das G-Relais fällt ab und schaltet alle übrigen D-Relais aus. Bei der endgültigen Belegung von einer vorgeordneten Schalteinrichtung übernimmt die niederohmige Wicklung des betreffenden D-Relais das Halten über die c-Ader; in der nachfolgenden Schalteinrichtung wird der ab-Kontakt geöffnet, so daß die D-Relais aller ebenfalls auf diesen Schritt voreingestellten MW abfallen und dort den Voreinstellungsvorgang von neuem einleiten. Die Sperrung eines endgültig belegten MW erfolgt von der vorhergehenden Wahlstufe. Um die c-Ader frei von jeder Widerstandserhöhung zu bekommen, können die Haltewicklungen des D-Relais auch über einen eigenen Kontakt in einem lokalen Stromkreis gehalten werden (Mehraufwand). Dies hat außerdem den Vorteil, daß im gleichen Stromkreis eine Überwachungslampe zum Leuchten gebracht werden kann, um anzuzeigen, daß der MW endgültig belegt ist und nicht nur in Voreinstellung wartet.

## 6. BEISPIEL DER BERECHNUNG EINES WÄHLERAMTES

Mit Hilfe des bisher Besprochenen soll in großen Zügen der Wähleraufwand eines Amtes berechnet werden.

Als Unterlagen seien bekannt bzw. geschätzt: Teilnehmerzahl $s = 2000$ Teilnehmer, durchschnittliche Belegungszahl $c = 8$ Belegungen je Tag und Teilnehmer bei einer mittleren Belegungsdauer $t_m = 2,5$ min. Die Konzentration wird mit $k = 12,5\%$ angenommen. Als Maß der Verkehrsgüte sei der Einfachheit halber allgemein ein Verlust von $V = 1\%$ je Wahlstufe bzw. Leitungsbündel zugelassen.

### a) Vorwahlstufe

Da es sich um eine größere Teilnehmerzahl bzw. um einen größeren Verkehrswert handelt, soll das Amt mit doppelter Vorwahl ausgerüstet werden. Ohne Berechnung ergibt sich, daß für 2000 Teilnehmer

2000 I. VW, 11 teilig,

einzusetzen sind. Die Zahl der II. VW ist durch die Zahl der Ausgänge aus der I. VW-Stufe bestimmt, also durch den Verkehrswert je I. VW-Gruppe. Um die Zahl der Wähler in der II. VW-Stufe möglichst klein zu halten, werden große Bündel aus den Gruppen der I. VW-Stufe erstrebt, also große Gruppen gebildet; es seien hier im Beispiel 500 er-Gruppen vorgesehen.

Da sich die gegebenen Unterlagen auf das gesamte Amt beziehen, muß von dem Gesamtverkehrswert ausgegangen werden. Dieser beträgt in der HVSt:

$$Y_{2000\,T} = s \cdot c \cdot t_m \cdot k = 2000 \cdot 8 \cdot \frac{2,5}{60} \cdot \frac{12,5}{100} = 83,3 \text{ Erl.}$$

Es soll der Einfluß der rückwärtigen Sperrung in der Vorwahlstufe (vgl. Abschnitt VII, 3 d) mit 10% berücksichtigt werden. Die Ausgänge aus der I. VW-Stufe können dann für einen Verkehrswert von

$$Y_{2000\,I.\,VW} = 83,3 \cdot 1,10 = 91,6 \text{ Erl}$$

berechnet werden. Daraus ergibt sich der Verkehrswert je 500er-Gruppe als der vierte Teil, zu dem ein Zuschlag gemacht wird, da die Summe der HVSt-Werte der vier 500er-Gruppen größer ist als der HVSt-Wert des Gesamtverkehrs (vgl. Abschnitt VI, 4). Der Zuschlag wird nach Bild 99, dessen Kurven nicht bis zum benötigten Wert (91,6 : 4 = 22,9 Erl) reichen, auf etwa 3% geschätzt, so daß:

$$y_{500\,I.\,VW} = \frac{91,6}{4} \cdot 1,03 = 23,6 \text{ Erl.}$$

Nach Bild 97, Kurve c, werden hierfür bei V = 1% rd. 50 Ausgänge benötigt; für die vier I. VW-Gruppen ergeben sich also:

$$4 \cdot 50 = 200 \text{ II. VW ohne Sparschaltung.}$$

Es ist nun festzulegen, wievielteilige II. VW zu verwenden sind, d. h. wieviel Ausgänge jede II. VW-Gruppe erhalten soll bzw. in wieviel Gruppen diese 200 II. VW einzuteilen sind.

Der I. GW-Stufe müssen bei einem Verkehrswert von 83,3 Erl und bei Verwendung eines vollkommenen Bündels (= doppelte Vorwahl) 100 Ausgänge aus der II. VW-Stufe zugeführt werden (Bild 97, Kurve a; V = 1%). 100 Ausgänge könnten z. B. durch 10 Gruppen mit 10teiligen II. VW gebildet werden; dann wäre aber eine Vergrößerung der I. GW-Stufe über 100 I. GW hinaus nicht mehr möglich. Es sollen daher z. B. 15teilige II. VW verwendet werden, mit denen das vollkommene Bündel bis auf 150 Leitungen erweitert werden könnte. Um die 100 Ausgänge aus 15teiligen Feldern zu erhalten, werden die 200 II. VW in 100 : 15 = 7 Gruppen mit je 200 : 7 = 29 (bzw. 28) II. VW unterteilt.

Die 200 II. VW können auf etwa die Hälfte vermindert werden, wenn man die Sparschaltung, also die teilweise doppelte Vorwahl, anwendet. Die 100 I. GW sind dabei sowohl unmittelbar als auch über die II. VW-Stufe zu erreichen, so daß von jeder I. VW-Gruppe 25 Ausgänge (die der ersten zwei bzw. drei Schritte) zur I. GW-Stufe und die übrigen 25 Ausgänge über die II. VW-Stufe dorthin geführt werden. Es sind also insgesamt

$$4 \cdot 25 = 100 \text{ II. VW in Sparschaltung}$$

vorzusehen.

Bild 130 zeigt ein Beispiel der in den 500er-Gruppen der I. VW-Stufe verwendeten Vielfachschaltung. Für die Schritte 1...3 sind jeweils 50 I. VW, für die Schritte 4...6 jeweils 100 I. VW, für Schritt 7 jeweils 250 I. VW und für die Schritte 8...10 jeweils 500 I. VW vielfachgeschaltet.

Da zur II. VW-Stufe nur 7 (bzw. 8) Schritte der I. VW-Stufe führen, müssen
zur Bildung des vollkommenen Bündels mindestens 15teilige II. VW vorgesehen werden, um zu gewährleisten, daß jeder I. VW jeden I. GW erreichen
kann. Die II. VW werden wieder in $100 : 15 = 7$ Gruppen zusammengefaßt;
jede Gruppe erhält $100 : 7 = 15$ (bzw. 14) II. VW. Durch die Sparschaltung
sind im Beispiel also 50% II. VW eingespart worden.

Da jede II. VW-Gruppe 29 (bzw. 28) Eingänge, aber nur 15 Ausgänge hat, ist
die rückwärtige Sperrung bei der doppelten Vorwahl ohne Sparschaltung durch

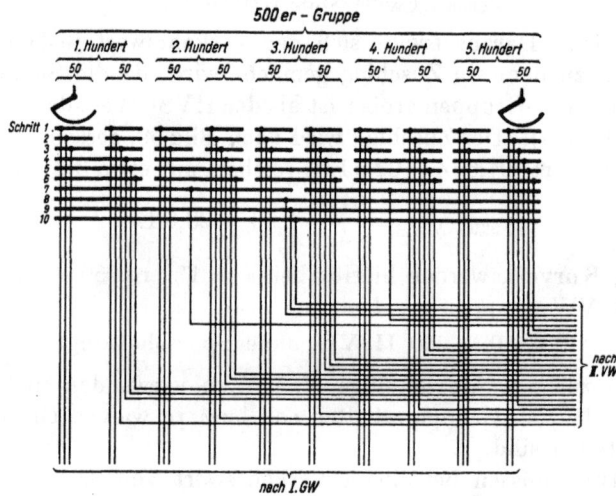

Bild 130. Vielfachfeld je 500er-Gruppe in der I. VW-Stufe.

einen Zuschlag zum Verkehrswert berücksichtigt. Bei der doppelten Vorwahl
mit Sparschaltung ist sie, obwohl im Beispiel Eingangs- und Ausgangzahl gleich
sind, in der Rechnung ebenfalls berücksichtigt, weil die I. GW bereits unmittelbar von den I. VW aus belegt sein können, so daß nicht immer alle 15 Ausgänge je II. VW-Gruppe den II. VW zur Verfügung stehen.

Es kann nun noch geprüft werden, ob sich in den II. VW-Gruppen keine Engpässe bilden, in denen der Verkehr gedrosselt werden würde. Eine überschlä-
gige Rechnung ergibt folgendes: Die ersten Schritte der I. VW und damit die
unmittelbaren Leitungen zur I. GW-Stufe sind sehr gut ausgenutzt. Es sei angenommen, daß jede dieser Leitungen im Durchschnitt mehr als 30/60 Erl bewältigt, was ziemlich niedrig gerechnet ist. Die je 500er-Gruppe zur II. VW-Stufe
führenden Leitungen haben dann, hoch gerechnet, einen Verkehr von

$$23,6 - 25 \cdot 0,5 = 11,1 \ \text{Erl}$$

zu erledigen. Vier derartige Verkehrsflüsse verteilen sich über sieben II. VW-
Gruppen, so daß jede dieser Gruppen unter Berücksichtigung eines nach Bild 99
geschätzten Abzuges von 4% für die Zusammenfassung und eines geschätzten
Zuschlages von 8% für die Unterteilung

$$\frac{4}{7} \cdot 11{,}1 \cdot 0{,}96 \cdot 1{,}08 = 6{,}6 \text{ Erl}$$

im Mittel zu verarbeiten hat. Dieser Verkehrswert kann aber ohne weiteres von einem vollkommenen Bündel von 15 Leitungen bewältigt werden. Eine genauere Nachrechnung kann mit den Kurven für Verkehrsreste (Bild 112) vorgenommen werden

### b) I. Gruppenwahlstufe

Wäre eine einfache Vorwahl mit nur einer Stufe verwendet worden, so hätte man bei vier Bündeln von je 50 Leitungen insgesamt

$$4 \cdot 50 = 200 \text{ I. GW bei einer Vorwahlstufe}$$

vorsehen müssen. Demgegenüber sind bei doppelter Vorwahl, sowohl ohne als auch mit Sparschaltung wegen des geschaffenen vollkommenen Bündels für den bereits errechneten Verkehrswert von 83,3 Erl etwa

$$100 \text{ I. GW bei doppelter Vorwahl}$$

erforderlich (V = 1%).

### c) II. Gruppenwahlstufe

Die I. GW-Stufe hat den größten Verkehrswert zu verarbeiten. Wie weiter vorher besprochen, nimmt der Verkehr von Stufe zu Stufe ab. Die Verkehrsabnahme richtet sich naturgemäß nach den vorliegenden Betriebsverhältnissen, z. B. wieviele Dienststellen bereits am I. GW abgezweigt sind, wie groß der Anteil des abgehenden Fernverkehrs ist usw.; es ist ferner wichtig, ob als Unterlage die Zahl der Belegungen oder der Gespräche angegeben ist. Für das vorliegende Beispiel sei angenommen, daß 14% des Verkehrs in der I. GW-Stufe abzweigen bzw. durch die früher angegebenen Unregelmäßigkeiten und Verzögerungen nur die I. GW-Stufe belasten und daß die nachfolgenden Wahlstufen keinen Verkehrszufluß mehr erhalten. Der Verkehrswert, den die II. GW-Stufe verarbeitet, ist demnach rd.:

$$83{,}3 \cdot 0{,}86 = 72 \text{ Erl.}$$

Die II. GW seien an zwei Dekaden der I. GW-Stufe angeschlossen. Jede dieser beiden Gruppen, also jedes Teilnehmertausend, erhält einen Verkehr von

$$Y_{1000\,T} = 72 : 2 = 36 \text{ Erl,}$$

wobei wegen der Größe des Teilverkehrs kein Zuschlag erforderlich ist. Führen von der I. GW-Stufe gut gemischte unvollkommene Bündel nach jeder II. GW-Gruppe, so erhält man bei V = 1% (Bild 97, Kurve c) für jede Gruppe etwa 70 II. GW, insgesamt also

$$2 \cdot 70 = 140 \text{ II. GW.}$$

Es ist noch nachzuprüfen, ob eine Ersparnis eintritt, wenn man vollkommene Bündel unter Benutzung von Mischwählern einrichtet. Die in Betracht kommenden 36 Erl würden im vollkommenen Bündel bei V = 1% je Teilnehmertausend etwa 50 II. GW erfordern. Der Einfluß der rückwärtigen Sperrung werde für die Mischwahlstufe durch einen Zuschlag von z. B. 10% zum Verkehrswert berücksichtigt, so daß der Berechnung für die MW-Stufe

$$36 \cdot 1{,}10 = 39{,}6 \text{ Erl}$$

zugrunde gelegt werden. Hieraus ergibt sich für die Ausgänge aus der I. GW-

Stufe ein unvollkommenes Bündel von 75 Abnehmerleitungen (Bild 97, Kurve c) und damit je Teilnehmertausend 75 MW. Insgesamt sind also erforderlich:

100 II. GW und 150 MW ohne Sparschaltung.

Einer Verringerung um 40 II. GW steht somit ein Aufwand von 150 MW gegenüber.

Werden die MW in Sparschaltung eingesetzt, so werden die 50 II. GW über 50 unmittelbare Leitungen erreicht, während die übrigen Ausgänge aus der I. GW-Stufe zur MW-Stufe geführt werden. Dort wären dann $75 - 50 = 25$ MW vorzusehen. Bei 15teiligen MW sind für 50 II. GW $50 : 15 = 4$ MW-Gruppen vorzusehen, da alle II. GW über die MW-Stufe erreichbar sein müssen. Die Zahl der errechneten MW ist wegen des verhältnismäßig niedrigen Verkehrswertes von 39, Erl zu klein, um den Verkehrsausgleich zwischen den viel und wenig belasteten I. GW einwandfrei durchzuführen. Man muß in derartigen Fällen die Zahl der MW und damit die Zahl der Ausgänge aus der vorgeordneten Wahlstufe so weit erhöhen, daß sie etwa der Hälfte der bei guter Mischung erforderlichen Wähler ohne Sparschaltung entspricht; erforderlichenfalls rundet man die so erhaltene Zahl entsprechend den gängigen Rahmeneinheiten (vgl. Abschnitt XII) ab. Im vorliegenden Falle waren je Teilnehmertausend ohne Sparschaltung 75 MW (unvollkommenes Bündel für 39,6 Erl; Bild 97, Kurve c) errechnet, so daß in den vier Gruppen bei 10teiligen Rahmen z. B. rd. 40 MW vorzusehen wären. Insgesamt sind also erforderlich:

100 II. GW und 80 MW in Sparschaltung.

In bezug auf die Berechnung ohne MW steht einer Einsparung um 40 II. GW nur noch ein Aufwand von 80 MW gegenüber.

Ob eine MW-Stufe größere Vorteile bietet, kann erst durch Gegenüberstellung der Kosten für die verwendeten GW- und MW-Bauarten entschieden werden; diese können je nach den Systemforderungen sehr unterschiedlich sein. Grundsätzlich eindeutig sind die Verhältnisse bei größeren Wählerzahlen und in Fällen, in denen besonders teure Einrichtungen oder Verbindungsleitungen eingespart werden können. In Großstädten beispielsweise sind an die GW-Dekaden oftmals Verbindungsleitungen bis 30 km Länge angeschlossen, die u. U. sogar mit Relaisübertragungen ausgerüstet sind. In derartigen Anlagen ist naturgemäß jede Herabsetzung der Ausgänge zur nächsten Wahlstufe außerordentlich bedeutungsvoll.

### d) Leitungswahlstufe

Wegen der späteren Belegung der einzelnen Wahlstufen wird der Verkehrswert der LW-Stufe um 1% kleiner angenommen als der der II. GW-Stufe. Dieser Abzug, der sich im vorliegenden Beispiel kaum auswirkt, soll hier nur berücksichtigt werden, um den Gang der Rechnung vollständig durchzuführen. Je Teilnehmertausend kann also mit einem Verkehrswert von

$$Y_{1000\,T} = 36 \cdot 0{,}99 = 35{,}6 \text{ Erl}$$

gerechnet werden. Dieser Verkehr teilt sich bei 100teiligen LW in 10 Teile, so daß zu dem Wert von 35,6/10 ein Zuschlag von etwa 26% (Bild 99) zu machen ist. Je Teilnehmerhundert ergibt sich somit ein Verkehrswert von

$$Y_{1000\,T} = 3,56 \cdot 1,26 = 4,5 \text{ Erl},$$

für den nach Bild 97 (V = 1%) 10 Leitungen bzw. 10 LW vorzusehen sind. Insgesamt werden also

$$2 \cdot 10 \cdot 10 = 200 \text{ LW}$$

benötigt.

Die Wählerzahlen, die sich bei den verschiedenen Möglichkeiten ergeben haben, sind in Tabelle 7 aufgeführt. Dabei ist gleichzeitig der jeweilige Prozentsatz, bezogen auf die I. VW-Zahl, angegeben.

| | I. VW | II. VW | I. GW | MW | II. GW | LW |
|---|---|---|---|---|---|---|
| Einfache Vorwahl, ohne Mischwahlstufe . . . | 2000 100% | — | 200 10% | — | 140 7% | 200 10% |
| Doppelte Vorwahl, ohne Mischwahlstufe . . . | 2000 100% | 200 10% | 100 5% | — | 140 7% | 200 10% |
| Teilweise doppelte Vorwahl, ohne Mischwahlstufe . . . . . . | 2000 100% | 100 5% | 100 5% | — | 140 7% | 200 10% |
| Teilweise doppelte Vorwahl und Mischwahlstufe ohne Sparschaltung . . . . . . | 2000 100% | 100 5% | 100 5% | 150 7,5% | 100 5% | 200 10% |
| Teilweise doppelte Vorwahl und Mischwahlstufe in Sparschaltung | 2000 100% | 100 5% | 100 5% | 80 4% | 100 5% | 200 10% |

Tabelle 7. Vergleich der verschiedenen Möglichkeiten des Berechnungsbeispiels.

Bild 131 gibt in großen Zügen die Gruppierung des berechneten Amtes an. Es ist der Betriebsfall mit teilweiser doppelter Vorwahl und mit einer Mischwahlstufe in Sparschaltung zwischen der I. und II. GW-Stufe dargestellt.

Der Vollständigkeit halber sei angegeben, daß für die Gruppierung im eben berechneten Beispiel auch eine andere Möglichkeit besteht. Wie bereits früher erwähnt (vgl. Bild 11), brauchen nicht alle Teilnehmergruppen die gleiche Zahl von Wahlstufen zu erhalten. Im vorliegenden Beispiel könnten dadurch die frei gebliebenen Dekaden der I. GW-Stufe ausgenutzt werden, indem beispielsweise 1000 Teilnehmer an die 1. Dekade (Einsatz von II. GW und LW), weitere 300 Teilnehmer an die 2. Dekade (ebenfalls Einsatz von II. GW und LW) und die restlichen 700 Teilnehmer an die 3. bis 9. Dekade (Einsatz nur von LW) angeschlossen werden; die 0. Dekade bliebe dann dem Verkehr nach besonderen Dienststellen vorbehalten. Diese Gruppenbildung würde eine weitere Einsparung von II. GW gegenüber dem durchgerechneten Beispiel bedeuten. Erweiterungen können auch hierbei mühelos durch entsprechenden Umbau der einen oder anderen Gruppe vorgenommen werden.

Wie bereits zu Beginn des Berechnungsbeispiels gesagt, sind in vorstehendem Beispiel sämtliche Wahlstufen der Einfachheit halber einheitlich für einen Ver-

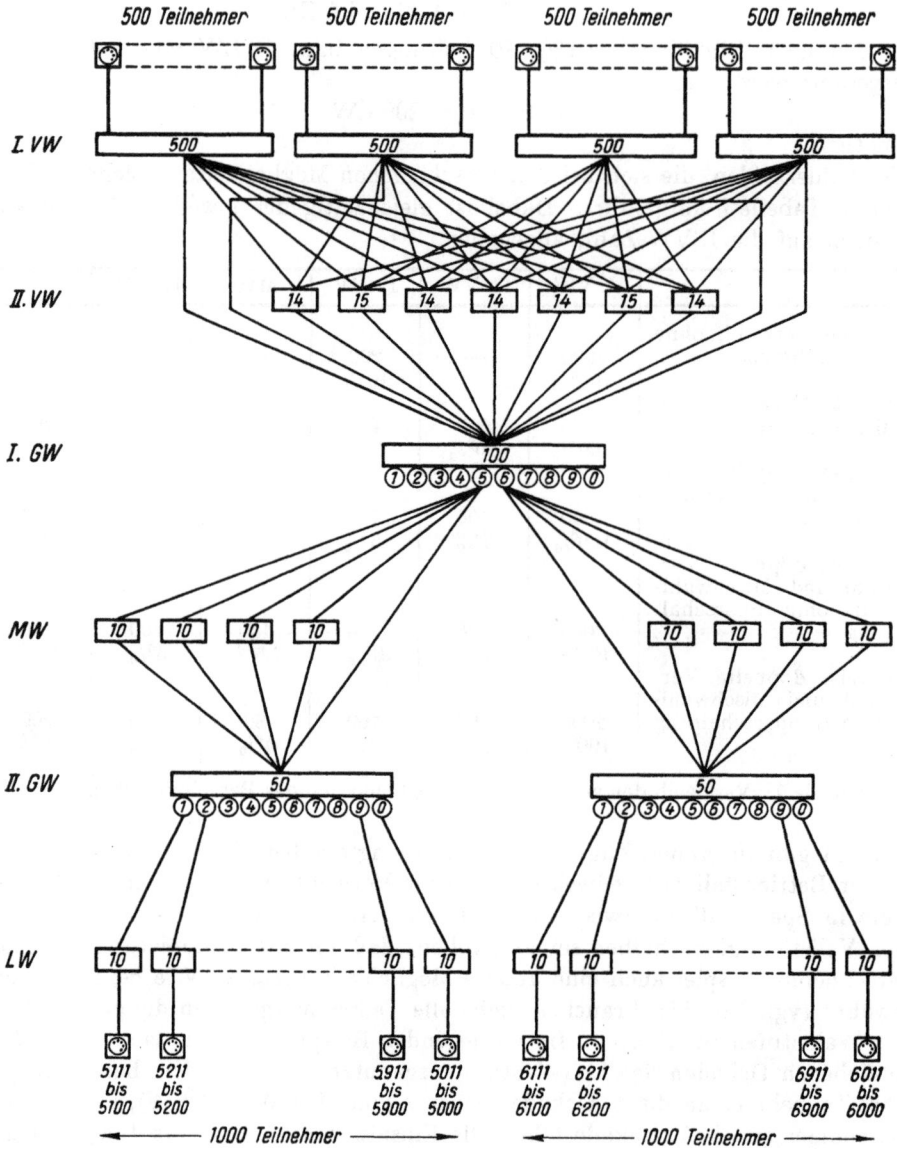

Bild 131. Gruppierung für das Berechnungsbeispiel (Amt für 2000 Teilnehmer bei teilweise
doppelter Vorwahl mit einer Mischwahlstufe zwischen I. und II. GW-Stufe).

lust von $V = 1\%$ berechnet worden. Dadurch weichen die Zahlen und Prozentsätze der Wähler bzw. Ausgänge für die Anordnung I. VW — II. VW — I. GW
naturgemäß von den Angaben ab, die in der Tabelle 6 enthalten sind, da diese
für einen Verlust von $V = 1^0/_{00}$ gelten.

# VIII. VERBINDUNGSVERKEHR — FERNVERKEHR

In den bisherigen Betrachtungen wurden in der Hauptsache die Grundlagen für einzelne Ämter gebracht (Innenverkehr für den Amtsbereich). Der Fernsprechverkehr bleibt jedoch nicht auf den Bereich eines einzigen Amtes beschränkt. Schon in großen Städten vereinigt man die erforderlichen Wähleinrichtungen aus wirtschaftlichen und anderen Gründen nicht in einem einzigen Amt, sondern bildet mehrere Ämter. Darüber hinaus müssen aber auch Fernsprechmöglichkeiten zwischen Teilnehmern verschiedener Städte und auch verschiedener Länder bzw. Erdteile geschaffen werden.

Die einzelnen Wahlstufen einer Wählverbindung sind durch Leitungen verschiedener Adernzahl miteinander verbunden. Diese Leitungen bezeichnet man ganz allgemein als *Verbindungsleitungen*. Dabei können sich die Wahlstufen im gleichen Amt, in verschiedenen Ämtern des gleichen Ortsnetzes oder in Ämtern verschiedener Orte des gleichen Landes oder verschiedener Länder befinden. Entsprechend diesen Möglichkeiten werden sowohl in technischer als auch in wirtschaftlicher Beziehung die unterschiedlichsten Forderungen an die Verbindungsleitungen gestellt. Je nach ihrem Einsatz haben sich folgende Bezeichnungen herausgebildet:

**Verbindungsleitungen** allgemein als Oberbegriff für die Leitungen zwischen zwei Wahlstufen oder im besonderen für Leitungen zwischen Wahlstufen des gleichen Wähleramtes,

**Orts-Verbindungsleitungen** für Leitungen zwischen Ämtern des gleichen Ortsnetzes,

**Fernleitungen** für Leitungen zwischen Ämtern verschiedener Orte.

Alle Leitungen sind mehradrig: Die Verbindungsleitungen innerhalb eines Wähleramtes sind je nach den zu verbindenden Schalteinrichtungen im allgemeinen drei- oder mehradrig, in Ausnahmefällen zweiadrig. Die Orts-Verbindungsleitungen sind zwei- oder dreiadrig. Die Fernleitungen sind zweiadrig (Zweidrahtleitungen) oder für hochwertigere Verbindungswege vieradrig (Vierdrahtleitungen), sofern nicht bei der Mehrfachausnutzung Phantomkreise oder die Kanäle von Trägerfrequenz-Einrichtungen benutzt werden.

Der Verkehr, der sich zwischen zwei Ämtern abwickelt, heißt *Verbindungsverkehr*. Diese Bezeichnung ist der Oberbegriff für jeden Verkehr, der ein Amt verläßt und nach einem anderen Amt fließt. Er bildet also den Gegenbegriff zum *Innenverkehr*. Unter Verbindungsverkehr muß dann ganz grundsätzlich auch der *Ortsverkehr* verstanden werden, sofern er zwischen mehreren Ämtern fließt. Der Verbindungsverkehr, der von Ort zu Ort fließt, wird *Fernverkehr* genannt. Je nach der hierbei überbrückten Entfernung spricht man im besonderen von *Nahverkehr* oder von *Weitverkehr*.

Während Ausdrücke wie Verbindungs-, Fern-, Nah- oder Weitverkehr lediglich den Gegensatz zum Verkehr innerhalb eines Amtes kennzeichnen, beziehen sich andere Bezeichnungen auf die Art der Verbindungsherstellung. Man spricht so z. B. von „Fernverkehr mit Wartezeiten", „Beschleunigtem Fernverkehr", „Wartezeitlosem Fernverkehr", „Sofortverkehr", „Schnellverkehr", „Überweisungsverkehr" usw. und kennzeichnet damit Betriebsabwicklung, Vermittlungsart, Entfernung usw.

## 1. ENTWICKLUNGSSTUFEN DES VERBINDUNGSVERKEHRS

In bezug auf die Verbindungsherstellung kann man in der Entwicklung der Fernsprechtechnik drei große Zeitabschnitte feststellen. Diese wurden eingeleitet bzw. werden gekennzeichnet durch:

1. Schaffung von Fernsprechmöglichkeiten überhaupt, wobei die Verbindungen durch Vermittlung von Hand in sog. Handämtern hergestellt wurden,
2. Umstellung der Ortsanlagen auf Wählverkehr,
3. Eindringen der Wähltechnik in den Fernverkehr.

Schon bis in die Anfänge der Fernsprechtechnik reichen die ersten, allerdings noch fruchtlosen Versuche, Fernsprechverbindungen ohne Mitwirkung einer Vermittlungsperson, d. h. also im Wählverkehr herzustellen. Abgesehen von Versuchsanlagen wurde im Jahre 1898 in Augusta (Ga., USA.) das erste öffentliche Wähleramt der Welt mit Strowgerwählern eingeschaltet; die ersten öffentlichen Wählerämter Europas entstanden 1908 in Hildesheim, 1909 in München-Schwabing, nachdem ebenfalls vorher Versuchsanlagen in Betrieb genommen wurden (1900, Versuchsanlage für Berliner Postdienststellen). Trotz der schon frühzeitig begonnenen Einführung der Wähltechnik in den Ortsverkehr sind die ersten Jahrzehnte der Fernsprechtechnik noch durch handbediente Vermittlungsstellen (Handämter) gekennzeichnet, in denen die Verbindungen durch Vermittlungspersonen mittels Verbindungsschnüren mit Stöpseln über Klinken hergestellt wurden. Je nach der Größe der Ortsnetze waren an einer Verbindungsherstellung eine oder zwei Vermittlungspersonen (letzteres wurde A/B-Verkehr genannt; die beiden Vermittlungspersonen hießen A-Beamtin und B-Beamtin), in Ausnahmefällen sogar drei Vermittlungspersonen (= A/B/C-Verkehr) beteiligt. Da im handvermittelten Verkehr jede Stelle, an der die Verbindung weiterverbunden wird, Zeitverlust und Irrtümer durch Hörfehler usw. zur Folge hat, war man bemüht, die Zahl dieser Schaltstellen möglichst niedrig zu halten. Das Fassungsvermögen großer Handämter war aus konstruktiven und betrieblichen Gründen auf etwa 10 800 Anschlüsse (seltener 16 200 Anschlüsse) beschränkt; in Ausnahmefällen ist man bis etwa 30 000 und sogar 60 000 Anschlüsse gegangen (Moskau, Warschau), was in bezug auf Stöpsel und Klinken sowie auf das Vielfachfeld die wirtschaftlichen Grenzen überschritt.

Etwa um die Zeit des ersten Weltkrieges herum hatten sich die betrieblichen Vorteile und die Wirtschaftlichkeit der Wähltechnik ganz allgemein durchgesetzt, so daß in großem Maße die Umstellung der Ortsämter von Hand- auf Wählbetrieb begann. Im Jahre 1939 waren 54% der Fernsprechanschlüsse der Welt und 88% der Fernsprechanschlüsse Deutschlands für Wählverkehr eingerichtet.

Der dritte Zeitabschnitt gibt Stand und Ziel der gegenwärtigen Fernsprechtechnik an. Er wurde durch die Einschaltung der vollselbsttätigen Netzgruppe Weilheim in Bayern im Jahre 1923 eingeleitet. Weilheim ist die erste Netzgruppe der Welt, in der sich die Teilnehmer verschiedener Orte durch Wählen mit dem Nummernschalter ohne Mitwirkung einer Vermittlungsperson erreichen konnten und in der die Gespräche vollselbsttätig nach Zeit und Entfernung erfaßt, dem Teilnehmer also selbsttätig angerechnet wurden (Bild 132). Die damals in Zusammenarbeit mit der bayerischen Verwaltung geschaffenen Einrichtungen (Siemens-System) haben sich gut bewährt und sind im Laufe der Jahre von zahlreichen Verwaltungen als Grundlage für den Aufbau vollselbsttätiger Netze benutzt worden. Heute gibt es bereits Landesnetze, in denen sich die Teilnehmer ihre Verbindungen auch über große Entfernungen — in dem großen Betriebsfernsprechnetz der Deutschen Reichsbahn beispielsweise über 1600 km — selbst herstellen.

Die Technik vermag ohne weiteres die Mittel zur Verfügung zu stellen, um einen Wählverkehr über jede Entfernung einzurichten.

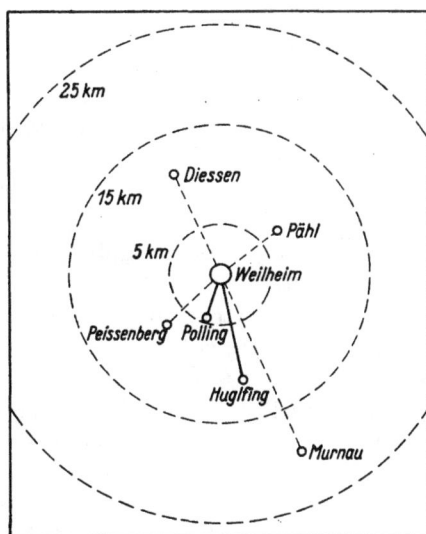

Bild 132. Netzgruppe Weilheim, die erste vollselbsttätige Netzgruppe der Welt.

Die Umstellung eines Landesnetzes erfordert naturgemäß viel Zeit, weitgehende Umorganisationen und je nach Art und Güte des bestehenden Netzes mehr oder weniger große Mittel. Die Beschleunigung, die der Verkehr durch Einführung der Wähltechnik erfährt, und die Wirtschaftlichkeit des Wählverkehrs, die im Ortsverkehr in jahrzehntelangem Betrieb einwandfrei festgestellt worden ist, drängten jedoch dazu, dem Fernverkehr in immer steigendem Maße die Vorteile dieser zeitgemäßen Technik zugute kommen zu lassen.

Die Umstellung vom handvermittelten Fernverkehr auf einen Fernwählverkehr kann naturgemäß nicht schlagartig vorgenommen werden, z. B. dadurch, daß man die vorhandenen Anlagen durch neue ersetzt; denn man muß sich vergegenwärtigen, daß in den Fernsprecheinrichtungen der Welt 1939 etwa 35 Milliarden Mark angelegt waren (Orts- und Fernverkehr). Das Vorhandene muß somit Schritt für Schritt den Bedingungen der erstrebenswerten neuen Technik angepaßt werden. Dadurch findet man in den verschiedenen Ländern und sogar innerhalb der einzelnen Landesnetze die unterschiedlichsten Entwicklungsstufen nebeneinander. Die hauptsächlichsten dieser Betriebsformen seien kurz gekennzeichnet:

1. Die Fernverbindungen werden vollständig handvermittelt. An ihrer Herstellung sind dann mehrere Vermittlungspersonen beteiligt, nämlich in den Fernämtern des anrufenden und angerufenen Teilnehmers sowie je nach der überbrückten Entfernung in den Durchgangsämtern (Bild 133, oben).
2. Die Ortsämter des anrufenden und angerufenen Teilnehmers sind bereits für Wählverkehr eingerichtet. Die Fernverbindung kann dann den beiden Teilnehmern durch ihre Fernbeamtinnen über die Wähler der Ortsämter zugeteilt werden. Der eigentliche Fernverkehr, also das Aneinanderschalten der Fernleitungen, wird jedoch noch durch reine Handvermittlung vorgenommen.
3. Durch Verminderung der Fernämter wird einem Fernamt eine größere Zahl von Ortsämtern zugeteilt, deren Teilnehmer von der Fernbeamtin durch Wählen erreicht werden können (Einsatz von „Überweisungsfernämtern"; Netzgruppenbildung). Damit wächst das Gebiet, in dem die Fernverbindung durch Wählen aufgebaut oder vervollständigt wird. Innerhalb dieses Bezirkes stellt die Fernbeamtin die gewünschten Verbindungen bereits vollständig durch Wählen her.
4. Die gesamte Fernverbindung wird von derjenigen Beamtin durch Wählen hergestellt, zu deren Fernamt das Ortsamt des anrufenden Teilnehmers gehört (Bild 133, Mitte). Man bezeichnet diese Betriebsart ganz allgemein mit *Beamtinnenfernwahl.*
5. Innerhalb des Bezirkes eines oder einiger Fernämter wählen die Teilnehmer einander selbst. Lediglich Weitverbindungen nach anderen Bezirken werden von der Fernbeamtin des Anrufenden durch Wählen hergestellt. Dabei wird als Grenze für den *Teilnehmer-Selbstwählfernverkehr* eine Entfernung von 100 bis 150 km angesehen, weil innerhalb dieser Entfernungen der größte Teil des Verkehrs abgewickelt wird (vgl. Tabelle 11 auf S. 285) = *Netzgruppenverband.*
6. Vollkommener *Teilnehmer-Selbstwählfernverkehr,* d. h. die Teilnehmer stellen sich sämtliche Verbindungen durch Wählen selbst her (Bild 133, unten). Die Fernbeamtinnen würden dann lediglich denjenigen Teilnehmern zu helfen haben, die mit dem Verbindungsaufbau nicht fertig werden können bzw. sie würden in öffentlichen Netzen nur den ausgesprochenen Weitverkehr oder den zwischenstaatlichen Verkehr zu vermitteln haben.

Bei der Einführung der Wähltechnik in den Fernverkehr wird also stets bereits ein handvermittelter Fernverkehr bestehen. Das vorhandene Netz zeigt dann die Merkmale, die ihm dieser handvermittelte Verkehr aufgedrückt hat. Hierüber soll zuerst berichtet werden.

Im handvermittelten Fernverkehr wird eine Verbindung im Fernamt angemeldet. Am Meldeplatz wird ein Gesprächszettel mit den erforderlichen Angaben ausgefüllt und durch Rohrpost oder Bandförderung über eine Zettelverteilungsstelle zu dem Fernplatz der gewünschten Richtung geschickt. Dort wird die Fernverbindung vorbereitet; denn auf der Fernleitung wird zwecks besserer Ausnutzung Gespräch an Gespräch gereiht. Die Fernbeamtin meldet die Anrufnummer des gewünschten fernen Teilnehmers, z. B. telegraphisch durch Summermeldebetrieb oder mündlich über Dienstleitungen bzw. über eine freie Fernleitung selbst, nach dem fernen Ort. Bereits bevor die Fernleitung für das Gespräch frei wird, wird im Fernamt des Anrufenden und im fernen Fernamt die Verbindung zwischen Fernamt und dem betreffenden Teilnehmer hergestellt. Dies geschieht in kleinen Ämtern bzw. Ortsnetzen zum Teil noch

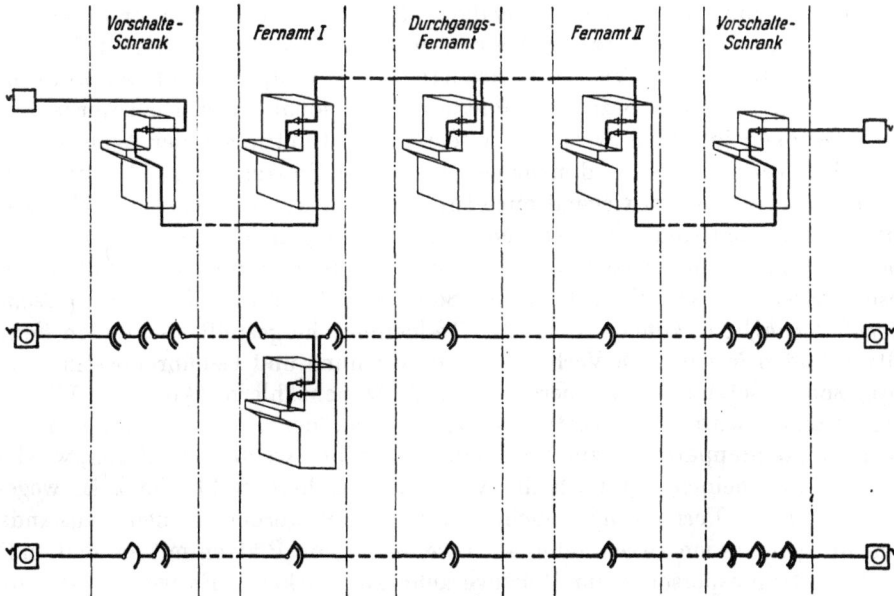

Bild 133. Beispiele für den Aufbau von Fernverbindungen.
Oben: Handvermittlung.
Mitte: Halbselbsttätiger Betrieb (Beamtinnenfernwahl).
Unten: Vollselbsttätiger Betrieb (Teilnehmer-Selbstwählfernverkehr).

über Vorschalteplätze, an denen sämtliche Teilnehmerleitungen des Ortes oder des Ortsteils an Klinken liegen (wie in Bild 133, oben), oder in neueren und größeren Anlagen über die Wähler des Ortsamtes. Sobald das vorhergehende Ferngespräch beendet ist, wird dieses getrennt und die neue Verbindung zwischen den „vorbereiteten" Teilnehmern hergestellt.

Bei dieser Verkehrsabwicklung sind in großen Fernämtern viele Gruppen von Fernplätzen mit unterschiedlichen Aufgaben vorhanden. So können z. B. besondere Plätze vorgesehen sein:

a) für die Anmeldung der Fernverbindungen,

b) für den abgehenden Fernverkehr mit Wartezeiten (Warteverkehr), eingeteilt in Untergruppen entsprechend den verschiedenen Richtungen, den Anforderungen in bezug auf fremdsprachliche Kenntnisse usw.,

c) für den abgehenden Fernverkehr ohne Wartezeiten (Sofortverkehr), soweit dieser bereits für bestimmte Bereiche eingerichtet ist,

d) für den ankommenden Fernverkehr, u. U. ebenfalls in entsprechende Untergruppen eingeteilt wie der abgehende Fernverkehr,

e) für den Durchgangsverkehr mit Verstärker,

f) für den Durchgangsverkehr ohne Verstärker,

g) für den Nachtverkehr (Sammelplätze).

Die verschiedene Ausrüstung der Plätze hat zur Folge, daß das Bedienungspersonal eine seinem Einsatz entsprechende Ausbildung erhält. Platzzahl,
Personalbesetzung sowie die notwendigen Reserven an Plätzen und Personal
richten sich nach dem Spitzenverkehr in den einzelnen Gruppen, so daß wegen
der phasenverschobenen Verkehrsschwankungen je Gruppe ein großer Aufwand
und große Reserven in bezug auf Plätze und Personal erforderlich werden.

Diese Gruppeneinteilung wird mit wachsendem Eindringen der Wähltechnik
in den Fernverkehr mehr und mehr verlassen. Der Endzustand sieht dann Fernämter vor, in denen vorwiegend nur eine Art von Fernplätzen, sog. Meldefernplätze, vorhanden sind. Dort treffen die Anmeldungen für Ferngespräche über
eine selbsttätige Anrufverteilung ein, werden abgefragt und nach Ausfüllung des
Gesprächszettels nach Möglichkeit im Sofortverkehr mittels Fernwahl *(Beamtinnenfernwahl)* bis zum gewünschten Teilnehmer hergestellt. An diesen Fernplätzen finden ferner auch Verbindungsüberwachung und Gebührenbestimmung
statt, sofern letztere nicht bereits von Zeitzonenzählern (Abschnitt IX, 6 c)
vorgenommen wird. Im Warteverkehr, bei dem der Anrufende aufgefordert
wird, den Handapparat bis zur Verbindungszuteilung wieder aufzulegen, werden
dann im allgemeinen nur noch die Verbindungen hergestellt, die z. B. wegen
Besetztseins der Fernleitungen nicht sofort erledigt werden können. Auslandsanmeldungen werden zweckmäßig auch weiterhin von Plätzen mit sprachkundigen Vermittlungspersonen im Warteverkehr abgewickelt. Es werden also die
sog. *Wählerfernämter* eingeführt.

Sind im handvermittelten Fernverkehr, also im Fernverkehr ohne Fernwahl, zwischen den Fernämtern des Anrufenden und des gewünschten Teilnehmers
keine unmittelbaren Fernleitungen vorhanden, so müssen die Beamtinnen an
den Durchgangsplätzen der dazwischenliegenden Fernämter zur Verbindungsherstellung herangezogen werden. An jeder dieser „Schaltstellen" wird eine gewisse Zeit für das Herstellen und später für das Abbauen der Verbindung benötigt; die Einschaltung von Durchgangsämtern bedeutet also einen Zeitverlust.
Dieser wird noch dadurch vergrößert, daß das Gespräch erst zustande kommen
kann, wenn sämtliche Teilabschnitte zum Zusammenschalten bereitstehen.

Je mehr Durchgangsämter für eine Verbindung herangezogen werden müssen,
desto mehr Beamtinnen werden erforderlich, desto mehr Zeit bedarf es zwischen
Anmeldung und Gesprächsbeginn. Diese umständlichen, zeitraubenden und auch
kostspieligen Vorgänge führten dazu, daß man Durchgangsämter im handvermittelten Fernverkehr soweit wie nur irgendmöglich vermeidet. Das Fernnetz
für handvermittelten Betrieb enthält daher unmittelbare Leitungen zwischen
allen Orten, zwischen denen ein regerer Fernsprechverkehr besteht.

Im Gegensatz zu dem handvermittelten Fernverkehr stellt im Fernwählverkehr entweder der Teilnehmer selbst die Fernverbindung durch Wählen her

*( Teilnehmer-Selbstwählfernverkehr)* oder sie wird von der Beamtin seines Fernamtes durch Wählen vollständig aufgebaut *(Beamtinnenfernwahl)*. Dabei werden die Wähleinrichtungen der eigenen Fernsprechanlage, der Fernsprechanlage des gewünschten Teilnehmers und die Einrichtungen der etwa dazwischenliegenden Anlagen ferneingestellt. Die erforderlichen Leitungsabschnitte werden entsprechend den gewählten Ziffern, und zwar bei Systemen o h n e Speicher schon während des Nummernschalterablaufs, wartezeitlos aneinandergereiht; die Systeme mit Speicher erfordern zwar gewisse Wartezeiten, z. B. durch Einstellen der Register, durch Warten auf das Bereitschaftzeichen, durch u. U. erforderliches Umspeichern bei Maschinensystemen, jedoch stehen diese Wartezeiten in keinem Verhältnis zu den Wartezeiten im handvermittelten Verkehr. Schaltstellen in den Durchgangsämtern verursachen also keinen oder zumindest keinen hohen Zeitverlust und brauchen nicht in dem Maße vermieden zu werden, wie es im handvermittelten Verkehr aus Gründen der Zeitersparnis erforderlich ist. Auf unmittelbare Leitungen zwischen den Ämtern kann man daher in allen Fällen verzichten, in denen dadurch in bezug auf die Leitungsausnutzung günstigere Verhältnisse geschaffen werden. Dabei können ohne weiteres auch Umwege über andere Ämter und damit zusätzliche Schaltstellen in Kauf genommen werden.

## 2. GRUNDFORMEN DER NETZGESTALTUNG

Als erstmalig Verbindungsmöglichkeiten zwischen mehreren Ämtern eines Ortsnetzes oder eines größeren Gebietes eingerichtet wurden, verband man jedes der Ämter mit jedem der anderen Ämter durch unmittelbare Leitungsbündel. Es war dies nicht nur das nächstliegende Verfahren, sondern diese Netzform entspricht auch, wie oben besprochen, am besten den Eigenheiten des damals üblichen handvermittelten Betriebs. Es entstanden die sog. M a s c h e n n e t z e (Bild 134). Alle größeren Ortsnetze mit mehreren Handämtern wurden als derartige reine Maschennetze ausgeführt. Aber auch im handvermittelten Fernverkehr wurden alle Fernämter, zwischen denen größere Verkehrsbeziehungen bestanden, durch unmittelbare Leitungsbündel miteinander verbunden. Im Gegensatz zum Ortsverkehr, in dem der beträchtliche Fernsprechverkehr starke Bündel mit zahlreichen Leitungen erfordert, enthalten die vielen von jedem Fernamt ausstrahlenden Bündel im allgemeinen nur eine verhältnismäßig geringe Zahl von Leitungen.

Ein **Maschennetz** ist ein Leitungsnetz, in dem alle Ämter (oder der größte Teil von ihnen) durch unmittelbare Leitungsbündel miteinander verbunden sind. Mit steigender Zahl der Ämter wächst die Gesamtzahl der Bündel beträchtlich an ($= \frac{1}{2} \cdot n \cdot (n - 1)$, wenn n = Zahl der Ämter). Abgesehen von Leitungsbündeln in großen Ortsnetzen handelt es sich in Maschennetzen im allgemeinen um verhältnismäßig schwache Leitungsbündel.

Wie die Kurven in Bild 96 zeigen, steigt die Leistung je Leitung mit der Bündelgröße (bei V = $1^0/_{00}$ leistet jede Leitung in einem Bündel mit 5 Leitungen etwa

12 Erl/60; in einem Bündel mit 10 Leitungen etwa 20 Erl/60; in einem Bündel mit 50 Leitungen etwa 38 Erl/60; in einem Bündel mit 100 Leitungen etwa 45 Erl/60). In Netzen mit schwachen Leitungsbündeln kann man daher bei geringen Verlusten (bzw. kurzen Wartezeiten) nur eine verhältnismäßig geringe Leistung erwarten. Bei gleicher Leitungszahl kann diese Leistung nur dadurch

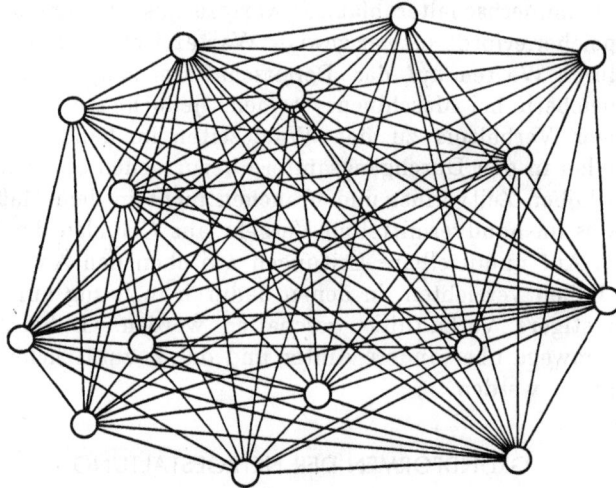

Bild 134. Maschennetz.
Jedes Amt ist mit dem größten Teil der übrigen (oder allen) Ämter durch unmittelbare Leitungen verbunden.

gesteigert werden, daß man höhere Verluste zuläßt (in einem Bündel mit 5 Leitungen leistet jede Leitung bei $V = 1^0/_{00}$ etwa 12 Erl/60; bei $V = 1\%$ etwa 18 Erl/60; bei $V = 5\%$ etwa 24 Erl/60) oder daß man längere Wartezeiten einführt. Letzteres ist im handvermittelten Fernverkehr üblich, bei dem in verkehrsstarken Zeiten Gespräch an Gespräch gereiht wird, was bei starkem Verkehr über schwache Bündel u. U. sehr lange Wartezeiten voraussetzt.

Eine Leistungssteigerung je Leitung ist aber auch durch Vergrößerung des Bündels möglich, und zwar ist in dieser Beziehung die Leistungszunahme je Leitung in schwachen Bündeln beträchtlich, während sie in Leitungsbündeln über 100 Leitungen kaum noch Bedeutung hat. Durch Zusammenfassen schwacher Bündel zu einem starken Bündel kann man somit erhebliche Leistungssteigerungen erzielen. Da in der Wähltechnik die betriebliche Notwendigkeit, Schaltstellen zu vermeiden, bei weitem nicht in dem Maße wie im Handbetrieb besteht, kann die Leitungsführung die Forderungen der Leitungsausnutzung besser berücksichtigen. Schwache Leitungsbündel können daher an geeigneten Knotenpunkten zu stärkeren Bündeln zusammengefaßt und so in leistungsfähigeren Bündeln nach einem Netzmittelpunkt geführt werden. Dabei können ohne weiteres gewisse Umwege und Schaltstellen in Kauf genommen werden. Es entsteht ein sog. Sternnetz (Bild 135).

Ein **Sternnetz** ist ein Leitungsnetz, in dem die Leitungsbündel von einem *Netz-mittelpunkt* ausstrahlen und sich in geeigneten *Netzknoten* weiter nach den Außenbezirken hin verästeln. Wenige, aber verhältnismäßig starke Leitungs-bündel, Zusammenfassung mehrerer Bündel in den Knotenpunkten und dadurch höchstmögliche Leitungsausnutzung sind die Kennzeichen eines Sternnetzes.

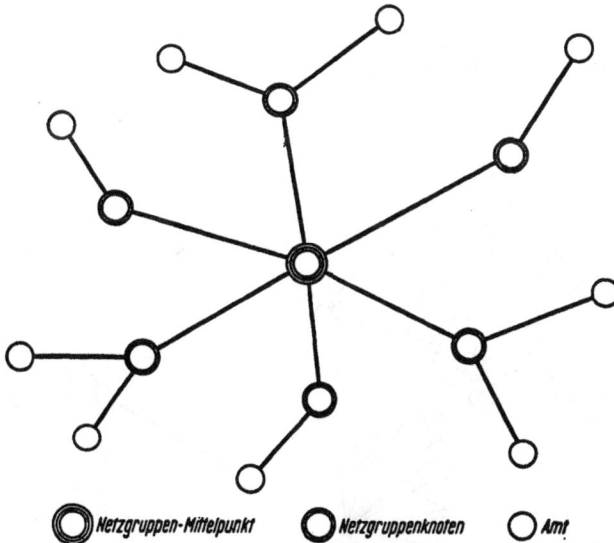

Bild 135. Sternnetz.
Zusammenfassung der Leitungsbündel, so daß jedes Amt nur mit dem netztechnisch übergeordneten Amt verbunden ist.

Unmittelbare Leitungen, sog. *Querverbindungen*, die sich nicht in diese vom Mittelpunkt ausstrahlenden Bündel einordnen, sind in einem **reinen** Sternnetz nicht vorhanden. Derartige Leitungen haben nur dann wirtschaftliche Berech-tigung, wenn sie in großen Bündeln geführt werden können oder wenn sie durch besondere Schaltmittel (Umsteuerwähler; vgl. Abschnitt IX, 6 b) in eine „stern-förmige Betriebsweise" einbezogen werden.

Das Sternnetz hat in seiner reinsten Form einen Netzmittelpunkt, von dem die Leitungsbündel nach mehreren Netzknoten ausstrahlen. Sowohl an den Netzknoten als auch an dem Netzmittelpunkt sind die einzelnen Ämter ange-schlossen, d. h. für einige Ämter kann der Netzmittelpunkt die Aufgabe eines Netzknotens übernehmen. Je nach den Gegebenheiten kann es auch zweckmäßig sein, von dieser reinen Form des Sternnetzes abzuweichen.

Um die Wirkung der Zusammenlegung von Leitungsbündeln zu zeigen, sind in Bild 136 als Beispiel 12 Ämter eines großen Ortsnetzes durch ein Maschennetz (links) und durch ein sternförmig aufgebautes Netz, bei dem nur die drei Innen-ämter vermascht sind (rechts), miteinander verbunden. Für das Maschennetz sei entsprechend der verschiedenen Verkehrsstärke folgende Leitungsführung angenommen:

zwischen Amt 1 und Amt 1 jeweils 2 Bündel mit je 90 Leitungen,

| ,, | ,, | 1 | ,, | ,, | 2 | ,, | 2 | ,, | ,, | ,, | 50 | ,, |
|----|----|----|----|----|----|----|----|----|----|----|----|----|
| ,, | ,, | 2 | ,, | ,, | 2 | ,, | 2 | ,, | ,, | ,, | 30 | ,, |
| ,, | ,, | 1 | ,, | ,, | 3 | ,, | 2 | ,, | ,, | ,, | 13 | ,, |
| ,, | ,, | 2 | ,, | ,, | 3 | ,, | 2 | ,, | ,, | ,, | 10 | ,, |
| ,, | ,, | 3 | ,, | ,, | 3 | ,, | 2 | ,, | ,, | ,, | 5 | ,, |

In Bild 136 rechts ist ein sternförmiges Netz mit 3 Knotenämtern (1), 3 Hilfs-knotenämtern (2) und 6 einfachen Ämtern (3), die zum Teil an die Knotenämter

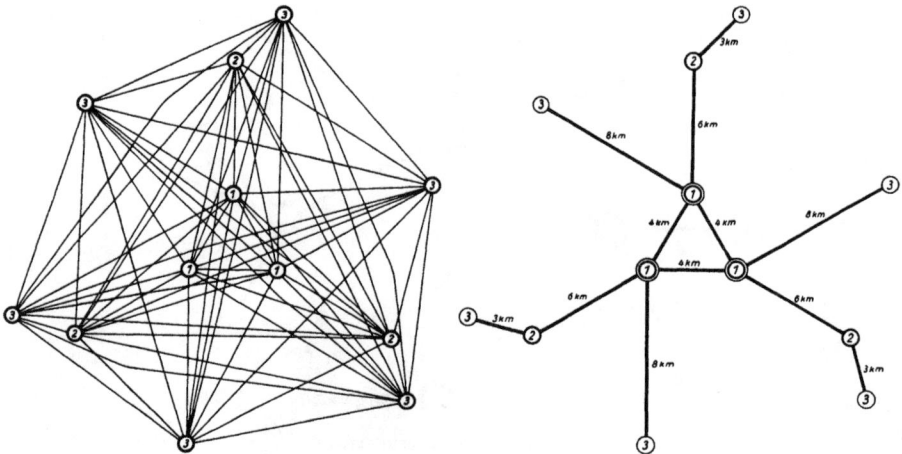

Bild 136. Gegenüberstellung von Maschen- und Sternnetz für ein großes Ortsnetz mit 12 Ortsämtern.

und zum Teil an die Hilfsknotenämter angeschlossen sind, gezeichnet. Bestimmt man für dieses Netz die Leitungszahlen auf Grund der gleichen Betriebsgüte, so ergeben sich folgende Leitungsbündel:

wenn man nur mit vollkommenen Bündeln rechnet:

zwischen Amt 1 und Amt 1 jeweils 2 Bündel mit je 245 Leitungen,

| ,, | ,, | 1 | ,, | ,, | 2 | ,, | 2 | ,, | ,, | ,, | 230 | ,, |
|----|----|----|----|----|----|----|----|----|----|----|----|----|
| ,, | ,, | 2 | ,, | ,, | 3 | ,, | 2 | ,, | ,, | ,, | 48 | ,, |
| ,, | ,, | 1 | ,, | ,, | 3 | ,, | 2 | ,, | ,, | ,, | 48 | ,, |

wenn man nur mit unvollkommenen Bündeln rechnet:

zwischen Amt 1 und Amt 1 jeweils 2 Bündel mit je 262 Leitungen,

| ,, | ,, | 1 | ,, | ,, | 2 | ,, | 2 | ,, | ,, | ,, | 255 | ,, |
|----|----|----|----|----|----|----|----|----|----|----|----|----|
| ,, | ,, | 2 | ,, | ,, | 3 | ,, | 2 | ,, | ,, | ,, | 63 | ,, |
| ,, | ,, | 1 | ,, | ,, | 3 | ,, | 2 | ,, | ,, | ,, | 63 | ,, |

Die beiden abgebildeten Netze, die ein Gebiet von etwa 20 km Durchmesser überdecken, benötigen an Leitungen (Kabel oder Freileitungen) und an Leitungs-führung (Kabelkanäle oder Freileitungsgestänge)

a) im Maschennetz (Leitungsbündel in Luftlinie zwischen den Ämtern geführt):

> 23720 km Leitungen,
>
> 1500 km Leitungsführung;

b) im Maschennetz (Leitungsbündel zwar getrennt, jedoch in der gleichen Form wie im Sternnetz geführt):

> 32706 km Leitungen,
>
> 63 km Leitungsführung;

c) im Sternnetz:

> 17330 km Leitungen (nur vollkommene Bündel),
>
> 19625 km Leitungen (nur unvollkommene Bündel),
>
> 63 km Leitungsführung.

In der Praxis wird man eine Zwischenform zwischen Fall a) und b) finden, indem die Bündel von und nach den Ämtern (3) bis zum zugehörigen Hilfsknotenamt bzw. Knotenamt in gemeinsamer Leitungsführung verlaufen und dort erst ausstrahlen. Gegenüber den Extremfällen ergibt sich durch die sternförmige Netzgestaltung im gezeichneten Beispiel, eine Ersparnis gegenüber dem Maschennetz um:

17% an Leitungen bei unvollkommenen Bündeln (gegenüber Fall a),
40% ,, ,, ,, ,, ,, ( ,, ,, b),
27% ,, ,, ,, vollkommenen ,, ( ,, ,, a),
47% ,, ,, ,, ,, ,, ( ,, ,, b)
und
95% an Leitungsführung (gegenüber Fall a).

Das behandelte Beispiel wurde ohne Verwendung von Gruppenabzügen bzw. -zuschlägen berechnet, die eine weitere, geringe Leitungseinsparung ergeben würden. Für die Amtsentfernungen wurden die Luftlinien-Entfernungen zugrunde gelegt, d. h. die im Städtebau unvermeidbaren Umwege wurden nicht durch den Umwegfaktor (vgl. Abschnitt VIII, 4) berücksichtigt.

Das behandelte Beispiel läßt schon die wirtschaftliche Überlegenheit der sternförmigen Netzgestaltung erkennen, trotz den verhältnismäßig starken Bündeln des Maschennetzes. Eine andere Verteilung der Ämter und andere Verkehrswerte können noch günstigere Ergebnisse bringen. Die Wirtschaftlichkeit ist besonders deutlich, wenn es sich wie im Fernverkehr um wesentlich schwächere Bündel des Maschennetzes handelt.

## 3. VERFAHREN ZUR BESTIMMUNG DER VERKEHRSANTEILE VON INNEN- UND VERBINDUNGSVERKEHR

Der von Amt zu Amt fließende Verbindungsverkehr wird naturgemäß in einer Reihe von Fällen durch besondere, gerade für das betreffende Gebiet eigentümliche Verhältnisse beeinflußt werden. Liegen jedoch derartige besondere Beziehungen nicht vor, so können bestimmte Gesetzmäßigkeiten benutzt werden, um die anteilige Größe des Verbindungsverkehrs zu bestimmen. Voraussetzung für das nachfolgende Verfahren ist also, daß keine außergewöhnlichen Beziehungen zwischen den einzelnen Gebieten bestehen und daß das Gesamtgebiet eine einheitliche Tarifzone bildet.

Dann kann man ganz allgemein feststellen, daß

a) die von einem Amt nach anderen Ämtern fließenden Verkehrsmengen von der Größe dieser Ämter und ihrer Verkehrswerte abhängen und

b) weit voneinander entfernt liegende Ämter geringere Verkehrsbeziehungen zueinander haben, als näher beieinander liegende Ämter.

Diese beiden grundsätzlichen Einflüsse werden bei dem Berechnungsverfahren zur Aufteilung des in einem Amt entstehenden Verkehrs in Innenverkehr und Verbindungsverkehr nach mehreren· anderen Ämtern nacheinander berücksichtigt.

Es sollen z. B. die vier Ämter A, B, C und D in dieser Beziehung untersucht werden. Im Amt A entstehe die Verkehrsmenge A, im Amt B die Verkehrsmenge B usw. Die Summe des Gesamtverkehrs sei

$$S = A + B + C + D.$$

Dann ergibt die Aufteilung des im Amt A entstehenden Verkehrswertes A in Innenverkehr (= Verkehr von A nach A) und Verbindungsverkehr nach den Ämtern B, C und D auf Grund der ersten Bedingung (anteilig der Amts- bzw. Verkehrsgröße) die folgenden Verkehrsanteile:

Für den in A verbleibenden Verkehr: $\quad y(AA) = \dfrac{A \cdot A}{S}$

für den von A nach B fließenden Verkehr: $\quad y(AB) = \dfrac{A \cdot B}{S}$

für den von A nach C fließenden Verkehr: $\quad y(AC) = \dfrac{A \cdot C}{S}$

für den von A nach D fließenden Verkehr: $\quad y(AD) = \dfrac{A \cdot D}{S}$

oder allgemein für den von X nach Y fließenden Verkehr:

$$y(XY) = \frac{X \cdot Y}{S} \quad \text{in Erl.}$$

Damit hat man **Ausgangswerte** erhalten, die mittels **Erfahrungswerten** an die zweite Bedingung (räumliche Entfernung der Ämter voneinander) angepaßt werden müssen. Dies geschieht durch Multiplikation mit dem sog. **Interessenfaktor f.** Die Verkehrsaufteilung findet also größenmäßig nach der Gleichung

$$y(XY) = f \cdot \frac{X \cdot Y}{S} \quad \text{in Erl}$$

statt. Der Interessenfaktor, der das Absinken der Größe der gegenseitigen Verkehrsbeziehungen mit wachsender Entfernung der Ämter berücksichtigt, kann aus Bild 137 abgegriffen werden. Darin sind drei Schaulinien dargestellt. Die Kurven „Vom Zentrum" und „Zum Zentrum" berücksichtigen den Unterschied der Verkehrsanteile, wie er auf Grund von Verkehrsmessungen in Berlin für den vom Innengebiet nach den Randämtern bzw. umgekehrt fließenden Verkehr festgestellt worden ist. Die Kurve „England" ist eine dort entstandene Linie, die für beide Verkehrsrichtungen benutzt wird. Als Entfernung zwischen den Ämtern wird die Luftlinien-Entfernung genommen.

Die Linien „Vom Zentrum" und „Zum Zentrum" liegen hoch und können als

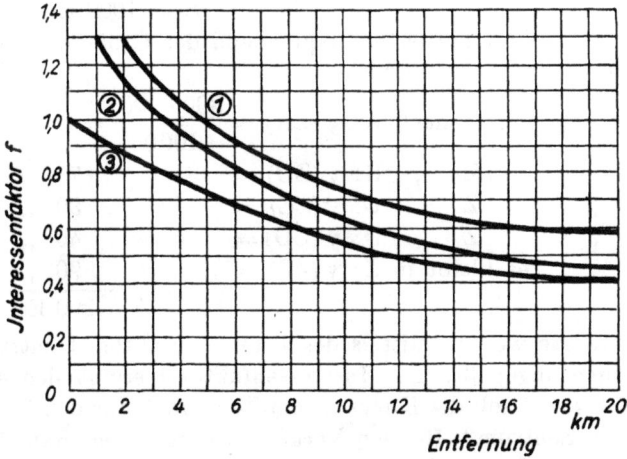

Bild 137. Interessenfaktor für Verbindungsverkehr.
1 = Zum Zentrum (Messungen in Berlin).
2 = Vom Zentrum (Messungen in Berlin).
3 = England (Messungen in England).

obere Grenzwerte, die Linie „England" liegt niedrig und kann als unterer Grenzwert für „billigere" Anlagen angesehen werden.

Als Beispiel soll die Leitungszahl der Bündel zwischen den 5 Ämtern in Bild 138

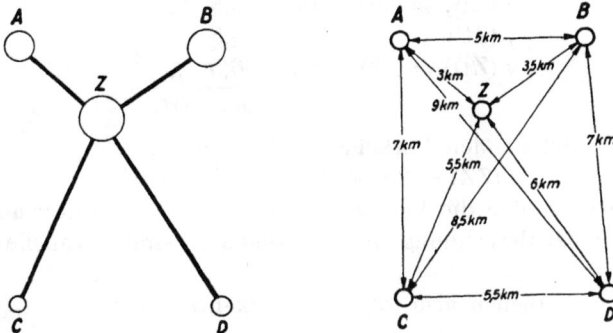

Bild 138. Ortsnetz mit einem Wähleramt im Zentrum und vier Randämtern.

berechnet werden. Gegeben seien die Entfernungen zwischen den Ämtern entsprechend der Nebenskizze in Bild 138 und der in den Ämtern entstehende Verkehr:

in Amt  Z  entsteht ein Verkehr von   300 Erl

,,  ,,  A  ,,  ,,  ,,  ,,  200  ,,

,,  ,,  B  ,,  ,,  ,,  ,,  250  ,,

,,  ,,  C  ,,  ,,  ,,  ,,  100  ,,

,,  ,,  D  ,,  ,,  ,,  ,,  150  ,,

$\overline{\text{S} = 1000 \text{ Erl}}$

Zuerst werden diese Verkehrswerte entsprechend der Größe der anderen Ämter aufgeteilt. Für das Amt Z ergibt sich:

$$\text{Verkehr von Z nach A: } y\,(ZA) = \frac{300 \cdot 200}{1000} = 60 \text{ Erl}$$

,,  ,,  Z  ,,  B: y (ZB) =  75  ,,

,,  ,,  Z  ,,  C: y (ZC) =  30  ,,

,,  ,,  Z  ,,  D: y (ZD) =  45  ,,

es bleibt in Z: y (ZZ) =  90  ,,

$\overline{\text{300 Erl}}$

Diese Ausgangswerte werden mittels des Interessenfaktors f entsprechend den Amtsentfernungen angepaßt. Der Interessenfaktor f ergibt sich aus Bild 137; für den Verkehr von Z soll die Kurve ,,Vom Zentrum", für den Verkehr nach Z die Kurve ,,Zum Zentrum", für den Verkehr zwischen den Randämtern sollen Mittelwerte zwischen den beiden Kurven genommen werden. Für den Verkehr, der von Z ausstrahlt, kann man folgende Werte für den Interessenfaktor ablesen:

von Z nach A sind 3,0 km, so daß : f = 1,02

,,  Z  ,,  B  ,,  3,5  ,,  ,,  ,, : f = 0,98

,,  Z  ,,  C  ,,  5,5  ,,  ,,  ,, : f = 0,85

,,  Z  ,,  D  ,,  6,0  ,,  ,,  ,, : f = 0,81.

Der in Z entstehende Verkehr teilt sich dann auf:

y (ZA) = 1,02 : 60 =  61,2 Erl

y (ZB) = 0,98 : 75 =  73,5  ,,

y (ZC) = 0,85 : 30 =  25,5  ,,

y (ZD) = 0,81 : 45 =  36,5  ,,

$\overline{\text{196,7 Erl.}}$

Von dem in Z entstehenden Verkehr verbleibt in Z:

y (ZZ) = 300 — 196,7 = 103,3 Erl.

In gleicher Weise werden die Verkehrswerte der übrigen Ämter aufgeteilt. Die einzelnen Phasen der Berechnung und die Ergebnisse sind in Tabelle 8 zusammengefaßt.

Zwischen Z und A fließen also folgende Verkehrswerte:

a) im Bündel ZA

der Verkehr von Z nach A:  61,2 Erl

,,  ,,  ,,  B  ,,  A:  46,5  ,,

,,  ,,  ,,  C  ,,  A:  16,0  ,,

,,  ,,  ,,  D  ,,  A:  21,6  ,,

$\overline{\text{145,3 Erl}}$

| nach →<br>von ↓ | | Z | A | B | C | D |
|---|---|---|---|---|---|---|
| Z | X·Y/S in Erl<br>Entfernung in km<br>Interessenfaktor f<br>y (XY) in Erl | 90,0<br>—<br>—<br>103,3 | 60,0<br>3,0<br>1,02<br>61,2 | 75,0<br>3,5<br>0,98<br>73,5 | 30,0<br>5,5<br>0,85<br>25,5 | 45,0<br>6,0<br>0,81<br>36,5 |
| A | X·Y/S in Erl<br>Entfernung in km<br>Interessenfaktor f<br>y (XY) in Erl | 60,0<br>3,0<br>1,15<br>69,0 | 40,0<br>—<br>—<br>46,9 | 50,0<br>5,0<br>0,93<br>46,5 | 20,0<br>7,0<br>0,8<br>16,0 | 30,0<br>9,0<br>0,72<br>21,6 |
| B | X·Y/S in Erl<br>Entfernung in km<br>Interessenfaktor f<br>y (XY) in Erl | 75,0<br>3,5<br>1,1<br>82,5 | 50,0<br>5,0<br>0,93<br>46,5 | 62,5<br>—<br>—<br>72,5 | 25,0<br>8,5<br>0,74<br>18,5 | 37,5<br>7,0<br>0,8<br>30,0 |
| C | X·Y/S in Erl<br>Entfernung in km<br>Interessenfaktor f<br>y (XY) in Erl | 30,0<br>5,5<br>0,95<br>28,5 | 20,0<br>7,0<br>8,8<br>16,0 | 25,0<br>8,5<br>0,74<br>18,5 | 10,0<br>—<br>—<br>23,5 | 15,0<br>5,5<br>0,9<br>13,5 |
| D | X·Y/S in Erl<br>Entfernung in km<br>Interessenfaktor f<br>y (XY) in Erl | 45,0<br>6,0<br>0,92<br>41,4 | 30,0<br>9,0<br>0,72<br>21,6 | 37,5<br>7,0<br>0,8<br>30,0 | 15,0<br>5,5<br>0,9<br>13,5 | 22,5<br>—<br>—<br>43,5 |

Tabelle 8. Verbindungsverkehr für Bild 138.

b) im Bündel AZ

    der Verkehr von A nach Z:  69,0 Erl

    „    „    „ A „ B:  46,5 „

    „    „    „ A „ C:  16,0 „

    „    „    „ A „ D:  21,6 „

                        <u>153,1 Erl.</u>

Entsprechend ergibt sich für die anderen Leitungsbündel:

c) im Bündel ZB: 168,5 Erl

d) „    „    BZ: 177,5 „

e) „    „    ZC:  73,5 „

f) „    „    CZ:  76,5 „

g) „    „    ZD: 101,6 „

h) „    „    DZ: 106,5 „

Die Leitungszahlen für diese Verkehrswerte können bis etwa 110...120 Leitungen aus Bild 97 abgelesen werden; darüber hinaus werden die Endwerte von Bild 96 zugrunde gelegt, da die Leistung je Leitung in größeren Bündeln nur noch ganz gering ansteigt. Als Einzelleistung in Bündeln von 100 und mehr Leitungen ergibt sich:

im vollkommenen Bündel für V = $1^o/_{oo}$ = 45 Erl/60 je Leitung,

  „        „         „      „ V = $1^o/_o$ = 49 Erl/60 „    „

  „        „         „      „ V = $5^o/_o$ = 54 Erl/60 „    „

im unvollkommenen Bündel für  $V = 1^0/_{00} = 30$  Erl/60 je Leitung,

,,          ,,          ,,          ,,   $V = 1^0/_0 = 35$  Erl/60 ,,     ,,

,,          ,,          ,,          ,,   $V = 5^0/_0 = 39$  Erl/60 ,,     ,,

Je nach der geforderten Verkehrsgüte sind also die in Tabelle 9 angegebenen Leitungszahlen vorzusehen.

| Bündel | Vollkommene Bündel | | | Unvollkommene Bündel | | |
|--------|---------------------|---|---|----------------------|---|---|
| | $V = 1^0/_{00}$ | $V = 1^0/_0$ | $V = 5^0/_0$ | $V = 1^0/_{00}$ | $V = 1^0/_0$ | $V = 5^0/_0$ |
| Z A | 194 | 178 | 162 | 292 | 249 | 224 |
| A Z | 205 | 188 | 171 | 307 | 263 | 236 |
| Z B | 225 | 206 | 187 | 337 | 289 | 260 |
| B Z | 237 | 217 | 197 | 356 | 304 | 274 |
| Z C | 98 | 90 | 83 | 147 | 126 | 111 |
| C Z | 102 | 94 | 87 | 153 | 131 | 114 |
| Z D | 136 | 125 | 113 | 203 | 174 | .157 |
| D Z | 142 | 131 | 119 | 213 | 183 | 164 |

Tabelle 9. Leitungszahlen für Bild 138.

### 4. UMWEGFAKTOR FÜR ORTS-LEITUNGSNETZE

Die wirkliche Baulänge von Leitungen ist naturgemäß größer als die Luftlinien-Entfernung zwischen den zu verbindenden Punkten. Die Ursachen, die die wirkliche Baulänge gegenüber der Luftlinien-Entfernung vergrößern, hängen von den unterschiedlichsten Faktoren ab. Diese sind für die Teilnehmerleitungen und für Orts-Verbindungsleitungen, deren Länge vor allem durch städtebauliche Maßnahmen beeinflußt wird, untersucht worden. Danach kann die wirkliche Baulänge aus der Luftlinien-Entfernung größenordnungsmäßig durch gewisse Zuschläge oder durch den sog. Umwegfaktor erfaßt werden.

Der **Umwegfaktor** gibt an, um wieviel die wirkliche Baulänge einer Teilnehmerleitung oder einer Orts-Verbindungsleitung größer ist als die Luftlinien-Entfernung zwischen den beiden Punkten, in denen die betreffende Leitung beginnt und endet. Er bezieht sich nur auf die Umwege, die sich aus städtebaulichen oder geographischen Gründen ergeben, und nicht auf Umwege, die aus gruppierungstechnischen oder betrieblichen Gründen durch eine Leitungsführung über andere Ämter (z. B. Knotenämter; Umgehungsverkehr usw.) entstehen.

Der Umwegfaktor ist naturgemäß keine konstante Größe. Besonders die Orts-Verbindungsleitungen werden beeinflußt durch

die Größe des Stadtnetzes (Großstadt oder mittelgroße Stadt),

die Bebauungsart (regelmäßige oder regellose Bebauung; offene Bebauung; Wolkenkratzerviertel),

geographische Faktoren (Kreisfläche oder langgestreckte Baufläche; Fluß durch die Stadt mit wenigen oder vielen Brücken; Hafen innerhalb des Stadtgebietes).

Darüber hinaus ist es augenscheinlich, daß die Umwege innerhalb der einzelnen typischen Städtearten um so weniger Einfluß haben, je weiter die zu verbindenden Punkte auseinanderliegen. Für Teilnehmerleitungen, die sich im allgemeinen

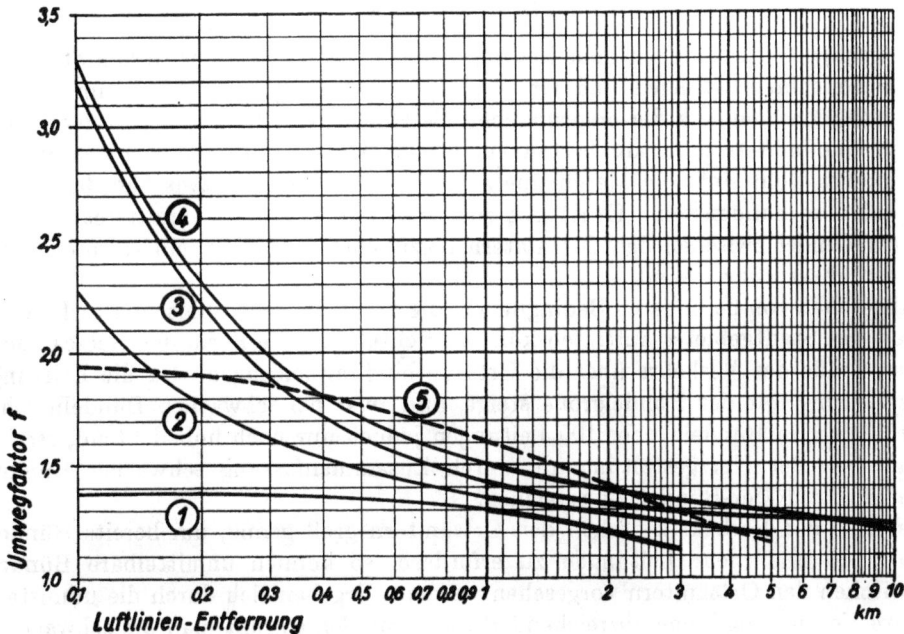

Bild 139. Umwegfaktor für Leitungen in Ortsnetzen.

1...4 = Orts-Verbindungsleitungen.
1 = Auswertung nach A. Becker.
2 = Auswertung nach H. G. Ledermann = Europäische Bauart, mittlere Städte.
3 = Auswertung nach H. G. Ledermann = Europäische Bauart, Großstädte.
4 = Auswertung nach H. G. Ledermann = Amerikanische Bauart.
5 = Teilnehmerleitungen. Auswertung nach A. Becker.

mehr über ein begrenztes Teilgebiet erstrecken, sind obige Einflüsse nicht von der Bedeutung wie bei Orts-Verbindungsleitungen.

Die Umwegfaktoren sind daher nur als Mittelwerte anzusehen. Sie dürfen strenggenommen nur mit Luftlinien-Entfernungen multipliziert werden, die ebenfalls Mittelwerte sind, oder es muß der Wert des Umwegfaktors benutzt werden, der gerade dem betreffenden Fall in bezug auf Entfernung und Stadtart entspricht. In Bild 139 sind Gleichungen und Schaulinien ausgewertet, die aus einigen Untersuchungen über Umwegfaktoren stammen (Lit. 18,32). Für Teilnehmerleitungen ergeben sich erwartungsgemäß größere Baulängen als für Orts-Verbindungsleitungen gleicher Luftlinien-Entfernungen; denn während die Verbindungsleitungen als durchlaufende Kabel möglichst auf kürzestem Wege geführt sind, laufen die Teilnehmerleitungen über eine Reihe von Verzweigungspunkten (*Linienverzweiger, Kabelverzweiger, Endverzweiger*), wobei größere Umwege und sogar rückläufige Wege auftreten können. Lediglich für sehr kleine Entfernungen werden für Verbindungsleitungen größere Zuschläge erforderlich, als für Teilnehmerleitungen, da sie zwei Amtseinführungen aufweisen gegenüber nur einer bei Teilnehmerleitungen. Die Kurven von Bild 139 zeigen im großen und ganzen den zu erwartenden Charakter, wenn sie auch nicht in allen Punkten befriedigen.

## 5. ORTS-FERNSPRECHNETZE

In großen Ortsnetzen wird das Leitungsnetz so geplant, daß der Gesamtaufwand für Teilnehmerleitungen und Orts-Verbindungsleitungen ein Minimum bildet. Da das Maschennetz die ursprüngliche Netzform darstellt, die den Eigenheiten der Handamtstechnik am besten entspricht, wird bei Einführung des Wählverkehrs wohl stets ein Maschennetz für das Leitungsnetz zwischen den Ortsämtern vorhanden sein. Es ist also zu prüfen, wieweit diese unmittelbaren Leitungsbündel zwischen den Ortsämtern beizubehalten oder in ein sternförmiges Netz überzuführen sind.

Abgesehen von besonderen Bedingungen, die durch die geographische Beschaffenheit des Stadtgebietes auftreten können, richtet sich die Form des Netzes nach der Größe des Verkehrs über die Orts-Verbindungsleitungen. Da die Leistung je Leitung mit der Bündelgröße steigt, und zwar bei schwachen Bündeln sehr erheblich, in Bündeln über 100 Leitungen jedoch nur noch unbedeutend, strebt man bei der Netzgestaltung an, durch Zusammenfassung schwacher Bündel möglichst 100er-Bündel zu erreichen.

Ist also der Verkehr zwischen den Ortsämtern groß genug, um bereits Bündel mit 100 und mehr Leitungen zu erfordern, so können unmittelbare Bündel zwischen den Ortsämtern vorgesehen werden. Ergeben sich durch die unmittelbare Verbindung keine ausreichend starken Bündel, so faßt man die schwachen Bündel in Knotenämtern zu starken Bündeln zusammen. Dabei kann das Ortsnetz grundsätzlich

nur mit Knotenämtern für den ankommenden Verkehr oder

nur mit Knotenämtern für den abgehenden Verkehr oder

mit Knotenämtern für den ankommenden und abgehenden Verkehr

gebildet werden. Hierbei muß der jeweils erforderliche Aufwand an technischen Mitteln (GW-Stufen, Umsteuerwähler usw.) berücksichtigt werden, der mit der Zahl der Schaltstellen (Knotenämter) wächst.

Auf jeden Fall wird man zumindest bestrebt sein, für die kleineren Randämter die vielen schwachen Bündel, die im Maschennetz je Amt nach allen andern Ämtern ausstrahlen und von allen andern Ämtern ankommen, zu einem gemeinsamen abgehenden und einem gemeinsamen ankommenden Bündel nach dem nächstgelegenen größeren Amt zusammenzufassen. Auf diese Weise werden kleine Ämter als Unterämter an die größeren Ortsämter angeschlossen, die dann zu Knotenämtern werden. Ergeben sich auf Grund des Verkehrs genügend starke Bündel zwischen den Ortsämtern, so sieht man unmittelbare Bündel zwischen ihnen vor. Erhält man durch die unmittelbaren Verbindungen noch keine ausreichend starken Bündel, so ist die Zweckmäßigkeit weiterer Knotenämter zu prüfen. Zwar werden die Bündel durch die Bildung von Knotenämtern auf jeden Fall vergrößert, eine fühlbare Leistungssteigerung je Leitung ist aber bei starken Bündeln nicht mehr vorhanden, so daß dann der u. U. zusätzlich erforderliche technische Aufwand nicht mehr gerechtfertigt ist.

Eine Vergrößerung der Bündel kann aber nicht nur durch Knotenämter, sondern auch dadurch erreicht werden, daß man an ein Amt eine größere Zahl von Teilnehmern anschließt. Da man jedoch, insbesondere bei dekadischen Systemen, als maximale Amtseinheit aus technischen Gründen die 10000er-Einheit vorsieht, bedeutet dies, daß man mehrere derartige 10000er-Ämter in einem Gebäude unterbringt und die von dem betreffenden Gebäude nach demselben Amt abgehenden Bündel zusammenfaßt. Diese Zusammenfassung von mehreren Ämtern im gleichen Gebäude ist naturgemäß nur bei großer Teilnehmerdichte zweckmäßig, da sonst die Länge der Teilnehmerleitungen so anwächst, daß der Gewinn an Verbindungsleitungen wieder aufgehoben wird.

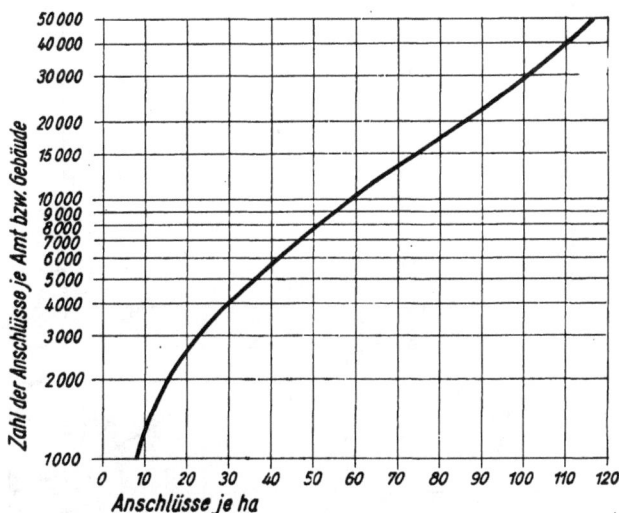

Bild 140. Einfluß der Teilnehmerdichte (Anschlüsse je ha) auf die zweckmäßige Anschlußzahl je Amt bzw. je Gebäude (mit mehreren Ämtern).

Unter **Teilnehmerdichte** versteht man die Zahl der Teilnehmeranschlüsse je Flächeneinheit. Als Flächeneinheit wird im allgemeinen 1 ha, seltener 4 ha genommen.

Bild 140 gibt den Zusammenhang zwischen der Teilnehmerdichte des betreffenden Bereiches und der Zahl von Teilnehmeranschlüssen an, die in einem Amt oder einem Gebäude zweckmäßigerweise zusammenzufassen sind. Die Kurve, die nach Auswertungen von M. Langer gezeichnet ist, liefert Mittelwerte, da neben der Teilnehmerdichte als hauptsächlichste Bezugsgröße auch weitere Faktoren wie Amts-, Gebäude- und Grundstückskosten, Leitungskosten, Kosten für die Leitungsführung usw. Einfluß haben; die Kurve kann als Mittelwert für praktisch vorkommende Fälle angesehen werden.

Läßt die Verkehrsstärke in den verschiedenen Bündeln die Bildung von Knotenämtern zweckmäßig werden, so kann man je nach dem Grad, in dem man die Sternform einführt, in großen Stadtnetzen (z. B. 1000000-System) unterscheiden:

*Bezirksknotenämter* oder *Hauptknotenämter*, die in ankommender oder abgehender Richtung den Verkehr einer 100000er-Einheit (Bezirk) zusammenfassen,

*Knotenämter*, die in ankommender oder abgehender Richtung den Verkehr einer 10000er-Einheit zusammenfassen.

In Bild 141 sind die Verkehrswerte für die Leitungsbündel von Maschennetzen und von Sternnetzen einander gegenübergestellt. Es werden Ortsnetze von 10 bis 100 Ämter betrachtet. Für jedes Amt ist ein abgehender Verkehr von 250 Erl

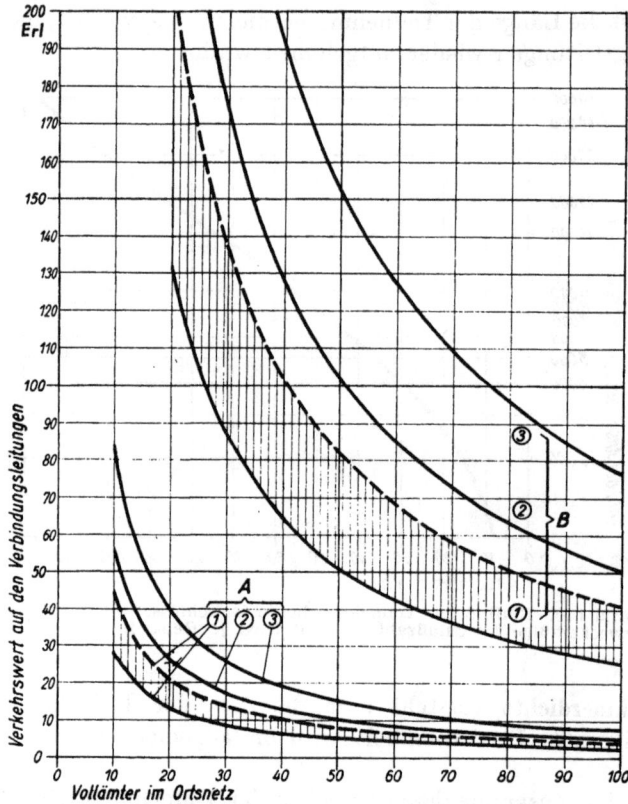

Bild 141. Einfluß der Knotenamtsbildung auf die Verkehrswerte von Leitungsbündeln in Ortsnetzen von 10 bis 100 Ämtern.
Abgehender Verkehr je Amt 250 Erl (ausgezogene Kurven) bzw.
400 Erl (gestrichelte Kurven).
(1) = 1 Amt je Gebäude.
(2) = 2 Ämter je Gebäude.
(3) = 3 Ämter je Gebäude.
A = Unmittelbare Bündel zwischen den Ämtern (Maschennetz).
B = Bündel von den Gebäuden nach fremden Bezirksknotenämtern.

(= etwa 6 Belegungen je Tag und Teilnehmer) angenommen, der sich bei gleichem gegenseitigen Interesse jeweils gleichmäßig auf alle anderen Ämter verteilt. Die Kurven A gelten für ein reines Maschennetz (= unmittelbare Verbindungen zwischen allen Ämtern); die Kurven B beziehen sich auf ein Netz mit Knotenämtern für den ankommenden Verkehr, wie es für das Ortsnetz Berlin einge-richtet worden ist (= je Bezirk ein ankommendes Bezirksknotenamt; unmittel-bare Verbindungen von jedem Amt nach jedem fremden Bezirksknotenamt, von dort sternförmig ausstrahlende Bündel nach den Ämtern des betreffenden Bezirks; unmittelbare Verbindungen zwischen allen Ämtern des eigenen Bezirks). Für das sternförmige Netz wurde angenommen, daß je Bezirk stets 10 Ämter an das Bezirksknotenamt angeschlossen sind; die Kurven geben die Verkehrswerte der Bündel „Gebäude-Bezirksknotenamt" an. Die Kurven (1) beziehen sich auf den Fall, daß alle Ämter einzeln in einem Gebäude, die Kurven (2), daß je zwei Ämter gemeinsam in einem Gebäude, die Kurven (3), daß je drei Ämter gemeinsam in einem Gebäude untergebracht sind. Die gestrichelten Kurven (1) geben vergleichsweise die Verkehrswerte für den Fall an, daß je Amt ein abgehender Verkehr von 400 Erl vorhanden ist (= etwa 9,5 Belegungen je Tag und Teilnehmer). Die Kurven beziehen sich auf die Extremfälle, daß entweder alle Ämter einzeln oder alle Ämter zu je zweien oder alle Ämter zu je dreien in einem Gebäude untergebracht sind.

Die Schaulinien von Bild 141 zeigen, daß sowohl die Einführung von Bezirksknotenämtern als auch die Zusammenlegung mehrerer Ämter in einem Gebäude zu einer teilweise beträchtlichen Vermehrung der Verkehrswerte in den Bündeln führt. Wie bereits mehrfach erwähnt, ist die Bildung übergroßer Bündel zwecklos, da dies keine Leistungssteigerung je Leitung zur Folge hat. Man kann in großen Zügen etwa sagen, daß durch Zusammenlegung von Bündeln

bis etwa 40 Erl eine bedeutende Leistungssteigerung,

zwischen 40 und 80 Erl eine geringere Leistungssteigerung,

über etwa 80 Erl keine nennenswerte Leistungssteigerung

erzielt werden kann. Bild 141 ergibt in diesem Zusammenhang, daß bis etwa 20 Ämter im Ortsnetz die Zusammenlegung mehrerer Ämter in einem Gebäude ausreichende Bündel (zwischen 40 und 80 Erl) liefert. Dies ist also der Bildung von Bezirksknotenämtern vorzuziehen, besonders wenn es sich um größeren abgehenden Verkehr je Amt als 250 Erl handelt. Bis etwa 40 Ämter ist die Bildung von Bezirksknotenämtern allein sehr wirkungsvoll, darüber hinaus hat auch für ein Netz mit Bezirksknotenämtern die Zusammenlegung von mehreren Ämtern in einem Gebäude Bedeutung.

Würde man Bezirksknotenämter sowohl für den ankommenden als auch für den abgehenden Verkehr vorsehen, so würden die Verkehrswerte in den Bündeln zwischen den Bezirksknotenämtern auf Werte steigen, die in Tabelle 10 zusammengestellt sind. Die Zahlen zeigen, daß hierdurch nur übergroße Bündel entstehen würden, bei denen mit keiner wirkungsvollen Leistungssteigerung je Leitung zu rechnen ist.

Auf die Bündel, die von den Bezirksknotenämtern zu den Ämtern des betreffenden Bezirks ausstrahlen, hat die Einführung von Bezirksknotenämtern für den abgehenden Verkehr zusätzlich zu solchen für ankommenden Verkehr keinen Einfluß. Im übrigen führen diese Bündel für die beiden Rechnungsbeispiele mit 250 und 400 Erl bereits ausreichenden Verkehr, nämlich in Netzen mit 20...100 Ämtern je nach der Ämterzahl:

im Rechnungsbeispiel mit 250 Erl: jeweils 130...225 Erl,

„          „          „ 400 „ :    „ 210...365 „

Lediglich für die Bündel, die die einzelnen Ämter unmittelbar mit den anderen

| Zahl der Ämter | Verkehrswerte in den Bündeln | |
|---|---|---|
| | bei abg. Verkehr von 250 Erl je Amt | bei abg. Verkehr von 400 Erl je Amt |
| 20 | 1315 Erl | 2100 Erl |
| 30 | 863 Erl | 1380 Erl |
| 40 | 641 Erl | 1025 Erl |
| 50 | 510 Erl | 765 Erl |
| 60 | 424 Erl | 675 Erl |
| 70 | 362 Erl | 580 Erl |
| 80 | 317 Erl | 510 Erl |
| 90 | 281 Erl | 450 Erl |
| 100 | 253 Erl | 404 Erl |

Tabelle 10.  Beispiel für Bezirksknotenämter für beide
Verkehrsrichtungen·

Ämtern des eigenen Bezirks verbinden, ist durch Knotenämter für den abgehenden Verkehr eine Bündelzusammenfassung mit wirksamer Leistungssteigerung zu erreichen.  Diese Bündel führen in den beiden Rechnungsbeispielen mit 250 und 400 Erl nur geringen Verkehr, nämlich in Netzen mit 20...100 Ämtern je nach der Ämterzahl:

im Rechnungsbeispiel mit  250 Erl:  jeweils 13...2,5 Erl  (1 Amt je Gebäude),
,,          ,,          ,, 250 ,, :  ,,    26...5   Erl  (2 Ämter je Gebäude),
,,          ,,          ,, 250 ,, :  ,,    39...7,5 Erl  (3 Ämter je Gebäude),
,,          ,,          ,, 400 ,, :  ,,    21...4   Erl  (1 Amt je Gebäude),
,,          ,,          ,, 400 ,, :  ,,    42...8   Erl  (2 Ämter je Gebäude),
,,          ,,          ,, 400 ,, :  ,,    63...12  Erl  (3 Ämter je Gebäude).

Da jedoch mit der Einführung von Bezirksknotenämtern für abgehenden und ankommenden Verkehr übergroße Bündel ,,Bezirksknotenamt-Bezirksknotenamt'' entstehen, außerdem das vom Handbetrieb vorhandene Maschennetz bei der Planung zu berücksichtigen ist, ist man diesen Weg im allgemeinen in großen Ortsnetzen nicht gegangen.  Oftmals wirkt sich auch hier die Unterbringung von mehreren Ämtern in einem Gebäude bereits dahin aus, daß leistungsfähige Bündel entstehen.  Jedoch ist eine Nachprüfung in jedem Fall zweckmäßig.

Die Einführung von Bezirksknotenämtern ergibt zwangsläufig Umwege.  Diese sind von der Lage der Bezirksknotenämter abhängig und können in großen Netzen und bei ungünstiger Lage der Bezirksknotenämter erheblich werden. Hierbei muß folgendes bedacht werden.  Ein Knotenamt ist eine gruppierungstechnische Einrichtung, die sich lediglich auf den Verbindungsverkehr bezieht. Teilnehmer sind an das eigentliche Knotenamt, d. h. an die für die Knotenamtstechnik vorgesehenen Wähler usw. nicht angeschlossen.  Zwar werden die Knotenämter im allgemeinen mit Ortsämtern zusammen, und zwar sogar im gleichen Wählersaal, untergebracht, es besteht jedoch stets gedanklich eine Trennung zwischen Knotenamt und Ortsamt.  Aus diesem Grunde ist es ohne weiteres möglich, die Einrichtungen z. B. eines Bezirksknotenamtes in mehrere Teilknotenämter aufzuteilen und diese entsprechend der kürzeren Leitungsführung auf günstig gelegene Ortsämter des Bezirks zu verteilen. Leistungsmäßig tritt hierdurch keine Verschlechterung ein, da die von anderen Bezirken eintreffenden Bündel nicht beeinflußt werden, sondern nur die starken Bündel vom Bezirksknotenamt zu den Ämtern des eigenen Bezirks aufgeteilt werden müssen. Wie aber in den Beispielen gezeigt wurde, führen diese ausreichend große Verkehrsmengen, so daß die Aufteilung keine Leistungsverschlechterung bedeutet; außerdem können mit ihnen die schwachen Bündel der Ortsämter vereinigt werden, bei denen die Teilknotenämter untergebracht sind, so daß sich für diese eine bessere Leitungsausnutzung ergibt.

## 6. NETZEBENEN IM FERNWÄHLVERKEHR

Mit Einführung der Wähltechnik in den Fernverkehr kommen dem Verkehrswert, der im Fernnetz weitergeleitet werden soll, ihre Vorteile, nämlich Bündelung und Freiwahl, zugute. Beim Fernverkehr handelt es sich im Gegensatz zum Orts-Verbindungsverkehr im allgemeinen um wesentlich schwächere Leitungsbündel, so daß dann die Zusammenfassung von Leitungsbündeln mit Leistungssteigerungen je Leitung verbunden ist, die oftmals ganz erheblich sein können. Mit Einführung der Wähltechnik in den Fernverkehr ist also eine grundsätzliche Ordnung des gesamten Netzes verbunden, wobei sich zwangläufig ganz bestimmte Netzbereiche herausbilden, in denen durch weitgehende Bündelzusammenfassung das Sternnetz oder zumindest der sternförmige Charakter vorherrscht.

Ein Sternnetz zwingt den Fernsprechverkehr des betreffenden Gebietes in Richtung zum Netzmittelpunkt. Da der Fernsprechverkehr stets durch wirtschaftliche oder andere bestimmende Beziehungen hervorgerufen bzw. gelenkt wird, ist er in begrenzten Gebieten entsprechender Struktur auf einen „Brennpunkt" ausgerichtet. In solchen Fällen entspricht eine sternförmige Netzgestaltung besonders gut dem Wesen des Fernsprechverkehrs. Der Netzmittelpunkt wird dabei zwangsläufig zum Ausgangspunkt desjenigen Fernverkehrs, der über das betreffende Gebiet hinausreicht, das heißt er ist der geeignete Ort für das Fernamt, über das der weiterreichende Fernverkehr fließt. Anstatt wie im Maschennetz jedem Ort mit Fernverkehr ein Fernamt zuzuordnen, wird also im Sternnetz der gesamte Fernverkehr eines bestimmten Gebietes über ein einziges Fernamt geleitet; an die Stelle einer Gruppe von kleinen Fernämtern des Maschennetzes tritt also ein größeres Fernamt des Sternnetzes. Werden durch das Sternnetz eine Anzahl von Ortsnetzen in der geschilderten Form zusammengefaßt, so wird das gesamte Gebiet Netzgruppe genannt.

Unter **Netzgruppe** versteht man ein Fernsprechgebiet bzw. ein Fernnetz, das eine Anzahl wirtschaftlich zusammengehöriger Ortsnetze umfaßt, deren Fernverkehr im wesentlichen auf einen wirtschaftlichen Mittelpunkt gerichtet ist. Dieser wird zum Hauptamt der Netzgruppe. Er bildet für den Netzgruppenverkehr den *Netzgruppen-Mittelpunkt* und erhält für den weiterreichenden Fernverkehr das Fernamt der Netzgruppe. Die einzelnen Leitungsbündel sind zu einem Sternnetz verknotet und führen von den Randgebieten über *Netzgruppen-knoten* zum Hauptamt, dem Netzgruppen-Mittelpunkt. Der Verkehr wird voll-selbsttätig oder halbselbsttätig, jedoch niemals in Form der reinen Handvermitt-lung abgewickelt.

Die Netzgruppe ergibt sich jedoch nicht nur aus wirtschaftlichen oder betrieb-lichen Gründen; sie kann auch aus übertragungstechnischen Überlegungen her-aus erklärt werden. Der Weitverkehr verläuft bei straffer Netzgestaltung am Anfang und Ende des Verbindungsweges im allgemeinen über Nahverkehrs-leitungen, an die erst in den Fernämtern die jeweiligen Weitverkehrsleitungen angeschlossen werden. Der Weitverkehr stellt aber übertragungstechnisch be-deutend höhere Anforderungen als der Nahverkehr. In seiner Gesamtheit, für ein größeres Gebiet betrachtet, ist der Nahverkehr um ein Vielfaches stärker als der Weitverkehr. Die Nahverkehrsleitungen werden also in erster Linie vom Nahverkehr und in geringerem Maße vom Weitverkehr benutzt. Aus wirtschaft-lichen und teilweise auch aus technischen Gründen wird man daher die hohen Forderungen des Weitverkehrs nur an die reinen Weitverkehrsleitungen stellen und die zahlreicheren Nahverkehrsleitungen nicht mit hochwertigen Einrich-tungen belasten. Dies drückt sich unter anderem auch in der Dämpfungsver-teilung für das Fernnetz aus, d. h. in der maximal zulässigen Dämpfung für die einzelnen Abschnitte einer Weitverbindung. Diese Dämpfungsverteilung bzw. die verschiedene Wertigkeit der Leitungen ergibt bei entsprechender Zusammen-fassung zwangsläufig mehrere ,,Leitungsebenen", die sich durch die Güte und Länge der in ihnen vorkommenden Leitungen unterscheiden. Eine dieser ,,Lei-tungsebenen" enthält nur Nahverkehrsleitungen (für Nahverkehr bzw. als An-fang und Ende für Weitverkehr), deren Reichweite in bezug auf einwandfreie Sprachübertragung naturgemäß beschränkt ist. Dadurch ergeben sich Grenzen und Teilnetze, die den oben erwähnten wirtschaftlichen Gebieten, den Netz-gruppen, entsprechen.

Die Größe einer Netzgruppe ist nicht eindeutig festlegbar. Sie hängt von den jeweiligen wirtschaftlichen Beziehungen, von der Verkehrsstärke, von über-tragungstechnischen Fragen und auch von betrieblichen Forderungen ab. So dürfen z. B. zusammenhängende Wirtschaftsgebiete nicht willkürlich ausein-andergerissen werden. Bei geringem Verkehr ist ferner die Leistungssteigerung durch Zusammenlegen vieler, ganz kleiner Bündel, besonders fühlbar; ein schwa-cher Verkehr läßt also eine größere Netzgruppe, ein starker Verkehr dagegen eine kleinere Netzgruppe vorteilhafter werden. In großen Bahnnetzen, als weiteres Beispiel, ist das gesamte Land bereits verwaltungsmäßig in Betriebs-gebiete, in sog. ,,Direktionen", unterteilt, in denen sich ein eigener ,,Behörden-verkehr" abwickelt; hier zwingen also betriebliche Forderungen zu bestimmten Ausmaßen der Netzgruppen. Aufgabe der Planung ist es dann, die einzelnen, oft gegeneinander gerichteten Belange abzuwägen und einander anzupassen, wobei unter Umständen Kompromisse nicht zu umgehen sind. Als Richtlinie sei hier für eine Netzgruppe eine Fläche von 30...70 km Durchmesser angegeben, wodurch jedoch die Form der Netzgruppe nicht etwa auf eine Kreisfläche be-schränkt werden soll.

Der Nahverkehr wird also innerhalb der einzelnen Netzgruppen abgewickelt. Das gesamte Landesnetz ist dadurch in eine bestimmte Anzahl von Teilnetzen für Nahverkehr (Netzgruppen) aufgeteilt, die alle gleich eingestuft sind. Im Hauptamt der Netzgruppe, das ist der Netzgruppen-Mittelpunkt, befindet sich das Fernamt der Netzgruppe, über das der weiterreichende Verkehr fließt.

Für diesen Weitverkehr verläßt die Verbindung also die betreffende Netzgruppe im Fernamt und wird in einem „höheren" Netz nach einer anderen Netzgruppe geführt. In großen Landesnetzen sind auch in dieser „höheren Netzebene" mehrere gleich eingestufte Teilnetze nebeneinander vorhanden. Diese haben ebenfalls wieder je ein „Hauptamt", in dem die Verbindungen in ein darüber gelagertes Netz gelangen können, wenn größere Entfernungen überbrückt werden sollen, als dies in dem betreffenden Teilnetz möglich ist. Die Zahl der so „übereinander" gelagerten Netzebenen richtet sich nach der Größe des Gesamtgebietes und nach betrieblichen Forderungen. In der theoretischen Planung gipfeln die Netzebenen schließlich in dem Zwischenstaatlichen Fernnetz.

In Bild 142 ist eine bekannte Darstellung von Netzebenen wiedergegeben (Lit. 37). An Hand dieser Darstellung sollen die einzelnen Netzarten besprochen werden. Die Grundebene des abgebildeten Fernleitungsplanes enthält nebeneinander angeordnet die **Netzgruppen,** von denen eine gezeichnet ist. Durch die Leitungsbündel der Netzgruppe werden geographisch und wirtschaftlich zusammengehörende *Ortsnetze* bzw. *Ortsämter* (OA) zusammengefaßt. Der „Brennpunkt" des Wirt-

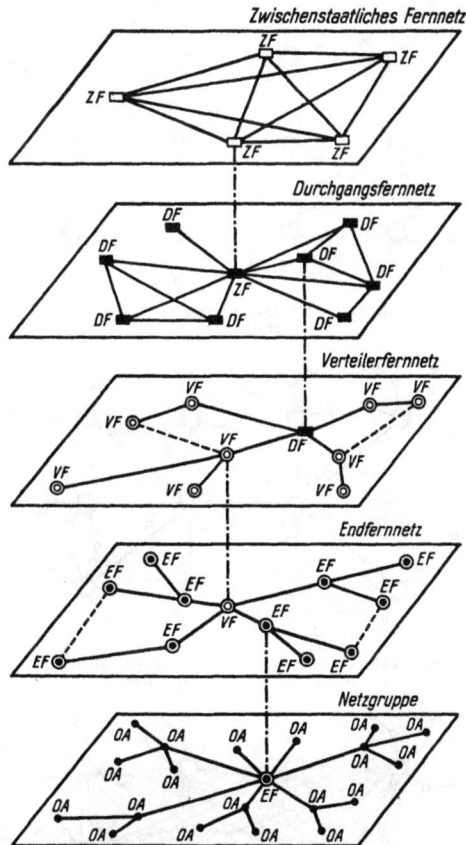

Bild 142. Auflösung des Fernnetzes in Netzebenen.
DF = Durchgangsfernamt.
EF = Endfernamt.
OA = Ortsamt (=Ortsnetz).
VF = Verteilerfernamt.
ZF = Zwischenstaatliches Fernamt.

schaftslebens wird als Hauptamt der Netzgruppen zum *Netzgruppen-Mittelpunkt.* Die Verbindungsleitungen zwischen den Ortsnetzen bilden ein Sternnetz. Die einzelnen Ortsnetze werden je nach ihrer Lage an *Netzgruppenknoten* oder unmittelbar an den Netzgruppen-Mittelpunkt angeschlossen. Die Fernwahlverbindungen innerhalb der Netzgruppe wickeln sich über den Netzgruppen-Mittelpunkt ab, sofern sich nicht kürzere Verbindungswege über einen davorliegenden Netzgruppenknoten ergeben. Bild 143 zeigt grundsätzlich die Einteilung eines größeren Gebietes in Netzgruppen. Der Netzgruppen-Mittelpunkt erhält das Fernamt der Netzgruppe; es wird *Endfernamt* genannt. Wie bereits gesagt, hängt die Größe der Netzgruppe von den verschiedensten Faktoren ab. Als Richtlinie kann angegeben werden, daß die Netzgruppen im allgemeinen Gebiete von 30...70 km Durchmesser überspannen.

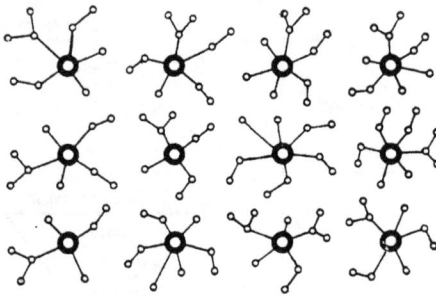

Bild 143. Einteilung eines Landes in Netzgruppen.

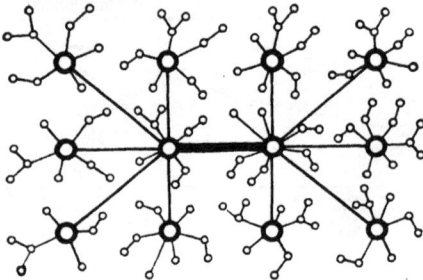

Bild 144. Fernnetz mit je zwei Endfernnetzen in sternförmigem Aufbau.

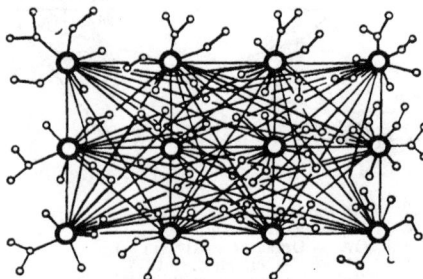

Bild 145. Fernnetz ohne Durchgangsämter in maschenförmigem Aufbau.

Die Endfernämter der Netzgruppen sind sozusagen die „Quellen" des eigentlichen Fernverkehrs. Im Endfernamt haben die Teilnehmer der Ortsnetze Zugang zu dem weiterreichenden Netz der nächsthöheren Ebene. Diese zweite Ebene wird wieder aus nebeneinander angeordneten Netzen gebildet, die ihrerseits jeweils eine geographisch oder wirtschaftlich zusammengehörige Gruppe von **Endfernämtern** (EF) zusammenfassen. Die hierdurch entstehenden Netze werden **Endfernnetze** genannt (vgl. Bild 142). Auch das Endfernnetz zeigt noch ausgeprägte Sternform, jedoch können bereits unmittelbare Verbindungen zwecks Vermeidung von Umwegen zweckmäßig werden. Das wichtigste Endfernamt wird zum Hauptamt seiner Gruppe; es wird *Verteilerfernamt* genannt, über das die Endfernämter Zugang zur nächsthöheren dritten Ebene haben. Ein derartiges Endfernnetz kann ein Gebiet von etwa 100...200 km Durchmesser überspannen. Eine Verbindung zwischen Ämtern zweier Netzgruppen, die zu dem gleichen Endfernnetz gehören, verläuft also vom Ortsnetz des Anrufenden innerhalb seiner Netzgruppe nach seinem Endfernamt, von dort im Endfernnetz zum Endfernamt des Gewünschten und innerhalb dessen Netzgruppe nach dem betreffenden Ortsamt.

In Bild 144 ist die grundsätzliche Darstellung von Bild 143 erweitert, indem jeweils sechs Endfernämter zu einem Endfernnetz zusammengefaßt sind. Die beiden Verteilerfernämter dieser Endfernnetze sind durch das stark gezeichnete Leitungsbündel der nächsthöheren Netzebene miteinander verbunden. Bild 144 enthält also Leitungsbündel aus drei Netzebenen. Demgegenüber soll Bild 145 die unübersichtliche Leitungsführung veranschaulichen, wenn das gleiche Fernnetz ohne Durchgangsämter, also als Maschennetz, ausgebildet ist.

In der dritten Netzebene ist jede Gruppe zusammengehöriger *Verteilerfernämter* (VF) zu einem **Verteilerfernnetz** vereinigt, das also das Gebiet mehrerer Endfernnetze überspannt (vgl. Bild 142). Das wichtigste Verteilerfernamt einer Gruppe wird wieder zum Hauptamt des betreffenden Verteilerfernnetzes gemacht; es wird *Durchgangsfernamt* genannt. Das Durchgangsfernamt jedes Verteilernetzes bildet den Zugang zur nächsthöheren vierten Ebene. Ein derartiges Verteilerfernnetz kann einen Durchmesser von etwa 300...600 km besitzen.

Die Netze der vierten Netzebene heißen **Durchgangsfernnetze** und umfassen jeweils eine Gruppe von zusammengehörigen *Durchgangsfernämtern* (DF) mit ihren Verteilerfernnetzen (vgl. Bild 142). Das Hauptamt eines Durchgangsfernnetzes heißt *Zwischenstaatliches Fernamt*; es bildet den Zugang zur höchsten Netzebene. Der Durchmesser eines Durchgangsfernnetzes kann etwa 900...1800 km betragen.

Die Verbindungsleitungen zwischen den *Zwischenstaatlichen Fernämtern* (ZF) bilden schließlich die fünfte und höchste Netzebene, die nur noch ein einziges Netz, das **Zwischenstaatliche Fernnetz,** enthält. Über das Zwischenstaatliche Fernnetz können alle Durchgangsfernnetze erreicht werden (vgl. Bild 142). Es würde die gesamte Erde umspannen.

Die Darstellung in Bild 142 versucht durch die übereinander gelagerten Ebenen die verschiedenen Arten der Fernsprechnetze zu erläutern. Es ist dabei zu beachten, daß jedes Fernamt der verschiedenen Ebenen stets je ein Fernamt aller niederen Ebenen umfaßt. Es enthält also:

ein VF gleichzeitig auch ein EF,
ein DF gleichzeitig auch je ein VF und EF,
ein ZF gleichzeitig auch je ein DF, VF und EF.

Teilnehmeranschlüsse sind in den EF, VF, DF und ZF nicht vorhanden, sondern nur in dem Netzgruppen-Mittelpunkt, an dem das betreffende EF errichtet worden ist.

Bei Verwendung eines dekadischen Wählsystems sind in jedem der Netze 10 Richtungen zur Auswahl vorhanden, sofern man für die Auswahl nur eine Ziffer in der Anrufnummer zur Verfügung stellt. Das bedeutet also, daß

an jedes Durchgangsfernamt das eigene VF und bis 9 weitere VF,
an jedes Verteilerfernamt das eigene EF und bis 9 weitere EF
angeschlossen werden können. In der Netzgruppe können
je Netzgruppen-Mittelpunkt bis 9 Netzgruppenknoten,
je Netzgruppen-Mittelpunkt und an jedem Netzgruppenknoten bis 9 Ortsnetze (zuzüglich dem Ortsnetz im eigenen Ort)
vorgesehen werden.

In dem so aufgebauten Fernnetz verläuft dann eine Fernverbindung entweder innerhalb der niedrigsten Netzebene, sofern sie innerhalb der Netzgruppe verbleiben soll, oder aufwärts bis zu dem für sie erforderlichen Fernnetz und dann wieder abwärts in die gewünschte Netzgruppe (Bild 146). Dabei wird stets das niedrigste Fernamt herangezogen, von dem aus die gewünschte Netzgruppe erreicht werden kann. Ein mehrmaliges Auf- und Absteigen ist zu vermeiden, ebenso wie das Zwischenfügen eines „waagrechten" Verbindungsabschnittes während eines Auf- oder Abstiegs. Diese letzteren sind nur in der für das betreffende Gespräch obersten Ebene vorgesehen, sofern nicht übertragungstechnische Bedenken überhaupt dagegen sprechen.

Die Netzgestaltung innerhalb der fünf Ebenen richtet sich nach der Vermittlungstechnik, nach der Verkehrshäufigkeit und nach Forderungen der Über-

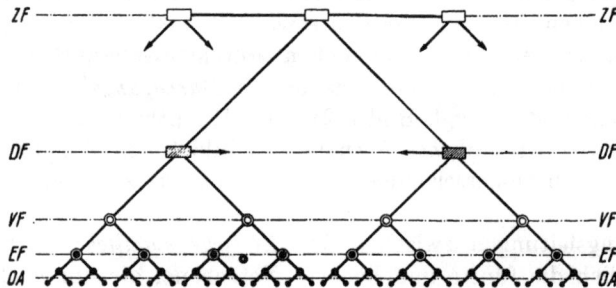

Bild 146. Verbindungsverlauf über mehrere Ebenen.

tragungstechnik. Beim Verbindungsaufbau im Wählverkehr ist das Sternnetz die zweckmäßigste Form; sind jedoch bereits so starke Bündel vorhanden, daß eine weitere Bündelung keine Leistungssteigerung mehr bringt, so kann das Maschennetz oder eine Übergangsform zwischen Maschen- und Sternnetz beibehalten werden. Bei Handvermittlung ist das Maschennetz stets die richtige Netzform, da hierdurch der zeitraubende Durchgangsverkehr vermieden wird. Ein Verkehr über große Entfernungen, wie in den oberen Netzebenen, läßt das Maschennetz oder eine Übergangsform ebenfalls wieder größere Bedeutung gewinnen, wenn die Umwege über die Verknotungen des Sternnetzes die Verbindungslänge technisch oder wirtschaftlich unzulässig erhöhen würden. Zusammenfassend ergibt sich daraus:

Die Netzgruppe zeigt in der Idealform die Verknotung der einzelnen Leitungsbündel zu einem reinen Sternnetz, da hier der vollselbsttätige Verkehr (Teilnehmer-Selbstwählfernverkehr) oder ein halbselbsttätiger Verkehr (Beamtinnenfernwahl; halbselbsttätiger Verbindungsaufbau vom Fernamt aus) die bester Betriebsformen sind. Querverbindungen zwischen den Ämtern haben nur unter besonderen Bedingungen Bedeutung, z. B. wenn größere Bündel von den handvermittelten Technik her vorhanden sind oder wenn sie aus besonderen Gründen unbedingt gefordert werden oder wenn zwischen zwei Orten der Untereinanderverkehr stark ist und vorherrscht usw. In diesen Fällen müssen aber die Abweichungen vom Sternnetz durch geeignete Schaltmittel, z. B. durch Umsteuerwähler (vgl. Abschnitt IX, 6 b) in eine „sternförmige Betriebsweise" einbezogen werden. Die höheren Netzebenen sind zunächst ebenfalls dieser Netzform angepaßt. Mit wachsender Ausdehnung des Netzes, d. h. mit steigender

Netzebene, nähern sie sich in ihrer Form jedoch wieder dem Maschennetz, da mit der Länge des Verbindungsweges unmittelbare Verbindungen wieder einfachere Verhältnisse schaffen können.

Der Verkehr ist in den unteren Ebenen am stärksten; mit der Länge des Verbindungsweges nimmt die Verkehrshäufigkeit ab. In Tabelle 11 ist die Verteilung des Fernverkehrs in Deutschland angegeben (1939):

| Entfernung | Anteil am gesamten Fernverkehr |
|---|---|
| bis         15 km | 41,26$^0/_0$ |
| 15 . . .  25  ,, | 15,17$^0/_0$ |
| 25 . . .  50  ,, | 15,94$^0/_0$ |
| 50 . . .  75  ,, | 8,81$^0/_0$ |
| 75 . . . 100  ,, | 3,47$^0/_0$ |
| 100 . . . 200  ,, | 7,80$^0/_0$ |
| 200 . . . 300  ,, | 3,60$^0/_0$ |
| über 300 km | 3,95$^0/_0$ |
| | 100,00$^0/_0$ |

Tabelle 11. Verteilung des Fernverkehrs bei der Deutschen Reichspost (1939).

Wie bereits erwähnt, sind Ausdehnung und Form der Netze bzw. die verwendete Leitungsart in den einzelnen Netzebenen von geographischen Verhältnissen, vom Wirtschaftsleben, von der Verkehrsstärke, von übertragungstechnischen Fragen, von wirtschaftlichen Überlegungen und unter Umständen von betrieblichen Forderungen abhängig. Als Richtlinie soll hier nur angegeben werden, daß man möglichst versucht, mit größeren übertragungstechnischen Forderungen die jeweils höhere Netzebene zu belasten; denn der größte Teil des Verkehrs verbleibt stets innerhalb der betreffenden Ebene bzw. fließt wieder in die nächsttiefere zurück, während nur ein kleinerer Teil in die nächsthöhere Ebene gerichtet ist. Man versucht daher, die Forderungen für diesen weiter reichenden Verkehr soweit wie möglich auch auf die höhere Ebene zu begrenzen.

Entsprechend findet man in der Netzgruppe möglichst unverstärkte und seltener verstärkte Leitungen, während die höheren Ebenen nur verstärkte Leitungen haben. Mit steigender Netzebene erhöht sich der Verstärkungsgrad, es sinkt die Belastung (Pupinisierung) der Leitungen; an Stelle von Zweidrahtleitungen treten Vierdrahtleitungen, an Stelle der zweidrähtigen Durchschaltung tritt die vierdrähtige Durchschaltung; Übertragungszeit, Übertragungsgeschwindigkeit, Echoerscheinungen, Echosperren usw. bekommen mit wachsender Länge der Leitungen, d. h. mit steigender Netzebene, immer größere Bedeutung.

Die vorstehenden Angaben sind naturgemäß nur ganz allgemeine Hinweise. Wieweit in der Praxis Abweichungen von einem derartigen theoretischen Grundplan zweckmäßig sein können, sei an einem kurzen Beispiel gezeigt. Es werde hierbei von der Definition der Netzgruppe ausgegangen, als dem Bereich, in dem man möglichst ohne Verstärker auskommen soll. Nach dem allgemeinen Fernleitungsplan (Dämpfungsplan) ist zwischen Teilnehmer und Netzgruppen-Mittelpunkt bis 1,5 N Dämpfung zulässig. Plant man aus kostenmäßigen Gründen diesen äußersten Grenzwert, so kann dies bei entsprechender Größe des Gesamtnetzes andererseits erfordern, daß das VF in den Netzgruppen-Mittelpunkt rückt und zum niedrigsten Fernamt wird, in dem noch Verstärkereinrichtungen aufgestellt werden. Das EF würde also in diesem Falle seine Bedeutung als Fernamt (und als Netzgruppen-Mittelpunkt) verlieren. Bei einer derartigen Planung erhalten die Netzgruppen Größen von 70 bis 100 km Durchmesser. Die VF werden sternförmig an ihr DF angeschlossen; die DF sind untereinander vermascht (vgl. auch Abschnitt VIII, 7 d, Schlußbeispiel).

## 7. KENNZAHLEN

Die gedankliche Aufteilung in fünf übereinander gelagerte Netzebenen ist in Bild 142 zeichnerisch wiedergegeben worden. Bild 147 zeigt ein Verteilerfernnetz in anderer Darstellung, in der die verschiedenen Netzebenen in einer Fläche gezeichnet sind. Das Verteilerfernnetz enthält ein Durchgangsfernamt 111 und sieben Verteilerfernämter 111[1]), 121, 131, 141, 151, 161 und 171 mit den End-

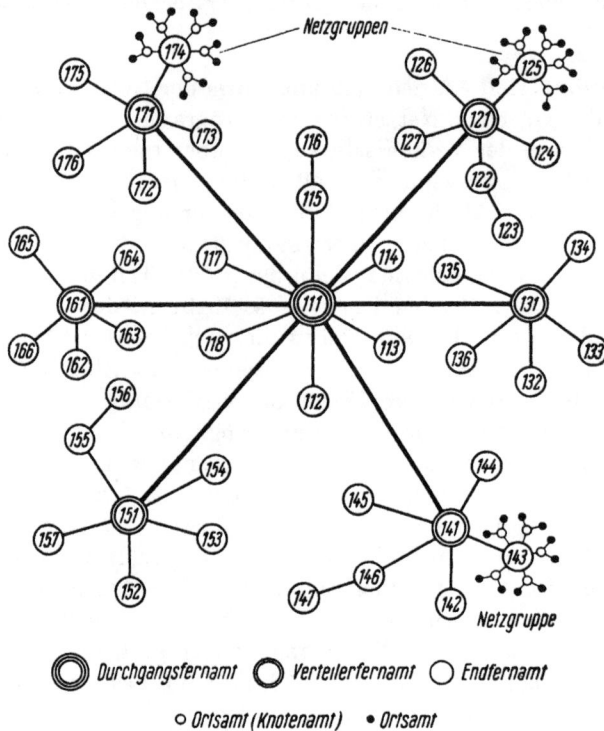

Bild 147.  Gliederung eines Verteilerfernnetzes mit Kennzahlenplan.

---

[1]) Jedes Durchgangsfernamt (hier 111) umfaßt nämlich gleichzeitig das Verteilerfernamt seines Endfernnetzes und das Endfernamt seiner Netzgruppe.

fernämtern der zugehörigen Endfernnetze. Bei den drei Endfernämtern 125, 143 und 174 sind die Netzgruppen angedeutet. Der gesamte Netzaufbau ist sternförmig angenommen.

In dieser Abbildung haben die einzelnen Fernämter Nummern. Diese geben an, wie die Fernämter erreicht werden können; denn vor der Anrufnummer des gewünschten fernen Teilnehmers müssen im Fernwählverkehr eine oder im allgemeinen mehrere Ziffern gewählt werden, wodurch das ferne Amt gekennzeichnet wird und die Verbindung sich bis dorthin aufbaut. Diese Ziffern nennt man die Kennzahl.

Unter **Kennzahl** versteht man den Teil der zu wählenden Nummer, durch den im Verbindungsaufbau das gewünschte Amt bezeichnet und erreicht wird. Die Kennzahlen können ein- oder mehrstellig sein.

Für Art, Größe und Stellenzahl der Kennzahlen gibt es keine festen Regeln. Die Kennzahlen müssen vielmehr stets auf die besonderen Verhältnisse des betreffenden Betriebsfalles abgestimmt sein. Sie müssen die Verkehrsbeziehungen zwischen den einzelnen Ämtern genau erfassen. Ihre Stellenzahl richtet sich nach der Größe des betreffenden Gebietes, d. h. nach der Zahl und u. U. nach der Größe der Ämter. Die Kennzahlen werden ferner von dem Verkehrsfluß und der Verkehrsstärke beeinflußt, d. h. von dem Anteil des Innen- und des Verbindungsverkehrs am Gesamtverkehr; dabei kann je nach Betriebsfall unter *Innenverkehr* der Verkehr innerhalb eines Amtes oder auch innerhalb eines Ortsnetzes verstanden werden.

Als Grundsatz ist dabei zu nennen, daß die Kennzahlen aus betrieblichen Gründen so einfach und klar wie nur irgendmöglich sein sollen, soweit dadurch nicht ein unwirtschaftlicher Aufwand hervorgerufen wird. Andererseits muß aber streng vermieden werden, etwa vorhandene technische Schwierigkeiten durch ein umständliches und unübersichtliches Numerierungssystem zu umgehen. Wichtig ist es, dem Teilnehmer den Wählverkehr weitgehend zu erleichtern und angenehm zu gestalten. Verwickelte Überlegungen, wann Kennzahlen und welche zu benutzen sind, oder vielstellige und schwer zu behaltende Kennzahlen, die erst mühsam irgendwelchen Zusammenstellungen entnommen werden müssen, können nur den Teilnehmer verärgern und zur Ablehnung des Wählverkehrs führen. Dieses weitgehende Abstimmen der Kennzahlen und damit der Betriebsart ist aber nur möglich, wenn das verwendete Wählsystem in jeder Beziehung anpassungsfähig ist.

Die Anpassungsfähigkeit des Wählsystems ist also für den Fernverkehr beinahe noch wichtiger als für den Ortsverkehr.

In der Praxis haben sich zwei Numerierungssysteme herausgebildet. Man unterscheidet offene Kennzahlen und verdeckte Kennzahlen bzw. in anderer Ausdrucksform Numerierung mit Kennzahlen und einheitliche Numerierung. Kennzahlen haben Bedeutung sowohl für die Kennzeichnung der einzelnen Ortsnetze im Fernnetz als auch für die Kennzeichnung der einzelnen Ämter in großen Ortsnetzen.

Bei **offenen Kennzahlen** bzw. bei der **Numerierung mit Kennzahlen** wird die Nummer, mit der man das ferne Amt erreichen kann, im Teilnehmerverzeichnis

offen hinter jedem Amts- bzw. Ortsnamen angegeben; sie erscheint also getrennt
von der Teilnehmer-Rufnummer. Eine offene Kennzahl wird nur im Verbindungsverkehr nach dem betreffenden Amt gewählt; wenn sich die Teilnehmer
dagegen im Innenverkehr anrufen wollen, so wählen sie lediglich die betreffenden
Teilnehmernummern.

Bei verdeckten Kennzahlen bzw. bei der einheitlichen Numerierung ist die Nummer,
mit der das ferne Amt bzw. Ortsnetz erreicht wird, ein Bestandteil der den Teilnehmern bekanntgegebenen Rufnummern. Diese setzen sich also aus der Kennzahl und der eigentlichen Teilnehmernummer zusammen. Die verdeckte Kennzahl
wird sowohl im Verbindungsverkehr als auch im Innenverkehr gewählt. Sie wird
daher vom Teilnehmer nicht als besondere Kennzahl empfunden.

Die Anwendung der beiden Kennzahlenarten soll im folgenden in großen Zügen
an Hand einiger Beispiele behandelt werden.

### a) Verwendung von offenen Kennzahlen

Die richtige Benutzung von offenen Kennzahlen durch die Teilnehmer setzt
voraus, daß die örtliche Trennung der einzelnen Ämter bzw. Ortsnetze ohne Mühe
erkennbar ist. Die Teilnehmer müssen also wissen, zu welchem Amt bzw. Ortsnetz die benutzte Sprechstelle gehört und wo der gewünschte Teilnehmer angeschlossen ist. In diesem Falle kann der Teilnehmer selbst mühelos die „Ver-
kehrsausscheidung" vornehmen; die Ermittlung der Kennzahl erfordert jedoch
Zeit und eine gewisse Übung.

Offene Kennzahlen verwendet man in einem Netz, wenn der Innenverkehr gegenüber dem abgehenden Verbindungsverkehr überwiegt. Die Teilnehmer haben
dann im eigenen Amt bzw. im Ortsverkehr lediglich die Teilnehmernummern zu
wählen, werden also für diese Verbindungen nicht mit dem Wählen der Kennzahl belastet. Soll dagegen eine Fernverbindung aufgebaut werden, so wird zuerst die Kennzahl gewählt. Dies kann entweder die Kennzahl des gewünschten
Amtes bzw. Ortsnetzes sein, wenn nämlich die betreffende Netzgruppe für Teil-
nehmer-Selbstwählverkehr eingerichtet ist; es kann aber auch eine Nummer sein,
die den Teilnehmer mit seiner Fernbeamtin verbindet, wenn nämlich die sog.
Beamtinnenfernwahl vorgesehen ist. Die offenen Kennzahlen bieten schließlich
den betrieblichen Vorteil, daß dem Teilnehmer bei Benutzung der Kennzahl bewußt wird, daß er ein höherwertiges Gespräch einleitet. Offene Kennzahlen
können, ebenso wie verdeckte Kennzahlen, für den Netzgruppenverkehr vorgesehen werden; für den weiterreichenden Fernverkehr haben nur offene Kennzahlen Bedeutung.

Als Beispiel für den Teilnehmer-Selbstwählfernverkehr sei die Netzgruppe in
Bild 148 herangezogen. Die dort abgebildeten Ämter haben dreistellige Kennzahlen, die jeweils mit einer „9" beginnen. Die 9 ist in diesem Falle die *Verkehrsausscheidungsziffer*, durch die der Teilnehmer anzeigt, daß die gewünschte Verbindung das eigene Amt verlassen soll. Die Netzgruppenknoten und die ihnen
netztechnisch zugehörigen Ämter haben in ihren Kennzahlen an zweiter Stelle
die gleiche Ziffer. Für die am Netzgruppen-Mittelpunkt unmittelbar angeschlossenen Ämter (973, 974 und 975) übernimmt dieser die Aufgabe eines Netz-

gruppenknotens. Im Netzgruppen-Mittelpunkt ist gleichzeitig das Endfernamt errichtet.

Es wird angenommen, daß der Ortsverkehr der einzelnen Ämter überwiegt und daß der größte Teil des Fernverkehrs sich über die Netzgruppe verteilt bzw. über das Endfernamt in höhere Netzebenen fließt, während nur ein kleiner Teil des Fernverkehrs in die nähere Umgebung der einzelnen Ämter gerichtet

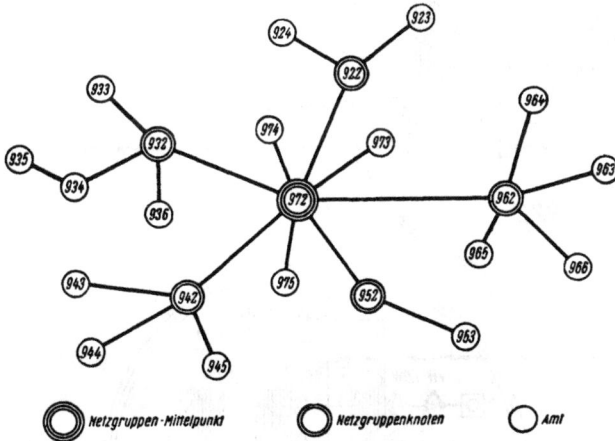

Bild 148. Netzgruppe mit dreistelligen offenen Kennzahlen.

ist. Beim Abheben des Handapparates bleibt die Verbindung dann zunächst im eigenen Amt (z. B. 945) und belegt dort einen I. GW. Nach Wahl der Verkehrsausscheidungsziffer 9 schaltet sich die Verbindung selbsttätig bis zum Netzgruppen-Mittelpunkt durch, auch wenn ein oder mehrere Ämter dazwischenliegen (z. B. zwischen 945 und 972 das Amt 942). Bild 149 läßt Einzelheiten erkennen. Nach Wahl der Verkehrsausscheidungsziffer 9 wird in 945 eine Relaisübertragung Ue und damit eine Fernleitung nach 942 belegt; die Verbindung schaltet in 942 sofort über die Gegenübertragung Ue, einen Umsteuerwähler UW, Übertragung Ue der Fernleitung nach 972 und dort über die Gegenübertragung Ue nach einem II. GW durch. Alle II. GW des Fernverkehrs sind bei der hier behandelten Anordnung im Netzgruppen-Mittelpunkt aufgestellt; über sie wird die Richtung nach dem gewünschten Netzgruppenknoten ausgewählt. Über die Aufgaben der Übertragungen Ue wird in Abschnitt IX, 1 gesprochen. Bei Wahl der nächsten Ziffer (z. B. 2) wird die Verbindung über Ue, Fernleitung, Ue bis zum III. GW desjenigen Netzgruppenknotens verlängert, zu dessen Bereich das gewünschte Amt gehört. Die dritte Ziffer (z. B. 3) vervollständigt dann die Verbindung bis zum Amt des Teilnehmers, der angerufen werden soll.

Durch Wählen der Ziffern 9, 2 und 3 ist also vom Amt 945 aus die Verbindung mit dem Amt 923 hergestellt und dort ein Ferngruppenwähler (FGW) belegt worden. Diese FGW sind mit den I. GW des Amtes vielfachgeschaltet, d. h. die Verbindung ist auf der gleichen Stufe angelangt, wie bei einem Teilnehmer von 923, der gerade seinen Handapparat abgehoben hat. Zur Vervollständigung

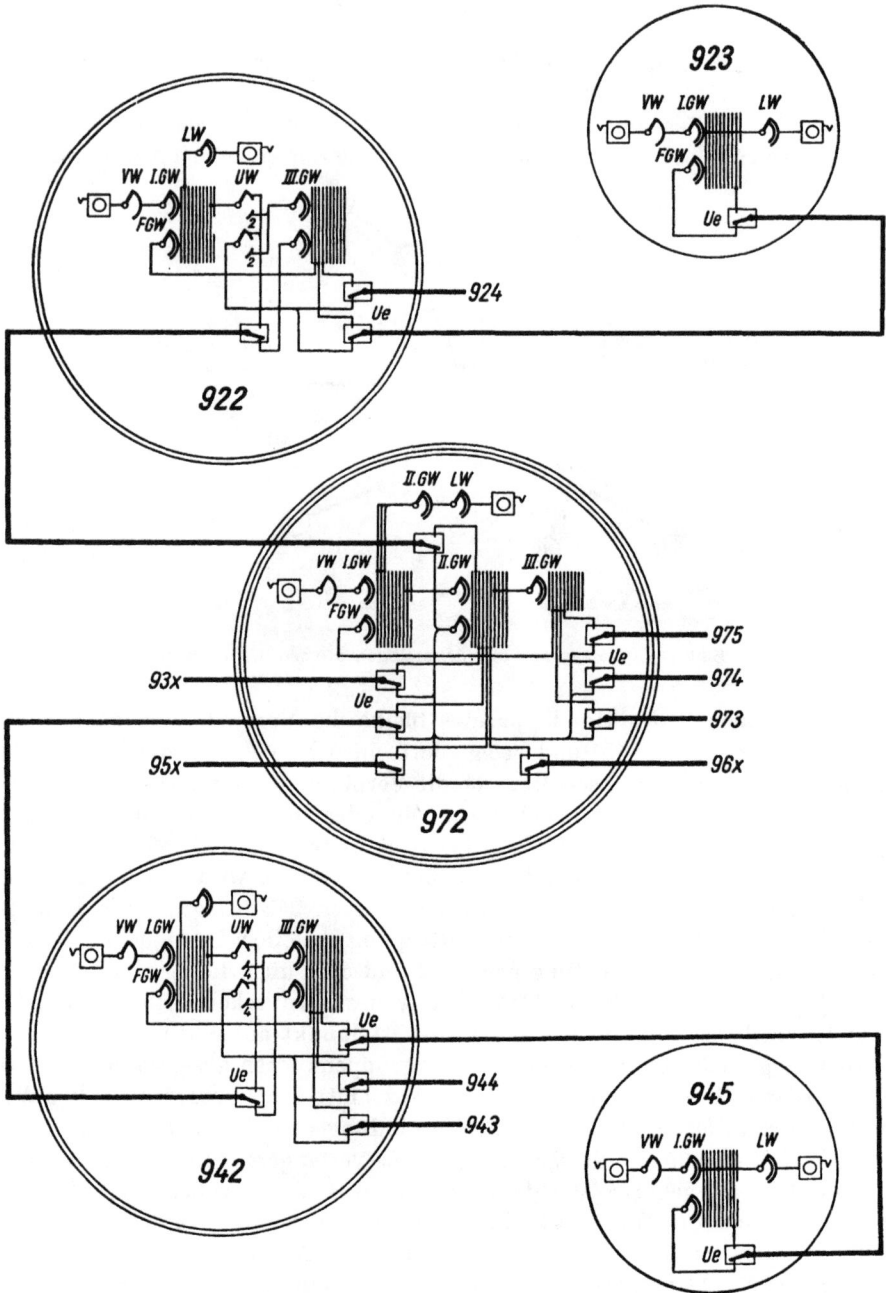

Bild 149. Auszug aus der Wählerübersicht einer Netzgruppe mit offenen Kennzahlen.

der Verbindung braucht nun nur noch die Rufnummer des gewünschten Teilnehmers gewählt zu werden. Die Vielfachschaltung zwischen den FGW und den I. GW bezieht sich naturgemäß nur auf die Dekaden, für die der ferne Teilnehmer und die Ortsteilnehmer „gleichberechtigt" sind. In Bild 149 könnten z. B. an die 0. Dekade der I. GW Dienststellen oder Leitungen angeschlossen werden, die für einen fernen Teilnehmer nicht erreichbar sein sollen.

Wird eines der Ämter gewünscht, die noch vor dem Netzgruppen-Mittelpunkt liegen (von 945 aus z. B. 942, 943 oder 944), so wird zwar die Verbindung beim Wählen der Verkehrsausscheidungsziffer 9 kurzzeitig bis zum Mittelpunkt vorbereitet; die zu weit reichenden Abschnitte werden jedoch sofort wieder freigegeben, wenn es sich beim Wählen der betreffenden Ziffern herausstellt, daß sie für das Gespräch überflüssig sind. Auf die hierfür verwendeten Schalteinrichtungen, sog. Umsteuerwähler UW, wird in Abschnitt IX, 6 b näher eingegangen; dort wird auch das gezeichnete Beispiel weiter behandelt werden. Ebenso wird später der Einfluß der hierbei entstehenden „Blindbelegungen" besprochen werden (vgl. Abschnitt VIII, 7 e).

Hätte in dem Beispiel zwar der Ortsverkehr überwogen, wäre aber der Fernverkehr in bestimmten Gebieten größtenteils in die nähere Umgebung der betreffenden Ämter gerichtet gewesen, so müßte man eine andere Anordnung treffen (vgl. Abschnitt VIII, 7 c).

### b) Verwendung von verdeckten Kennzahlen

Bei verdeckten Kennzahlen braucht den Teilnehmern die Zugehörigkeit der Sprechstellen zu ihren Ämtern bzw. Ortsnetzen nicht bekannt zu sein. Der Teilnehmer braucht ferner die Kennzahl nicht erst vor der Verbindungsherstellung zu ermitteln. Bei dieser Betriebsart wird in jedem Fall die im Teilnehmerverzeichnis angegebene Nummer gewählt, in der die Kennzahl „verdeckt" enthalten ist. Die Kennzahl muß also auch bei Verbindungen mitgewählt werden, die innerhalb des eigenen Amtsbereiches bzw. innerhalb des betreffenden Ortsnetzes (Innenverkehr) bleiben.

Verdeckte Kennzahlen verwendet man daher in einem Netz, in dem der Innenverkehr hinter dem Verbindungsverkehr zum Hauptamt zurücktritt. Sie sind ferner dann am Platz, wenn die örtliche Trennung der einzelnen Ämter oder Ortsnetze für die Teilnehmer nicht deutlich ist oder nicht in Erscheinung treten soll. Verdeckte Kennzahlen haben Bedeutung für den Verbindungsverkehr in großen Ortsnetzen und, ebenso wie offene Kennzahlen, auch im Netzgruppenverkehr; im weiterreichenden Fernverkehr dagegen müssen stets offene Kennzahlen herangezogen werden.

Als Beispiel sei in Bild 150 eine Netzgruppe betrachtet, die denselben Aufbau zeigt wie die vorher in Bild 148 besprochene Netzgruppe. Es sei hier jedoch eine völlig gegensätzliche Verkehrsverteilung angenommen. Der größte Teil des Verkehrs soll als Fernverkehr zum wirtschaftlichen Mittelpunkt, dem Hauptamt, gerichtet sein, dort entweder verbleiben bzw. in die höheren Netzebenen fließen oder zu einem anderen Amt der Netzgruppe ausstrahlen; der Ortsverkehr hingegen trete weit hinter dem Verbindungsverkehr zurück. In diesem Fall wird eine Numerierung mit verdeckten Kennzahlen zweckmäßig. Die Teilnehmer erhalten also Rufnummern, in denen die Kennzahlen irgendwie schon enthalten sind. Dabei kann die Stellenzahl der verdeckten Kennzahlen verschieden sein, ganz wie es die zweckmäßigste Ausführung erfordert; ebenso können die eigentlichen Teilnehmer-Rufnummern je nach Amtsgröße verschieden-stellig sein. Die Rufnummern in Bild 150 sind z. B. drei- bis fünfstellig ange-

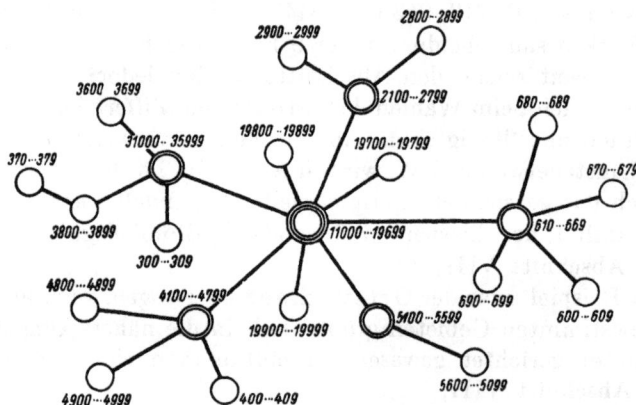

Bild 150. Netzgruppe mit verdeckten Kennzahlen.

geben; die ersten zwei oder drei Ziffern bilden in diesem Ausführungsbeispiel jeweils die verdeckten Kennzahlen.

Die Technik sieht dann beispielsweise vor (Bild 151), daß die Verbindung beim Abheben des Handapparats sofort selbsttätig bis zum Netzgruppen-Mittelpunkt durchgeschaltet wird. Dort sind also die I. GW für die gesamte Netzgruppe aufgestellt. Wählt der Teilnehmer die Anrufnummer des Hauptamtes, so verbleibt die Verbindung dort; wünscht er ein Amt, das zu einem anderen Netzknoten gehört, so baut sich die Verbindung dorthin weiter auf. In beiden Fällen wird ein II. GW belegt, entweder im Hauptamt oder in einem Knotenamt; über diesen II. GW findet dann die weitere Auswahl statt. Wählt der Teilnehmer aber eine Ortsverbindung oder eine Verbindung nach einem Amt, das im Leitungszuge zum Mittelpunkt liegt, so werden von den vorbereitend belegten Leitungen alle freigegeben, die nicht zur Sprechverbindung erforderlich sind. Die Entscheidung, ob Orts- oder Fernverbindung, wird in Bild 150 durch die erste, zweite oder dritte Ziffer der zu wählenden Nummer getroffen. Jedes Knotenamt hat mit den netztechnisch zugeordneten Ämtern die gleichen Anfangsziffern. Man kann sich hierbei ein Knotenamt mit den zugeordneten Ämtern als eine Amtseinheit denken, bei der die Wähleinrichtungen für einige Teilnehmertausende, Teilnehmerhunderte usw. herausgezogen und in Nachbarorten aufgestellt worden sind. Das Abbauen der nichtbenötigten Leitungsabschnitte bei Verbindungen, die nicht zum Mittelpunkt reichen, wird wieder von Umsteuerwählern UW vorgenommen. Dabei überwachen Mitlaufwerke die Nummernwahl des Teilnehmers und stellen ihm

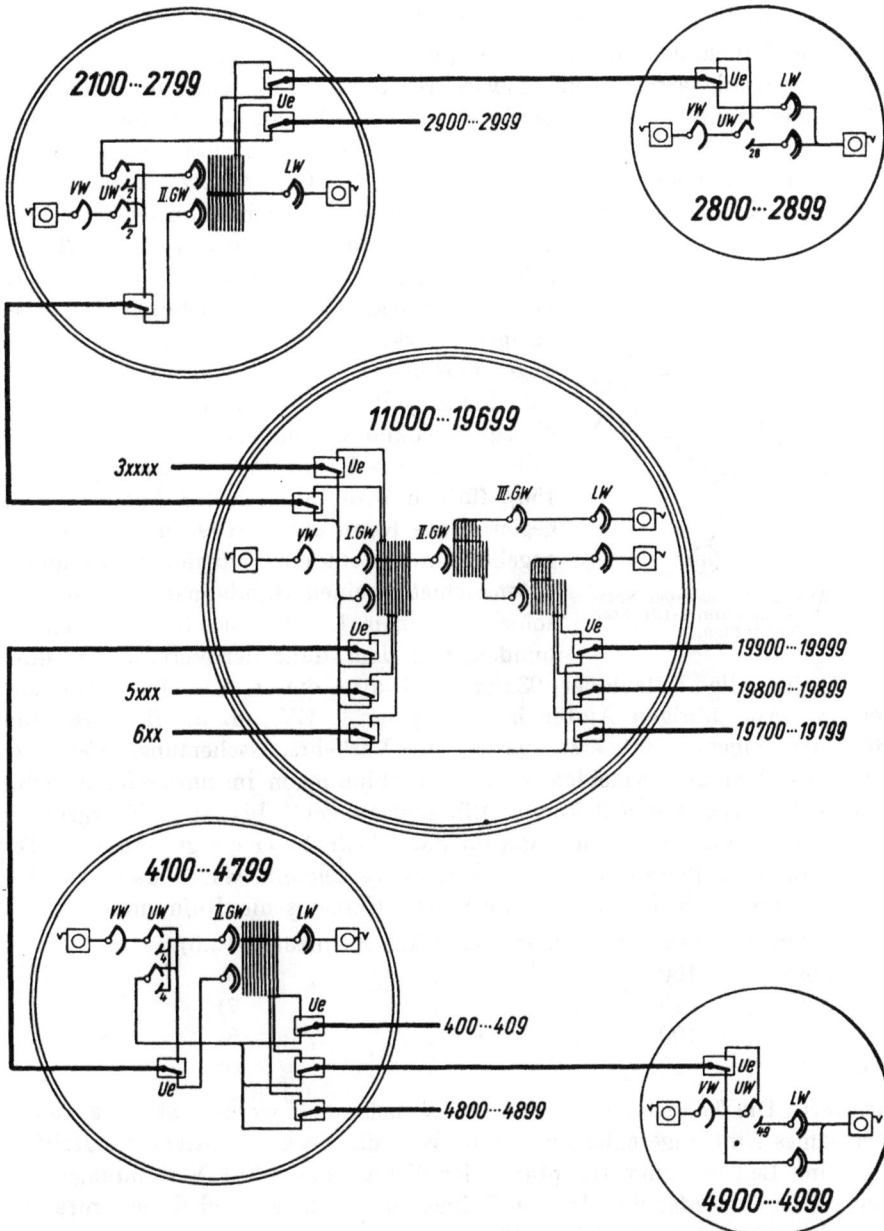

Bild 151. Auszug aus der Wählerübersicht einer Netzgruppe mit verdeckten Kennzahlen.

den wirtschaftlichsten Weg zur Verfügung (vgl. Abschnitt IX, 6 b). Die Ziffern an den Ausgängen der UW in Bild 151 geben an, auf welche Stromstoßreihen hin umgesteuert wird.

## c) Verwendung von offenen und verdeckten Kennzahlen im gleichen Netz

Liegen die Verkehrsbeziehungen derart, daß den Verhältnissen durch keine der beiden Kennzahlenarten allein einwandfrei entsprochen wird, so wendet man beide Numerierungssysteme in dem gleichen Netzplan an. Die Teilnehmer sehen dann diejenigen Ämter, die durch verdeckte Kennzahlen zusammengeschlossen sind, gefühlsmäßig als ein einziges Amt an. Das Gesamtnetz scheint, obwohl beide Kennzahlenarten vorkommen, nur offene Kennzahlen zu enthalten.

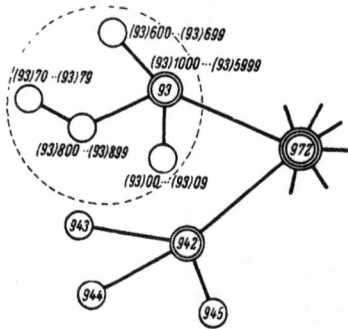

Bild 152. Ausschnitt aus einer Netzgruppe mit offenen und verdeckten
Kennzahlen.

Hierher würde das oben kurz erwähnte Beispiel gehören, wenn die Ämter eines der Netzknoten besonders starke Verkehrsbeziehungen zu ihrem eigenen Netzknoten bzw. zu den anderen dort angeschlossenen Ämtern haben. Dies ist in Bild 152 angedeutet, in dem für das Gebiet des Netzgruppenknotens mit einer „3" als zweiter Ziffer verdeckte Kennzahlen (entsprechend Bild 150), für den Hauptaufbau der Netzgruppe dagegen offene Kennzahlen (wie in Bild 148) angegeben sind. Hebt ein Teilnehmer des umrandeten Gebietes seinen Handapparat ab, so ist er sofort mit einem I. GW seines Knotenamtes verbunden, von dem dann der Verbindungsaufbau ausgeht; für alle Teilnehmer 93xxx sind also die I. GW im Knotenamt vereinigt. Alle übrigen Ämter haben eigene I. GW, d. h. die Verbindung verläßt das eigene Amt erst, wenn die Verkehrsausscheidungsziffer 9 gewählt wird. Um zu vermeiden, daß für Verbindungen im umrandeten Gebiet durch Wählen der 9 und 3 kurze „Blindbelegungen" bis zum Netzgruppen-Mittelpunkt vorkommen, kann man für diese Teilnehmer ein gemeinsames Teilnehmerverzeichnis herausgeben. In diesem Verzeichnis wären dann für Verbindungen innerhalb des zusammengefaßten Gebietes die Rufnummern

```
1000...5999 (= 5000 Teilnehmer, verdeckte Kennzahl: 1...5)
 600...699  (=  100     ,,           ,,        ,,   6)
  70...79   (=   10     ,,           ,,        ,,   7)
 800...899  (== 100     ,,           ,,        ,,   8)
  00...09   (=   10     ,,           ,,        ,,   0)
```

aufgeführt. Die Teilnehmer würden also so behandelt werden, als ob sie an ein gemeinsames Amt angeschlossen wären. Erst die Verkehrsausscheidungsziffer 9 belegt eine Leitung zum Hauptamt der Netzgruppe. Für Verbindungen von außen gelten entweder die gleichen Teilnehmernummern, wobei das umrandete Gebiet die offene Kennzahl 93 erhält; oder es werden die Anrufnummern

$$931\,000...935\,999,$$
$$93\,600...93\,699 \text{ usw.}$$

angegeben.

Eine ähnliche Kennzahlenvergebung würde beispielsweise in allen Netzgruppen erforderlich sein, in denen Großstädte liegen. In einer Großstadt sind die Wähleinrichtungen in verschiedenen Ämtern untergebracht, die möglichst so gelegt werden, daß die günstigste Leitungsführung für Teilnehmer- und Verbindungsleitungen entsteht. So ist Berlin beispielsweise gegenwärtig in 9 Bezirke eingeteilt, von denen jeder ohne Berücksichtigung der Unterämter 10 Ortsämter aufnehmen kann. Da der Verkehr zum größten Teil das eigene Amt verläßt und den Teilnehmern ferner nicht zugemutet werden darf, bei jeder Verbindung die Zugehörigkeit der benutzten und der gewünschten Sprechstelle festzustellen, hat Berlin verdeckte Kennzahlen. In den sechsstelligen Anrufnummern Berlins bezeichnet die erste Ziffer den Bezirk, in dem das gewünschte Amt liegt, die zweite bzw. die zweite und dritte Ziffer das gewünschte Amt selbst, je nachdem dieses ein Haupt- oder Unteramt ist. Entsprechend bilden erst die vier bzw. drei letzten Ziffern die eigentlichen Teilnehmernummern. Wenn um Berlin nun eine vollselbsttätige Netzgruppe eingerichtet werden würde, so könnte Berlin von außen mit einer offenen Kennzahl erreicht werden, während das eigentliche Ortsamt des gewünschten Teilnehmers wie bisher durch die verdeckte Kennzahl bestimmt würde. Die Verbindungen innerhalb Berlins dagegen würden wie bisher mit sechsstelligen Anrufnummern aufgebaut, in denen die verdeckten Kennzahlen enthalten sind.

Die Art des Verbindungsaufbaues und der Kennzahlenvergebung richtet sich also stets nach der Größe der Netzgruppe, nach den Verkehrsbeziehungen und nach dem Anteil, den Innen- und Verbindungsverkehr am Gesamtverkehr eines Amtes oder eines Ortsnetzes haben.

### d) Kennzahlen in höheren Ebenen

An die Fernämter sind unmittelbar keine Teilnehmer angeschlossen, d. h. die Fernämter führen nur Durchgangsverkehr. Sofern die EF, VF, DF und ZF Wählerämter sind, bestehen sie im einfachsten Falle jeweils aus einer Wählerstufe. Entsprechend hat die Kennzahl des fernen Amtes je eine Ziffer für jedes Wähler-Fernamt, das im Verbindungsaufbau über die höheren Netzebenen herangezogen wird. Hierfür ist es ohne Bedeutung, ob der Ausgangspunkt des weiterreichenden Fernverkehrs für halbselbsttätigen Betrieb eingerichtet ist, bei dem die Fernbeamtin den gewünschten Teilnehmer wählt (Beamtinnen-Fernwahl), oder ob die Teilnehmer sich ihre Verbindungen auch über die Fernämter der höheren Ebenen selbst herstellen können. Grundsätzlich erfordert der Aufstieg der Verbindung vom eigenen EF bis zum Fernamt der jeweils in Betracht kommenden Netzebene je eine Ziffer (im allgemeinen „0"). Anschließend wird für den Abstieg je Netzebene wieder eine Ziffer benötigt, bis das EF des gewünschten Teilnehmers erreicht ist.

Bild 153 deutet die Kennzahlen für diese Betriebsweise an; in Bild 154 ist die zugehörige Wählerübersicht gezeichnet. Für jeden VF-Bereich sind in dem Beispiel nur die beiden EF mit den Kennzahlen 2 und 3 gezeichnet, für jeden DF-Bereich nur die beiden VF mit den Kennzahlen 2 und 6, für den ZF-Bereich nur die beiden DF mit den Kennzahlen 3 und 5. Die EF befinden sich im Netzgruppen-Mittelpunkt. Bei der Anordnung von Bild 153 und 154 muß für Verbindungen zwischen zwei EF beispielsweise gewählt werden:

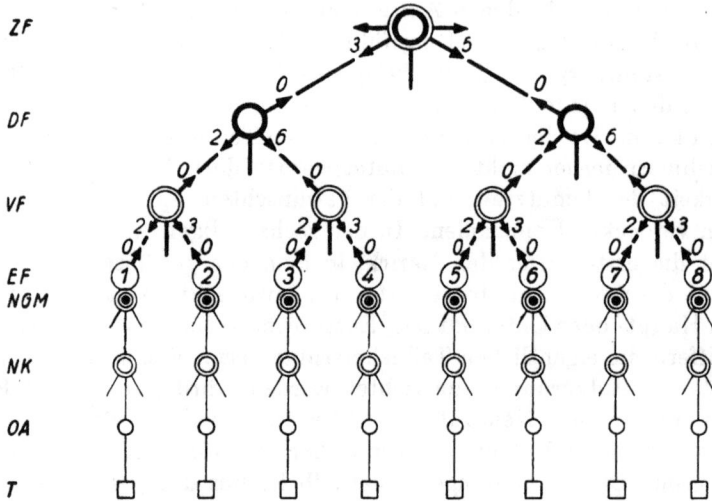

Bild 153. Beispiel für Kennzahlen in höheren Netzebenen.

ZF = Zwischenstaatliches Fernamt.
DF = Durchgangsfernamt.
VF = Verteilerfernamt.
EF = Endfernamt.
NGM = Netzgruppenmittelpunkt.
NK = Netzgruppenknoten.
OA = Ortsamt.
T = Teilnehmer.

von EF1 nach EF2 die Kennzahl      03 (über ein Endfernnetz),
„   EF1   „   EF3 „     „      00 62 (  „    „   Verteilerfernnetz)
„   EF1   „   EF4 „     „      00 63 (  „    „       „      )
„   EF1   „   EF5 „     „     00 05 22 (  „    „   Durchgangsfernnetz)
„   EF1   „   EF6 „     „     00 05 23 (  „    „       „      )
„   EF1   „   EF7 „     „     00 05 62 (  „    „       „      )
„   EF1   „   EF8 „     „     00 05 63 (  „    „       „      )

oder allgemein

2 Ziffern nach EF des eigenen Endfernnetzes,

4 Ziffern nach EF eines anderen Endfernnetzes des eigenen Verteilerfernnetzes,

6 Ziffern nach EF eines Endfernnetzes eines anderen Verteilerfernnetzes des
eigenen Durchgangsfernnetzes.

Je Netzebene ist also eine Ziffer für den Aufstieg und eine Ziffer für den Abstieg erforderlich. Der Verbindungsaufbau ist klar und einfach; mit wachsender
Entfernung, d. h. mit steigender Netzebene, wächst die zu wählende Stellenzahl.
Die Kennzahlen der einzelnen EF sind zwar einheitlich für alle EF des gleichen
Endfernnetzes, jedoch für das gesamte Landesnetz unterschiedlich je nach
der Ursprungsstelle der Verbindung. Dadurch sind gewisse geographische Kenntnisse des Anrufenden, besonders in bezug auf die Grenzgebiete der Netze, erforderlich und damit allgemein das Studium von entsprechenden Tabellen.

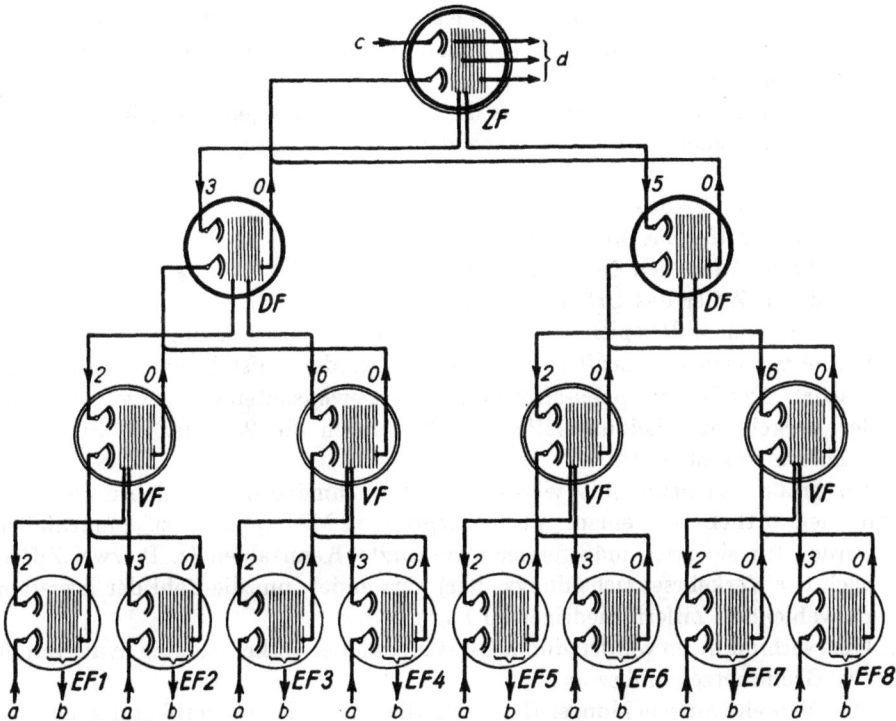

Bild 154. Auszug aus der Wählerübersicht für Fernämter höherer Netzebenen.

ZF = Zwischenstaatliches Fernamt.    a = aus der Netzgruppe.
DF = Durchgangsfernamt.    b = in die Netzgruppe.
VF = Verteilerfernamt.    c = von anderen ZF.
EF = Endfernamt.    d = nach anderen ZF.

Für große Landesnetze ergibt sich also die Aufgabe, die zuletzt genannten Erschwerungen durch eine geeignete Technik zu beseitigen und gleichzeitig die Stellenzahl der Kennzahlen möglichst zu verringern. Zur Erklärung sei das Schlußbeispiel von Abschnitt VIII, 6 weitergeführt.

Dort war angegeben, daß die VF mit den Netzgruppen-Mittelpunkten zusammenfallen; sie sind sternförmig an ihr DF angeschlossen. Die DF seien — ausreichende Verkehrsbeziehungen vorausgesetzt — untereinander vermascht, um die Zahl der Schaltstellen in den Weitverbindungen niedrig zu halten. Dieses Maschennetz der DF ist die höchste Netzebene des Landes. Die Betriebsabwicklung in einem derartigen Netzplan kann dann durch folgende Punkte gekennzeichnet werden:

a) Im Ortsverkehr wird, wie üblich, nur die Orts-Anrufnummer gewählt, die in großen Ortsnetzen verdeckt die Kennzahlen der Ortsämter enthält.

b) Für eine Fernverbindung wird die Verkehrsausscheidungsziffer „0" gewählt, wodurch sich die Verbindung vom Ortsamt über Knotenamt, Netzgruppen-Mittelpunkt (VF) bis zum DF durchschaltet.

c) Von jedem DF aus gelten gleiche Kennzahlen für das gesamte Landesnetz, d. h. jedes Amt hat eine feste Kennzahl, unabhängig von der Ursprungsstelle der Verbindung.

d) Die Kennzahlen ergeben sich aus der Regel, daß für jede Netzebene nur eine Ziffer vorgesehen wird, d. h. nach der Verkehrsausscheidungsziffer „0" bestimmt

     die 1. Ziffer das DF (max. 10 DF),
     die 2. Ziffer das VF (Netzgruppen-Mittelpunkt),
     die 3. Ziffer den Netzgruppenknoten,
     die 4. Ziffer das Ortsnetz bzw. das Ortsamt.

Gegenüber dem Beispiel von Bild 153/154 werden also, abgesehen von der Verkehrsausscheidungsziffer „0", die Ziffern der aufsteigenden Verbindung gespart. Der Netzgruppen-Mittelpunkt des gewünschten Ortsnetzes wird nach der Verkehrsausscheidungsziffer bereits durch die 2. Ziffer an Stelle von 5 Ziffern angesteuert.

e) Da große Ortsnetze mit vielstelligen Teilnehmer-Anrufnummern im allgemeinen örtlich mit einem VF (Netzgruppen-Mittelpunkt) zusammenfallen, werden für sie zweckmäßigerweise verkürzte Kennzahlen (z. B. zwei Ziffern nach der Verkehrsausscheidungsziffer) verwendet, um die Zahl der insgesamt zu wählenden Ziffern niedriger zu halten.

f) Querverbindungen werden durch Umsteuerwähler verkehrsmäßig in die Bündel des Grundnetzes einbezogen.

g) Die Verkehrsausscheidungsziffer „0", die ja jede Fernverbindung einleitet und damit, ähnlich wie in Nebenstellenanlagen die Maßnahme für abgehende Amtsverbindungen, dem Teilnehmer als erste Handlung geläufig ist, braucht nicht als Bestandteil der Kennzahlen angegeben zu werden. Dadurch bleiben die Kennzahlen für ein großes Landesnetz nach obiger Aufteilung zwei- bis vierstellig.

In dieser Weise kann man je nach den vorliegenden Verhältnissen durch geeignete Gruppierungsmaßnahmen und durch Einsatz besonderer Schalteinrichtungen (Weichen, Umsteuerwähler) die Stellenzahl der zu wählenden Kennzahl verringern. Desgleichen ist die Stellenzahl niedriger, wenn man die Zahl der möglichen Fernämter je Netz beschränkt, um dadurch Dekaden für andere Richtungen, z. B. innerhalb einer höheren Ebene freizubekommen (z. B. in Bild 154 für das ZF gezeichnet).

### e) Blindbelegungen

Bei dem Beispiel mit offenen Kennzahlen war angegeben worden, daß die Verbindung bei Wahl der Verkehrsausscheidungsziffer vorbereitend bis zum Mittelpunkt der Netzgruppe aufgebaut wird. Die zweite Ziffer entscheidet dann erst, ob der so belegte Leitungsabschnitt beibehalten oder wieder abgebaut werden soll. Ähnlich wurde in dem Beispiel für verdeckte Kennzahlen angegeben, daß die Verbindung bis zum Mittelpunkt bereits vorbereitet wird, wenn der Teilnehmer seinen Handapparat abhebt. Hierbei entscheidet im allgemeinen die erste Ziffer über die Beibehaltung oder Wiederaufgabe des betreffenden Verbindungsabschnittes. In den beiden Fällen hat, wenn ein Abschnitt wieder aufgegeben wird, eine sog. Blindbelegung stattgefunden.

Unter **Blindbelegung** versteht man eine vollgültige Belegung, die auf Grund der Verbindungseinleitung oder der Nummernwahl vorbereitend durchgeführt, aber im weiteren Verlauf der Nummernwahl selbsttätig wieder aufgehoben wird.

Der Einfluß der Blindbelegungen wird im ersten Beispiel (offene Kennzahlen) geringer sein als im zweiten Beispiel (verdeckte Kennzahlen), da man annehmen kann, daß die Teilnehmer zum mindesten zügig wählen. Während also eine Blindbelegung zwischen zwei Ziffern der Nummernwahl im Durchschnitt stets kurz sein wird, kann sie vor der Nummernwahl, also bei verdeckten Kennzahlen, fühlbar werden. Bild 155 zeigt die errechnete Mehrbelastung der Verbindungsleitungen durch Blindbelegungen in Abhängigkeit vom Anteil der Ortsverbindungen am Gesamtverkehr des Amtes (Lit. 7); für Kurve a ist der Betriebsfall zugrunde gelegt, daß der Teilnehmer die Verbindungsleitung

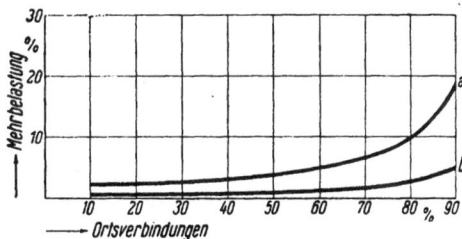

Bild 155. Einfluß der Blindbelegung von Verbindungsleitungen. Mehrbelastung der Verbindungsleitungen in % von der Gesamtbelastung in Abhängigkeit vom Anteil der Ortsverbindungen am Gesamtverkehr.

a = Mehrbelastung durch Belegen der Verbindungsleitungen beim Abheben.
b = Mehrbelastung durch Belegen der Verbindungsleitungen beim Wählbeginn.

sofort beim Abheben des Handapparates belegt. Die Kurve ergab sich für Blindbelegungszeiten von etwa 4 s, nämlich bei einer durchschnittlichen Wartezeit von 3 s vor Beginn der Stromstoßgabe und bei einer Wählzeit für die erste Ziffer von 1 s; als mittlere Belegungsdauer der Fernverbindungen wurde 3,5 min eingesetzt. Die Länge der Ortsanrufe hat keinen Einfluß auf diese Rechnung. Das Bild zeigt, daß bei richtiger Planung — denn diese Betriebsart ist ja nur für geringen Innenverkehr bestimmt — die Mehrbelastung ohne große Bedeutung ist.

Ergibt sich jedoch die Notwendigkeit, zahlreiche Blindbelegungen in Kauf zu nehmen, so kann ihr Einfluß durch eine andere Technik auf einen vernachlässigbaren Wert gesenkt werden. Die Belegung der Verbindungsleitung findet dann noch nicht beim Abheben, sondern erst mit dem Aussenden des ersten Wahlstromstoßes statt. Die Blindbelegungszeit ist dadurch von durchschnittlich 4 s auf höchstens 1 s gesenkt worden, entsprechend der längsten wirksamen Ablaufzeit des Nummernschalters. Dadurch ergibt sich in Bild 155 eine Mehrbelastung der Verbindungsleitungen nach Kurve b, die in jedem Fall vernachlässigbar kleine Werte zeigt.

Dieses Beispiel wurde hier so ausführlich gebracht, um wieder auf die Wichtigkeit hinzuweisen, die der Anpassungsfähigkeit des verwendeten Wählsystems beizumessen ist. Der Vollständigkeit halber, obwohl kaum von der gleichen Bedeutung, sei darauf hingewiesen, daß ähnliche Vorkehrungen auch für die Blindbelegungen zwischen zwei Wahlreihen, also z. B. nach der Verkehrsausscheidungsziffer bei offenen Kennzahlen, möglich sind.

### f) Kennzahlenvergebung und Wählsystem

Bei jeder Netzgestaltung und bei jeder Kennzahlenvergebung ist es wichtig, auch die zukünftige Entwicklung des betreffenden Gebietes zu berücksichtigen. Um aber stets die für Teilnehmer und Verwaltung günstigste Betriebsart vorsehen zu können, muß das zur Verfügung stehende Wählsystem selbst in hohem Grade anpassungsfähig und u. a. gleich gut geeignet sein für große, kleine und kleinste Ämter. Andernfalls kann man, wie dies z. B. in nichtdekadischen Systemen unter Umständen geschieht, bestimmte Forderungen nur mit größerem Aufwand erfüllen bzw. muß für einzelne Anlagen ganz von dem allgemein im Netz verwendeten System abweichen. Wie weit die Forderungen unter Umständen reichen, die von den Verwaltungen bzw. auf Grund der vorliegenden Verhältnisse gestellt werden, zeigen beispielsweise die zahlreichen vom Siemens-Universalsystem erfüllten Betriebsbedingungen. Dieses System, nach dem Netzgruppen der unterschiedlichsten Größe und Betriebsart in verschiedenen Ländern eingerichtet sind, gestattet unter anderem folgende Möglichkeiten:

1. Bildung vollselbsttätiger Netzgruppen,
2. Bildung halbselbsttätiger Netzgruppen,
3. Bildung von Netzgruppen mit voll- und halbselbsttätigen Bezirken bzw. Ämtern unter Verwendung der gleichen Leitungsbündel, also ohne Bündeltrennung,
4. Anschluß von Ämtern mit Zentralbatterie(ZB)-Speisung,
5. Anschluß von Ämtern mit Ortsbatterie(OB)-Speisung,
6. Anschluß von ZB- und OB-Sprechstellen an das gleiche Amt,
7. Wählbetrieb sowohl für ZB- als auch für OB-Sprechstellen,
8. Anschluß von Sprechstellen für voll- oder für halbselbsttätigen Betrieb an das gleiche Amt,
9. Numerierung in den Netzgruppen mit offenen oder verdeckten Kennzahlen bzw. mit offenen und verdeckten Kennzahlen,
10. Einsatz in Netzen mit Ämtern der unterschiedlichsten Verkehrsstärken und Verkehrsbeziehungen, mit geringer oder großer Teilnehmerdichte, mit gut und schlecht zu pflegenden Teilnehmerleitungen, also in Netzen jeder Art und Größe,
11. weitgehende Berücksichtigung späterer Entwicklungsmöglichkeiten,
12. leichte Änderung der Betriebsform bei Veränderung des wirtschaftlichen Charakters der Gegend,
13. größte Sicherheit im technischen Aufbau des Systems; geringe Wartung, Fernüberwachung der kleinen Unterämter.

# IX. FERNWAHL UND BESONDERE EINRICHTUNGEN IM FERNWÄHLVERKEHR

Der Fernwählverkehr — einerlei, ob hierbei der Teilnehmer selbst oder für ihn die Beamtin seines Fernamtes wählt — hat dem selbsttätigen Innenverkehr gegenüber den bestimmenden Unterschied, daß bei ihm Schalteinrichtungen über größere Entfernungen hinweg „ferneingestellt" werden. Zu diesem Zweck müssen sowohl die Stromstöße der Nummernwahl nach fernen Ämtern übertragen, als auch andere Zeichen zwischen den einzelnen Ämtern ausgetauscht werden. Unter „Zeichen" sollen hier nicht die *Hörzeichen* (Wähl-, Ruf- oder Besetztzeichen) sondern Zeichenstromstöße *(Schaltkennzeichen)* verstanden werden, die während des Verbindungsauf- und -abbaues zum Einstellen, Steuern, Auslösen usw. verwendet werden.

Die einfachste Art, Verbindungen von Amt zu Amt im Wählverkehr herzustellen, besteht darin, daß man die I., II., III. usw. GW in verschiedenen Ämtern anordnet. Zwischen den betreffenden Wahlstufen befinden sich dann an Stelle der a/b/c-Leitungen von einigen Metern solche, die ein oder mehrere Kilometer lang sind. Schaltungstechnisch entspricht diese Verkehrsart dem Innenverkehr. Man bezeichnet sie mit *dreiadrigem Verbindungsverkehr*, da sowohl die beiden a/b-Sprechadern als auch die c-Prüfader von Amt zu Amt geführt werden. Diese Art des Verbindungsverkehrs findet man innerhalb großer Ortsnetze, in denen aus der Zeit der Handvermittlung noch ein entsprechend umfangreicher Leitungsvorrat vorhanden ist und ausgenutzt werden kann.

Die Reichweite eines derartigen dreiadrigen Verbindungsverkehrs ist naturgemäß beschränkt. In den sog. Reichspostsystemen bzw. im Siemenssystem findet man im allgemeinen folgende **Reichweite für dreiadrigen Verkehr:**

a/b-Adern zwischen I. GW und LW: $0...1500\ \Omega$ je Ader,

c-Ader zwischen zwei Wahlstufen: $0...700$ bzw. $1000\ \Omega$,

wobei der Nebenschluß zwischen den Adern bzw. zwischen Ader und Erde bis $50\,000\ \Omega$ herab betragen kann.

Wie bereits gesagt, wird der Verbindungsverkehr nur dann dreiadrig durchgeführt, wenn ein ausreichender Leitungsvorrat vorhanden ist (wirtschaftliche Gründe!) und wenn die Reichweite innerhalb der obigen Grenzen liegt (technische Gründe!).

## 1. RELAISÜBERTRAGUNGEN

In Bild 86 wurde der Verbindungsaufbau innerhalb eines Amtes grundsätzlich dargestellt. Zur Übertragung der verschiedenen Zeichen und Vorgänge für Belegen, Prüfen, Sperren, Wählen usw. stehen dort die drei „Grundadern" (a-, b- und c-Ader) zur Verfügung. Zu diesen Adern können innerhalb eines Amtes weitere „Hilfsadern" treten, wenn zur Erfüllung bestimmter Betriebsbedingungen mehr Zeichen ausgetauscht werden sollen, als über die drei „Grundadern" sicher übertragen werden können.

Demgegenüber ist man im Verbindungsverkehr über größere Entfernungen aus wirtschaftlichen Gründen bemüht, die Zahl der erforderlichen Adern möglichst einzuschränken. Man sieht je Fernleitung also nur die Sprechadern vor und nutzt sie auch für die Zeichengabe aus. Da für den größten Teil der Fernleitungen ferner auf die Mitbenutzung der Erde als Rückleitung verzichtet werden muß, kann im Fernverkehr nur ein einziger Stromkreis zur Übermittlung der Zeichen herangezogen werden. Dies ist für Zweidrahtleitungen, die ja nur aus den beiden Sprechadern bestehen, ohne weiteres ersichtlich. Es gilt aber auch für Vierdraht-leitungen bzw. Trägerfrequenz-Verbindungen, bei denen zur Zeichengabe je Richtung ein „Kanal", also ebenfalls nur ein einziger Stromkreis, herangezogen wird; in selteneren Fällen und unter bestimmten Voraussetzungen kann die Zeichengabe auf Vierdrahtleitungen sogar in beiden Richtungen über den gleichen „Kanal" übertragen werden.

Innerhalb eines Amtes verwendet man Gleichstrom bzw. Gleichspannung für die Stromstoß- und Zeichengabe. Im Verbindungsverkehr beschränken jedoch Leitungsart und -länge sowie die dort benutzten Verbindungsmittel diese Strom-art auf den Wählverkehr über kurze Entfernungen und auch hierbei nur auf ganz bestimmte Betriebsverhältnisse. In allen anderen Fällen muß eine Strom-art verwendet werden, die den besonderen Übertragungsbedingungen des be-treffenden Verbindungsweges angepaßt ist.

Es bestehen also im Fernwählverkehr zusammenfassend die Aufgaben:

1. Die mehradrige Zeichengabe innerhalb des Amtes auf eine Zeichengabe über einen einzigen Stromkreis überzuleiten.
2. Die Gleichstrom-Zeichengabe innerhalb des Amtes in eine Zeichengabe um-zuwandeln, deren Stromart für die Übermittlung über den betreffenden Ver-bindungsweg geeignet ist.
3. Die Zeichen, die innerhalb des Amtes auf die mannigfachste Weise unter-schieden werden können, wie z. B.:

> durch Schleifenschluß bzw. Schleifenöffnung,
> durch Stromstufen (Stromverstärkung bzw. -schwächung),
> durch Stromumkehr,
> mittels einer der Adern und der Erde als Rückleitung,
> durch verschiedene Stromart,
> durch verschiedene „Stromstoß"-Länge,
> durch verschiedene „Stromstoß"-Zahl,
> durch die Zeitfolge in der Abgabe der Zeichen,

in geeignete Zeichen für die Verbindungsleitungen umzuformen, wobei als Merkmale nur zur Verfügung stehen:

> verschiedene „Stromstoß"-Länge,
> verschiedene „Stromstoß"-Zahl,
> die Zeitfolge in der Abgabe der Zeichen,
> verschiedene Stromart und seltener
> verschiedene Spannung.

Diese Umsetzungen für die Zeichengabe, die naturgemäß auf der Gegenseite in umgekehrter Form vor sich gehen, werden in den bereits früher erwähnten Relaisübertragungen vorgenommen. Diese Relaisübertragungen schließen die Fernleitung an beiden Seiten ab.

Eine **Relaisübertragung**, auch **Anschlußübertragung** oder kurz **Übertragung** (Ue) genannt, besteht grundsätzlich aus drei Teilen:

1. Aus einem *Gleichstrom-Relaisteil*, der mit den Amtseinrichtungen in Verbindung steht und in dem die Zeichen in bezug auf Länge, Zahl, Zeitfolge usw. umgearbeitet werden.

2. Aus einem *Sendeteil*, der die vom Gleichstrom-Relaisteil umgearbeiteten Zeichen in der Stromart weitergibt, die den Übertragungseigenschaften der Verbindungsleitung entspricht.

3. Aus einem *Empfangsteil*, der die auf der Verbindungsleitung ankommenden Zeichen aufnimmt und sie als Gleichstromzeichen an den Gleichstrom-Relaisteil weitergibt.

Der Gleichstrom-Relaisteil muß den besonderen Betriebsbedingungen des Wählsystems des betreffenden Amtes und den Arbeitsbedingungen des Empfängers angepaßt sein; Sende- und Empfangsteil dagegen sind von dem Amtssystem unabhängig. Eine Verbindungsleitung kann somit auch dann für Wählverkehr eingerichtet werden, wenn sie Ämter verschiedener Systeme verbindet.

Jede Fernleitung ist also an beiden Enden mit einer Relaisübertragung (Ue) ausgerüstet. Je nach Richtung des Verbindungsaufbaues spricht man von ab gehendem Verkehr und ankommendem Verkehr und entsprechend von einer „abgehend" und von einer „ankommend" belegten Seite bzw. Relaisübertragung.

Der **abgehende Verkehr** bzw. die **abgehend belegte Übertragung** bezieht sich auf diejenige Seite der Fernleitung, auf der die Verbindung in Richtung Amt-Übertragung-Fernleitung aufgebaut wird. Entsprechend gelten die Bezeichnungen **ankommender Verkehr** bzw. **ankommend belegte Übertragung** für die Gegenseite der Fernleitung, auf der die Verbindung in Richtung Fernleitung-Übertragung-Amt aufgebaut ist.

Jede Fernleitung kann dabei entweder nur für eine Verkehrsrichtung oder für den Verkehr in beiden Richtungen eingesetzt werden. Man bezeichnet demnach die betreffende Leitung oder den über diese sich abwickelnden Verkehr als einfachgerichtet oder als doppeltgerichtet (Bild 156).

Im **einfachgerichteten Verkehr** ist die betreffende Leitung nur von einer Seite aus belegbar, d. h. sie kann nur in einer Richtung zum Verbindungsaufbau benutzt werden. Im **doppeltgerichteten Verkehr** ist die betreffende Leitung dagegen von beiden Seiten aus belegbar, d. h. sie kann nach dem Freiprüfen entweder in der einen oder in der anderen Richtung zum Verbindungsaufbau herangezogen werden.

Der einfachgerichtete Verkehr wird vorzugsweise in starken Bündeln, der doppeltgerichtete Verkehr in schwachen Bündeln eingesetzt. Ein und dasselbe Bündel kann jedoch sowohl einfachgerichtete als auch doppeltgerichtete Leitungen enthalten. Die zweckmäßigste Betriebsart ergibt sich aus der entsprechenden Verkehrsberechnung (vgl. nachfolgenden Abschnitt IX, 2).

Die Relaisübertragungen enthalten die für die betreffende Verkehrsart erforderlichen Teile. Sie setzen sich also aus Gleichstrom-Relaisteil und Sendeteil oder aus Gleichstrom-Relaisteil und Empfangsteil zusammen (z. B. bei einfachgerichtetem Verkehr wie Bild 156, oben); sie können auch aus Gleichstrom-

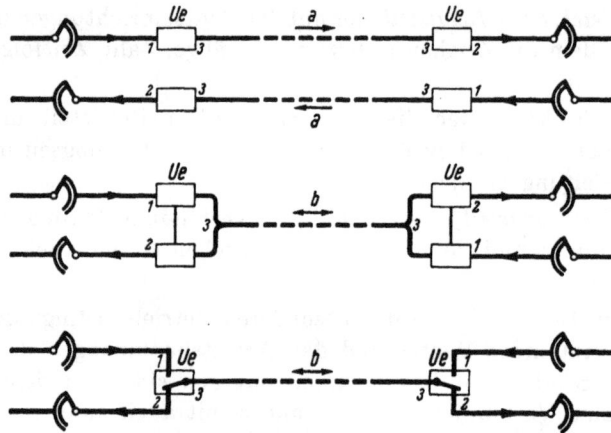

Bild 156. Verkehrsrichtungen auf Verbindungsleitungen.
a = einfachgerichteter Verkehr.
b = doppeltgerichteter Verkehr.
1 = Eingang der Übertragung (Ue).
2 = Ausgang der Übertragung (Ue).
3 = Zugang zur Verbindungsleitung.

Relaisteil, Sende- und Empfangsteil bestehen (z. B. bei doppeltgerichtetem Verkehr wie Bild 156, unten). Entsprechend unterscheidet man bei den Relaisübertragungen:

einen *Zugang* zur Fernleitung,

einen *Eingang*, über den sie vom Amt aus abgehend belegt werden können, und einen *Ausgang*, über den sie in ankommender Richtung die Fernleitung mit den Schalteinrichtungen des Amtes verbinden.

Man kann doppeltgerichtete Fernleitungen an beiden Seiten mit je einer abgehenden und je einer ankommenden Übertragung ausrüsten (Bild 156, Mitte). Die beiden Relaisübertragungen arbeiten dann in *wechselseitigem* Betrieb. Durch eine geeignete Verdrahtung zwischen den beiden Ue wird sichergestellt, daß bei Benutzung der einen Verkehrsrichtung die Ue der anderen Verkehrsrichtung gesperrt bzw. abgeschaltet wird. Diese Anordnung, die auf jeder Seite der Verbindungsleitung zwei gesonderte Übertragungen vorsieht, bietet den Vorteil, daß die beiden Übertragungen jederzeit aufgetrennt und auf zwei einfachgerichteten Leitungen verwendet werden können. Bei Neueinrichtungen von Leitungen kann hierbei die Zahl der Verbindungswege ohne Neubeschaffung von Relaisübertragungen erhöht werden.

In Bild 156, unten, berücksichtigen die Relaisübertragungen bereits in ihrem Aufbau den doppeltgerichteten Betrieb. Jede dieser doppeltgerichteten Ue besteht also aus Gleichstrom-Relaisteil, Sende- und Empfangsteil; der Aufwand ist im allgemeinen niedriger als bei Verwendung von zwei vollständigen Ue auf jeder Seite der Verbindungsleitung. In der zeichnerischen Darstellung liegt der „Kontakt" der Ue, der als Symbol für die Ruhestellung dient, an dem Ausgang der Ue; dies entspricht vielen praktischen Ausführungen, die in ankommender Richtung durchgeschaltet haben und bei abgehenden Belegungen auf den Eingang umschalten müssen. In einer anderen Darstellungsart wird der „Kontakt" in der Mitte zwischen Eingang und Ausgang gezeichnet.

## 2. EINFACH- UND DOPPELTGERICHTETER VERKEHR

Wie im vorstehenden Abschnitt angegeben, kann eine Fernleitung je nach Art der verwendeten Relaisübertragung entweder nur für eine Verkehrsrichtung (= einfachgerichteter Verkehr) oder für den Verkehr in beiden Richtungen (= doppeltgerichteter Verkehr) vorgesehen werden. Sind zwei Ämter nur durch einfachgerichtete Leitungen miteinander verbunden, so sind zwischen ihnen zwei getrennte Bündel für die beiden Verkehrsrichtungen vorhanden. Bei Verwendung von doppeltgerichteten Leitungen können die beiden Bündel zusammengefaßt und die Ausnutzbarkeit der einzelnen Leitungen gesteigert werden. Doppeltgerichtete Leitungen erfordern aber einen Mehraufwand in bezug auf die Relaisübertragungen. Der Leistungssteigerung bzw. Leitungsersparnis, die sich aus der Zusammenfassung der beiden Verkehrsrichtungen ergibt und die besonders bei schwachen Bündeln erheblich ist, steht also ein Mehraufwand an Schalteinrichtungen gegenüber. Da es jedoch bei richtiger Bemessung der Leitungszahl nicht vorkommen wird, daß alle Leitungen des Bündels gleichzeitig für den Verkehr in einer Richtung angefordert werden, ist es nicht erforderlich, daß alle Leitungen des Bündels doppeltgerichtet betrieben werden. Man wird vielmehr im Rahmen gleicher Verkehrsausnutzung die Zahl der doppeltgerichteten Leitungen aus wirtschaft-

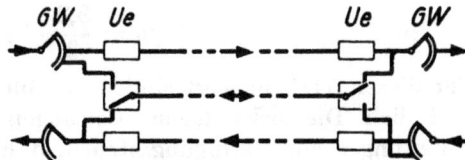

Bild 157.  Bündel mit einfach- und doppeltgerichteten Leitungen.

lichen Gründen so klein wie möglich halten. Die Leitungen sind dann so an die Ausgänge der vorgeordneten GW- oder MW-Stufen anzuschließen, daß die Wähler stets zuerst die einfachgerichteten Leitungen und erst, wenn diese belegt sind, die doppeltgerichteten Leitungen absuchen (Bild 157). Dann wird der größte Teil des Verkehrs über die einfachgerichteten Leitungen abgewickelt, während über die doppeltgerichteten Leitungen hauptsächlich der Spitzenverkehr fließt, der für die beiden Verkehrsrichtungen als phasenverschoben angenommen werden kann.

Die richtige Reihenfolge im Absuchen der Leitungen wird in einfachster Weise dadurch erreicht, daß an die vorgeordneten Wähler in Suchrichtung zuerst die einfachgerichteten, danach die doppeltgerichteten Leitungen angeschlossen werden. Über doppeltgerichtete Leitungen muß jedoch bei der Belegung stets ein Belegungsstromstoß zur Gegenübertragung gegeben werden (vgl. Abschnitt IX, 3), so daß für sie ein etwas größerer Zeitbedarf als für einfachgerichtete Leitungen erforderlich sein kann. Um zusätzlich hierzu nicht auch noch die längere Suchzeit der vorgeordneten Wähler zu erhalten, kann man zur Abkürzung der Freiwahlzeit die doppeltgerichteten Leitungen auch an die ersten Suchstellungen anschließen; dann muß jedoch durch eine Abschaltesteuerung sichergestellt werden, daß die Belegungsadern der doppeltgerichteten Leitungen so lange offen gehalten werden, wie noch einfachgerichtete Leitungen der betreffenden Verkehrsrichtung frei sind. Verbindungen, die bei Besetztsein der einfachgerichteten Leitungen eintreffen, können dann sofort die doppeltgerichteten Leitungen erreichen, ohne daß die vorgeordneten Wähler erst über die Schritte für einfachgerichtete Leitungen drehen müssen.

Aufgabe der Planung ist es, die Zahl der doppeltgerichteten Leitungen derart festzulegen, daß ein Höchstmaß an Leistung bei geringstem Aufwand erzielt wird. Einige Beispiele sollen das Rechnungsverfahren zeigen:

Zwischen zwei Wählämtern seien beispielsweise insgesamt 8 Verbindungsleitungen für die Abwicklung des Verkehrs beider Richtungen vorhanden. Der Verkehr in beiden Richtungen sei etwa gleich groß, habe jedoch verschiedene HVSt. Nach Bild 97 können 8 Leitungen bei $V = 1^0/_0$ insgesamt einen Summen-Verkehrswert leisten von

$$y_S = 3,2 \text{ Erl.}$$

Wegen der Phasenverschiebung der beiden Verkehrsflüsse wird bei der Aufteilung dieses Verkehrswertes ein Zuschlag gemacht, der nach Bild 99 (Mitte), für $3,2 : 2 = 1,6$ Erl etwa 7% beträgt. Der Verkehr je Richtung ist also:

$$y_R = \frac{3,2}{2} \cdot 1,07 = 1,7 \text{ Erl.}$$

Für diesen Verkehrswert sind nach Bild 97 für $V = 1\%$ etwa 6 Leitungen erforderlich. Die vorhandenen 8 Leitungen sind also so aufzuteilen, daß je Richtung 6 Leitungen zur Verfügung stehen, d. h. es werden vorgesehen:

je Richtung: 2 einfachgerichtete Leitungen = 4 Leitungen
außerdem:     4 doppeltgerichtete Leitungen = 4 Leitungen
————————————————————————————————————————————————
         6 Leitungen je Richtung          8 Leitungen insgesamt.

Wäre keine Zusammenfassung der beiden Verkehrsflüsse vorgenommen worden, so wären in zwei getrennten Bündeln zur Verarbeitung des gleichen **Verkehrs**wertes statt 8 Leitungen insgesamt $2 \cdot 6 = 12$ Leitungen erforderlich geworden; oder die 8 Leitungen hätten in zwei Bündel zu 4 Leitungen aufgeteilt werden müssen, so daß sich bei $V = 1\%$ nur eine Leistung von $2 \cdot 1,1 = 2,2$ Erl ergeben hätte. Man erhält also:

eine Leitungsersparnis von $12 - 8 = 4$ Leitungen = 33,3% bzw.
eine Leistungssteigerung von $3,2 - 2,2 = 1,0$ Erl = 31,2%.

Zwischen zwei Wählämtern fließe beispielsweise je Richtung ein Verkehr von $y_R = 3,4$ Erl. Hierfür sind nach Bild 97 für $V = 1\%$ etwa 9 Leitungen vorzusehen (9 Leitungen leisten bei $V = 1\%$ insgesamt $y = 3,8$ Erl). Wegen der

Phasenverschiebung der beiden Verkehrsflüsse wird bei Zusammenfassung der Verkehrswerte ein Abzug gemacht, der nach Bild 99 (Mitte) für 3,4 Erl etwa 4% beträgt. Der Summen-Verkehrswert ist also:

$$y_S = 3,4 \cdot 2 \cdot 0,96 = 6,5 \text{ Erl.}$$

Für diesen Verkehrswert sind nach Bild 97 für $V = 1\%$ etwa 13 Leitungen erforderlich. Da von diesen 13 Leitungen je Verkehrsrichtung 9 Leitungen zur Verfügung stehen müssen, sind also vorzusehen:

je Richtung: 4 einfachgerichtete Leitungen = 8 Leitungen
außerdem:     5 doppeltgerichtete Leitungen = 5 Leitungen

9 Leitungen je Richtung     13 Leitungen insgesamt.

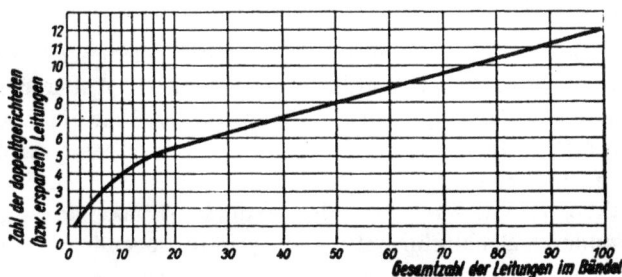

Bild 158. Zahl der doppeltgerichteten (bzw. ersparten) Leitungen in Bündeln verschiedener Stärke.

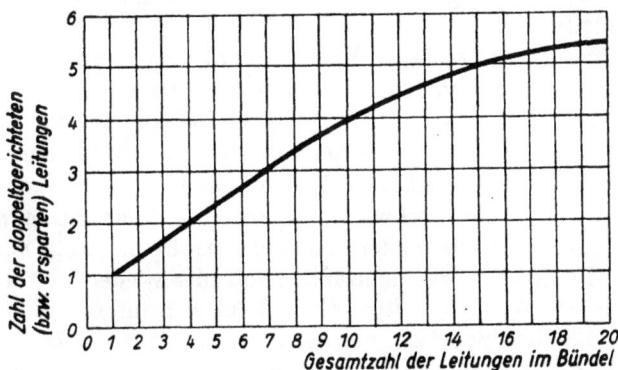

Bild 159. Vergrößerter Ausschnitt von Bild 158.

Wäre keine Zusammenfassung der beiden Verkehrsflüsse vorgenommen worden, so wären in zwei getrennten Bündeln zur Verarbeitung des gleichen Verkehrswertes statt 13 Leitungen insgesamt $2 \cdot 9 = 18$ Leitungen erforderlich geworden; oder die 13 Leitungen hätten in zwei Bündel mit 6 und 7 Leitungen aufgeteilt werden müssen, so daß sich bei $V = 1\%$ nur eine Leistung von $2 + 2,6 = 4,6$ Erl ergeben hätte. Man erhält also:

eine Leitungsersparnis von     $18 - 13 = 5$ Leitungen = 28% bzw.
eine Leistungssteigerung von $6,5 - 4,6 = 1,9$ Erl     = 29%.

Durch ähnliche Berechnungen sind die Kurven in Bild 158 und 159 entstanden, die als Mittellinien innerhalb der bei der Rechnung entstehenden Treppenlinien gezeichnet sind (Lit. 7). Die Kurven geben die Zahl der Leitungen an, die in Bündeln verschiedener Größe für doppeltgerichteten Verkehr einzurichten sind. Die Zahl der doppeltgerichteten Leitungen ist gleichzeitig die Zahl der ersparten Leitungen gegenüber dem Betriebsfall, in dem nur einfachgerichtete Leitungen (in zwei getrennten Bündeln) verwendet werden. Voraussetzung für diese Kurven ist jedoch, daß der Verkehr in beiden Richtungen gleich groß ist. Ist er unterschiedlich für beide Verkehrsrichtungen, so muß die Zahl der erforderlichen Leitungen durch die Rechnung festgestellt werden.

### 3. SCHALTKENNZEICHEN IM FERNWÄHLVERKEHR

Die *Fernwahl* beschränkt sich ebensowenig wie die Zeichengabe innerhalb eines Amtes auf die Weitergabe der Wahlstromstöße allein. Außer den Wahlstromstößen muß auch eine Reihe anderer *Schaltkennzeichen* über die Fernleitung übertragen werden. Die Übertragung der Sprachwechselströme wird, wie bereits erwähnt, hier nicht behandelt.

Unter **Fernwahl** versteht man ganz allgemein das Einstellen und Steuern von Wählern und anderen Schalteinrichtungen entfernt liegender Ämter, d. h. Ämter in anderen Ortsnetzen, über Fernleitungen hinweg. Die Fernwahl wird also zum selbsttätigen Herstellen von Verbindungen nach Sprechstellen anderer Ortsnetze benutzt. Die Leitungen, die mit Fernwahl ausgerüstet sind, nennt man auch **Fernwahlleitungen.**

**Schaltkennzeichen (Schaltzeichen, Kennzeichen)** nennt man alle Zeichen, die für diese Ferneinstellung und Fernsteuerung verwendet werden. Unter den Begriff „Zeichengabe" fällt dann auch die Stromstoßgabe bei der Nummernwahl; dagegen werden die für den Teilnehmer bestimmten Hörzeichen, wie Wähl-, Ruf- und Besetztzeichen, nicht darunter verstanden.

Die Schaltkennzeichen der Fernwahl und die mit ihnen zusammenhängenden Vorgänge kann man ebenfalls wieder in unerläßliche und zusätzliche Zeichen und Vorgänge einteilen. Unter unerläßlich soll hier wieder alles das verstanden werden, was für ein Fernwahlsystem an und für sich unbedingt erforderlich ist. Zu diesen unerläßlichen Schaltkennzeichen treten ferner die Zeichen, mit denen beispielsweise öffentliche Netze gegenüber privaten Netzen zusätzlich ausgerüstet werden müssen (wie notwendigerweise die Zählung!), oder solche, die auf Grund besonderer Verhältnisse von den beteiligten Verwaltungen gefordert werden, oder auch Zeichen, die zusätzlich für Registersysteme notwendig sind.

Als erstes soll die Gruppe von unerläßlichen Schaltkennzeichen besprochen werden.

*1. Belegungszeichen.* Wird eine Relaisübertragung abgehend belegt, so sendet sie im allgemeinen sofort ein Belegungszeichen über die Fernwahlleitung. Dadurch wird die Gegenübertragung und unter Umständen auch eine angeschlossene Schalteinrichtung eingeschaltet (belegt) und zur Aufnahme der nachfolgenden Stromstoßgabe bereitgestellt. Auf doppeltgerichteten Leitungen wird die Gegenübertragung gleichzeitig gesperrt, um zu verhindern, daß während der Benutzungsdauer eine Verbindung vom Gegenamt her auf die Leitung gelangt.

Auf doppeltgerichteten Leitungen ist das Belegungszeichen also unbedingt erforderlich. Für einfachgerichtete Leitungen dagegen kann man auf das Belegungszeichen verzichten, sofern es nicht vom System selbst, wie z. B. oft in Wählsystemen mit Speicher, gefordert wird. Verzichtet man auf das Belegungszeichen, so muß ein Teil seiner Obliegenheiten vom ersten Stromstoß der Nummerngabe übernommen werden.

Da in den Netzen sowohl einfach- als auch doppeltgerichtete Leitungen vorhanden sind und man ferner die Relaisübertragungen möglichst vielseitig einsetzbar ge-

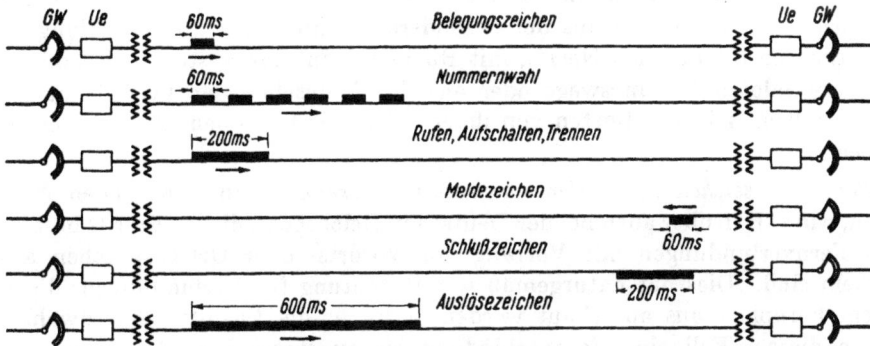

Bild 160. Beispiel für die Durchgabe von Schaltkennzeichen über eine Fernwahlleitung (Schaltkennzeichen für Wechselstromwahl; die Zeitwerte geben die Größenordnung an).

staltet, senden die Relaisübertragungen zwecks Vereinheitlichung der Technik im allgemeinen das Belegungszeichen aus.

Das Belegungszeichen wird in Richtung des Verbindungsaufbaues gegeben (Bild 160).

*2. Stromstoßreihen der Nummernwahl.* Die Stromstoßgabe stellt die Schalteinrichtungen des fernen Amtes ein. Sind die Zeichen einer Verzerrung, d. h. einer Veränderung ihrer Dauer, unterworfen, so müssen sog. „Stromstoßentzerrer" eingesetzt werden (vgl. Abschnitt IX, 5 g).

In Systemen ohne Register werden die Wahlstromstöße stets in Vorwärtswahl, d. h. in Richtung des Verbindungsaufbaues gegeben (Bild 160). In Systemen mit Registern werden sie im allgemeinen in Vorwärtswahl gegeben, abgesehen von kurzen Verbindungsleitungen, über die auch Rückwärtswahl möglich ist.

*3. Auslösezeichen.* Nach Gesprächsschluß muß ein Zeichen die Verbindung durchlaufen, durch das die Freigabe aller benutzten Schalteinrichtungen und Leitungen eingeleitet wird. Dieser Auslösevorgang kann je nach System bzw. je nach Verwendung in öffentlichen oder nichtöffentlichen Netzen verschieden veranlaßt werden. So kann das Auslösezeichen beispielsweise sowohl in Richtung des Verbindungsaufbaues als auch entgegen der Aufbaurichtung gegeben werden; dies ist der Fall, wenn die Auslösung jeweils von dem Teilnehmer eingeleitet wird, der zuerst den Handapparat auflegt (**Auslösung** durch den Anrufenden; **Rückauslösung** durch den Angerufenen).

In öffentlichen Netzen, besonders im halbselbsttätigen Verkehr (Beamtinnenfernwahl), wird meistens das „Auslösezeichen vom Anrufenden" verwendet.
Dieses zeigt dann z. B. der Fernbeamtin an, daß der Anrufende aufgelegt hat,
oder setzt im vollselbsttätigen Betrieb die Zeitzählung im Zeitzonenzähler still
(vgl. auch Melde- und Schlußzeichen).
Die Laufrichtung des Auslösezeichens hängt von dem Veranlassenden ab
(Bild 160).

Die drei Zeichen für „Belegen", „Nummernwahl" und „Auslösen" müssen in
jedem Wählsystem vorhanden sein; sie sind daher hier als unerläßlich bezeichnet. Daneben kann im Fernverkehr eine Reihe zusätzlicher Zeichen
gegeben werden, die sich aus der besonderen Betriebsart (z. B. „Zählung", erforderlich im öffentlichen Netz!), mit Rücksicht auf das System selbst oder auf
die verwendeten Leitungswege oder aus den Wünschen der Verwaltungen ergeben haben. Die wichtigsten von ihnen sollen die begonnene Aufzählung fort-
setzen:

*4. Schaltkennzeichen für Rufen, Aufschalten, Trennen.* In öffentlichen Netzen
kann, wie z. B. früher auch bei der Deutschen Reichspost, die Vorschrift bestehen,
daß Fernverbindungen mit Vorrang vor Vororts- oder Ortsgesprächen abzu-
wickeln sind. Dies hat naturgemäß nur Bedeutung für Verbindungen, die von
einem Fernplatz aus aufgebaut werden, d. h. für die Beamtinnenfernwahl.
Ist in diesem Fall eine Fernverbindung bis zu einem besetzten Teilnehmeranschluß aufgebaut, so muß die Fernbeamtin die Möglichkeit haben, sich auf
das bestehende Gespräch aufzuschalten und es unter Umständen auch zugunsten
des Ferngesprächs zu trennen. Die Fernbeamtin muß ferner den fernen Teilnehmer von sich aus, d. h. unabhängig vom selbsttätigen Ruf des LW, rufen
können ( = *Handruf).*
Rufen, Aufschalten und Trennen sind oft praktisch gleichartige Vorgänge; denn
entweder wird ein freier Teilnehmer nach der Wahl gerufen, oder durch das Zeichen wird bei besetztem Teilnehmeranschluß der Aufschaltevorgang eingeleitet
und unter Umständen anschließend getrennt und nochmals gerufen. Für die drei
Vorgänge kann dann das gleiche Schaltkennzeichen übertragen werden. Die Auswertung des Zeichens — also ob „Rufen" oder ob „Aufschalten" — findet dann
erst im fernen Amt statt und richtet sich danach, ob der Teilnehmer „frei" oder
„besetzt" gefunden wird.
Das Schaltkennzeichen für Rufen, Aufschalten und Trennen wird in Richtung
des Verbindungsaufbaues gegeben (Bild 160).

*5. Morsen über Fernwahlleitungen.* Dies ist ein Vorgang, der in Betriebsfern-
sprechnetzen mit OB-Gesellschaftsleitungen Bedeutung hat. Die Sprechstellen
von sog. OB-Gesellschaftsleitungen sind durch einfache OB-Fernsprecher mit
Kurbelinduktor parallel an eine gemeinsame Doppelleitung angeschlossen. Jedem
der Teilnehmer ist ein besonderes Morse-Anrufzeichen zugeordnet. Wird ein derartiger Teilnehmer von einem fernen Amt aus angerufen, so muß das Morsezeichen über die Fernwahlleitungen gegeben werden. Das geschieht sehr oft so,
daß das Morsezeichen mit dem Nummernschalter durch Aufziehen verschiedener

Ziffern nachgebildet wird (z. B. „Morsepunkt" durch Wahl der Ziffer 2 oder 3, „Morsestrich" durch Wahl der Ziffer 7 oder 9). Die Wahlstromstöße werden dann in der Anschlußübertragung der Gesellschaftsleitung in „Rufpunkte" und „Rufstriche" umgesetzt.

Auf der Fernwahlleitung gleichen diese Zeichen denen der Nummerngabe; sie werden in Richtung des Verbindungsaufbaues gegeben. Das Morsen ist im allgemeinen nur vor den Schaltvorgängen möglich, die das anschließend besprochene Meldezeichen einleitet.

*6. Meldezeichen (Beginnzeichen).* Während oder kurz nach der Nummernwahl braucht sich der Verbindungsweg noch nicht im endgültigen Gesprächszustand zu befinden.

In öffentlichen Netzen beispielsweise wird für die Gebühr eines Ferngespräches neben der Entfernung meistens die reine Gesprächszeit zugrunde gelegt; es ist also ein Zeichen erforderlich, das im vollselbsttätigen Fernverkehr die Zeitzählung im Zeitzonenzähler anläßt oder im halbselbsttätigen Fernbetrieb der Beamtin den Gesprächsanfang kennzeichnet. Bei der Tonfrequenzwahl ferner ist während des Verbindungsaufbaues ein Zeichenschutz erforderlich, der durch Auftrennen der Leitungen oder durch Einschalten von Filtern an bestimmten Stellen erreicht wird; der Verbindungsweg muß also nach Fertigstellung durchgeschaltet werden. Schließlich können in bestimmten Fernämtern aus betrieblichen Gründen Vermittlungsplätze vorbereitend angeschaltet sein, bei denen selbsttätig ein Anruf erscheint, wenn der Teilnehmer nicht weiterwählt, also der Hilfe einer Vermittlungsperson bedarf; diese Plätze müssen bei Gesprächsbeginn wieder abgeschaltet werden.

Der Zeitpunkt für das Durchführen bzw. Einleiten dieser Vorgänge ist das „Melden" des Angerufenen, da durch das Abheben des Handapparates gekennzeichnet wird, daß das Gespräch bestimmt stattfindet („Gesprächsbeginn").

Das Melde- oder Beginnzeichen wird entgegen der Aufbaurichtung gegeben (Bild 160).

*7. Schlußzeichen (Beobachtungszeichen).* Das Schlußzeichen wird nach Gesprächsschluß gegeben, wenn der Angerufene seinen Handapparat auflegt. Es kann mehrere Aufgaben erfüllen. In öffentlichen Netzen z. B. kann die Ferngesprächsgebühr nach der reinen Gesprächszeit berechnet werden, einerlei, ob einer der beiden Teilnehmer das Auflegen verzögert. Durch das Auflegen des Anrufenden wird das Auslösezeichen veranlaßt. Legt jedoch der Angerufene zuerst auf, so begrenzt dann das Schlußzeichen den Zählvorgang im Zeitzonenzähler. Im halbselbsttätigen Fernverkehr, also bei der Beamtinnenfernwahl, kann das gleiche Zeichen als Beobachtungszeichen zum Fernplatz gegeben werden.

Das Schluß- bzw. Beobachtungszeichen wird vom Angerufenen rückwärts über den Verbindungsweg gegeben (Bild 160).

*8. Zählung.* Während des Gespräches oder nach Gesprächsschluß wird die aufgelaufene Gebühr sehr oft vom Zeitzonenzähler auf den Teilnehmerzähler des Anrufenden verrechnet. Befindet sich der Zeitzonenzähler nicht in dem Amt, an das der Teilnehmer angeschlossen ist, sondern beispielsweise im übergeordneten

Knotenamt, so müssen Zählstromstöße über die Fernleitung gegeben werden. Jeder Zählstromstoß entspricht einer Gebühreneinheit.

Da im allgemeinen die Gebühr für das Ferngespräch vom anrufenden Teilnehmer getragen wird, laufen die Zählstromstöße entgegen der Aufbaurichtung der Verbindung.

*9. Sperrzeichen (Rückwärtige Sperrung).* Wie bereits mehrmals als Begründung für bestimmte Schaltkennzeichen angegeben ist, darf eine Leitung nur dann belegt werden, wenn sie selbst frei ist und die angeschlossenen Schalteinrichtungen zur Verfügung stehen. Diese Bedingung hat auch noch kurz nach der Auslösung Bedeutung; denn nach dem Auslösezeichen muß eine neue Belegung so lange verhindert werden, bis alle mit der Leitung verbundenen Schalteinrichtungen in ihre Ruhelage zurückgekehrt sind. Das kann einmal durch Zeitbedingungen erfüllt werden; die Einrichtungen an beiden Seiten lösen dann für sich aus und die dafür benötigten Zeiten gewährleisten, daß keine neue Belegung zur Gegenseite gelangt, bevor dort ebenfalls die Ruhestellung erreicht ist. Es kann auch von derjenigen Seite aus, die später in die Ruhelage gelangt, so lange das Schaltkennzeichen „Rückwärtige Sperrung" zur Gegenseite gegeben werden, bis der gesamte Auslösevorgang beendet ist. Eine weitere Möglichkeit der rückwärtigen Sperrung, die beim Fehlen eines bestimmten Kennzeichens eintritt, wird nachfolgend beim sog. Glimmlampenverkehr (Abschnitt IX, 5 a) besprochen.

*10. Vorbereitungszeichen.* Bei der Tonfrequenzwahl liegen Schaltkennzeichen und Sprache im gleichen Frequenzbereich. Wie später genauer gezeigt wird, sind verschiedene Schutzmaßnahmen erforderlich, um zu verhindern, daß durch die Sprache fälschlich Zeichen nachgebildet werden. Eine der Maßnahmen besteht darin, daß bei bestimmten Schaltkennzeichen ein besonderes Vorbereitungszeichen gegeben wird. Das Vorbereitungszeichen (Vorsignal) veranlaßt dabei noch keinerlei für den Verbindungsaufbau notwendige Schaltungen, sondern bereitet lediglich den Verbindungsweg für das nachfolgende „eigentliche" Schaltkennzeichen (*Steuerzeichen*, Hauptsignal) vor und stellt dessen einwandfreie Aufnahme sicher.

Je nach der Laufrichtung des Zeichens, für das die Vorbereitung stattfinden soll, wird das Vorbereitungszeichen in oder entgegen der Aufbaurichtung gegeben.

*11. Bereitschaftszeichen.* In Maschinensystemen mit Registern werden nach dem Belegen einer Fernwahlleitung unter Umständen alle oder ein Teil der noch gespeicherten (d. h. noch nicht verarbeiteten) Ziffern vom Register des Amtes vor der Fernwahlleitung auf ein Register des nachgeordneten Amtes umgespeichert.

Dies kann nicht sofort nach der Belegung der Fernwahlleitung geschehen, da im nachgeordneten Amt im allgemeinen erst ein AS anlaufen und dem bereitgestellten AS/GW ein freies Register zugeordnet werden muß. Sind diese Vorgänge beendet, so gibt das bereitgestellte Register ein *Bereitschaftszeichen* zum Register des Amtes vor der Fernwahlleitung zurück, um das Aussenden von

Stromstoßreihen zwecks Umspeicherns der noch gespeicherten Ziffern zu veranlassen.

Das Bereitschaftszeichen wird entgegen der Aufbaurichtung gegeben.

Für die Übermittlung der verschiedenen Schaltkennzeichen der Fernwahl steht, wie bereits gesagt, je Richtung oder für beide Richtungen nur ein Stromkreis zur Verfügung. Über ihn müssen alle Zeichen eindeutig gegeben werden. Zur Unterscheidung stehen folgende Mittel zur Verfügung:

a) *„Stromstoß"-Länge*. Man kann kurze, mittellange und lange „Stromstöße" senden, beispielsweise der Größenordnung von 60, 200 und 600 ms. Die Zeichen werden durch Relaisketten oder Wähler auf der abgehenden Seite bemessen, auf der ankommenden Seite abgetastet und ausgewertet.

b) *„Stromstoß"-Zahl*. Voneinander abweichende Zeichen können ferner durch einen „Stromstoß" oder durch eine Reihe von „Stromstößen" gebildet werden.

c) *Zeitfolge*. Da die Reihenfolge der einzelnen Zeichen größtenteils zwangsläufig ist — Belegen vor der Nummernwahl, Melden nach der Nummernwahl, Trennen nach dem Aufschalten usw. — können gleichartige Zeichen verwendet werden, wenn ihr Eintreffen durch das vorherige Zeichen bzw. durch ihre zeitliche Lage im Verlauf des Verbindungsaufbaues völlig eindeutig ist.

d) *Stromart*. Im allgemeinen bevorzugt man auf einer Leitung einheitliche Stromart, da hierdurch ein geringerer Aufwand erforderlich wird. In besonderen Fällen können jedoch auch verschiedene Zeichen durch unterschiedliche Stromart gebildet werden. Bei der später beschriebenen Wechselstromwahl beispielsweise wird ein Wechselstrom von 100 Hz für die Weichenumstellung verwendet, während die übrigen Zeichen mit 50 Hz gegeben werden. Bei der Tonfrequenzwahl als weiterem Beispiel werden Zeichen, die eines besonderen Schutzes gegenüber Nachahmung durch Sprachlaute bedürfen, mit den Frequenzen 600 und 750 Hz gleichzeitig gegeben.

e) *Spannungserhöhung*. Diese Kennzeichnung findet man seltener und nur auf kürzeren Verbindungsleitungen; sie sei hier nur der Vollständigkeit halber aufgeführt. Das Verfahren wird beispielsweise im nachstehend behandelten „Glimmlampenverkehr" (Abschnitt IX, 5 a) angewendet, bei dem ein besonderes Empfangsrelais in Reihe mit einer Glimmlampe erst dann betätigt wird, wenn die Glimmlampe durch eine Spannung gezündet hat, die höher als die übliche Amtsspannung ist. Spannungserhöhungen können beispielsweise durch Kondensator-Entladungen oder durch die Ein- und Ausschaltstöße von besonderen Transformatoren erzeugt werden.

f) *Vereinigung mehrerer Mittel*. Schließlich lassen sich weitere Unterscheidungsmöglichkeiten bilden, wenn man bestimmte der genannten Mittel zusammenfaßt, also z. B. ein langer „Stromstoß" gegenüber mehreren kurzen „Stromstößen" usw.

Neben der Eindeutigkeit der Schaltkennzeichen ist schließlich noch die Sicherheit wichtig, mit der diese durchgegeben werden. Die Leitungen, die

unter Umständen Echosperren, Filter usw. enthalten, und ihre Übertragungseigenschaften können die Zeichengabe verstümmeln. Je nach der verwendeten
Stromart können ferner Sprachlaute oder Vorgänge in anderen Verbindungswegen der gleichen Leitung (Mehrfachausnutzung durch Telegraphie) oder benachbarter Leitungen Zeichen nachbilden und dadurch fälschlich Schaltvorgänge
hervorrufen. Die Kennzeichenübermittlung muß daher, wie bereits vorher z. T.
angedeutet, auf die Notwendigkeit eines „Zeichenschutzes" hin betrachtet
werden (vgl. „Tonfrequenzwahl", Abschnitt IX, 5 e).

#### 4. EMPFEHLUNGEN FÜR ZWISCHENSTAATLICHE SPRECHKREISE

Die Schaltkennzeichen wurden vorstehend in unerläßliche und in zusätzliche Zeichen eingeteilt, ähnlich wie bei der Systembesprechung unerläßliche
und zusätzliche Forderungen bzw. Vorgänge unterschieden wurden. Unter unerläßlich wurde in beiden Fällen alles das verstanden, was auch im einfachsten
System vorhanden sein muß, um die Verbindungsherstellung zu ermöglichen,
während als zusätzlich alle übrigen Zeichen, Vorgänge oder Forderungen bezeichnet wurden. Wenn diese zusätzlichen Zeichen bzw. Vorgänge in diesem Sinne
auch nicht unerläßlich sind, so können sie doch für bestimmte Systeme oder in
bestimmten Betriebsfällen unentbehrlich sein, was bei dieser Einteilung beachtet
werden muß.

Jedes der in den verschiedenen Ländern eingeführten Fernwahlsysteme benutzt
daher über die unerläßlichen Schaltkennzeichen hinaus einige der zusätzlichen
Schaltkennzeichen, je nach den Eigenheiten des Grundsystems oder der betrieblichen Forderungen. In dem Maße, in dem die Möglichkeit einer Fernwahl über
das eigene Landesnetz hinaus näherrückt, müssen diese verschiedenartigen Fernwahlsysteme aufeinander abgestimmt sein, damit einer späteren Anpassung
keine unüberwindbaren Hemmnisse entgegenstehen.

Aus diesem Grunde sind vom CCIF im Laufe der Jahre verschiedene Empfehlungen für die Zeichenübertragung auf zwischenstaatlichen Sprechkreisen bei
voll- oder halbselbsttätigem Verkehr herausgegeben worden, um die Zeichengabe
zu vereinheitlichen. Hiervon sollen die vor dem 2. Weltkrieg und die nach seiner
Beendigung herausgebrachten Empfehlungen kurz angedeutet werden.

Vor dem 2. Weltkrieg sind folgende Empfehlungen entstanden:
Für die Zeichenübertragung auf zwischenstaatlichen Sprechkreisen sollen die
Frequenzen 600 und 750 Hz verwendet werden (Tonfrequenzwahl, vgl. Ab-
schnitt IX, 5 e).

Man unterscheidet Steuerzeichen und Vorbereitungszeichen. Das **Steuerzeichen** (Hauptsignal) ist das eigentliche Schaltkennzeichen, durch das der beabsichtigte Schaltvorgang für den Verbindungsauf- oder -abbau durchgeführt
wird. Das **Vorbereitungszeichen** (Vorsignal) wird kurzzeitig vor bestimmten
Steuerzeichen gegeben und soll deren einwandfreie Aufnahme sicherstellen;
es stellt also eine Schutzmaßnahme dar, indem es z. B. die betreffende Leitung
in einzelne Abschnitte auftrennt oder die zur Aufnahme der Steuerzeichen be-

stimmten Schaltmittel empfangsbereit macht. Diese werden dann erst von dem anschließend eintreffenden Steuerzeichen beeinflußt.

Das Vorbereitungszeichen soll möglichst kurz sein, wobei durch eine etwaige Verkürzung oder Unterbrechung keine Fehlzeichen entstehen dürfen. Um eine fälschliche Nachbildung durch die Sprache zu erschweren, wird ein Frequenzgemisch von 600 und 750 Hz für das Vorbereitungszeichen vorgeschlagen.

Die Schaltkennzeichen, die für die Fernwahl über zwischenstaatliche Sprech-

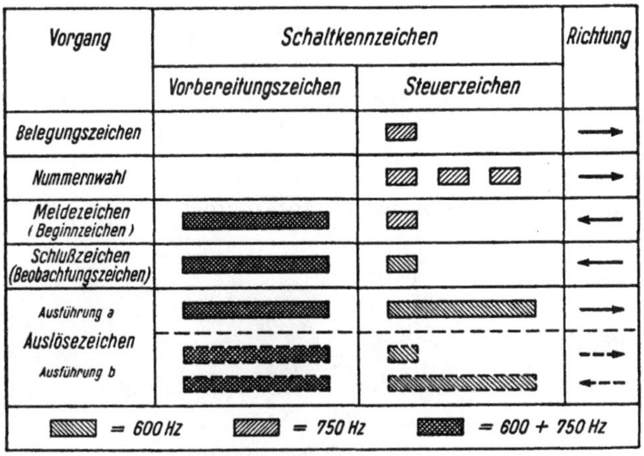

| Vorgang | Schaltkennzeichen | | Richtung |
|---|---|---|---|
| | Vorbereitungszeichen | Steuerzeichen | |
| Belegungszeichen | | ▨ | → |
| Nummernwahl | | ▨ ▨ ▨ | → |
| Meldezeichen (Beginnzeichen) | ▬ | ▨ | ← |
| Schlußzeichen (Beobachtungszeichen) | ▬ | ▨ | ← |
| Auslösezeichen — Ausführung a | ▬ | ▬ | → |
| Auslösezeichen — Ausführung b | ▬ | ▨ | --→ |
| | ▬ | ▬ | ←-- |

▨ = 600 Hz     ▨ = 750 Hz     ▬ = 600 + 750 Hz

Bild 161. Zusammenstellung der früher vom CCIF empfohlenen Hauptzeichen.

kreise verwendet werden sollen bzw. können, werden in Hauptzeichen und Hilfszeichen eingeteilt.

Als **Hauptzeichen** (Bild 161) werden fünf Schaltkennzeichen angegeben, und zwar die drei unerläßlichen und zwei der zusätzlichen Schaltkennzeichen (vgl. vorigen Abschnitt):

1. Für Belegen: das *Belegungszeichen* (= unerläßliches Schaltkennzeichen).
   Das Belegungszeichen besteht aus einem einzigen kurzen Steuerzeichen der Frequenz 750 Hz und wird vorwärts gegeben (Bild 161).

2. Für Wählen: die *Stromstoßreihen der Nummernwahl* (= unerläßliches Schaltkennzeichen).
   Die Stromstoßreihen der Nummernwahl bestehen aus kurzen Steuerzeichen (entsprechend Nummernschalter-Zeiten) der Frequenz 750 Hz und werden vorwärts gegeben (Bild 161).

3. Für Gesprächsbeginn: das *Melde- oder Beginnzeichen* (= zusätzliches Schaltkennzeichen).
   Das Melde- oder Beginnzeichen besteht aus einem Vorbereitungszeichen der Frequenz 600/750 Hz und einem kurzen Steuerzeichen der Frequenz 750 Hz und wird rückwärts gegeben (Bild 161).

4. Für Beobachten: das *Schluß- oder Beobachtungszeichen* (= zusätzliches Schaltkennzeichen).

Das *Schluß*- oder *Beobachtungszeichen* besteht aus einem Vorbereitungszeichen der Frequenzen 600/750 Hz und einem kurzen Steuerzeichen der Frequenz 600 Hz und wird rückwärts gegeben (Bild 161).

5. Für Auslösen: das *Auslösezeichen* (= unerläßliches Schaltkennzeichen), für das zwei Möglichkeiten bestehen:

    a) Das *Auslösezeichen* wird nur vorwärts gegeben. Es besteht dann aus einem Vorbereitungszeichen der Frequenzen 600/750 Hz und einem langen Steuerzeichen der Frequenz 600 Hz (Bild 161).

    b) Das *Auslösezeichen* wird zuerst vorwärts gegeben als Vorbereitungszeichen der Frequenzen 600/750 Hz mit nachfolgendem kurzen Steuerzeichen der Frequenz 600 Hz und danach rückwärts gegeben als Vorbereitungszeichen der Frequenzen 600/750 Hz mit nachfolgendem langen Steuerzeichen der Frequenz 600 Hz (Bild 161).

Als **Hilfszeichen** können beispielsweise vorkommen:

1. Umlegen,
2. Anbieten (Aufschalten),
3. Ferntrennen,
4. Rufen (Handruf).

Als **Dauer** der verschiedenen Zeichen wird vorgeschlagen:

a) Kurze Zeichen: Stromstoß von 60 bis 100 ms.
b) Lange Zeichen: Stromstoß von 300 bis 400 ms.
c) Vorbereitungszeichen aus zwei Frequenzen: 250 bis 350 ms.
d) Zwischenraum zwischen Vorbereitungszeichen und Steuerzeichen: 30 bis 50 ms.
e) Zeichenabstand zwischen zwei Zeichen bei deren Wiederholung: mindestens 550 ms.

Nach dem 2. Weltkrieg haben mehrere Sitzungen des CCIF stattgefunden, an denen jedoch Deutschland nicht teilnehmen konnte. Auf diesen Sitzungen sind in bezug auf Zeichengabe und Wahlart im zwischenstaatlichen Verkehr neue Wege vorgeschlagen worden, deren Brauchbarkeit durch entsprechende Kommissionen und in Großversuchen nachgeprüft werden soll.

Als **Schaltkennzeichen** für die Fernwahl über zwischenstaatliche Sprechkreise stehen die nachfolgenden Zeichen zur Diskussion. Sie sind durch weitgehende Berücksichtigung der Erfordernisse von Registersystemen gekennzeichnet:

1. *Belegungszeichen* (signal de prise; „seizing" signal), in Richtung des Verbindungsaufbaues.

2. *Bereitschaftszeichen* (signal d'invitation à transmettre; „proceed to send" signal), entgegen Richtung des Verbindungsaufbaues.
   Es soll anzeigen, daß die belegten Einrichtungen des fernen Amtes bereit sind, die Nummernwahl-Stromstöße aufzunehmen.

3. *Stromstoßzeichen der Nummernwahl* (signaux de numérotation; „impulsing" signal), in Richtung des Verbindungsaufbaues.
   Sie bestehen aus geschlüsselten (kodierten) Zeichen; vorgeschlagen ist ein Viererkode mit zwei Frequenzen.

4. *Nummerngabe-Schlußzeichen* (signal de fin de numérotation; „end of impulsing" signal), in Richtung des Verbindungsaufbaues.
Es kann eingeführt werden, um anzuzeigen, daß die Nummerngabe beendet ist.

5. *Wahlendezeichen* (signal de fin de sélection; „end of selection" signal), entgegen Richtung des Verbindungsaufbaues.
Es kann eingeführt werden, um anzuzeigen, daß die Verbindung mit dem Anschluß des Gewünschten hergestellt ist.

6. *Gesprächsbeginnzeichen* bzw. *Eintretezeichen* einer Ankunftsbeamtin (signal de réponse et signal de seconde réponse; „answer" signal and „second reply" signal), entgegen Richtung des Verbindungsaufbaues.
Es zeigt an, daß der Angerufene die Fernverbindung entgegengenommen hat oder daß eine Ankunftsbeamtin in die Verbindung eingetreten ist. Als „zweites" Zeichen findet es nach dem Auflegen des Angerufenen Anwendung.

7. *Aufforderungszeichen* zum Eintreten einer Ankunftsbeamtin (signal d'intervention d'une opératrice côté demandé; „forward transfer" signal), in Richtung des Verbindungsaufbaues.
Es zeigt an, daß eine Fernbeamtin im fernen Land, z. B. bei Sprachschwierigkeiten, eintreten soll.

8. *Besetzt-Kennzeichen* (signal d'occupation; „busy-flash" signal), entgegen Richtung des Verbindungsaufbaues.
Es kann eingeführt werden, um anzuzeigen, daß entweder die benutzte Verkehrsrichtung oder der gewünschte Teilnehmer besetzt ist, und soll im Abgangsamt ein optisches oder das dort übliche akustische Besetztzeichen veranlassen.

9. *Frei-Kennzeichen* (signal de retour d'appel; „ringing tone" signal), entgegen Richtung des Verbindungsaufbaues.
Es kann eingeführt werden, um anzuzeigen, daß der gewünschte Teilnehmer gerufen wird, und soll im Abgangsamt ein optisches oder das dort übliche akustische Freizeichen veranlassen.

10. *Schluß-* oder *Beobachtungszeichen* (signal de raccrochage par le demandé; „clear back" signal), entgegen Richtung des Verbindungsaufbaues.
Es zeigt an, daß der Angerufene den Handapparat aufgelegt hat oder daß eine Ankunftsbeamtin aus der Verbindung ausgetreten ist.

11. *Auslösezeichen* (signal de fin; „clear forward" signal), in Richtung des Verbindungsaufbaues.
Es zeigt an, daß die Fernbeamtin die Verbindung getrennt oder der Anrufende den Handapparat aufgelegt hat.

12. *(Quittungs-)Zeichen für Auslöseüberwachung* (signal de libération de garde; „release guard" signal), entgegen Richtung des Verbindungsaufbaues.
Es zeigt an, daß das Auslösezeichen auf der Ankunftsseite aufgenommen und die Auslösung durchgeführt ist.

13. *Sperrungszeichen* (signal de blocage; „blocking" signal), entgegen Richtung des Verbindungsaufbaues.

Es zeigt an, daß auf der Abgangsseite der zwischenstaatliche Stromkreis als besetzt gekennzeichnet werden soll.

Als **Frequenzen** für die Zeichengabe über zwischenstaatliche Stromkreise wird für ein *Zweifrequenzensystem* vorgeschlagen:

a) 2040 Hz und
b) 2400 Hz.

Es besteht auch ein Vorschlag für ein *Einfrequenzsystem* mit der Frequenz:
c) 2280 Hz.

Als **Dauer** der für die verschiedenen Zeichen im Kode benutzten Zeichenelemente wird vorgeschlagen:

a) Kurzes Zeichenelement, bestehend aus einer oder zwei Frequenzen, mit einer Dauer von 40...60 ms,

b) kurzes Zeichenelement, bestehend aus je einer der beiden Frequenzen, mit einer Dauer von 60...100 ms,

c) langes Zeichenelement, bestehend aus einer oder zwei Frequenzen, mit einer Dauer von 120...200 ms,

d) langes Zeichenelement, bestehend aus je einer der beiden Frequenzen, mit einer Dauer von 240...360 ms,

e) Zwischenraum zwischen zwei Zeichenelementen: $25 \pm 5$ ms.

Zur Prüfung der in den verschiedenen Nachkriegssitzungen des CCIF aufgeworfenen Fragen technischer und betrieblicher Art ist ein Versuchsbetrieb beschlossen worden (1947/48). Der Versuchsbetrieb faßt einmal die westeuropäischen Hauptstädte von Belgien, Holland, England, Frankreich und der Schweiz in einem Netz zusammen, und in einem weiteren Netz die skandinavischen Hauptstädte Kopenhagen, Oslo, Stockholm und Helsinki. Für jeden Verbindungsweg sind 3 Leitungen je Verkehrsrichtung vorgesehen. Zur Anwahl dienen zweistellige Kennzahlen.

### 5. VERSCHIEDENE ARTEN DER FERNWAHL

Wie bereits erwähnt, wird die Art und Zusammensetzung sowie unter Umständen der Zustand der Fernleitungen durch die Stromart berücksichtigt, die für die Übermittlung der Schaltkennzeichen verwendet wird. Bestimmend für die Verwendung ist dabei vor allem,

wie lang die Leitungen sind und welche elektrischen Eigenschaften sie haben,
ob die Leitungen durch Fremdspannungen beeinflußt werden,
ob die Leitungen Übertrager enthalten,
ob es sich um verstärkte oder unverstärkte Leitungen handelt,
ob und wie viele Zwischenverstärkerstellen in den Leitungen vorhanden sind,
ob Zwei- oder Vierdrahtleitungen bzw. Trägerfrequenzwege verwendet werden,
ob die Leitungen mehrfach, z. B. durch Telegraphiewege, ausgenutzt sind.

Entsprechend diesen für Entwicklung und Einsatz maßgebenden Vorbedingungen haben sich bestimmte Fernwahlarten herausgebildet, von denen als hauptsächlichste zu nennen sind:

a) Gleichstromwahl,

b) Wechselstromwahl,

c) Induktivwahl,

d) Tonfrequenzwahl.

Diese Fernwahlarten sind in Bild 162 in grundsätzlicher Form einander gegenübergestellt. Sie sollen anschließend in ihren Grundzügen besprochen werden. Die dabei angegebenen Werte beziehen sich auf Normalbedingungen, sowohl in bezug auf die Technik als auch auf die Eigenschaften der Leitungen. Auf Abarten und Sonderbedingungen wird im allgemeinen nicht eingegangen werden.

### a) Gleichstromwahl

Die Gleichstromwahl ist die Urform und gleichzeitig die einfachste Ausführung der Fernwahl. Bei ihr kann man sich die Schaltvorgänge innerhalb eines Amtes einfach auf den Verbindungsverkehr zwischen verschiedenen Ämtern ausgedehnt denken, z. B. indem man die GW in verschiedenen Ämtern aufstellt und sie durch längere dreiadrige Leitungen verbindet. Wie bereits gesagt, sind diesem dreiadrigen Ver-

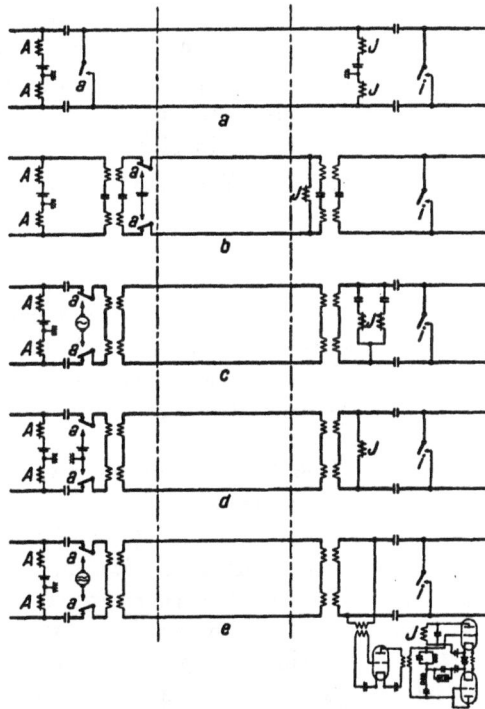

Bild 162. Gegenüberstellung verschiedener Fernwahlarten in grundsätzlicher Darstellung.

a = Gleichstromwahl über kurze Verbindungsleitungen.
b = Gleichstromwahl über kurze Verbindungsleitungen mit teilweiser Abriegelung.
c = Wechselstromwahl über mittellange abgeriegelte Fernleitungen.
d = Induktivwahl über mittellange abgeriegelte Fernleitungen.
e = Tonfrequenzwahl über lange abgeriegelte Fernleitungen.

bindungsverkehr aus wirtschaftlichen und technischen Gründen Grenzen gesetzt. Man findet ihn daher nur im Verbindungsverkehr zwischen Ämtern des gleichen Ortsnetzes. Jedoch auch im Verbindungsverkehr innerhalb großer Ortsnetze hat der zweiadrige Verkehr große wirtschaftliche Bedeutung; im Fernverkehr findet man nur noch den zweiadrigen Verkehr, d. h. die Prüf- und Sperrader (c-Ader) wird nicht in der Fernleitung mitgeführt.

Für einen derartigen zweiadrigen Verkehr sind also besondere Schalteinrichtungen erforderlich, und zwar besondere Relaisübertragungen oder entsprechend erweiterte GW-Schaltungen, in denen die Aufgaben des GW mit denen der Relaisübertragung vereinigt sind. Eine derartige Gleichstrom-Relaisübertragung hat dann die Grundaufgaben:

1. die mehradrige Zeichengabe des Amtes auf die zweiadrige der Fernwahlleitung bzw. umgekehrt umzusetzen,

2. die Schaltkennzeichen zu übertragen, die für das Wählsystem in den beiden Ämtern am Anfang und Ende der Fernwahlleitung erforderlich sind,

3. bei doppeltgerichtetem Verkehr auf beiden Seiten die Ein- und Ausgänge der Amtseinrichtungen auf den Zugang zur Leitung zusammenzufassen und ferner bei Belegung in einer Richtung die Gegenrichtung zu sperren,

4. wenn möglich eine Belegung der Fernwahlleitung nur dann zuzulassen, wenn die auf der Gegenseite angeschlossenen Schalteinrichtungen frei und empfangsbereit (also z. B. auch: nicht gestört) sind (= rückwärtige Sperrung).

Eine Umformung der Stromart ist nicht erforderlich. Umfang und Art der Übertragungen richtet sich danach, welche Bedingungen erfüllt werden sollen, d. h. welche Vorgänge von der c-Ader auf die a/b-Ader bzw. umgekehrt umgesetzt werden sollen. Die Verwendung eines entsprechend erweiterten GW an Stelle einer Relaisübertragung ist nur auf der ankommenden Seite von einfachgerichteten Leitungen üblich.

Eine Gleichstrom-Relaisübertragung hat als Sendeteil ein einfaches Relais, dessen Kontakte entweder die a/b-Adern zu einer Leitungsschleife schließen (Bild 162 a) oder in selteneren Fällen Spannung bzw. Erde an die Leitung legen. In Wählsystemen, in denen Speisebrücken lediglich im I. GW (für den Anrufenden) und im LW (für den Angerufenen) vorgesehen sind, kann sogar das Senderelais wegfallen; die Nummerngabe wird dann vom vorgeschalteten Wähler glatt durch die Übertragung hindurch gegeben.

Auf der Gegenseite arbeitet als Empfangsteil entweder ebenfalls ein einfaches Gleichstromrelais in der Relaisübertragung, oder aber Schleifenschluß bzw. -öffnung wirken unmittelbar auf das Stromstoßrelais des nachgeordneten Wählers ein.

Aus diesen kurzen Andeutungen ist zu erkennen, daß man bei Gleichstrom-Relaisübertragungen die eingangs gebrachte Dreiteilung in Sende- und Empfangsteil sowie Gleichstrom-Relaisteil nicht streng durchführen kann.

Bild 163 zeigt eine oszillographische Aufnahme von Nummernstromstößen in einer Gleichstrom-Relaisübertragung mit Schleifen-Stromstoßgabe (etwa entsprechend Bild 162 a). Das Stromstoßrelais der Sendeseite wird taktmäßig eingeschaltet (oben), schließt ebensooft die Schleife über die Fernleitung (Mitte), und das Empfangsrelais der Gegenseite gibt die Schleifenstromstoßgabe ent-

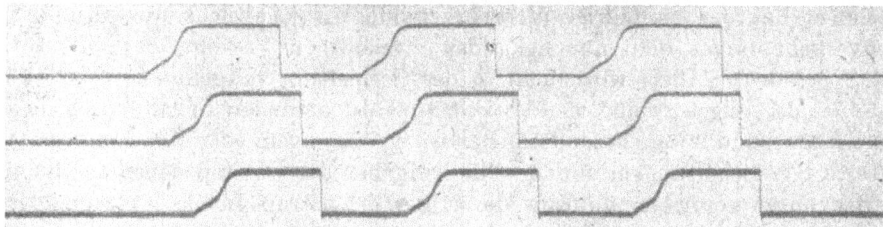

Bild 163. Oszillographische Aufnahme der Gleichstromwahl.
Oben: Stromstoßrelais auf der Sendeseite.
Mitte: Schleifenschließungen auf der Leitung.
Unten: Weitergabe auf der Empfangsseite.

sprechend weiter (unten). Die einzelnen Zeichen werden mit einer geringen zeitlichen Verschiebung entsprechend den Arbeitszeiten der Relais weitergegeben. Dabei verursacht jedes Relais, dessen Ansprech- und Abfallzeiten ungleich sind, eine entsprechende positive oder negative Verzerrung.

Bild 164 zeigt eine Ausführung der Gleichstromwahl in grundsätzlicher Darstellung. Der Übersichtlichkeit halber ist der einfachgerichtete Verkehr zugrunde gelegt worden; für doppeltgerichteten Verkehr muß man sich beide Seiten entsprechend ergänzt denken. Als Beispiel ist der sog. *„Glimmlampen-Verkehr"* herangezogen, der beispielsweise in einem Wählsystem wie in Bild 86 verwendet werden kann. Als Hauptvorzüge der Glimmlampen-Übertragung sind zu nennen:

Vermeidung jeder weiteren Speisebrücke,

Wegfall jeder Umsetzung der Wahlstromstöße (keine zusätzliche Verzerrung),

glatte Durchschaltung der Sprechadern, an denen im Gesprächszustand keinerlei dämpfende Glieder liegen,

Sicherstellung der rückwärtigen Sperrung,

beste Symmetrie im Gesprächszustand.

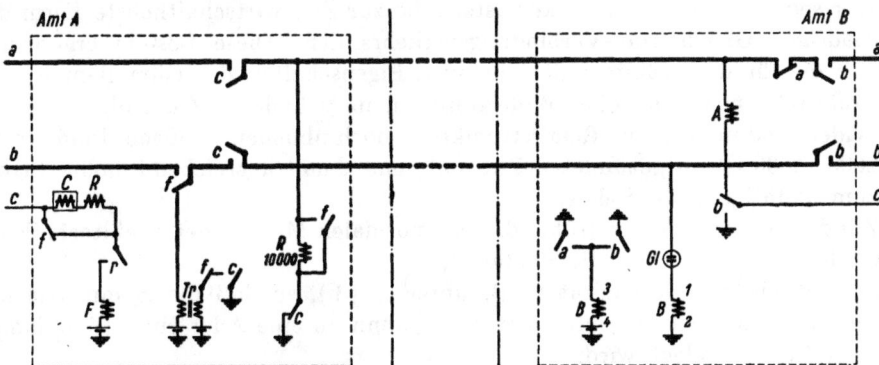

Bild 164. Gleichstromwahl für einfachgerichteten Verkehr in grundsätzlicher Darstellung (Ausführung: Glimmlampenverkehr).

Das Beispiel in Bild 164 beschränkt sich auf die Durchgabe der unerläßlichen Vorgänge „Belegen", „Nummernwahl" und „Auslösen". Es enthält ferner eine Vorkehrung, die eine Belegung nur dann ermöglicht, wenn die Gegenseite empfangsbereit ist (Rückwärtige Sperrung). In diesem Falle fließt ein Ruhestrom im Stromkreis: Erde, c-Kontakt, 10000-$\Omega$-Wicklung des R-Relais, über die a-Ader zum Amt B, A-Relais, b-Kontakt nach Spannung in der c-Ader des angeschlossenen Wählers. Nur wenn das R-Relais über diesen Stromkreis erregt ist, d. h. wenn der im Amt befindliche Wähler empfangsbereit ist, kann die c-Ader im Amt A belegt werden. Bei einer Belegung werden nacheinander die Relais F und C erregt. Mit einem f-Kontakt wird die 10000-$\Omega$-Wicklung des R-Relais kurzgeschlossen, so daß das A-Relais der Gegenseite im genannten Ruhestromkreis durch die Spannungserhöhung erregt wird *(Belegungszeichen)*. Dieser

Stromkreis wird nach einer bestimmten Zeit durch den c-Kontakt wieder geöffnet. Ein a-Kontakt (Amt B) hat inzwischen das B-Relais eingeschaltet, das
sich selbst weiterhält, die c-Ader unmittelbar erdet und die a/b-Adern durchschaltet. Der a-Kontakt in der a-Ader (Amt B) verhindert, daß die Erde über
den c-Ruhekontakt (Amt A) auf den angeschlossenen Wähler wirkt, wenn das
B-Relais im Amt B durchschaltet, bevor das C-Relais im Amt A die Erde von
der a-Ader abtrennt. Die nachfolgenden *Wahlstromstöße* durchlaufen ohne
weiteres die Relaisübertragung, deren a/b-Adern frei von allen dämpfenden Abzweigen sind. Nach Gesprächsschluß wird das *Auslösezeichen* über die b-Ader
gegeben, wenn der vorgeschaltete Wähler die c-Ader im Amt A öffnet. Dadurch
werden das F-Relais und das verzögerte C-Relais stromlos; in der Zeit „f-Kontakt
bereits geschlossen und c-Kontakt noch nicht geöffnet" wird über den Transformator Tr ein Stromstoß höherer Spannung über die b-Ader gegeben, der auf
der Gegenseite die Glimmlampe Gl zündet, das B-Relais über die zweite Wicklung gegenmagnetisiert und es so „abwirft". Die Zündung der Glimmlampe
kann naturgemäß auch auf andere Weise, z. B. mittels einer Batterie höherer
Spannung oder durch Entladung einer Kondensator-Anordnung oder durch
Wechselstrom veranlaßt werden.

Dieser sog. Glimmlampen-Verkehr stellt die zur Zeit wirtschaftlichste Form des
zweiadrigen Gleichstrom-Verbindungsverkehrs dar. Diese Lösung ergab sich
durch die für die Wähltechnik günstigen Eigenschaften der Glimmlampe:

praktisch unendlich hoher Widerstand im ungezündeten Zustand,
Widerstand in einer für Relaisstromkreise noch üblichen Größenordnung (z. B.
2000...4000 Ω) im gezündeten Zutsand, und damit ausreichend hoher Strom
zum Betätigen von Relais,
Zündspannung in einer Höhe, die mit normalen Mitteln der Wähltechnik erreicht werden kann (z. B. 80...90 V),
äußerst niedrige Kapazität (z. B. unter 20 pF), so daß die Symmetrie des
Sprechweges nicht verschlechtert wird, wenn an eine Ader eine Glimmlampe
nach Erde angelegt wird.

Anwendung und Reichweite der Gleichstromwahl sind begrenzt. Es gelten
folgende Hinweise:

Anwendung nur auf nicht abgeriegelten Leitungen (Ausnahme Bild 162b;
vgl. später), also
Anwendung nur auf unbeeinflußten und nicht mehrfach ausgenutzten Leitungen,
Anwendung nur auf Leitungen, in denen keine Anpassungsübertrager liegen,
Reichweite: Normale Sende- und Empfangsmittel vorausgesetzt, können im
allgemeinen bei 60-V-Betrieb Entfernungen von etwa 1000 Ω Schleifenwiderstand überbrückt werden. Dabei ist auf Freileitungen der Nebenschluß, auf
Kabelleitungen der Einfluß der Kabelkapazität besonders zu beachten. Beispiel: Reichweite bei Schleifenstromstoßgabe über Kabel von 0,8 mm Dmr.
etwa 15 km;
Einsatz in der Hauptsache in großen Ortsnetzen an Stelle des dreiadrigen Verbindungsverkehrs; Vororts- und Nachbarortsverkehr; Verkehr zwischen Haupt-
und Unteramt.

Werden die Fernleitungen, z. B. bei elektrischen Bahnen, durch Kraftübertragungsanlagen irgendwelcher Art beeinflußt, so können auf den Leitungen Fremdspannungen induziert werden, die für die Fernsprechbenutzer, für das Amtspersonal und für die Fernsprechanlagen schädlich sind. Besonders gefährlich werden dabei die in den Ämtern vorhandenen Erdverbindungen. In derartigen Fällen müssen Leitung und Amtseinrichtungen galvanisch voneinander getrennt werden. Die Leitungen werden zu diesem Zweck derart durch Übertrager abgeriegelt, daß sich auf der Leitung selbst keinerlei Teile der Schalteinrichtungen mehr befinden. Die auf der Leitung induzierten Fremdspannungen können dann nicht in das Amt gelangen.

Derartige **Übertrager** werden für verschiedene Zwecke eingesetzt:

1. für die Abriegelung beeinflußter Leitungen, sowohl als Schutz gegenüber Starkstrombeeinflussung als auch gegenüber Störgeräusche,

2. für künstliche Sprechwege in Phantomschaltung (Bild 165), d. h. zur Mehrfachausnutzung

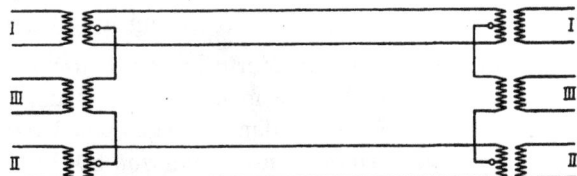

Bild 165. Mehrfachausnutzung durch Phantomschaltung.
I—I', II—II' = Stammleitungen.
III—III' = Phantomleitung, Viererleitung.

von elektrisch einander gleichwertigen Leitungen durch Bildung von Vierern, Achtern usw.,

3. zwecks Anpassung von Leitungen mit verschiedenen elektrischen Eigenschaften, z. B. an der Stoßstelle von Kabel und Freileitung.

Auf diesen abgeriegelten Leitungen kann die Zeichengabe nicht mehr mit Gleichstrom durchgeführt werden, da über die eingefügten Übertrager nur veränderliche Stromvorgänge gegeben werden können. Für die Übermittlung der Zeichen muß also eine andere Stromart herangezogen werden.

Zwar werden Übertrager auch in bestimmten Ausführungen der Gleichstromwahl verwendet (vgl. Bild 162 b). In diesem Falle liegen jedoch Sendekontakte und Empfangsrelais auf der Leitungsseite der Übertrager, so daß die oben gestellten Forderungen in bezug auf Abriegelung aller Amtsteile gegenüber schädlichen Fremdspannungen nicht vollständig erfüllt werden. Das Amtspersonal könnte also noch mit den in der Leitung liegenden Kontakten in Berührung kommen und, sofern gerade hohe Fremdspannungen auf der Leitung vorhanden sind, gefährdet werden. In derartigen Fällen bietet eine Einkapselung der betreffenden Schaltungsteile einen gewissen Schutz.

In allen Fällen jedoch, in denen eine vollständige Abriegelung bzw. die Einschaltung von Übertragern aus Gründen der Anpassung oder Mehrfachausnutzung erforderlich wird, muß eine der im folgenden besprochenen Fernwahlarten eingesetzt werden.

## b) Wechselstromwahl

Als Stromart für die Zeichengabe verwendet man bei der Wechselstromwahl in der Hauptsache den „technischen" Wechselstrom von 50 Hz, neuerdings auch von 25 Hz (vgl. später). Eine Wechselstrom-Relaisübertragung hat also wie auch entsprechend die Relaisübertragungen der anschließend beschriebenen Fernwahlarten die Aufgaben,

1. die mehradrige Zeichengabe innerhalb des Amtes in die Zeichengabe über nur einen Stromkreis auf der Fernleitung bzw. umgekehrt umzuwandeln,

2. die Gleichstromzeichen in Wechselstromzeichen bzw. umgekehrt umzuformen,

3. bei doppeltgerichtetem Verkehr auf beiden Seiten die Ein- und Ausgänge der Amtseinrichtung auf den Zugang zur Leitung zusammenzufassen und ferner bei Belegung einer Richtung die Gegenrichtung zu sperren.

Im Sendeteil der Ralaisübertragung arbeitet wieder ein einfaches Gleichstromrelais, das den Wechselstrom entsprechend den im Gleichstrom-Relaisteil umgewandelten Zeichen vor dem abriegelnden Übertrager an die Fernleitung legt (vgl. Bild 162 c). Der Wechselstrom von 50 Hz wird entweder über einen geeigneten Transformator den öffentlichen Licht- und Kraftnetzen oder einem Wechselstromgenerator entnommen. Der Empfangsteil enthält hinter dem abriegelnden Übertrager, d. h. amtsseitig von ihm, ein Empfangsrelais, das die ankommenden Wechselstromzeichen verschiedener Länge aufnimmt und als Gleichstromzeichen an den Gleichstrom-Relaisteil weitergibt. In die a/b-Adern muß zwischen dem Empfangs- bzw. Sendeteil und dem Gleichstrom-Relaisteil ein Sperrglied für 50 Hz eingeschaltet werden, durch das sowohl der ankommende Wechselstrom von den Amtseinrichtungen ferngehalten als auch Beeinflussungen des Empfangsrelais vom Amt her vermieden werden (zeichenstrom- und gleichstrommäßige Auftrennung von Amts- und Leitungsseite).

Die verschiedenen Schaltkennzeichen müssen möglichst unverzerrt übermittelt werden. Das erfordert eine besondere Ausbildung des Empfangsteils; denn das Empfangsrelais darf nicht im Takt der ankommenden Wechselstromschwingungen schwirren, sondern muß für jedes Wechselstromzeichen einwandfrei anziehen und in dieser Arbeitsstellung während der Dauer des Schwingungszuges verharren.

Dies kann auf zwei verschiedene Arten erreicht werden, entweder durch besondere Ausbildung des Empfangsstromkreises oder durch die Ausführung des Empfangsrelais selbst. Im ersten Falle verwendet man Gleichrichter in Verbindung mit dem Empfangsrelais. Im zweiten Falle hat das Empfangsrelais grundsätzlich zwei magnetische Kreise, in denen der Kraftfluß um etwa 90° gegeneinander verschoben ist und so abwechselnd auf den gemeinsamen Anker einwirkt. Bei einer Ausführung dieses *Wechselstromrelais* ist die Polfläche des Kernes unterteilt; der eine Teil des Kernes trägt ein Kupferrohr oder eine kurzgeschlossene Kupferwicklung. Dadurch wird ein Feld erzeugt, das dem Feld der Hauptwicklung, die die Zeichenströme aufnimmt, entsprechend nacheilt. Eine sehr häufig verwendete Ausführung (Bild 166), die sich seit Einführung der

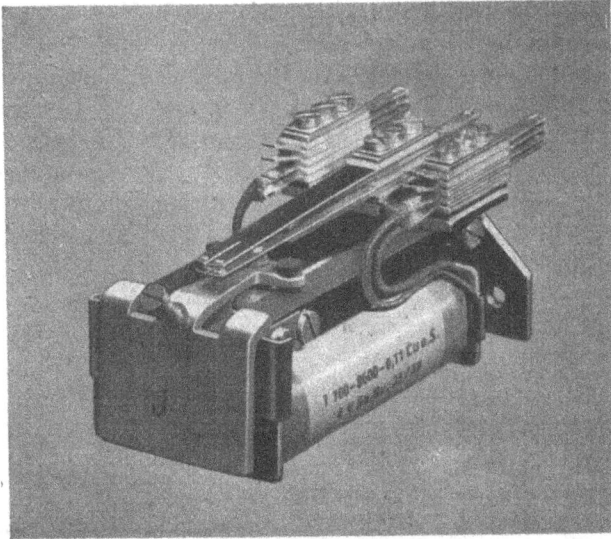

Bild 166. Wechselstromrelais.

Wechselstromwahl bewährt hat, sieht zwei Kerne mit je einer Wicklung, aber mit gemeinsamem Anker vor. Die erforderliche Phasenverschiebung der Ströme in den beiden Erregerwicklungen (Bild 167) wird durch zwei Kondensatoren verschiedener Kapazität erreicht, die den Wicklungen vorgeschaltet sind. Die Kerne des Wechselstromrelais sind zwecks Herabsetzung der Wirbelströme und Hyste-

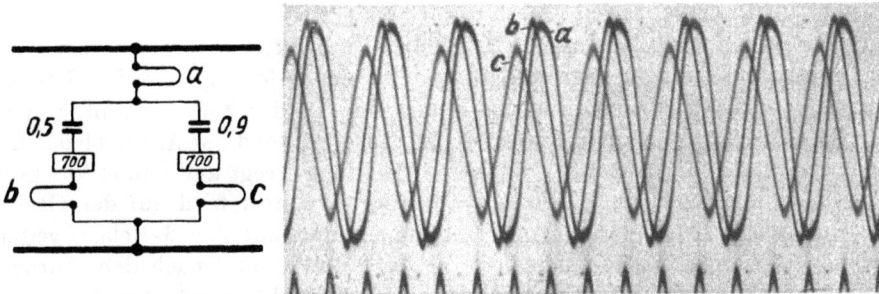

Bild 167. Oszillographische Aufnahme der Wechselströme vor dem Wechselstromrelais und in seinen beiden Erregerwicklungen.
a = auf der Leitung,    b, c = in den Erregerwicklungen.

resisverluste aus unterteilten Blechen entsprechenden Werkstoffs zusammengesetzt.

Eine Neuentwicklung des Wechselstromrelais gestattet es, für die Wahl Wechselstrom von 25 Hz zu benutzen. Zur Phasenverschiebung der Ströme in den Empfangswicklungen des Relais wird nur in einem Erregerkreis ein Kondensator eingeschaltet. Je nach Dimensionierung des Kondensators ist die Relaisübertragung für Wechselstromwahl von 25 Hz und von 50 Hz verwendbar. Bei der 25-Hz-Wechselstromwahl kann der erforderliche Wechselstrom der Ruf- und Signalmaschine entnommen werden. Dies hat besondere Bedeutung für die Ausläufer der Netze, da hier die Zahl der mit Wechselstrom betriebenen Leitungen im allgemeinen nicht groß genug ist, um eine besondere 50-Hz-Stromversorgung voll auszunutzen. In Ämtern mit vielen Wechselstromleitungen dagegen ist diese Mitbenutzung der Ruf- und Signalmaschine nicht möglich, da der Strombedarf im allgemeinen nicht mehr von der vorhandenen Ruf- und Signalmaschine gedeckt werden kann.

In Bild 168 ist die Wechselstromwahl in grundsätzlicher Form dargestellt. Der Stromlauf erfüllt in einfacher Form die unerläßlichen Vorgänge „Belegen",

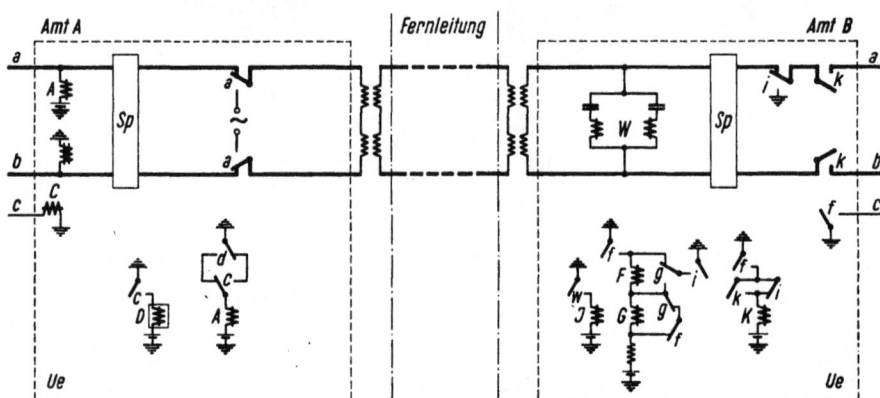

Bild 168.  Wechselstromwahl für einfachgerichteten Verkehr in grundsätzlicher Darstellung.
Sp = Sperre,   Ue = Übertragung,   W = Wechselstromrelais.

„Nummernwahl" und „Auslösen". Der Übersichtlichkeit halber ist wieder der einfachgerichtete Verkehr zugrunde gelegt. Bei der Belegung wird das C-Relais erregt und schaltet seinerseits das D-Relais ein. In der Zeit „c-Kontakt umgelegt und d-Kontakt noch in Ruhestellung", also während der Ansprechzeit des D-Relais, wird das A-Relais über die zweite Wicklung erregt und sendet Wechselstrom über die Fernleitung. Dieses Belegungszeichen wird auf der Gegenseite vom Wechselstromrelais W aufgenommen und auf das J-Relais weitergegeben. Es werden nacheinander die Relais F und G und nach dem Zurücklegen der i-Kontakte das K-Relais erregt. Ein f-Kontakt belegt über die c-Ader den angeschlossenen Wähler. Das K-Relais schaltet die Sprechadern durch, so daß erst das spätere taktmäßige Arbeiten des J-Relais Erdstromstöße über die a-Ader veranlassen kann. Die Stromstoßgabe (Nummernwahl) trifft in der Ue des Amtes A in Form von Erdstromstößen auf der a-Ader ein, wird vom A-Relais unmittelbar in Wechselstromzeichen umgesetzt, im Amt B vom Wechselstromrelais W aufgenommen und vom J-Relais durch Erdstromstöße über die a-Ader weitergegeben. Bei Gesprächsschluß wird im Amt A die c-Ader geöffnet. Die Relais C und D fallen nacheinander ab. Das D-Relais hat eine große Abfallverzögerung; das A-Relais wird daher entsprechend lange über die zweite Wicklung erregt und gibt ein langes A u s l ö s e z e i c h e n über die Fernleitung. Im Amt B werden die Relais W und J für die gleiche Dauer erregt. Das F-Relais, dessen Anker während der kurzzeitigen Kurzschließungen bei der Nummernwahl angezogen geblieben war, wird durch den lang andauernden Kurzschluß abgeworfen und schaltet das K-Relais ab. Das G-Relais wird beim Aufhören des Auslösezeichens durch Öffnen des i-Kontaktes abgeschaltet.

Bild 169 zeigt eine oszillographische Aufnahme der Nummernwahl: oben das dreimalige Arbeiten des A-Relais im Amt A; in der Mitte die vom A-Relais ver-

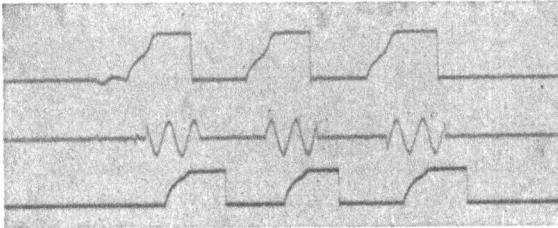

Bild 169. Oszillographische Aufnahme der Wechselstromwahl.
Oben: Stromstoßrelais auf der Sendeseite.
Mitte: Wechselstromzeichen auf der Fernleitung.
Unten: Weitergabe auf der Empfangsseite.

anlaßten Wechselstromzeichen; unten die vom J-Relais über die a-Ader im Amt B weitergegebenen Erdstromstöße.

Die Wechselstromwahl ist für Wechselstrom von 50 Hz entwickelt worden, weil

1. diese Frequenz unmittelbar dem vorhandenen Licht- oder Kraftnetz entnommen werden kann;

2. wegen der Stromstoßverzerrung einerseits eine möglichst hohe Frequenz erwünscht ist, da die Verzerrung der Zeichen um so größer wird, je niedriger die Frequenz des Wechselstromes ist;

3. die Sicherheit des Wechselstromrelais dagegen andererseits mit steigender Frequenz abnimmt; denn mit zunehmender Frequenz wächst der Scheinwiderstand des Relais und sinkt die Stromstärke im Empfangsrelais;

4. die Sendespannung aber als Ausgleich zu Punkt 3 nicht beliebig gesteigert werden kann; denn erstens könnte sonst das Pflegepersonal gefährdet werden und zweitens müssen in bezug auf Kabel und Amtseinrichtungen bestimmte zulässige Spannungsgrenzen eingehalten werden (z. B. 100 V).

Die Punkte 2 und 3 sind in ihren Forderungen einander entgegengerichtet und ließen zusammen Wechselstrom von 50 Hz zweckmäßig erscheinen.

Die Wechselstromwahl mit 25 Hz wurde entwickelt, weil

5. in Ämtern mit wenigen Wechselstromwahl-Leitungen (vor allem in den Netzausläufern) eine besondere Wechselstromerzeugung vermieden und statt dessen die vorhandene und oftmals noch nicht voll ausgenutzte Ruf- und Signalmaschine herangezogen werden sollte.

Die Verzerrung, die durch die Lage des Zeichenbeginns in bezug auf die Wechselstromphase entstehen kann, ist bereits bei Wechselstrom von 50 Hz fühlbar; denn auf Zeichen von etwa 60 ms Länge kommen nur etwa drei Schwingungen. Die Schwankungen in der Anzugs- bzw. Abfallzeit auf Grund verschiedenen Phaseneinfalls können zu Stromstoßverzerrungen führen, die besonders bei Durchwahl über mehrere Leitungen mit Wechselstromwahl die Zeichengabe fälschen können. In solchen Fällen müssen *Stromstoßentzerrer* vorgesehen werden (vgl. Abschnitt IX, 5 g).

Über Anwendung und Reichweite der Wechselstromwahl kann folgendes zusammengefaßt werden:

Anwendung auf abgeriegelten Leitungen, also auf Leitungen, die durch Phantomschaltungen mehrfach ausgenutzt sind oder durch Fremdspannungen beeinflußt sein können.

Anwendung auf zusammengesetzten Leitungen mit Anpassungsübertragern an den Stoßstellen.

Reichweite: Die Reichweite ist eine Energiefrage; sie steigt mit der zum Senden benutzten Spannung. Diese ist aus Gründen der Sicherheit für das Personal, der Isolation und zur Vermeidung von Übersprechen im allgemeinen nach oben begrenzt. Bei normaler Ausführung beträgt die Reichweite für Kabel etwa 75 km (bei 0,9 mm Dmr.) bzw. 150 km (bei 1,4 mm Dmr.), also etwa einen Verstärkerabstand; auf Freileitungen hängt die Reichweite von dem Zustand und der Güte der Leitungen ab (Nebenschluß!).

Einsatz auf unverstärkten Zweidrahtleitungen und auf verstärkten Zweidrahtleitungen mit Endverstärkern; seltener auf Zweidrahtleitungen mit Zwischenverstärkern (vgl. Abschnitt IX, 5 d).

Einsatz vor allem in Netzgruppen.

Der Frequenzbereich des übertragenen Sprachbandes erstreckt sich gegenwärtig von 300...2400 (2700) Hz; es sind Bestrebungen im Gange, diesen Frequenzbereich zu erweitern. Die Spanne unterhalb von 300 Hz steht im allgemeinen der Zeichengabe zur Verfügung; sie wird auch bei der Gleichstrom-, Wechselstrom- und der anschließend besprochenen Induktivwahl dafür ausgenutzt. Soll jedoch auf einer Leitung neben der Fernsprechverbindung ein Weg für Unterlagerungstelegraphie eingerichtet werden, so kann die Zeichengabe nicht mehr beliebig den Bereich unterhalb von 300 Hz in Anspruch nehmen, da der untere Teil dann durch die Zeichen der Unterlagerungstelegraphie benötigt wird. Unterlagerungstelegraphie und eine der drei bisher genannten Wahlarten können also nicht gleichzeitig auf einer Leitung betrieben werden. In derartigen Fällen kann man z. B. eine Wechselstromwahl mit Wechselstrom von 150 Hz benutzen. Diese sog. 150-Hz-Wahl gleicht grundsätzlich der Wechselstromwahl mit 50 Hz. Der erforderliche Wechselstrom wird dem Netz über Frequenzwandler oder aber entsprechenden Wechselstromgeneratoren entnommen. Als Empfänger arbeitet an Stelle des Wechselstromrelais jedoch im allgemeinen eine Anordnung, in der die Zeichen gleichgerichtet werden (Trockengleichrichter oder Röhren). Auf beiden Seiten der Leitung sind elektrische Weichen für Frequenztrennung vorgesehen, in denen Fernsprechweg und Telegraphierweg voneinander geschieden werden.

### c) Induktivwahl

Bei der Wechselstromwahl wird für die Dauer eines jeden „Zeichenstromstoßes" Wechselstrom über die Leitung gesendet. Zeichen verschiedener Länge können aber auch dadurch gebildet werden, daß man lediglich Anfang und Ende der Zeichen durch „Stromspitzen" wechselnder Richtung kennzeichnet. Dieses Verfahren wird bei der Induktivwahl angewendet (vgl. Bild 162 d). Im übrigen ist die Aufgabenstellung für die Induktiv-Relaisübertragung grundsätzlich die gleiche wie für die Wechselstrom-Relaisübertragung.

Der Sendeteil enthält zur Erzeugung der „Stromspitzen" einen besonders bemessenen Stromstoßtransformator, dessen Erstwicklung zusammen mit einem Kontakt des Senderelais in einem Stromkreis der Batterie liegt (Bild 170, links). Wird dieser Gleichstromkreis durch den Sendekontakt (a) geschlossen, so wird auf die Zweitwicklung eine „Stromspitze" induziert, die infolge ihrer veränderlichen Stromform die Übertrager passieren kann. Wird der Gleichstromkreis der Erstwicklung wieder geöffnet, so entsteht in der Zweitwicklung eine „Stromspitze" entgegengesetzter Richtung. Jeder zur Zeichengabe benutzte „Zeichenstrom-

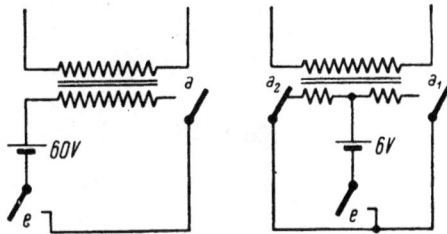

Bild 170.  Sendeanordnung für Induktivwahl.
Links:  Einfache Anordnung des Stromstoßtransformators.
Rechts: Doppelte Ausnutzung der Erstwicklung.
a = Arbeitskontakt beim Senden.
e = Einschaltekontakt

stoß" besteht somit aus zwei „Stromspitzen" verschiedener Richtung, die jeweils Anfang und Ende des „Zeichenstromstoßes" festlegen. Die Form ist aus der oszillographischen Aufnahme (vgl. Bild 174) ersichtlich. Um bei Beschreibungen die beiden „Stromspitzen" unterscheiden zu können, bezeichnet man den beim Einschalten der Erstwicklung induzierten Stoß als „positiv", den beim Ausschalten entstehenden als „negativ", was aber eine völlig willkürliche Festlegung ist. Zusammenfassend sei noch darauf hingewiesen, daß hier als Stromquelle die (Zentral-)Amtsbatterie verwendet wird, daß die Induktivwahl also im Gegensatz zur Wechselstromwahl ohne eine besondere Stromquelle auskommt.

Im Empfangsteil müssen die „Stromspitzen" aufgenommen und wieder in Gleichstromzeichen der üblichen Art umgeformt werden. Dies kann sowohl durch eine besondere Ausführung des Empfangsrelais als auch des Empfangsstromkreises erreicht werden. Im letzten Falle muß die stromlose Pause zwischen Anfangs- und Endspitze jedes Zeichenstromstoßes in einem Haltekreis überbrückt werden. Die besondere Ausführung des Empfangsrelais — das ist wohl die häufigere Ausführung — nennt man gepoltes Relais (Bild 171). Dieses Relais muß die Bedingung erfüllen, den Anker nach jeder Betätigung in der betreffenden Lage (Arbeits- oder Ruhelage) zu lassen, bis eine neue Stromspitze entgegengesetzter Richtung eintrifft. Dadurch wird das Überbrücken der stromlosen Pausen vom Relais selbst übernommen. Das gepolte Relais enthält dem-

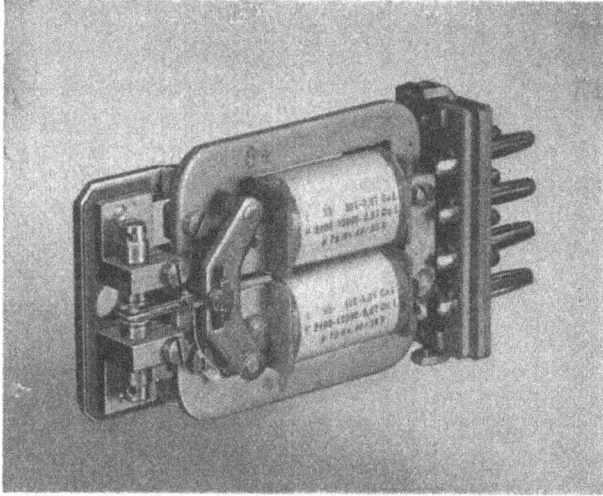

Bild 171.  Gepoltes Relais.

nach zwei U-förmig gebogene Dauermagnete (Bild 172). Die Südpole dieser Magnete sind mit zwei Weicheisenkernen verbunden, die die beiden Erregerwicklungen tragen; diese Wicklungen sind so angeschaltet, daß sie von den eintreffenden „Stromspitzen" jeweils in entgegengesetztem Sinne durchflossen werden. Zwischen den Nordpolen der Magnete ist der Relaisanker drehbar gelagert; das eine Ankerende reicht zwischen die beiden Polschuhe der Wicklungskerne (Südpole), das andere spielt zwischen zwei Kontakten. Eintreffende Stromstöße verstärken jeweils eins der beiden Magnetfelder und schwächen gleichzeitig das andere. Dadurch wird der Anker umgelegt und verbleibt, wenn der Erregerstromstoß aufhört, in dieser Lage entsprechend dem in den Außenstellungen geringsten magnetischen Widerstand. Der kurze Ankerweg, die geringen bewegten Massen sowie die gesamte Ausführung ergeben hohe Empfindlichkeit und sehr kurze Umlegzeiten für den Anker. Sende- und Empfangsteil sind vom Systemteil durch je ein Sperrglied getrennt, das das gepolte Relais gegenüber Beeinflussungen vom Amt her schützt.

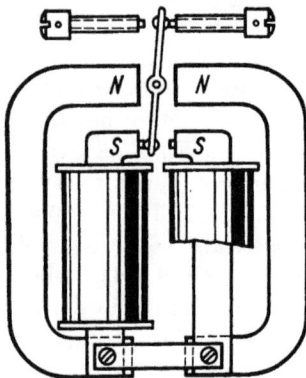

Bild 172.  Gepoltes Relais in grundsätzlicher Darstellung.

Eine Verzerrung der Zeichen, wie sie bei der Wechselstromwahl durch verschiedene Phasenlage auftreten kann, ist bei der Induktivwahl nicht möglich. Die Sicherheit der Stromstoßgabe hängt von der Sendespannung, von der Form der „Stromspitzen" und von der Empfindlichkeit des Empfangsrelais ab. Für die Sendespannung kann man in allen Fällen ausreichend hohe Werte erhalten. So benutzt man die Induktivwahl z. B. auch auf „Gesellschaftsleitungen mit Wählverkehr" (sog. „Wahlrufanlagen"; vgl. Abschnitt X, 1 a), deren Sprechstellen lediglich mit 6-V-Batterien ausgerüstet sind. Die erforderliche Sendespannung wird hier durch einen Kunstgriff erzielt; die Erstwicklung ist nämlich unterteilt, und für jede zu induzierende „Stromspitze" wird die eine Erstwicklung ein-, die andere ausgeschaltet bzw. umgekehrt (Bild 170, rechts). Bei entsprechender Polung addieren sich die beiden Induktionsstöße und ergeben für die Leitung eine „Stromspitze" ausreichender Spannung.

Bei der Induktivwahl wird vermieden, „Stromspitzen" gleicher Richtung unmittelbar aufeinanderfolgen zu lassen. Dadurch verhindert man gegenseitige Beeinflussungen der einzelnen Zeichen infolge etwaiger Restmagnetisierung, z. B. besonders in Übertragern älterer Bauart. So wird beispielsweise in manchen Ausführungen unmittelbar vor dem Belegungszeichen ein negativer Entmagnetisierungsstoß über die Leitung gegeben; das Belegungszeichen besteht dann aus negativer, positiver und negativer „Stromspitze". Dieser negative Entmagnetisierungsstoß soll etwaige Wirkungen des Auslösezeichens der vorherigen Verbindung unwirksam machen. Als Auslösezeichen wird in diesem Falle eine einzelne positive „Stromspitze" gegeben, wonach die Rückstellung des gepolten Relais gleichstrommäßig innerhalb der Relaisübertragung vorgenommen wird. Es sind naturgemäß auch andere Anordnungen möglich und ausgeführt. In jedem Fall trifft man jedoch Maßnahmen, daß bei induktiver Beeinflussung der Leitung von außen keine Fehlbelegungen bestehen bleiben können, die die Leitung etwa dem Betrieb entziehen.

Bild 173 zeigt die Induktivwahl in grundsätzlicher Darstellung. Es ist wieder der einfachgerichtete Verkehr dargestellt. Die Stromkreise sind für die Übermittlung von „Belegung", „Nummernwahl" und „Auslösung" vereinfacht; sie ähneln denen, die in Bild 168 für Wechselstromwahl verwendet wurden. Die Induktiv-Relaisübertragung im Amt A wird über die c-Ader belegt; dadurch werden nacheinander erregt: C-Relais; D- und V-Relais; 2. Wicklung des A-Relais; E-Relais. Das A-Relais wird durch den e-Kontakt wieder abgeschaltet. Das V-Relais muß seinen Anker schnell anziehen und langsam abfallen lassen, damit der Stromstoßtransformator rechtzeitig und lange genug an der a-Ader liegt; es schließt daher selbst seine Verzögerungswicklung kurz. Das Belegungszeichen, bestehend aus einer negativen, positiven und negativen „Stromspitze", entsteht folgendermaßen am Stromstoßtransformator Tr: Die Erstwicklung vom Transformator wird zum erstenmal durch den c-Kontakt ein- und durch den d-Kontakt wieder ausgeschaltet. Die Einschaltung, die eine positive „Stromspitze" induzieren würde, kann nicht wirksam werden, da der Transformator erst anschließend durch den d-Kontakt an die b-Ader gelegt wird (v-Kontakt hatte bereits vorher die Verbindung mit der a-Ader hergestellt). Die negative „Stromspitze" durch Öffnen des d-Kontaktes im Erststromkreis des Transformators wird jedoch wirksam; danach werden durch Schließen und Öffnen des a-Kontaktes im Erststromkreis die positive und die negative „Stromspitze" induziert. Auf der Gegenseite wird der Anker des gepolten Relais P durch die positive „Stromspitze" in die Arbeitslage, durch die sich anschließende negative „Stromspitze" wieder in die Ruhelage umgelegt. Während dieser Dauer wird das J-Relais er-

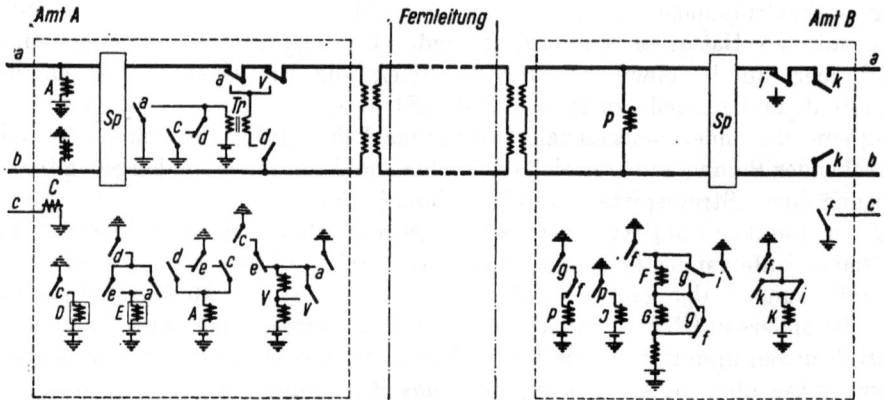

Bild 173. Induktivwahl für einfachgerichteten Verkehr in grundsätzlicher Darstellung.
P = gepoltes Relais;　Sp = Sperre.

regt und schaltet durch den Anzug seines Ankers nacheinander die Relais F
und G, durch den Abfall seines Ankers das Relais K ein. Über zwei f-Kontakte
werden die Relais F, G und K gehalten; ein weiterer f-Kontakt belegt über die
c-Ader den angeschlossenen Wähler. Die k-Kontakte in der a/b-Leitung schalten
durch; der i-Kontakt in der a-Ader war also vorher wirkungslos. Bei der Nummernwahl werden die im Amt A auf der a-Ader ankommenden Erdstromstöße durch das A-Relais sofort auf den Transformatorkreis übertragen; der
Transformator selbst wird durch die a- und v-Kontakte an die a-Ader gelegt.
Im Amt B werden die Nummernstromstöße durch das P-Relais aufgenommen
und vom J-Relais als Erdstromstöße über die a-Ader weitergegeben. Bei der
Auslösung wird die c-Ader im Amt A und damit das C-Relais stromlos. Das
C-Relais schaltet das D-Relais ab und das A-Relais über dessen zweite Wicklung ein. Das D-Relais schaltet das E-Relais, dieses wieder das A-Relais ab.
Das V-Relais wurde durch den a-Kontakt erregt. Beim Schließen des a-Kontaktes im Transformatorkreis wurde eine positive „Stromspitze" induziert
und als Auslösezeichen über die Fernleitung gegeben; das Öffnen des
a-Kontaktes ist wirkungslos, da der Stromstoßtransformator inzwischen durch
den d-Kontakt von der b-Ader abgetrennt wurde. Auf der Gegenseite wird das
P-Relais in die Arbeitsstellung umgelegt. Das J-Relais schließt das F-Relais
kurz, das seinerseits das K-Relais abschaltet und die c-Ader zum angeschlossenen
Wähler öffnet. Gleichzeitig wird die zweite Wicklung des P-Relais durch den
f-Ruhekontakt erregt: Das P-Relais wird also gleichstrommäßig, d. h. über einen
Innenstromkreis, in die Ruhelage zurückgestellt. Dieser gesamte Schaltvorgang
am P-Relais entspricht dem langen Auslösezeichen der Wechselstromwahl. Durch
den p-Kontakt wird J-Relais und durch das J-Relais auch das G-Relais abgeschaltet.
Bild 174 ist eine oszillographische Aufnahme der Vorgänge bei der Nummernwahl: Oben das taktmäßige Arbeiten des A-Relais im Amt A; in der Mitte die
Induktivstromspitzen auf der Leitung; unten die im Amt B von J-Relais weiter-

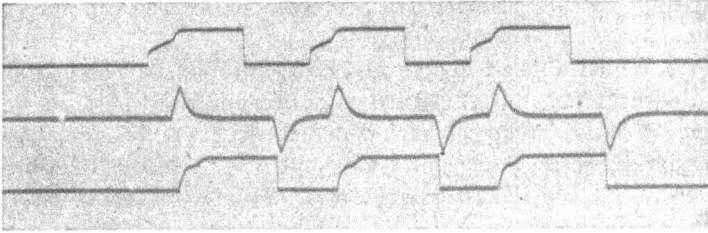

Bild 174. Oszillographische Aufnahme der Induktivwahl.
Oben: Stromstoßrelais auf der Sendeseite.
Mitte: Induktiv-Stromspitzen auf der Leitung.
Unten: Weitergabe auf der Empfangsseite.

gegebenen Erdstromstöße. Wie auch aus dem Oszillogramm ersichtlich, ist ein Phaseneinfluß wie bei der Wechselstromwahl nicht vorhanden.

Da zur Erzeugung des Zeichenstromes die Amtsbatterie mitbenutzt wird, ist die Induktivwahl nicht an das Vorhandensein eines Wechselstromnetzes gebunden bzw. es brauchen keine Wechselstromgeneratoren vorgesehen zu werden.

Über Anwendung und Reichweite der Induktivwahl kann folgendes zusammengefaßt werden:

Anwendung auf abgeriegelten Leitungen, also auf Leitungen, die durch Phantomschaltungen mehrfach ausgenutzt sind oder durch Fremdspannungen beeinflußt sein können.

Anwendung auf zusammengesetzten Leitungen mit Übertragern an den Stoßstellen.

Reichweite: Auf Kabelleitungen setzt man die Induktivwahl im allgemeinen für Entfernungen bis etwa 80 km (bei 0,9 mm Dmr.) bzw. bis 150 km (bei 1,4 mm Dmr.) ein. Auf Freileitungen hängt die Reichweite vom Zustand und von der Güte der Leitungen ab (Nebenschluß!); als Beispiel für Freileitungen sei angegeben, daß bei einem Nebenschluß von 10000 $\Omega$ noch eine Reichweite von etwa $2 \times 2000\ \Omega$, bei einem Nebenschluß von 5000 $\Omega$ noch eine Reichweite von $2 \times 1000\ \Omega$ erzielt wird.

Einsatz auf unverstärkten Zweidrahtleitungen und auf verstärkten Zweidrahtleitungen mit Endverstärkern; seltener auf Zweidrahtleitungen mit Zwischenverstärkern (vgl. Abschnitt IX, 5 d).

Einsatz vor allem innerhalb der Netzgruppen.

Einsatz zwischen Wählerämtern, in denen keine Wechselstromerzeuger vorgesehen werden sollen.

### d) Wechselstrom- und Induktivwahl über verstärkte Fernwahlleitungen

Die gebräuchlichen Verstärker sind für die Verstärkung der Sprachwechselströme, jedoch weder frequenz- noch leistungsmäßig für die drei bisher genannten Wahlarten entwickelt. Während die Reichweite der Gleichstromwahl so gering ist, daß sie für verstärkte Leitungen nicht in Betracht kommt, entspricht die Reichweite von Wechselstrom- und Induktivwahl auf Kabeln etwa einem Verstärkerabstand. Beide Wahlarten können aber nicht durch die Verstärker hindurchgegeben werden, sondern sie erfordern bei einem derartigen Einsatz Umgehungs-schaltungen.

Sind die Fernwahlleitungen lediglich mit Endverstärkern ausgerüstet, so werden die Sende- und Empfangsmittel zwischen Leitung und Endverstärker angeordnet; sie befinden sich also auf der abgehenden Seite hinter, auf der ankommenden Seite vor dem Endverstärker: der Endverstärker ist in die Relaisübertragung „eingeschleift". In Bild 175 ist eine Fernwahlleitung mit Endverstärkerbetrieb

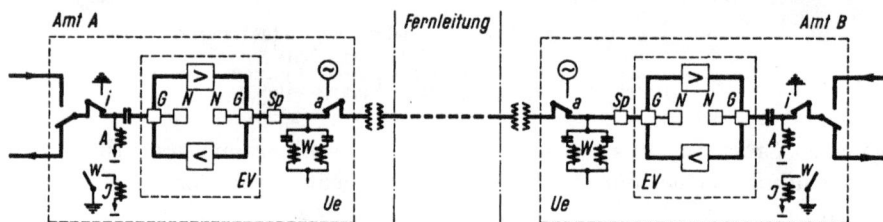

Bild 175. Wechselstromwahl auf Leitungen mit Endverstärkern in grundsätzlicher Darstellung.
EV = Endverstärker.
G = Gabel.
N = Nachbildung.
Sp = Sperrglied für Wechselstrom von 50 Hz.
W = Wechselstromrelais.

angedeutet, auf der Wechselstromwahl betrieben wird. Es ist doppeltgerichteter Betrieb dargestellt. Bei einer Verbindung von Amt A nach dem Amt B werden Wahlstromstöße vom A-Relais vor dem Endverstärker EV (= amtsseitig) auf-genommen und durch a-Kontakte als Wechselstromzeichen hinter dem EV (= leitungsseitig) auf die Leitung gegeben. Auf der Gegenseite werden die Zeichen vom Wechselstromrelais, das auf der Leitungsseite des EV angeschaltet ist, aufgenommen und auf das J-Relais umgesetzt. Ein i-Kontakt, der auf der Amtsseite des EV in der a-Ader liegt, gibt die Wahlstromstöße als Erdstrom-stöße auf den nächsten Wähler. Bild 176 zeigt die entsprechende Anordnung für

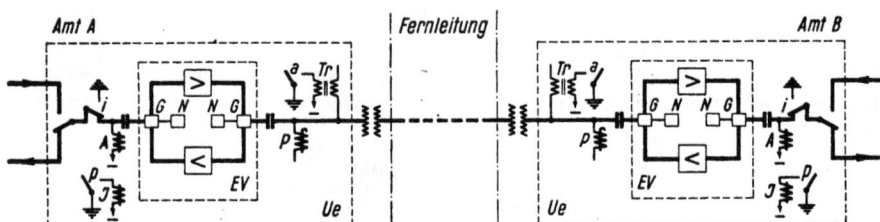

Bild 176. Induktivwahl auf Leitungen mit Endverstärkern in grundsätzlicher Darstellung.
EV = Endverstärker.
G = Gabel.
N = Nachbildung.
P = gepoltes Relais.
Tr = Stromstoßtransformator.

Induktivwahl in grundsätzlicher Darstellung. Beide Bilder, die den Aufbau so-zusagen „eindrähtig" wiedergeben, deuten nur die Übermittlung der Nummern-wahl an. Bei dieser „eindrähtigen" Darstellung sind alle Schaltmittel, die zwischen der a- bzw. b-Ader und Spannung bzw. Erde liegen, mit dem Spannungs- bzw.

Erdzeichen versehen (z. B. A-Relais oder i-Kontakt); alle Schaltmittel in Brücke zwischen der a- und der b-Ader dagegen sind offen an die „eindrähtig" gezeichnete Leitung angehängt (z. B. W-Relais, P-Relais, Tr-Kreis).

Sind Zwischenverstärker auf der Fernwahlleitung vorgesehen, so müssen die Zeichen in Richtung des Verbindungsaufbaues vor jedem Zwischenverstärker aufgenommen und hinter ihm wieder auf die Leitung gegeben werden. Dies ist technisch und wirtschaftlich nur vertretbar, wenn die Zahl der Umgehungs-stellen gering ist und der Aufwand für die Umgehungsschaltung niedrig gehalten werden kann. Eine derartige Betriebsart für Wechselstromwahl ist in Bild 177 angedeutet. Dort werden die Zeichen in jeder Richtung vor dem Zwischenverstärker ZV von einem Wechselstromrelais ($W_1$ oder $W_2$) aufgenommen und hinter dem ZV neu auf die Leitung gegeben ($i_1$ oder $i_2$). Eine derartige Umgehung läßt sich naturgemäß auch durch geeignete Frequenzausscheidung vornehmen.

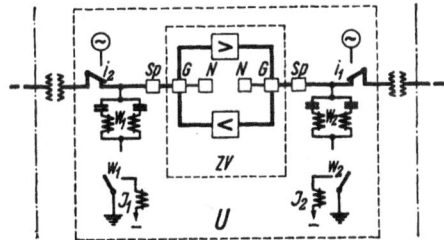

Bild 177.  Umgehungsschaltung für Wechselstromwahl an Zwischenverstärkerstellen.
G = Gabel.
N = Nachbildung.
U = Umgehungsschaltung.
Sp = Sperrglied für Wechselstrom von 50 Hz.
ZV = Zwischenverstärker.
W = Wechselstromrelais.

Jede Stromstoßumsetzung birgt aber die Möglichkeit in sich, daß Zeichenverzerrungen auftreten. Bei mehrfacher Umsetzung muß man damit rechnen, daß sich diese Verzerrungen addieren. Das macht wiederum Stromstoßentzerrer erforderlich, die den Aufwand erhöhen. Der Aufwand wird ferner unter Umständen von der Zahl der Zeichen beeinflußt, die umgesetzt und dann auch entzerrt werden müssen. Schließlich ist in bezug auf die Umgehungsstelle zu beachten, ob neue Stromquellen vorgesehen werden müssen, ob besonderes Pflegepersonal zu stellen ist usw. Aus derartigen Gründen benutzt man für lange Fernwahlleitungen mit Zwischenverstärkern eine Zeichengabe, deren Zeichenströme in Frequenz und Leistung größenordnungsmäßig den Sprachwechselströmen entsprechen und somit ungehindert durch die Verstärker hindurchfließen und dort wie die Sprachwechselströme verstärkt werden können. Dies ist die Tonfrequenzwahl.

### e) Tonfrequenzwahl

Die Tonfrequenzwahl benutzt als Stromart für die Zeichengabe tonfrequenten Wechselstrom. Frequenz (z. B. 600/750 Hz oder 2040/2400 Hz) und Leistung entsprechen hierbei den Sprachwechselströmen, so daß diese Stromstoß- und Zeichengabe keine neuen Forderungen an die Übertragungsmittel stellt.

Von den übrigen Wahlarten unterscheidet sich die Tonfrequenzwahl also grundsätzlich dadurch, daß die Zeichengabe keinen Frequenzbereich außerhalb des Sprachbandes benötigt, daß sie ebenso wie die Sprache sämtliche Übertragungsmittel durchläuft und dort wie diese gedämpft bzw. verstärkt wird. Dies bedeutet ohne Zweifel einen Vorzug, stellt aber gleichzeitig neue Aufgaben; denn Sprachlaute und Hörzeichen (nämlich Wähl-, Besetzt- oder Rufzeichen) dürfen die Übermittlung der Schaltkennzeichen nicht stören, und noch weniger dürfen durch sie irgendwelche Schaltkennzeichen vorgetäuscht und dadurch fälschlich Schaltvorgänge veranlaßt werden.

Grundsätzlich enthalten Tonfrequenz-Relaisübertragungen ebenfalls einen Sendeteil, einen Empfangsteil und einen Gleichstrom-Relaisteil. Die nachfolgenden kurzen Hinweise behandeln als Beispiel in der Hauptsache Ausführungen für 600/750 Hz. Ein darauf aufgebautes System ist in großem Umfange bei der Deutschen Bahn eingesetzt.

Im Sendeteil legt ein einfaches Stromstoßrelais tonfrequenten Wechselstrom entsprechend den zu übermittelnden Zeichen amtsseitig vom abriegelnden Übertrager an die Leitung. Der tonfrequente Wechselstrom für die Zeichen wird in Tonfrequenzmaschinen, früher auch in Röhrengeneratoren erzeugt. Bei Einführung der Tonfrequenzwahl wurden Röhrengeneratoren verwendet. Diese waren mit den üblichen technischen Röhren bestückt und gaben in den letzten Ausführungen eine Leistung von etwa 50 mW ab; damit konnten etwa 40 Tonfrequenzwahlleitungen betrieben werden. Die Verwendung der Röhren bedingt jedoch eine laufende Überwachung durch das Pflegepersonal, da bei Alterung der Röhren die Leistung des Röhrengenerators absinkt (ziemlich plötzlich bei direkt geheizten Röhren; allmählich bei indirekt geheizten Röhren). Da die Röhrengeneratoren mit indirekt geheizten Röhren ferner eine Anlaufzeit von etwa 1 min erfordern, können diese Ausführungen nur im Dauerbetrieb verwendet werden. Aus Sicherheitsgründen wurden oftmals jeweils zwei Röhrengeneratoren parallelgeschaltet. Röhrengeneratoren erfordern also einen ziemlich großen Aufwand an technischen Mitteln und an Wartung. Sie wurden daher — abgesehen von dem Einsatz in kleinen Verhältnissen — von den sog. *Tonfrequenzmaschinen* verdrängt. Dies sind Einankerumformer in Art der üblichen Ruf- und Signalmaschinen. Sie sind für synchrone Netzspeisung oder für Batteriespeisung entwickelt. Bei Netzmaschinen beträgt die Leistung der eingeführten Bauarten etwa 4 W, bei Batteriemaschinen etwa 2 W. Durch eine Tonfrequenzmaschine kann also jede in einem Amt praktisch vorkommende Leitungszahl betrieben werden. Aus Sicherheitsgründen wird je Amt ein Maschinenpaar mit einer selbsttätig arbeitenden Umschalteeinrichtung vorgesehen, damit Störungen an dieser zentralen Schalteinrichtung nicht den Ausfall der gesamten Tonfrequenzwahlleitungen des betreffenden Amtes nach sich ziehen. Die Leistungsabgabe ist praktisch konstant. Je nach Bedarf, z. B. je nach der Größe des Amtes und nach der Verkehrsverteilung, kann die Tonfrequenzmaschine im Dauerbetrieb oder mit Einzelanlassung arbeiten. Tonfrequenzmaschinen bieten außerdem die Möglichkeit, gleichzeitig auch andere Frequenzen, z. B. etwa erforderliche Meß- oder Kontrollfrequenzen, mit großer Genauigkeit und auf einfache Art zu erzeugen.

Als Empfangsteil ist an Stelle der besonderen Empfangsrelais, wie sie bei der Wechselstrom- oder Induktivwahl beschrieben wurden, ein umfangreicherer Empfänger vorgesehen, der zwar auf die Zeichenströme hin anspricht, den gleichen Frequenzen der Sprache gegenüber jedoch möglichst unempfindlich sein muß (vgl. auch Bild 162 e).

Eine störende Beeinflussung durch die Sprache kann für die Zeichengabe in zwei Verbindungsphasen auftreten:

1. Während des Verbindungsaufbaues, wenn der Nummernschalter in Ruhe ist, durch Sprachlaute des Anrufenden;

2. während des eigentlichen Gespräches, also wenn der Redefluß zwischen den beiden Teilnehmern hin- und hergeht.

Zur Verhinderung von unbeabsichtigten Beeinflussungen gibt es verschiedene Mittel, die hier ganz grundsätzlich aufgezählt werden sollen; die gleichzeitige Verwendung aller dieser Mittel in jedem System ist naturgemäß nicht notwendig:

1. *Gerichtete Anschaltung des Empfängers an die Fernleitung.* Durch eine geeignete Anschaltung des Empfängers (Bild 178) kann man bei guter Anpassung erreichen, daß Zeichen vom fernen Amt jeweils nur so weit gedämpft aufgenommen werden, wie es sich aus der dazwischenliegenden Fernleitung ergibt, während Zeichen oder Sprachlaute aus dem gleichen Amt über den verwendeten Anpassungs-Übertrager sehr stark gedämpft zum Empfänger gelangen.

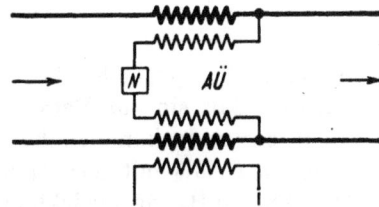

Bild 178.  Gerichtete Anschaltung des Empfangsteiles.
AÜ = Ausgleichübertrager.
N = Nachbildung.

2. *Anwendung von Siebmitteln.* Durch Siebkreise kann man bestimmte Frequenzen von den betreffenden Einrichtungen fernhalten.

3. *Unempfindlichkeit gegenüber Frequenzgemischen.* Die Sprache enthält zwar ebenfalls die für die Zeichengabe benutzten Frequenzen; diese kommen in ihr jedoch höchst selten allein vor, sondern sind im allgemeinen mit anderen Frequenzen gemischt. Durch geeignete Schaltungsanordnungen, die u. a. auf die Zeichenfrequenz abgestimmte Resonanzkreise enthalten, kann man erreichen, daß jede eintreffende reine Zeichenfrequenz gleichgerichtet wird, jede andere Frequenz und somit auch das Frequenzgemisch der Sprache dagegen den Empfänger sperrt und daher das Empfangsrelais nicht betätigt. Bild 179 und 180 deuten Ausführungen für eine Zeichenfrequenz an. Die von dem Ausgleichübertrager (vgl. Bild 178) ankommenden Zeichen werden in einem Vorverstärker verstärkt und gelangen über den Zwischenübertrager ZÜ auf die beiden Resonanzkreise I und II. Der Kreis I ist für die Zeichenfrequenz in Stromresonanz, der Kreis II dagegen in Spannungsresonanz. Ein Strom der reinen Zeichenfrequenz veranlaßt am Resonanzkreis I eine Wechselspannung zwischen den Punkten 1 und 2, während Ströme mit anderen Frequenzen Spannungen am Kreis II zwischen 2 und 3 hervorrufen, d. h. zwischen den Punkten 1 und 2 bzw. 2 und 3 liegen verschieden hohe Potentiale, je nach dem Anteil der Zeichenfrequenzen im eintreffenden Frequenzzug. In Bild 179 erregt die reine Zeichenfrequenz das im Anodenkreis der Gleichrichterröhre liegende ungepolte H-Relais. Spannungen zwischen 2 und 3 dagegen erzeugen im Sirutorkreis einen pulsierenden Gleichstrom; der dadurch am Widerstand mit parallelgeschaltetem Kondensator hervorgerufene Span-

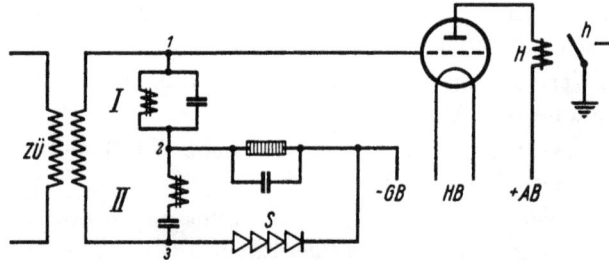

Bild 179. Grundsätzliche Anordnung eines Empfängers mit
Röhrengleichrichter.
AB = Anodenbatterie.
GB = Gitterbatterie.
HB = Heizbatterie.
S = Sirutor.
ZÜ = Zwischenübertrager.

nungsabfall verschiebt das Gitterpotential der Gleichrichterröhre so weit
negativ, daß ein zur Betätigung des H-Relais ausreichender Anodenstrom
nicht zustande kommen kann.   In Bild 180 dient als Empfangsrelais ein
gepoltes Relais mit der Empfangswicklung $H_e$ und den gegengeschalteten
Wicklungen $H_s$ (Sperrwicklung) und $H_h$ (Haltewicklung zur Bestimmung der
Ruhelage).  Spannungen zwischen 1 und 2 allein wirken dann über die Gleich-
richteranordnung dieses Kreises auf die Empfangswicklung $H_e$ ein, so daß
das H-Relais seinen Anker umlegt. Treten dagegen gleichzeitig ausreichende
Spannungen zwischen 2 und 3 auf, so verhindert die Sperrwicklung $H_s$
ein Umlegen des Ankers.

4. *Verwendung sog. Sprachrelais.* Wie man im Empfangsteil Empfänger für die
reinen Frequenzen von 600 oder 750 Hz vorsieht (= sog. *Frequenzrelais*, vgl.
Bild 179 oder 180), besteht auch die Möglichkeit, zusätzlich einen Empfänger

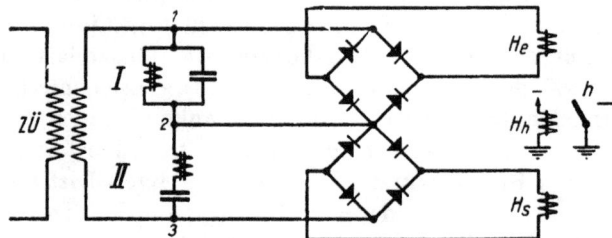

Bild 180.   Grundsätzliche Anordnung eines Empfängers mit
Trockengleichrichtern.
H = gepoltes Relais (Empfangswicklung, Haltewicklung,
Sperrwicklung).
ZÜ = Zwischenübertrager.

zu benutzen, der auf alle Frequenzen hin anspricht (= sog. *Sprachrelais*).
Dieser Empfänger kann dann als Überwachungsrelais vorgesehen sein (z. B.
für die Teilnehmermeldung), kann aber auch während der Sprachübertragung
eine Abschaltung bzw. Sperrung der Frequenzrelais vornehmen.

*5. Schaltmaßnahmen an den Sprechadern.* Die zu schützenden Empfänger können dadurch vor Beeinflussungen bewahrt werden, daß man Leitungsabschnitte erst bei Gesprächsbeginn zusammenschaltet (vgl. d-Kontakte in Bild 181) oder Sperrglieder bis zu diesem Zeitpunkt in der Leitung beläßt. Hierdurch wird z. B. erreicht, daß Ströme der Zeichenfrequenz, die über vorherliegende Amtsteile bzw. Leitungen gegeben werden und nicht für den betreffenden Empfänger bestimmt sind, gar nicht erst auf den betreffenden Leitungsabschnitt gelangen können.

*6. Verzögerungsschaltungen im Gleichstrom-Relaisteil.* Ein Empfänger für reine Zeichenfrequenzen wird je nach Aufwand stets noch eine gewisse Sprachempfindlichkeit haben, d. h. es können in der Sprache die Zeichenfrequenzen zeitweilig derart überwiegen, daß die übrigen Frequenzen nicht mehr zum Sperren des Empfängers ausreichen. In diesem Falle kann man besonders gefährdete Zeichen, wie beispielsweise das Auslösezeichen, das während des gesamten Gespräches vorgetäuscht werden kann, durch Verzögerungsschaltungen im Gleichstrom-Relaisteil vor „Nachahmung" schützen. Das richtige Schaltkennzeichen wird in diesem Falle erst wirksam, wenn es lange genug aufgenommen worden ist oder wenn eine bestimmte Zahl von Teilzeichen eingetroffen ist. Durch geeignete Bemessung wird erreicht, daß das Schaltkennzeichen weder absichtlich noch unabsichtlich nachgeahmt werden kann.

*7. Benutzung eines Vorbereitungszeichens.* Die einwandfreie Übermittlung von Schaltkennzeichen kann dadurch sichergestellt werden, daß man vor dem eigentlichen „Steuerzeichen" (Hauptsignal) ein besonderes *Vorbereitungszeichen* (Vorsignal) sendet (vgl. Abschnitt IX, 4). Dieses Vorbereitungszeichen leitet keinen der für den Verbindungsauf- oder -abbau erforderlichen Schaltvorgänge ein, sondern veranlaßt lediglich die für den „Zeichenschutz" erforderlichen Maßnahmen (es trennt also beispielsweise zusammengeschaltete Fernleitungen auf, um das Durchlaufen der sich anschließenden Steuerzeichen in diejenigen Leitungsabschnitte zu verhindern, die hierfür nicht in Betracht kommen) oder es hebt bestimmte Schutzmaßnahmen auf, damit das sich anschließende Steuerzeichen vom Tonfrequenz-Empfänger einwandfrei aufgenommen werden kann.

*8. Verwendung von zwei Frequenzen.* Dabei kann man eine einzige Frequenz für bestimmte Zeichen vorsehen und sie einzeln senden. Man kann auch Zeichen, für die man hierdurch eine besondere Sicherheit schaffen will, durch beide Frequenzen gleichzeitig bilden (vgl. Bild 161).

In Bild 181 ist eine Tonfrequenzwahl-Verbindung grundsätzlich, und zwar im doppeltgerichteten Verkehr dargestellt. Sendekontakte und Empfangsmittel sind „vierdrahtmäßig" angeschaltet, d. h. Sendekontakte und Empfangsmittel liegen in getrennten Sprechstromkreisen. Die Erdstromstöße, die bei der Nummernwahl auf das A-Relais (Amt A) einwirken, werden vom a-Kontakt als Tonfrequenzzeichen auf die Fernleitung gegeben, im Amt B vom Empfänger aufgenommen, vom h-Kontakt auf das J-Relais übertragen und vom i-Kontakt als Erdstromstöße auf die a-Ader gegeben. Die d-Kontakte trennen als Zeichenschutz die abgehende Richtung auf und werden z. B. erst beim Melden des Angerufenen geschlossen.

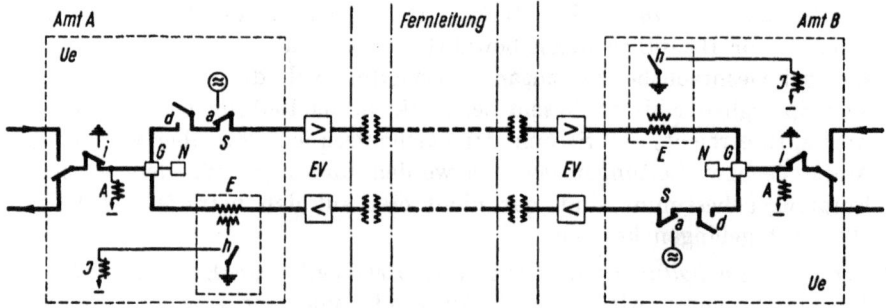

Bild 181.  Grundsätzliche Darstellung der Tonfrequenzwahl.

E  = Empfänger.
EV = Endverstärker.
G  = Gabel.
N  = Nachbildung.
S  = Sender.

Bild 182 zeigt eine oszillographische Aufnahme von der Tonfrequenzwahl: oben
die Tonfrequenzzeichen auf der Fernleitung; in der Mitte die Gleichstromzeichen
im Anodenkreis des Empfängers; unten die vom Relais (H) im Anodenkreis an
den Gleichstrom-Relaisteil weitergegebenen Stromstöße.
Der Wirkungsbereich der Tonfrequenzzeichen kann auf eine einzige Fernwahlleitung beschränkt werden, d. h. die Tonfrequenzzeichen werden am Anfang
einer Fernwahlleitung durch den Sender auf die Leitung gegeben und am anderen

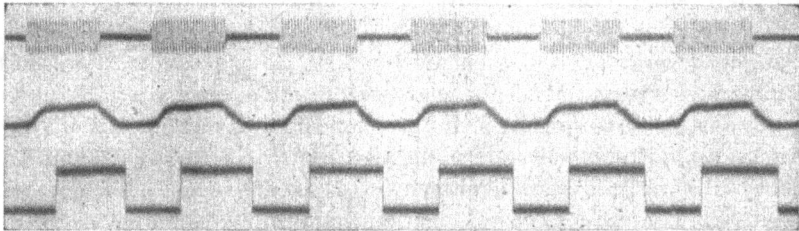

Bild 182.  Oszillographische Aufnahme der Tonfrequenzwahl.
Oben: Tonfrequenzzeichen auf der Leitung.
Mitte: Stromstöße im Anodenkreis des Empfängers.
Unten: Weitergabe der im Empfänger umgesetzten Zeichen.

Ende der Leitung durch den Empfänger aufgenommen.  Der Empfänger wandelt
die eintreffenden Tonfrequenzzeichen in Gleichstromzeichen um; nur diese gelangen auf die Schalteinrichtungen des betreffenden Wähleramtes, während die
Tonfrequenzzeichen von ihnen ferngehalten werden.  Werden auf diese Weise
mehrere Fernwahlleitungen aneinandergeschaltet, so werden die verschiedenen
Schaltkennzeichen als Tonfrequenzzeichen auf die erste Fernwahlleitung gegeben,
durchlaufen das angeschlossene Wähleramt als Gleichstromzeichen, werden über
die nächste Fernwahlleitung wieder als Tonfrequenzzeichen gegeben, durchlaufen
das nächste Wähleramt wieder als Gleichstromzeichen usw.

Im Gegensatz zu dieser Betriebsart besteht auch die Möglichkeit, die Tonfrequenzzeichen ohne Umsetzung über mehrere Fernwahlleitungen hinweg und durch die zwischengeschalteten Wählerämter hindurch zu geben.

Wie bereits gesagt, entsprechen die Tonfrequenzzeichen sowohl in der Frequenz als auch in der Leistung den Sprachwechselströmen. Sie werden also wie diese gedämpft und können ebenso verstärkt bzw. den gleichen Umformungen unterworfen werden. Mit der Tonfrequenzwahl kann man daher auch über die Verbindungswege der Trägerfrequenzsysteme wählen, wobei die Zeichenströme dann wie die Sprachwechselströme in einen höheren Frequenzbereich verschoben werden. Über Anwendung und Reichweite der Tonfrequenzwahl ist also ganz allgemein zu sagen, daß man mit ihrer Hilfe so weit wählen kann, wie man sprechen kann. Da der Aufwand der Tonfrequenzwahl höher als der der übrigen Wahlarten ist, wird sie bevorzugt für den Weitverkehr eingesetzt, für den die übrigen Wahlarten nicht mehr ausreichen.

Im einzelnen kann man über Anwendung und Einsatz der Tonfrequenzwahl folgendes zusammenfassen:

Anwendung auf abgeriegelten Leitungen, also auf Leitungen, die durch Phantomschaltungen mehrfach ausgenutzt sind oder durch Fremdspannungen beeinflußt sein können.

Anwendung auf zusammengesetzten Leitungen mit Übertragern an den Stoßstellen.

Reichweite: Grundsätzlich unbeschränkt, d. h. so weit, wie eine ausreichende Sprachübertragung gewährleistet ist.

Einsatz auf Verbindungswegen jeder Art (Freileitungen, Kabel, Trägerfrequenzkanäle, u. U. auch drahtlose Verbindungswege).

Einsatz auf niederfrequenten Zwei- und Vierdrahtleitungen mit Endverstärkern mit und ohne Zwischenverstärkerstellen.

Einsatz auf trägerfrequenten Verbindungswegen.

Einsatz auf Leitungen, bei denen der Frequenzbereich unterhalb des Sprachbandes für andere Zwecke benutzt werden soll.

Einsatz vor allem auf Leitungen der höheren Netzebenen bzw. sonstigen Weitverkehrsleitungen.

Einsatz u. U. auch auf drahtlosen Verbindungswegen.

### f) Vierdrähtige Durchschaltung

Die Fernwahlleitungen werden in den Wählerämtern über Wähler (GW, MW oder UW) zusammengeschaltet. Dabei werden Zweidrahtleitungen über die a/b-Adern des Wählers zur weiterführenden Zweidrahtleitung durchgeschaltet **(Zweidrahtdurchschaltung; zweidrähtige Durchschaltung)**. Aber auch Vierdrahtleitungen, bei denen je ein a/b-Sprechstromkreis für die Hin- und Rückrichtung vorgesehen ist, oder Verbindungswege mit Vierdrahtcharakter (Trägerfrequenzsysteme) wurden in dieser Weise über normale Wähler zweidrähtig zusammengeschaltet. Die hierbei erforderlichen Gabelschaltungen (mit Leitungsnachbildungen), durch die der Vierdrahtstromkreis der Fernleitung auf den Zweidraht-stromkreis des Wählers zusammengefaßt wird, sind auf Grund der durch sie entstehenden übertragungstechnischen Erschwerungen und durch die von ihnen hervorgerufenen Rückkopplungserscheinungen unerwünscht (Dämpfungserhöhung, Nachbildung, Rückflüsse, Herabsetzung der Stabilität usw.). Übertragungstechnisch günstiger ist es, den Verbindungsweg auch über die Wähler, durch die die Vierdrahtleitungen miteinander verbunden werden, vierdrähtig zu führen und somit unerwünschte Rückkopplungsstellen zu vermeiden (**Vierdrahtdurchschaltung, vierdrähtige Durchschaltung**). Diese übertragungstechnische Forderung kann mit Hilfe der Wähltechnik ohne weiteres erfüllt werden; es werden nur Wähler mit einer größeren Armzahl erforderlich, die in Form der Motorwähler (vgl. Abschnitt III, 1 d) vorhanden und mit Erfolg eingesetzt worden sind. An Adern, die mit Hilfe des Wählers durchverbunden werden müssen, kommen neben den vier Adern der beiden a/b-Sprechstromkreise mehrere Prüf- und Steueradern in Betracht; neben der normalen Prüfader (c-Ader) sind weitere Steueradern (z. B. d- und e-Ader) vorgesehen, da die Sprechstromkreise der in Betracht kommenden Amtseinrichtungen von Steuervorgängen möglichst frei gehalten werden sollen, um die Nachbildfähigkeit der Amtsschaltung zu verbessern. Im allgemeinen werden Wähler mit sieben oder acht Schaltarmen verwendet.

In Fernsprechnetzen mit vierdrähtiger Durchschaltung müssen auch die Betriebsfälle berücksichtigt werden, in denen Zweidraht- auf Vierdrahtleitungen treffen. Die hierbei erforderlichen Gabeln sind entweder in der Wählerschaltung untergebracht, wenn der betreffende Wähler nur eine Art von Leitungen (also z. B. von Zweidrahtleitungen nur nach Vierdrahtleitungen) belegen kann; kann der Wähler dagegen wahlweise entweder auf Zweidraht- oder auf Vierdrahtleitungen aufprüfen, so wird die Gabel in der betreffenden Übertragung untergebracht. Bei der vierdrähtigen Durchschaltung müssen also folgende Betriebsfälle berücksichtigt werden. Es arbeiten zusammen:

Vierdrahtleitung mit Vierdrahtleitungen,
Vierdrahtleitung mit Zweidrahtleitungen,
Vierdrahtleitung wahlweise mit Vierdraht- oder mit Zweidrahtleitungen,
Zweidrahtleitung mit Vierdrahtleitungen,
Zweidrahtleitung wahlweise mit Vierdraht- oder mit Zweidrahtleitungen.

Als Beispiel ist in Bild 183 die wahlweise Zusammenschaltung einer ankommenden Vierdrahtleitung mit Vierdraht- oder Zweidraht-Stromkreisen dargestellt. Die Gabeln für die Überführung des Vierdraht-Stromkreises auf den Zweidraht-Stromkreis befinden sich in den Übertragungen der Zweidraht-Stromkreise, in Bild 183 also in den Übertragungen, an die die Wähler des betreffenden Amts angeschlossen sind; Übertragung und Wähler können in einem solchen Falle auch zu einer Sonderform des Wählers vereinigt sein. In ähnlicher Weise können naturgemäß Übertragungen für Zweidrahtleitungen angeschlossen werden.

Zusammenfassend ergibt sich für die vierdrähtige Durchschaltung im Vergleich zur zweidrähtigen Durchschaltung: Der Aufwand im Wählerteil ist bei der vierdrähtigen Durchschaltung größer als bei der zweidrähtigen. Diesem Mehrauf-

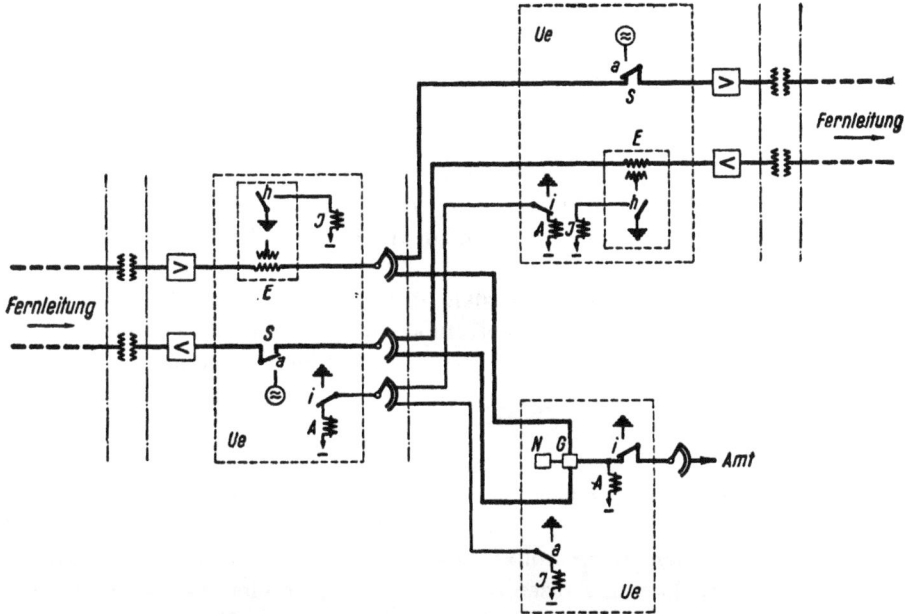

Bild 183. Zusammenschaltung einer ankommenden Vierdrahtleitung mit Vierdraht- und Zweidraht-
Stromkreisen (Beispiel für vierdrähtige Durchschaltung).
Rechts oben: Durchgangsverkehr mit vierdrähtiger Durchschaltung.
Rechts unten: Endverkehr mit Zweidraht-Stromkreis.

wand stehen Einsparungen im übertragungstechnischen Teil und gewisse Ver-
einfachungen in der Betriebsabwicklung gegenüber. Als grundsätzliche Vorteile
der vierdrähtigen Durchschaltung gegenüber der zweidrähtigen Durchschaltung
kann man vor allem nennen:

Wegfall der Gabelschaltungen mit den schwierigen Nachbildungen der Amtseinrichtungen, d. h. die Zahl der Rückkopplungsstellen in der Gesamtverbin-
dung wird herabgesetzt.

Der Scheinwiderstand der Amtseinrichtungen, die die Durchschaltung durchführen, einschließlich Verdrahtung, kann in größeren Grenzen schwanken.

Verkleinerung der Echoströme und Erhöhung der Stabilität der Gesamtver-
bindung.

Die Zahl der Schaltstellen im Fernnetz kann erhöht werden.

Vereinfachung der Zeichengabe zwischen den zu verbindenden Leitungen.

### g) Stromstoßentzerrer

Eine wichtige Voraussetzung für die Sicherheit der Fernwahl besteht darin, daß
die über die Fernwahlleitungen gegebenen Schaltkennzeichen auf der Gegenseite
zeitlich unverzerrt aufgenommen werden, da z. B. Zeichen verschiedener Länge
verschiedene Schaltvorgänge auslösen können. Wie bereits gesagt (vgl. Abschnitt
V, 2 unter „Nummernwahl"), versteht man in diesem Zusammenhang unter

*Stromstoßverzerrung* bzw. *Zeichenverzerrung* nicht die Veränderung der Stromform, sondern die zeitliche Veränderung der wirksamen Zeichenlänge oder der
wirksamen Pausenlänge zwischen zwei Zeichen.

Die Stromstoßverzerrung hat ganz allgemein ihre Ursachen

in den Toleranzen der Stromstoßgeber, also z. B. der Nummernschalter,
in der Dimensionierung der Stromstoßrelais,
in den Eigenschaften der Verbindungsleitungen und der mit ihnen verbundenen
Übertragungsglieder; dieser Einfluß ist naturgemäß bei Fernleitungen besonders
zu beachten;
bei der 25- und 50-Hz-Wahl außerdem in dem *Phaseneinfluß*, d. h. die Verzerrung ist abhängig von dem Zeitpunkt, in dem das betreffende Zeichen
innerhalb einer Schwingungsphase des Wechselstromes beginnt.

Jede Stromstoßumsetzung ruft grundsätzlich eine Stromstoßverzerrung hervor.
Diese Verzerrungen können sich im Laufe einer Fernwahlverbindung addieren.
Je nach dem Maße der zu erwartenden Gesamtverzerrung wird daher nach einer
Reihe von Umsetzungen ein Gegenmittel, die sog. Stromstoßentzerrung erfor-
derlich.

Die Auswirkungen der Stromstoßverzerrung sind naturgemäß vor allem bei
kurzen Zeichen bzw. kurzen Pausen schädlich, also besonders bei der Stromstoßgabe der Nummernwahl. Für die Stromstoßgeber bestehen Vorschriften über die
noch zulässigen Toleranzen; diese beziehen sich sowohl auf die Dauer als auch
auf das Verhältnis zwischen Zeichen und Pause (vgl. Abschnitt IV, 2). Für die
Schalteinrichtungen hat jedoch das Stromstoßverhältnis keine Bedeutung, sondern für ihre einwandfreie Einstellung sind die entsprechend vorgeschriebenen
Mindest- oder Höchstzeiten für die Zeichen oder Pausen maßgebend.

Aus diesem Grunde ist es ausreichend, wenn durch die Stromstoßentzerrung nur
diejenigen Zeichen richtiggestellt werden, die die zulässigen Grenzen unter- oder
überschreiten. Die jeweils vorgesehenen Stromstoßentzerrer berücksichtigen dies
entsprechend; sie können in elektrische und mechanische Entzerrer eingeteilt werden.

**Elektrische Stromstoßentzerrer** bestehen aus mehreren Relais. Sie prüfen die
eintreffenden Zeichen und stellen verzerrte Zeichen richtig, wenn sie bestimmten
Anforderungen nicht genügen. Je nach Ausführung können die Entzerrer:

nur die Zeichendauer,
nur die Pausen zwischen den Zeichen,
sowohl die Zeichendauer als auch die Pausen

prüfen und bei Bedarf entzerren.

**Mechanische Stromstoßentzerrer** bestehen aus einem Mechanismus in Art eines
Uhrwerks, der die Stromstöße (im allgemeinen nur für die Nummernwahl)
aufnimmt und sie in neuer Form weitergibt, und zwar so wie der ursprüngliche
Stromstoßgeber, also in vorgeschriebener Dauer und mit vorgeschriebenem
Stromstoßverhältnis.

Dabei kann die Weitergabe, wenn erforderlich, auch von der Empfangsbereit-
schaft der nächsten Schalteinrichtung abhängig gemacht werden, so daß eine

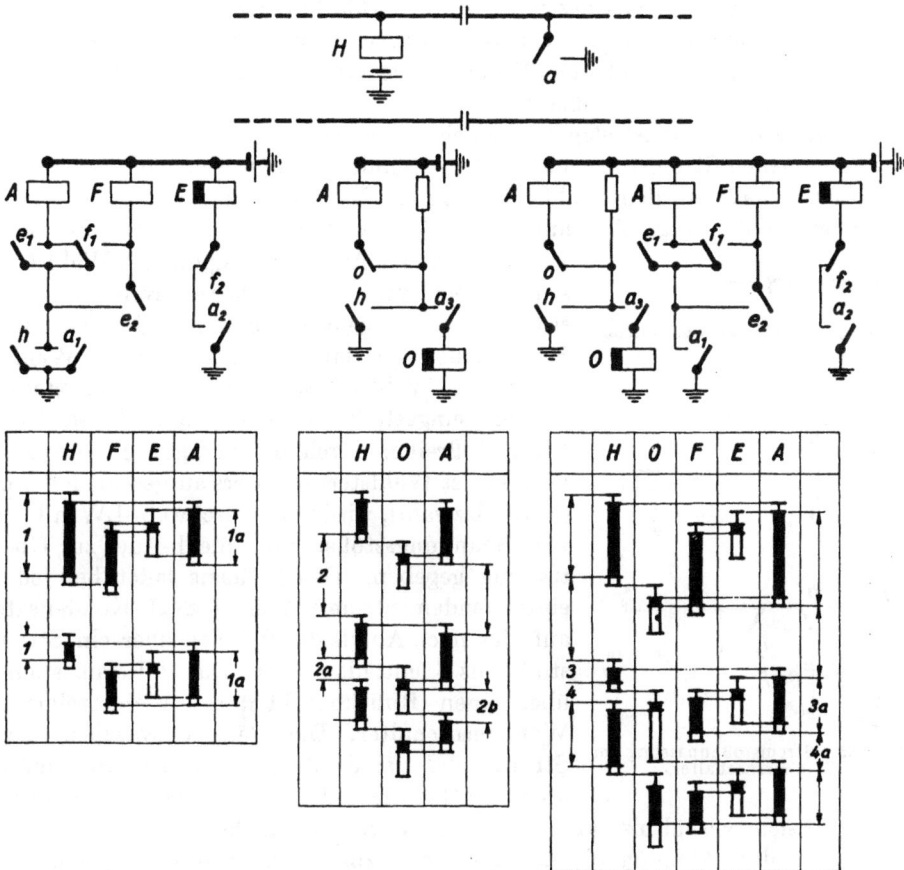

Bild 184. Beispiele für elektrische Stromstoßentzerrer.

Links: Entzerrung der Stromstöße (Korrektur der Stromstöße 1 auf konstante Länge 1a).

Mitte: Entzerrung der Pausen (keine wesentliche Veränderung der Pausen 2 von ausreichender Länge; Korrektur zu kurzer Pausen 2a auf Mindestwerte 2 b).

Rechts: Entzerrung der Stromstöße und der Pausen (Korrektur zu kurzer Stromstöße 3 und zu kurzer Pausen 4 auf Mindestwerte 3a und 4a).

gewisse Speicherung stattfindet. Ferner können Stromstoßreihen bei Bedarf mehrmals wiederholt werden. Diese Einrichtungen nennt man **Stromstoß-wiederholer.**

Bild 184 zeigt drei grundsätzliche Möglichkeiten für elektrische Entzerrer. Das unter jedem Stromlauf angegebene Relaisdiagramm kennzeichnet die Arbeitsweise, wobei extreme Verzerrungen der eintreffenden Zeichen als Beispiel zugrunde gelegt wurden. In Bild 184, links, werden stets Zeichen weitergegeben, deren konstante Länge durch die Ansprechzeiten der Relais E und F und die Abfallzeiten der Relais E und A bestimmt wird. In Bild 184, Mitte, werden die Pausen zwischen zwei Stromstößen derart entzerrt, daß eine Mindestpause nicht unterschritten wird, deren Länge durch die Abfallzeit des O-Relais und die

Ansprechzeit des A-Relais bestimmt ist. In Bild 184, rechts, sind diese beiden Schaltungen derart vereinigt, daß diese Stromstoßentzerrung zu kurze Zeichen und zu kurze Pausen auf eine Mindestlänge erhöht und längere Zeichen und Pausen etwa unverändert überträgt.

Zur Gruppe der Stromstoßentzerrer gehören auch Anordnungen, durch die die aufgenommenen Stromstöße zeitlich den besonderen Anforderungen eines Schaltwerkes angepaßt werden. Bild 185 zeigt als Beispiel eine Anordnung, die im Wählsternschalter (vgl. Abschnitt X, 2 c) verwendet wird. In der Anordnung wird die in der Amtsübertragung des Wählsternschalters von der LW-Stufe her eintreffende Stromstoßreihe so umgeformt, daß mit den einzelnen Stromstößen das langsam ansprechende Wählerrelais des Wählsternschalters über die Hauptleitung eingestellt werden kann. Diese letzte Stromstoßreihe, durch die der gewünschte Teilnehmer des Wählsternschalters ausgeschieden wird (= Zusatzwahl), wird vom Durchwahl-LW in Form von Spannungsstößen über die b-Ader zur Übertragung gegeben. Das B-Relais ladet bei jedem eintreffenden Stromstoß einen 8-$\mu$F-Kondensator auf, der nach Abfall des B-Relais über ein Stromstoßrelais J entladen wird. Das J-Relais steuert über einen Ruhekontakt $i_1$ das Wählerrelais im Wählsternschalter. Die Pausen zwischen zwei Stromstößen sind durch die verhältnismäßig kurze Entladungszeit des Kondensators bestimmt,

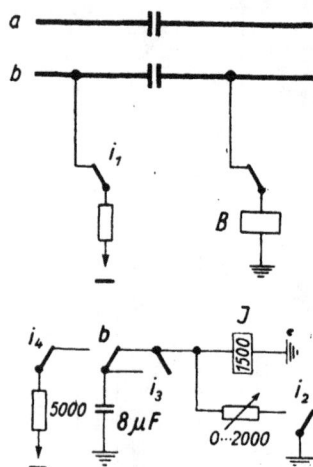

Bild 185. Stromstoßanpassung im Wählsternschalter.

wodurch sich verhältnismäßig lange Stromzeiten ergeben; diese sind nur noch von der Ablaufgeschwindigkeit des zur Wahl benutzten Nummernschalters abhängig und nicht mehr von dem Stromstoßverhältnis der vom LW her eintreffenden Stromstoßreihe. Durch den $i_2$-Kontakt wird ein veränderbarer Widerstand parallel zum J-Relais geschaltet, durch den die Abfallzeit des J-Relais und damit die Pausenzeit der weitergegebenen Stromstoßreihe den jeweiligen Verhältnissen angepaßt werden kann. Die Kontakte $i_3$ und $i_4$ sichern das einwandfreie Arbeiten des J-Relais für den Fall, daß der nachfolgende Stromstoß zu frühzeitig eintrifft.

## 6. BESONDERE SCHALTMITTEL IM FERNWÄHLVERKEHR

Die am häufigsten vorkommenden Schalteinrichtungen für die Richtungsausscheidung sind auch im Fernwählverkehr, ebenso wie im Ortswählverkehr, die Gruppen- und Leitungswähler. Mit ihnen wird die Auswahl der zu benutzenden Leitungen oder Einrichtungen vorgenommen. Verwendet werden dabei sowohl 100 teilige Hebdrehwähler als auch Drehwähler verschiedener Größe. Wird für 100 teilige Wähler eine größere Armzahl erforderlich, z. B. bei der vierdrähtigen Durchschaltung im großen Fernnetz, so kann der 100 teilige Motorwähler mit

Erfolg eingesetzt werden, der je nach Bedarf bis 9 oder 10 Schaltarmsätze erhält (vgl. Abschnitt III, 1 d).

Wie bereits mehrfach erwähnt, sind außer den Gruppen- und Leitungswählern zur Erzielung der wirtschaftlichsten Leitungsführung (größte Ausnutzung) und zwecks Vereinfachung und Vereinheitlichung der Kennzahlen besondere Schalteinrichtungen entwickelt worden. Es sind dies Weichen und Umsteuerwähler, die ebenfalls zur Richtungsausscheidung dienen.

### a) Weichen

Zur Erklärung des Einsatzes von Weichen sei die einfache Leitungsführung von Bild 186 herangezogen. Die hintereinanderliegenden Ämter A, B und C werden im handvermittelten Betrieb bei entsprechenden Verkehrsbeziehungen durch

unmittelbare Leitungsbündel miteinander verbunden. Im Wählverkehr dagegen faßt man die getrennten Leitungsbündel aus Gründen der besseren Leitungsausnutzung zusammen. Der Verkehr zwischen A und C wird dadurch ebenfalls über den Leitungsweg

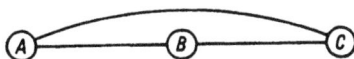

Bild 186. Drei Ämter A, B und C mit unmittelbaren Leitungen.

AB und BC geleitet: Das Bündel AC wird in B „geschnitten" und in die Bündel AB und BC einbezogen.

Im einfachsten Falle könnten die beiden Leitungsabschnitte in B über eine GW-Stufe zusammengeschaltet werden (Bild 187). In der dargestellten Anordnung wird ein Teilnehmer von A aus durch Wahl einer 8 nach B, einer weiteren 8 nach C gelangen. Demgegenüber erreicht ein Teilnehmer von B das Amt C bereits durch Wählen einer einzigen 8. Die Forderungen der Bündelung wären bei dieser Ausführung zwar erfüllt, jedoch auf Kosten der Kennzahlenverteilung; denn je nach dem Standort des Wählenden kommen verschiedene Kennzahlen für das gleiche Amt in Betracht, so für das Amt C die Nummern 8 (von B aus) oder 88 (von A aus).

In Bild 188 dagegen kann das Amt C sowohl von A als auch von B aus durch Wählen der gleichen Nummer, nämlich einer 8, erreicht werden. Die Ausscheidung, ob eine Verbindung von A aus nach B oder C gelangen soll, wird dabei bereits in A getroffen. Beide „Richtungen" werden dann über das Bündel AB geleitet und in B wieder getrennt. Man bezeichnet die hierfür erforderlichen Schalteinrichtungen als Weichen, ein Ausdruck, der von den entsprechenden Gleisanlagen des Bahnverkehrs übernommen worden ist.

**Weichen** sind Schalteinrichtungen, mit denen Verbindungsleitungen ausgerüstet werden, wenn die Ausscheidung mehrerer Richtungen am Anfang einer Verbindungsleitung getroffen, die Trennung der Richtungen jedoch erst am Ende der Leitung durchgeführt werden soll.

Die Ausscheidung, die auf der abgehenden Seite stattfindet, muß auf der Gegenseite gekennzeichnet werden. Zur Kennzeichnung wird das Belegungszeichen benutzt, da durch die sich anschließende Stromstoßreihe bereits weitere Einrichtungen innerhalb der gewünschten Richtung der Gegenseite eingestellt werden

**A**                                    **B**                                    **C**

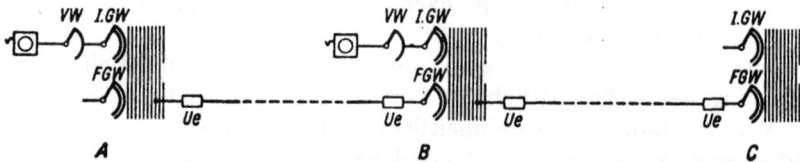

Bild 187. Zusammenschalten der beiden Leitungsbündel im Amt B über Gruppenwähler.
FGW = Ferngruppenwähler.

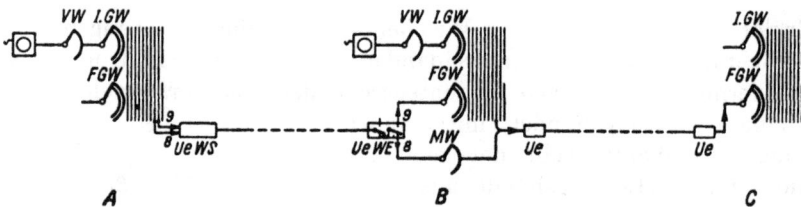

**A**                                    **B**                                    **C**

Bild 188. Zusammenschalten der beiden Leitungsbündel im Amt B bei Verwendung
¡von Weichen.

FGW  = Ferngruppenwähler.
MW   = Mischwähler.
UeWE = Übertragung mit Weichenempfänger.
UeWS = Übertragung mit Weichensender.

sollen. Die abgehende Übertragung erhält zu diesem Zweck einen Sendezusatz,
die ankommende Übertragung einen Empfangszusatz. Die *Übertragung mit
Weichensender* (UeWS) hat mehrere Eingänge (in Bild 188 z. B. zwei Eingänge),
die *Übertragung mit Weichenempfänger* (UeWE) die gleiche Zahl von Ausgängen.
Je nach dem belegten Eingang sendet die UeWS selbsttätig ein besonderes Belegungszeichen zum Gegenamt und stellt dort die UeWE auf den entsprechenden
Ausgang, also auf die gewünschte Richtung ein. In Bild 188 wird jeweils einer
der beiden Ausgänge der UeWS durch Wählen der Ziffer 9 oder 8 belegt. Der
Belegungsstromstoß, der durch Wählen der 9 veranlaßt wird, stellt die UeWE
auf einen Ferngruppenwähler (FGW) des Amtes B ein, wo die Verbindung verbleibt. Durch Wählen der Ziffer 8 steuert die UeWE auf einen Mischwähler
(MW) um, über den sofort eine Leitung nach C belegt wird. Diese gesamte
Richtungsausscheidung wickelt sich in der Zeit zwischen zwei Stromstoßgaben
ab; der Teilnehmer braucht also nicht auf die Beendigung der Schaltvorgänge
zu warten.
Die Zahl der Ein- und Ausgänge richtet sich nach dem Einsatz der Weichen.
Die einfachste Form hat zwei Eingänge und zwei Ausgänge; sie wird daher oft
als Zweierweiche bezeichnet. Dabei werden die besonderen Belegungsstrom-
stöße durch verschiedene Frequenzen (z. B. bei Wechselstromwahl durch 50
oder 100 Hz) oder durch verschiedene Länge der Zeichen (z. B. bei der Induktivwahl durch ein Belegungszeichen üblicher oder kürzerer Dauer) gebildet. Bei
größeren Weichen können die Unterscheidungen sowohl durch verschiedene
Frequenz als auch durch verschiedene Dauer der Zeichen vorgenommen werden.
Tabelle 12 gibt eine Anordnung an, durch die grundsätzlich eine Achterweiche,

also die Ausscheidung von acht Richtungen, für Wechselstromwahl gebildet werden könnte.

| Wahlart | Richtung | Zeichendauer in ms | Zeichenfrequenz in Hz |
|---------|----------|--------------------|-----------------------|
| Wechselstromwahl | 1 | 40 | 50 |
| | 2 | 80 | 50 |
| | 3 | 40 | 100 |
| | 4 | 80 | 100 |
| | 5 | 40 | 50 und 100 |
| | 6 | 80 | 50 und 100 |
| | 7 | 40 danach 80 | 50 danach 100 |
| | 8 | 80 danach 40 | 50 danach 100 |

Tabelle 12. Beispiel für eine Achterweiche

Der Sendeteil der Weiche enthält bei Benutzung von mehreren Frequenzen mehrere Stromstoßrelais, die den Wechselstrom der erforderlichen Frequenz über die Leitung senden. Auf der ankommenden Seite sind entsprechend abgestimmte Empfangseinrichtungen vorgesehen. Dies können wie bei der Wechselstromwahl besondere Relaisausführungen in Verbindung mit Siebketten sein, oder es werden wie bei der Tonfrequenzwahl entsprechend abgestimmte Empfänger verwendet. Werden nur Frequenzen zur Ausscheidung benutzt, so spricht man auch von „Frequenzweichen", was jedoch nicht mit den ebenso benannten elektrischen Weichen für Frequenztrennung verwechselt werden darf.

Wird die Umsteuerung der Weichen durch Belegungszeichen verschiedener Dauer vorgenommen, so müssen Relais- oder Wähleranordnungen vorgesehen werden, die auf der Sendeseite die Zeichenlänge bemessen und auf der Empfangsseite die Länge der ankommenden Zeichen „abtasten" und die sich daraus ergebenden Gleichstromzeichen weitergeben. Für diesen Fall trifft man auch auf die Bezeichnung „Impulsweichen". Da das zur Weichenumstellung benutzte Belegungszeichen innerhalb der Nummernwahlpause durchgegeben wird, muß man bemüht sein, die Länge der unterschiedlichen Einstellzeichen möglichst klein zu halten, um die sichere Aufnahme der nachfolgenden Wahlstromstöße nicht zu gefährden.

Durch die Weichen ist man in der Lage, viele Aufgaben der Netztechnik in der für die Kennzahlenverteilung besten Art (= einfache Kennzahlen) zu lösen. Gleichzeitig hat man gegenüber der Verwendung von Gruppenwählern einen fühlbaren Zeitgewinn. So ergeben sich für die Auswahl über große Wähler bis etwa 1300 ms, für die Ausscheidung über Weichen bis etwa 100 ms als Zeitaufwand, die jedoch in der gleichen Wahlpause wie die Freiwahlzeit des vorgeordneten Wählers liegen.

### b) Umsteuerwähler

Ein weiteres Mittel für Richtungsausscheidung, das ebenfalls besonders für den selbsttätigen Verbindungs- und Fernverkehr entwickelt wurde, ist der Umsteuerwähler. In Bild 149 sind derartige Umsteuerwähler (UW) eingezeichnet. Dort war angegeben worden, daß nach Wahl der Verkehrsausscheidungsziffer 9 sofort ein Verbindungsweg bis zum II. GW des Netzgruppen-Mittelpunktes 972 durchgeschaltet wird.

Es soll z. B. eine Verbindung von 945 nach 942 aufgebaut werden. Ohne UW in 942 würde durch Wahl der Ziffer 4 eine weitere Leitung aus dem Bündel 972—942 belegt werden, wonach sich die Verbindung dann über einen III. GW und den Ortsteil des Amtes 942 vervollständigen würde. In dieser Verbindung wären zwei Leitungen (942—972 und 972—942) enthalten, die für das Gespräch nicht erforderlich und deren Benutzung im allgemeinen unwirtschaftlich ist. Um derartige Umwege zu vermeiden, sieht man an geeigneten Stellen, in Bild 149 z. B. im Amt 942, die erwähnten UW vor. Innerhalb des Verbindungsweges, der bei Wahl der Verkehrsausscheidungsziffer bis zum Netzgruppen-Mittelpunkt aufgebaut worden war, befindet sich ein UW, über den die beiden Leitungsabschnitte 945—942 und 942—972 zusammengeschaltet werden. Der UW hat ein Mitlaufwerk, das die auf die Belegung folgenden Stromstoßreihen überprüft. Entspricht die nächste oder die nächsten Stromstoßreihen einer Kennzahl, die am UW eingestellt ist (im Beispiel die 4), so gibt der UW die vorher belegte Richtung frei und belegt statt ihrer die „Umsteuerrichtung". Im Beispiel gibt der UW im Amt 942 bei Wahl der 4 als zweiter Ziffer der Kennzahl 942 die vorbereitend belegte Leitung 942—972 frei und belegt über seine Umsteuerrichtung einen freien III. GW des Amtes 942. Daraus ergibt sich:

**Umsteuerwähler** sind Schalteinrichtungen, die bei Anreiz durch Wählen bestimmter, vorher festgelegter Kennzahlen (ein- oder mehrstellig) einen vorbereitend belegten Ausgang wieder freigeben und auf eine neue Richtung umsteuern können. In der neuen Richtung wird dann ein freier Ausgang endgültig belegt; in Sonderfällen ist es sogar möglich, nach der ersten Umsteuerung eine nochmalige Umsteuerung vorzunehmen. Die Entscheidung, ob umgesteuert werden soll oder nicht, wird durch ein Mitlaufwerk getroffen, an dem die Kennzahlen, die für die Umsteuerung in Betracht kommen, bezeichnet sind und das nach der Belegung des Umsteuerwählers eine oder mehrere Stromstoßreihen daraufhin überprüft.

Die verschiedenen Aufgaben der UW sollen zusammenhängend an Bild 189 und 190 erläutert werden   Bild 189 zeigt einen Ausschnitt aus der Netzgruppe von Bild 148. In Bild 190 sind die für die Erklärung des UW erforderlichen Einrichtungen auszugsweise wiedergegeben.

Umsteuerwähler haben eine Hauptrichtung und eine oder mehrere Umsteuerrichtungen (Bild 190). Wird ein UW belegt, so schaltet er sofort in seiner Hauptrichtung durch. Bei Verwendung des UW zwischen zwei Wahlstufen — in Bild 190 beispielsweise zwischen der I. GW-Stufe von 933 und der II. GW-Stufe von 972 — ist der UW in seiner Hauptrichtung mit Voreinstellung ausgerüstet, d. h. er ist jeweils auf einen freien Ausgang vorbereitend eingestellt; diesen belegt er sofort endgültig, wenn er für den Verbindungsaufbau heran-

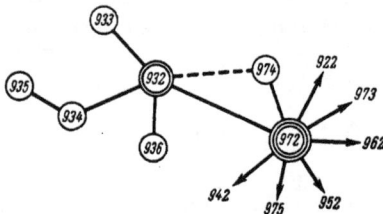

Bild 189. Auszug aus der Ämterübersicht einer Netzgruppe mit Querverbindung.

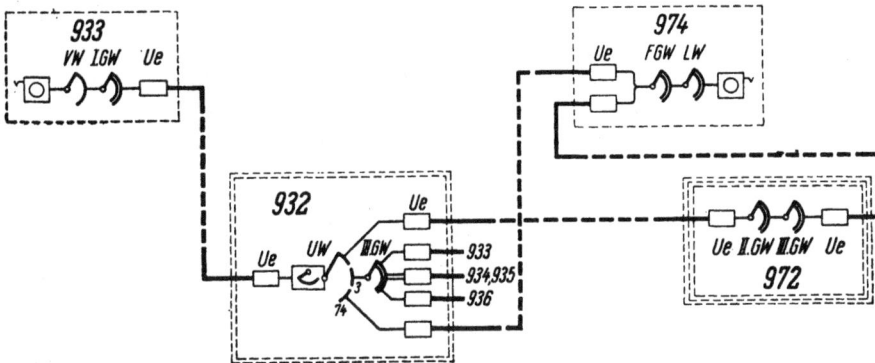

Bild 190. Auszug aus der Wählerübersicht einer Netzgruppe mit Querverbindung.

gezogen wird. Das Durchschalten zur nächsten Stufe, das ja zusammen mit anderen Vorgängen zwischen zwei Stromstoßreihen fällt, kann also ohne Freiwahlzeit, d. h. ohne Zeitverlust, sofort durchgeführt werden. Die unmittelbar auf die Belegung folgende oder auch die nächsten Stromstoßreihen werden vom Mitlaufwerk geprüft, das gleichzeitig mit den Einrichtungen der nachfolgenden Wahlstufen (im Beispiel von Bild 190 also der II. und III. GW in 972) eingestellt wird. Wird eine Ziffer gewählt, auf die hin umgesteuert werden soll, so wird die betreffende Umsteuerrichtung geprüft, ob in ihr noch eine freie Leitung enthalten ist.

Sind bereits alle Ausgänge aus der benötigten Umsteuerrichtung besetzt, so bleibt der UW auf der zuerst belegten Leitung der Hauptrichtung stehen. Die Verbindung kann dann auf einem Umweg hergestellt werden. Bei einer Verbindung von 933 nach 974 beispielsweise hätte der UW in 932 nach Wählen der Ziffern 7 und 4 auf die Umsteuerrichtung 74 umsteuern können. Wären alle Leitungen des Querverbindungsbündels 932—974 besetzt gewesen, so wäre die Verbindung über den Netzgruppen-Mittelpunkt 972 bestehen geblieben, in dem ja gleichzeitig mit dem Mitläufer des UW die II. und III. GW auf die Leitung 972—974 eingestellt wurden. Dieser *Umwegverkehr*, den eine entsprechende Verdrahtung des UW ermöglicht, bringt eine Leistungssteigerung für die Querverbindungsrichtung mit sich; denn die Leitungen 932—974 können als zum Leitungszug 932—972 und 972—974 zugehörig betrachtet werden und übernehmen dadurch mehr Verkehr als die Leistungskurven der Wählerberechnung für ein gleich großes Bündel angeben. Ist ein derartiger Umwegverkehr jedoch nicht erwünscht, so kann der UW so verdrahtet werden, daß er bei Besetztsein der Umsteuerrichtung sofort das Besetztzeichen zurückgibt.

Wird in der gekennzeichneten Umsteuerrichtung eine freie Leitung gefunden, so steuert der UW auf diese um. Er gibt also die Leitung der Hauptrichtung frei und belegt statt ihrer eine Leitung der Umsteuerrichtung.

Ein Umsteuerwähler kann eine oder mehrere Umsteuerrichtungen haben. Größere UW enthalten neben den Wählern des Mitläufers einen Drehwähler für das Absuchen der Hauptrichtung und einen Drehwähler für die Umsteuerrichtungen.

Bei diesen größeren UW hat sich eine besondere Technik herausgebildet, um bei zahlreichen Umsteuerrichtungen eine freie Leitung innerhalb der gesuchten Richtung in der erforderlichen kurzen Zeit aufsuchen zu können. Eine dieser Möglichkeiten, die durch Aufgliederung in mehrere Wähler besonders anschaulich ist, soll an Bild 191 grundsätzlich erklärt werden. Dort ist angenommen, daß der UW auf die Richtungen (9)11, (9)15, (9)3x und (9)74 umsteuern soll.

Der dargestellte UW besteht aus einem Mitlaufwerk mit zwei 10 teiligen Drehwählern Dm$_1$ und Dm$_2$ als Einstellwähler sowie aus einem Drehwähler für die Hauptrichtung und einem Drehwähler für die Umsteuerrichtungen. Der Wähler

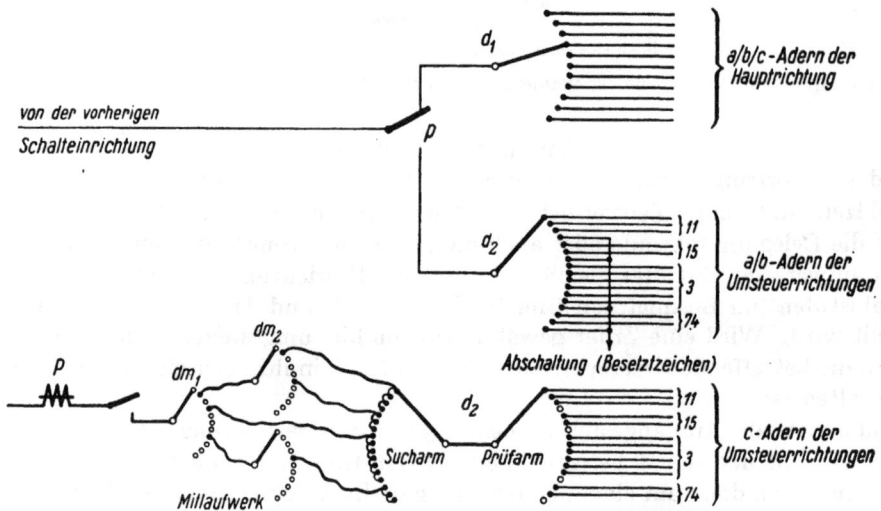

Bild 191. Betriebsweise eines Umsteuerwählers in grundsätzlicher Darstellung.

d$_1$ = Schaltarme des Drehwählers D$_1$ der Hauptrichtung.
d$_2$ = Schaltarme des Drehwählers D$_2$ der Umsteuerrichtungen.
dm$_1$ = Schaltarm des ersten Einstellwählers Dm$_1$ im Mitlaufwerk.
dm$_2$ = Schaltarme des zweiten Einstellwählers Dm$_2$ im Mitlaufwerk.

D$_1$ der Hauptrichtung arbeitet mit Voreinstellung, d. h. er steht bereits vorbereitend auf einer freien Leitung. An den Wähler D$_2$ sind die Leitungen der Umsteuerrichtungen entsprechend den Kennzahlen ohne Rücksicht auf die Stellenzahl mit steigender Anfangsziffer angeschlossen, also im Beispiel in der Reihenfolge 11, 15, 3 und 74. Bei der Belegung schaltet der UW sofort auf die freie Leitung der Hauptrichtung durch, auf der er voreingestellt steht. Die sich anschließende Stromstoßgabe wird erstens auf die nachfolgenden Schalteinrichtungen durchgegeben, zweitens auch auf die Einstellwähler Dm$_1$ und Dm$_2$ des Mitlaufwerkes übertragen. Stehen die beiden Einstellwähler am Ende der für den UW bestimmten Stromstoßgabe auf einem unverdrahteten Schritt, so bedeutet dies, daß keine Umsteuerung gefordert wird. Erreichen sie jedoch einen der verdrahteten Schritte, so läuft der Wähler D$_2$ mit seinem Sucharm auf diesen Schritt auf und dreht dann in freier Wahl über die Leitungen dieser Richtung hinweg. Beim Wählen der Ziffern 7 und 4 steht der Einstellwähler Dm$_1$ auf

Schritt 7, der mit einem der Arme des Einstellwählers $Dm_2$ verbunden ist; der Wähler $Dm_2$ steht auf dem 4. Schritt, der für den betreffenden Arm mit der Kontaktbank des Sucharmes von $D_2$ verbunden ist. Schon während der Einstellung von $Dm_1$ bzw. $Dm_2$ läuft der Wähler $D_2$ sozusagen hinter der Stromstoßgabe her, indem er die Richtungen überläuft, die von den Einstellwählern $Dm_1$ und $Dm_2$ verlassen worden sind *(Nachlauf)*. Dadurch steht der Wähler $D_2$ bereits vor der gekennzeichneten Umsteuerrichtung, wenn der Mitläufer eingestellt ist; er braucht also nur noch diese verlangte Richtung in freier Wahl abzusuchen. Bei der ersten Stromstoßreihe (Ziffer 7) hatte der Wähler $D_2$ also bereits über die Richtungen 11, 15 und 3 hinweggedreht und war mit seinem Sucharm auf dem letzten Schritt der Richtung 3 stehen geblieben; dieser Stellung entspricht der nichtbeschaltete Schritt des Prüfarmes von $D_2$. Die zweite Stromstoßreihe (Ziffer 4) stellt den Einstellwähler $Dm_2$ auf den 4. Schritt. Dadurch wird der Wähler $D_2$ angereizt, die Leitungen des Bündels 74 in freier Wahl abzusuchen, bis über Prüfarm, Sucharm und die Wähler des Mitläufers das P-Relais erregt wird, das von der Hauptrichtung auf die Umsteuerrichtung umschaltet.

Sind alle Leitungen der gewünschten Richtung besetzt, so dreht der Wähler $D_2$ auf den „Abschalteschritt". Je nach Ausführung des UW bleibt dann der „Umweg" über die Hauptrichtung bestehen, oder es wird das Besetztzeichen gegeben. Ist bei der Belegung die gesamte Hauptrichtung besetzt, so wartet der UW erst die Kennzahlenwahl ab, um eine etwa verlangte Umsteuerung zu ermöglichen. Erst wenn diese nicht gewünscht wird, ertönt das Besetztzeichen.

Die Ausführungen der Umsteuerwähler sind im übrigen je nach den vorliegenden Verhältnissen verschieden. So gibt es beispielsweise Umsteuerwähler mit und ohne Mitlaufwerk. Bei Umsteuerwählern ohne Mitlaufwerk wird die Umsteuerung im allgemeinen von einer nachgeordneten Schalteinrichtung veranlaßt. Wie bereits erwähnt, kann ferner ein einziger Wähler für Haupt- und Umsteuerrichtungen vorgesehen sein; es können aber auch zwei Wähler vorhanden sein, der eine für die Hauptrichtung, der andere für die Umsteuerrichtungen. Schließlich gibt es neuere Ausführungen, in denen der Mitläufer doppelt ausgenutzt wird; er nimmt dann zuerst die Stromstoßreihen auf (Arbeitsweise als Mitlaufwerk), sucht danach die gewünschte Umsteuerrichtung in freier Wahl ab und schaltet durch (Arbeitsweise als Wähler der Umsteuerrichtungen). Auch hierbei sind durch die Einführung schnelldrehender Wähler mit großer Kontaktzahl (Siemens-Motorwähler) neue Möglichkeiten gegeben, die zur Zusammenfassung der Wähler führten, z. B. unter Einsparung besonderer Wähler für das Mitlaufwerk.

Außer dem behandelten Einsatz des UW in „Zwischenwahlstufen", also für eine Arbeitsweise zwischen zwei Stromstoßreihen, findet man UW auch in der Vorwahlstufe (Bild 192, vgl. auch Bild 151). In einem Unteramt mit verdeckter Kennzahl wird sehr oft, wie bereits bei der Besprechung der Kennzahlen angegeben wurde, beim Abheben des Handapparates sofort ein Verbindungsweg zum Hauptamt und dort ein I. GW belegt. Erst wenn sich im Verlaufe der weiteren Stromstoßgabe herausstellt, daß ein Teilnehmer des Unteramtes gewünscht wird, steuert der UW auf einen II. oder III. GW des Unteramtes um. Derartige UW

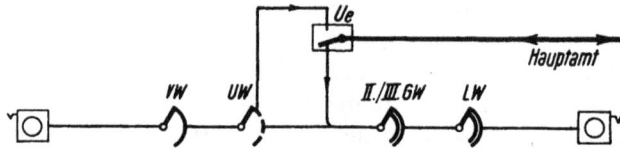

Bild 192. Umsteuerwähler in einem Unteramt.

in der Vorwahlstufe gleichen denen, die zwischen zwei Wahlstufen arbeiten sollen; sie arbeiten jedoch im allgemeinen ohne Voreinstellung, da zwischen Abheben und der ersten Stromstoßreihe für den UW mehr Zeit zur Verfügung steht als zwischen zwei Stromstoßreihen. Die UW in der Vorwahlstufe sind gruppierungsmäßig wie II. VW eingesetzt.

### c) Zeitzonenzähler

Im handvermittelten Fernverkehr wurde die Gebühr für das Ferngespräch, die sich aus der überbrückten Entfernung und aus der Dauer des Gespräches ergibt, im Fernamt von den Beamtinnen ermittelt. Im Selbstwählfernverkehr muß diese Aufgabe von Schalteinrichtungen übernommen werden; hierfür sind unter anderem die sog. Zeitzonenzähler geschaffen worden.

**Zeitzonenzähler** sind Schalteinrichtungen, die selbsttätig die Entfernung *(Zone)* und die Dauer *(Zeit)* eines Ferngespräches erfassen, beides in Gebühreneinheiten umrechnen und das Ergebnis auf den Teilnehmerzähler oder auf einen Gebührendrucker zurückmelden.

Zeitzonenzähler (ZZZ) sind erstmalig in der Welt 1923 in der bayerischen Netzgruppe Weilheim (vgl. Bild 132) eingeführt worden; sie wurden von Siemens & Halske in Zusammenarbeit mit der damaligen bayerischen Verwaltung entwickelt und haben sich bestens bewährt. Seitdem sind sie entsprechend dem wachsenden Umfang, den die vom Selbstwählfernverkehr erfaßten Gebiete annehmen, vervollkommnet worden. Ihre Größe und auch ihre schaltungstechnische Ausführung richten sich unter anderem besonders

nach der Zahl der Orte, die im Fernwählverkehr erreicht werden sollen,
nach der Zahl der Fernzonen, in die das erfaßte Gebiet eingeteilt werden soll, d. h. nach der Größe des Gebietes, in dem der Fernwählverkehr abgewickelt wird,
nach der Gesprächszeit, und zwar sowohl nach der höchstzulässigen Gesprächsdauer als auch nach der Feinheit der Zeitunterteilung, d. h. der Länge der Zeiteinheiten, die für die Gebührenbestimmung benutzt werden,
nach der Zahl der im Höchstfall abzugebenden Zählstromstöße, also unter anderem auch nach der Betriebsart, ob nämlich die gesamte Gebühr am Schluß des Gespräches verrechnet werden soll oder ob Teilverrechnungen nach Ablauf bestimmter Zeitabschnitte stattfinden sollen.

Der Aufwand ergibt sich ferner aus der Ausnutzung der einzelnen Schaltmittel des Zeitzonenzählers, d. h. ob das gleiche Schaltmittel für mehrere Aufgaben herangezogen wird. Schließlich können als Schaltungsteile Schrittschalt-Dreh-

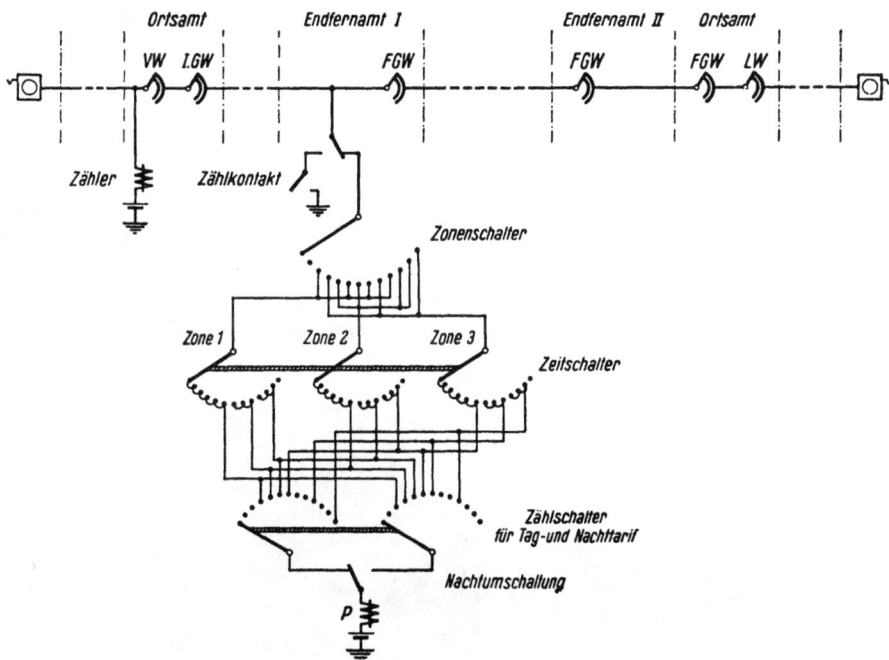

Bild 193. Zeitzonenzähler in grundsätzlicher Darstellung.

wähler, Hebdrehwähler oder Motorwähler benutzt werden. Im folgenden soll auf derartige Einzelheiten nicht eingegangen, sondern nur die grundsätzliche Arbeitsweise eines Zeitzonenzählers behandelt werden (Bild 193).

Bei jedem ZZZ können grundsätzlich drei Teile unterschieden werden, die sich aus seinen drei Grundaufgaben ergeben:

    1. ein Zonenschalter,
    2. ein Zeitschalter,
    3. ein Zählschalter.

Diese drei Teile haben folgende Aufgaben und Ausführung:

1. Der *Zonenschalter* stellt die von der Verbindung überbrückte Entfernung fest. Jedem Ort, der in dem betreffenden Gebiet durch Wählen erreicht werden soll, muß eine bestimmte Kontaktlamelle des Zonenschalters zugeordnet sein. Der Zonenschalter wird gleichzeitig mit den

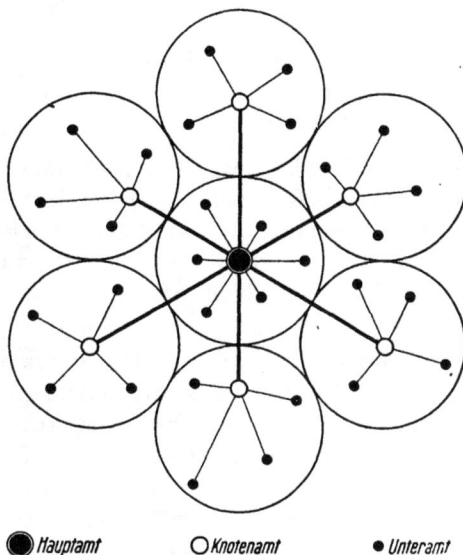

Bild 194. Netzgruppe, eingeteilt in Zonengruppen.

Gruppenwählern während des Verbindungsaufbaues eingestellt; die Zahl der Stromstoßreihen, die vom Zonenschalter aufzunehmen sind, richtet sich nach der Zahl der angeschlossenen Orte und deren Kennzahlen. Die Stellung des Zonenschalters nach der Einstellung entspricht dem gewählten Ort und dient der Berechnung der Entfernungsgebühr. Dabei wird eine gewisse Vereinfachung dadurch erzielt, daß man die Orte nicht einzeln entfernungsmäßig auswertet, sondern sog. Zonengruppen bildet (Bild 194). Die Gebühr richtet sich dann nicht mehr nach der genauen Entfernung des gewünschten Amtes, sondern nach der mittleren Entfernung der betreffenden Zone.

Als Zonenschalter sind 10- und mehrteilige Schrittschalt-Drehwähler, 100teilige Hebdrehwähler und in neueren Ausführungen auch der 100teilige Motorwähler

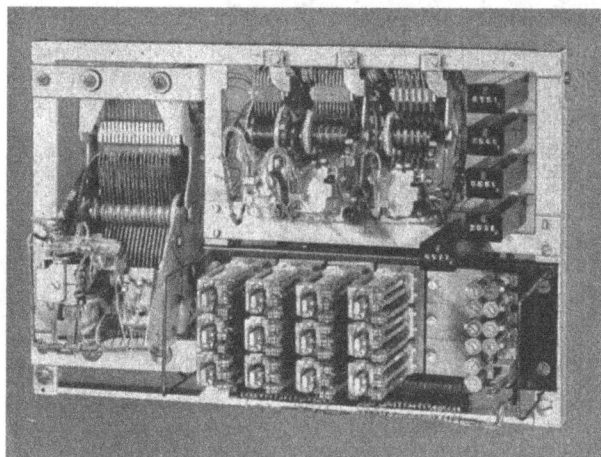

Bild 195. Zeitzonenzähler für 800 Zonenpunkte, 8 Tarifzonen und 12-min-Gespräche.
Ausführung mit Motorwähler.

verwendet worden. Bild 195 zeigt eine Ausführung eines ZZZ mit Motorwähler mit der bis 800 verschiedene Orte erfaßt werden können.

Die Orte gleicher Entfernungsgebühr, also gleicher Zone, werden durch eine entsprechende Vielfachschaltung an den Lamellen des Zonenschalters zusammengefaßt. Die Vielfachleitungen führen zu den Schaltarmen des Zeitschalters (vgl. Bild 193).

2. Der *Zeitschalter* stellt die Dauer des eigentlichen Gespräches fest. Wenn der angerufene Teilnehmer seinen Handapparat abhebt, wird der Zeitschalter zu diesem Zweck an einen Uhrenkontakt angeschlossen, von dem er in bestimmten Zeiteinheiten weitergeschaltet wird. Je genauer die Gesprächszeit überwacht werden soll, desto kleinere Zeiteinheiten müssen zugrunde gelegt werden, desto mehr Kontaktlamellen erhält der Zeitschalter.

Schließt der Uhrenkontakt beispielsweise alle 5 s, so nimmt der Zeitschalter für die ersten 3 min, die im allgemeinen für ein Ferngespräch als Mindestdauer berechnet werden, insgesamt $3 \cdot 12 = 36$ Zeiteinheiten auf. Danach erhöht sich die zu zahlende Gebühr von Minute zu Minute. Der Zeitschalter steht daher

|  | nach | 3 | min | auf | dem | 36. | Schritt, |
|---|---|---|---|---|---|---|---|
|  | ,, | 4 | ,, | ,, | ,, | 48. | ,, |
|  | ,, | 5 | ,, | ,, | ,, | ·60. | ,, |
|  | ,, | 6 | ,, | ,, | ,, | 72. | ,, |
|  | ,, | 7 | ,, | ,, | ,, | 84. | ,, |
|  | ,, | 8 | ,, | ,, | ,, | 96. | ,, |
|  | ,, | 9 | ,, | ,, | ,, | 108. | ,, |
|  | ,, | 10 | ,, | ,, | ,, | 120. | ,, |
|  | ,, | 11 | ,, | ,, | ,, | 132. | ,, |
|  | ,, | 12 | ,, | ,, | ,, | 144. | ,, |

Die Zahl der Lamellen des Zeitschalters ergibt sich also aus der zulässigen Höchstdauer für Ferngespräche (z. B. 12 min) und aus der Zahl der Zeiteinheiten je min (im Beispiel 12 Einheiten/min). Die Kontaktlamellen gleicher Zeitverrechnung sind miteinander vielfachgeschaltet, also z. B. die Lamellen 1...36, 37...48, 49...60 usw. Um zu große Zeitschalter, d. h. Drehwähler mit zu hoher Schrittzahl, zu vermeiden, unterteilt man den Zeitschalter auch in zwei Drehwähler, von denen der eine z. B. alle 5 s, der andere nach einem Umlauf des ersten Wählers, also z. B. minutenweise weitergeschaltet wird. Da die Gesprächsdauer je Zone verschieden berechnet wird, ist jede Zone des Zonenschalters an einen besonderen Arm des Zeitschalters geführt. Die Armzahl des Zeitschalters richtet sich also nach der Zonenzahl (vgl. Bild 193).

3. Der *Zählschalter* greift die Zonen- und Zeiteinstellung ab und sendet eine entsprechende Zahl von Zählstromstößen zum Teilnehmerzähler bzw. zum Gebührendrucker. Der Zählschalter muß also so viele Kontaktlamellen haben, wie das längste Gespräch bzw. der längste zu zählende Zeitabschnitt zum entferntesten Ort an Zählstromstößen erfordert. Die Lamellen des Zählschalters sind mit den entsprechenden Lamellen des Zeitschalters verdrahtet. Dabei können gewisse Vielfachschaltungen entstehen, da ein langes Gespräch nach einer näheren Zone die gleiche Gebühr erfordern kann wie ein kurzes Gespräch nach einer entfernteren Zone (vgl. Bild 193). Der Zählschalter kann schließlich auch zwei Abgreifer haben, wenn zwischen Tag- und Nachttarif unterschieden werden soll; die Verdrahtung zu den beiden Kontaktreihen des Zählschalters unterscheidet sich dann durch die verschiedene Wertigkeit der Gespräche.

Die Dreiteilung „Zonenschalter-Zeitschalter-Zählschalter" findet man bei allen ZZZ. Allerdings braucht sie nicht aufbaumäßig durchgeführt zu sein. Aber selbst wenn einige Obliegenheiten von dem gleichen Schaltmittel erfüllt werden, besteht die Unterteilung doch zumindest betriebsmäßig. Eine Zusammenfassung ist möglich, da sich die drei Vorgänge „Zoneneinstellung, Zeiteinstellung, Zählung" stets nacheinander abspielen.

So können beispielsweise zusammengefaßt sein:

*Zeitschalter und Zählschalter.* Anstatt die Endstellung des Zeitschalters durch einen besonderen Zählschalter abgreifen zu lassen, kann man auch die Zähl-

stromstöße vom Zeitschalter selbst ausgehen lassen. Eine mechanische Ausführung dieser Art ist das sog. **Tarifgerät,** d. i. eine mechanische Einrichtung
mit auswechselbaren, gezahnten Scheiben und Nockenkontakten. Das Tarifgerät nimmt vorwärtslaufend die Zeit auf und gibt rückwärtslaufend die Zählstromstöße ab. Oder:

*Zonenschalter und Zeitschalter.* Der gemeinsame Zonen/Zeit-Schalter wird, wie
üblich, als Zonenschalter durch die Nummernwahl auf die Zone eingestellt;
diese Stellung greift der Zählschalter ab. Hat der Zählschalter die Zonenstellung
gespeichert, so kehrt der Zonen/Zeit-Schalter in die Ruhelage zurück und
arbeitet als Zeitschalter weiter. Oder:

*Zonenschalter und Zählschalter.* Nachdem der Zonen/Zähl-Schalter als Zonenschalter die Zone aufgenommen und sie an den Zeitschalter weitergegeben hat,
läuft er in seine Ruhestellung zurück. Am Schluß des Gespräches wirkt er als
Zählschalter und greift die Einstellung des Zeitschalters ab.

Die geschilderte Aufteilung in drei Teile entspricht den Grundaufgaben des ZZZ
und ist auch aufbaumäßig bei den ersten Bauarten durchgeführt worden. Durch
geeignete Zusammenfassung der Teile können technische und wirtschaftliche Vorteile erzielt werden. Dabei haben sich einfache elektrische Lösungen unter Verwendung von Wählern im allgemeinen als zweckmäßiger erwiesen als mechanische
Lösungen; denn der ZZZ ist im ersten Falle bedeutend anpassungsfähiger, da
Tarif- und Zonenänderungen durch einfaches Umlegen der Drähte in den Kontakt-
feldern erfaßt werden können, während bei der mechanischen Ausführung bestimmte Teile erst angefertigt, eingesetzt und justiert werden müssen. Ferner
ist stets eine Lösung anzustreben, in der die allgemein in dem betreffenden Gebiet
üblichen Schaltmittel verwendet werden, da dies die Ausbildung des Pflege-
personals, die Wartung selbst und die Ersatzteilbeschaffung vereinfacht.

Der Aufwand des ZZZ wird nicht nur durch die Art der Zusammenfassung der
oben genannten Grundvorgänge oder durch die Benutzung einer elektrischen
oder mechanischen Lösung bestimmt, sondern er hängt auch ganz wesentlich von
der Art der Mehrfachzählung ab. Die Zählung n a c h dem Gespräch erfordert stets
den größten Aufwand, der sich aus der max. zugelassenen Gesprächsdauer und
der teuersten Zone ergibt. Bei der Zählung w ä h r e n d des Gesprächs — sei es in
Form der Staffelzählung oder der periodischen Einzelzählung (vgl. Abschnitt V,
4a) — sinkt der Aufwand entsprechend der geringeren Zahl der auf einmal abzugebenden Zählstromstöße.

# X. GESELLSCHAFTSLEITUNGEN UND GEMEINSCHAFTSANSCHLÜSSE

Den bisherigen Betrachtungen lag der allgemeinere Betriebsfall zu Grunde, daß jede Sprechstelle über eine eigene Leitung (Teilnehmerleitung, Anschlußleitung) an ihr Wähleramt angeschlossen ist. Daneben gibt es jedoch für den Anschluß von Sprechstellen an das Wähleramt auch andere Möglichkeiten, durch die der Leitungsaufwand je Sprechstelle herabgesetzt werden kann.

Das Leitungsnetz der Teilnehmerleitungen beansprucht einen großen Teil der Gesamtkosten einer Fernsprechanlage; man rechnet hierfür im Mittel etwa 50...60% der Anlagekosten der Orts-Fernsprechanlagen. Je weiter die Sprechstelle von ihrem Amt entfernt liegt, desto ungünstiger ist die Kostenverteilung; bei einer Länge der Teilnehmerleitung von 4 km entfallen beispielsweise von den anteiligen Kosten eines normalen Teilnehmeranschlusses

    5% auf die Sprechstelle,
  20% auf den Anteil am Ortsamt und
  75% auf den Anteil am Teilnehmeranschlußnetz.

Den größten Teil der Anlagekosten erfordert also derjenige Teil der Fernsprecheinrichtungen, der dem Teilnehmer unmittelbar zugeordnet ist und bei normalen Teilnehmeranschlüssen nur von ihm benutzt werden kann.

In den meisten Fällen werden die Teilnehmerleitungen außerordentlich schlecht ausgenutzt. Bei 5 bis 6 abgehenden Gesprächen je Tag und Teilnehmer (für Großstädte nach Bild 95) und einer Gesprächsdauer von 2 min werden die Teilnehmerleitungen im Mittel nur etwa 20...24 min je Tag benutzt, wenn man die Zahl der ankommenden und abgehenden Gespräche gleich hoch rechnet. Etwa 20% der gesamten Teilnehmerschaft sind Wenigsprecher, die im Mittel nur 1...2 Gespräche je Tag führen. Dies bedeutet eine Benutzungsdauer der ihnen zugeordneten Leitungen und Anrufmittel von etwa 4...8 min je Tag, was einem Ausnutzungsgrad von 0,3...0,6% gleichkommt.

Diese geringe Ausnutzung eines großen Teils der Teilnehmerleitungen ist nicht nur aus wirtschaftlichen Gründen unerwünscht, sondern der damit verbundene Rohstoffverbrauch in bezug auf Kupfer usw. kann auch ein Hemmnis für die anzustrebende allgemeine Ausbreitung des Fernsprechers werden. Man hat daher Möglichkeiten geschaffen, um die Anschlußkosten bzw. die Aufwendungen an Leitungsmaterial herabzusetzen, die auf derart wenig benutzte bzw. auf besonders ungünstig gelegene Sprechstellen entfallen. Dies geschieht dadurch, daß man eine oder eine geringe Zahl von Anschlußleitungen mehrerer Teilnehmern zur gemeinsamen Benutzung zur Verfügung stellt. Hierfür gibt es folgende Möglichkeiten:

1. Die Sprechstellen liegen einzeln längs einer längeren Strecke; sie werden daher einzeln an eine gemeinsame Doppelleitung angeschlossen (Bild 196, oben). Man bezeichnet dies auch als *langlinige Anschaltung*.

2. Die Sprechstellen liegen dicht beieinander, jedoch entfernt vom Amt; sie werden dann über kurze Doppelleitungen sternförmig an eine Schalteinrichtung angeschlossen, von der nur eine gemeinsame Doppelleitung oder nur wenige gemeinsame Doppelleitungen zum Amt führen (Bild 196, Mitte). Man bezeichnet dies auch als *sternförmige Anschaltung*.

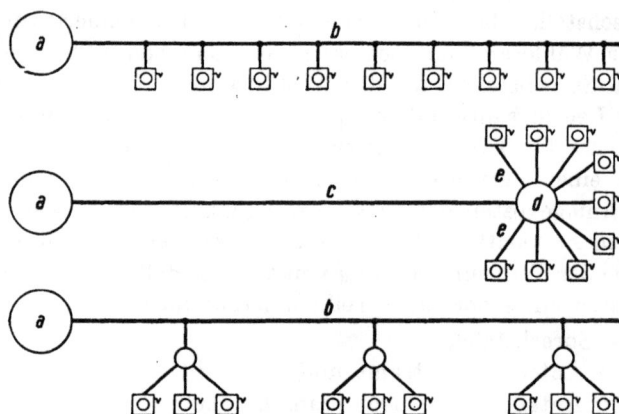

Bild 196. Gemeinsame Anschlußleitung für mehrere Sprechstellen.
a = Amt oder Zentrale.
b = Gesellschaftsleitung.
c = Hauptleitung.
d = Gemeinschaftsumschalter, Wählsternschalter, Gruppenstelle usw.
e = Zweigleitung.

3. Die Sprechstellen liegen gruppenweise längs einer längeren Strecke; sie werden daher je Gruppe sternförmig zusammengefaßt, und diese Gruppen werden einzeln an eine gemeinsame Doppelleitung angeschlossen (Bild 196, unten). Es handelt sich sozusagen um eine *langlinig-sternförmige Anschaltung*.

Die für jede der drei Möglichkeiten geschaffenen Einrichtungen unterscheiden sich durch die Art, wie die Sprechstellen die ihnen zugedachten Anrufe erhalten, wie sie sich selbst für abgehende Gespräche an die Leitung schalten, ob das Gesprächsgeheimnis gewahrt bleibt usw. Sie können sich außerdem noch durch betriebliche Sonderheiten unterscheiden, indem nämlich die durch sie zusammengefaßten Sprechstellen entweder einander „fremd" sind, d. h. verschiedenen Fernsprechabonnenten gehören (öffentlicher Verkehr), oder Sprechstellen der gleichen Betriebsgemeinschaft, d. h. der gleichen Behörde, des gleichen Unternehmens usw. sind. Dem zweiten Fall, in dem besondere Aufgaben durch betriebliche Forderungen (Amtsverkehr über die Amtsleitungen mit dem öffentlichen Netz; Innenverkehr ohne Gebührenberechnung usw.) entstehen, ist ein besonderer Abschnitt „Nebenstellenanlagen" gewidmet.

Der Gedanke, eine gemeinsame Anschlußleitung für mehrere Sprechstellen
vorzusehen, ist alt. Die ersten Ausführungen beschränkten sich jedoch entweder
auf nichtöffentlichen Verkehr oder sie erfüllen nur zum Teil die Forderungen,
die im öffentlichen Fernsprechverkehr an neuzeitliche Fernsprechanschlüsse
zu stellen sind. Erst verhältnismäßig spät hat diese Technik auch für anspruchsvolleren Verkehr die ihr zukommende Beachtung gefunden. Sie gewinnt ständig
an Bedeutung, da sie ein wirksames Mittel ist, die Leistung des den Teilnehmern
zugeordneten Leitungsnetzes wesentlich zu steigern und damit das Anschließen
bestimmter Sprechstellenarten überhaupt erst zu ermöglichen, sei es durch
Senkung der Gebühren für derartige Sprechstellen, sei es durch Senkung des
Materialaufwandes für ungünstig gelegene Sprechstellen.

Die im Laufe der Zeit eingeführten Einrichtungen sind sowohl in ihrer Technik
als auch in den von ihnen erfüllten Betriebsbedingungen sehr unterschiedlich.
Von den vielen Bezeichnungen, die für die einzelnen Ausführungen geprägt
worden sind, können zwei als Oberbegriffe für eine Einteilung genommen werden,
nämlich:

Gesellschaftsleitungen für alle langlinigen Anschaltungen, d. h. wenn
die Sprechstellen längs einer längeren Strecke verteilt liegen und entsprechend
an die gemeinsame Doppelleitung herangeführt werden. Hierzu gehören die
sogenannten OB-Gesellschaftsleitungen, party lines, farmer lines, rural lines,
Wahlrufleitungen, Bezirksleitungen,. Sp-Leitungen, Serienanschlüsse, Astanschlüsse usw.

Gemeinschaftsanschlüsse für die sternförmige Anschaltung, d. h. wenn
die Sprechstellen sternförmig an das Ende der gemeinsamen Doppelleitung
herangeführt werden. Hierzu gehören die sogenannten Zweieranschlüsse,
Gemeinschaftsumschalter, Wählsternschalter, Gruppenstellen usw.

Die Gesamtheit aller Einrichtungen, die für eine dieser Anschaltungen
erforderlich sind, faßt man auch unter dem Begriff **Vorfeldeinrichtungen**
zusammen.

Im nachfolgenden sollen die Wege gezeigt werden, die man bei dieser Technik
gegangen ist, und besonders charakteristische Ausführungen besprochen werden.

## 1. GESELLSCHAFTSLEITUNGEN

Die Gesellschaftsleitungen (Bild 196, oben) sind in ihrer ursprünglichen Form,
nämlich mit parallel angeschalteten OB-Fernsprechern mit Kurbelinduktoren,
in Deutschland wie auch in vielen anderen Ländern auf nichtöffentliche Fernsprechnetze beschränkt bzw. sie verbanden in öffentlichen Netzen lediglich
kleine Postanstalten miteinander; im letzteren Falle stellen sie die letzten Ausläufer des Fernsprech- und Telegraphennetzes dar (sogenannte Sp-Leitungen;
Sp = Sprache, da über sie Telegramme gesprochen wurden).

In den Vereinigten Staaten von Amerika dagegen haben derartige „party lines",
„farmer lines" oder „rural lines" auch im öffentlichen Verkehr eine große Verbreitung gefunden. Die an sie angeschlossenen Sprechstellen machen dort etwa

30% aller Sprechstellen aus, d. h. diese Anschlüsse haben sehr großen Anteil an der hohen Sprechstellendichte der Vereinigten Staaten. Die Einrichtungen hierfür sind zum großen Teil verhältnismäßig einfach gehalten. Der Anruf erfolgt entweder durch Morsezeichen oder es werden abgestimmte Wecker benutzt, so daß der Ruf nur bei dem gewünschten Teilnehmer ertönt (bis max. 10 Sprechstellen). Eine Gesprächszählung findet nicht statt. Ferner besteht für diese Anschlüsse, obwohl sie für den öffentlichen Verkehr benutzt werden, kein Gesprächsgeheimnis, d. h. wenn ein Teilnehmer einer derartigen „party line" ein Gespräch führt, kann sich ein anderer Teilnehmer der gleichen Leitung ohne weiteres einschalten.

In Österreich hat sich für den öffentlichen Verkehr eine andere Art von Gesellschaftsleitung eingeführt. Bei ihr können die Teilnehmer in Gruppen an die gemeinsame Doppelleitung angeschlossen werden (Bild 196, unten). Diese Gesellschaftsleitungen sind dort für halbselbsttätigen Betrieb eingerichtet, d. h. die Verbindungen von und nach den angeschlossenen Sprechstellen sowie zwischen zwei Sprechstellen der Gesellschaftsleitung werden stets vom angeschlossenen Amt aus von einer Vermittlungsperson durch Wählen hergestellt. Zur Einleitung einer Verbindung muß der Teilnehmer die Vermittlungsperson mittels Kurbelinduktor anrufen. Vom Vermittlungsplatz aus wird dann die gewünschte Sprechstelle mit Nummernschalter gewählt. Zu diesem Zweck sind bei einer Ausführung, dem sog. Zeit-Potential-System (Lit. 31), an den Sprechstellen Kondensator-Widerstands-Anordnungen mit verschiedenen Zeitkonstanten vorgesehen, die entsprechend den gewählten Ziffern verschieden lange aufgeladen bzw. entladen werden und so die Auswahl der gewünschten Sprechstelle vornehmen. Durch unterschiedliche Polung der Anruf-Stromkreise können 6 verschiedene Sprechstellen ausgewählt werden; bei Einführung einer Gruppenwahl erhöht sich diese Zahl auf $6 \cdot 6 = 36$ Sprechstellen. Die Reichweite beträgt $2 \cdot 1000 \Omega$ bei einem zulässigen Nebenschluß bis $5000 \Omega$ herab. Das Gesprächsgeheimnis bleibt bei dieser Ausführung gewahrt.

In Wien sind seit langem die sogenannten Viertel- oder Halbanschlüsse eingeführt, die an einer gemeinsamen Leitung 4 oder 2 Sprechstellen zusammenfassen (Bild 197). Diese Entwicklungsstufe sichert ebenfalls bereits das Gesprächsgeheimnis, d. h. die nicht an einem Gespräch beteiligten Teilnehmer können sich nicht auf die Leitung schalten. Jeder Sprechstelle ist ein Wechselstromrelais, ein gepoltes Weckerrelais und ein normaler Gleichstromwecker zugeordnet. Das Wechselstromrelais liegt in Brücke zwischen den a/b-Adern, das gepolte Weckerrelais mit verschiedener Po-

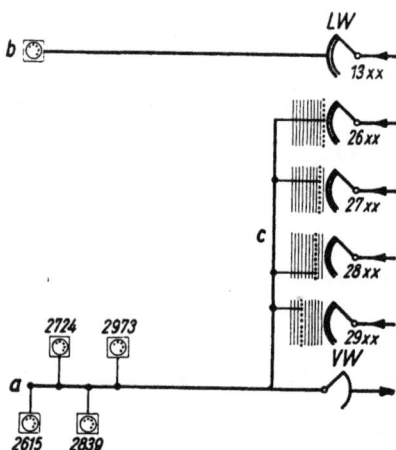

Bild 197. Viertelanschluß in Wien.
a = Vier Sprechstellen des Viertelanschlusses.
b = Einzelanschluß.
c = LW-Gruppen mit besonderer Anrufmöglichkeit für Viertelanschlüsse.

lung zwischen a-Ader und Erde oder zwischen b-Ader und Erde. Im ankommenden Verkehr wird erstens Wechselstrom gesendet, wodurch sämtliche Wechselstromrelais ansprechen, und zweitens positiver oder negativer Gleichstrom an die a-Ader oder an die b-Ader gelegt, wodurch nur ein Weckerrelais ansprechen kann. An dieser Sprechstelle ertönt der Gleichstromwecker. Es sind also vier verschiedene Rufarten zur Auswahl der gewünschten Sprechstelle erforderlich, wofür zuerst vier verschiedene LW-Gruppen vorgesehen wurden. Die vier Sprechstellen erforderten also vier verschiedene Anrufnummern, die in vier verschiedenen LW-Hunderten liegen mußten. In neuerer Zeit wurde dieser Mangel durch Verwendung von „Durchwahl-LW" verbessert, die die Wahl einer zusätzlichen Ziffer zulassen. Diese gelangt in eine Übertragung, die nun ihrerseits die Abgabe des Wechselstromes und Gleichstromes bewirkt. Die Übertragung wird nur während der Verbindungsherstellung an den LW geschaltet. Ein weiterer Mangel dieser Ausführung besteht darin, daß Zähler für die Gesprächszählung beim Teilnehmer untergebracht sind, was eine betriebliche Erschwerung bedeutet. Ein Verkehr zwischen Teilnehmern des gleichen Gesellschaftsanschlusses ist nicht möglich.

Ein wichtiges Anwendungsgebiet für Gesellschaftsleitungen stellen in allen Ländern die Bahnfernsprechanlagen dar. Für die Sprechstellen der längs einer Bahnstrecke liegenden Bahnhöfe, Blockstellen usw. bietet eine Gesellschaftsleitung eine besonders zweckmäßige Verbindungsmöglichkeit. Die neueste Form dieser Gesellschaftsleitungen, die den besonderen Anforderungen des Bahnbetriebes Rechnung trägt, sind die „Wahlrufanlagen".

Ähnlich wie bei den üblichen Fernsprechanlagen hat sich auch die Technik der Gesellschaftsleitungen schrittweise zum Wählverkehr entwickelt. Im Gegensatz zur Amtstechnik bestehen jedoch dabei die älteren Betriebsformen mit OB-Fernsprechern mit Kurbelinduktor noch vollkommen gleichberechtigt neben den neuen Ausführungen und werden je nach den Betriebsanforderungen für weniger anspruchsvollen Verkehr eingesetzt (Lit. 25). In ihrer neuesten Form — z. B. die „Wahlrufanlagen" (ohne Gesprächszählung) oder die sog. „Serienleitungen" oder „Astanschlüsse" (mit Gesprächszählung) — bieten sie die fast selbstverständlich gewordenen Vorteile der Wähltechnik auch denjenigen Teilnehmern, die zu mehreren einer gemeinsamen Leitung zugeordnet sind. Bemerkenswert ist hierbei, daß die im Wählverkehr sonst an einer Stelle (Amt, Zentrale) zusammengefaßte Wähleinrichtung im allgemeinen ganz oder teilweise auf die einzelnen Sprechstellen aufgeteilt ist (Bild 198).

Eine Gesellschaftsleitung kann an ein Amt oder an eine Zentrale, bzw. es können bei geeigneter Ausführung mehrere Ämter oder Zentralen an die Gesellschaftsleitung angeschlossen werden. In dem Wähleramt bzw. der Wählerzentrale endet die Gesellschaftsleitung dann an einer Relaisübertragung (Anschlußübertragung), die je nach der Betriebsart zum Wählerteil des Amtes oder nach einem Vermittlungsplatz führt.

Im allgemeinen können auf einer Gesellschaftsleitung nicht mehrere Gespräche gleichzeitig geführt werden. Eine Ausnahme bilden die „Wahlrufanlagen", bei denen die gesamte Leitung durch Kupplungsübertragungen in mehrere Abschnitte

Bild 198.  Sprechstelle einer Wahlrufanlage mit
Induktivwahl.
Auf gemeinsamer Grundplatte oben der Relaisbeikasten und darunter der Batteriebeikasten, daneben der OB-Fernsprecher mit Nummernschalter, Schauzeichen und Aufschaltetaste.

aufgeteilt werden kann, so daß jeweils entweder ein Gespräch über
die ganze Leitung oder je Abschnitt
möglich ist. In allen Fällen ist eine
Gesellschaftsleitung jedoch nur möglich, wenn die Sprechhäufigkeit der
Teilnehmer die Leistungsfähigkeit
einer Leitung bzw. bei Wahlrufanlagen diejenige eines Leitungsabschnit-
tes nicht übersteigt, oder es müssen,
wie sehr oft im nichtöffentlichen Verkehr, hohe Verluste oder lange
Wartezeiten in Kauf genommen werden. Zusammenfassend kann also
über die Gesellschaftsleitungen ganz
allgemein folgendes gesagt werden:
Eine **Gesellschaftsleitung** ist eine
Doppelleitung, die einer Anzahl von
Sprechstellen gemeinsam zugeordnet
ist und an die die einzelnen Fernsprecher parallel angeschaltet werden.
Die angeschlossenen Sprechstellen
können nur nacheinander Gespräche

führen.  Je nach Ausführung erfolgt der Anruf nur an der gewünschten Stelle,
oder die Anrufe werden durch Morsezeichen unterschieden; ferner gibt es Ausführungen mit und ohne Wahrung des Gesprächsgeheimnisses sowie mit und
ohne Gesprächszählung.  Diese *langlinige* Anschaltung wird angewendet:

1. Wenn die einzelnen Sprechstellen verstreut längs einer längeren Strecke liegen
   und besondere Teilnehmerleitungen nach jeder der einzelnen Sprechstellen
   einen unwirtschaftlichen Aufwand erfordern würden.  Dies trifft z. B. auf
   dünnbesiedelte Gegenden oder bei entsprechender geographischer Lage (z. B.
   in langgestreckten Tälern) oder auf betriebliche Besonderheiten zu (z. B. längs
   Bahnstrecken, Hochspannungsleitungen usw.).

2. Wenn der Verkehr der angeschlossenen Teilnehmer die Leistungsfähigkeit
   einer Leitung nicht übersteigt oder wenn, wie in nichtöffentlichen Anlagen
   höhere Verluste bzw. größere Wartezeiten in Kauf genommen werden können.

3. Wenn es aus betrieblichen Gründen erwünscht ist, eine größere Anzahl von
   Sprechstellen gemeinsam anzurufen (z. B. Gruppen- und Sammelrufe in
   nichtöffentlichen Anlagen).

### a) Wahlrufanlagen

Die Wahlrufanlagen stellen eine der letzten Entwicklungsformen der Gesellschaftsleitungen für nichtöffentlichen Verkehr dar (Siemens & Halske; Lit. 25).
Sie sind besonders für die Belange des Bahnfernsprechbetriebes geschaffen

worden; bei der Deutschen Bahn sind sie unter der Bezeichnung Basa-Bezirksleitungen (Basa = Bahn-Selbstanschluß-Anlage) eingeführt. Die Wahlrufanlagen erfüllen neben den grundsätzlichen Bedingungen, die an eine hochwertige Wählanlage zu stellen sind, die hohen Anforderungen des Eisenbahnbetriebes. Sie stellen ein gutes Beispiel dar, wie eine moderne Fernsprechanlage allen Betriebsforderungen angepaßt werden kann und sollen daher etwas ausführlicher besprochen werden. Eine Wahlrufanlage erfüllt in der Hauptsache folgende Betriebsbedingungen:

Vollselbsttätige Verbindungsherstellung durch Nummernwahl ohne Mitwirkung einer Vermittlungsperson. Dies gilt sowohl für Verbindungen zwischen zwei Teilnehmern der Wahlrufanlage als auch für Verbindungen von und nach Teilnehmern von angeschlossenen Wählerämtern bzw. Zentralen.

Einzelanruf, d. h. der Ruf ist nur bei der gewünschten Sprechstelle zu hören, so daß keine Störungen bei den übrigen Sprechstellen stattfinden, wie dies bei Morseanruf der Fall ist.

Hörzeichenabgabe. Wenn der Ruf an der gewählten Sprechstelle ertönt, erhält der Anrufende ein Freizeichen.

Besetztanzeige, wenn auf der Leitung eine Verbindung besteht. An allen Sprechstellen erscheint sofort, wenn ein Teilnehmer den Handapparat abnimmt, ein Besetzt-Schauzeichen.

Wahrung des Gesprächsgeheimnisses, d. h. ein nichtangerufener Teilnehmer kann durch Abheben des Handapparates nicht in ein bestehendes Gespräch eintreten.

Auslösung der Verbindung und Freigabe der Leitung sofort, wenn einer der beiden Teilnehmer den Handapparat auflegt, so daß die Leitung nicht unnötig dem Verkehr entzogen wird.

Aufschalte- und Trennmöglichkeit im Falle der Gefahr. Durch Drücken einer plombierten Aufschaltetaste kann sich jeder Teilnehmer nach Zerstörung einer Bleiplombe auf ein bestehendes Gespräch aufschalten und dieses bei Bedarf durch Auflegen des Handapparates und nochmaliges Drücken der Aufschaltetaste trennen.

Selbsttätige Freigabe der Leitung, wenn ein Teilnehmer etwa 20 s nach dem Abheben des Handapparates noch nicht mit dem Wählen begonnen hat oder wenn eine Fehlbelegung der Wahlrufleitung durch Fremdbeeinflussung (z. B. atmosphärische Störungen) stattgefunden hat. Die Zeit, nach der dieser Freischaltevorgang beginnt, kann nach Bedarf eingestellt werden.

Keine Blockierung der Leitung, wenn ein Teilnehmer seinen Handapparat nach Gesprächsschluß oder nach zwangsweiser Trennung seiner Verbindung nicht auflegt.

Anrufmöglichkeit auch für Sprechstellen, die sich nicht im Anrufzustand befinden (Handapparat nicht aufgelegt oder zwangsweise freigeschaltet).

Sammelruf (gleichzeitiger Anruf sämtlicher Sprechstellen) oder Gruppenruf (gleichzeitiger Anruf einer Gruppe von Sprechstellen).

Anschluß von Ämtern mit Wählbetrieb oder mit Handvermittlung.

Unterteilen der Leitung in mehrere Abschnitte mit Hilfe von Kupplungsübertragungen. Dadurch wird die Reichweite erhöht und die Ausnutzung gesteigert, da gleichzeitig je Abschnitt ein Gespräch geführt werden kann.

Abriegelung der Sprechstellen bei Mehrfachausnutzung der Leitung oder bei
Starkstrombeeinflussung (Schutzübertrager für Prüfspannung von 2000 V)
oder bei Hochspannungsbeeinflussung (besondere Schutzeinrichtungen).

Die sonst im Amt oder z. B. auch bei anderen Gesellschaftsleitungen in einer
Zentralstelle vereinigten Schaltmittel sind bei der behandelten Wahlrufanlage
über die einzelnen Sprechstellen verteilt. Jede Sprechstelle (Bild 198 und 199)
erhält einen Fernsprecher in normaler OB-Schaltung, der außer dem Nummernschalter ein Dreh-Schauzeichen, eine plombierte Aufschaltetaste und einen
Gleichstromwecker besitzt. Die Schaltmittel und die Stromversorgung sind in
einem Relais- und einem Batteriebeikasten untergebracht. Als Stromversorgung
dienen an den Sprechstellen 6-V-Akkumulatorenbatterien, die regelmäßig ausge-
wechselt werden oder mit einem Ladegerät für Dauerladung ausgerüstet sein
können. Die Unabhängigkeit von einer gemeinsamen Zentraleinrichtung ermöglicht bei Leitungsbruch (ohne gleichzeitigen Kurzschluß) einen Teilverkehr auf
jedem der beiden Leitungsabschnitte.

Als Schrittschaltwerke für die Auswahl der gewünschten Sprechstelle dienen
Wählerrelais. Um die wichtige Betriebsforderung der Abriegelung zu erfüllen,
ist auf jede Gleichstrom-Zeichengabe über die Leitung und auf Mitbenutzung von
Erde verzichtet. Zur Einstellung der Schalteinrichtungen wird die Induktiv-
Stromstoßgabe benutzt, um unabhängig von Wechselstromnetzen oder Wechsel-
stromerzeugern zu bleiben. Die „Stromspitzen" wechselnder Richtung werden
durch Ein- und Ausschalten der Primärwicklung eines Stromstoßtransformators
erzeugt; trotz Verwendung einer Batterie von nur 6 V wird durch eine besondere
Schaltungsanordnung des Primärstromkreises die erforderliche Sendeleistung
erreicht (vgl. Bild 170, rechts). Als Empfangsrelais dienen gepolte Relais (vgl.
Bild 171) mit neutraler Einstellung, d. h. der Anker des Relais verharrt in der
durch eine „Stromspitze" eingenommenen Stellung, bis eine „Stromspitze"
entgegengesetzter Richtung eintrifft.

Die Anrufnummern der Sprechstellen sind bei Wahlrufanlagen bis max. 10 Sprechstellen einstellig, darüber hinaus zweistellig; die Nummerierung ist unabhängig
von der Reihenfolge der Anschlußstellen. Beim Abheben des Handapparates wird
die Leitung an allen Sprechstellen durch Schauzeichen als besetzt gekennzeichnet.
Die Verbindung ist unmittelbar nach Beendigung der Wahl hergestellt. Der Ruf
wird gleichstrommäßig an der gewählten Sprechstelle durchgeführt (Dauerruf);
seine ordnungsgemäße Abgabe wird dem Anrufenden durch einen Summerton
als Freizeichen zurückgemeldet. Die Wählerrelais der nicht angerufenen Teilnehmer befinden sich nicht in Anruf- bzw. Sprechstellung, so daß dort weder
ein Anruf veranlaßt noch durch Abheben des Handapparates in das Gespräch
eingetreten werden kann. Letzteres kann jedoch, z. B. bei Gefahr, durch Drücken
der plombierten Aufschaltetaste erfolgen, wobei außerdem die Möglichkeit für
eine zwangsweise Freischaltung der Leitung besteht, um lebenswichtige Meldungen

sofort durchgeben zu können. Die Erzeugung des Rufs an der gewählten Sprechstelle und die Rückgabe des Freizeichens von dort bietet gleichzeitig bei Störungen
eine Möglichkeit, den Ort der Störung einzugrenzen. Die Auslösung erfolgt durch
den Teilnehmer, der zuerst den Handapparat auflegt.

Neben Einzelanruf sind auch Gruppen- und Sammelrufe vorgesehen, für die ein-
stellige Anrufnummern verwendet werden. Hierbei wird das Freizeichen von
den angerufenen Sprechstellen unterdrückt, damit derartige Gespräche nicht
durch Sprechstellen gestört werden, an denen der Handapparat nicht abgenommen

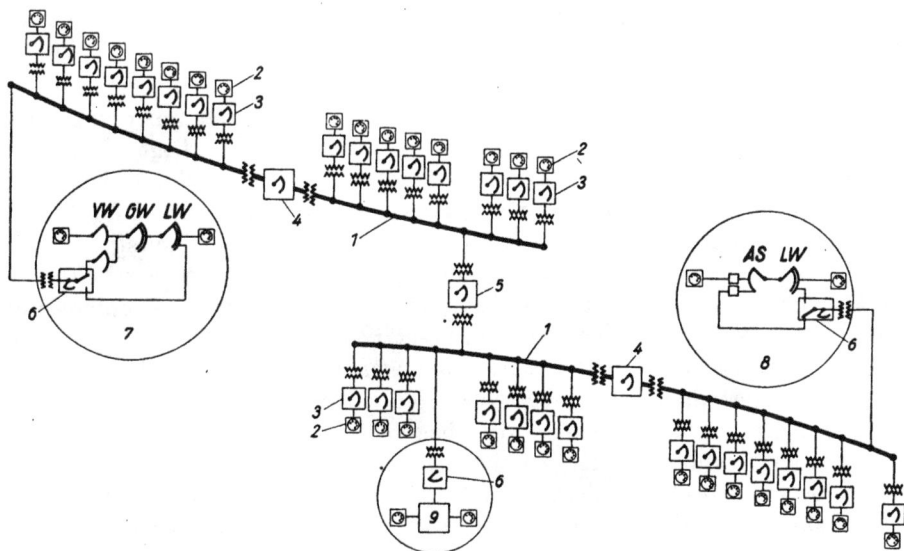

Bild 199. Wahlrufanlagen mit Kupplungsübertragungen verschiedener Ausführung und mit
Anschlußübertragungen für Wählämter.

1 = Wahlrufleitung.
2 = Wahlruf - Fernsprecher.
3 = Relaisbeikasten der Wahlruf-Sprechstelle.
4 = Kupplungsübertragung zur Aufteilung der Wahlrufleitung in Ab-
    schnitte (Belegung beim Abheben der Handapparate).
5 = Kupplungsübertragung zur Verbindung verschiedener Wahlrufanlagen
    (Belegung durch Kennzahlenwahl).
6 = Anschlußübertragung für Wählämter.
7 = Größeres Wähleramt, z. B. 1000er-System.
8 = Kleinanlage, z. B. 25- oder 50teilig.
9 = Relaiszentrale, z. B. 4- bis 10teilig.

wird. Eine Gruppen- oder Sammelverbindung kann nur durch die veranlassende
Stelle ausgelöst werden.

Anzahl der Sprechstellen einer Wahlrufanlage und Reichweite sind aus technischen Gründen begrenzt (vgl. später). Aber auch aus betrieblichen Gründen kann
man die Sprechstellenzahl nicht zu hoch wählen, da sonst ein reibungsloser Verkehr nicht mehr zu gewährleisten ist. Um über die sich hieraus ergebenden bzw.
zweckmäßigen Grenzwerte hinausgehen zu können, sind *Kupplungsübertragungen*
geschaffen worden, durch die eine Wahlrufleitung in mehrere Abschnitte unterteilt werden kann (Bild 199). Jeder der so geschaffenen Abschnitte entspricht

dann für sich in bezug auf Reichweite und Sprechstellenzahl einer nichtaufgeteilten Wahlrufleitung. Außer dieser Steigerung in bezug auf Anschlußzahl und Reichweite ergibt sich dadurch aber auch eine erhöhte Ausnutzung, da die Teilnehmer der einzelnen Abschnitte nach Bedarf untereinander verkehren können, ohne während des Gespräches die ganze Leitung zu belegen. Die Unterteilung der Wahlrufleitung in Abschnitte ist ferner bei Anschluß mehrerer Ämter an die Leitung von Wert, da der Verkehr bevorzugt nach dem nächstgelegenen Amt fließt und hierbei die Aufteilung der Leitung in Abschnitte mit starkem Eigenverkehr besonders günstig für die Gesamtleistung ist.

Es gibt zwei Arten von Kupplungsübertragungen (Bild 199). Die übliche Ausführung dient nur zum Unterteilen der Wahlrufleitung in zwei Abschnitte. Wird ein Handapparat abgenommen, so wird die gesamte Leitung über die Kupplungsübertragung hinaus belegt. Die erste Ziffer der Nummerngabe kennzeichnet den Abschnitt, in dem die gewünschte Sprechstelle liegt. Handelt es sich um den eigenen Abschnitt des Anrufenden, so gibt die Kupplungsübertragung den anderen Abschnitt sofort wieder frei, so daß dort eine andere Verbindung hergestellt werden kann; handelt es sich aber um eine Verbindung nach dem anderen Abschnitt, so bleibt die Kupplungsübertragung durchgeschaltet. Ist der Abschnitt des gewünschten Teilnehmers besetzt, so gibt die Kupplungsübertragung nach Wahl der ersten Ziffer ein Besetztzeichen zum Anrufenden. Ist eine Wahlrufleitung durch Kupplungsübertragungen in zwei oder mehr Abschnitte unterteilt, so erhalten die Sprechstellen jedes Abschnittes zweistellige Anrufnummern, die mit der gleichen Ziffer beginnen.

Eine andere Ausführung der Kupplungsübertragung führt die Belegung des anderen Abschnittes noch nicht beim Abheben des Handapparates, sondern erst nach Wahl einer Kennzahl durch. Diese Kupplungsübertragung eignet sich also auch zur Verbindung von zwei getrennten Wahlrufleitungen (Bild 199).

Durch Drücken der Aufschaltetaste hat jede Sprechstelle in dringlichen Fällen die Möglichkeit, sich auf eine besetzte Wahlrufleitung aufzuschalten und die Verbindung bei Bedarf sogar zwangsweise zu trennen. Liegen Kupplungsübertragungen vor, so wirkt sich das Drücken der Aufschaltetaste nur innerhalb des eigenen Abschnittes aus. Soll jedoch eine dringende Meldung nach einer Sprechstelle eines anderen, gerade belegten Abschnittes durchgegeben werden, so übernimmt die Kupplungsübertragung die Aufschaltung und Trennung. Der Teilnehmer hat zu diesem Zweck nach Erhalt des Besetztzeichens aufzulegen und eine besondere Nummer zu wählen, wodurch er auf das Gespräch des anderen Abschnittes aufgeschaltet wird. Die beteiligten Teilnehmer erhalten gleichzeitig ein Besetztzeichen, so daß die Forderung nach Geheimsprechen auch hierbei berücksichtigt wird. Legt der aufschaltende Teilnehmer den Handapparat auf, so trennt er damit zwangsweise das Gespräch des anderen Abschnittes.

Anschlußübertragungen für Wählerämter bzw. -Zentralen (sowie für handbediente Anlagen) können an beliebigen Punkten der Leitung eingesetzt werden. Sie sind ebenso wie die Kupplungsübertragungen mit einem Mitlaufwerk ausgerüstet, das der Stromstoßgabe auf der Wahlrufleitung folgt und bei der entsprechenden Kennzahl (im allgemeinen einstellig) durchschaltet. In entgegengesetzter Richtung erfolgt die Belegung der freien Wahlrufleitung im allgemeinen von einem LW (oder vom Vermittlungsplatz) aus.

Die zulässige Reichweite und die Zahl der anzuschließenden Sprech- bzw. Anschlußstellen hängt von der Art der Anschaltung und von der Verteilung der Stellen über die Leitung ab. Für eine einigermaßen gleichmäßige Verteilung über die gesamte Strecke können als Richtwerte angegeben werden:

a) Bei nicht abgeriegelten Sprech- bzw. Anschlußstellen:
   Leitungswiderstand        $2 \cdot 1500 \ \Omega$
   Zahl der Anschlußstellen etwa 10.

b) Bei Abriegelung durch Schutzübertrager für starkstrombeeinflußte Leitungen:
   Leitungswiderstand        $2 \cdot 1200 \ \Omega$
   Zahl der Anschlußstellen etwa 10.

c) Bei Abriegelung durch besondere Schutzeinrichtungen für hochspannungsgefährdete Leitungen:
   Leitungswiderstand        $2 \cdot 1000 \ \Omega$
   Zahl der Anschlußstellen   etwa 7

d) Nebenschlußwiderstand: Bis 10000 $\Omega$ herab.

e) Bei Unterteilung der Wahlrufleitung durch Kupplungsübertragungen gelten die Werte für a) bis d) je Leitungsabschnitt.

f) Es können bis 3 Kupplungsübertragungen in eine Wahlrufleitung zwecks Unterteilung der Strecke eingefügt werden.

In bezug auf die Zahl der anzuschließenden Stellen sind Sprechstellen, Kupplungsübertragungen und Anschlußübertragungen einander gleichwertig.

Im Bahn-Fernsprechbetrieb muß die Anschaltung von einfachen tragbaren OB-Fernsprechern mit Kurbelinduktor auf freier Strecke möglich sein. Auch dieser betrieblichen Forderung tragen die Wahlrufanlagen Rechnung. Durch Induktorruf von bestimmter Länge wird ein Anruf bei einer sog. „Notruf-Empfangsstelle" veranlaßt, von der die betreffende Meldung je nach Bedarf weitergegeben werden kann. Da die gepolten Relais der verschiedenen Sprech- und Anschlußstellen durch den Induktorstrom in irgendeine Stellung geschaltet sein können, gibt die Notruf-Empfangsstelle nach jedem Induktoranruf selbsttätig kurz hintereinander einen Belegungs- und einen Auslösestromstoß auf die Leitung, wodurch die Schaltmittel sämtlicher Stellen selbsttätig wieder in ihre Ruhestellung zurückkehren.

### b) Leistung von Wahlrufanlagen

Zwischen der Leistung von 1 Wahlrufleitung und derjenigen von 1 Verbindungsleitung zwischen zwei Fernsprechanlagen besteht ein entscheidender Unterschied. Da der Belegtzustand der Wahlrufleitung durch Schauzeichen an den Fernsprechern gekennzeichnet wird, tritt zwangsläufig eine gewisse Ordnung in den Verbindungsversuchen der Teilnehmer ein, was auf die Gesamtleistung einen Einfluß haben muß. Verbindungsversuche werden nur bei freier Leitung durchgeführt, da ein Abheben während belegter Leitung sinnlos wäre, so daß Verluste im üblichen Sinne nur durch gleichzeitiges oder fast gleichzeitiges Abheben von Handapparaten entstehen. Andererseits ist für den Teilnehmer ein Verbindungsversuch gleichermaßen mißglückt, einerlei ob das Besetzt-Schauzeichen durch eine andere Belegung veranlaßt wird, wenn er den Handapparat gerade abnimmt, oder bereits, wenn er den Handapparat ergreifen will. Hierdurch ergibt sich eine andere Auslegung der Definition des Verlustes als sonst üblich.

Die Bestimmung der Verkehrsleistung von Wahlrufleitungen ist ein schwieriges Problem. Messungen im praktischen Betrieb sind einerseits mit sehr großem Aufwand verbunden, da sie Meßeinrichtungen an jeder Sprech- und Anschlußstelle erfordern würden, andererseits wären sie aus den angeführten Gründen ohne zusätzliche Handlungen der Teilnehmer überhaupt nicht möglich. Diese Messungen würden aber aus psychologischen Gründen zumindest fragwürdig sein. Aus diesem Grunde wurde die Leistung von Wahlrufleitungen auf theoretischem Wege ermittelt (Lit. 26). Da hierbei zwei voneinander unabhängige Verfahren zu den gleichen Ergebnissen führten, können die Ergebnisse als brauchbar angesehen werden.

Als Grundlage der Leistungsbewertung für Wahlrufanlagen wurde Leistung einer Wahlrufleitung die Verkehrsmenge definiert, die im Mittel je Verkehrsstunde über die Leitung gegeben werden kann, wenn nur ein bestimmter Prozent-Satz von ihr mehr als 1 Verbindungsversuch zur Voraussetzung hat. Die Verkehrsgüte wird also nicht durch den Verlust, sondern durch den Prozent-Satz der Verkehrsmenge angegeben, der zwar nicht sofort beim 1. Verbindungsversuch, wohl aber je nach Verkehrsstärke durch zwei oder mehr Versuche zu den gewünschten Verbindungen führt. Als Verbindungsversuch gilt jede Teilnehmerhandlung, die eine Verbindungsabsicht erkennen läßt.

Bild 200 gibt in dieser Art die Leistung der Wahlrufleitung, Bild 201 gibt die Leistung je Sprechstelle an, beides in Abhängigkeit von der Sprechstellenzahl und von dem Prozent-Satz der Verkehrsmenge, der mehr als 1 Verbindungsversuch erfordert (aber noch zum Ziel führt!). Beide Bilder zeigen den Einfluß der Zahl der angeschlossenen Sprechstellen. Die Berechnungen berücksichtigen nicht die Unterteilung der Wahlrufleitung durch Kupplungsübertragungen, durch deren Einschaltung eine Mehrfachausnutzung der Leitung und damit eine Leistungssteigerung erzielt wird.

Bild 200 gibt je nach Sprechstellenzahl als Leistung einer Wahlrufleitung an:

> über 13 Erl/60, wenn für 10% der Leistung mehr als
> 1 Verbindungsversuch zulässig ist,
>
> über 21 Erl/60, wenn für 15% der Leistung mehr als
> 1 Verbindungsversuch zulässig ist,
>
> über 29 Erl/60, wenn für 20% der Leistung mehr als
> 1 Verbindungsversuch zulässig ist,
>
> über 37 Erl/60, wenn für 25% der Leistung mehr als
> 1 Verbindungsversuch zulässig ist.

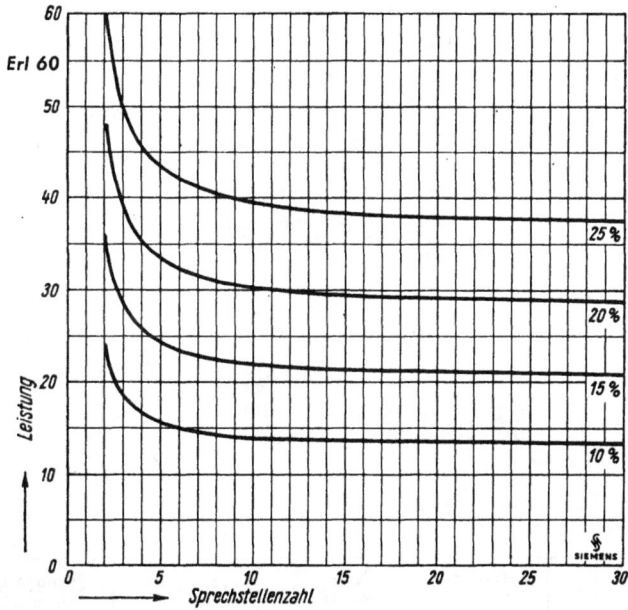

Bild 200. Leistung einer Wahlrufleitung in Abhängigkeit von der Sprechstellenzahl, wenn für 10...25 % der Belastung mehr als ein Verbindungsversuch in Kauf genommen wird.

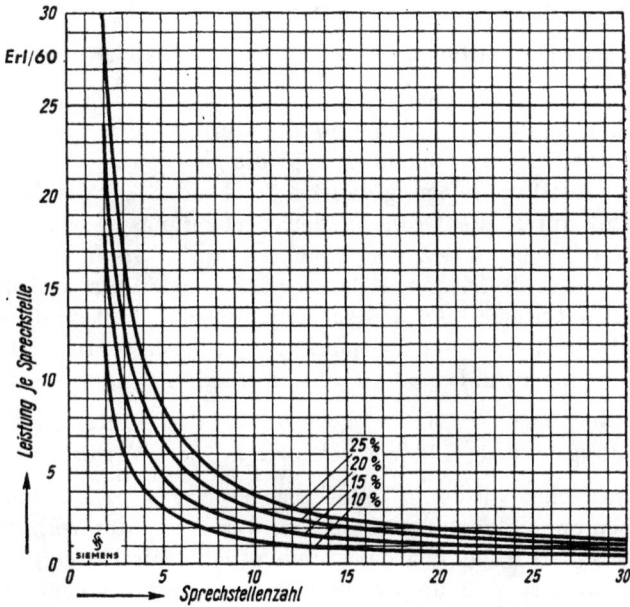

Bild 201. Leistung je Sprechstelle einer Wahlrufleitung in Abhängigkeit von der Sprechstellenzahl, wenn für 10...25 % der Belastung mehr als ein Verbindungsversuch in Kauf genommen wird.

Um diese Werte zu veranschaulichen und Vergleiche mit den üblichen Verlust-
angaben zu ermöglichen, sind in Tabelle 13 die Werte für Wahlrufleitungen mit
10 Sprech- oder Anschlußstellen (bzw. für einen entsprechenden Leitungsabschnitt einer unterteilten Wahlrufleitung) auf Verluste umgerechnet. Als
mittlere Belegungsdauer wurde $t_m = 1$ min angenommen (Lit. 26).

| Nach dem 1. Versuch noch nicht erledigt | Leistung y | Belegungen c | Verlust V | Vergebliche Versuche | Belegungs- versuche |
|---|---|---|---|---|---|
| $^0/_0$ | Erl/60 | — | $^0/_0$ | — | — |
| 10 | 14 | 14 | 14 | 2 | 16 |
| 15 | 22 | 22 | 23 | 5 | 27 |
| 20 | 30,5 | 30,5 | 38 | 11,5 | 42 |
| 25 | 39,5 | 39,5 | 60 | 23,5 | 63 |
| 30 | 49 | 49 | 105 | 51,5 | 100 |

Tabelle 13. Leistung und Verlust auf 1 Wahlrufleitung

| Leistung y | Belegungen c | Verlust V | Vergebliche Versuche | Belegungs- versuche |
|---|---|---|---|---|
| Erl/60 | — | $^0/_0$ | — | — |
| 14 | 14 | 55 | 8 | 22 |
| 22 | 22 | 110 | 24 | 46 |
| 30,5 | 30,5 | 260 | 79,5 | 110 |

Tabelle 14. Leistung und Verlust auf 1 Verbindungsleitung

Als Vergleich hierzu sind in Tabelle 14 die Verlustwerte für 1 Verbindungsleitung zwischen zwei Fernsprechanlagen für die gleichen Leistungen angegeben,
ebenfalls für eine mittlere Belegungsdauer $t_m = 1$ min. Aus den beiden Tabellen
geht hervor, daß durch die Ordnung der Verbindungsversuche, die sich auf
Grund der Schauzeichen an den Fernsprechern ergibt, die Verluste ganz erheblich gesenkt worden sind. Die Wiederholung der Anrufe führt viel eher zum Ziel,
da sie nicht in den Zeiten erfolgt, in denen ein Mißerfolg bestimmt auftreten muß
(= Freie Wahl in Bezug auf den Zeitpunkt). So erfordern etwa 30 zustande gekommene Verbindungen, d. i. bei $t_m = 1$ min eine Leistung von etwa 30 Erl/60:

> bei 1 Wahlrufleitung      42 Versuche, d. h. der Verlust ist V = 38%,
> bei 1 Verbindungsleitung   110 Versuche, d. h. der Verlust ist V = 260%.

Durch das Schauzeichen wird dem Teilnehmer ferner gezeigt, daß auf der Leitung
tatsächlich Zeiten ohne Belegungen bestehen, was er von der Verbindungsleitung
nicht weiß. Verluste wirken sich daher rein psychologisch weniger störend auf
den Teilnehmer aus, so daß höhere Verluste als sonst annehmbar erscheinen.
Unter dieser Voraussetzung und der Tatsache, daß man ganz allgemein in nichtöffentlichen Anlagen, in denen es sich um Dienstgespräche handelt, höhere

Verluste als zulässig ansieht, erscheint für die Leistungsbewertung von Wahlrufleitungen

eine mittlere Leistung von 30...40 Erl/60

als praktisch durchaus erreichbar, ohne daß die Teilnehmer die Verkehrsgüte als schlecht empfinden werden. Diese Leistung wurde für Wahlrufleitungen mit 10 Sprechstellen berechnet; verallgemeinert man dies, so gilt der Bereich, der in Bild 200 bzw. 201 zwischen den Kurven für 20% und 25% liegt.

Sind die Belegungsmöglichkeiten bei der gewünschten Verkehrsgüte für die vorliegenden Betriebsverhältnisse zu gering, so muß die Wahlrufleitung durch Kupplungsübertragungen in mehrere Abschnitte unterteilt werden, oder es müssen mehrere Wahlrufleitungen parallel vorgesehen werden. In letzterem Falle ist es aus betrieblichen Gründen zweckmäßig, daß die Sprechstellen zu allen Leitungen Zugang haben. Hierfür sind sog. „Mehrfachfernsprecher für Wahlrufanlagen" entwickelt worden, die bis zu 4 Wahlrufleitungen zusammenfassen. Derartig ausgerüstete Wahlrufanlagen arbeiten bis auf einige Abweichungen, die sich aus der Erweiterung der Anlage auf vier Leitungen ergeben haben, wie die üblichen Wahlrufleitungen. Auf die Aufschaltung wurde verzichtet, da mehrere Leitungen zur Verfügung stehen. Während eines Gespräches können auch Anrufe auf den anderen Leitungen entgegengenommen bzw. Rückfragen auf diesen gehalten werden, ohne daß das bestehende Gespräch auslöst. Zur Stromversorgung ist eine 24-V-Batterie erforderlich. Der Anschluß der Wahlrufleitungen an Wählerämter erfolgt in der üblichen Form über je eine Anschlußübertragung je Leitung. Besondere Anschlußübertragungen gestatten den Anschluß von Klein-Wählerzentralen an alle vier Leitungen. Die Leistung der Gesamtanlage wird sich gegenüber einer einzelnen Wahlrufleitung voraussichtlich entsprechend der Zahl der vorgesehenen Leitungen vervielfachen. Eine zusätzliche Leistungssteigerung je Leitung, wie sie bei der Bündelung von Verbindungsleitungen auftritt, kann nur noch bei sehr großem Verkehrsanfall erwartet werden; denn der Leistungsunterschied zwischen einer Wahlrufleitung und einer Verbindungsleitung ergibt sich bereits dadurch, daß der Teilnehmer den Belegungszeitpunkt sozusagen in freier Wahl bestimmt, so daß die freie Wahl zwischen den zur Verfügung stehenden Leitungen nur noch geringere Bedeutung haben dürfte.

### c) Serienanschlüsse, Astanschlüsse

Auch für den öffentlichen Verkehr sind bestimmte Formen von Gesellschaftsleitungen geschaffen worden, die in bezug auf die von ihnen erfüllten Bedingungen für anspruchsvolleren Verkehr geeignet sind. Derartige Ausführungen sind unter den Bezeichnungen „Serienanschlüsse" und „Astanschlüsse" bekannt.

Im allgemeinen können hierbei bis 10 Sprechstellen parallel an die gemeinsame Doppelleitung angeschlossen werden. Es ist ZB-Speisung vorgesehen, d. h. die Schaltmittel an den Sprechstellen werden von der Amtsbatterie über die Anschlußübertragung betätigt, von wo aus auch der erforderliche Mikrofon-Speisestrom geliefert wird. Die Verbindungsherstellung im abgehenden und ankommenden

Verkehr erfolgt selbsttätig durch Nummernwahl. Es ist Einzelgesprächszählung vorgesehen, da bei Pauschaltarif die gemeinsame Leitung überbelastet werden würde. Jedem der Teilnehmer ist im Amt ein eigener Zähler zugeordnet, der von der Anschlußübertragung bei jedem abgehenden Gespräch angeschaltet wird. Die an einem Gespräch nicht beteiligten Sprechstellen werden selbsttätig abgetrennt, so daß das Gesprächsgeheimnis gewährleistet ist. Eine Aufschalte-möglichkeit auf bestehende Gespräche, wie sie für Teilnehmer der Wahlrufanlage besteht, ist naturgemäß im öffentlichen Verkehr nicht vorgesehen. Verbindungen zwischen den Teilnehmern der gleichen Gesellschaftsleitung sind technisch möglich und nur eine Frage des Aufwandes. Um diesen möglichst niedrig zu halten, wird auf diese Bedingung in neuerer Zeit verzichtet.

Das Fehlen der Möglichkeit für Verbindungen zwischen Teilnehmern der gleichen Gesellschaftsleitung und die eingeschränkte Verkehrsmöglichkeit, die sich aus der Benutzung einer gemeinsamen Anschlußleitung ergibt, sind also im allgemeinen die einzigen Bedingungen, durch die sich derartige Anschlüsse betrieblich von den normalen Haupt- bzw. Vollanschlüssen unterscheiden.

Die Bezeichnung „Serienanschlüsse" ist irreführend, da die Sprechstellen parallel an die Doppelleitung angeschlossen werden; sie kann auf die geographische Lage der Sprechstellen zurückgeführt werden. Die „Astanschlüsse" waren die neueste Entwicklung für die Reichspost, die jedoch infolge der Kriegsereignisse nicht mehr in die Praxis eingeführt worden ist. Sie sollten die anschließend besprochenen „Gemeinschaftsumschalter" ergänzen und an deren Stelle eingesetzt werden, wenn die zusammenzufassenden Sprechstellen aufgelockert innerhalb eines Straßenzuges liegen. Die im Folgenden für Gemeinschaftsanschlüsse zusammengestellten Bedingungen gelten daher sinngemäß auch für Astanschlüsse.

## 2. GEMEINSCHAFTSANSCHLÜSSE

Bei der entwickelteren Form der Gesellschaftsleitungen ist ein Teil der Wähleinrichtungen des Amtes auf die einzelnen Sprechstellen verteilt worden. Man kann aber auch zwei oder mehr benachbarte Sprechstellen, die sich z. B. im gleichen oder in benachbarten Häusern befinden, über eine gemeinsame kleine Schalteinrichtung zusammenfassen (Bild 196, Mitte). Diese Schalteinrichtung wird über eine oder über nur wenige Doppelleitungen mit dem Amt verbunden und derart in der Nähe der betreffenden Sprechstellen untergebracht, daß die Leitungen von dort nach den Sprechstellen möglichst kurz sind. Hierdurch entsteht die *sternförmige* Anschaltung.

Die gemeinsame, in der Nähe der Teilnehmer untergebrachte Schalteinrichtung nennt man je nach Ausführung z. B. *Gemeinschaftsumschalter*, *Wählsternschalter* oder auch allgemeiner *Gruppenstelle*. Sie ist an das Amt über eine oder mehrere *Hauptleitungen* angeschlossen und mit den Sprechstellen durch *Zweigleitungen* verbunden. Vom Amt aus gesehen stellt das Ganze einen Gemeinschaftsan-schluß dar; dieser steht im Gegensatz zum normalen Einzel- oder Vollan-schluß. Einzel- und Gemeinschaftsanschlüsse sind Hauptanschlüsse. Es ergeben sich also folgende Definitionen:

Unter einem **Hauptanschluß** versteht man alles, was dem betreffenden Teilnehmer zugeordnet ist, angefangen von den ihm zugeordneten technischen Einrichtungen (z. B. VW und LW-Ausgang) bis zu den Sprechstelleneinrichtungen beim Teilnehmer (oder der Hauptstelle in Nebenstellenanlagen). Im Gegensatz zum Hauptanschluß steht der Nebenanschluß (vgl. Abschnitt XI: Nebenstellenanlagen).

Bei einem **Einzelanschluß** ist die Sprechstelle unmittelbar über eine eigene *Teilnehmerleitung (Anschlußleitung, Amtsleitung)* an das Amt angeschlossen.

Bei einem **Gemeinschaftsanschluß** sind mehrere Sprechstellen über kurze eigene *Zweigleitungen* an eine Schalteinrichtung (z. B. Gemeinschaftsumschalter, Wählsternschalter, Gruppenstelle) angeschlossen, die ihrerseits über eine oder mehrere *Hauptleitungen* mit dem Amt in Verbindung steht.

Durch die Bezeichnung „**Vollanschluß**" wird gekennzeichnet, daß der betreffende Anschluß betrieblich in keiner Weise eingeschränkt ist.

Unter einer **Anschlußeinheit** versteht man sehr oft den Anteil, der von den Wählereinrichtungen eines Ortsamtes (also von den VW-, GW-, LW-Stufen usw.) auf einen Hauptanschluß entfällt.

Der Aufwand für einen Gemeinschaftsanschluß hängt von den Betriebsbedingungen ab. Einerseits ist man bemüht, sämtliche Betriebsbedingungen von Vollanschlüssen auch für die Sprechstellen eines Gemeinschaftsanschlusses zu erfüllen; andererseits hält man aus wirtschaftlichen Gründen den Aufwand möglichst niedrig, um den erzielten Leitungsgewinn nicht etwa durch Kosten für die Schalteinrichtungen wieder aufzuheben.

Dies wirkt sich praktisch nur für diejenigen Gemeinschaftsanschlüsse aus, bei denen die Sprechstellen auf eine einzige gemeinsame Hauptleitung zum Wähleramt angewiesen sind. Hierbei haben die Teilnehmer naturgemäß keine weitere Verbindungsmöglichkeit mehr zum Amt, wenn bereits ein Gespräch von oder nach einer Sprechstelle des Gemeinschaftsanschlusses besteht; wie jedoch die Praxis gezeigt hat, ist dies zulässig, da diese Ausführung in normalen Zeiten nur für ausgeprägte Wenigsprecher bestimmt ist. Ferner verzichtet man bei Ausführungen mit nur einer Hauptleitung — obwohl es hierfür auch andere technische Lösungen gibt — im allgemeinen auf eine Verkehrsmöglichkeit zwischen den Teilnehmern, die zum gleichen Gemeinschaftsanschluß gehören; auch dies hat sich als durchaus tragbar erwiesen, da die angeschlossenen Teilnehmer jeweils im gleichen Hause oder in unmittelbar benachbarten Häusern wohnen, also im allgemeinen wenig miteinander fernsprechen werden. Sollte jedoch für zwei Teilnehmer, die für Gemeinschaftsanschlüsse vorgesehen sind, die Notwendigkeit für häufigen Fernsprechverkehr miteinander bestehen, so müssen sie eben zwei verschiedenen Gemeinschaftsanschlüssen zugeteilt werden.

Außer diesen beiden Einschränkungen für die kleineren Ausführungen des Gemeinschaftsanschlusses mit nur einer Hauptleitung darf den betreffenden Teilnehmern keine Minderung in ihren Verkehrsmöglichkeiten gegenüber Teilnehmern mit Einzelanschluß entstehen; auch dürfen sich keine größeren Anforderungen in verwaltungstechnischer Hinsicht ergeben. Als wichtigste Forderungen sind also zu nennen:

Gesprächsgeheimnis, d. h. es darf keine Mithörmöglichkeit für die Sprechstellen
  eines Gemeinschaftsanschlusses bestehen.

Keine Störung der Gespräche durch andere Teilnehmer.

Batterielose Ausführung, d. h. weder an den Sprechstellen noch in der gemeinsamen Schalteinrichtung am Knotenpunkt der Zweig- und Hauptleitungen
  dürfen Batterien oder sonstige Stromquellen verwendet werden.

Keine besondere Wartung der Einrichtungen.

Getrennte Gesprächszählung für die einzelnen Teilnehmer des Gemeinschaftsanschlusses (für öffentlichen Verkehr).

Unterbringung der Gesprächszähler im Amt.

Eigene Anrufnummer für jede Sprechstelle des Gemeinschaftsanschlusses.

Keine Sonderausführung für die Fernsprecher an den Sprechstellen.

Von den Ausführungen, die für eine derartige Zusammenfassung der Sprechstellen bestehen, werden anschließend einige Beispiele gebracht.

### a) Zweieranschluß

Die kleinste Einheit in der Gruppe der Gemeinschaftsanschlüsse ist der Zweieranschluß, auch Duplexanschluß genannt. Durch ihn können zwei Sprechstellen über eine gemeinsame Doppelleitung an das öffentliche Amt (oder an
eine private Wählerzentrale) ange-
schlossen werden (Gemeinschaftsanschluß 1/2).

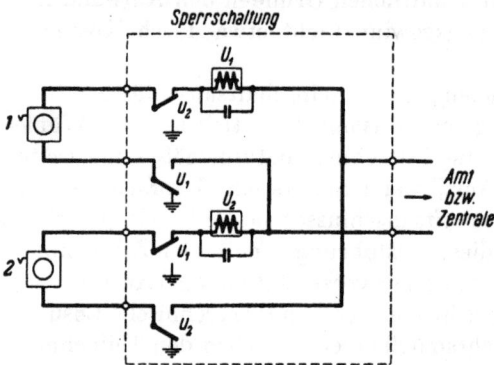

Wie ganz allgemein bei Gemeinschaftsanschlüssen gibt es auch bei
den Zweieranschlüssen Ausführ-
rungen mit und ohne Verkehrsmöglichkeit zwischen den beiden
zusammengefaßten Sprechstellen.
Die größere Bedeutung haben
jedoch Zweieranschlüsse ohne Verkehrsmöglichkeit zwischen den beiden Sprechstellen, da der technische Aufwand gerade bei den
kleinen Gemeinschaftsanschlüssen

Bild 202. Sperrschaltung für Zweieranschlüsse ohne
Verkehrsmöglichkeit zwischen den beiden Sprechstellen.

möglichst niedrig gehalten werden muß, um nicht die Einsparung von nur einer
Anschlußleitung wieder aufzuheben.

Die gemeinsame Schalteinrichtung in der Nähe der beiden Sprechstellen führt
bei Zweieranschlüssen die Bezeichnung „Sperrschaltung". Sie ist die Trenn-
stelle, an der sich die gemeinsame Hauptleitung in die beiden Zweigleitungen
teilt (Bild 202).

In Bild 202 ist eine einfache Ausführung der Sperrschaltung dargestellt. Im
Ruhezustand liegt eine der beiden Sprechstellen (1) zwischen a-Ader und Erde,
die andere (2) zwischen b-Ader und Erde. Der Rufstrom für den Teilnehmer (1)
wird an die a-Ader der Hauptleitung, der Rufstrom für den Teilnehmer (2) wird

an die b-Ader angelegt. Hebt einer der beiden Teilnehmer im abgehenden Verkehr oder der angerufene Teilnehmer im ankommenden Verkehr den Handapparat ab, so trennt das zugehörige Umschaltrelais $U_1$ oder $U_2$ die andere Sprechstelle ab und schaltet die in Betracht kommende Sprechstelle durch. Das Gesprächsgeheimnis ist also gewahrt. In entwickelteren Ausführungen der Sperrschaltung haben die Relais $U_1$ und $U_2$ je eine Symmetriewicklung in der b-Ader ihrer Zweigleitung und trennen die Zweigleitung zur anderen Sprechstelle zwei- statt einadrig auf (Lit. 45).

Im Amt kann der Zweieranschluß verschieden angeschlossen werden. In der einen Ausführung wird ein gemeinsamer I. VW verwendet, der gegenüber der normalen VW-Schaltung etwas abgeändert ist (Bild 203, oben); eine abgehende

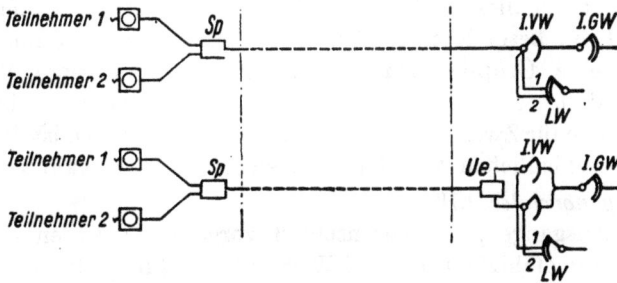

Bild 203. Anschaltung von Zweieranschlüssen in grundsätzlicher Darstellung.
Oben: Verwendung eines besonderen I. VW.
Unten: Verwendung von zwei normalen I. VW und einer Vorübertragung.

Verbindung wird für die eine Sprechstelle vom I. VW direkt durchgeschaltet, für die andere Sprechstelle werden die a/b-Adern im I. VW gekreuzt. In der anderen Ausführung werden für jeden Zweieranschluß zwei normale I. VW und eine Vorübertragung vorgesehen (Bild 203, unten). Bei Verwendung von AS gilt Ähnliches von der Anrufsucherschaltung.

Werden im ankommenden Verkehr normale LW eingesetzt, so müssen zwei LW-Ausgänge zur Verfügung gestellt werden, die in beiden Ausführungen so angeschaltet werden, daß der Rufstrom für die eine Sprechstelle über die a-Ader und für die andere Sprechstelle über die b-Ader fließt. Werden jedoch „LW für Nachwahl" verwendet, so genügt je Zweieranschluß ein LW-Ausgang.

Ein **Leitungswähler für Nachwahl** sendet nach Einstellung auf den gewählten Ausgang noch keinen Rufstrom aus. Er wartet das Eintreffen einer weiteren Stromstoßreihe ab (**Nachwahl**), die so verarbeitet wird, daß der Rufstrom bei Freisein der gewählten Sprechstelle entweder über die a-Ader oder über die b-Ader gesendet wird.

Über die verschiedenen Möglichkeiten für die Zweieranschlüsse ist folgendes zu sagen:

a) *Zweieranschlüsse mit normalen I. VW und Vorübertragung.*

Der technische Aufwand erhöht sich gegenüber Einzelanschlüssen. Einsparungen ergeben sich aus der Differenz zwischen den Kosten für die eingesparte Anschlußleitung und den Kosten für die zusätzliche Sperrschaltung und Vorübertragung.

Derartige Zweieranschlüsse werden daher erst bei langen Anschlußleitungen wirtschaftlich. In Deutschland sollten sie beispielsweise vorwiegend außerhalb der Freizone (5-km-Kreis) eingesetzt werden; eine Gebührenermäßigung für die angeschlossenen Teilnehmer war nicht beabsichtigt. Es können beliebige Anrufnummern für einen derartigen Zweieranschluß zusammengefaßt werden, d. h. es können beliebige Ausgänge aus irgendwelchen LW-Hunderten verwendet werden. Diese Ausführung eignet sich daher besonders gut, wenn die Zweieranschlüsse in vorhandene Hundertergruppen eingestreut werden sollen.

b) *Zweieranschlüsse mit besonderem I. VW.*
Der technische Aufwand ist gegenüber der vorstehenden Ausführung geringer. An Stelle von zwei Anschlußleitungen mit je einem I. VW (für zwei Einzelteilnehmer) tritt bei diesem Zweieranschluß eine Anschlußleitung, eine Sperrschaltung und ein besonderer I. VW. Diese Ausführung ist nur dann zweckmäßig, wenn eine Gruppe (VW-Einzelrahmen) besonderer I. VW eingesetzt werden kann, d. h. wenn es sich um Erweiterungen handelt, die eine größere Teilnehmergruppe für Zweieranschlüsse vorsehen. Betrieblich ist die Verwendung von zwei unterschiedlichen VW-Schaltungen im Amt in Kauf zu nehmen.

c) *Verwendung normaler LW.*
Da zwei LW-Ausgänge je Zweieranschluß vorgesehen werden müssen, ändert sich die Aufnahmefähigkeit eines LW-Hunderts durch die Einstreuung von Zweieranschlüssen nicht. Die Teilnehmer der Zweieranschlüsse erhalten Anrufnummern gleicher Stellenzahl wie die Einzelteilnehmer. Die Zweieranschlüsse können beliebig in die LW-Hunderte eingestreut werden.

d) *Verwendung von „LW mit Nachwahl".*
Die beiden Sprechstellen eines Zweieranschlusses erfordern nur einen LW-Ausgang. Die Aufnahmefähigkeit eines LW-Hunderts kann verdoppelt werden, d. h. bei 100 teiligen LW können an eine LW-Gruppe bis 200 Teilnehmer angeschlossen werden. Die Stellenzahl der Anrufnummern erhöht sich gegenüber Einzelteilnehmern um eine Stelle.
Zweieranschlüsse sind seit etwa 20 Jahren in Betrieb und haben sich gut bewährt. Die Benutzung des gemeinsamen Leitungs- und Amtsteils durch nur zwei Teilnehmer macht es nicht erforderlich, daß nur ausgeprägte Wenigsprecher für diese Technik in Betracht gezogen werden. So sind nach den üblichen Verkehrskurven (Bild 97) folgende abgehende Verbindungen möglich:

$$\text{für einen Verlust } V = 1\ ^0/_{00} \text{ etwa 1 Gespräch je Tag und Teilnehmer}$$
$$\text{,, \quad ,, \quad ,, } V = 1\ \% \text{ ,, 3 Gespräche ,, ,, ,, ,,}$$
$$\text{,, \quad ,, \quad ,, } V = 5\ \% \text{ ,, 6 ,, ,, ,, ,, ,,}$$

unter der Annahme, daß der ankommende Verkehr gleich dem abgehenden Verkehr ist, daß die mittlere Belegungsdauer etwa 2 min und die Konzentration 12,5 % beträgt. Wenn berücksichtigt wird, daß die Deutsche Post für Teilnehmer von Zweieranschlüssen außerhalb der Freizone (5-km-Kreis) keinen Leitungszuschlag erhebt, erscheinen diese Verkehrsmöglichkeiten selbst bei etwas erhöhtem Verlust durchaus befriedigend. In Ländern mit Pauschaltarif sind wesentlich höhere Gesprächszahlen festgestellt worden.

### b) Gemeinschaftsumschalter 1/10

Ersetzt man die Umschalterelais in der Sperrschaltung des Zweieranschlusses durch einen kleinen Drehwähler, so ergeben sich Möglichkeiten für Gemeinschaftsanschlüsse mit mehr als zwei Sprechstellen.

Die ersten Versuche hierzu in Deutschland stammen bereits aus der Zeit um 1910. Sie waren zum Teil noch für den Anschluß an Handämter bestimmt. In späteren Ausführungen, wie z. B. in den sog. „Gruppenumschaltern", „Wohnungszentralen" usw., wird noch eine eigene Stromversorgung außerhalb des Wähleramtes in der gemeinsamen Schalteinrichtung erforderlich; die Gesprächszähler, falls Einzelgesprächszählung vorgesehen war, wurden ebenfalls außerhalb des Wähleramtes untergebracht. Durch Einführung des Wählerrelais (vgl. Abschnitt III, 3), das über Leitungen hinweg eingestellt werden kann, konnte auf die Stromquelle in der gemeinsamen Schalteinrichtung bei den Teilnehmern verzichtet werden; so entstanden Vorschläge für die batterielosen Gemeinschaftsanschlüsse. Die neueste Entwicklungsform, der „Gemeinschaftsumschalter 1/10" (Lit. 20, 45), wurde von der Reichspost erstmalig im Jahre 1936 in Magdeburg, danach ab 1939 in Bremen in Großversuchen erprobt.

**Ein Gemeinschaftsumschalter 1/10** verbindet max. 10 Sprechstellen über eine gemeinsame Hauptleitung mit dem Wähleramt. Die Hauptleitung endet bei den Teilnehmern im Gemeinschaftsumschalter, im Wähleramt in einer Übertragung. Der Gemeinschaftsumschalter ist mit einem Wählerrelais für die Anschaltung der jeweils in Betracht kommenden Sprechstelle ausgerüstet; in der Übertragung befindet sich ein kleiner Wähler als Mitläufer. Wählerrelais und Mitläufer werden sowohl im abgehenden als auch im ankommenden Verkehr im Gleichlauf miteinander eingestellt. Das Wählerrelais und die Relais des Gemeinschaftsumschalters werden von der Amtsbatterie aus betätigt.

Die Übertragung des Gemeinschaftsanschlusses kann für den 10teiligen wie auch für die größeren Gemeinschaftsanschlüsse auf zwei Arten mit der Wählereinrichtung des Amtes verbunden werden. Man bezeichnet diese beiden Möglichkeiten mit D u r c h w a h l v e r f a h r e n oder allgemeiner Z u s a t z w a h l v e r f a h r e n und mit A b g r e i f v e r f a h r e n.

Im **Durchwahlverfahren** oder allgemeiner **Zusatzwahlverfahren** wird die Übertragung an e i n e n LW-Ausgang angeschlossen (Bild 204). Bei einer Verbindung mit einem Teilnehmer des Gemeinschaftsanschlusses wird der LW auf den betreffenden Ausgang eingestellt (z. B. durch Wahl von 2765 in Bild 204); anschliessend wird durch eine weitere Ziffer (bei größeren Gemeinschaftsanschlüssen u. U. auch mehrere Ziffern) die Auswahl unter den Teilnehmern des Gemeinschaftsanschlusses getroffen. Zu diesem Zweck müssen die LW der betreffenden Gruppe für Z u s a t z w a h l eingerichtet sein.

Unter **Zusatzwahl** versteht man die Nummernwahl, die nach beendeter Einstellung des LW stattfindet. Die Zusatzwahl erfordert entweder D u r c h w a h l-LW oder D u r c h s c h a l t e-LW (vgl. auch „Nachwahl", Seite 377).

**Ein Leitungswähler für Durchwahl (Durchwahl-LW)** sendet nach seiner Einstellung auf den gewählten Ausgang noch nicht Rufstrom aus, sondern ge-

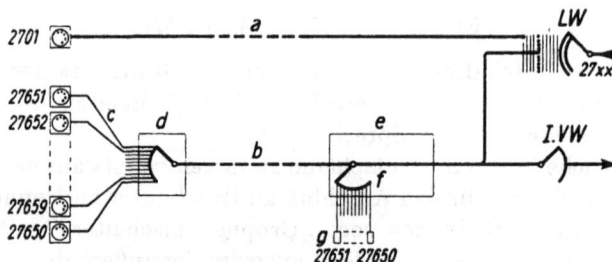

Bild 204.  Gemeinschaftsumschalter für Durchwahlverfahren.
a = Anschlußleitung eines Einzelteilnehmers.
b = Hauptleitung des Gemeinschaftsanschlusses.
c = Zweigleitungen der Sprechstellen.
d = Gemeinschaftsumschalter. ·
e = Übertragung im Wähleramt.
f = Mitläufer der Übertragung.
g = Gesprächszähler der Teilnehmer des Gemeinschafts-
.anschlusses.

stattet bei freiem Anschluß die Durchgabe weiterer Wahlstromstöße (im allgemeinen nur für eine weitere Ziffer). Dadurch können in nachgeordneten Einrichtungen Schaltwerke eingestellt werden. Erst wenn dies durchgeführt ist,
beginnt der Ruf und die Hörzeichengabe.
Ein **Leitungswähler mit Durchschaltung (Durchschalte-LW)** unterbindet bei
Einstellung in bestimmte Dekaden bzw. auf bestimmte Ausgänge die Ruf-
stromaussendung vollkommen. Stattdessen kann er die nachfolgenden Anschlüsse
in freier Wahl absuchen bzw. er dreht sogar selbsttätig in die betreffende Dekade
ein, belegt in dieser einen freien Ausgang und schaltet die a/b-Adern unter Umgehung aller vorhandenen Brücken und Abzweige durch. Der Durchschalte-LW
kann sich also im Verbindungsaufbau wie ein GW auswirken, d. h. es können
nach seiner Einstellung beliebig viele weitere Ziffern gewählt werden, deren
Stromstoßreihen den Durchschalte-LW passieren, ohne in ihm irgendwelche
Schaltvorgänge zu veranlassen.

Bei den Gemeinschaftsanschlüssen für Zusatzwahl (Durchwahl) wird die zusätzliche Ziffer in der angeschlossenen Übertragung bzw. direkt im Gemeinschaftsumschalter bzw. der entsprechenden Einrichtung verarbeitet, wobei sich
Wählerrelais und Mitläufer im Gleichlauf einstellen. Die Anrufnummern der
Teilnehmer des Gemeinschaftsanschlusses sind bei dieser Betriebsart z. B. um
eine Stelle größer als die von Einzelteilnehmern (z. B. 27651 gegenüber 2701
in Bild 204).
Im **Abgreifverfahren** wird jedem der Teilnehmer des Gemeinschaftsanschlusses
ein besonderer LW-Ausgang zugeordnet (Bild 205). Die einzelnen LW-Ausgänge
eines Gemeinschaftsanschlusses können beliebig über verschiedene LW-Hunderte
verteilt sein. Bei einer Verbindung nach einem Teilnehmer des Gemeinschaftsanschlusses wird der LW durch Wahl der Anrufnummer auf den betreffenden
Ausgang eingestellt. In der Übertragung läuft der Mitläufer an und sucht den
betreffenden LW-Ausgang auf. Im Gleichlauf mit dem Mitläufer wird das Wählerrelais im Gemeinschaftsumschalter bzw. in der entsprechenden Einrichtung
schrittweise eingestellt und somit auf die Zweigleitung des gewünschten Teil-

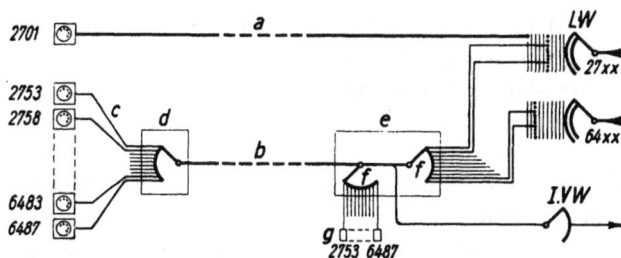

Bild 205. Gemeinschaftsumschalter für Abgreifverfahren.

a = Anschlußleitung eines Einzelteilnehmers.
b = Hauptleitung des Gemeinschaftsanschlusses.
c = Zweigleitungen der Sprechstellen.
d = Gemeinschaftsumschalter.
e = Übertragung im Wähleramt.
f = Mitläufer der Übertragung.
g = Gesprächszähler der Teilnehmer des Gemeinschafts-
     anschlusses.

nehmers geschaltet. Die Anrufnummern der Teilnehmer des Gemeinschaftsanschlusses haben bei dieser Betriebsart die gleiche Stellenzahl wie die von Einzelteilnehmern (z. B. 2753 und 2701 in Bild 205).

Für Gemeinschaftsumschalter 1/10 ist von der Deutschen Post vor allem das
Durchwahlverfahren (Durchwahl-LW) und nur in Ausnahmefällen das Abgreifverfahren vorgesehen.

Hebt ein Teilnehmer des Gemeinschaftsumschalters den Handapparat ab (abgehender Verkehr), so wird bei freier Hauptleitung ein Belegungsanreiz zur
Übertragung im Wähleramt gegeben. Dadurch schalten sich Wählerrelais im
Gemeinschaftsumschalter und Mitläufer in der Übertragung im Gleichlauf solange weiter, bis das Wählerrelais die Zweigleitung des Anrufenden erreicht
hat. Der Mitläufer schaltet in der von ihm erreichten Schrittstellung den Gesprächszähler des betreffenden Teilnehmers an. Über die Vorwahlstufe wird
die Übertragung mit einem freien I. GW verbunden. Bei Vorwählern in der
Vorwahlstufe steht im Durchwahlbetrieb, da nur ein LW-Ausgang benutzt wird,
der Hauptleitung auch nur ein I. VW zur Verfügung. Im Abgreifbetrieb sind den
einzelnen LW-Ausgängen normalerweise je ein I. VW zugeordnet, von denen also
alle bis auf einen freigeschaltet und anderweitig für abgehenden Verkehr eingesetzt werden können (z. B. für Münzfernsprecher); man kann jedoch auch die
Verkabelung zwischen LW und I. VW bestehen lassen, so daß jeder Teilnehmer
über den Mitläufer mit einem eigenen I. VW verbunden wird. In diesem Falle
bleiben die Gesprächszähler den I. VW zugeordnet, was betrieblich gewisse Vorteile haben kann, jedoch eine geringere Einsparung bedeutet. Die Aufnahmefähigkeit eines LW-Hunderts verzehnfacht sich bei Verwendung von Gemeinschaftsumschaltern 1/10 mit Durchwahlbetrieb; im Abgreifbetrieb bleibt die
Aufnahmefähigkeit eines LW-Hunderts die gleiche wie bei Anschluß von Einzelteilnehmern.

Durch den Gemeinschaftsumschalter 1/10 können max. 10 Sprechstellen über eine
Hauptleitung mit dem Wähleramt verbunden werden. Bei der Deutschen
Post werden Gemeinschaftsumschalter eingesetzt, wenn mindestens 4 Sprech-

stellen zu einem derartigen Gemeinschaftsanschluß zusammengefaßt werden können; die Belegung erfolgte im allgemeinen höchstens mit etwa 7 Sprechstellen. Gegenüber dem Zweieranschluß wirkt sich die Einsparung an Anschlußleitungen schon ganz erheblich aus. Da jedoch der Fortfall der Verkehrsmöglichkeit zwischen den Sprechstellen des gleichen Gemeinschaftsumschalters eine gewisse Verkehrsbeschränkung bedeutet und da in normalen Zeiten wegen der gemeinsamen Benutzung von nur einer Hauptleitung lediglich ausgeprägte Wenigsprecher als Teilnehmer in Betracht kommen, wurde die Einsparung an Leitungskosten von der Reichspost zur Senkung der Grundgebühr benutzt. Die Betriebserfahrungen haben den Wert eines derartigen verbilligten Anschlusses gezeigt, dessen Einsatz stets eine wesentliche Steigerung der Teilnehmerzahl zur Folge hatte (Lit. 41, 49).

Als Besonderheiten der beiden Betriebsarten — Durchwahlverfahren und Abgreifverfahren — mit ihren Vor- und Nachteilen kann folgendes zusammengefaßt werden:

Besonderheiten der Gemeinschaftsanschlüsse für *Durchwahlbetrieb:*

1. Einsparung von Anschlußleitungen, und zwar beim Gemeinschaftsumschalter 1/10 bis zu 9 Leitungen.
2. Einsparung von I. VW (bzw. AS-Eingängen) und von LW-Ausgängen, und zwar beim Gemeinschaftsumschalter 1/10 bis zu je 9 Einheiten.
3. Erhöhung der Aufnahmefähigkeit des betreffenden LW-Hunderts, und zwar beim Gemeinschaftsumschalter 1/10 bis auf das Zehnfache.
4. Zusatzwahl einer besonderen Ausscheidungsziffer und damit Vergrößerung der Stellenzahl der Anrufnummer gegenüber Einzelanschlüssen.
5. Notwendigkeit einer besonderen LW-Ausführung (LW mit Durchwahl).
6. Wohnungswechsel von Teilnehmern eines Gemeinschaftsanschlusses erfordern Änderung ihrer Anrufnummer.

Besonderheiten der Gemeinschaftsanschlüsse für *Abgreifbetrieb:*

1. Einsparung von Anschlußleitungen, und zwar beim Gemeinschaftsumschalter 1/10 bis zu 9 Leitungen.
2. Einsparung von I. VW (bzw. AS-Eingängen), und zwar beim Gemeinschaftsumschalter 1/10 bis zu 9 Einheiten, die jedoch nur für Anschlüsse ohne ankommenden Verkehr verwendet werden können. Keine Einsparung von LW-Ausgängen.
3. Keine Erhöhung der Aufnahmefähigkeit des betreffenden LW-Hunderts.
4. Keine Zusatzwahl einer besonderen Ausscheidungsziffer, also Verwendung von Anrufnummern gleicher Stellenzahl wie bei Einzelanschlüssen.
5. Verwendung normaler LW. Die Ausgänge für Sprechstellen von Gemeinschaftsanschlüssen können beliebig über die LW-Hunderte verteilt werden.
6. Wohnungswechsel von Teilnehmern eines Gemeinschaftsanschlusses innerhalb des Amtsbereiches erfordert keine Änderung ihrer Anrufnummer.

Als Anwendungsgebiet der beiden Verfahren ergibt sich somit: In normalen Schrittschaltsystemen bevorzugt man das Durchwahlverfahren. In Maschinenwählersystemen kann nur das Abgreifverfahren verwendet werden. Das Abgreifverfahren ist ferner dann zweckmäßig, wenn die Änderung der normalen LW in Durchwahl-LW nur mit größerem Aufwand möglich ist. Es bietet Vorteile, wenn Einzelteilnehmer in Notzeiten (Leitungsmangel!) zwangsweise auf Gemeinschaftsumschalter geschaltet werden, ohne daß man ihre Anrufnummern ändern will.

An einen Gemeinschaftsumschalter 1/10 kann bei Bedarf auch an Stelle von zwei getrennten Sprechstellen ein Zweieranschluß 1/2 angeschlossen werden. Hierbei ist keine Vorübertragung für den Zweieranschluß notwendig. Die Stellenzahl der Anrufnummern für die Teilnehmer des Zweieranschlusses bleibt die gleiche wie die der übrigen Teilnehmer des Gemeinschaftsumschalters. Allerdings werden sich normalerweise kaum Betriebsfälle ergeben, in denen die Zweigleitungen so lang sind, daß sich hierdurch nennenswerte Einsparungen ergeben.

Als Reichweite für einen Gemeinschaftsumschalter 1/10 kann etwa angegeben werden:

Hauptleitung: Leitungswiderstand bis etwa $2 \cdot 350 \, \Omega$,

Zweigleitung: Schleifenwiderstand (einschließlich Fernsprecherwiderstand) bis etwa $250 \, \Omega$,

bei einem zulässigen Nebenschlußwiderstand für Haupt- und Zweigleitungen bis zu $20\,000 \, \Omega$ herab.

Eine kurze Verkehrsberechnung ergibt als Belastung der Hauptleitung folgendes. Es wird angenommen,

daß die angeschlossenen Teilnehmer, die ja ausgeprägte Wenigsprecher sein sollen, höchstens etwa 1...2 abgehende Gespräche je Tag führen,

daß der ankommende Verkehr gleich dem abgehenden Verkehr ist,

daß die Belegungszahl etwa 20% höher als die Gesprächszahl liegt,

daß die mittlere Belegungsdauer $t_m = 2$ min ist und

daß die Konzentration $k = 13\%$ beträgt.

Dann ergibt sich in der Hauptverkehrsstunde als Belastung der Hauptleitung:

bei 7 Sprechstellen am Gemeinschaftsumschalter: bis  8,75 Erl/60,

bei 10 Sprechstellen am Gemeinschaftsumschalter: bis 12,5  Erl/60.

Diese Belastung entspricht der Leistung einer einzigen Leitung bei einem Verlust $V = 30...50\%$, d. h. jeder 4. bis 3. Verbindungsversuch findet die Hauptleitung in der Hauptverkehrsstunde besetzt.

Konstruktiv ergeben sich für den Gemeinschaftsumschalter dadurch besondere Forderungen, daß diese Einrichtung außerhalb des Wähleramtes untergebracht wird. Es muß also ein ausreichender Schutz gegenüber äußeren Einflüssen und gegenüber Eingriffen Unbefugter vorgesehen werden. Die normale Ausführung (Bild 206) ist für die Unterbringung in umbauten Räumen gedacht, die dem unmittelbaren Einfluß von Niederschlägen entzogen sind. Sämtliche Schalt- und Anschlußmittel sind in einem Gehäuse untergebracht, das durch einen verschließbaren Deckel geschützt ist. Die Relaiseinrichtung ist für sich nochmals gekapselt; der gesamte Relaissatz ist nach dem Lösen der Befestigungsschrauben leicht auswechselbar. Unterhalb des Relaissatzes befindet sich der Schaltraum mit der Anschlußleiste für Hauptleitung, Zweigleitungen und Erdungsleitung. Sollen

Bild 206.  Gemeinschaftsumschalter 1/10.
Links: Deckel des Gehäuses abgenommen; oben im Gehäuse der Relaissatz, darunter der
Schaltraum mit Anschlußleiste.
Rechts: Kappe des Relaissatzes ebenfalls abgenommen.

Gemeinschaftsumschalter im Freien untergebracht werden (z. B. an Telegrafen-
stangen, an Fernsprechhäuschen usw.), so wird zusätzlich ein besonderes regen-
sicheres Gehäuse vorgesehen.

### c) Wählsternschalter, Gruppenstellen

Bei den bisher besprochenen Gemeinschaftsanschlüssen ist der technische Aufwand aus wirtschaftlichen Gründen so niedrig wie möglich gehalten. Ist dann
außerdem, wie z. B. beim Gemeinschaftsumschalter 1/10, nur eine gemeinsame
Hauptleitung vorgesehen, so besteht die besprochene Einschränkung, daß keine
Verbindungen zwischen den angeschlossenen Teilnehmern hergestellt werden
können. Es ergeben sich dadurch nicht vollwertige Sprechstellen. Sobald
jedoch für größere Teilnehmergruppen mehr als eine gemeinsame Hauptleitung
zur Verfügung steht, erfordert der Untereinanderverkehr keinen zusätzlichen
technischen Aufwand, da eine solche Verbindung unter Benutzung von zwei
Hauptleitungen über das Wähleramt hergestellt werden kann. An derartige
Gemeinschaftsanschlüsse können dann auch ohne weiteres vollwertige Sprechstellen angeschlossen werden.

Unter **Sprechstellen für vollwertigen Verkehr,** auch **Vollanschlüsse** genannt, sollen solche verstanden werden, die in ihren Verkehrsmöglichkeiten vollkommen den Einzelanschlüssen entsprechen. **Sprechstellen für nicht vollwertigen Verkehr** sind Sprechstellen, die gewissen Einschränkungen unterworfen sind. Diese Bezeichnungen kennzeichnen jedoch nur den Umfang der Verkehrsmöglichkeiten und stellen darüber hinaus keine Bewertung der Betriebsgüte dar.

Die neueren Entwicklungen für derartige Gemeinschaftsanschlüsse mit vollwertigen Sprechstellen haben die Reichspostbezeichnung „Wählsternschalter" erhalten (Lit. 20, 42, 46); sie werden allgemein auch „Gruppenstellen" genannt, worunter dann jedoch nicht die Technik der sog. „Landgruppenstellen" verstanden werden darf, bei denen es sich um kleine selbständige Ämter mit eigener Stromversorgung handelt.

Die **Wählsternschalter** bzw. **Gruppenstellen** sind batterielose Wähleinrichtungen außerhalb des Wähleramtes, die über mehrere Hauptleitungen an das Amt angeschlossen sind und diese über Zweigleitungen mit einer bestimmten Zahl von Teilnehmer-Sprechstellen verbinden können. Sie können als eine Weiterentwicklung des Gemeinschaftsumschalters angesehen werden, ermöglichen jedoch im Gegensatz zu diesem den Anschluß von vollwertigen Sprechstellen. Da zwischen Wählsternschalter und Wähleramt ein kleines Bündel von mehreren Hauptleitungen besteht, ist die Leistung, die im Mittel auf eine angeschlossene Sprechstelle entfällt, größer als beim Gemeinschaftsanschluß. Außerdem ist dadurch auch ein Verkehr zwischen den Teilnehmern des gleichen Wählsternschalters möglich, indem eine derartige Verbindung über das Wähleramt unter Benutzung von zwei Hauptleitungen abgewickelt werden kann. Die Wählsternschalter kommen nicht nur für Wenigsprecher, sondern für alle Teilnehmerarten in Betracht, sofern es sich nicht gerade um ausgeprägte Vielsprecher oder Nebenstellenanlagen handelt. Sie sind daher ganz allgemein für die Fernsprechversorgung der Randgebiete von Ortsämtern und in Gebieten zwischen den normalen Anschlußbereichen mehrerer Ortsämter wichtig und können ferner mit Erfolg für abgeschlossene Stadtrandsiedlungen, kleinere Ortschaften in der Nähe von Städten usw. eingesetzt werden.

Da für Teilnehmer vom Wählsternschalter etwa die gleiche Verkehrsgüte wie für Einzelteilnehmer besteht, ist eine Gebührensenkung für derartige Teilnehmer gegenüber Einzelanschlüssen nicht beabsichtigt. Die Deutsche Post verzichtet jedoch in denjenigen Fällen, in denen Sprechstellen außerhalb der Freizone (5-km-Kreis) über Wählsternschalter an das Wähleramt angeschlossen werden, auf die Gebühr für den Leitungszuschlag.

Der Wählsternschalter kann im Zusatz- bzw. Durchwahlverfahren und im Abgreifverfahren eingesetzt werden. Hierfür ergeben sich dann sinngemäß die gleichen Besonderheiten und Anwendungsgebiete, wie sie beim Gemeinschaftsumschalter besprochen wurden.

Je Wählsternschalter sind max. 5 Hauptleitungen vorgesehen, die im Wählsternschalter in je einem Relaissatz und im Wähleramt in je einer Übertragung enden. Jedem Teilnehmer des Wählsternschalters steht jede der Hauptleitungen im abgehenden und ankommenden Verkehr zur Verfügung. Als Einstellwerke sind in den Relaissätzen Wählerrelais, in den Übertragungen Drehwähler (sog. Mitläufer) eingesetzt; die Wählerrelais werden ebenso wie die Relais des Wählsternschalters von der Amtsbatterie aus betätigt. Die Wählerrelais verbinden im abgehenden bzw. ankommenden Verkehr die betreffende Hauptleitung mit dem abhebenden bzw. angerufenen Teilnehmer; die Mitläufer übernehmen im abgehenden und ankommenden Verkehr die Sperrung des beteiligten Teilnehmeranschlusses (Prüfvielfach; vgl. Bild 207...209) und schalten im abgehenden Verkehr den Gesprächszähler des Anrufenden an die benutzte Übertragung (Zählvielfach; vgl. Bild 207...209); im Abgreifverfahren stellt der Mitläufer außerdem die Einstellung des LW fest und schaltet dadurch das Wählerrelais auf den gewünschten Anschluß. Bei der Einstellung und je nach Ausführung auch bei der Auslösung drehen Wählerrelais und Mitläufer schrittweise im Gleichlauf. Für die Durchführung des Gleichlaufs zwischen Wählerrelais und Mitläufer bestehen verschiedene Möglichkeiten, so z. B.:

Einstellen von Wählerrelais und Mitläufer durch Stromstöße von einem Stromstoßrelais aus, das sich in der Übertragung befindet,

Einstellen des Wählerrelais durch Stromstöße von der Übertragung aus und Rückmeldung des durchgeführten Schrittes zur Übertragung und dadurch Weiterschalten des Mitläufers,

Einstellen des Mitläufers (z. B. im Abgreifverfahren wie bei einem AS) und schrittweise Steuerung des Wählerrelais vom Mitläufer aus.

Um den Strombedarf des Einstellwerkes im Wählsternschalter, das ja über die Hauptleitung vom Amt aus eingestellt und gespeist wird, gering zu halten, werden in den bisherigen Bauarten Wählerrelais benutzt. Ist die Zahl der angeschlossenen Teilnehmer gleich der zum Anschluß verwendbaren Schrittstellungen des Wählerrelais, so benötigt man je Hauptleitung ein Wählerrelais, das über eine Ader der Hauptleitung eingestellt wird (Bild 207). Handelt es sich hierbei um Zehneranschlüsse im Durchwahlbetrieb, so kann das Wählerrelais direkt durch die letzte Ziffer, die zusätzlich nach Einstellung des LW gewählt werden muß und den gewünschten Teilnehmer des Wählsternschalters bezeichnet, eingestellt werden. Ist dagegen die Teilnehmerzahl größer als die Schrittzahl des verwendeten Wählerrelais, so werden je Hauptleitung zwei Wählerrelais vorgesehen, von denen jedes einer entsprechend großen Teilnehmergruppe zugeordnet ist (Bild 208). Das Wählerrelais der einen Gruppe (A) ist dann an die eine Ader der Hauptleitung, das Wählerrelais der anderen Gruppe (B) ist an die andere Ader der Hauptleitung angeschaltet. In der Übertragung sind die a/b-Adern jeder Hauptleitung derart über Relaiskontakte geführt, daß sie für die eine Teilnehmergruppe (A) ungekreuzt, für die andere Teilnehmergruppe (B) gekreuzt durchgeschaltet werden; dadurch verlaufen die Steuer- bzw. Schaltvorgänge für Belegen, Einstellen, Rufen usw. für die eine Teilnehmergruppe (A) über die a/b-Adern, für die andere Teilnehmergruppe (B) über die b/a-Adern der Hauptleitung.

Im ankommenden Verkehr richtet sich die Art der Anschaltung in der LW-Stufe und die Zahl der benötigten Ausgänge nach Größe und Betriebsart der Wählsternschalter:

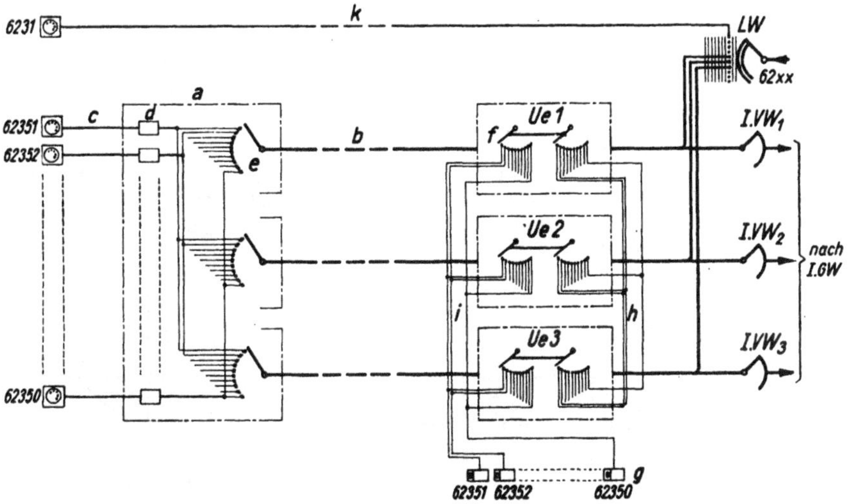

Bild 207. Wählsternschalter 3/10 für Durchwahlverfahren (LW für Durchwahl einer Ziffer).

| | |
|---|---|
| a = Wählsternschalter. | f = Mitläufer in der Übertragung. |
| b = Hauptleitung. | g = Gesprächszähler. |
| c = Zweigleitung. | h = Prüfvielfach. |
| d = Teilnehmer-Anrufsatz. | i = Zählvielfach. |
| e = Wählerrelais. | k = Anschlußleitung eines Einzelteilnehmers. |

Im Zusatz- bzw. Durchwahlbetrieb müssen für die Zusatzwahl „LW mit Durchwahl" oder „Durchschalte-LW" vorgesehen werden. Findet keine Gruppenbildung statt (nur ein Wählerrelais je Hauptleitung; Bild 207), so ist die Zahl der LW-Ausgänge gleich der Zahl der Hauptleitungen; die Ausgänge sind zu einem Sammelanschluß zusammengefaßt und werden in freier Wahl abgesucht. Ist eine Gruppenbildung vorgesehen (zwei Wählerrelais je Hauptleitung; Bild 208), so erfordert der Wählsternschalter für jede Teilnehmergruppe eine besondere Sammelnummer. Jede dieser Sammelnummern umfaßt so viele Ausgänge, wie Hauptleitungen vorhanden sind. Die beiden Sammelnummern können beliebig in die in Betracht kommenden LW-Gruppen eingestreut werden. Die a/b-Adern der beiden Sammelanschlüsse werden schrittweise parallelgeschaltet; die c-Adern von zwei einander entsprechenden Schritten werden getrennt zur Übertragung geführt und enden dort an je einem Relais, das die a/b-Adern der betreffenden Hauptleitung entweder ungekreuzt oder gekreuzt durchschaltet, je nachdem welche Teilnehmergruppe durch die belegte c-Ader gekennzeichnet wird. Bei der Ausführung mit zwei Wählerrelais (Gruppenbildung) können in der Übertragung zwei Drehwähler oder ein Drehwähler mit entsprechend vermehrter Armzahl verwendet werden. Nach Einstellung des LW auf eine Übertragung des Wählsternschalters findet die Zusatzwahl statt. Die Zahl der zusätzlich zu wählenden Ziffern richtet sich nach der Teilnehmerzahl des Wählsternschalters und nach seiner technischen Ausführung.

Im Durchwahlbetrieb in der Ausführung ohne Gruppenbildung (Bild 207) erhöht sich die Stellenzahl der Anrufnummern gegenüber den Einzelanschlüssen:

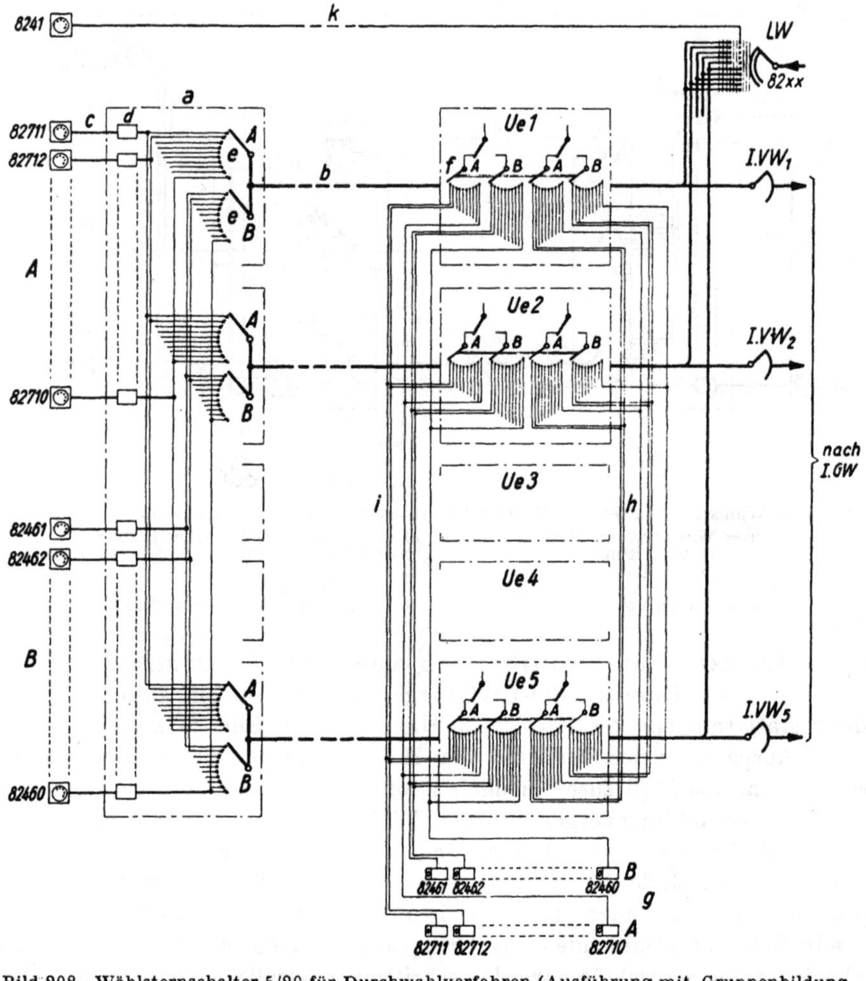

Bild 208. Wählsternschalter 5/20 für Durchwahlverfahren (Ausführung mit Gruppenbildung, LW für Durchwahl einer Ziffer).

a = Wählsternschalter.
b = Hauptleitung.
c = Zweigleitung.
d = Teilnehmer-Anrufsatz.
e = Wählerrelais der Teilnehmergruppen A und B.
f = Mitläufer in der Übertragung mit besonderen Schaltarmen
    für die Teilnehmergruppen A und B.
g = Gesprächszähler für die Teilnehmergruppen A und B.
h = Prüfvielfach je Teilnehmergruppe.
i = Zählvielfach je Teilnehmergruppe.
k = Anschlußleitung eines Einzelteilnehmers.

a) um eine Ziffer, wenn der Wählsternschalter für max. 10 Sprechstellen entwickelt ist. In diesem Falle können „LW für Durchwahl" verwendet werden,
die nur eine zusätzliche Ziffer durchgeben. Den 10 Teilnehmer des Wählsternschalters werden je nach Verkehrsstärke beispielsweise 3...5 Hauptleitungen und damit auch 3...5 Ausgänge am LW (Sammelnummer) zur Ver-

fügung gestellt; die Aufnahmefähigkeit der LW-Gruppe erhöht sich also bei
100teiligen LW von 100 auf 300...200 Sprechstellen,

b) um zwei Ziffern, wenn der Wählsternschalter für beispielsweise 20 Sprechstellen entwickelt ist. In diesem Falle muß der LW zwei Ziffern durchgeben
können, so daß auch „Durchschalte-LW" in Betracht kommen. Den 20 Teilnehmern des Wählsternschalters stehen dann bis 5 Hauptleitungen und damit
auch 5 Ausgänge am LW (Sammelanschluß) zur Verfügung; die Aufnahmefähigkeit der LW-Gruppe erhöht sich also bei 100teiligen LW von 100 auf 400
Sprechstellen.

Im Durchwahlbetrieb in der Ausführung mit Gruppenbildung (Bild 208)
erhöht sich die Stellenzahl der Anrufnummern gegenüber den Einzelanschlüssen nur

c) um eine Ziffer, auch wenn der Wählsternschalter für max. 20 Sprechstellen
entwickelt ist. Es können ebenfalls „LW für Durchwahl" verwendet werden,
die nur eine zusätzliche Ziffer durchgeben. Den 20 Teilnehmern des Wählsternschalters stehen bis 5 Hauptleitungen zur Verfügung, die in diesem Falle
10 Ausgänge (2 Sammelnummern mit je 5 Ausgängen) erfordern; die Aufnahmefähigkeit der LW-Gruppen erhöht sich also bei 100teiligen LW von
100 auf 200 Sprechstellen.

Im Abgreifbetrieb (Bild 209) werden die Übertragungen an normale LW
angeschlossen. Jedem Teilnehmer des Wählsternschalters entspricht ein Ausgang am LW. Die Aufnahmefähigkeit der LW-Gruppe erhöht sich also nicht.
Die für den Wählsternschalter erforderlichen Ausgänge können beliebig über
eine oder mehrere LW-Gruppen verteilt sein. Die Anrufnummern der Teilnehmer
des Wählsternschalters haben die gleiche Stellenzahl wie die Anrufnummern von
Einzelteilnehmern. Im Wählsternschalter können je Hauptleitung ein oder zwei
Wählerrelais vorgesehen sein, je nachdem ob die Schrittzahl des verwendeten
Wählerrelais der max. Sprechstellenzahl des Wählsternschalters entspricht oder
kleiner ist. Für die Ausführung mit zwei Wählerrelais (Gruppenbildung), bei der
ebenso wie im Durchwahlbetrieb die Steuerung für die eine Teilnehmergruppe über
die ungekreuzten a/b-Adern und die Steuerung für die andere Teilnehmergruppe
über die gekreuzten a/b-Adern der Hauptleitung stattfindet, können in der
Übertragung zwei Drehwähler oder ein Drehwähler mit entsprechend erhöhter
Armzahl vorgesehen werden. Bild 209 zeigt nur die Ausführung mit einem
Wählerrelais je Hauptleitung.

Für den abgehenden Verkehr werden in der Vorwahlstufe in allen Ausführungen
je Hauptleitung nur ein I. VW oder nur ein Eingang für die AS-Schaltung benötigt.
Die I. VW bzw. AS-Eingänge, die beim Abgreifverfahren frei werden, wenn die
benötigten LW-Ausgänge in die LW-Gruppen eingestreut werden, können naturgemäß dann nur noch für Anschlüsse verwendet werden, die nur für abgehenden
Verkehr eingesetzt sind (z. B. Münzfernsprecher).

Wie aus dem Vorhergehenden hervorgeht, stehen den Teilnehmern des Wählsternschalters eine bestimmte Zahl von Hauptleitungen zur Verfügung. Eine
Gruppenbildung der Teilnehmer derart, daß ihnen jeweils nur ein Teil der Hauptleitungen erreichbar ist, muß aus leistungsmäßigen Gründen abgelehnt werden.

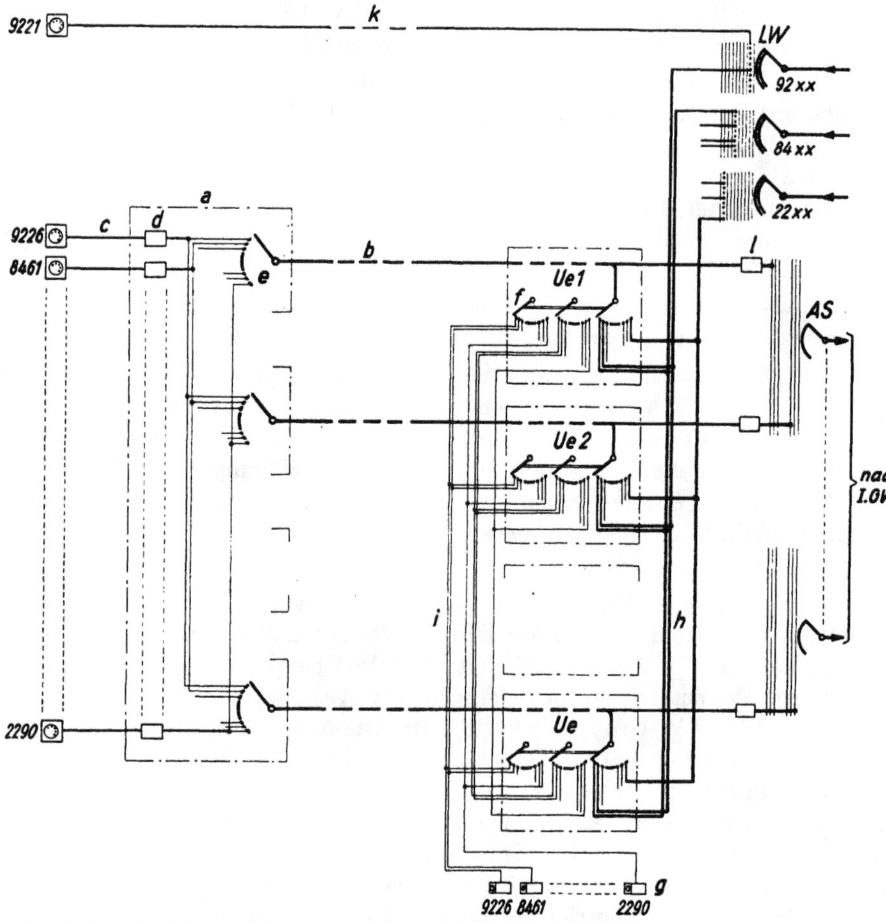

Bild 209.　Wählsternschalter für Abgreifverfahren (Ausführung ohne Gruppenbildung).

| | |
|---|---|
| a = Wählsternschalter. | g = Gesprächszähler. |
| b = Hauptleitung. | h = Prüfvielfach. |
| c = Zweigleitung. | i = Zählvielfach. |
| d = Teilnehmer-Anrufsatz. | k = Anschlußleitung eines Einzelteil- |
| e = Wählerrelais. | nehmers. |
| f = Mitläufer in der Übertragung. | l = Teilnehmerschaltung der AS. |

Durch eine geeignete Anlaßschaltung muß vielmehr sichergestellt werden, daß sowohl im abgehenden als auch im ankommenden Verkehr die freien Hauptleitungen beliebig zugeteilt werden. Im ankommenden Verkehr des Durchwahlverfahrens ergibt sich die Belegung der Hauptleitungen durch die freie Wahl des LW über die Ausgänge des Sammelanschlusses, an die die Übertragungen der Hauptleitungen angeschlossen sind. Im ankommenden Verkehr des Abgreifverfahrens und im abgehenden Verkehr beider Verfahren muß eine Anlaßkette den Belegungsanreiz auf eine der freien Hauptleitungen weitergeben und ihre Einstellung auf den in Betracht kommenden Teilnehmer veranlassen. Zweckmäßigerweise fassen diese Anlaßketten die Übertragungen so zusammen, daß die Hauptleitungen für die beiden Verkehrsrichtungen in verschiedener Reihenfolge für Verbindungen bereitgestellt werden, z. B. für den ankommenden Verkehr in der Reihenfolge 1, 2, 3, 4, 5 und im abgehenden Verkehr in der Reihenfolge 5, 4, 3, 2, 1; bei den Ausführungen mit Gruppenbildung wechselt man ferner auch in bezug auf die Teilnehmergruppen in der Reihenfolge der Belegungsmöglichkeit.

Batterielose Gemeinschaftsanschlüsse mit mehreren Hauptleitungen für vollwertige Sprechstellen sind zuerst für die Reichspost entwickelt worden. Hierfür wurde die Bezeichnung „Wählsternschalter" geprägt, weil durch diese Einrichtung Wählfernsprecher sternförmig an einem Umschalter zusammengefaßt werden. Jede der hierbei vorgesehenen Baugrößen enthält Ausführungen nach dem Durchwahl- und nach dem Abgreifverfahren. Das Schwergewicht der gesamten Entwicklung lag jedoch auf den Ausführungen nach dem Durchwahlverfahren, während das Abgreifverfahren von vornherein nur für Ausnahmefälle, insbesondere für kleine Ämter ohne Heb-Gruppenwähler gedacht war. Als Baugrößen wurden dabei festgelegt:

Wählsternschalter 3/10 für max. 3 Hauptleitungen und max. 10 Sprechstellen sowie

Wählsternschalter 5/20 für max. 5 Hauptleitungen und max. 20 Sprechstellen.

Beide Baugrößen sind mit dem gleichen kleinen Wählerrelais ausgerüstet, d. h. die Ausführung 5/20 erfordert die bereits geschilderte Gruppenbildung unter Verwendung von zwei Wählerrelais je Hauptleitung. Dadurch kommt man für die Reichspost-Ausführungen in der LW-Stufe für alle Größen mit „LW für Durchwahl" aus, die nur eine zusätzliche Ziffer durchzugeben brauchen.

Für den konstruktiven Aufbau der Wählsternschalter gelten die gleichen Gesichtspunkte wie für Gemeinschaftsumschalter. Die Schutzmaßnahmen gegenüber äußern Einflüssen und gegenüber Eingriffen Unbefugter sind also entsprechend durchgeführt.

Die Reichweite für Wählsternschalter hängt vor allem von der Art der Einstell- und Steuervorgänge über die Hauptleitung ab. Bei den Reichspost-Ausführungen, deren Entwicklung besonders auf das Durchwahlverfahren und dabei auf die Einstellung der Wählerrelais direkt durch die Stromstoßgabe der Nummernwahl abgestellt war, können folgende Entfernungen überbrückt werden:

Hauptleitungen: Leitungswiderstand bis etwa $2 \cdot 350 \, \Omega$,
Zweigleitungen: Schleifenwiderstand (einschließlich Fernsprecherwiderstand) bis etwa $250 \, \Omega$,

bei einem zulässigen Nebenschlußwiderstand der Hauptleitungen bis $50000 \, \Omega$ herab und der Zweigleitungen bis $20000 \, \Omega$ herab. Hierbei ist bereits berücksichtigt, daß die eintreffenden Nummernwahlstromstöße den Einstellzeiten der Wählerrelais (lange Anzugszeit, kurze Abfallzeit) durch eine besondere Stromstoßkorrektur angepaßt werden (vgl. Bild 185).

Eine andere Ausführung, bei der die Einstellung der Wählerrelais unabhängig von der Stromstoßgabe der Nummernwahl und mit Einstellstromstößen erhöhter Spannung vorgenommen wird, können folgende Entfernungen überbrückt werden:

Hauptleitungen: Leitungswiderstand bis etwa $2 \cdot 1000\ \Omega$,

Zweigleitungen:  Schleifenwiderstand (einschließlich Fernsprecherwiderstand)
bis etwa $500\ \Omega$,

bei einem zulässigen Nebenschlußwiderstand von Haupt- und Zweigleitungen zusammen bis $20\,000\ \Omega$ herab. Für die Einstellstromstöße werden hierbei Spannungen von etwa $120\ V$ dadurch erzielt, daß für jeden Stromstoß ein $20\ \mu F$-Kondensator aufgeladen und in Reihe mit der Amtsbatterie entladen wird.

In diesem Zusammenhang ist es interessant festzustellen, wie sich diese erheblichen Unterschiede in der Reichweite in der Praxis auswirken. Die angegebenen Werte für die Reichweite sind Grenzwerte für die Verbindungsherstellung. Übertragungstechnisch ist als höchstzulässige Dämpfung der gesamten Anschlußleitung vom Wähleramt bis zum Fernsprecher $0,45\ N$ festgelegt; sie darf bis $0,65\ N$ betragen, wenn das Fernamt im gleichen Gebäude wie das Wähleramt untergebracht ist. Der Wählsternschalter der Deutschen Post-Ausführung ergibt eine Dämpfung von $0,05\ N$, die jedoch bei der nachfolgenden überschlägigen Rechnung vernachlässigt werden soll. Der Fernsprecherwiderstand sei mit etwa $120\ \Omega$ angesetzt. In Bild 210 sind Beispiele für Leitungsführungen angegeben, die im Anschlußleitungsnetz der Deutschen Post üblich sind. Bei Verkabelung werden bei der Deutschen Post bis 2 km Entfernung vom Amt Kabel von $0,6$ mm Drm., darüber hinaus Kabel von $0,8$ mm Drm. verwendet (in Bild 210 oben). Hierbei ist die Gesamtreichweite

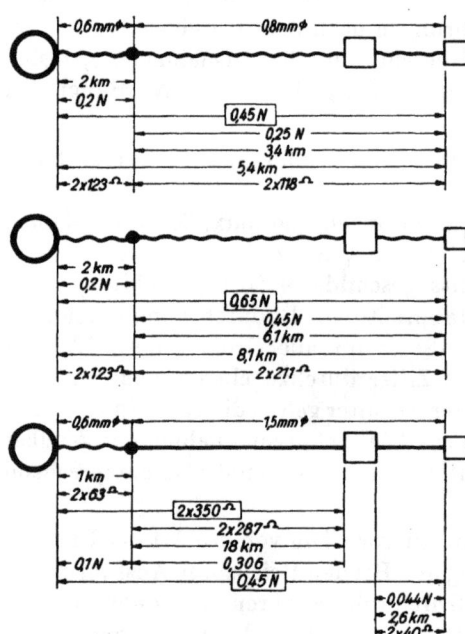

Bild 210. Beispiele für die Reichweite eines Wählsternschalters.
Oben: Kabel 0,6 mm Dmr. und 0,8 mm Dmr.
Unten: Kabel 0,6 mm Dmr. und Freileitung 1,5 mm Dmr.

durch die zulässige Dämpfung von $0,45\ N$ bestimmt. Sie beträgt für Haupt- und Zweigleitung zusammen 5,4 km = $2 \cdot 241\ \Omega$, d. h. von den zulässigen $2 \cdot 415\ \Omega$ sind nur 58% ausgenutzt. Selbst bei dem Dämpfungswert von $0,65\ N$ wird bei einer Gesamtreichweite von 8,1 km = $2 \cdot 334\ \Omega$ nur etwa 80% ausgenutzt. Ähnlich liegen übrigens die Verhältnisse beim Einzelanschluß, bei dem die schaltungstechnische Reichweite $2 \cdot 500\ \Omega$ beträgt. Das zweite Beispiel behandelt Anschlüsse außerhalb kleinerer Städte. Die Strecke innerhalb der Stadt wird verkabelt (Kabel 0,6 mm Drm., z. B. etwa 1 km in Bild 210 unten) und außerhalb der Stadt als Freileitung von z. B. 1,5 mm Drm. geführt. Obwohl in diesem Beispiel für die Hauptleitung der gesamte zulässige Leitungswiderstand von 350 Ω ausgenutzt werden kann, wird auch hier noch die Gesamtreichweite durch die zulässige Dämpfung von 0,45 N bestimmt. Sie beträgt für Haupt- und Zweigleitung zusammen etwa 21,6 km = 2 · 390 Ω, d. h. von den zulässigen 2 · 415 Ω werden 94% ausgenutzt. Erst bei einer zulässigen Dämpfung von 0,65 N würde diese nicht mehr ausgenutzt, sondern die Gesamtreichweite durch die schaltungstechnischen Grenzen bestimmt. Sie würde etwa bei 1 km Kabel von 0,6 mm Drm. + 22 km Freileitung von 1,5 mm Drm. liegen. Auch bei einem Einzelanschluß könnte die zulässige Dämpfung von 0,65 N nicht mehr ausgenutzt werden; die schaltungstechnischen Bedingungen würden die Reichweite etwa bei 1 km Kabel von 0,6 mm Drm. + 24 km Freileitung von 1,5 mm Drm. begrenzen. Daraus folgt, daß bei Einhaltung der normalen Dämpfungsvorschriften die erhöhte Reichweite der Ausführung mit Einstellstromstößen erhöhter Spannung nur auf Freileitungen Bedeutung gewinnt, sofern hierbei die Reichweite nicht bereits durch die Nebenschlußbedingung, d. h. also durch die jeweilige Leitungsgüte begrenzt wird.

Eine kurze Verkehrsberechnung soll abschließend noch einen Überblick über die Gesprächszahlen geben, die bei verschiedener Verkehrsgüte (d. h. bei verschiedenen Verlusten) im Mittel auf die einzelnen Sprechstellen von Wählsternschaltern entfallen. Es wird angenommen:

daß der ankommende Verkehr gleich dem abgehenden Verkehr ist,
daß die Belegungszahl etwa 20% höher als die Gesprächszahl liegt,
daß die mittlere Belegungsdauer $t_m = 2$ min ist und
daß die Konzentration k = 13% beträgt.

Dann ergeben sich bei verschieden hohen Verlusten V für

a) Wählsternschalter 3/10 (3 Hauptleitungen, 10 Sprechstellen):

| Verlust V | $1^0/_{00}$ | $1^0/_0$ | $5^0/_0$ |
|---|---|---|---|
| abgehende Belegungen je Tag und Teilnehmer | ~ 3,5 | ~ 6,5 | ~ 10,5 |
| abgehende Gespräche je Tag und Teilnehmer | ~ 3 | ~ 5,5 | ~ 9 |

b) Wählsternschalter 5/20 (5 Hauptleitungen, 20 Sprechstellen):

| Verlust V | $1^0/_{00}$ | $1^0/_0$ | $5^0/_0$ |
|---|---|---|---|
| abgehende Belegungen je Tag und Teilnehmer | ~ 6 | ~ 8,5 | ~ 13 |
| abgehende Gespräche je Tag und Teilnehmer | ~ 5 | ~ 7 | ~ 11 |

Vergleicht man hiermit die Gesprächszahlen in Bild 95, so erkennt man, daß für die hohe Verkehrsgüte von $V = 1^0/_{00}$ der Wählsternschalter 3/10 die gleichen Gesprächszahlen für die angeschlossene Sprechstelle zuläßt, wie nach Bild 95 im Mittel je Teilnehmer in Ortsnetzen bis 1000 Teilnehmer vorkommen. Man erkennt ferner, daß der Wählsternschalter 5/20 bei $V = 1^0/_{00}$ diejenige Gesprächszahl ermöglicht, die in Bild 95 für Ortsnetze von 10000 Teilnehmern angegeben sind. Bei einer geringen für den Teilnehmer nicht fühlbaren Erhöhung der Verluste ergeben sich in beiden Fällen ausreichend hohe Gesprächsmöglichkeiten für alle Größen der Ortsnetze (Teilnehmerbeschwerden wegen nicht ausreichender Verbindungsmittel beginnen erst bei 5% Verlust).

# XI. NEBENSTELLENANLAGEN

Durch eine einzige Sprechstelle kann der Fernsprechbedarf vieler „Teilnehmer", d. h. vieler „Fernsprechabonnenten" nicht gedeckt werden. Sind aber bei derartigen „Teilnehmern" — es handelt sich hierbei um Behörden, Unternehmen, Geschäfte usw., die der Postverwaltung gegenüber ja als ein „Abonnent" gelten — eine mehr oder weniger große Zahl von Sprechstellen vorgesehen, so ist es nicht mehr zweckmäßig, diese Sprechstellen einzeln über eigene Anschlußleitungen unmittelbar an das öffentliche Wähleramt anzuschließen. Abgesehen davon, daß hierdurch unnötig hohe Fernsprechgebühren für den betreffenden „Abonnenten" entstehen würden, müßte der Verkehr zwischen den betreffenden Sprechstellen stets über das öffentliche Wähleramt fließen und dessen Einrichtungen unnötig in Anspruch nehmen. Außerdem könnte man durch diese Anschaltung qestimmten betrieblichen Forderungen, die sich für diese Verkehrsart zwangläufig ergeben, in keiner Weise Rechnung tragen.

Die Sprechstellen werden vielmehr zu sogenannten Betriebsfernsprechanlagen zusammengefaßt. Dies sind Zentralen, die bei dem betreffenden „Teilnehmer" aufgestellt sind und für die sich als Grundforderungen ergeben:

1. Eine unmittelbare Verkehrsmöglichkeit zwischen allen Sprechstellen zu schaffen, die zu einer derartigen betrieblichen Gemeinschaft gehören; man bezeichnet dies als **Hausverkehr** oder als **Innenverkehr.**

2. Wahlweise Verbindungen zu ermöglichen zwischen den Sprechstellen des betreffenden Betriebes (oder einem Teil von ihnen) einerseits und den Anschlußleitungen andererseits, durch die die betreffende Betriebsfernsprechanlage mit dem öffentlichen Amt verbunden ist (**Amtsverkehr**).

Für jede dieser beiden Verkehrsarten kann eine besondere Fernsprechanlage vorgesehen sein; sie können jedoch auch über eine gemeinsame Anlage vermittelt werden. Je nach der Verkehrsart, für die die Betriebsfernsprechanlage eingesetzt wird, unterscheidet man Hausfernsprechanlagen und Nebenstellenanlagen.

Eine **Hausfernsprechanlage,** auch „reine Hausfernsprechanlage" oder von der Deutschen Post „Privatfernmeldeanlage" genannt, ist eine Betriebsfernsprechanlage, die lediglich dem Verkehr zwischen den Sprechstellen der betreffenden Anlage dient (*Hausgespräche, Hausverbindungen, Hausverkehr*). Eine **Nebenstellenanlage** ist eine Betriebsfernsprechanlage, über die sowohl der Hausverkehr fließt als auch Verbindungen mit Teilnehmern des öffentlichen Netzes (*Amtsgespräche, Amtsverbindungen, Amtsverkehr*) geführt werden können oder die, allerdings in selteneren Fällen, nur für die Abwicklung des Amtsverkehrs bestimmt ist.

Hausfernsprechanlagen können dort, wo kein Amtsverkehr gebraucht wird, ohne weiteres für sich bestehen. Nebenstellenanlagen mit Amts- und Hausverkehr bilden ebenfalls vollgültige Einheiten; die selteneren Nebenstellenanlagen, über die nur Amtsverkehr abgewickelt werden kann, setzen dagegen stets das Vorhandensein einer Hausfernsprechanlage voraus, die dem betrieblich notwendigen Verkehr der Teilnehmer untereinander dient.

Für die Abwicklung des Amts- und Hausverkehrs können also entweder zwei getrennte Betriebsfernsprechanlagen oder eine gemeinsame Betriebsfernsprechanlage vorgesehen werden. Im ersten Falle sind alle Teilnehmer, die Amtsgespräche zu führen haben, an beide Anlagen angeschlossen, während die Teilnehmer, die nur zum Hausverkehr zugelassen sind, lediglich mit der Hausfernsprechanlage in Verbindung stehen (Bild 211, oben). Die Teilnehmer mit Amtsverkehr müssen dadurch entweder zwei getrennte Fernsprecher oder einen sog. „Zweischleifen-Fernsprecher" erhalten, bei dem mittels Hebels entweder auf die Doppelleitung für Amtsverkehr oder auf die für Hausverkehr umgeschaltet wird. Diese Form der Verkehrsabwicklung wird auch *Zweischleifenbetrieb* genannt. Ist eine gemeinsame Fernsprechanlage vorgesehen (Bild 211, unten), so muß der Zugang in das öffentliche Netz den Teilnehmern, die keine Amtsberechtigung haben, schaltungstechnisch versperrt werden.

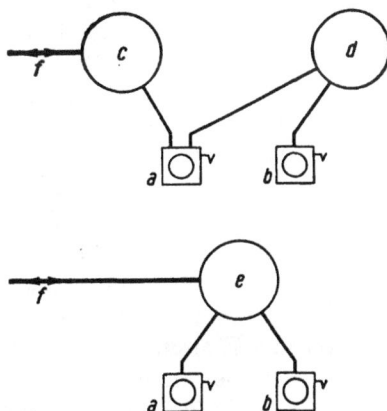

Bild 211. Nebenstellenanlage mit zwei getrennten Zentralen (oben) und mit gemeinsamer Zentrale (unten) für den Amts- und Hausverkehr.

a = Sprechstellen für Amts- und Hausverkehr (Nebenstellen).
b = Sprechstellen für Hausverkehr (Hausstellen).
c = Zentrale für Amtsverkehr.
d = Zentrale für Hausverkehr.
e = Zentrale für Amts- und Hausverkehr.
f = Amtsleitungen.

Während die Hausfernsprechanlagen schaltungstechnisch und betriebsmäßig gegenüber den öffentlichen Ämtern eine Vereinfachung darstellen, sind durch die Nebenstellentechnik vollkommen neue Aufgaben entstanden. Hierüber soll ein kurzer Überblick gegeben werden, wobei unter Nebenstellenanlagen im folgenden nur noch diejenigen Betriebsfernsprechanlagen verstanden werden, über die sowohl der Amts- als auch der Hausverkehr vermittelt wird.

## 1. VERMITTLUNGSARTEN

Sowohl im Amts- als auch im Hausverkehr können die Verbindungen grundsätzlich von Hand, halbselbsttätig oder selbsttätig (vollselbsttätig) hergestellt werden.

Bei der **Verbindungsherstellung von Hand** ist eine Vermittlungsperson vorhanden, die den Verbindungswunsch des Teilnehmers entgegennimmt *(abfragt)* und die Verbindung z. B. mit Hilfe von Schnüren mit Stöpseln über Klinken oder durch schnurlose Stöpsel oder mit Schaltern usw. herstellt.

Bei der **halbselbsttätigen Verbindungsherstellung** fragt ebenfalls eine Vermittlungsperson den Anrufenden ab, stellt jedoch die gewünschte Verbindung über die
Wähleinrichtung der Betriebsfernsprechanlage durch Wählen mit einem Nummernschalter oder Zahlengeber her.

Bei der **selbsttätigen oder vollselbsttätigen Verbindungsherstellung** baut sich
der Teilnehmer selbst die Verbindung bis zum gewünschten Anschluß durch
Wählen mit dem Nummernschalter auf.

Durch verschiedene Kombinationen dieser Vermittlungsmöglichkeiten sind die
unterschiedlichsten Bauformen für Nebenstellenanlagen entstanden. Ein Teil
von ihnen war während der Entwicklung der Fernsprechtechnik vom handver-
vermittelten Betrieb zum Wählverkehr durch den jeweiligen Stand der Technik
bedingt und ist mit fortschreitender Technik wieder verlassen worden. Ein
anderer Teil der älteren Vermittlungstechnik hat sich jedoch bis in die Gegenwart
erhalten, da den betrieblichen Forderungen bestimmter Benutzergruppen hierdurch besser als durch die neuesten Wählanlagen Rechnung getragen wird.
Es sei hier z. B. an Krankenhäuser, Sanatorien und Hotels erinnert, in denen
im allgemeinen ein ungehinderter, d. h. vollselbsttätiger Amts- und Hausverkehr
der Patienten oder Gäste unerwünscht ist.

Wie fast auf allen Teilgebieten des Fernsprechwesens sind auch in der Nebenstellentechnik Einrichtungen geschaffen worden, die eine Einschaltung von Vermittlungspersonen in den Verbindungsaufbau vollkommen entbehrlich machen.
Hiervon wird in der neuzeitlichen Nebenstellentechnik weitgehend Gebrauch
gemacht. So wird der Hausverkehr fast ausschließlich, der abgehende Amtsverkehr in den meisten Fällen selbsttätig abgewickelt. Lediglich im ankommenden
Amtsverkehr wird auf das Mitwirken einer Vermittlungsperson im allgemeinen
nicht verzichtet; hier werden die ankommenden Amtsanrufe von einer Person
*abgefragt*, die mit dem betreffenden Betrieb völlig vertraut und in der Lage ist,
die Verbindungen an die richtigen Stellen weiterzuleiten.

Diese Beschränkung des ankommenden Amtsverkehrs hat jedoch betriebliche
und nicht technische Gründe. So sind bereits um das Jahr 1926 von Siemens &
Halske in Zusammenarbeit mit Verwaltungsstellen der bayerischen Post Anlagen
entwickelt und eingerichtet worden, bei denen auch der ankommende Amtsverkehr
vollselbsttätig abgewickelt werden kann. Diese Anlagen stellen eine Verbesserung einer bereits 1920 in München eingeführten Technik dar und werden **SANA**
(= Selbst-Anschluß-Nebenstellen-Anlage) genannt. Bei diesem SANA-Verkehr
hat der anrufende Amtsteilnehmer nach der Anrufnummer des gewünschten
Betriebes die Sprechstellennummer des verlangten Teilnehmers zu wählen.
Er baut sich also selbst die Verbindung zuerst bis zur Nebenstellenanlage des
betreffenden Betriebes und dann innerhalb dieser Anlage weiter bis zur gewünschten Sprechstelle auf. Voraussetzung dafür ist, daß er die Sprechstellennummer,
die er noch zusätzlich zu wählen hat, kennt oder einem Verzeichnis entnehmen
kann. Für die Fälle jedoch, in denen der Anrufende diese Sprechstellennummer
des gewünschten Teilnehmers nicht kennt oder überhaupt nicht weiß, von wem
sein Anliegen bearbeitet wird, muß auch hier eine Vermittlungsstelle vorgesehen
sein, von der die Verbindungen weitergeleitet werden können. Die Einrichtungen

des SANA-Verkehrs sind daher so entwickelt worden, daß eine Auskunftstelle selbsttätig z. B. nach etwa 15...20 s in die Verbindung eingeschaltet wird, wenn der Anrufende nach dem Wählen der Anrufnummer des Betriebes mit der Weiterwahl aufhört; bei einer anderen Ausführung fragt die Vermittlung ab, wenn eine bestimmte zusätzliche Ziffer, also eine besondere Anrufnummer, gewählt wird. Die SANA werden im allgemeinen an eine GW-Stufe angeschlossen (Zusatzwahl; Zifferneinsparung).

Für den weitaus überwiegenden Teil der Nebenstellenanlagen wird jedoch aus betrieblichen Gründen für den ankommenden Amtsverkehr nicht auf die Mithilfe einer Vermittlungsperson verzichtet, so daß folgende Vermittlungsmöglichkeiten für die beiden Verkehrsarten „Amtsverkehr" und „Hausverkehr" bestehen:

*Ankommender Amtsverkehr*: Verbindungsherstellung mit Vermittlungsperson (entweder handvermittelt oder halbselbsttätig).

*Abgehender Amtsverkehr*: Verbindungsherstellung mit Vermittlungsperson (entweder handvermittelt oder halbselbsttätig) oder ohne Vermittlungsperson (vollselbsttätig).

*Hausverkehr*: Verbindungsherstellung mit Vermittlungsperson (handvermittelt) oder ohne Vermittlungsperson (vollselbsttätig).

Die Art, wie man diese verschiedenen Vermittlungsmöglichkeiten miteinander kombiniert, hängt von den Eigenheiten und Erfordernissen des Betriebes ab, für den die betreffende Anlage bestimmt ist. Die im Laufe der Zeit entstandenen Hauptbauarten sind aus der Grundaufgabe der Nebenstellentechnik entstanden, niemals Sebstzweck zu sein, sondern sich den vorliegenden Betriebseigenheiten weitestgehend unterzuordnen.

## 2. HAUPTBAUARTEN IN DER NEBENSTELLENTECHNIK

Abgesehen von Zwischenbauarten, die hier nicht erwähnt werden sollen, werden folgende Ausführungen in der Praxis in ganz bestimmten Anwendungsgebieten eingesetzt:

a) *Nebenstellenanlagen mit Handbedienung für den gesamten Amts- und Hausverkehr.* Sowohl der ankommende und der abgehende Amtsverkehr als auch der Hausverkehr werden von Hand vermittelt. Hierzu stehen sog. Schnurvermittlungsschränke, seltener schnurlose Schränke zur Verfügung. In den Schnurvermittlungen enden die Leitungen der Sprechstellen an Klinken, die Amtsleitungen entweder an Klinken (*Zweischnurschränke*; Bild 212, oben) oder an Schnur und Stöpsel (*Einschnurschränke*; Bild 212, unten).

Zwecks Vermittlung wird der Stöpsel der Amtsschnur oder es werden die Stöpsel eines Schnurpaares in die betreffenden Klinken eingeführt. Derartige Nebenstellenanlagen werden in Fällen bevorzugt, in denen ein zwangloser Fernsprechverkehr der Benutzer der Sprechstellen, sowohl untereinander als auch mit dem öffentlichen Netz, unerwünscht ist. Sie werden daher besonders in Krankenhäusern, Sanatorien und Hotels verwendet.

b) *Nebenstellenanlagen mit Handbedienung für den gesamten Amtsverkehr bei selbsttätigem Hausverkehr.* Hierbei werden sowohl der ankommende als auch

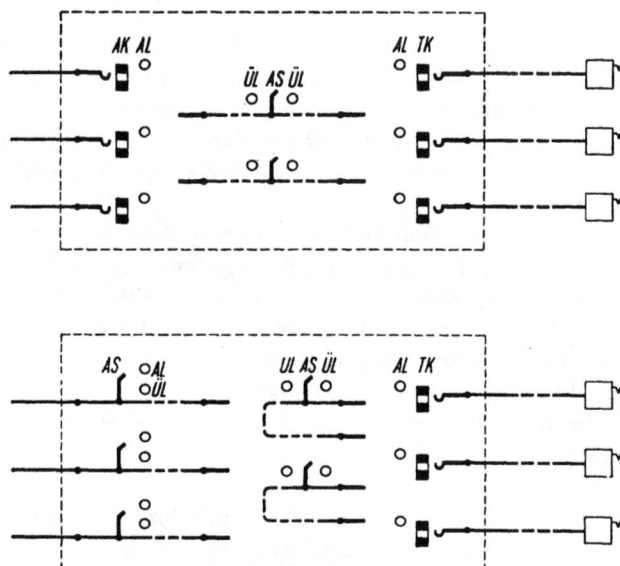

Bild 212.  Schnurvermittlungs-Schränke für handbedienten Amts-
und Hausverkehr.
Oben: Zweischnurschrank mit Schnurpaaren für Amts- und Hausverkehr.
Unten: Einschnurschrank mit Einschnurstöpseln für Amtsverkehr und
Schnurpaaren für Hausverkehr.

AK = Amtsklinke.
AL = Anruflampe.
AS = Abfrageschalter.
TK = Teilnehmerklinke.
ÜL = Überwachungslampe.

der abgehende Amtsverkehr von Hand vermittelt, während der Hausverkehr
selbsttätig über eine Wähleinrichtung (Hauszentrale) abgewickelt wird.
Für den Amtsverkehr stehen im allgemeinen Schnurvermittlungen in Form von
Ein- oder Zweischnurschränken (ähnlich Bild 213) zur Verfügung. Diese
Nebenstellenanlagen haben für Unternehmen Bedeutung, in denen der abgehende Amtsverkehr bestimmten betrieblichen Vorschriften unterworfen
und daher nur mit Hilfe der Vermittlungsperson abgewickelt werden soll,
während der Hausverkehr die Vorzüge von Wählanlagen aufweist.

c) *Nebenstellenanlagen mit Handbedienung nur für den ankommenden Amtsverkehr*
*bei selbsttätigem abgehendem Amtsverkehr und selbsttätigem Hausverkehr.* Hierbei
wird der ankommende Amtsverkehr im allgemeinen an einem Schnurvermittlungsschrank (Bild 213) abgefragt und mittels Schnüre und Stöpsel über
Klinken von Hand weitervermittelt (Ein- oder Zweischnurschränke), während
sowohl der abgehende Amtsverkehr als auch der Hausverkehr über eine
Wähleinrichtung (Zentrale) fließen (Bild 214). Derartige Nebenstellenanlagen
eignen sich für Betriebsfälle, in denen der Verkehr möglichst weitgehend
selbsttätig abgewickelt werden soll, für den ankommenden Amtsverkehr aber
die Möglichkeit bestehen soll, die einzelnen Sprechstellen in der Vermittlungsstelle zu kennzeichnen.

Bild 213. Einschnurschrank für Handvermittlung des
ankommenden Amtsverkehrs.

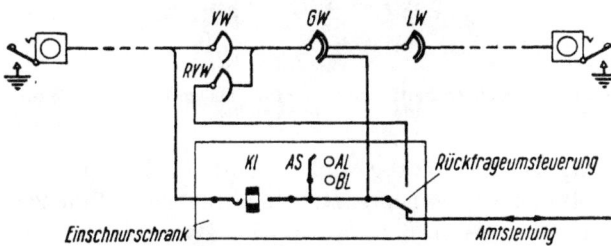

Bild 214. Nebenstellenanlage mit Schnurvermittlungsschrank für
den ankommenden Amtsverkehr bei selbsttätigem abgehendem
Amtsverkehr und selbsttätigem Hausverkehr.

AL = Anruflampe.
AS = Abfrageschalter.
BL = Belegtlampe.
Kl = Teilnehmerklinke.
RVW = Rückfragevorwähler.

d) *Reihenschaltanlagen und Parallelschaltanlagen.* Bei diesen Anlagen sind die
Amtsleitungen entweder der Reihe nach über alle Sprechstellen geführt, die
zum Amtsverkehr zugelassen sind, oder diese Sprechstellen sind parallel an

die Amtsleitungen angeschlossen. Jeder Teilnehmer kann sich durch Umlegen eines Amtshebels in oder an die betreffende Amtsleitung schalten (Bild 215). Der Zustand der Amtsleitungen (frei oder besetzt) wird an jeder Sprechstelle durch Schauzeichen oder Lämpchen gekennzeichnet. Der Hausverkehr wird je nach Größe der Anlage über eine *gemeinsame Hausleitung* oder über ein „*Liniennetz*" (in dem für jeden Fernsprecher eine eigene Leitung vorgesehen ist, auf die sich alle anderen Sprechstellen schalten können) oder über eine

Bild 215. Reihenschaltfernsprecher für Anlagen mit 1 Amtsleitung und bis 6 Sprechstellen.

*Wähleinrichtung* (Zentrale) abgewickelt (Bild 216). Die Sprechstellenzahl in Reihenschaltanlagen ist begrenzt. Bauarten nach Bild 216, oben, findet man im allgemeinen bis zu 6 Sprechstellen; Bauarten nach Bild 216, Mitte, bis zu 16 Sprechstellen; Bauarten nach Bild 216, unten, bis zu 16 Sprechstellen für Amtsverkehr und außerdem mit Sprechstellen ohne Amtsverkehr, deren Zahl sich nach der Größe der vorgesehenen Wähleinrichtung richtet.

Durch die Führung vieler Leitungen über sämtliche Sprechstellen ist die Anwendung dieser Nebenstellenanlagen auf kleinere Unternehmen oder große Haushalte beschränkt, bei denen die Sprechstellen in der Mehrzahl räumlich nahe beieinander liegen.

e) *Nebenstellenanlagen mit halbselbsttätigem ankommendem Amtsverkehr bei voll-selbsttätigem abgehendem Amtsverkehr und vollselbsttätigem Hausverkehr.* Hierbei wird der ankommende Amtsverkehr an einer Abfragestelle halbselbsttätig weitervermittelt; der abgehende Amtsverkehr und der Hausverkehr werden vollselbsttätig über die gleiche Wähleinrichtung (Zentrale) abgewickelt. Diese Nebenstellenanlagen, die in jeder Größenordnung vorhanden sind, stellen die am weitesten entwickelte Form dar. Sie werden überall dort angewendet, wo auch betrieblich auf eine möglichst schnelle und ungehemmte

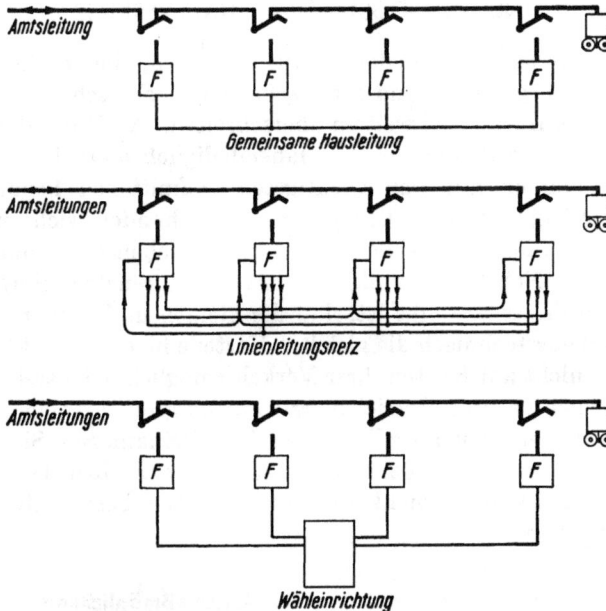

Bild 216. Reihenschaltanlagen verschiedener Ausführung in grundsätzlicher Darstellung
F = Fernsprecher mit Tasten, Hebeln, Nummernschalter usw.

Abwicklung des Fernsprechverkehrs mit allen Annehmlichkeiten der modernen Nebenstellentechnik Wert gelegt wird.

Für jede dieser Anlagearten können die einzelnen Aufgaben selbstverständlich auf mancherlei Weise gelöst werden und sind auch, sowohl schaltungstechnisch als auch aufbaumäßig, im Laufe der Jahre und im Verlauf des Konkurrenzkampfes der Herstellerfirmen des In- und Auslandes auf die verschiedenste Art gelöst worden. Dadurch ist eine außerordentliche Mannigfaltigkeit in den Bauformen entstanden, die es dem nicht erfahrenen Käufer sehr schwer machte, diejenige Anlage zu finden, die für seine Verhältnisse am zweckvollsten war. Als Abhilfe wurden daher in enger Zusammenarbeit zwischen Verwaltung und Industrie die sogenannten Regelbedingungen geschaffen (erste Veröffentlichung: 1934). Diese legten für den Bereich der Deutschen Reichspost eine sogenannte Regelausstattung fest, durch die die zahlreichen Formen in bezug auf die zu erfüllenden Betriebsbedingungen, auf ihre Erweiterungsmöglichkeit und auf ihre

Anschaffungskosten vereinheitlicht wurden. Einen Überblick über die wesentlichsten Bedingungen dieser Regelausstattung und über gewisse Ergänzungen soll die nachfolgende Beschreibung eines Nebenstellensystems geben.

### 3. NEBENSTELLENANLAGEN MIT HALBSELBSTTÄTIGEM, ANKOMMENDEM AMTSVERKEHR BEI VOLLSELBSTTÄTIGEM, ABGEHENDEM AMTSVERKEHR UND VOLLSELBSTTÄTIGEM HAUSVERKEHR

Eine Beschreibung der verschiedenen Ausführungen, die in diese Klasse von Nebenstellenanlagen gehören, und ihrer schaltungstechnischen Lösungen würde den Rahmen dieses Buches bei weitem überschreiten. An Hand der Besprechung eines hochentwickelten Systems sollen daher lediglich die zahlreichen Betriebsforderungen zusammen mit den wichtigsten Definitionen behandelt werden. Das zugrunde gelegte Nebenstellensystem — es handelt sich um das Neha-Wählsystem[1]) von Siemens & Halske — umfaßt Nebenstellenanlagen für zwei Sprechstellen bis Nebenstellenanlagen mit unbegrenzter Sprechstellenzahl. Ein Kennzeichen dieses Systems ist, daß die kleinen und großen Anlagen ihren Teilnehmern verkehrstechnisch die gleichen Vorteile bieten. Die kleinen Anlagen sind also hierbei nicht auf Kosten ihrer Verkehrsmöglichkeit vereinfacht worden, sondern entsprechen in ihren Betriebsvorzügen den großen Anlagen, naturgemäß nur soweit wie die einzelnen Bedingungen für Kleinanlagen Sinn haben. Die nachfolgende Aufzählung gibt daher einen allgemeinen Überblick über die verschiedenen Aufgaben und Möglichkeiten, ohne auf eine bestimmte Anlagengröße besonders einzugehen.

#### a) Zusammensetzung und Anschlußmöglichkeit

Die Zahl der **Sprechstellen** richtet sich bei einer Nebenstellenanlage nach den Erfordernissen des betreffenden Betriebes. Die kleinste Anlage umfaßt zwei Sprechstellen, während nach oben keinerlei Grenzen bestehen.

Die Anschlußleitungen, die eine Nebenstellenanlage mit dem öffentlichen Amt verbinden, heißen **Amtsleitungen.** Die Amtsleitung einer Nebenstellenanlage entspricht daher der Teilnehmerleitung eines Einzelanschlusses (Bild 217) mit dem Unterschied, daß bei Nebenstellenanlagen die Amtsleitung mehrerer Sprechstellen zur Verfügung steht. Für eine Nebenstellenanlage sind je nach Anlagengröße und Verkehrsstärke eine, einige oder zahlreiche Amtsleitungen vorgesehen. Eine Nebenstellenanlage kann in Sonderfällen auch an mehrere Ämter angeschlossen sein (Bild 217). Vom Amt aus gesehen, bildet jede Anschlußleitung (Teilnehmerleitung, Amtsleitung) einen **Hauptanschluß.**

Die Verbindungen von Sprechstelle zu Sprechstelle und diejenigen zwischen den Amtsleitungen einerseits und den Sprechstellen der Nebenstellenanlagen andererseits werden über eine gemeinsame **Wähleinrichtung,** die sog. **Zentrale,** hergestellt. Die Betriebsfernsprechanlage kann sich, wie dies z. B. bei größeren und ausge-

---

[1]) **Neha** = **Ne**benstellen-**H**ausverkehr. Diese Bezeichnung wurde wegen des engen Zusammenspiels der beiden Verkehrsarten geprägt.

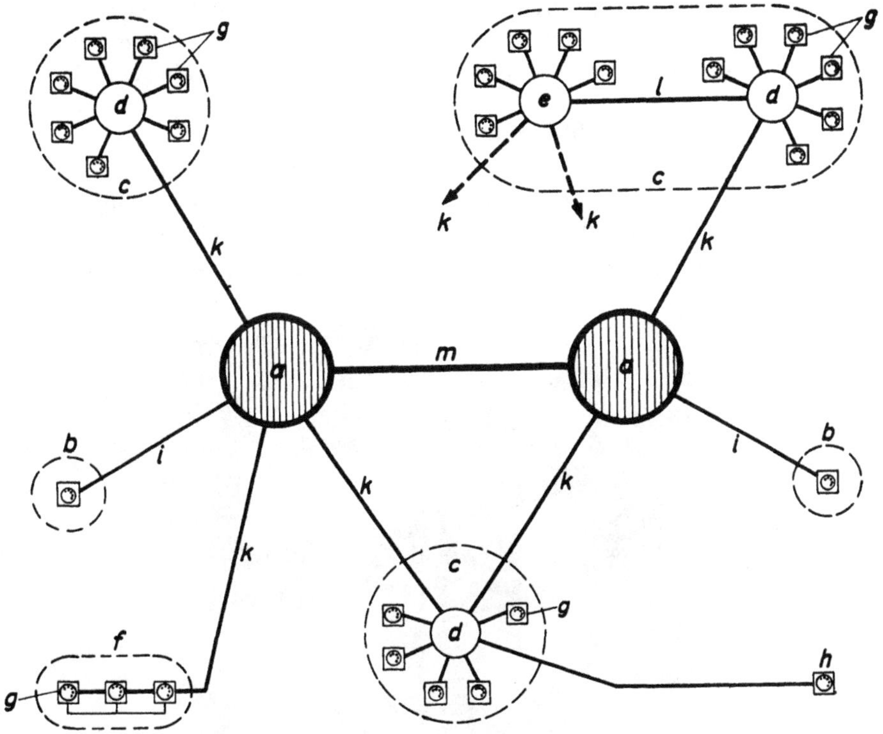

Bild 217. Öffentliches Amt mit Einzelteilnehmern und Nebenstellenanlagen.

a = Öffentliches Amt.
b = Einzelanschluß.
c = Nebenstellenanlage mit Wählerzentrale.
d = Zentrale einer Nebenstellenanlage.
e = Unterzentrale einer Nebenstellenanlage.
f = Reihenschaltanlage (Nebenstellenanlage).
g = Nebenstelle.
h = Außenliegende Nebenstelle.
i = Teilnehmerleitung.
k = Amtsleitungen.
l = Querverbindung zur Unterzentrale.
m = Verbindungsleitungen zwischen den öffentlichen Ämtern.

dehnten Unternehmen der Fall ist, auch aus mehreren Zentralen zusammensetzen, zwischen denen ein entsprechender Verbindungsverkehr eingerichtet wird. Die Zentralen sind dann über **„Querverbindungen"** miteinander verbunden (Bild 217). Besteht eine Nebenstellenanlage aus mehreren Zentralen, so können diese einander gleichberechtigt sein, oder sie sind einer von ihnen als **Unterzentralen** zugeordnet. Entsprechend können die Zentralen alle über Amtsleitungen an das öffentliche Amt angeschlossen sein, oder der Amtsverkehr der Unterzentralen fließt über die Hauptzentrale und die Querverbindungen nach den Unterzentralen. Bei Bedarf kann auch der ankommende Amtsverkehr über die Querverbindungen geleitet werden, während für den abgehenden Amtsverkehr der Unterzentralen eigene Amtsleitungen zur Verfügung stehen (Bild 217).
Wie schon angedeutet, werden im allgemeinen die ankommenden Amtsverbindungen aus betrieblichen Gründen abgefragt und weitergeleitet. Für diese Stelle

findet man Bezeichnungen wie **Abfragestelle** oder **Vermittlungsstelle** (unter Umständen auch noch *Hauptstelle*). Neben dem Weiterleiten ankommender Amtsverbindungen fällt der Abfragestelle noch eine Reihe später erwähnter Aufgaben zu.

### b) Zentrale (Wähleinrichtung)

Die Wähleinrichtung faßt sämtliche Schalteinrichtungen zusammen. Dabei können je nach Größe und Verkehrsstärke entweder Relais (Bild 218) oder Drehwähler und Relais (Bild 219) oder Hebdrehwähler, Drehwähler und Relais (Bild 220) verwendet werden. Die Abbildungen zeigen ferner, daß man die Zen-

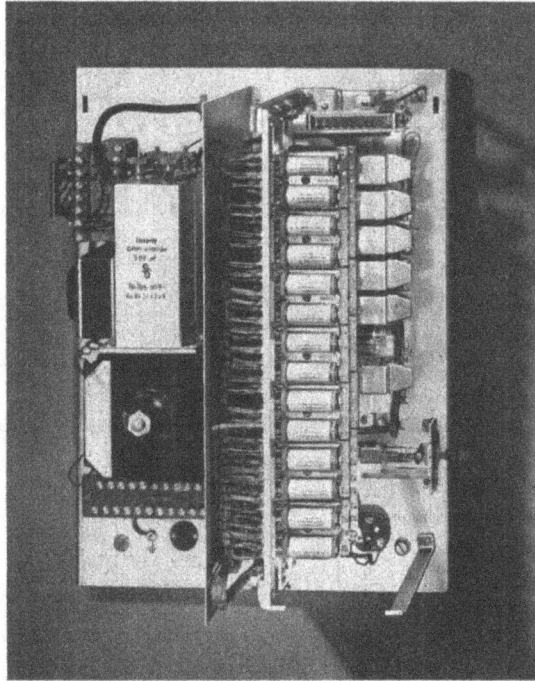

Bild 218. Nebenstellenanlage 1/1.
Relaiszentrale (im Wandgehäuse) für 1 Amtsleitung, 1 Abfragestelle und 1 Nebenstelle. Ein eingebautes Netzanschlußgerät (links) übernimmt die Stromlieferung. Die Zentrale wird durch ein Blechgehäuse geschützt, das die gesamte Einrichtung abdeckt (im Bild abgenommen).

tralen je nach ihrer Größe entweder im Wandgehäuse oder als Gestellaufbau ausführt. Kleine und mittlere Anlagen haben aus wirtschaftlichen Gründen im allgemeinen einen festen Endausbau, während Großanlagen unbegrenzt erweitert werden können.

### c) Berechtigungen der Sprechstellen

Die Zahl der Sprechstellen, von denen aus man mit Teilnehmern des öffentlichen Netzes in Verbindung treten kann, wird im allgemeinen eingeschränkt, weil für sie laufend Gebühren an die zuständige Verwaltung oder Betriebsgesellschaft gezahlt werden müssen.   Diese Einschränkung ist auch sachlich zweckmäßig, da es in jedem Betrieb Sprechstellen gibt, von denen aus niemals Amtsgespräche geführt zu werden brauchen.   Daraus ergibt sich eine verschiedene Wertigkeit der Sprechstellen; gleichzeitig muß aber auch durch bestimmte Vorkehrungen

Bild 219.   Nebenstellenanlage 5/25.
Drehwählerzentrale (im Wandgehäuse) für 5 Amtsleitungen, 1 Abfragestelle und 25 Sprechstellen. Die Zentrale wird durch ein Blechgehäuse geschützt, das die gesamte Einrichtung abdeckt.

gewährleistet werden, daß nur amtsberechtigte Sprechstellen mit den Amtsleitungen in Verbindung treten können.   Die Berechtigung, Amtsgespräche zu führen, kann schließlich für einen Teil der Sprechstellen so eingeschränkt werden, daß man von ihnen aus die Amtsleitungen nicht selbsttätig, sondern nur nach Anruf bei der Abfragestelle zugeteilt erhält.   Dadurch besteht die Möglichkeit, den abgehenden, d. h. den gebührenpflichtigen Amtsverkehr bestimmter Stellen einer gewissen Nachprüfung zu unterziehen.   Der Umfang, in dem von dieser verschiedenen Wertigkeit der Sprechstellen Gebrauch gemacht wird, hängt naturgemäß auch von der Art des geltenden Fernsprechtarifs ab.

Bild 220. Nebenstellenanlage.
Hebdrehwählerzentrale (Gestellaufbau), unbegrenzt erweiterungsfähig.

Für die einzelnen Sprechstellenarten sind verschiedene Bezeichnungen üblich, die von den einzelnen Verwaltungen je nach ihrem Interessenkreis geschaffen worden sind. Sehr verbreitet ist die Benennung „*Nebenstellen*" und „*Hausstellen*". Man unterscheidet in den hier behandelten Wählanlagen demnach (für Schnurvermittlungen und andere Nebenstellenanlagen gilt die sinngemäße Anwendung):

1. **Voll amtsberechtigte Nebenstellen,** von denen aus alle Verbindungen nach anderen Sprechstellen der Anlage und in das öffentliche Netz selbsttätig ohne Hilfe irgendeiner Vermittlungsperson hergestellt werden können (ankommende Amtsverbindungen werden von der Abfragestelle zugeteilt).

2. **Halb amtsberechtigte Nebenstellen,** von denen aus alle Verbindungen mit anderen Sprechstellen der Anlage selbsttätig, die abgehenden Amtsverbindungen jedoch nur unter Mitwirkung der Abfragestelle hergestellt werden können (ankommende Amtsverbindungen werden von der Abfragestelle zugeteilt).

3. **Hausstellen** (auch „nicht amtsberechtigte Sprechstellen" genannt), die nur für den Verkehr innerhalb der Anlage zugelassen sind, die also weder abgehende noch ankommende Amtsgespräche führen können.

Diese Bezeichnung bietet den Vorteil, daß Sprechstellen gleicher Berechtigung für alle Betriebsfernsprechanlagen einheitlich benannt werden: Alle amtsberechtigten Sprechstellen heißen „*Nebenstellen*", und alle Sprechstellen, von denen aus keine Amtsgespräche geführt werden können, werden „*Hausstellen*" (nicht amtsberechtigte Sprechstellen) genannt. Dabei ist es gleichgültig, ob diese Hausstellen an eine Anlage mit Amtsverkehr (= Nebenstellenanlage) oder an eine Anlage ohne Amtsverkehr (= Hausfernsprechanlage) angeschlossen sind, wie es ja auch für den Teilnehmer nur wichtig ist zu wissen, daß er von derartigen Sprechstellen lediglich Hausgespräche führen kann. Bei der Deutschen Post, deren Interessengebiet keine Hausfernsprechanlagen umschließt, werden die Hausstellen als „nicht amtsberechtigte Nebenstellen" bezeichnet.

In Bahnfernsprechanlagen, in denen sich der „Hausverkehr" über das ganze Land, d. h. über sämtliche Anlagen des Bahnnetzes, erstreckt, werden die Hausstellen vielfach **Bahnstellen** genannt. In derartigen Netzen hat sich auch eine Begrenzung in der Verkehrsmöglichkeit bestimmter Bahnstellen herausgebildet, von denen aus dann nur ein Verkehr mit Sprechstellen der eigenen Anlage, also nicht innerhalb des gesamten Bahnnetzes, möglich ist. Derartige Bahnstellen nennt man **begrenzte Bahnstellen**.

Die Sprechstellen können sich sowohl auf dem gleichen Grundstück als auch auf einem anderen als die Abfragestelle und Zentrale befinden; sie werden nach ihrer örtlichen Lage innenliegende und außenliegende Sprechstellen genannt.

Bild 221. Tischfernsprecher mit Nummernschalter und Taste.

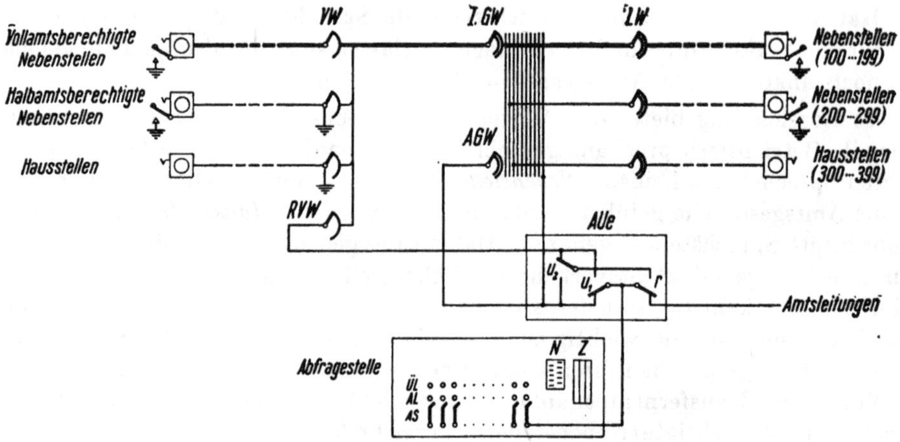

Bild 222. Übersichtsplan einer großen Nebenstellenanlage.
Hervorgehoben: Hausverkehr zwischen den voll amtsberechtigten Nebenstellen.

AGW = Amtsgruppenwähler.                    RVW = Rückfragevorwähler.
 AL = Anruflampe.                            ÜL = Überwachungslampe.
 AS = Abfrageschalter.                        Z = Zahlengeber.
AUe = Amtsübertragung.                         r = Rückfrage-Umsteuerung
  N = Nummernschalter (Zug-).                  u = Umlege-Umsteuerung

**Innenliegende Sprechstellen** befinden sich auf dem gleichen Grundstück, **außen-liegende Sprechstellen** dagegen auf einem anderen Grundstück als Abfragestelle und Zentrale (vgl. Bild 217).

In den hier zugrunde gelegten Nebenstellenanlagen haben außenliegende Sprechstellen die gleichen Verkehrsmöglichkeiten wie innenliegende Sprechstellen.

Die Fernsprecher von Haus- und Nebenstellen unterscheiden sich nur durch eine Taste (Erdungstaste), mit der die Nebenstellen zusätzlich ausgerüstet sind (Bild 221; vgl. auch Bild 63 und 64).

### d) Leitungsnetz

Von der Zentrale führt nur je eine Doppelleitung nach den einzelnen Sprechstellen. Nebenstellen erhalten zusätzlich einen gemeinsamen Erdanschluß, der oft als dritte Ader geführt wird.

### e) Hausverkehr, Innenverkehr

Eine der Aufgaben von Nebenstellenanlagen ist es, Verbindungen von jeder Sprechstelle der Anlage nach jeder anderen Sprechstelle zu ermöglichen (= Hausverkehr, Innenverkehr). Diese Haus- oder Innenverbindungen werden in den hier zugrunde gelegten Anlagen stets vom Teilnehmer selbst durch Wählen hergestellt. In Bild 222 ist innerhalb eines Übersichtsplanes einer Nebenstellenanlage derjenige Teil hervorgehoben, über den der Hausverkehr verläuft.

In vielen Ausführungen wird die Verbindung bei Gesprächsschluß sofort getrennt, wenn einer der beiden Teilnehmer den Handapparat auflegt (Auslösung bzw. Rückauslösung). Als Besonderheit kann noch erwähnt werden, daß es Ausführungen gibt, in denen eine aufgebaute Verbindung sofort selbsttätig auslöst, wenn die angerufene Sprechstelle besetzt gefunden wird. Durch diese Maßnahmen wird erreicht, daß die benutzten Schalteinrichtungen nach Gesprächsschluß bzw. beim Besetztsein des Angerufenen nicht unnötig, z. B. durch Nachlässigkeit der Teilnehmer, dem allgemeinen Verkehr entzogen werden.

### f) Abfragestelle

Art und Aufbau der Abfragestelle richten sich nach der Größe der Nebenstellenanlage. Die kleineren Anlagen benutzen an der Abfragestelle den gleichen Fernsprecher mit Taste, wie er für die Nebenstellen benötigt wird (vgl. Bild 221). Für Anlagen mittlerer Größe sind die für die Bedienung erforderlichen Lampen, Tasten und Schalter usw. handlich in einem Gehäuse untergebracht, das auf einem Tisch aufgestellt werden kann (Bild 223). In großen Anlagen werden ein

Bild 223. Abfragestelle einer Nebenstellenanlage für 10 Amtsleitungen und bis 90 Sprechstellen einschließlich Abfragestelle.

oder mehrere Vermittlungstische vorgesehen (Bild 224). In allen Fällen ist durch die angewendete „Tastenvermittlung“ die Bedienungs- und Vermittlungsarbeit auf ein Mindestmaß beschränkt.

Zum Wählen sind je nach Anlagegröße Drehnummernschalter, Zugnummernschalter oder Zahlengeber eingebaut.

**Nummernschalter,** und zwar Drehnummernschalter sowie der Zugnummernschalter, sind bereits in Abschnitt IV, 2 behandelt.

**Zahlengeber** werden in verschiedenen Ausführungen verwendet. Sie bestehen grundsätzlich aus einem oder mehreren Tastenstreifen, auf dem oder auf denen die Ziffern der zu wählenden Anrufnummer gedrückt werden, und aus einer Schalteinrichtung, die die gedrückten Tasten feststellt und entsprechende Stromstoßreihen aussendet.

Bei *Zahlengebern mit mehreren Tastenstreifen* entspricht die Zahl der Streifen der Stellenzahl der Anrufnummern. Jeder Tastenstreifen ist 11 teilig und hat Tasten für die Ziffern 1...9 und 0 und eine Anlaßtaste (Bild 225). Die zu wählende

Bild 224. Abfragestelle einer großen Nebenstellenanlage mit unbegrenzter Erweiterungsmöglichkeit. Die Zahl der Vermittlungstische
richtet sich nach der Zahl der Amtsleitungen.

Nummer wird ziffernweise und der Reihe nach auf den Tastenstreifen eingestellt;
für vierstellige Anrufnummern sind also vier Streifen (Tausender-, Hunderter-,
Zehner- und Einer-Streifen) erforderlich. Beim Niederdrücken der letzten Taste
(Einerstreifen) beginnt selbsttätig die Stromstoßgabe. Hierbei wird die Kontakt-
einstellung, die sich durch die niedergedrückten und in dieser Stellung verblei-
benden Tasten ergibt, von einer Relaisanordnung festgestellt und in entsprechende
Stromstoßreihen umgesetzt. Soll eine Anrufnummer mit einer niedrigeren
Stellenzahl gewählt werden, d. h. wird z. B. der Einerstreifen für den betreffenden
Wählvorgang nicht benötigt — denn die erste Ziffer wird immer auf dem ersten
Streifen eingestellt usw. —, so muß nach dem Einstellen der Anrufnummer die
Anlaßtaste in der Reihe der zuletzt gedrückten Zifferntaste betätigt werden.
Nach dem Einstellen der Anrufnummer kann die Vermittlungsperson sofort mit
einer neuen Bedienungshandlung beginnen; sie braucht also das „Ablaufen" des
Zahlengebers nicht abzuwarten. Das Arbeiten des Zahlengebers wird durch ein
Lämpchen angezeigt.

Bild 225. Vier Tastenstreifen eines Zahlengebers.

Bei *Zahlengebern mit einem Tastenstreifen* ist der Streifen 10teilig, entsprechend den Ziffern 1...9 und 0. Bei einer seiner Bauarten wird die Anrufnummer ziffernweise abwechselnd gewählt (durch Drücken einer Taste) und anschließend sofort verarbeitet. Es wird also eine Zifferntaste gedrückt und sofort von einem kleinen Wähler abgegriffen und als entsprechende Stromstoßreihe gesendet; ein kleines Lämpchen zeigt diese „Arbeitszeit" des Zahlengebers an. Nach dem Verlöschen des Lämpchens kann die nächste Ziffer gedrückt werden usw. Der Wahlvorgang ähnelt also dem bei Verwendung eines Nummernschalters, nur daß statt des Aufziehens hier lediglich ein kurzzeitiger Tastendruck erforderlich ist. Eine andere Ausführung des Zahlengebers mit nur einem Tastenstreifen läßt die gleiche Bedienungsweise wie beim Zahlengeber mit mehreren Tastenstreifen zu. Obwohl hier nur ein einziger Streifen vorhanden ist, können die Ziffern der Anrufnummer schnell hintereinander gedrückt werden, ohne daß auf ihre weitere Verarbeitung Rücksicht genommen zu werden braucht. Die Ziffern werden vielmehr sofort beim Niederdrücken der Tasten gespeichert. Dies geschieht entweder mittels Kondensatoren, die über verschieden hohe Widerstände entsprechend den einzelnen Ziffern verschieden aufgeladen werden, oder mittels Relaisanordnungen, deren Endstellung jeweils der gedrückten Ziffer entspricht. Die gespeicherte Ziffernfolge wird so schnell wie möglich im allgemeinen schon während des „Wählens" selbst, abgegriffen und in Form von Stromstoßreihen gesendet.

### g) Abgehender Amtsverkehr

Von einer voll amtsberechtigten Nebenstelle aus kann man eine freie Amtsleitung selbsttätig durch Wählen einer im allgemeinen einstelligen Kennzahl erreichen (Bild 226). An Stelle dieser *Kennzahlenwahl* findet man in kleineren Anlagen unter Umständen die „Anwahl" einer Amtsleitung durch Tastendruck. Ist die Amtsleitung bereitgestellt, so ertönt das Wählzeichen des öffentlichen Amtes als Aufforderung, mit dem Wählen der Anrufnummer des gewünschten Amtsteilnehmers zu beginnen. Ist das öffentliche Amt noch nicht für Wählbetrieb eingerichtet, so muß naturgemäß das Melden der Beamtin abgewartet werden.

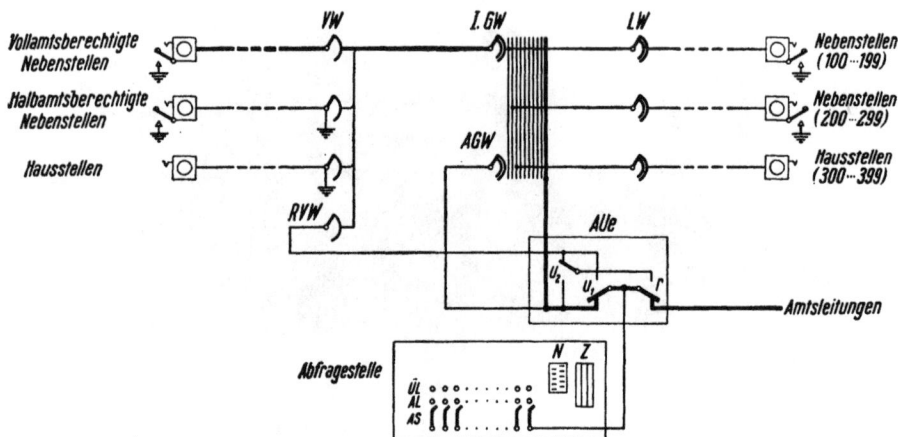

Bild 226. Übersichtsplan einer großen Nebenstellenanlage.
Hervorgehoben: Abgehender Amtsverkehr von einer voll amtsberechtigten Nebenstelle aus.

Soll von einer halb amtsberechtigten Nebenstelle aus ein Amtsgespräch geführt werden, so muß zuerst die Abfragestelle im Hausverkehr angerufen werden. Von dort aus wird dann eine freie Amtsleitung zugeteilt.

Die „Anwahl" einer freien Amtsleitung kann also entweder mittels Kennzahl oder mittels Tastendruckes vorgenommen werden. Der Tastendruck, der vorwiegend in kleineren Anlagen verwendet wird, erscheint ohne Zweifel auf den ersten Blick als sehr einfach und zweckmäßig. Die Kennzahlenwahl dagegen bietet schaltungstechnische Vorteile z. B. in Nebenstellenanlagen, von denen aus Amts- oder Verbindungsleitungen nach verschiedenen öffentlichen Ämtern oder Unterzentralen führen; ferner wird der Tastendruck bereits für das Einleiten zahlreicher anderer Schaltvorgänge benutzt, die später noch ausführlicher erwähnt werden, wie:

1. Einleiten einer Rückfrageverbindung.
2. Rückschalten von der Rückfrageverbindung auf die bestehende Amtsverbindung.
3. Selbsttätiges Umlegen einer Verbindung (Übernahme eines Amtsgespräches von einer in Rückfrage angerufenen Nebenstelle aus).
4. Aufschalten von bevorzugten Nebenstellen aus auf bestehende Amts- und Hausgespräche.
5. Aufforderungszeichen nach der Abfragestelle, in ein bestehendes Amtsgespräch einzutreten.

Bereits diese kurze Aufzählung zeigt, daß der Tastendruck schon eine Reihe von Vorgängen steuert, die Kennzahlenwahl also eine gewisse Entlastung in der Technik bringen kann.

Beim Abheben des Handapparates stellt die Vorwahlstufe sofort einen freien Innenweg bereit. Erst danach fällt durch das Wählen der Kennzahl bzw. durch das Drücken der Taste die Entscheidung, ob ein Amtsgespräch geführt werden

soll. In einem Teil der Anlagen wird anschließend an das Belegen der Amtsleitung der beim Abheben belegte Innenweg sofort wieder freigegeben und steht
weiteren Verbindungen zur Verfügung. Hierbei kann der Zustand eintreten,
daß zwar noch Amtsleitungen frei, alle Innenwege jedoch besetzt sind. Um für
diesen Fall noch das Zuordnen von Amtsleitungen zu ermöglichen, ist in den
betreffenden Anlagen oftmals ein sog. „**Hilfssatz**" oder „**Blindsatz**" (z. B. **Hilfs-
anrufsucher, Hilfsrelaiskette** usw.) vorgesehen. Hierüber kann dann zwar eine
freie Amtsleitung erreicht, jedoch keine Hausverbindung aufgebaut werden;
diese Einrichtungen sollen also sicherstellen, daß freie Amtsleitungen bei Bedarf
unter allen Umständen in Anspruch genommen werden können.

### h) Ankommender Amtsverkehr

Ein ankommender Amtsanruf wird an der Abfragestelle angezeigt. Dies geschieht
in Anlagen mit **einer** Amtsleitung durch ein Weckerzeichen, in Anlagen mit
mehreren Amtsleitungen durch Aufleuchten der zugehörigen Anruflampe und
durch ein abschaltbares Weckerzeichen. Nach dem Abfragen findet die Weitervermittlung mittels Nummernschalters oder Zahlengebers statt.

Sobald die ankommende Amtsverbindung bis zur gewünschten Nebenstelle
aufgebaut ist, schaltet sie sich in den hier besprochenen Bauarten selbsttätig in
Rufstellung. Die Vermittlungsperson kann daher sofort nach Beendigung des
Wahlvorganges aus der Verbindung austreten und sich anderweitig beschäftigen.
Bei entsprechender Dienstvorschrift kann sie jedoch auch bis zum Melden des
Nebenstellenteilnehmers in der Verbindung bleiben, um z. B. die Verbindung
ungehört vom Amtsteilnehmer anzubieten. Der Zustand der angewählten Nebenstelle (frei oder besetzt) wird in Anlagen mit mehr als einer Amtsleitung sowohl
akustisch als auch optisch an der Abfragestelle angezeigt.

Ist die angewählte Nebenstelle besetzt, so schaltet sich die Verbindung selbsttätig in **Wartestellung**. Beendet der gewünschte Teilnehmer sein Gespräch durch
Auflegen des Handapparates, so beginnt sofort selbsttätig der Ruf für die wartende
Amtsverbindung. Diese ist nach dem Abheben des Handapparates durchverbunden (Bild 227).

Wenn die gewünschte Nebenstelle besetzt ist, kann die Vermittlungsperson dies
selbstverständlich dem Amtsteilnehmer mitteilen und ihn zum Warten auffordern.
In dringenden Fällen kann sie sich auch durch Drücken einer Taste auf das bestehende Gespräch aufschalten und die ankommende Amtsverbindung, ebenfalls
ungehört vom Amtsteilnehmer, anbieten. Das **Aufschalten** wird durch ein deut-
liches Tickerzeichen angezeigt, um unbemerktes Teilnehmen an Gesprächen zu
unterbinden.

Jede Amtsleitung ist an der Abfragestelle mit einer Haltetaste ausgerüstet.
Durch Ziehen oder Drehen dieser Taste kann die Vermittlungsperson die **Amtsverbindung halten**. Dadurch besteht die Möglichkeit, nach dem Abfragen z. B.
erst dringendere Anrufe zu erledigen oder Teilnehmer durch Hausanrufe an bestimmte Fernsprecher zu bestellen.

Die Haltetasten können auch für sog. **Kettengespräche** verwendet werden. Will
nämlich ein Amtsteilnehmer nacheinander mehrere Nebenstellenteilnehmer

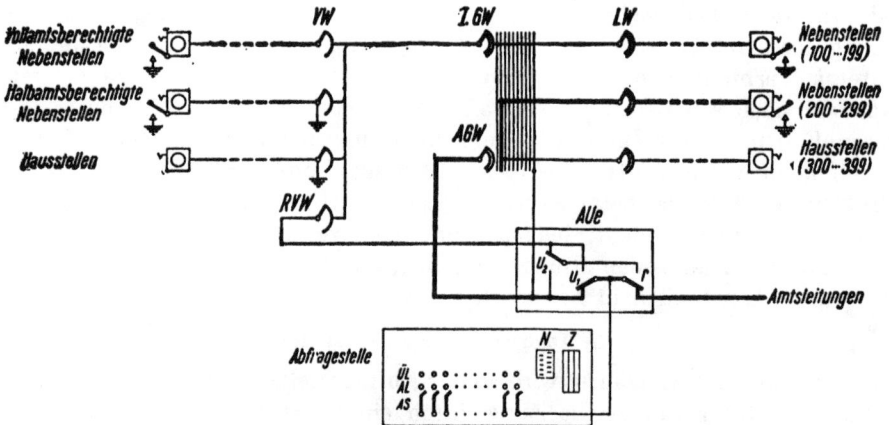

Bild 227. Übersichtsplan einer großen Nebenstellenanlage.
Hervorgehoben: Ankommender Amtsverkehr nach einer der Nebenstellen 200...299.

sprechen, so teilt er dies der Vermittlungsperson mit; diese verhindert durch
Betätigen der Haltetaste, daß die Amtsverbindung durch Auflegen an einer
Nebenstelle selbsttätig auslöst.  Wird in diesem Falle der Handapparat einer
Nebenstelle bei Gesprächsschluß aufgelegt, so findet sofort ein *Wiederanruf* an
der Abfragestelle statt, die die nächste Verbindung herstellt usw.

Hat die Vermittlungsperson eine falsche Verbindung aufgebaut oder will der
gewählte Nebenstellenteilnehmer die angebotene Verbindung nicht entgegennehmen, so kann durch Drücken einer **Trenntaste** der innerhalb der Anlage aufgebaute Teil der Amtsverbindung wieder ausgelöst werden.

### i) Rückfrage

Während eines Amtsgespräches ist es oft erforderlich, daß der sprechende Neben-
stellenteilnehmer eine andere Stelle zwecks Auskunft usw. anruft.  Zu diesem
Zweck hat er bei den hier zugrunde gelegten Bauarten lediglich die Taste seines
Fernsprechers zu drücken.  Danach kann er die gewünschte Verbindung durch
Wählen mit dem Nummernschalter herstellen (**Rückfrage, Rückfrageverbindung,
Rückfragegespräch**).  Für diese Rückfrage steht die gleiche Doppelleitung zur
Verfügung, die für das Amtsgespräch benutzt wurde (**Simplex-Rückfrage**).  Die
Amtsverbindung wird selbsttätig gehalten, d. h. die Auslösung wird selbsttätig
verhindert, ohne daß der Amtsteilnehmer das Rückfragegespräch mithören kann.
In Bild 228 sind die Rückfrageverbindung und die gehaltene Amtsverbindung
hervorgehoben.  Ist das Rückfragegespräch beendet, so genügt ein kurzzeitiger
Tastendruck, um die Amtsverbindung wieder zur ursprünglichen Stelle durch-
zuschalten und die Rückfrageverbindung auszulösen.

Eine derartige Rückfrage ist nicht nur auf den Hausverkehr beschränkt, sondern
kann unter Umständen auch über eine zweite Amtsleitung mit einem Teilnehmer
des öffentlichen Netzes geführt werden.

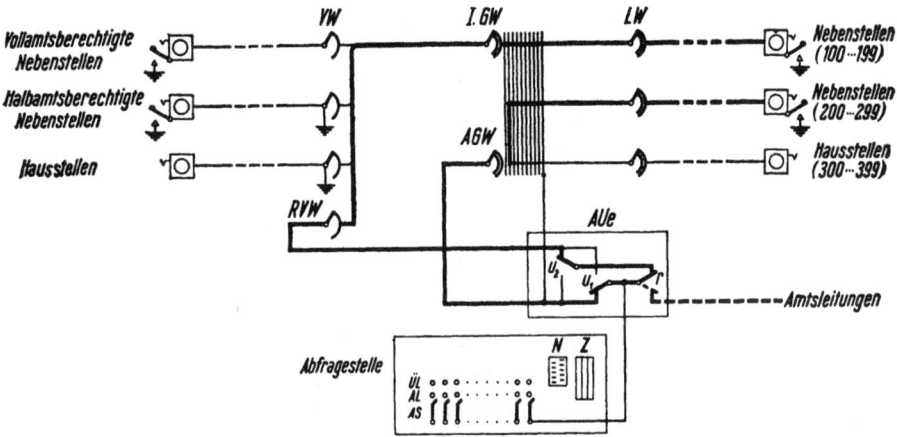

Bild 228. Übersichtsplan einer großen Nebenstellenanlage.
Hervorgehoben: Rückfrageverbindung von einer der Nebenstellen 200...299 nach einer der
Nebenstellen 100...199.

### k) Umlegen einer Amtsverbindung

Nach Beendigung eines Gespräches kann der Amtsteilnehmer den Wunsch äußern, anschließend mit einer anderen Stelle verbunden zu werden. Dieses **Umlegen einer Amtsverbindung** kann sowohl durch die Vermittlungsperson als auch vom Nebenstellenteilnehmer selbst vorgenommen werden.

Um die Vermittlungsperson zum Eintritt in die Verbindung zu veranlassen, hat der Nebenstellenteilnehmer die Taste seines Fernsprechers eine Zeitlang zu drücken. Die Vermittlungsperson nimmt dann die Umlegeaufforderung von dem Nebenstellenteilnehmer entgegen.

Das Umlegen durch den Nebenstellenteilnehmer selbst erspart den Umweg über die Abfragestelle und ist in nicht zu großen Betrieben ohne Zweifel die schnellste Möglichkeit. Hierbei hat der Nebenstellenteilnehmer die gewünschte Nebenstelle in „Rückfrage" anzurufen. Dort wird die Amtsverbindung durch Tastendruck übernommen. Bild 229 zeigt den Weg einer umgelegten Verbindung. Die Umlegung ist nach Betätigen der u-Kontakte durchgeführt. Auch der dann sprechende Nebenstellenteilnehmer kann nun seinerseits beliebig oft Rückfragen halten oder das Gespräch umlegen lassen bzw. es selbst umlegen (zweite Umlegung). In Bild 230 ist der Verlauf einer Rückfrageverbindung nach einer Umlegung dargestellt.

### l) Nachtschaltung

In sehr vielen Betrieben wird einige Zeit nach Betriebsschluß auch der Dienst in der Fernsprechvermittlung eingestellt. Ankommende Amtsanrufe sollen aber auch dann noch entgegengenommen werden können. Zu diesem Zweck sind in der Abfragestelle sog. „Nachtschalter" vorgesehen, durch deren Betätigen die einzelnen Amtsleitungen verschiedenen Nebenstellen zugeordnet werden (**Nacht-stellen; Nachtschaltung**). Ankommende Amtsrufe gelangen dann sofort zu diesen

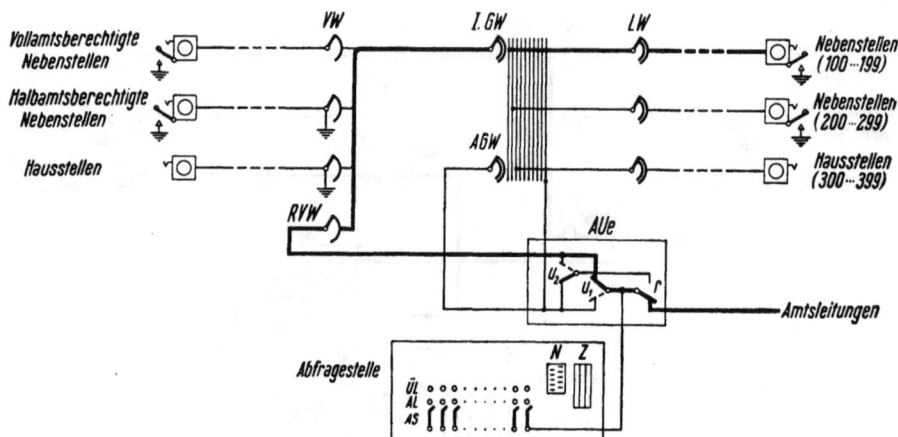

Bild 229. Übersichtsplan einer großen Nebenstellenanlage.
Hervorgehoben: Die in Rückfrage angerufene Nebenstelle (100...199) hat die Amtsverbindung
übernommen — Gesprächsumlegung durch den Nebenstellenteilnehmer.

Nachtstellen. Je nach Bedarf kann jede der Amtsleitungen einer anderen Nebenstelle zugeordnet werden (**Nachtnebenstelle; Einzel-Nachtschaltung**), oder alle
Amtsleitungen werden auf eine einzige Nebenstelle umgeschaltet (**Nachtvermittlungsstelle, Nachtabfragestelle; Sammel-Nachtschaltung**). Der Haus- oder Amtsverkehr der betreffenden Sprechstellen wird durch die Nachtschaltung in keiner
Weise beeinträchtigt.

Als Nachtnebenstelle oder Nachtvermittlungsstelle kann jede Nebenstelle vorgesehen werden, die auch ihren üblichen Fernsprecher mit Taste behält. Auch
außenliegende Nebenstellen — in kleineren Betrieben z. B. in der Wohnung des
Inhabers oder einer leitenden Person — können als Nachtnebenstellen oder
Nachtvermittlungsstellen eingesetzt werden. Eine etwa erforderlich werdende
Weitervermittlung eines ankommenden Amtsgespräches wird von diesen Stellen
in der gleichen Weise durchgeführt, wie dies bei der „Gesprächsumlegung durch
den Teilnehmer" beschrieben wurde. Führt eine Nachtnebenstelle bereits ein
Hausgespräch, so kündet sich ein ankommender Amtsanruf durch ein Tickerzeichen an. Desgleichen werden bei der Nachtvermittlungsstelle Amtsanrufe,
die während eines Gespräches eintreffen, gespeichert (Tickerzeichen) und können
nacheinander abgefragt und weitergeleitet werden.

Die Nachtstellen werden vom öffentlichen Amt aus durch Nacht-Anrufnummern angerufen, die im Teilnehmerverzeichnis für den Nachtverkehr besonders angegeben sind (vgl. Abschnitt XI, 4 b).

### m) Zusatzeinrichtungen

Die in großen Zügen geschilderte Betriebsweise neuzeitlicher Nebenstellenanlagen
zeigt, daß diese Anlagen den unterschiedlichsten Teilnehmerwünschen angepaßt
sind. Die hierfür erforderlichen Schalteinrichtungen bilden im Bereich der
Deutschen Post sozusagen die Grundausstattung der Nebenstellenanlagen; diese
muß zwar bedingungsgemäß den Regelbedingungen genügen, ist aber system-

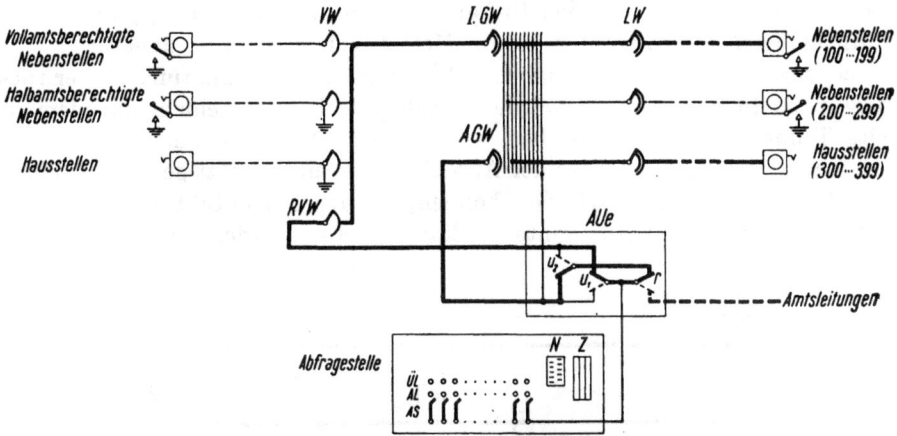

Bild 230. Übersichtsplan einer großen Nebenstellenanlage.
Hervorgehoben: Rückfrageverbindung nach einer der Hausstellen 300...399, nachdem bereits
vorher eine Umlegung stattgefunden hat.

mäßig keinerlei Einschränkung unterworfen. Über den Rahmen der Regelbedingungen hinaus können besondere Bedingungen durch Zusatzeinrichtungen erfüllt werden. Einen Teil dieser Zusatzeinrichtungen faßt man unter der Bezeichnung Ergänzungsausstattung zusammen; sie werden nur auf besonderen Wunsch des Teilnehmers, der sich eine Nebenstellenanlage beschafft, vorgesehen. Sowohl die Regel- als auch die Ergänzungsausstattung und damit ein Teil der Zusatzeinrichtungen sind für den Bereich der Deutschen Post kostenmäßig festgelegt.

Einige von diesen Zusatzeinrichtungen sowohl der Ergänzungsausstattung als auch sonstige sollen ergänzend zu den allgemeinen Betriebsbedingungen der Nebenstellenanlagen kurz besprochen werden:

**1. Selbsttätige Rufweiterschaltung.** Hierdurch werden Anrufe selbsttätig auf eine bestimmte andere Sprechstelle weitergeschaltet, wenn sich der Angerufene nicht innerhalb einer gewissen Zeit meldet. Eine „Weiterschalteinrichtung" gibt also ganz allgemein die Möglichkeit, Gespräche in Abwesenheit eines Teilnehmers von dessen Vertreter entgegennehmen zu lassen. Für den ankommenden Amtsverkehr hat eine selbsttätige Rufweiterschaltung insofern Bedeutung, als nicht abgefragte Anrufe hiermit selbsttätig von der Abfragestelle auf die Nachtnebenstellen bzw. von den Nachtnebenstellen auf eine Nachtvermittlungsstelle umgeleitet werden können.

In Bild 231 ist als Beispiel der allgemeine Fall einer Weiterschaltung von einer Sprechstelle (1) nach einer anderen (2) dargestellt. Wird der VW der Sprechstelle 1 von einem LW belegt, so wird die Wicklung Th des Thermokontaktes über die Kontakte $t_1$, ab, u geheizt. Meldet sich der Teilnehmer innerhalb einer bestimmten Zeit, so trennt das Abschalterelais Ab den Heizkreis auf. Meldet er sich jedoch nicht, so schaltet der Thermokontakt th nach einiger Zeit das U-

Relais (Wicklung I) ein, das den Ruf auf die Sprechstelle 2 umlegt, an der dann
der Anruf beantwortet werden kann. Meldet sich der zuerst angerufene Teilnehmer, bevor der zweite abgehoben hat, so wird die Umschaltung wieder rückgängig gemacht (Ab-Relais); würde er sich jedoch erst melden, nachdem der
zweite Teilnehmer abgehoben hat, so bleiben beide Teilnehmer angeschaltet
(U-Relais, Wicklung II). Wäre der Anschluß 2 bereits besetzt gewesen, so hätte
keine Weiterschaltung stattfinden können, da der $t_2$-Kontakt in diesem Fall
die Heizwicklung des Thermokontaktes kurzschließen würde. Das Hinzuschalten

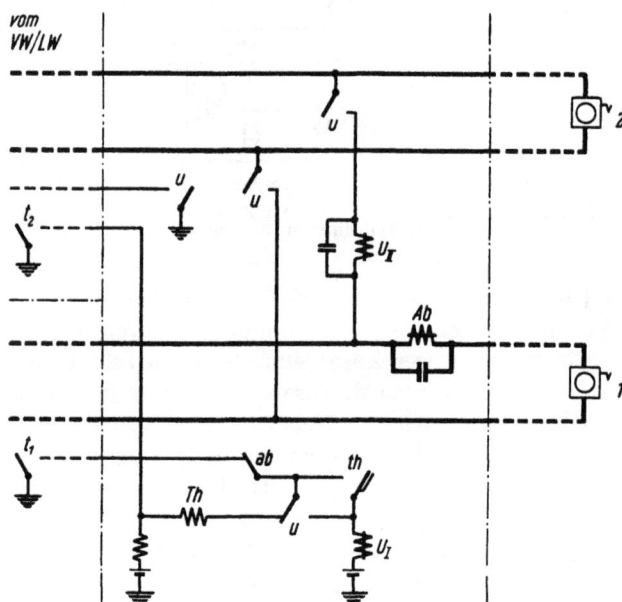

Bild 231. Selbsttätige Rufweiterschaltung.

einer zweiten Verbindung zu einer bestehenden und damit eine Doppelverbin-
dung ist also nicht möglich.

**2. „Zweiter Fernsprecher".** Hierunter wird ein zusätzlicher Fernsprecher
am gleichen Fernsprechanschluß verstanden. Einer einzigen Teilnehmerleitung
werden also zwei Fernsprecher zugeordnet, die anschlußmäßig jedoch als eine
Sprechstelle gelten. Beide Fernsprecher werden also unter derselben Anrufnummer erreicht. Dabei können die Arbeitsplätze der beiden Teilnehmer sich
sowohl im gleichen Raum befinden als auch räumlich voneinander getrennt
sein. Durch diese Einrichtung werden einmal Anschlußmittel gespart, da in
der Zentrale keinerlei Erweiterungen gegenüber dem Anschluß einer gewöhnlichen
Sprechstelle notwendig werden; sodann können auf einfache Weise „Vertreter-
anschlüsse" gebildet bzw. Dienststellen organisatorisch straffer zusammengefaßt
werden. Es ergibt sich also bei Bedarf eine Reihe wirtschaftlicher und betrieblicher Vorteile.

Der „zweite Fernsprecher" ist in der Regel ein ebenso einfacher Fernsprecher wie der, mit dem er zusammengeschaltet wird. In Wählanlagen findet man ferner auch Fernsprecher ohne Nummernschalter als „zweite Fernsprecher", die dann nur für ankommenden Verkehr bestimmt sind. Ein Verkehr zwischen den beiden Fernsprechern ist nicht vorgesehen.

Es gibt verschiedene Möglichkeiten, die beiden Fernsprecher zusammenzuschalten. Sie können beide gleichberechtigt, einer kann jedoch auch vorberechtigt sein. Ferner können beide Fernsprecher bei einem Gespräch angeschaltet bleiben

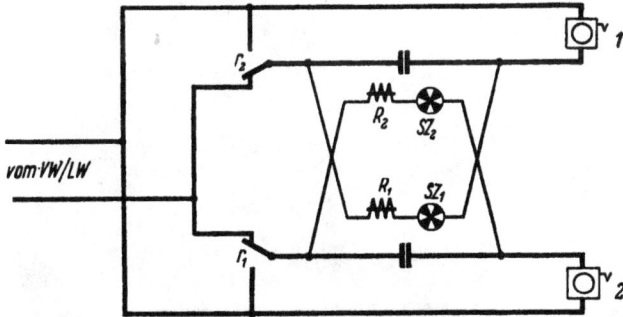

Bild 232. Beispiel eines „zweiten Fernsprechers" für den Fall, daß beide Fernsprecher im Ruhezustand angeschaltet sind, daß beide gleichberechtigt sind und daß einer den anderen während eines Gespräches abschaltet.

oder der nicht benutzte Fernsprecher wird jeweils abgeschaltet. Diese Abschaltung kann sowohl selbsttätig als auch von Hand mittels Schalters vorgenommen werden. Schließlich kann die Anordnung auch so getroffen werden, daß der „zweite Fernsprecher" nur bei Bedarf, wenn der andere Teilnehmer z. B. seinen Arbeitsplatz verläßt, mittels Schalters an Stelle des ursprünglichen Fernsprechers angeschaltet wird. Unter Umständen kann auch ein Schauzeichen den Betriebszustand der anderen Sprechstelle anzeigen.

In Bild 232 ist die Anschaltung eines „zweiten Fernsprechers" für den Fall dargestellt, daß beide Fernsprecher im Ruhezustand stets gleichzeitig angeschaltet und beide einander gleichberechtigt sind; die beiden Stellen können sich gegenseitig nicht abhören. Bei einem ankommenden Anruf ertönt der Wecker beider Fernsprecher. Spricht z. B. die Stelle 1, so trennt das $R_1$-Relais mit $r_1$ eine Sprechader zum Fernsprecher 2 auf und schließt diesen kurz. Gleichzeitig zeigt dort das Schauzeichen $SZ_1$ an, daß die andere Stelle spricht.

**3. Zweieranschlüsse.** Die Erweiterung einer Sprechstelle durch einen „zweiten Fernsprecher" ist die einfachste Art, zwei Fernsprecher über eine einzige Leitung an die Zentrale anzuschließen. Die beiden so zusammengeschalteten Fernsprecher bilden dann, wie bereits gesagt, eine Sprechstelle und müssen daher auch betrieblich irgendwie näher zusammengehören.

Zwei nicht zusammengehörende Sprechstellen, die zwar nahe beieinander, jedoch entfernt von der Zentrale liegen, können über eine entsprechende Schalteinrichtung (Sperrschaltung) zu einem Zweieranschluß zusammengefaßt werden.

Bild 233. Direktoren-Fernsprecher.

Im Bedienungsfeld von links nach rechts: Anschluß für Amtsverkehr; Anschluß für Hausverkehr; Leitung zum Sekretär-Fernsprecher; Mithöraufforderung für den „Sekretär"; zwei Umschalte-
tasten zum Umschalten der Anrufe auf den Sekretär-Fernsprecher;
Sondertasten.

Die beiden Teilnehmer sind dann über eine gemeinsame Anschlußleitung an
die Zentrale angeschlossen. Diese Leitung können sie naturgemäß nicht gleichzeitig benutzen, so daß nur Sprechstellen mit geringerem Verkehr für Zweieranschlüsse in Betracht kommen (vgl. Abschnitt X, 2a).

**4. Direktoren- und Sekretär-Fernsprecher.** Derartige Sonderfernsprecher erfüllen weitgehend die Forderung: „Was der Vertreter erledigen kann, darf nicht
den Chef belasten". Ihr Ausbau richtet sich nach dem Umfang der zu erfüllenden
Aufgaben. Es können Reihenschaltfernsprecher, größere Sonderfernsprecher mit
Relaiseinrichtungen (Bild 233 und 234) bis zu den ausgeklügeltesten Fernsprechtischchen vorgesehen sein. An beiden Stellen, nämlich bei dem „Direktor" und bei
dem „Sekretär", enden dann sowohl Leitungen für Amtsverkehr als auch solche
für Hausverkehr; die Anschlüsse für den „Direktoren-Fernsprecher" sind außerdem am „Sekretär-Fernsprecher" wiederholt. Werden die entsprechenden Dreh-
tasten betätigt, so kommen alle Anrufe zuerst beim Sekretär an, der sie je nach
Wichtigkeit entweder selbst abfertigt oder zu seinem Vorgesetzten weiterleitet. Für
den Verkehr zwischen „Direktor" und „Sekretär" steht eine unmittelbare Leitung
zur Verfügung. Der „Sekretär" kann auch alle abgehenden Verbindungen für
den „Direktor" herstellen und die fertigen Verbindungen übergeben. Eine besondere Tasten- und Lampenreihe dient der „Mithöraufforderung", d. h. der
„Direktor" kann dem „Sekretär" durch Tastendruck ein Zeichen geben, daß
dieser als Zeuge an einem Gespräch teilnehmen soll. Weitere Tasten werden

Bild 234. Sekretär-Fernsprecher.
Im Bedienungsfeld von links nach rechts: Anschluß für eigenen
Amtsverkehr; Anschluß für Amtsverkehr des „Direktors"; An-
schluß für Hausverkehr des „Direktors"; Anschluß für eigenen
Hausverkehr; Leitung zum Direktoren-Fernsprecher mit Mit-
höraufforderung vom „Direktor"; Sondertasten.

zum Botenruf, zur Einschaltung eines Besetztzeichens an der Tür, für den Dik-
tieranruf usw. verwendet.

Bei größeren „Direktoren- oder Sekretär-Fernsprechern", die außerdem Kon-
ferenzeinrichtungen enthalten können, wird das gesamte Tasten- und Lampen-
feld auch in einem fahrbaren Fernsprechtischchen untergebracht. Oder als
Gegensatz hierzu: der „Direktor" benutzt nur einen einfachen Fernsprecher
(u. U. mit einer Lautfernsprechanlage = freistehendes Mikrofon und Laut-
sprecher), während die gesamte Bedienungseinrichtung im Vorzimmer untergebracht ist; dort werden alle Verbindungen für den „Direktor" vorbereitet
und zu ihm durchgeschaltet.

In jedem Falle werden alle Schaltvorgänge durch einfachen Tastendruck eingeleitet. Besetztlampen zeigen an, wenn vom anderen Fernsprecher aus ein
Gespräch auf einer der gemeinsamen Leitungen geführt wird.

**5. Mitsprech- und Aufschalteeinrichtungen.** Hierdurch erhalten bevorzugte
Sprechstellen die Möglichkeit, an anderen Gesprächen teilzunehmen. Je nach
Anlageart kann dies z. B. durch Einschalten in die Amtsleitungen oder durch
Aufschalten auf die Teilnehmeranschlüsse geschehen.

**6. Türbesetztanzeige.** Vor den Zimmern leitender Personen ist des öfteren eine
„Besetztlampe" oder „Konferenzlampe" angebracht, die durch Tastendruck
vom Zimmer aus eingeschaltet werden kann und dann anzeigen soll, daß Besuche
im Augenblick unerwünscht sind. Diese Einrichtung kann derart in Verbindung

mit der Betriebsfernsprechanlage gebracht werden, daß man durch Wählen einer bestimmten Anrufnummer feststellen kann, ob die Lampe ausgeschaltet (es ertönt das Rufzeichen) oder eingeschaltet ist (Besetztzeichen). Es kann also ohne Zeitverlust und ohne Störung für den Betreffenden festgestellt werden, ob dieser im Augenblick zu sprechen ist oder nicht.

**7. Personensuchanlage.** Es ist von großem Nutzen, betriebswichtige Personen auch dann schnell fernmündlich zu erreichen, wenn sie sich nicht an ihrem Arbeitsplatz aufhalten. Zu diesem Zweck sind sog. „Personensuchanlagen" als Ergänzung zur Betriebsfernsprechanlage entwickelt worden.

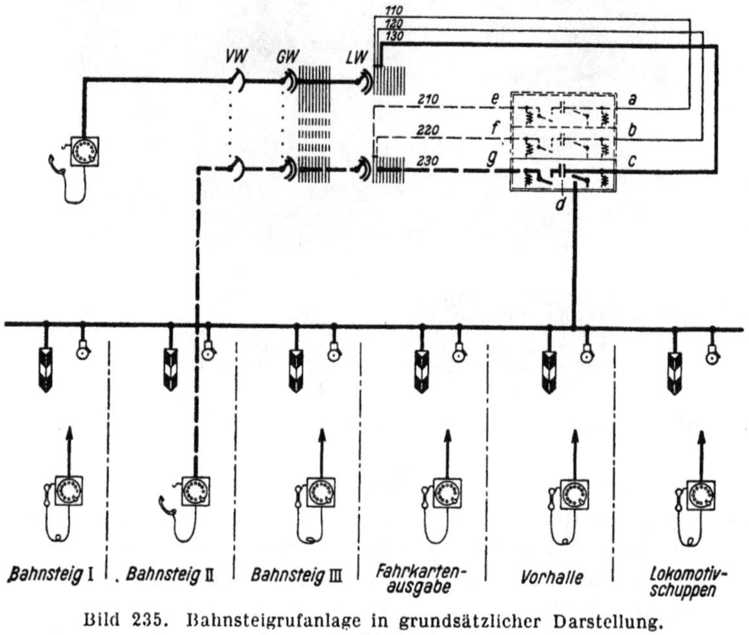

Bild 235. Bahnsteigrufanlage in grundsätzlicher Darstellung.
a, b, c = Suchleitungen,
d = Sucheinrichtung.
e, f, g = Meldeleitungen.

An geeigneten Stellen des Betriebes befinden sich Lampentafeln (im allgemeinen fünfteilig), an denen bis 30 verschiedene Suchzeichen aufleuchten können. Der Suchende kann von jedem beliebigen Fernsprecher der Anlage aus die Anrufnummer der Sucheinrichtung und anschließend die Kennummer des Gesuchten wählen. Danach leuchtet an allen Lampentafeln das betreffende Suchzeichen, auf das durch Weckerzeichen aufmerksam gemacht wird. Der Gesuchte hat daraufhin nur die für alle Teilnehmer gemeinsame Meldenummer von einem beliebigen Fernsprecher aus zu wählen und ist mit dem Suchenden verbunden. Auf diese Weise können auch ankommende Amtsverbindungen, z. B. Ferngespräche, schnell überwiesen werden.

Eine Abart dieser allgemeinen „Personensuchanlage" wird im Bahnverkehr als sog. „Bahnsteigrufanlage" verwendet (Bild 235). Hierbei erhält jeder „Bahnteilnehmer", der gesucht werden soll, eine besondere Einrichtung (d) zugeordnet, die jeweils durch eine bekannte Suchnummer (z. B. 130) erreicht werden kann. Zur Entgegennahme des Gespräches wählt der Gesuchte eine nur ihm bekannte Meldenummer (z. B. 230). Durch diese Sonderausführung wird sichergestellt, daß stets nur der Gesuchte das Gespräch entgegennehmen kann.

**8. Konferenzanlagen.** Fernmündliche Konferenzen bieten zweifellos zahlreiche Vorteile. Wichtige Fragen können schnell erörtert werden, ohne daß erst eine zeitraubende persönliche Zusammenkunft verabredet zu werden braucht. Ferner hat jeder Konferenzteilnehmer, da er an seinem Arbeitsplatz verbleibt, alle Unterlagen zur Hand bzw. kann sofort in seinem Arbeitsraum Rückfragen stellen. Die Einberufung der Konferenz ist denkbar einfach. Der „Einberufer" braucht an seiner Sprechstelle nur die Tasten der gewünschten Mitarbeiter zu drücken und erkennt an den zugehörigen Überwachungslampen, wer sich schon oder noch nicht gemeldet hat. Bei zweckvoller Begrenzung der Anforderungen an eine Konferenzanlage ergeben sich damit wertvolle Arbeitshilfen.

Derartige Konferenzanlagen können als selbständige bzw. unabhängige Einrichtungen ausgeführt sein, sie können aber auch Leitungsnetz und Fernsprecher der vorhandenen Betriebsfernsprechanlagen weitgehend mitbenutzen. Im letzten Falle können auch Amtsgespräche geführt werden, an denen wahlweise Mitarbeiter des „Konferenzeinberufers" teilnehmen. Wie schon erwähnt, kann die Konferenzeinrichtung des „Einberufers" mit der Einrichtung des „Direktoren- oder Sekretär-Fernsprechers" in einem gemeinsamen Fernsprecher oder Fernsprechtischchen vereinigt werden.

**9. Sperreinrichtungen für Verbindungen erhöhter Gebühr.**

In allen Fällen, in denen für derartige Gespräche eine Handvermittlung in dem betreffenden Fernamt usw. vorgesehen ist, muß bei der Anmeldung die Anrufnummer der benutzten Amtsleitung angegeben werden. Diese kennt aber der Nebenstellenteilnehmer in Anlagen mit mehreren Amtsleitungen im allgemeinen nicht. Er muß also hierfür die Hilfe der Abfragestelle in Anspruch nehmen, die ja auch wissen muß, wem sie später das angemeldete Gespräch zuzuteilen hat. Hierdurch ergibt sich zwangsweise eine Kontrolle über den Umfang der veranlaßten Verbindungen erhöhter Gebühr und darüber, ob die veranlassenden Teilnehmer hierzu berechtigt sind.

In Fällen aber, in denen diese Verkehrsarten selbsttätig abgewickelt werden können, kann man durch geeignete Sperreinrichtungen, z. B. Mitlaufwerke usw., den Nebenstellenteilnehmer zwingen, die Gespräche ebenfalls bei der Abfragestelle anzumelden. Diese Sperreinrichtungen lösen die fälschlich begonnene Verbindung sofort wieder aus oder fangen sie, wenn entgegen der Vorschrift die nicht erlaubten Kennzahlen gewählt werden. Hierdurch wird dann die betrieblich unter Umständen erwünschte Erfassung dieser Gespräche gewährleistet.

## 4. SAMMELANSCHLÜSSE IM WÄHLERAMT

Ist eine Nebenstellenanlage (oder entsprechend auch ein Wählsternschalter für Durchwahl) mit mehr als eine Amtsleitung (Hauptleitung) an das öffentliche Wähleramt angeschlossen, so müssen sämtliche dieser zusammengehörigen Amtsleitungen (Hauptleitungen) unter einer Anrufnummer erreicht werden können. Sie werden daher am LW zu einem sog. Sammelanschluß zusammengefaßt. Der LW wird dann durch Wahl der Anrufnummer des betreffenden Sammelanschlusses auf dessen ersten Ausgang eingestellt und sucht den Sammelanschluß, sofern diese erste Leitung besetzt ist, selbsttätig nach einem freien Ausgang ab. Der Anrufende gelangt also zur Nebenstellenanlage, ohne daß er bei Besetztsein des gewählten Ausganges nochmals eine andere Anrufnummer zu wählen braucht. Ein derartiger „LW mit Freiwahl" ist mit einem Sammelkontakt ausgerüstet (vgl. Abschnitt III, 1c), mittels dessen sich der LW solange selbsttätig über besetzte Ausgänge weiterschaltet, bis er einen freien Ausgang erreicht hat und die Drehbewegung durch einen Prüfvorgang beendet wird oder bis er auf dem letzten Schritt des Sammelanschlusses angekommen ist. Auf diesem letzten Schritt des Sammelanschlusses ist z. B. beim Viereckwähler der Zahn aus dem kammartigen Segment des Sammelkontaktes (Bild 30) herausgeschnitten; der Stromkreis für den selbsttätigen Weiterschaltvorgang wird also zwangsläufig unterbrochen, wenn der vierte Hilfsarm des Wählers auf diesen Schritt gelangt.

Unter einem **Sammelanschluß** versteht man also die Zusammenfassung mehrerer LW-Ausgänge derart, daß sämtliche Ausgänge des Sammelanschlusses durch Wahl einer einzigen Anrufnummer (Sammelnummer) erreicht werden können. Ist der gewählte Ausgang bereits besetzt, so dreht der LW in freier Wahl weiter und belegt den ersten Ausgang, den er innerhalb des Sammelanschlusses frei findet. Findet der LW keinen freien Ausgang, so wird er zwangsweise auf dem letzten Schritt des Sammelanschlusses angehalten. Ist dieser Schritt ebenfalls besetzt, so erhält der Anrufende das Besetztzeichen. Die so zu einem Sammelanschluß zusammengefaßten Ausgänge müssen hintereinander innerhalb einer LW-Dekade angeordnet sein, sofern nicht die Wählerkonstruktion oder das Wählsystem ein beliebiges Aufsuchen zuläßt. Sammelanschlüsse werden zum Anschluß von Amtsleitungen nach einer Nebenstellenanlage, von Hauptleitungen nach einem Wählsternschalter oder einer Gruppenstelle oder ganz allgemein verwendet, wenn ein Leitungsbündel mit gleichwertigen Leitungen an die LW-Stufe angeschlossen werden soll.

Für derartige „LW mit Freiwahl" kann zusätzlich die Forderung gestellt werden, daß der LW nach der durch die Nummernwahl gesteuerten Einstellung sofort selbsttätig sämtliche Ausgänge der betreffenden Dekade in freier Wahl absuchen soll. Die Arbeitsweise des LW gleicht dann für bestimmte Dekaden der eines GW *(gruppenwählermäßiges Arbeiten des LW).* Dies kann z. B. für große Sammelanschlüsse betrieblich erwünscht sein; es ist ferner für kleine Ämter, die keine GW-Stufe haben, im Netzgruppenverkehr erforderlich, wenn die Verbindungsleitungen nach einem anderen Amt nach Wahl von nur einer Ziffer in freier Wahl abgesucht werden sollen. Das selbsttätige Eindrehen des LW wird beim Viereckwähler mittels des Dekadenkontaktes eingeleitet (vgl. Abschnitt III, 1 c); die freie Wahl wird wieder über den Sammelkontakt durchgeführt.

### a) Sammelanschlüsse für Nebenstellenanlagen

Für Nebenstellenanlagen, für die die Sammelanschlüsse bevorzugt eingesetzt werden, haben sich bestimmte Besonderheiten herausgebildet. Die Sammelanschlüsse sollen daher vor allem in dieser Beziehung betrachtet werden. Selbstverständlich lassen sich bei Bedarf die gleichen Maßnahmen auch für die sonstige Verwendung von Sammelanschlüssen treffen.

Die Anrufnummer der ersten Leitung eines Sammelanschlusses heißt **Sammelnummer**. Die Anrufnummern der übrigen Leitungen des Sammelanschlusses werden **Sammel-Nachnummern** genannt, z. B. für einen Sammelanschluß mit vier Amtsleitungen:

$$
\begin{aligned}
75 \quad 8511 \;&= \; \text{Sammelnummer} \\
75 \quad 8512 \;&= \; \left.\vphantom{\begin{aligned}a\\b\\c\end{aligned}}\right\} \\
75 \quad 8513 \;&= \; \Big\} \;\text{Sammel-Nachnummern} \\
75 \quad 8514 \;&= \;
\end{aligned}
$$

Im Teilnehmer-Fernsprechverzeichnis wird nur die Sammelnummer angegeben. Sollen eine oder mehrere Leitungen eines Sammelanschlusses unabhängig von den übrigen Leitungen, d. h. ohne Freiwahl des LW, angerufen werden können (vgl. später), so werden diese Leitungen im Fernsprechverzeichnis als sog. **Nacht-Anrufnummern** besonders bekanntgegeben.

Hinsichtlich ihrer Eingliederung im öffentlichen Amt kann man drei Arten von Sammelanschlüssen unterscheiden:

1. Kleinere Sammelanschlüsse, die an die üblichen LW-Gruppen angeschlossen werden, in denen dann also Einzel- und Sammelanschlüsse liegen. Derartige Sammelanschlüsse werden auch *LW-Sammelanschlüsse* genannt.

2. Größere Sammelanschlüsse, die an besondere LW-Gruppen angeschlossen werden, in denen im allgemeinen nur Sammelanschlüsse zusammengefaßt werden. Diese LW werden *Sammelleitungswähler* (SLW) genannt; die so zusammengefaßten Sammelanschlüsse heißen *SLW-Sammelanschlüsse*.

3. Große Sammelanschlüsse, die an besondere LW-Gruppen für große Sammelanschlüsse angeschlossen werden. Diese LW werden *Groß-Sammelleitungswähler* (*GSLW*) genannt; die so zusammengefaßten Sammelanschlüsse heißen *GSLW-Sammelanschlüsse*.

An den Sammelkontakten der LW, SLW und GSLW müssen für die Sammelanschlüsse die entsprechenden Maßnahmen, z. B. beim Viereckwähler die beschriebenen kammartigen Segmente, vorgesehen sein; die LW-Schaltung muß naturgemäß die besondere Arbeitsweise für Sammelanschlüsse berücksichtigen, was in modernen LW-Schaltungen stets der Fall ist. Die GSLW können außerdem mit Dekadenkontakten ausgerüstet sein.

## b) Nacht-Anrufnummern

Wie bereits erwähnt (vgl. „Nachtschaltung" XI, 3,1) werden nach Betriebsschluß, also vor allem nachts, bestimmte Amtsleitungen einer Nebenstellenanlage
auf bestimmte Nebenstellen fest durchgeschaltet. Die betreffenden Amtsleitungen,
die innerhalb des Leitungsbündels des betreffenden Sammelanschlusses liegen,
müssen dann durch Wahl besonderer Anrufnummern, der **Nacht-Anrufnummern,**
unmittelbar erreicht werden, ohne daß der benutzte LW bei Besetztsein der
betreffenden Leitung in freier Wahl über die nachfolgenden Leitungen des Sammelanschlusses drehen darf; denn in diesem Falle soll ja eine ganz bestimmte Stelle
erreicht werden.

Für diese Betriebsart haben sich verschiedene Möglichkeiten herausgebildet.
In der älteren Technik kann dies nur durch gruppierungstechnische Maßnahmen
erreicht werden: Es wird ein LW-Ausgang (Einzelnummer) aus einer anderen
LW-Gruppe dem betreffenden Ausgang des Sammelanschlusses parallelgeschaltet,
so daß die angeschlossene Amtsleitung von zwei LW-Gruppen und daher auch
über zwei Anrufnummern erreicht werden kann. Diese zweite Anrufnummer,
die als Nacht-Anrufnummer im Fernsprechverzeichnis bekanntgegeben wird
(jedoch nur auf Wunsch des Teilnehmers), wird auch **Sammel-Nebennummer**
genannt. Über die Durchführung dieser Parallelschaltung wird anschließend
noch genauer berichtet. In der neuesten Technik ist diese Aufgabe schaltungstechnisch gelöst: Durch Verwendung eines besonders für den Viereckwähler

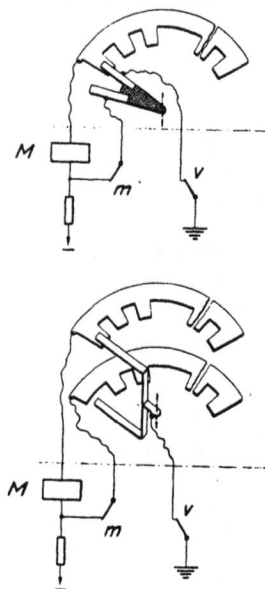

entwickelten Doppel- Sammelkontaktes können
auch Nacht-Anrufnummern innerhalb von Sammelanschlüssen eingerichtet werden, ohne daß Einzelnummern
aus anderen LW-Gruppen dem betreffenden Ausgang
des Sammelanschlusses parallelgeschaltet werden
müssen.

Der **Doppel-Sammelkontakt** kommt in zwei Ausführungen vor. Beim „Doppel-Sammelkontakt mit getrennten Schaltarmen" besteht der vierte (Hilfs-)
Wählerarm, der zum Sammelkontakt gehört, aus zwei
gegeneinander isolierten Schaltarmbürsten, die um
eine Zahnteilung gegeneinander versetzt sind (Bild 236,
oben); in jeder in Betracht kommenden Dekade wird
das übliche kammartige Segment vorgesehen. Beim
„Doppel-Sammelkontakt mit getrennten Segmenten"
sind in jeder in Betracht kommenden Dekade zwei
gegeneinander isolierte kammartige Segmente vorgesehen, die von dem vierten (Hilfs-)Wählerarm
überstrichen werden, dessen beide Federn hierbei
elektrisch miteinander verbunden sind (Bild 236, unten). In beiden Fällen ist auf dem letzten Schritt des
Sammelanschlusses, auf dem der selbsttätige Drehvorgang beendet werden muß, der Zahn in den Segmenten

Bild 236. Doppelsammel-
kontakt.
Oben: Ausführung mit ge-
trennten Schaltarmen.
Unten: Ausführung mit ge-
trennten Segmenten.

abgeschnitten; im zweiten Falle fehlt außerdem auf dem ersten Schritt des Sammelanschlusses der Zahn in dem unteren Segment, so daß der Wählerarm auf diesem Schritt nur mit dem oberen Segment in Verbindung steht. Der selbsttätige Drehvorgang wird in beiden Fällen durch ein M-Relais (vgl. Bild 236) eingeleitet und findet so lange statt, wie das M-Relais angezogen bleibt.

Wird beispielsweise eine Sammelnummer gewählt, so wird der LW auf die erste Leitung des Sammelanschlusses eingestellt. Beim „Doppel-Sammelkontakt mit getrennten Schaltarmen" steht der erste Arm auf dem betreffenden Zahn des Segments, während der zweite Arm noch nicht Kontakt mit dem Segment hat; beim „Doppel-Sammelkontakt mit getrennten Segmenten" steht nur der obere Arm in Verbindung mit dem Segment, da auf diesem Schritt der Zahn für den unteren Arm abgeschnitten ist. Ist dieser erste Ausgang des Sammelanschlusses bereits belegt, so wird in beiden Fällen das M-Relais erregt, wenn das Umsteuerrelais nach Beendigung der Stromstoßreihe den v-Kontakt schließt, und leitet den selbsttätigen Drehvorgang über die nachfolgenden Schritte des Sammelanschlusses ein. Dreht der LW weiter, so bleibt das M-Relais erregt, da der m-Kontakt geöffnet ist und einen Kurzschluß über den zweiten Schaltarm oder über das zweite Segment verhindert. Der Drehvorgang wird durch ein Prüfrelais beendet, wenn ein freier Ausgang gefunden wird, oder hört auf, wenn der Stromkreis für das M-Relais auf dem letzten Schritt des Sammelanschlusses unterbrochen wird.

Wird dagegen eine Nacht-Anrufnummer, also eine der Sammel-Nachnummern gewählt, so ist das M-Relais über den Doppel-Sammelkontakt und den m-Kontakt kurzgeschlossen. Wenn nach Beendigung der Stromstoßreihe das Umsteuerrelais den v-Kontakt schließt, kann also das M-Relais nicht anziehen, so daß der selbsttätige Drehvorgang unterbleibt. Auf dem letzten Schritt des Sammelanschlusses ist das M-Relais durch das Fehlen des Zahnes im Segment überhaupt abgetrennt, so daß bei Anwahl dieses Schrittes eine Weiterschaltung des Wählers ebenfalls unterbleibt.

### c) Anschluß der Nebenstellenanlagen verschiedener Größe

Für Nebenstellenanlagen verschiedener Größen haben sich, je nachdem ob eine LW-Schaltung mit einfachem Sammelkontakt oder mit Doppel-Sammelkontakt verwendet wird, folgende Möglichkeiten herausgebildet:

### 1. Einzelanschlüsse

Nebenstellenanlagen mit nur einer Amtsleitung werden wie Einzelanschlüsse an einfache LW angeschlossen. Sie erhalten Einzelnummern. Bild 237 zeigt einen solchen Anschluß mit der Anrufnummer 75 8562. Die Anschlußleitung endet an der senkrechten Seite (s) des Hauptverteilers (Vh). Der Vorwähler und der zugehörige LW-Ausgang sind an die waagrechte Seite (w)

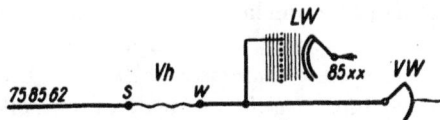

Bild 237. Anschaltung eines Einzelteilnehmers bzw. einer Nebenstellenanlage mit einer Amtsleitung.
Vh = Hauptverteiler.
s = senkrechte Seite des Vh (Leitungsseite).
w = waagrechte Seite des Vh (Amtsseite).

des Vh geführt. Die beiden Anschlußpunkte der waagrechten und senkrechten Seite des Vh werden mittels Schaltdraht miteinander verbunden (vgl. auch Abschnitt XII, 3).

*2. Sammelanschlüsse mit 2 oder 3 Amtsleitungen*

Sammelanschlüsse mit 2 oder 3 Amtsleitungen werden gleichmäßig über die LW-Gruppen des Amtes verteilt *(LW-Sammelanschlüsse)*. Die LW der betreffenden Gruppen erhalten Sammelkontakte.

Bei Verwendung von einfachen Sammelkontakten kann die letzte Leitung des Sammelanschlusses ohne weiteres als Nacht-Anrufnummer verwendet werden (z. B. 75 8576 in Bild 238). Sollen weitere Nacht-Anrufnummern vorgesehen werden, so werden Ausgänge beliebiger LW-Gruppen im Vh 3 adrig mit den betreffenden Schritten des Sammelanschlusses parallelgeschaltet. Diese Sammel-Nebennummern (z. B. 75 1349 in Bild 238) werden als Nacht-Anrufnummern bekanntgegeben. Für den abgehenden Verkehr der betreffenden Amtsleitung wird der VW der Sammel-Nebennummer benutzt (in Bild 238 z. B. der VW 75 1349), während der VW der Sammel-Nachnummer abgelötet wird (in Bild 238 z. B. der VW 75 8575). Er kann für Anschlüsse mit nur abgehendem Verkehr (z. B. Münzfernsprecher) eingesetzt werden. Die erste Amtsleitung eines Sammelanschlusses wird aus betrieblichen Gründen im allgemeinen nicht für Nacht-Anrufnummern eingerichtet.

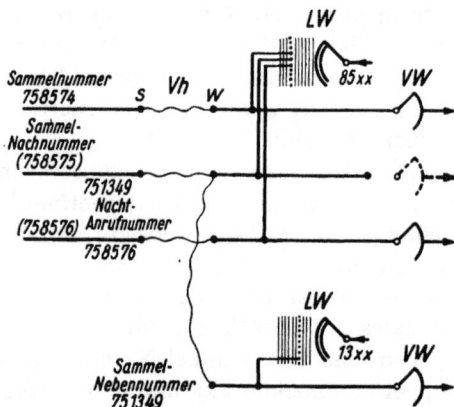

Bild 238. Sammelanschluß für Nebenstellenanlagen bis 3 Amtsleitungen (Beispiel mit zwei Nacht-Anrufnummern).

Vh = Hauptverteiler.
s = senkrechte Seite des Vh (Leitungsseite).
w = waagrechte Seite des Vh (Amtsseite).

Bei Verwendung von Doppel-Sammelkontakten kann jede Amtsleitung, mit Ausnahme der ersten Amtsleitung des Sammelanschlusses, für Nacht-Anrufnummern benutzt werden, ohne daß eine Parallelschaltung anderer LW-Ausgänge erforderlich wird. Die betreffenden Sammel-Nachnummern werden dann als Nacht-Anrufnummern bekanntgegeben.

*3. Sammelanschlüsse mit 4 bis 10 Amtsleitungen*

Derartige Sammelanschlüsse werden in großen Ämtern in besonderen LW-Gruppen zusammengefaßt, in denen im allgemeinen nur Sammelanschlüsse angeschlossen werden *(SLW-Sammelanschlüsse)*. Die LW dieser Gruppen erhalten in allen 10 Dekaden Segmente für den Sammelkontakt; sie werden *Sammelleitungswähler* (SLW) genannt. Die Zusammenfassung der größeren Sammelanschlüsse zu besonderen SLW-Gruppen ist aus verkehrstechnischen Gründen zweckmäßig, da derartige Sammelanschlüsse wegen ihres stärkeren Verkehrs im allgemeinen eine größere Zahl von LW (SLW) erfordern als Einzelanschlüsse.

Bei Verwendung von einfachen Sammelkontakten haben die SLW-Gruppen im allgemeinen keine VW (Bild 239). Jeder Amtsleitung eines SLW-Sammelanschlusses kann außerhalb der SLW-Gruppe eine Anrufnummer zugeteilt werden, und zwar ein Ausgang in einer beliebigen LW-Gruppe mit dem zugehörigen VW; dieser VW wird dann für den abgehenden Verkehr der Amtsleitung benutzt, falls diese auch für abgehenden Verkehr geplant ist. Die Ausgänge dieser Sammel-Nebennummern (z. B. 75 9284, 75 7362 in Bild 239) werden mit den entsprechenden Ausgängen aus der SLW-Gruppe im Vh parallelgeschaltet. Die Sammel-Nebennummern werden in der Anzahl, die dem Bedarf der betreffenden Neben-

stellenanlagen entspricht, als Nacht-Anrufnummern bekanntgegeben. Sind freie VW vorhanden oder werden besondere Sammel-Vorwähler (SVW) den SLW-Gruppen zur Verfügung gestellt, so können diese im Vh an Stelle von Anrufnummern aus anderen LW-Gruppen auf die Amtsleitungen rangiert werden (z. B. für 75 8581 und 75 8582 in Bild 239); diese Zuordnung von freien VW kommt naturgemäß nur für Leitungen in Betracht, für die Nacht-Anrufnummern nicht vorgesehen und voraussichtlich auch niemals geplant werden.

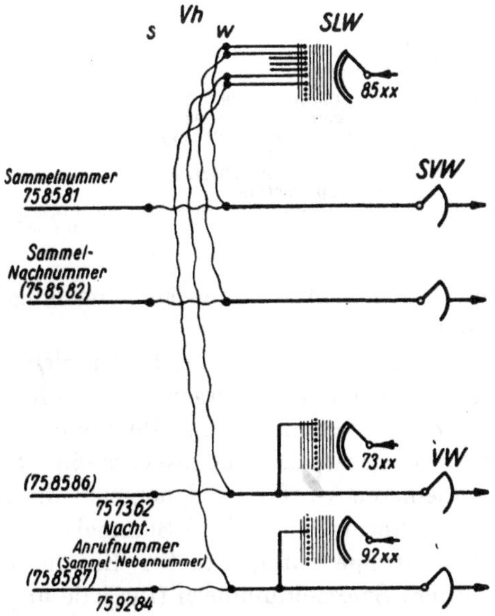

Bei Verwendung von Doppel-Sammelkontakten unterbleibt die Parallelschaltung von LW-Ausgängen. Nacht-Anrufnummern können beliebig, bis auf den ersten Ausgang des Sammelanschlusses, gebildet werden. Der SLW-Gruppe müssen VW entsprechend den Amtsleitungen mit abgehendem Verkehr zugeordnet werden. Hierfür können SVW oder

Bild 239. Sammelanschluß für Nebenstellenanlagen bis 10 Amtsleitungen (Beispiel mit zwei Nacht-Anrufnummern).

SLW = Sammelleitungswähler.
SVW = Sammelvorwähler.
Vh = Hauptverteiler.
s = senkrechte Seite des Vh (Leitungsseite).
w = waagrechte Seite des Vh (Amtsseite).

auch VW benutzt werden, die bei anderweitiger Verwendung ihres LW-Ausganges freigeschaltet wurden.

In kleineren Ämtern, in denen nicht genügend SLW-Sammelanschlüsse vorhanden sind, um eine SLW-Gruppe zu bilden, werden auch diese größeren Sammelanschlüsse in die LW-Gruppen eingeordnet.

**4. Sammelanschlüsse mit mehr als 10 Amtsleitungen**

Sammelanschlüsse mit mehr als 10 Amtsleitungen werden *Groß-Sammelanschlüsse* (GSLW-Sammelanschlüsse) genannt. In großen Ämtern werden sie zu *Groß-sammelanlagen* zusammengefaßt, deren LW als *Groß-Sammelleitungswähler* (GSLW) bezeichnet werden.

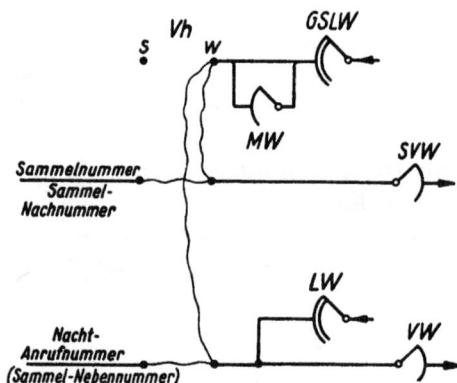

Bild 240. Groß-Sammelanschluß für Nebenstellen-
        anlagen über 10 Amtsleitungen.
GSLW = Groß-Sammelleitungswähler.
 MW = Mischwähler.
SVW = Sammelvorwähler.
 Vh = Hauptverteiler.
   s = senkrechte Seite des Vh (Leitungsseite).
   w = waagrechte Seite des Vh (Amtsseite).

Je nach ihrer Ausführung drehen die GSLW sofort selbsttätig ein (beim Viereckwähler), wenn sie durch die Nummernwahl auf die gewünschte Dekade eingestellt worden sind, oder es muß nach der Hebeinstellung für das Eindrehen die Ziffer „1" gewählt werden. Im ersten Falle sieht man für die GSLW-Gruppe oftmals eine zusätzliche GW-Stufe vor (im Millionersystem also V. GW), um Anrufnummern mit einheitlicher Stellenzahl zu erhalten. An die Ausgänge der GSLW sind kleine 15 teilige Mischwähler (MW) angeschlossen, die ihrerseits in freier Wahl die Amtsleitungen nach einer freien Leitung absuchen; die MW arbeiten vielfach mit Voreinstellung und sind im allgemeinen in Sparschaltung eingruppiert (Bild 240).

Für GSLW mit nur 11 bis 14 Amtsleitungen kann auf die Verwendung von MW verzichtet und statt dessen eine Staffelschaltung der Ausgänge der GSLW (bzw. SLW) vorgesehen werden. Bedingung hierfür ist jedoch, daß die GSLW-Gruppe groß genug ist, um eine zweckmäßige Staffelschaltung vornehmen zu können.

In kleineren Ämtern, in denen sich die Bildung einer besonderen GSLW-Gruppe nicht lohnt, wird ein Groß-Sammelanschluß in mehreren Dekaden einer LW- oder SLW-Gruppe untergebracht. Ein derartiger Groß-Sammelanschluß erhält dann mehrere Sammelnummern (für jede angefangenen 10 Amtsleitungen eine).

Im übrigen werden sinngemäß die gleichen Maßnahmen getroffen wie bei Sammelanschlüssen bis 10 Amtsleitungen.

# XII. AUFBAU VON ÄMTERN UND ZENTRALEN

Ein Wähleramt oder eine Zentrale setzt sich aus einer Vielzahl von Einrichtungen zusammen, die selbst wiederum aus mehr oder weniger vielen Schaltungs- und Einzelteilen bestehen. Bevor auf den eigentlichen „Amtsaufbau" eingegangen wird, sollen einige bereits früher gegebene Begriffe wiederholt werden.

Unter *Einzelteil* werden hier diejenigen Teile verstanden, aus denen sich die verschiedenartigen Geräte zusammensetzen, also z. B. Kontakte, Federn, Lamellen, Schrauben, Anker usw. Einzelteile sind somit die kleinsten Aufbauteile eines Amtes bzw. einer Zentrale.

Die Einzelteile ergeben zusammengesetzt die *Schaltungsteile* (Geräte), die, wie z. B. Relais, Drehwähler, Hebdrehwähler, Drosseln, Kondensatoren usw., die „konstruktiven" Einheiten bilden.

Die für den Betrieb erforderlichen Schaltvorgänge werden erst durch das Zusammenspiel mehrerer Schaltungsteile ermöglicht, die zu diesem Zweck nach einem Stromlauf miteinander verdrahtet werden. Dadurch entsteht eine „betriebsmäßige" Einheit, nämlich die *Schalteinrichtung*. Vorwähler, Gruppenwähler, Leitungswähler, Relaisübertragungen usw. sind derartige Schalteinrichtungen. Aufbaumäßig kann eine Schalteinrichtung ebenfalls eine Einheit darstellen; oftmals werden jedoch auch mehrere Schalteinrichtungen zusammengefaßt und bilden zusammen eine „aufbaumäßige" Einheit.

Dieser Amtsaufbau soll anschließend am Siemens-Wählsystem mit Schrittschalt-Vorwählern und Viereckwählern besprochen werden, also in der Form, wie er unter anderem in den Ämtern der Deutschen Post, Bahn usw. üblich ist. Hierbei wird jedoch nur das Grundsätzliche behandelt und auf Einzelheiten von Sonderbauarten nicht eingegangen.

## 1. DER AUFBAU DER AMTSEINRICHTUNGEN

Der Zusammenbau der Schaltungsteile zu einer Schalteinrichtung und die Zusammenfassung mehrerer Schalteinrichtungen zu einer größeren Einheit ist je nach der Art der Einrichtungen und unter Umständen auch der Wahlstufe verschieden ausgeführt.

Grundsätzlich werden zusammengehörige Teile auch aufbaumäßig zusammengefaßt. Schalteinrichtungen oder Teile von ihnen, für die eine leichte Auswechselbarkeit zwecks besserer Pflege oder vereinfachter Beseitigung etwaiger Störungen gefordert wird, erhalten Messer- und Federleisten oder Stecker und Klinken für die Weiterführung der Stromkreise. Schalteinrichtungen, für die diese Forderung nicht erhoben wird, werden fest angeschraubt und über Lötösenstreifen (Verteilerleisten) an die ankommende und weiterführende Verdrahtung angeschlossen.

### a) Vorwähler-Gestellrahmen

Ein I. Vorwähler besteht aus einem Drehwähler und zwei Relais, Widerständen, Sicherung usw. (Bild 241). Zehn I. Vorwähler werden zu einem *10teiligen I. VW-Einzelrahmen* zusammengefaßt, der jeweils alle Schaltungsteile für zehn I. VW sowie einen Sicherungsstreifen mit rücklötbaren Einzelsicherungen (Feinsicherungen) und eine Verteilerleiste enthält.

Bild 241. Ausschnitt aus einem 10teiligen Vorwählerrahmen.
Der Drehwähler und die beiden Relais jedes VW sind hier jeweils übereinander angeordnet. Rechts Sicherungsstreifen mit Einzelsicherungen; daneben Verteilerleiste mit Blankverdrahtung für die auf der Rückseite angelöteten Kabel.

Auf der Verteilerleiste sind die Anschlußpunkte für die a-, b- und c-Adern der 10 I. VW vorhanden. Jeder Anschlußpunkt hat 3 Lötösen, die auf der Vorderseite durch eine Blankverdrahtung miteinander verbunden sind (vgl. rechts in Bild 241). Die 3 Lötösen jedes Anschlußpunktes dienen zum Anschluß

der Innenverdrahtung zu den Vorwählern des betreffenden Einzelrahmens,

der Kabel von den LW (sog. *Parallelkabel* I. VW-LW),

der Kabel vom Hauptverteiler (sog. *Verbindungskabel* Vz-I. VW) (vgl. auch Bild 259). Die Aufteilung jedes Anschlußpunktes in 3 Lötösen gibt die Möglichkeit, die angeschlossenen Leitungen bei Prüfarbeiten usw. auf einfache Weise an der Blankverdrahtung der Vorderseite zu trennen.

Zehn 10 teilige I. VW-Einzelrahmen faßt man zum I. VW-Gestellrahmen zusammen (vgl. Bild 245). Ein I. VW-Gestellrahmen ist aus zwei senkrechten Winkeleisenschienen gefertigt, die oben und unten durch je eine Flacheisenschiene

Bild 242. Rückansicht eines 10 teiligen Vorwählerrahmens.
Das Vielfachfeld der parallel verdrahteten Drehwählerschritte wird durch blanke Drähte gebildet (Blankverdrahtung). An die obere Schiene sind die Relais angeschraubt, deren Lötösen mit Verdrahtung im Bilde sichtbar sind.

verbunden sind. Er enthält neben den zehn VW-Einzelrahmen eine Hauptsicherung (Abzweigsicherung), Anschlußklemme für die Plusleitung (Erdklemme), Lampenwinkel mit den Signallampen, Signalverteiler (Verteiler für Signalleitungen, Registrierleitungen usw.) sowie Zusatzeinrichtungen und die Relais, von denen die Abgabe der „Amtssignale" (Näheres später) und die Abschaltung übernommen werden. Zu den Zusatzeinrichtungen gehören u. a. zwei Relaisunterbrecher, die zum Antrieb der Drehwähler dienen. In I. VW-Gestellrahmen für öffentliche Ämter sind ferner zwischen dem fünften und sechsten Einzelrahmen 100 Gesprächszähler untergebracht (vgl. die I. VW-Gestellrahmen in Bild 252).

Ein I. VW-Gestellrahmen ist also in der Vorwahlstufe die Einheit für 100 Anschlüsse. Die Kontaktlamellen der einzelnen VW sind rahmenweise durch eine *Blankverdrahtung* parallelgeschaltet (Bild 242). Die Lötschwänze der a-, b- und c-Lamellen der Kontaktbank sind zu diesem Zweck gegeneinander etwas versetzt, so daß sich die eingelegten blanken Drähte gegenseitig nicht berühren können. Im allgemeinen wird die Blankverdrahtung von je fünf Einzelrahmen bereits in der Fabrikation parallelgeschaltet, so daß für je fünf Einzelrahmen 10 Ausgänge entstehen. Zum Anschluß der aus der Blankverdrahtung weiterführenden Leitungen besitzen die Lamellen eines der Wähler jedes Einzelrahmens je eine weitere Lötöse, die über die Blankverdrahtung hinausragt (vgl. Bild 21).

Für diesen allgemeineren Fall, der einer mittleren Verkehrsstärke entspricht, werden die $2 \cdot 10 = 20$ Ausgänge der beiden Gruppen von fünf Einzelrahmen ($= 50$ I. VW je Gruppe) als *Ausgangskabel* I. VW-Vz zum Zwischenverteiler (Vz) geführt. Bei stärkerem Verkehr werden aus einem I. VW-Gestellrahmen 28, 50 und unter Umständen sogar 100 Ausgänge zum Vz geführt. Am Vz wird dann die gewünschte Vielfachschaltung in der früher angegebenen Weise durchgeführt (vgl. Abschnitt VII, 2f und 3f).

Der Aufbau eines II. VW-Gestellrahmens (MW-Gestellrahmen) ähnelt dem für I. VW. In ihm sind acht 10teilige II. VW-Einzelrahmen, also 80 II. VW zusammengefaßt. Die II. VW-Einzelrahmen sind nicht untereinander vielfachgeschaltet. Jeder von ihnen besitzt 15 Ausgänge. Die *Eingangskabel* Vz-II. VW führen vom Zwischenverteiler (Vz) zur Verteilerleiste der II. VW-Einzelrahmen. Die *Ausgangskabel* II. VW-Vz führen von den Kontaktsätzen der II. VW-Einzelrahmen zum Zwischenverteiler (vgl. Bild 259).

### b) Gruppenwähler- und Leitungswähler-Gestellrahmen

Die Relais der Gruppen- und Leitungswähler werden auf gesonderten Grundplatten zu *Relaissätzen* zusammengefaßt. Diese enthalten neben den Relais auch die in der betreffenden Schaltung erforderlichen Widerstände, Thermokontakte usw. Etwa notwendige Kondensatoren dagegen werden im allgemeinen im Gestellrahmen befestigt (vgl. Bild 247).

Die Anzahl der Relais je Wähler richtet sich nach dem Umfang der von ihm zu erfüllenden Betriebsbedingungen. So hat der II. GW in Bild 243 beispielsweise 3 Relais, der LW in Bild 244 hat 6 Relais, während in Bild 245 der I. GW unter den Kappen 4 Relais, der LW dagegen 9 Relais enthält. Der Relaissatz ist je nach seiner Größe entweder fest mit dem Wählerbock des Viereckwählers verbunden oder vom Viereckwähler getrennt und für sich auswechselbar. Im letzten Falle sind seine Stromkreise mit denen des Viereckwählers über eine Messerkontaktleiste verbunden.

Im allgemeinen sind die einzelnen GW und LW in 20teiligen Gestellrahmen untergebracht (Bild 245). Ein derartiger Gestellrahmen besteht aus zwei senkrechten

Bild 243. Ausschnitt aus dem mittleren Teil eines 20 teiligen II. Gruppenwähler-Gestell-
rahmens (9. bis 11. Wähler).

In dem Feld ohne Wähler erkennt man rechts die Federleiste, die für die Messerkontakte des Relaissatzes bestimmt ist; darüber ein eingesetzter II. GW ohne Relaisschutz-
kappe; ganz oben ein II. GW mit Schutzkappe.
Links Kontaktbänke mit Bandkabel als Vielfachverdrahtung; oben ragt ein Schutz-
blech in das Bild hinein, mit dem das Vielfachfeld abgedeckt wird.
Rechts: Ansatzschiene mit 7 der 20 Prüfklinken, 3 Leerfeldern, 4 Registriertasten
R1...4, 1 Feld mit Prüflampe und 3 Klinken für Prüfzwecke.

Winkeleisenschienen, die an ihrem oberen und unteren Ende durch kurze Flach-
eisenschienen verbunden sind. Bei Wählern mit fest angebautem Relaissatz ist
für den Gestellrahmen nur eine senkrechte Winkeleisenschiene erforderlich,
an die dann oben und unter Umständen auch unten je eine Flacheisenschiene
einseitig befestigt ist. Die obere Flacheisenschiene trägt Hauptsicherung
(Abzweigsicherung), Anschlußklemme für die Plusleitung (Erdklemme),
Lampenwinkel mit den Signallampen und einen Verteiler, an den die Signal-

28*

Bild 244. Ausschnitt aus dem mittleren Teil eines 20teiligen Leitungswähler-Gestellrahmens (13. bis 15. Wähler).
Die Ansatzschiene rechts zeigt diesmal eine Auslösetaste für „gefangene" Verbindungen, 1 Leerfeld, 1 Feld mit Prüflampe, 2 Prüfklinken und Sicherungsstreifen mit Einzelsicherungen.

leitungen, Registrierleitungen usw. angeschlossen werden (Signalverteiler). Unterhalb der GW bzw. LW befindet sich ein Signalrelaissatz, der die Amtssignale betätigt. Ferner sind auf einer besonderen senkrechten Ansatzschiene je nach Bedarf Prüfklinken, Registriertasten, Prüflampen, Sicherungsstreifen für die Einzelsicherungen usw. angebracht.

Ein 20teiliger GW- bzw. LW-Gestellrahmen nimmt, wie aus seiner Bezeichnung hervorgeht, 20 GW bzw. 20 LW auf. Kontaktbänke und Viereckwähler sind an der linken Winkeleisenschiene angebracht. Neben jedem Wähler befindet sich der zugehörige Relaissatz (vgl. Bild 243 und 244). Die Stromkreise vom Gestellrahmen, Viereckwähler und Relaissatz sind über Messerkontakte und Feder-

Bild 245. Vier Gestellrahmen einer Betriebsfernsprechanlage in einem Amtsgestell (die Zwischenräume zwischen den Gestellrahmen sind zwecks besserer Übersicht breiter als in der Praxis).

In das Amtsgestell sind von links nach rechts ein I. VW-Gestellrahmen, ein LW-Gestellrahmen, ein GW-Gestellrahmen und ein Universal-Gestellrahmen eingebaut. VW-Gestellrahmen: Obere Flacheisenschiene mit Hauptsicherung, Erdklemme und Lampenwinkel; 5 I. VW-Rahmen (10 teilig); Schiene mit Relais für Amtssignale, Abschaltung usw.; Schiene mit Zusatzeinrichtungen (Relaisunterbrecher, Sicherungen, Paccoschalter); 5 I. VW-Rahmen (10 teilig).
LW-Gestellrahmen: Obere Flacheisenschiene mit Erdklemme, Hauptsicherung und Lampenwinkel; 15 LW; Raum für 5 weitere LW; Signalrelaissatz. Rechts: Ansatzschiene mit Einzelsicherungen, Prüfklinken usw.
GW-Gestellrahmen: Obere Flacheisenschiene mit Erdklemme, Hauptsicherung und Lampenwinkel; 15 GW; Raum für 5 weitere GW; Signalrelaissatz. Rechts: Ansatzschiene mit Einzelsicherungen, Prüfklinken usw.
Universal-Gestellrahmen: Eingebaut sind 2 Ruf- und Signalmaschinen mit den Relais für das selbsttätige Anlassen, Überwachen, selbsttätige Umschalten auf die Ersatzmaschine usw. In den freien Raum können Relaisübertragungen und andere Schalteinrichtungen eingebaut werden.

leisten elektrisch miteinander verbunden. Der Gestellrahmen wird stets mit fertigem Vielfachfeld geliefert, d. h. er enthält fest eingebaut die 20 Kontaktbänke der Viereckwähler und die Vielfachverdrahtung.

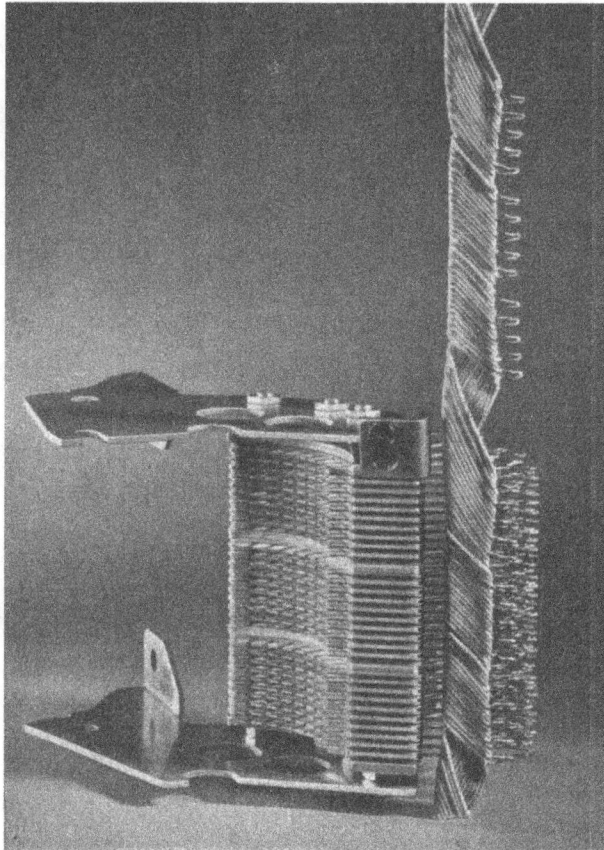

Bild 246. Kontaktbank mit einem dreifach gefalteten Bandkabel.

Die Kontaktbänke der Viereckwähler eines Gestellrahmens sind durch *Bandkabel* miteinander vielfachgeschaltet. Ein derartiges Kabel besteht aus 15 Adern (Bild 246), die zu einem flachen Band zusammengewebt und anschließend gefaltet werden. Während des Webens werden nacheinander in bestimmten Abständen die Adern 1, 4, 7, 10, 13 (für die erste Teilbank der Kontaktbank), danach die Adern 2, 5, 8, 11, 14 (für die zweite Teilbank der Kontaktbank) und danach die Adern 3, 6, 9, 12, 15 (für die dritte Teilbank der Kontaktbank) als Lötösen herausgezogen und durch die dreifache Faltung des Kabels (je Kontaktbank) an die für das Anlöten erforderliche Stelle gebracht. Bei diesem Verfahren bleiben die einzelnen Adern im Bandkabel in der Reihenfolge a, b, c, a, b, c... fest nebeneinander liegen. Zwischen zwei Sprechleitungen (je zwei a/b-Adern) befindet sich also stets eine c-Ader, die im Betrieb niedrigohmig an Erde bzw. Spannung liegt. Diese Anordnung hat gegenüber älteren Ausführungen (z. B. mit einfacher Faltung) den Vorzug einer wesentlich erhöhten Übersprechdämpfung zwischen den verschiedenen Sprechleitungen.

In der Kontaktbank des Viereckwählers liegen je Schritt 30 Lamellen mit ihren Lötösen übereinander (je 10 a-, b- und c-Lamellen). Für jeden Schritt sind also zwei Bandkabel mit $3 \cdot 5 = 15$ Adern, für das Vielfachfeld eines GW- oder LW-Gestellrahmens insgesamt 20 Bandkabel erforderlich. Die Bandkabel werden zwischen die Lötschwänze der Lamellen geschoben und angelötet (Bild 247); dadurch bleiben ihre Lötstellen ebenso wie die äußeren Lötösen der Kontaktbänke jederzeit zugänglich. An diese können dann noch die Ausgänge aus dem betreffenden Rahmen angelötet werden (vgl. Bild 260), so daß jede Kontaktbank sozusagen die Aufgaben eines Verteilers übernehmen kann.

Ein Gestellrahmen für Viereckwähler enthält 20 Wähler übereinander, über deren Kontaktbänke die Vielfachverdrahtung der Bandkabel verläuft. Diese Vielfachverdrahtung wird bereits in der Fabrikation durchgeführt. Ein derartiger Gestellrahmen hat dann je Dekade entsprechend den 10 Drehschritten 10 Ausgänge und bildet eine geschlossene Gruppe von Wählern (Teilgruppe). Je nach dem späteren Einsatz der Gestellrahmen benötigt man sowohl größere Ausgangszahlen aus dem Gestellrahmen entsprechend den dann vorliegenden Verkehrsverhältnissen als auch kleinere Teilgruppen von beispielsweise 10 Wählern. Reichen z. B. bei GW-Gestellrahmen 10 Ausgänge je Höhenschritt nicht aus, so werden die Bandkabel bestimmter Drehschritte zwischen zwei Kontaktbänken a u f g e t r e n n t oder g e s c h n i t t e n, um beispielsweise 15 oder 20 Ausgänge für bestimmte oder für alle Höhenschritte zu schaffen. In LW-Gestellrahmen sind ferner oftmals LW verschiedener Teilnehmergruppen untergebracht, beispielsweise 10 LW des 1. Teilnehmerhunderts und 10 LW des 2. Teilnehmerhunderts; in derartigen Fällen wird die Verdrahtung zwischen dem 10. und 11. LW geschnitten. Die gleichen Maßnahmen müssen getroffen werden, wenn in einem Gestellrahmen sowohl GW als auch LW untergebracht werden.

Unter **Trennen** bzw. **Auftrennen** von Bandkabeln versteht man die Unterbrechung des Bandvielfaches, sofern sich diese Unterbrechung nicht auf das gesamte Vielfachfeld, sondern nur auf einige Drehschritte b e s t i m m t e r Höhenschritte bezieht. Unter **Schneiden** von Bandkabeln versteht man den Arbeitsgang, durch den die Bandkabel für einige oder sämtliche Drehschritte a l l e r Höhenschritte zwischen zwei Kontaktbänken unterbrochen werden.

Bild 247 zeigt die Rückansicht eines LW-Gestellrahmens, in dem das Bandvielfach zwischen der 10. und 11. Kontaktbank geschnitten ist. Das Auftrennen bzw. Schneiden des Bandvielfaches findet bei der Montage des Wähleramtes statt. Diese Anpassungsfähigkeit des Vielfachfeldes an alle Verkehrsverhältnisse ist von großem Vorteil, da die wirtschaftliche Gestaltung nicht durch „starre" Felder beengt ist und die Fabrikation noch keine Rücksicht auf den späteren Einsatz des Gestellrahmens zu nehmen braucht.

Die Ausgänge aus den Gestellrahmen werden durch sog. *Ausgangskabel* gebildet. Die Ausgangskabel werden an die Lötschwänze einiger Kontaktbänke angelötet (vgl. Bild 259). Es werden hierfür im allgemeinen die obersten Kontaktbänke des Bandvielfaches oder desjenigen Teilabschnittes benutzt, über den die betreffende Vielfachleitung verläuft, sofern sich nicht montagetechnische Schwierigkeiten durch die Verwendung der obersten Kontaktbänke ergeben (Kontakt-

Bild 247. Rückseite eines Leitungswähler-Gestellrahmens.
Das Vielfachfeld der 20 Bandkabel ist links vom unteren Ende des
Schutzbleches zwischen dem 10. und 11. Wähler „geschnitten".
Auf der linken Seite befinden sich die in dem Gestellrahmen fest
eingebauten Kondensatoren der einzelnen LW.

bank 1 wird nicht benutzt; vgl. später). So schließt man beispielsweise die Ausgangskabel für LW-Gestellrahmen mit zwei Gruppen von je 10 LW an den
2. und 3. LW und an den 11. und 12. LW an (vgl. auch später).

Die *Eingangskabel* zu den Gestellrahmen werden an die Prüfklinken angeschlossen,
die sich je Wähler auf der seitlichen Ansatzschiene des Gestellrahmens befinden.
Von dort führt die Gestellrahmen-Verdrahtung zu den einzelnen Wählern des
Gestellrahmens (vgl. Bild 259).

Wähler und Relaissätze werden erst am Aufstellungsort nach beendeter Gestell-
montage in den Gestellrahmen befestigt. Zu diesem Zweck werden die Viereckwähler mit angeschraubtem Relaissatz zwischen die Befestigungsplatten der
Kontaktbänke geschoben und mit einer oder zwei Schrauben befestigt. Sind
Viereckwähler und Relaissatz nicht fest miteinander verbunden, so wird zuerst
der Wähler eingesetzt und danach der Relaissatz „eingeschoben"; hierbei wird
der Relaissatz von Führungsleisten in die gewünschte Stellung gebracht (vgl. die
Leisten unten im LW-Gestellrahmen von Bild 245). Da die Stromkreise beim
Einschieben der Wähler über Messerkontaktleisten geschlossen werden, sind
dazu keine Lötarbeiten mehr erforderlich; auch später im Betrieb brauchen zum
Auswechseln von GW oder LW lediglich ein paar Handgriffe ausgeführt zu
werden.

### c) Kombinierte Gestellrahmen

Die bisher geschilderten Gestellrahmen enthalten stets Wähler der gleichen Art, also nur I. VW, nur II. VW (bzw. MW) oder nur GW und nur LW. In kleineren Anlagen oder in bestimmten Fällen auch in größeren Ämtern ist es aber zweckmäßig, verschiedenartige Wähler im gleichen Gestellrahmen unterzubringen. Hierfür sind sog. *kombinierte Gestellrahmen* geschaffen worden, die z. B. I. VW und LW aufnehmen. Bild 248 zeigt als Beispiel den Zusammenbau von 5 (bzw. 7) LW und 50 I. VW.

In größeren Ämtern faßt man oftmals GW der letzten Wahlstufe und eine LW-Gruppe im gleichen Gestellrahmen zusammen, wenn die LW-Gruppe mehr als 10 LW und weniger als 20 LW umfaßt. Hierdurch kann der Leitungsbedarf für die Verbindungskabel zwischen den GW und den LW auf ein Mindestmaß herabgesetzt werden. Auch diese Gestellrahmen bezeichnet man als kombinierte Gestellrahmen. Als gebräuchliche Bauarten hierfür haben sich Vereinigungen von 12 LW und 8 GW der letzten GW-stufe bzw. von 15 LW und 5 GW der letzten GW-stufe herausgebildet. In Bild 252 beispielsweise ist in der ersten Gestellreihe als zweiter Gestellrahmen von links ein kombinierter GW/LW-Gestellrahmen für 12 LW und 8 GW verwendet. Die 8 GW sind oben im Gestellrahmen einge-baut (vom 2. GW ist die Schutzkappe des Relais-satzes abgenommen); darunter können die 12 LW eingebaut werden (im Bild sind 10 LW vor-handen). Im Bild 254 enthält die erste Ge-

Bild 248. Kombinierter Gestellrah-men auf Blechfüßen (Einzelgestell für kleinere Anlagen) mit einem 7 teiligen Leitungswählerrahmen (5 LW ein-gesetzt) und fünf 10 teiligen Vorwähler-Rahmen.

stellreihe der linken Gestellgruppe kombinierte Gestellrahmen für 5 GW und 15 LW.

### d) Gestellrahmen für Übertragungen

Die Schaltungsteile anderer Schalteinrichtungen, wie z. B. von Relaisüber-tragungen, Umsteuerwählern, Überwachungseinrichtungen usw. werden im allgemeinen auf *Schienen* oder bei größerem Umfange in *Rahmen* zusammen-gefaßt. Eine Schiene enthält übereinander angeordnet zwei oder drei Reihen von Relais (2- oder 3 teilige Relaisschienen). Derartige Schienen werden entweder einzeln in die Gestellrahmen eingebaut (z. B. die Überwachungs-Relaisschienen im rechten Gestellrahmen von Bild 245) oder sie werden zu einem Rahmen zusammengefaßt (Bild 249), der dann in den Gestellrahmen eingesetzt wird.

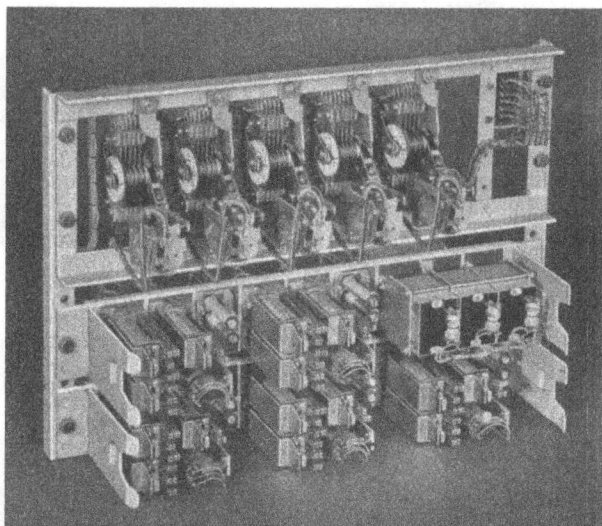

Bild 249. Rahmen für 5 große Mischwähler.
Jeder Mischwähler besteht hier aus 1 Drehwähler, 3 Relais, 1 Drosselspule, 2 Widerständen und 1 Kondensator.

In derartige Rahmen werden auch die Wähler, Relais usw. von Umsteuerwählern und anderen Schalteinrichtungen eingebaut; in Bild 195 ist z. B. ein
Rahmen mit einem Zeitzonenzähler abgebildet.

Schienen und Rahmen haben stets die gleiche Breite, so daß *Einheits-* oder
*Universal-Gestellrahmen* für ihren Einbau vorgesehen werden können. Auch die
sonstigen Geräte, wie Ruf- und Signalmaschine, Tonfrequenzmaschine usw.,
werden in Rahmen eingebaut und können in diesen Gestellrahmen untergebracht
werden (rechter Gestellrahmen im Bild 245). Die Universal-Gestellrahmen
enthalten die für die einzubauenden Einrichtungen erforderlichen Verteiler,
Sicherungen, Lampen, Tasten, Klinken usw. und werden entsprechend verdrahtet. Da die Schienen und Rahmen an die Gestellrahmen angeschraubt
werden, findet die Verbindung zwischen der Gestellrahmen-Verdrahtung und
den Stromkreisen der eingebauten Einrichtungen am Lötösenverteiler durch
Löten statt.

Die Schalteinrichtungen enthalten unter Umständen Drehwähler, deren Kontaktbänke untereinander vielfachgeschaltet werden müssen. Diese Drehwähler
können dann je Gestellrahmen in einem besonderen Drehwähler-Rahmen zusammengefaßt werden. Für die praktische Ausführung der Vielfachverdrahtung
gibt es mehrere Verfahren. In Bild 242 wurde bereits die *Blankverdrahtung* eines
I. VW-Einzelrahmens gezeigt. Die Drehwähler sind nebeneinander eingebaut.
Es werden jeweils die einander entsprechenden Lötschwänze der Lamellen gleich-
namiger Schritte durch nicht isolierte, d. h. „blanke" Drähte miteinander verbunden. Diese Verdrahtungsart ist besonders für kleine Drehwähler mit wenigen

Bild 250. Schleifenverdrahtung.
Das Vielfachfeld wird durch isolierte Drähte gebildet, die bogenförmig von Lötöse zu Lötöse geführt werden.

vielfachzuschaltenden Kontaktreihen bestimmt. Die Lötschwänze je Schritt bzw. je Ausgang sind dabei gegeneinander versetzt, d. h. schräg zueinander angeordnet. Dadurch kommen die Vielfachdrähte mit ausreichendem Abstand nebeneinander zu liegen, so daß die Lötarbeiten bequem ausgeführt werden können. Bild 242 zeigt Drehwähler mit vielfachgeschalteten a-, b- und c-Lamellen; bei Drehwählern mit vier vielfachgeschalteten Lamellenreihen ragen die Lötschwänze der vierten Reihe im allgemeinen über die Verdrahtung der anderen drei Reihen hinaus.

Größere Wähler werden sehr oft mit einer anderen Vielfachverdrahtung ausgeführt. Bild 250 zeigt die sog. *Schleifenverdrahtung*, bei der man isolierte Drähte üblicher Ausführung bogenförmig von Wähler zu Wähler verlegt. Die Stellung der Lötschwänze je Schritt bzw. je Ausgang ist dabei beliebig; die Lötschwänze können entweder schräg gegeneinander versetzt (wie bei den Wählern von Bild 242) oder gerade nebeneinander (wie im anschließenden Beispiel von Bild 251) angeordnet sein.

Eine weitere Art der Verdrahtung in Vielfachfeldern von Drehwählern ist die sog. *Rundkabelverdrahtung*. Wie Bild 251 zeigt, werden hierbei sämtliche Adern eines Schrittes bzw. Ausgangs zu einem kleinen Kabel zusammengefaßt und abgebunden und so gemeinsam von Wähler zu Wähler geführt. Es werden isolierte Drähte mit verschiedenfarbiger Bespinnung verwendet. Die Lötösen müssen in diesem Fall gerade nebeneinander angeordnet sein, da die kleinen Kabel zwischen die Lötschwänze der verschiedenen Schritte eingelegt werden. Diese Verdrahtung hat den Vorzug, daß bei der Vielfachschaltung Wähler oder be-

Bild 251. Rundkabelverdrahtung.
Das Vielfachfeld wird durch isolierte Drähte gebildet, die zu kleinen, für sich abgebundenen Kabeln zusammengefaßt sind.

stimmte Kontaktreihen einiger Wähler auf einfache Weise übersprungen werden können. So kann man damit z. B. die a/b/c-Lamellen über alle Wähler eines Rahmens vielfachschalten, die d-Lamellen dagegen nur für bestimmte Wähler zusammenfassen.

### e) Gestellaufbau

In kleineren Anlagen können die verwendeten Gestellrahmen Blechfüße erhalten (vgl. Bild 248). Jeder Gestellrahmen bildet dann ein *Einzelgestell*. Die nebeneinander aufgestellten Einzelgestelle bilden eine *Gestellreihe*. Man bezeichnet diese Form des Aufbaues auch als „*kleinen Amtsaufbau*".

In größeren Anlagen verwendet man den sog. „*großen Amtsaufbau*". Hierbei wird eine Reihe von Gestellrahmen mit den erforderlichen Zwischenverteilern (vgl. Abschnitt XII, 3) in einem gemeinsamen *Gestell* bzw. *Amtsgestell* zusammengefaßt. Ein derartiges Gestell besteht aus einer oberen und unteren Längsschiene aus Winkeleisen, die durch Seiten- und Mittelstützen aus Winkeleisen miteinander verbunden sind. Das Gestell ruht auf Eisen- oder Betonfüßen. Seine Länge richtet sich nach der Zahl der einzubauenden Gestellrahmen einschließlich des freien Raumes für etwaige Erweiterungen und nach den zur Verfügung stehenden Räumlichkeiten. Die Gesamtheit der durch ein Gestell zusammengefaßten Einrichtungen, zu denen auch Schutzverkleidungen und Gestellbeleuchtung gehört (Bild 253), bezeichnet man ebenfalls als *Gestellreihe*.

In großen Ämtern besteht die Gesamtanlage aus mehreren Gestellreihen (Bild 252). Die Gestellreihen können je nach den zur Verfügung stehenden Räumlichkeiten insgesamt hintereinander aufgestellt sein; sie können auch, was für große Ämter

Bild 252. Blick in den Wählersaal eines großen öffentlichen Amtes.
Die 100 teiligen VW-Gestellrahmen (in der Mitte mit 100 Gesprächszählern) und die
LW-Gestellrahmen sind nebeneinander aufgestellt. Die LW sind in kombinierte
Gestellrahmen eingesetzt, die außerdem noch die GW der letzten GW-Stufe ent-
halten (8 GW und 12 LW). Oberhalb des Arbeitstisches ragt der Gruppensignal-
rahmen einer 2000er-Gruppe in den Gang hinein.

anzustreben ist, links und rechts von einem Mittelgang angeordnet sein (Bild 254).
Aus betrieblichen Gründen, um z. B. die Störungssignalisierung durch die „Amtssignale" (vgl. Abschnitt XII, 2) auf eine kleinere Einheit als das gesamte Amt
zu begrenzen, faßt man mehrere Gestellreihen zu einer *Gestellgruppe* zusammen.
So bilden sehr oft die I. VW- und LW-Gestellreihen von 2000 Anschlüssen eine
derartige Gestellgruppe. In den GW-Gestellreihen bildet man wahlstufenweise
ebenfalls Gestellgruppen, sofern nicht sogar die Unterteilung der GW einer
Wahlstufe in mehrere Gestellgruppen zweckmäßig wird (z. B. bei I. GW). Die
Art dieser Unterteilung ergibt sich aus betrieblichen Zweckmäßigkeiten und kann

Bild 253. Blick in den Wählersaal eines großen öffentlichen Amtes.
Die Rückseiten der Gestellreihen zeigen die Halteschienen mit den Abweisblechen.

Bild 254. Blick in den Wählersaal eines großen öffentlichen Amtes.

Die Gestellrahmen sind zu Gestellreihen, die Gestellreihen zu Gestellgruppen zusammengefaßt.
Links in der ersten Reihe kombinierte Gestellrahmen mit 5 GW und 15 LW; rechts neben dem
Arbeitstisch ein Zwischenverteiler.

unter anderem auch von besonderen Verhältnissen des betreffenden Amtes bestimmt werden.

### f) Schutzmaßnahmen

Wie die verschiedenen Bilder zeigen, sind die Amtseinrichtungen weitgehend gegenüber äußeren Einflüssen durch Staub, Stoß usw. geschützt. Sämtliche Relais erhalten *Schutzkappen* (vgl. z. B. Bild 245 oder 248). Diese schützen entweder die Relais einer Schalteinrichtung (wie z. B. bei den Relaissätzen der GW und LW; vgl. Bild 243 oder 245) oder die Relais mehrerer zu einer Einheit zusammengefaßter Schalteinrichtungen (wie z. B. beim VW-Gestellrahmen; vgl. z. B. Bild 248) oder in Sonderfällen auch nur ein oder zwei einzeln angeordnete Relais.

Die Vielfachverdrahtung der GW und LW wird durch *Schutzbleche* abgedeckt (vgl. z. B. Bild 245). Am Fuße der Gestellreihen befinden sich sog. *Abweisstangen*, durch die eine zu dichte Annäherung an die Einrichtungen verhindert wird (vgl. z. B. Bild 245, 252, 254). Auf der Rückseite der Gestellreihen sind Halteschienen vorgesehen, auf die zum Schutz der Verdrahtung Gitterbleche, sog. *Abweisbleche*, aufgehängt werden (Bild 253).

Wie bereits erwähnt, sind für kleinere Anlagen aus Gründen der Wirtschaftlichkeit Gestellrahmen geschaffen worden, die den Einbau der verschiedensten Schalteinrichtungen ermöglichen. In Klein- und Kleinstanlagen ist man bemüht, sämtliche erforderlichen Einrichtungen in einem gemeinsamen Gestell bzw. in einem Wandrahmen unterzubringen (vgl. Bild 218 und 219), um die am Aufstellungsort erforderlichen Arbeiten auf ein Mindestmaß zu beschränken. Sehr oft ist dort nur

Bild 255. Unteramt für 50 Teilnehmer im Schutzgehäuse.
Der kombinierte Gestellrahmen enthält von oben nach unten: Sicherungsstreifen des Hauptverteilers; Teilnehmerrelais und Drehwähler der Anrufsucher; Relais für Amtssignale, Zusatzeinrichtungen usw.; 5teiligenLW-Rahmen; Stromversorgung. Rechts an der Seite sind die 50 Gesprächszähler angebracht.

der Anschluß der Teilnehmerleitungen und der Stromzuführung vorzunehmen. Diese Kleinstanlagen, in denen die Wähleinrichtung auf einem ausschwenkbaren Rahmen untergebracht ist, werden im allgemeinen durch eine gemeinsame

Bild 256.　10 teiliger VW-Einzelrahmen in gekapselter Ausführung.

Schutzkappe abgedeckt *(Wandgehäuse)*. Derartige Anlagen stellen dann außerordentlich geringe Anforderungen an die Räumlichkeiten am Unterbringungsort. Jedoch auch die Kleinanlagen, die aus einem Gestell bestehen, müssen oft in Räumen untergebracht werden, in denen in bezug auf Temperatur oder Feuchtigkeitsgehalt der Luft keine hohen Anforderungen gestellt werden können. Für die betreffenden Bauarten sind daher Vorkehrungen getroffen worden, daß ein derartiges Gestell in ein Blechgehäuse gesetzt werden kann (Bild 255). Dieses Gehäuse wird erforderlichenfalls sogar durch Lampen geheizt, wobei die Heizung unter Umständen selbsttätig von einem Kontakthygrometer gesteuert werden kann. Aber auch in größeren Ämtern bietet eine vollständige Schutzverkleidung aller beweglichen Schalteinrichtungen, also nicht nur der Relais, große Vorteile für Wartung und Pflege. Man geht daher vielfach dazu über, die Gestellrahmen an ihrer Vorder- und Rückseite so mit Schutzverkleidungen zu versehen, daß das Eindringen von Staub weitgehend vermieden wird. Es ensteht dadurch der sog. *gekapselte Einbau*. Bild 256 zeigt einen I. VW-Einzelrahmen in gekapselter Ausführung. Die vordere Schutzkappe enthält ein Fenster aus einem gut durchsichtigen Material, um das Arbeiten der Wähler beobachten zu können, ohne daß die Schutzkappe abgenommen zu werden braucht.

### g) Hauptabmessungen im großen Amtsaufbau

Um einen Überblick über den Raumbedarf in Schrittschalt-Wählerämtern zu geben, sollen kurz die Hauptabmessungen für Systeme mit Viereckwählern (Bauart 1927; Bild 26) und den zugehörigen Flachrelais (Bild 52) aufgeführt werden. Es handelt sich hier also um Systeme, wie sie in den Ämtern der Deutschen Post (z. B. Reichspostsystem 29) usw. Verwendung gefunden haben.

Bei den in Tabelle 15 angegebenen Maßen der Gestellrahmen beziehen sich die Höhenmaße auf den reinen Gestellrahmen (ohne Füße) und ohne Lampenwinkel für die Signallampen. Die Breitenmaße sind Durchschnittswerte, die außer der Breite des Gestellrahmens den Zwischenraum zwischen zwei Gestellrahmen für die Kabelführung usw. berücksichtigen.

| Art des Gestellrahmens | Breite (mm) | Höhe (mm) |
|---|---|---|
| I. VW-Gestellrahmen . . . . . . | 530 | 2365 |
| II. VW- oder MW-Gestellrahmen . . | 515 | 2365 |
| I. GW-Gestellrahmen . . . . . | 505 | 2365 |
| II./III. GW-Gestellrahmen . . . . | 365 | 2365 |
| LW-Gestellrahmen (einfache LW) . . | 660 | 2365 |
| GW/LW-Gestellrahmen . . . . . | 660 | 2365 |
| Zwischenverteiler (Beispiel) . . . . | 200 | 2365 |

Tabelle 15. Gestellrahmen-Breiten im Reichspostsystem 29

Die Höhe eines Gestells (Amtsgestells), in das die Gestellrahmen „eingehängt" werden, beträgt ohne Füße 2400 bzw. einschließlich der 200 mm hohen Füße 2600 mm. Bei Bedarf können für niedrigere Räume auch 100 mm hohe Füße vorgesehen werden. Zu der Höhe von 2600 mm kommen in normalen Fällen:

195 mm für den Gestellkabelrost, der innerhalb der Gestellreihe oberhalb des Gestells verläuft und die Kabel zu den einzelnen Gestellrahmen usw. aufnimmt, einschließlich dem Platzbedarf für die Gestellbeleuchtung.

15 mm als Zwischenraum zwischen dem Gestellkabelrost und dem darüberliegenden Verbindungskabelrost.

150 mm für den Kabelrost (Verbindungskabelrost), der quer zu den Gestellreihen verläuft und die Kabel von Gestellreihe zu Gestellreihe, zum Hauptverteiler usw. aufnimmt.

40 mm für den Zwischenraum nach einem etwaigen weiteren, darüber befindlichen Kabelrost, wie z. B.:

150 mm in Ämtern mit Gestellgruppen, die durch einen Mittelgang getrennt sind, für den Kabelrost (Verbindungskabelrost), der den Mittelgang kreuzt.

Insgesamt ergeben sich also einschließlich der Kabelführung je nach Gestellreihen-Aufstellung maximale Bauhöhen von 2960 mm bzw. 3150 mm.

## 2. AMTSSIGNALE

Die einzelnen Schalteinrichtungen sind durch Sicherungen geschützt. Außerdem enthalten die Schalteinrichtungen Stromkreise, die zu sog. Signalrelais führen. Durch diese Signalrelais werden dem Amtspersonal selbsttätig etwaige Störungen oder Unregelmäßigkeiten angezeigt und kann außerdem eine Überwachung des Amtes in verkehrsmäßiger Beziehung erfolgen. Die Gesamtheit der hierfür geschaffenen Alarme oder Signale faßt man unter der Bezeichnung „Amtssignale" zusammen.

Die **Signalrelais** sind im allgemeinen für eine Reihe von Schalteinrichtungen gemeinsam, z. B. einmal je Gestellrahmen vorhanden. Sie werden zu sog. Signalrelaissätzen oder auf besonderen Schienen oder in besonderen Rahmen zusammengefaßt. Die **Amtssignale** sind der Wichtigkeit des betreffenden Vorkommnisses angepaßt. Die Alarmgabe für die selbsttätige Störungs- und Betriebsüberwachung kann naturgemäß verschieden weit ausgearbeitet werden. Es ist jedoch zweckmäßig, Übertreibungen zu vermeiden und die Alarmgabe nicht zum Selbstzweck werden zu lassen. Hierzu ist folgendes zu sagen.

Es gibt Störungen, deren Beseitigung dringend erforderlich ist und die daher sofort angezeigt werden müssen; es gibt aber auch andere, für die es ausreicht, wenn die erforderlichen Abhilfemaßnahmen während der regelmäßigen Betriebsprüfungen getroffen werden. Es gibt also schon in bezug auf die Art der Störungen wichtige und weniger wichtige Alarme; dabei kann die Bewertung der Wichtigkeit auch von örtlichen Verhältnissen abhängen. Störungen, auf die man in einem größeren Ortsamt mit ständig anwesendem Personal noch durch Weckersignale hinweist und die man dadurch als wichtig kennzeichnet, wird man unter Umständen in einem fernüberwachten Amt gar nicht erst zum Hauptamt weitermelden, sondern so lange bestehen lassen, bis sie beim regelmäßigen Besuch beseitigt werden. Ähnlich werden in kleineren Anlagen, die nachts unbewacht bleiben, nur die wichtigsten Alarme in die Wohnung des oder der Mechaniker weitergegeben.

Es gibt Alarme, die sofort gegeben werden müssen, wie z. B. das Durchbrennen einer Hauptsicherung. Es gibt auch Alarme, die zeitlich verzögert stattfinden müssen, da die betreffenden Vorgänge kurzzeitig im normalen Betrieb auftreten und erst eine Störung darstellen, wenn sie längere Zeit bestehen. So ist beispielsweise das kurzzeitige Einschalten der Wählermagnete ein durchaus normaler Vorgang; er wird jedoch zur Störung, wenn der Wählermagnet unter Dauerstrom steht und muß dann alarmiert werden. Dabei muß die Verzögerungszeit des Alarms so bemessen sein, daß durch Überlappungen der Arbeitszeiten verschiedener Wähler der gleichen Verzögerungseinheit nicht fälschlicherweise Störungen vorgetäuscht werden können.

Ganz allgemein werden Amtssignale gegeben:

wenn Störungen oder Unregelmäßigkeiten auftreten, deren Beseitigung dringend erforderlich oder zumindest zweckmäßig ist,

wenn auf unvorsichtige Handlungen des Teilnehmers hingewiesen werden soll, durch die die Verkehrsgüte beeinträchtigt wird,

wenn ein Überblick über die Belastung von Wählergruppen oder über die in Betrieb befindlichen Schalteinrichtungen gegeben werden soll.

Zur optischen Anzeige dienen verschiedenfarbige *Signallampen*. Auf wichtige Vorkommnisse wird durch Weckerzeichen hingewiesen. Die Signallampen, die für die betreffende Wählerart Bedeutung haben, sind oben am Gestellrahmen angebracht (vgl. Bild 245). Sie werden außerdem in den sogenannten Gruppensignalrahmen wiederholt, die je Gestellreihengruppe (z. B. je 2000er-Gruppe; je GW-Stufe; für mehrere Gestellreihen) gut sichtbar im Längsgang angebracht sind (vgl. Bild 252). Als *Wecker* sind je Gruppensignalrahmen ein Gleichstromwecker und ein Wechselstromwecker vorhanden. Der Gleichstromwecker arbeitet für wichtige Alarme als *Rasselwecker*, für weniger wichtige als *Einschlagwecker*. Der *Wechselstromwecker* ertönt, wenn durch die Art der Störung die Betätigung des Gleichstromweckers in Frage gestellt ist. Ertönt ein Wecker, so ersieht das Amtspersonal am Gruppensignalrahmen die Art der Störung und die Gruppe, in der die Störung aufgetreten ist; die Signallampe im Gestellrahmen zeigt den Ort an, an dem die Störung aufgetreten oder selbsttätig festgestellt worden ist. Unter Umständen sind auch noch am Wähler oder in der sonstigen Schalteinrichtung kleine Lämpchen angebracht, die ebenfalls bestimmte Betriebszustände anzeigen. Um einen Überblick über praktisch vorkommende Verhältnisse zu geben, seien die Amtssignale aufgezählt, die in großen Ämtern der Deutschen Post (System 29) gegeben werden:

1. Amtssignal: Blaue Signallampe und Rasselwecker.
   Bedeutung: a) Hauptsicherung ist schadhaft.
   b) Ruf- und Signalmaschine hat selbsttätig auf die Ersatzmaschine umgeschaltet.

2. Amtssignal: Rote Signallampe und Einschlagwecker.
   Bedeutung: Einzelsicherung hat ausgelöst.

3. Amtssignal: Grüne Signallampe und Rasselwecker.
   Bedeutung: Ein GW hat durchgedreht.

4. Amtssignal: Grüne Signallampe und Einschlagwecker.
   Bedeutung: Kraftmagnet unter Dauerstrom.

5. Amtssignal: Gelbe Signallampe und Einschlagwecker.
   Bedeutung: a) Teilnehmer wählt nach dem Abheben nicht.
   b) Schleifenschluß einer Teilnehmerleitung.

6. Amtssignal: Gelbe Signallampe.
   Bedeutung: Sämtliche Ausgänge der I. VW-Teilgruppe sind belegt (Abschaltung).

7. Amtssignal: Helle Signallampe.
   Bedeutung: Mindestens ein GW oder LW des Gestellrahmens ist belegt.

8. Amtssignal: Matte Signallampe.
   Bedeutung: Erdschluß der a-Ader einer Teilnehmerleitung.

9. Amtssignal: Gelbweiße Signallampe und Einschlagwecker.
   Bedeutung: a) Rufstrom geht nicht ab.
   b) Angerufener ist blockiert.

10. Amtssignal: Wechselstromwecker.
    Bedeutung: Haupt- oder Einzelsicherung im Gruppensignalrahmen ist schadhaft.

Abschließend sei jedoch betont, daß dies Amtssignale sind, die in einem bestimmten System gegeben werden. Besondere Verhältnisse und besondere Betriebsbedingungen können außerdem andere Amtssignale erfordern oder nur einen Teil von ihnen als zweckmäßig erscheinen lassen.

### 3. HAUPT- UND ZWISCHENVERTEILER

Eine Grundforderung für ein gutes Wählsystem ist weitgehende Anpassungsfähigkeit an die Verkehrsveränderungen, die während des Bestehens eines Amtes
zwangsläufig auftreten. Dies wirkt sich auch auf die Verkabelung des Amtes aus,
die so ausgeführt sein muß, daß z. B. sowohl den Veränderungen innerhalb der
Teilnehmerschaft, wie z. B. Zu- und Abgang von Sprechstellen, Umzüge usw.,
als auch dem Anwachsen und u. U. Abflauen des Verkehrs schnell und ohne große
Schwierigkeiten Rechnung getragen werden kann. Zwischen den Außen- und
Innenleitungen und zwischen den meisten Wahlstufen sind daher Umschalteeinrichtungen, sog. Verteiler, vorgesehen, an denen die erforderlichen Schaltmaßnahmen vorgenommen werden können, ohne daß Umarbeiten an den
festverlegten Kabeln erforderlich werden. Je nach den Aufgaben der Verteiler
unterscheidet man Haupt- und Zwischenverteiler (Bild 257).

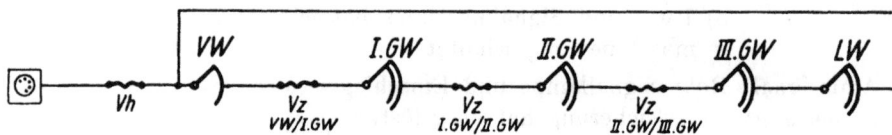

Bild 257. Einordnung von Haupt- und Zwischenverteilern vor und zwischen den Wahlstufen.

Vh = Hauptverteiler.
Vz = Zwischenverteiler.

Der **Hauptverteiler** (Vh) ist die Umschalteeinrichtung zwischen den Außenleitungen des Fernsprechnetzes und den Innenleitungen des Amtes. Die Außenleitungen, also die Anschlußleitungen von den Sprechstellen, Nebenstellenanlagen usw. und die Verbindungsleitungen von anderen Ämtern, kommen im
Amt kabelweise geordnet an, d. h. die Leitungen sind entsprechend der örtlichen
Lage der einzelnen Anschlußstellen zusammengefaßt und enden nach diesen
Gesichtspunkten geordnet am Hauptverteiler. Die Innenleitungen nach den
Wähleinrichtungen dagegen sind am Hauptverteiler in der Reihenfolge der
laufenden Anrufnummern angeschlossen.

Die Außenleitungen enden auf der einen Seite des Hauptverteilers (Außenseite
des Vh) an *Sicherungs-* oder *Trennleisten*; diese sind senkrecht angebracht,
wonach die Außenseite des Vh auch senkrechte Seite genannt wird (Bild 257).
Die Innenleitungen beginnen auf der anderen Seite des Hauptverteilers (Innenseite des Vh) an *Lötösenstreifen*; diese sind waagrecht angebracht, wonach die
Innenseite auch waagrechte Seite genannt wird. Die Lage der Außenleitungen an der senkrechten Seite des Vh und die der Innenleitungen an der waagrechten Seite des Vh bleibt nach der Montage unverändert. Die Verbindungen
zwischen den Sicherungs- oder Trennleisten der senkrechten Seite und den
Lötösenstreifen der waagrechten Seite werden durch *Schaltdrähte* hergestellt,
durch die die festverlegten Leitungen der beiden Anschlußseiten des Vh in beliebiger Weise miteinander verbunden werden können. Man bezeichnet dies mit
*Rangierung* und die Schaltdrähte daher auch oftmals als *Rangierdrähte*. Durch

diese nicht starre und leicht veränderbare Verbindung kann jeder Sprechstelle usw. unabhängig von der Lage ihrer Anschlußleitung im ankommenden Außenkabel, d. h. unabhängig von ihrer örtlichen Lage, eine beliebige Innenleitung, d. h. eine beliebige Anrufnummer zugeteilt werden. Ebenso kann bei Wohnungswechsel innerhalb des Amtsbezirkes, durch den für die betreffende Sprechstelle eine andere Anschlußleitung mit dem Amt erforderlich wird, durch einfaches Umlöten des betreffenden Rangierdrahtes die Anrufnummer unverändert beibehalten werden. In der gleichen Weise können Anrufnummern, die im Laufe der Zeit frei geworden sind, neuen Teilnehmern zugeordnet werden.

Sicherungsleisten werden am Vh verwendet, wenn bei der Art der herangeführten Außenleitungen ein Sicherungsschutz für das Amt für erforderlich gehalten wird. Die Sicherungsleiste enthält dann als Spannungsschutz Kohleblitzableiter und als Stromschutz Feinsicherungen. Die Trennleisten der senkrechten Seite oder auch die u. U. entsprechend ausgeführten Lötösenstreifen (Trenn-Lötösenstreifen) der waagrechten Seite geben die Möglichkeit bei Störungssuchen, Messungen usw. Innen- und Außenleitungen zu trennen und die erforderlichen Meßgeräte anzuschalten.

Bild 258 zeigt einen Hauptverteiler, an dem vorn die waagrechten Lötösenstreifen (hier sind Trenn-Lötösenstreifen benutzt) und hinten die senkrechten Streifen (hier sind einfache Lötösenstreifen benutzt) zu erkennen sind. Oberhalb des Hauptverteilers befinden sich die Kabelroste zur Aufnahme der Innenleitungen. Die Außenleitungen werden im allgemeinen von unten in Fußbodendurchbrüchen oder innerhalb eines Doppelfußbodens oder in Fußbodenkanälen an den Hauptverteiler herangeführt.

Der **Zwischenverteiler** (Vz) hat ähnliche Aufgaben wie der Hauptverteiler. Er wird zwischen den Wahlstufen eingeordnet und gibt also die Möglichkeit, die von einer Wahlstufe abgehenden Verbindungsleitungen beliebig auf die zur nächsten Wahlstufe führenden Leitungen zu verteilen. Gleichzeitig wird an ihm die Mischschaltung ausgeführt, die für die Ausgänge der vorgeordneten Wahlstufe vorgesehen ist, d. h. aus jedem Gestellrahmen der vorgeordneten Wahlstufe führt eine bestimmte Zahl von Ausgängen festverlegt zum Vz. Am Vz werden dann bei der Montage des Amtes mittels der Schaltdrähte nicht nur die Verbindungen zwischen den Leitungen von der vorhergehenden Wahlstufe und den Leitungen zur nachfolgenden Wahlstufe hergestellt, sondern auch erforderlichenfalls die Ausgänge aus den Gestellrahmen der vorgeordneten Wahlstufe zu der vorgesehenen Mischschaltung zusammengeschaltet (Rangierung). Da im Zwischenverteiler nur Innenleitungen zusammengeschaltet werden, sind auf beiden Seiten des Vz nur Lötösenstreifen angebracht, die auf der einen Seite senkrecht und auf der anderen Seite waagrecht angeordnet sind. Man unterscheidet also am Vz ebenfalls eine senkrechte und eine waagrechte Seite. Zwischenverteiler werden zwischen VW und I. GW sowie zwischen den einzelnen GW-Stufen vorgesehen. Zwischen der letzten GW-Stufe und den LW dagegen befinden sich nur Vz, wenn höhere LW-Prozentsätze vorhanden sind (Bild 257).

Bild 258. Hauptverteiler mittlerer Größe.
Auf der waagrechten Seite sind hier Trenn-Lötösenstreifen verwendet. d. h. Innen-
leitungen und Außenleitungen können in diesem Hauptverteiler auf der waag-
rechten Seite für Prüf- oder Meßzwecke aufgetrennt werden. Auf der senkrechten
Seite werden in einem solchen Falle einfache Lötösenstreifen verwendet (kein
Sicherungsschutz!).

## 4. LEITUNGSFÜHRUNG INNERHALB EINES WÄHLERAMTES

Zur Verbindung der einzelnen Gestellrahmen untereinander bzw. mit den Haupt-
und Zwischenverteilern müssen zahlreiche Kabel fest verlegt werden. Man
unterscheidet hierbei:

a) Verbindungskabel, die die a-, b-, c- und sonstigen Adern zwischen den Gestellrahmen und Haupt- und Zwischenverteilern zusammenfassen.

b) Signal-Drahtbündel, die aus Signalleitungen zwischen den Einrichtungen für die Amtssignale, aus Registrierleitungen, aus Prüfnummernleitungen (vgl. später) und aus denjenigen Leitungen gebildet werden, die den Rufstrom und den Hörzeichenstrom an die jeweils in Betracht kommenden Gestellrahmen heranbringen.

c) Leitungen der Stromversorgung von der Batterieverteilungstafel nach den einzelnen Gestellrahmen.

Diese drei Arten von Innenleitungen werden bei der Montage des Amtes jede für sich fest verlegt. Den weitaus größten Anteil an der Verkabelung eines Amtes haben die Verbindungskabel.

Für bestimmte Arten der **Verbindungskabel,** auch **Systemkabel** genannt, haben sich folgende Bezeichnungen herausgebildet:

*Eingangskabel* für diejenigen Verbindungskabel, die von dem vorgeordneten Vz zu den Eingängen der Wähler oder sonstigen Schalteinrichtungen führen. Diese Kabel werden auch „Klinkenkabel" genannt, da sie in den Gestellrahmen mit Viereckwählern am Klinkenstreifen (vgl. rechts in Bild 243) enden.

*Ausgangskabel* für diejenigen Verbindungskabel, die von den Ausgängen der Gestellrahmen (bzw. Einzelrahmen) zum nachgeordneten Vz führen. Da ein großer Teil dieser Kabel an den Kontaktsätzen der Wähler beginnt, werden diese auch „Schrittkabel" oder „Kontaktsatzkabel" genannt.

*Parallelkabel* für diejenigen Verbindungskabel, mit denen die Ausgänge von GW-Gestellrahmen der gleichen Gruppe parallelgeschaltet werden. Da die Verbindungskabel zwischen den LW-Ausgängen und den I. VW-Eingängen ebenfalls als eine Art von Parallelverdrahtung angesehen werden können, werden diese Kabel oftmals auch Parallelkabel genannt.

In einem größeren Orts-Wähleramt kommen demnach in der Hauptsache folgende Verbindungskabel vor:

Verbindungskabel   Vh — I. VW

Parallelkabel   ·   I. VW — LW

Ausgangskabel   I. VW — Vz   (zum Vz I. VW/II. VW/I. GW)

Eingangskabel   Vz — II. VW   (vom Vz I. VW/II. VW/I. GW)

Ausgangskabel   II. VW — Vz   (zum Vz I. VW/II. VW/I. GW)

Eingangskabel   Vz — I. GW   (vom Vz I. VW/II. VW/I. GW)

Parallelkabel   I. GW

Ausgangskabel   I. GW — Vz   (zum Vz I. GW/II. GW)

Eingangskabel   Vz — II. GW   (vom Vz I. GW/II. GW)

usw. für die weiteren GW-Stufen.

Eingangskabel   Vz — Letzte GW

Parallelkabel   Letzte GW

Verbindungskabel   Letzte GW—LW bis 15% LW

oder

Ausgangskabel   Letzte GW—Vz wenn über 15% .LW

Eingangskabel   Vz — LW (SLW) wenn über 15% LW

Ausgangskabel      SLW — Vz
Eingangskabel      Vz — MW für Großsammelanschlüsse
Ausgangskabel      MW — Vz für Großsammelanschlüsse
Verbindungskabel   Vz — Vh für Großsammelanschlüsse
usw.

Als Unterlage für die Kabelarbeiten dient unter anderem der sog. K a b e l -
f ü h r u n g s p l a n, der die zu verwendende Kabelart, die Aderzahl je Kabel, die
Zahl der erforderlichen Kabel usw. bei zweckmäßigster Kabelführung und wirt-
schaftlichstem Kabelverbrauch angibt.

Die Gestellrahmen werden aus Gründen des Kabelverbrauchs nicht in der für
den Verbindungsaufbau benutzten Reihenfolge VW — GW — LW aufgebaut.
Vielmehr werden stets die I. VW- und LW-Gestellrahmen der einzelnen H u n d e r t e r -
g r u p p e n nebeneinander gesetzt, da zwischen ihnen die größte Zahl von Leitungen
vorgesehen werden muß.   Für diese Kabelführung soll das, was bei der Besprechung der einzelnen Arten von Gestellrahmen bereits angegeben wurde, an dem
Beispiel eines größeren Orts-Wähleramtes zusammengefaßt werden.  Bild 259
gibt in grundsätzlicher Darstellung die Art der Kabelführung und den Anschluß
der einzelnen Kabel in den Gestellrahmen bzw. in den Haupt- und Zwischenverteilern an.

Die Innenleitungen beginnen an der waagrechten Seite des Hauptverteilers.
Von den waagrechten Lötösenstreifen (oder Trenn-Lötösenstreifen) dés Vh
führen die Verbindungskabel Vh-I. VW zu den I. VW-Gestellrahmen und enden
im I. VW-Gestellrahmen an den Verteilerleisten der I. VW-Einzelrahmen.
Wie bereits gesagt, sind in jedem I. VW-Einzelrahmen die a-, b- und c-Adern von
den Schaltarmen der 10 I. VW an die Verteilerleiste des Einzelrahmens geführt,
an'der für jeden Anschlußpunkt drei Lötösen vorhanden sind (vgl. Bild 241):
An eine Lötöse jedes a-, b- und c-Anschlußpunktes werden die Verbindungskabel
Vh-I. VW angelötet.

An der zweiten Lötöse jedes a-, b- und c-Anschlußpunktes beginnen die Parallelkabel I. VW-LW, die im LW-Gestellrahmen an die Kontaktsätze der Viereckwähler angeschlossen werden.  Die zum Anschließen benutzten Kontaktsätze
richten sich nach der LW-Zahl je Teilnehmerhundert. Bei 20% LW (= ein
vollständiger LW-Gestellrahmen je I. VW-Gestellrahmen) werden die Parallelkabel an den 2. und 3. Kontaktsatz von oben angeschlossen; bei 10% LW (ein
LW-Gestellrahmen für zwei I. VW-Gestellrahmen; Bandvielfach in der Mitte
geschnitten) führen sie zum 2. und 3. sowie zum 11. und 12. Kontaktsatz.  Bei
kombinierten GW/LW-Gestellrahmen führen sie jeweils zu den Kontaktsätzen
der beiden obersten LW.

An der dritten Lötöse jedes a-, b- und c-Anschlußpunktes des Verteilers im
I. VW-Einzelrahmen ist die Innenverdrahtung des Einzelrahmens nach den
Schaltarmen der I. VW angeschlossen.

Die Ausgangskabel I. VW-Vz beginnen am Kontaktsatz eines der vielfach-
geschalteten I. VW.  Bei mittlerem Verkehr werden 20 Ausgänge aus einem
I. VW-Gestellrahmen gebildet; die Ausgangskabel sind dann am 5. und 6.
Einzelrahmen angeschlossen. Bei 28 Ausgängen wird außerdem ein Zusatzkabel

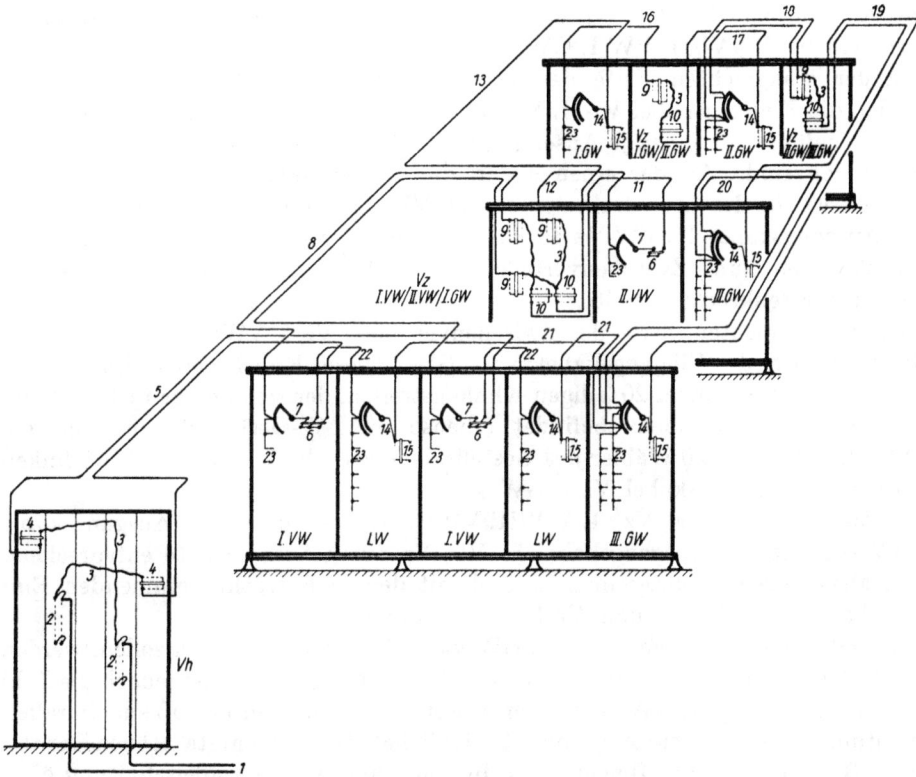

Bild 259. Grundsätzliche Darstellung der Amtsverkabelung in bezug auf die Verbindungskabel.

 1 = Außenleitungen.
 2 = Sicherungs- oder Trennleisten (senkrechte Seite des Hauptverteilers Vh).
 3 = Schaltdrähte der Rangierung.
 4 = Lötösenstreifen (waagrechte Seite des Hauptverteilers Vh).
 5 = Verbindungskabel Vh—I. VW.
 6 = Verteilerleiste je I. bzw. II. VW-Einzelrahmen.
 7 = Innenverdrahtung der I. und II. VW-Einzelrahmen.
 8 = Ausgangskabel I. VW—Vz.
 9 = Lötösenstreifen des Zwischenverteilers Vz (senkrechte Seite).
10 = Lötösenstreifen des Zwischenverteilers Vz (waagrechte Seite).
11 = Eingangskabel Vz—II. VW.
12 = Ausgangskabel II. VW—Vz.
13 = Eingangskabel Vz—I. GW.
14 = Innenverdrahtung der GW- bzw. LW-Gestellrahmen.
15 = Klinkenstreifen mit den Prüfklinken je GW bzw. LW.
16 = Ausgangskabel I. GW—Vz.
17 = Eingangskabel Vz—II. GW.
18 = Ausgangskabel II. GW—Vz.
19 = Eingangskabel Vz—III. GW.
20 = Parallelkabel III. GW.
21 = Verbindungskabel III. GW—LW.
22 = Parallelkabel I. VW—LW.
23 = Vielfachverdrahtung der Einzelrahmen bzw. des Gestellrahmens.

für die ersten beiden Drehschritte der Einzelrahmen 1, 3, 5, 7 und 9 verlegt, wobei die Vielfachverdrahtung der Einzelrahmen untereinander entsprechend zu ändern ist. Bei 50 Ausgängen sind immer nur zwei Einzelrahmen parallelgeschaltet, und die Ausgangskabel beginnen am Einzelrahmen 1, 3, 5, 7 und 9.

Die Ausgangskabel I. VW-Vz enden an der senkrechten Seite des Zwischenverteilers Vz I. VW/II. VW/I. GW.

Von der waagrechten Seite des Zwischenverteilers Vz I. VW/II. VW/I. GW werden die Eingangskabel Vz-II. VW zu den Verteilerleisten der II. VW-Einzelrahmen geführt, an denen je Anschlußpunkt der a-, b- und c-Adern zwei Lötösen vorgesehen sind. An der einen enden die Eingangskabel Vz-II. VW, an der anderen ist die Innenverdrahtung des II. VW-Einzelrahmens angelötet.

Die Ausgangskabel II. VW-Vz führen von der Blankverdrahtung der II. VW-Einzelrahmen zum Zwischenverteiler Vz I. VW/II. VW/I. GW. Dort enden sie auf der senkrechten Seite.

An der waagrechten Seite des Zwischenverteilers Vz I. VW/II. VW/I. GW beginnen ferner die Eingangskabel Vz-I. GW. Diese Kabel enden im I. GW-Gestellrahmen an einem 20teiligen Klinkenstreifen, der sich an der rechten Seite jedes GW-Gestellrahmens befindet (ebenso im LW-Gestellrahmen) und die 20 Prüfklinken der 20 Wähler des Gestellrahmens enthält. An diese Prüfklinken werden die Eingangskabel Vz-I. GW geführt.

Im Zwischenverteiler Vz I. VW/II. VW/I. GW werden die Ausgangskabel I. VW-Vz und die Ausgangskabel II. VW-Vz durch Schaltdrähte entsprechend dem Mischungsplan untereinander und mit den in Betracht kommenden Eingangskabeln Vz-II. VW und Vz-I. GW verbunden.

Die I. GW-Gestellrahmen, deren I. GW vielfachgeschaltet werden sollen, werden durch Parallelkabel untereinander verbunden. Im allgemeinen ist jedoch die Zahl der Ausgänge, die je I. GW-Gruppe erforderlich werden, so groß, daß eine Parallelschaltung nicht in Betracht kommt. Lediglich für bestimmte Höhenschritte, die z. B. zu besonderen Dienststellen führen, kann diese Parallelschaltung öfter erforderlich werden. Sind Parallelkabel in GW-Gruppen erforderlich (wie in den nachfolgenden GW-Stufen), so beginnen die Parallelkabel jeweils in einem GW-Gestellrahmen an den Kontaktsätzen des 2. und 3. Wählers und enden im benachbarten GW-Gestellrahmen an den Kontaktsätzen des 4. und 5. Wählers usw. (Bild 260).

An die I. GW-Gestellrahmen sind ferner die Ausgangskabel I. GW-Vz angeschlossen. Diese beginnen an den Kontaktsätzen der Wähler (z. B. am 2. und 3. Wähler, wenn alle 20 GW vielfachgeschaltet sind; außerdem an je zwei weiteren Wählern jedes Vielfachabschnittes, wenn das Vielfachfeld aufgetrennt oder geschnitten ist) und werden an die senkrechte Seite des Zwischenverteilers Vz I. GW/II. GW geführt.

An die waagrechte Seite des Zwischenverteilers Vz I. GW/II. GW werden die Eingangskabel Vz-II. GW angeschlossen, die zu den Klinkenstreifen der II. GW-Gestellrahmen führen. Im Zwischenverteiler erfolgt wieder die Rangierung zwischen den Ausgangskabeln I. GW-Vz und den Eingangskabeln Vz-II. GW. In ähnlicher Weise erfolgt die Verkabelung der nachfolgenden GW-Stufen, zwischen denen jeweils Zwischenverteiler vorgesehen werden.

In der letzten GW-Stufe sind die GW-Gestellrahmen jeder 1000er-Gruppe durch Parallelkabel vielfachgeschaltet. Die Art der Parallelschaltung und die Kabelführung sind abhängig von dem %-Satz an LW, der entsprechend der Verkehrs-

Bild 260. Rückseite einer GW-Gestellreihe.
Die einzelnen GW-Gestellrahmen sind durch Parallelkabel
untereinander vielfachgeschaltet. Die Parallelkabel beginnen
jeweils an den Kontaktsätzen der 2. und 3. Wähler eines Gestellrahmens und führen zu den Kontaktsätzen der 4. und 5.
Wähler des benachbarten Gestellrahmens. Am ersten und letzten
Gestellrahmen der Gruppe sind also jeweils nur zwei Kontaktsätze mit Parallelkabeln beschaltet; die beiden anderen Kontaktsätze werden zum Anschluß der Ausgangskabel benutzt.
Oberhalb der Gestellrahmen befindet sich der Gestellkabelrost.

stärke vorgesehen ist. Zwischen der letzten GW-Stufe und der LW-Stufe werden
Zwischenverteiler nur dann vorgesehen, wenn der %-Satz an LW höher als
15% ist. Bei 10% LW werden reine GW-Gestellrahmen verwendet, die durch
Parallelkabel vielfachgeschaltet werden; von einem günstig gelegenen GW-
Gestellrahmen (Kontaktsätze) führen die Verbindungskabel Letzte GW-LW un-
mittelbar zu den Klinkenstreifen der LW-Gestellrahmen. Bei 12% und 15%
LW werden kombinierte GW/LW-Gestellrahmen und außerdem bei Bedarf

reine GW-Gestellrahmen verwendet; die Ausgänge der parallelgeschalteten
GW-Gestellrahmen werden durch Verbindungskabel Letzte GW-LW unmittelbar
zu den Klinkenstreifen der LW-Gestellrahmen geführt. Bei 20%, LW werden
ausschließlich reine GW-Gestellrahmen verwendet; die Ausgänge der parallelgeschalteten GW-Gestellrahmen werden durch Ausgangskabel Letzte GW-Vz
zum Zwischenverteiler geführt, von dem aus die Eingangskabel Vz-LW zu den
Klinkenstreifen der LW-Gestellrahmen abgehen.

In entsprechender Weise wird die Verkabelung der hier nicht behandelten Schalteinrichtungen vorgenommen, wie Mischwähler zwischen den GW-Stufen, Sammelleitungswähler für Großsammelanschlüsse, Mischwähler für Großsammelanschlüsse usw. Den Sammelleitungswählern SLW und den Großsammelleitungs-
wählern GSLW sind keine I. VW fest zugeordnet, so daß an Stelle der Parallelkabel I. VW-LW bei SLW und GSLW Ausgangskabel angeschlossen werden,
die entweder unmittelbar zum Hauptverteiler oder über einen Zwischenverteiler
dorthin geführt werden. Die Zuordnung der erforderlichen I. VW (z. B. Sammel-
vorwähler SVW) oder I. VW von Sammel-Nebennummern erfolgt in der beschriebenen Weise (vgl. Abschnitt XI, 4 c).

Zum Verlegen der Kabel laufen längs der Gestellreihen oberhalb der Gestellrahmen sog. Gestellkabelroste, und darüber senkrecht zu den Gestellreihen
sog. Verbindungskabelroste bis zum Hauptverteiler (vgl. Bild 253, 260 und 258).

## 5. PRÜFNUMMERN UND PRÜFNUMMERNLEITUNGEN

Für die Prüfarbeiten sind in den Ämtern Prüfgeräte in Form von Prüfhandappa-
raten oder fahrbaren Prüfeinrichtungen vorhanden. Diese Prüfgeräte enden
in Stöpseln, die bei den Prüfarbeiten in besondere Klinken der Schalteinrichtungen
bzw. Gestellrahmen gestöpselt werden. Im Verlauf der Prüfarbeiten können
dann von und nach den Prüfgeräten Verbindungen aufgebaut und dadurch die
ordnungsgemäße Arbeitsweise der betreffenden Schalteinrichtungen einschließlich der jeweils erforderlichen Hörzeichengabe nachgeprüft werden.

Damit diese Prüfarbeiten ohne Eingriffe in die Verdrahtung und ohne Störung
des Betriebes vorgenommen werden können, sind in den einzelnen Schaltein-
einrichtungen Prüfklinken und in den Gestellrahmen Prüfnummernklinken
vorhanden.

**Prüfklinken** sind in jeder Schalteinrichtung, also in jedem VW, GW, LW, Ue
usw. vorgesehen, mit Ausnahme der älteren I. VW, bei denen die Prüfungen
vom Hauptverteiler oder Fernvermittlungsplatz aus vorgenommen werden
mußten. Von den Prüfklinken aus können mittels der eingestöpselten Prüfgeräte beliebige Verbindungen von der zu prüfenden Schalteinrichtung über
die nachfolgenden Wähler usw. aufgebaut werden. Um Störungen der Teilnehmerschaft zu vermeiden, werden diese Prüfverbindungen nach bestimmten
Anschlüssen (sog. Prüfnummern) aufgebaut, die zu Prüfnummernklinken
führen.

**Prüfnummernklinken** sind in jedem GW-, LW-, Ue-Gestellrahmen (also nicht
in VW-Gestellrahmen) vorgesehen und über dreiadrige Prüfnummernleitungen

mit bestimmten Anschlüssen der LW-Gruppen, den sog. Prüfnummern, verbunden.
**Als Prüfnummern** sind die Nr. 99 der LW-Gruppen bereitgestellt.
Durch diese Maßnahmen besteht für die Prüfarbeiten die Möglichkeit, von der
Prüfklinke jeder Schalteinrichtung über die nachgeordneten Wähler usw. und
über einen LW eine Prüfverbindung nach der Prüfnummernklinke des gleichen
Gestellrahmens herzustellen. Mittels der in die beiden Klinken eingestöpselten
Prüfgeräte können dann ohne Schwierigkeiten und, ohne daß mehrere Personen
an einer Prüfung beteiligt sind, die erforderlichen Feststellungen getroffen werden.
Die Führung der Prüfnummernleitungen ist in Bild 261 grundsätzlich dargestellt,
an Hand dessen die Wirkungsweise erläutert werden soll.
Als Prüfnummer dient die Nr. 99 der einzelnen LW-Hunderte. Die Prüfnummern
mehrerer LW-Hunderte (z. B. vier bis sechs 100er-Gruppen je nach Amtsgröße)
werden parallelgeschaltet. In jeder der zusammengefassten Gruppen wird nur
ein I. VW benötigt. Die nicht verwendeten I. VW werden freigeschaltet, indem
die Blankverdrahtung an der Verteilerleiste des betreffenden Einzelrahmens
(vgl. Bild 241) aufgetrennt wird. Die so freigeschalteten I. VW können dann bedarfsweise für Anschlüsse verwendet werden, die nur in abgehender Richtung betrieben
werden (z. B. Münzfernsprecher, Sammelanschlüsse). In Bild 261 ist in der unteren
I. VW/LW-Gestellreihe die Prüfnummer 1199 benutzt, d. h. die I. VW der zur
gleichen Gruppe zusammengefaßten LW-Prüfnummern 1299, 1399 usw. sind an
ihren Verteilerleisten freigeschaltet. Die einzelnen Nr. 99 der zusammengefaßten
LW-Gestellrahmen werden durch eine Prüfnummernleitung verbunden, die von
Signalverteiler zu Signalverteiler der betreffenden Gestellrahmen läuft und
weiter nach einem Signal-Lötösenstreifen führt, der am Kopfende jeder Gestellreihe an der sog. U-Schiene befestigt ist. Von hier aus findet dann die Weiterführung zu der gewünschten Gestellrahmen-Gruppe statt.
Die in jedem Gestellrahmen vorhandene Prüfnummernklinke ist durch die
Gestellrahmen-Verdrahtung mit dem Signalverteiler des Gestellrahmens verbunden. In den I. VW/LW-Gestellreihen sind die Prüfnummernklinken aller
LW-Gestellrahmen, die auf einen gemeinsamen Prüfnummern-VW zusammengefaßt sind (in Bild 261 beispielsweise I. VW 1199 und I. VW 2199), durch eine
Prüfnummernleitung parallelgeschaltet. Die I. VW-Gestellrahmen enthalten
keine Prüfnummernklinke, da für ihre Prüfungen die Prüfnummernklinke des
benachbarten LW-Gestellrahmens benutzt werden kann. In der I. GW-Stufe
sind sämtliche Prüfnummernklinken einer Gruppe durch eine Prüfnummernleitung parallelgeschaltet, die an die Signalverteiler der betreffenden Gestellrahmen angeschlossen ist und weiter über den Signal-Lötösenstreifen an der
U-Schiene nach einer der LW-Gruppen führt. Als Gruppen werden, wie bei der
Gruppenbildung für die Gruppensignalrahmen der Amtssignale, beispielsweise
2000er-Gruppen gebildet, sofern nicht bei starkem Verkehr, d. h. bei hohen
%.-Sätzen an Wählern, kleinere Gruppen zweckmäßig sind. In den nachfolgenden
GW-Stufen und sonstigen Wahlstufen (Übertragungen usw.) werden sämtliche
Prüfnummernklinken je Wahlstufe parallelgeschaltet. Hierbei kann jedoch
auch eine Unterteilung der Wahlstufen in zwei Gruppen erwünscht sein, um zur
Vereinfachung der Prüfarbeiten gleichzeitig Prüfungen durch verschiedene

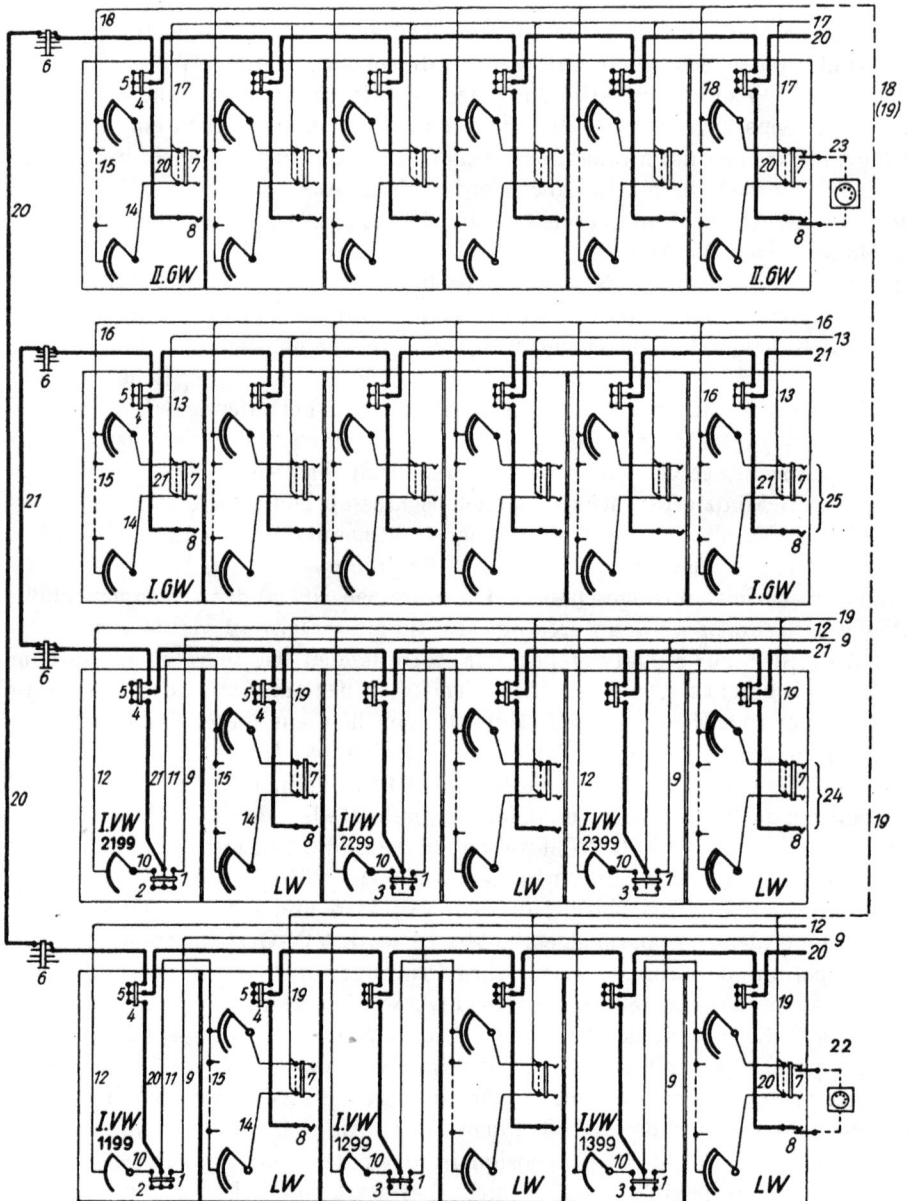

Bild 261. Prüfklinken und Prüfnummernklinken.

Zum Bild 261. Prüfklinken und Prüfnummernklinken.

1 = Verteilerleiste des zehnten I. VW-Einzelrahmens.
2 = Blankverdrahtung an der Verteilerleiste mit angeschlossenem I. VW.
3 = Blankverdrahtung an der Verteilerleiste mit freigeschaltetem I. VW.
4 = Signalverteiler an den Gestellrahmen.
5 = Blankverdrahtung am Signalverteiler der Gestellrahmen.
6 = Signal-Lötösenstreifen je Gestellreihe.
7 = Klinkenstreifen in GW- und LW-Gestellrahmen mit Prüfklinken je Wähler.
8 = Prüfnummernklinke je Gestellrahmen (mit Ausnahme von VW-Gestellrahmen).
9 = Verbindungskabel Vh—I. VW.
10 = Innenverdrahtung des I. VW-Einzelrahmens.
11 = Parallelkabel I. VW—LW.
12 = Ausgangskabel I. VW—Vz.
13 = Eingangskabel Vz—I. GW.
14 = Innenverdrahtung der GW- und LW-Gestellrahmen.
15 = Bandkabel der Viereckwähler in GW- und LW-Gestellrahmen.
16 = Ausgangskabel I. GW—Vz.
17 = Eingangskabel Vz—II. GW.
18 = Ausgangskabel II. GW—Vz.
19 = Verbindungskabel Letzte GW—LW.
20 = Prüfnummernleitung, z. B. 1199.
21 = Prüfnummernleitung, z. B. 2199.
22 = Prüfgerät, für Prüfung der LW gestöpselt (Wahl der Ziffern 99 von der Prüfnummer 1199).
23 = Prüfgerät, für Prüfung der II. GW gestöpselt (Wahl der Ziffern 199 von der Prüfnummer 1199).
24 = Wahl der Ziffern 99 von der Prüfnummer 2199.
25 = Wahl sämtlicher Ziffern von der Prüfnummer 2199.

Personen in verschiedenen Gestellreihen vornehmen zu können. In der letzten GW-Stufe gilt sinngemäß das gleiche, nur daß jeweils die Prüfnummernklinken je 1000er-Gruppe zusammengefaßt werden.

In Bild 261 sind als Beispiel zwei verschiedene Prüfnummern 1199 und 2199 dargestellt. Die Prüfnummer 2199 ist einer I. GW-Gruppe, die Prüfnummer 1199 ist der II. GW-Stufe zugeordnet. Für die beiden Prüfnummern sind jeweils nur drei der zusammengefaßten I. VW/LW-Hunderte gezeichnet; die I. VW 1299 und 1399 sowie die I. VW 2299 und 2399 sind freigeschaltet.

Eine besondere Vorschrift darüber, wie die Prüfnummern den einzelnen Wahlstufen zugeordnet werden, besteht nicht; dies kann den jeweiligen Verhältnissen angepaßt werden.

# XIII. STROMVERSORGUNG

Zum Betrieb der verschiedenartigen Einrichtungen in den Fernsprechanlagen und zum Fernsprechen selbst sind Stromversorgungseinrichtungen erforderlich. Diese können entweder örtlich bei den Teilnehmern oder zentral zusammen mit den übrigen gemeinsamen Einrichtungen der Fernsprechanlagen untergebracht werden. Man unterscheidet entsprechend Ortsbatterien und Zentralbatterien.

Im **Ortsbatterie- (OB-) Betrieb** sind jeder Sprechstelle eine oder mehrere eigene Stromquellen zugeordnet, denen die Energie entnommen wird, die zur Mikrofonspeisung, zur Zeichengabe und unter Umständen zum Einstellen von örtlichen Schalteinrichtungen erforderlich ist.

Im **Zentralbatterie-(ZB-)Betrieb** wird die benötigte Energie von Stromquellen geliefert, die für den gesamten Bereich der Anlage gemeinsam sind und zentral angeordnet werden.

Es gibt sowohl Anlagen mit reinem OB-Betrieb als auch solche mit reinem ZB-Betrieb; außerdem gibt es Anlagen, in denen sowohl OB- als auch ZB-Speisung gemeinsam vorkommen. Neuzeitliche Wählanlagen sind in den weitaus meisten Fällen mit ZB-Speisung ausgerüstet. Der OB-Betrieb wird für den Wählverkehr nur in besonderen Fällen herangezogen (Lit. 24).

Zum Betrieb einer Wählanlage ist Gleich- und Wechselstrom erforderlich. Gleichstrom wird für das Betätigen der verschiedenen Schalteinrichtungen und für die Mikrofonspeisung benötigt. Wechselströme verschiedener Frequenz werden für die Hörzeichen während des Verbindungsaufbaues, für den Ruf zum Teilnehmer, für die Kennzeichen bei der Wechselstrom- und Tonfrequenzwahl usw. benutzt.

Die Gesamtheit der hierfür erforderlichen Einrichtungen bezeichnet man als „Stromversorgungsanlage".

Unter der **Stromversorgungsanlage** versteht man in der Fernsprechtechnik die für die *Stromerzeugung* bzw. *Stromlieferung* zur Verfügung gestellten Einrichtungen, wie z. B. Batterien, Ladegeräte, Maschinen usw., sowie die *Stromverteilung* und die *Absicherung*.

Die Stromversorgungsanlagen bilden ein wichtiges, fast selbständiges Teilgebiet nicht nur der Wählanlagen, sondern auch aller sonstigen Fernsprech- und Fernmeldeanlagen. Es kann daher im Rahmen dieses Buches nur ein ganz kurzer Überblick gegeben werden (Lit. 3).

## 1. GLEICHSTROM

Die in der Fernsprechtechnik verwendete Gleichspannung hängt einmal von der Anlagegröße, sodann auch von dem verwendeten Fernsprechsystem ab. Im Laufe der Entwicklung haben sich bestimmte Spannungen als üblich herausgebildet; neben Betriebserfahrungen sind dabei unter Umständen auch Vorschriften oder Richtlinien staatlicher Stellen, von Verbänden, Feuerversicherungen usw. oder besondere örtliche Verhältnisse zu berücksichtigen. So gelten z. B. in Amerika Anlagen mit Spannungen bis 50 V als Niederspannungsanlagen und unterliegen daher einem billigeren Versicherungstarif.

In der Hauptsache werden in der Welt Spannungen von 3, 4, 6, 24, 36, 48 bzw. 50 und 60 V benutzt. Die Spannungen 3, 4 und 6 V kommen im allgemeinen für den OB-Betrieb in Betracht, während 24, 36, 48 bzw. 50 und 60 V als sog. „Amtsspannungen" in öffentlichen Ämtern und Betriebsfernsprechanlagen Verwendung finden. Darüber hinaus werden jedoch in den Anlagen neben der Amtsspannung auch höhere Spannungen für besondere Stromkreise benötigt, wie z. B. 220 V als Anodenspannung für Röhrenschaltungen usw.

Zur Deckung des Strombedarfs einer Fernsprechanlage stehen erstens die öffentlichen Licht- und Kraftnetze zur Verfügung, die in der Hauptsache 110 bzw. 220 V Gleichstrom oder 220/380 V Wechselstrom oder Drehstrom liefern; ferner können hierzu eigene Stromerzeugungsanlagen herangezogen werden. Da Stromart und Spannung des öffentlichen Licht- und Kraftnetzes nicht den Erfordernissen der Fernsprechanlagen entsprechen, muß die Stromentnahme den Betriebsbedingungen mittels Gleichrichter oder Umformer angepaßt werden.

Für den Betrieb von Wählanlagen sind in großen Zügen folgende Forderungen an die Stromversorgung zu stellen:

1. Der verwendete Gleichstrom muß möglichst frei von Oberschwingungen sein, da sonst Störgeräusche entstehen.

2. Die Spannungsschwankungen dürfen ein bestimmtes Maß nicht überschreiten, da alle Wählsysteme in bezug auf ihre elektrischen und magnetischen Verhältnisse bzw. Vorgänge für bestimmte Spannungsgrenzen entwickelt sind.

3. Ein Ausfall des vorhandenen Licht- oder Kraftnetzes darf den Fernsprechbetrieb nicht stillegen, besonders da ein Netzausfall sehr oft mit einem gesteigerten Einsatz der Fernsprechmittel verbunden ist.

Soll eine Fernsprechanlage daher unmittelbar aus dem Licht- oder Kraftnetz gespeist werden, so müssen die verwendeten Netzanschlußgeräte u. a. den ersten beiden Bedingungen genügen. Die dritte Forderung wird in kleineren oder mittleren Nebenstellenanlagen, die unter Umständen mit einem derartigen Netzanschlußbetrieb arbeiten, dadurch erfüllt, daß nach Ausfall des Netzes ein Fernsprecher auf die Amtsleitung geschaltet wird und so einem Notbetrieb zur Verfügung steht. In allen anderen Fällen und besonders in öffentlichen Ämtern wird der erforderliche Gleichstrom Sammlern entnommen, die zu der sog. **Amtsbatterie** zusammengefaßt sind.

Je nach der Art der Stromlieferung unterscheidet man:

1. Zweibatterie-Betrieb mit abwechselnder Ladung und Entladung,
2. Einbatterie-Betrieb (Pufferbetrieb),
3. Zweibatterie-Betrieb mit zusätzlicher Pufferung,
4. Netzanschluß-Betrieb.

Der *Zweibatterie-Betrieb mit abwechselnder Ladung und Entladung* ist die ursprüngliche Form der ZB-Speisung. Hierbei werden zwei Batterien vorgesehen, die abwechselnd aufgeladen und entladen werden. Es steht also jeweils eine Batterie mit den Ladeeinrichtungen in Verbindung, während die andere auf die Amtseinrichtung geschaltet ist und den erforderlichen Strom liefert, d. h. entladen wird. Danach deckt die erste Batterie den Strombedarf der Anlage, und die zweite wird aufgeladen.

Der *Einbatterie-Betrieb* sieht dagegen eine einzige Batterie vor, die dauernd über Entladeleitungen mit der Fernsprechanlage und über Ladeleitungen mit den Ladeeinrichtungen verbunden ist. Sind die Lade- und Entladeströme einander gleich, so ist die Batterie an der Stromlieferung nicht beteiligt; überwiegt der Strombedarf der Fernsprechanlage, so deckt die Batterie den Mehrverbrauch, während sie im umgekehrten Fall aufgeladen wird. Man bezeichnet diese Betriebsart als *Pufferbetrieb*, da die Batterie die Belastungsstöße wie ein „Puffer" auffängt. Gleichzeitig stellt die Batterie für die von den Ladeeinrichtungen ankommenden Oberschwingungen z. T. einen Kurzschluß dar, so daß der erforderliche oberwellenfreie Gleichstrom an die Fernsprechanlage abgegeben wird. Durch besondere Ladegeräte kann der Pufferstrom selbsttätig entsprechend dem Verbrauch geregelt werden; dies geschieht durch leistungsmäßig überbemessene Bauteile des Ladegerätes, mittels besonderer Regeldrosseln oder bei Quecksilberdampf-Gleichrichtern auch mittels Gittersteuerung.

Im *Zweibatterie-Betrieb mit zusätzlicher Pufferung* werden zwei Batterien verwendet, die jedoch sowohl im abwechselnden Lade- und Entladebetrieb als auch im Pufferbetrieb arbeiten können. Durch diese Anordnung werden die Betriebszeiten für die jeweils „liefernde" Batterie verlängert; die Pufferung findet dabei nicht dauernd, sondern im allgemeinen nur zuzeiten der größten Stromentnahme statt.

Der *Netzanschluß-Betrieb* arbeitet ohne Batterie. Die Fernsprechanlage wird unmittelbar aus dem Netzgerät gespeist, das einen oberschwingungsfreien Gleichstrom und eine konstante Spannung, auch bei Belastungsschwankungen, liefern muß. Der Netzanschlußbetrieb wird gegenwärtig nur für kleine und mittlere Anlagen vorgesehen.

Schließlich ist noch eine *Speisung vom übergeordneten Amt* aus möglich. Hierfür sind mehrere Abarten vorhanden. Einmal können die Schalteinrichtungen über die jeweils benutzte Verbindungsleitung vom Amt aus eingestellt werden, entweder unter Benutzung einer Erde in dem batterielosen Anlagenteil oder in Schleife über die a/b-Adern der Verbindungsleitungen. Als Beispiel hierfür sei auf die Gemeinschaftsumschalter, Wählsternschalter, Gruppenstellen hingewiesen. Die Stromlieferung kann auch über eine besondere Speiseleitung oder über eine Ader der Verbindungsleitung erfolgen. Als Beispiel hierfür sei auf die kleinen Nebenstellenanlagen mit Amtsspeisung hingewiesen, deren Strombedarf für die Betätigung der Schalteinrichtungen und für den Innenverkehr von *Speisebrücken* aus über die b-Ader der Amtsleitungen (seltener über eine besondere Speiseleitung) gedeckt wird, während die gesamte Zeichengabe über die a-Ader der Amtsleitung verläuft; die Mikrofonspeisung im Amtsverkehr dagegen findet in normaler Weise über die a/b-Adern statt (vgl. auch anschließend über „Fernladung").

Wie bereits erwähnt, stehen zur Aufladung der Batterie das öffentliche Licht- und Kraftnetz oder eigene Stromerzeugungsanlagen zur Verfügung.
Bei einem geeigneten Licht- und Kraftnetz für Gleichstrom wird bei kleinen Ladestromstärken die vorhandene Gleichspannung mit Hilfe entsprechender Vorwiderstände auf den für die Ladung erforderlichen Wert herabgedrückt. Bei größeren Stromstärken, für die dieses Verfahren zu unwirtschaftlich wäre, verwendet man Maschinenumformer.

Wird der Strom einem Wechsel- oder Drehstromnetz entnommen, so ist sowohl eine Spannungsänderung als auch eine Gleichrichtung erforderlich. Dies geschieht mittels „ruhender" Gleichrichter oder über Umformermaschinensätze. Als Gleichrichter sind Trockengleichrichter und Quecksilberdampfgleichrichter üblich.

Bei längerem Netzausfall müssen die Batterien durch *Ersatzmaschinensätze* in betriebsmäßigem Zustand gehalten bzw. gebracht werden; man benutzt hierzu Benzin- und Diesel-Maschinensätze. Diese können entweder als reine Ladegeräte oder als Netzersatzgeräte ausgebildet sein. Als *Ladegeräte* stellen sie die Ladespannung, als *Netzersatzgeräte* die übliche Netzspannung zur Verfügung. Die kleineren Bauarten der Benzin-Maschinensätze sind ortsveränderlich ausgeführt, so daß man mit ihnen mehrere räumlich getrennte Batterien aufladen kann.
Benzin- und Diesel-Maschinensätze werden ferner als Stromerzeugungsanlagen vorgesehen, wenn auf die Stromentnahme aus dem Netz überhaupt verzichtet wird oder wenn diese nicht möglich ist.

Die Amtsbatterie eines kleinen Unteramtes oder einer anderen kleinen Zentrale kann auch über die Verbindungsleitung von der Amtsbatterie des übergeordneten Amtes her aufgeladen werden, sofern dort eine höhere Spannung als im Unteramt vorhanden ist. Diese *Fernladung* wird dann über eine Ader der Verbindungsleitung in den Pausen zwischen den einzelnen Verbindungen durchgeführt; sie kann auch bei Verwendung geeigneter *Ladebrücken* während der Gespräche stattfinden.

Im übrigen soll die gesamte Stromversorgung genügende Sicherheiten enthalten, um einen dauernden und einwandfreien Fernsprechbetrieb zu gewährleisten. Für betriebsnotwendige Einrichtungen werden daher in wichtigen Betrieben Ersatzgeräte bereitgehalten. Die Sicherheiten pflegen für größere Fernsprechanlagen umfangreicher vorgesehen zu werden, schon weil dort der Anteil der Stromversorgung am Gesamtwert geringer ist als in kleineren Anlagen.

## 2. WECHSELSTROM

Wechselströme verschiedener Frequenz werden einmal für die Hörzeichen zum Anrufenden und für den Ruf zum Angerufenen, sodann auch für die Stromstoß- und Zeichengabe bei der Wechselstrom- und Tonfrequenzwahl benötigt.

### a) Ruf und Hörzeichen

Ruf und Hörzeichen unterrichten die Teilnehmer von dem Eintreffen einer Verbindung bzw. von dem Stand des Verbindungsaufbaues (vgl. Abschnitt V, 2 unter „Hörzeichengabe und Ruf").

Der Ruf-Wechselstrom von 25 Hz und der tonfrequente Hörzeichen-Wechselstrom von 450 Hz bzw. 150 Hz werden in den Wählerämtern von den sog. Ruf- und Signalmaschinen erzeugt. Dies sind kleine Einankerumformer, die früher aus dem Licht- und Kraftnetz, in letzter Zeit fast ausschließlich aus der Amtsbatterie betrieben werden (Vorteile: Keine Abhängigkeit von den örtlich verschiedenen Netzspannungen und Stromarten; keine Abhängigkeit der Tonhöhe von Netzschwankungen; keine Betriebsbehinderung bei Netzausfall). Die Rufstromleistung richtet sich nach der Größe des betreffenden Wähleramtes, also vor allem nach der Teilnehmerzahl und den Fernleitungen, über die der Ruf gesendet werden soll (übliche Größen: 2; 2,5; 5; 8; 15; 60 VA Rufstromleistung). Der Ruf-Wechselstrom wird im allgemeinen durch einen zusätzlichen Transformator umgespannt, und zwar in öffentlichen Wählanlagen auf etwa 60...90 V, in Nebenstellenanlagen auf etwa 30...60 V. Der Hörzeichen-Wechselstrom wird entweder mittels Polräder in Summerwicklungen erzeugt, die sich auf Polen von Elektromagneten befinden (Zähnezahl: 18 bzw. 6 Zähne; Umdrehungszahl: 25 U/s), oder er wird in besonderen Wicklungen induziert, die auf dem Anker des Einankerumformers untergebracht sind.

Ruf und Hörzeichen werden taktmäßig über Nockenkontakte abgegeben, die durch entsprechende Nockenscheiben eines Vorgeleges der Ruf- und Signalmaschinen gesteuert werden. Große Ruf- und Signalmaschinen können bis 22 Nockenkontakte für die verschiedenen Zeichen und für Zeitkontakte enthalten, die als Sekunden- oder Minutenkontakte in den erforderlichen Zeitabständen Spannung oder Erde anlegen. Weitere Kontakte geben den Ruf zeitlich verschoben an die verschiedenen Wählergruppen; da jede dieser Gruppen den Rufstrom in einer anderen Sekunde des 10-s-Ablaufes (bei 10-s-Ruf) erhält, wird Überbelastung oder ungleichmäßige Belastung der Maschine vermieden bzw. eine bessere Ausnutzung der Maschine gewährleistet.

Da die Ruf- und Signalmaschine als eine zentrale Einrichtung der Anlage bei Störungen den gesamten Betrieb stillegen würde, werden in größeren Ämtern zwei Maschinen vorgesehen. Die zugehörige Relaiseinrichtung übernimmt das selbsttätige Anlassen der Ruf- und Signalmaschine in Zeiten, in denen die Rufstromversorgung nicht auf Dauerbetrieb geschaltet ist (z. B. nachts), ferner die Störungssignalisierung und das selbsttätige Umschalten auf die Ersatzmaschine bei Störungen an der gerade in Betrieb befindlichen Maschine. Im rechten Gestellrahmen von Bild 245 ist ein derartiger Rahmen für zwei Ruf-

und Signalmaschinen mit Umschalteeinrichtung untergebracht. Die beiden
Maschinen sind über Messerkontaktleisten mit der Rahmen-Verdrahtung verbunden, so daß die Auswechslung nur ein paar Handgriffe erfordert.

In kleinen Anlagen werden zur Erzeugung des Ruf- und Hörzeichenstromes
Polwechsler (25 Hz) und Blattsummer (450 Hz) verwendet. Das taktmäßige
Aussenden erfolgt über Relaisunterbrecher oder über die Kontakte eines Wählerrelais. Polwechsler und Blattsummer arbeiten niemals im Dauerbetrieb, sondern
werden stets erst bei Bedarf angelassen.

In manchen großen nichtöffentlichen Fernnetzen senden auch die mit den I. GW
vielfachgeschalteten FGW das Wählzeichen aus; obwohl nicht erforderlich, wird
hierdurch kenntlich gemacht, daß die Verbindung das ferne Amt erreicht hat.
In derartigen Netzen findet man neuerdings auch als Wählzeichen die Ansage
des Ortsnamens. Dies wird mit *Namengebern* durchgeführt, d. s. Maschinen,
die ähnlich wie die „Zeitansage" arbeiten. Der Name des Amtes ist dabei im
allgemeinen lichtelektrisch aufgezeichnet und wird von lichtempfindlichen Zellen
abgetastet und selbsttätig gesendet. Es bleibt abzuwarten, ob sich diese Form
des Wählzeichens bewähren wird. In öffentlichen Fernnetzen soll das Wählzeichen nach den Empfehlungen des CCIF nicht übertragen werden.

### b) Wechselstrom für die Zeichengabe der Fernwahl

Der für die Wechselstromwahl benötigte Wechselstrom von 50 Hz wird im allgemeinen dem Wechselstromnetz entnommen, wobei man jedoch zu Ersatz-
zwecken eine Wechselstrommaschine (Umformer) vorsieht, die aus der Amtsbatterie gespeist wird. Für den Wechselstrom von 100 Hz, der bei der Wechselstromwahl für Relaisübertragungen mit Weichensendern benötigt wird, werden
im allgemeinen zwei Umformer vorgesehen (Betriebs- und Ersatzmaschine mit
selbsttätiger Anlassung, Störungssignalisierung und Umschaltung) oder der
Wechselstrom wird von Frequenzwandlern (Netzbetrieb) oder Röhrengeneratoren
geliefert. Ähnliches gilt für den Wechselstrom von 150 Hz, der bei der 150-Hz-
Wahl verwendet wird. Der tonfrequente Wechselstrom von 600 bzw. 750 Hz
für die Tonfrequenzwahl wird in neuerer Zeit fast ausschließlich Tonfrequenzmaschinen entnommen, die aus der Amtsbatterie gespeist werden; in seltenen
Fällen für kleine Verhältnisse werden auch noch Röhrengeneratoren verwendet
(vgl. Abschnitt IX, 5e). Der 25-Hz-Wechselstrom für die 25-Hz-Wahl wird der
Ruf- und Signalmaschine entnommen.

Die Maschinen der Wechselstromversorgung werden, wie die Ruf- und Signalmaschinen, in besondere Rahmen eingebaut. Bei der Wechselstromversorgung
aus dem öffentlichen Licht- und Kraftnetz wird eine selbsttätige Umschaltung
der Netzversorgung auf die Ersatzmaschine für den Fall vorgesehen, daß das
Netz ausfällt, eine Netzsicherung durchbrennt usw. Eine Meldevorrichtung gibt
dann die Umstellung des Betriebes bekannt. Der Rahmen für die 100-Hz- und
die Tonfrequenz-Maschinen enthält jeweils zwei Maschinen sowie die Relaiseinrichtung zum Anschalten, zur Störungsmeldung und zum selbsttätigen Umschalten auf die andere Maschine im Fall eines Fehlers an der in Betrieb befindlichen Maschine.

Die Maschinen für die Wechselstromversorgung (50, 100, 600/750 Hz) sind in der Hauptverkehrszeit dauernd in Betrieb und werden dann nicht wie u. U. die Ruf- und Signalmaschinen erst im Bedarfsfall angelassen.

### 3. STROMVERTEILUNG UND ABSICHERUNG

Zur Stromversorgungsanlage gehören eine Reihe von besonderen Leitungen, die die Stromverteilung usw. übernehmen. Dies sind in der Hauptsache:

Netzleitungen, d. s. die Leitungen von der Hauptsicherung des Gebäudes, von der Hochspannungseinführung usw. entweder zum Netzfeld der Schalttafel und weiter bis zu den Motoren oder zum Netzfeld des Gleichrichters bis zu den Gleichrichterfeldern.

Generatoren- und Erregerleitungen, d. s. die Leitungen zwischen den Generatoren und dem Maschinenfeld der Schalttafel.

Gleichrichterleitungen, d. s. die Leitungen von den Gleichrichterfeldern über den Rangierverteiler zum Batteriefeld.

Ladeleitungen, d. s. die Leitungen vom Maschinenfeld der Schalttafel bzw. vom Rangierverteiler über die Ladesicherungen zu den Endpolleisten der Batterien.

Entladeleitungen, d. s. im engeren Sinne die Leitungen von den Endpolleisten der Batterien über die Entladesicherungen zum Batteriefeld der Schalttafel bzw. des Gleichrichters oder zum Rangierverteiler.

Gegenzellenleitungen, d. s. die Leitungen vom Batteriefeld der Schalttafel bzw. des Gleichrichters zu den Gegenzellen.

Batterieleitungen, auch allgemein Entladeleitungen genannt, d. s. die Stromzuführungen nach den Wähleinrichtungen (vgl. anschließend).

Erdleitungen, d. s. Erdleitungen für verschiedene Zwecke (Hilfserden, Betriebserden, Gestellerden usw.), sowie Starkstrom-Schutzerdleitungen.

Die **Batterieleitungen,** oft auch ganz allgemein **Entladeleitungen** bezeichnet, übernehmen die Stromzuführung vom Sammlerraum nach den Wähleinrichtungen. Je nach den räumlichen Verhältnissen werden hierfür blanke oder isolierte Leiter verwendet. Ihr Querschnitt ist bedeutend stärker bemessen, als dies sonst in der Starkstromtechnik üblich ist, da der Spannungsabfall zwischen der Batterie und den Schalteinrichtungen zur Verhinderung von Geräuschübertragung nur ganz geringe Werte annehmen darf (max. Spannungsabfall 1,6 V).

Die Führung der Batterie- bzw. Entladeleitungen hängt von den Besonderheiten des betreffenden Wähleramtes ab. Die Leitungen führen beispielsweise (Bild 262):

a) Von den Endpolleisten der Batterie zum Batteriefeld der Schalttafel im Maschinenraum.

An der Schalttafel sind Plus- und Minusleiter durch *Hauptsicherungen* gesichert, deren Größe sich nach der für den Endausbau des Amtes zu erwartenden Höchststromstärke richtet. In größeren Ämtern kann eine Aufteilung in Stromkreise für 300...350 A zweckmäßig werden.

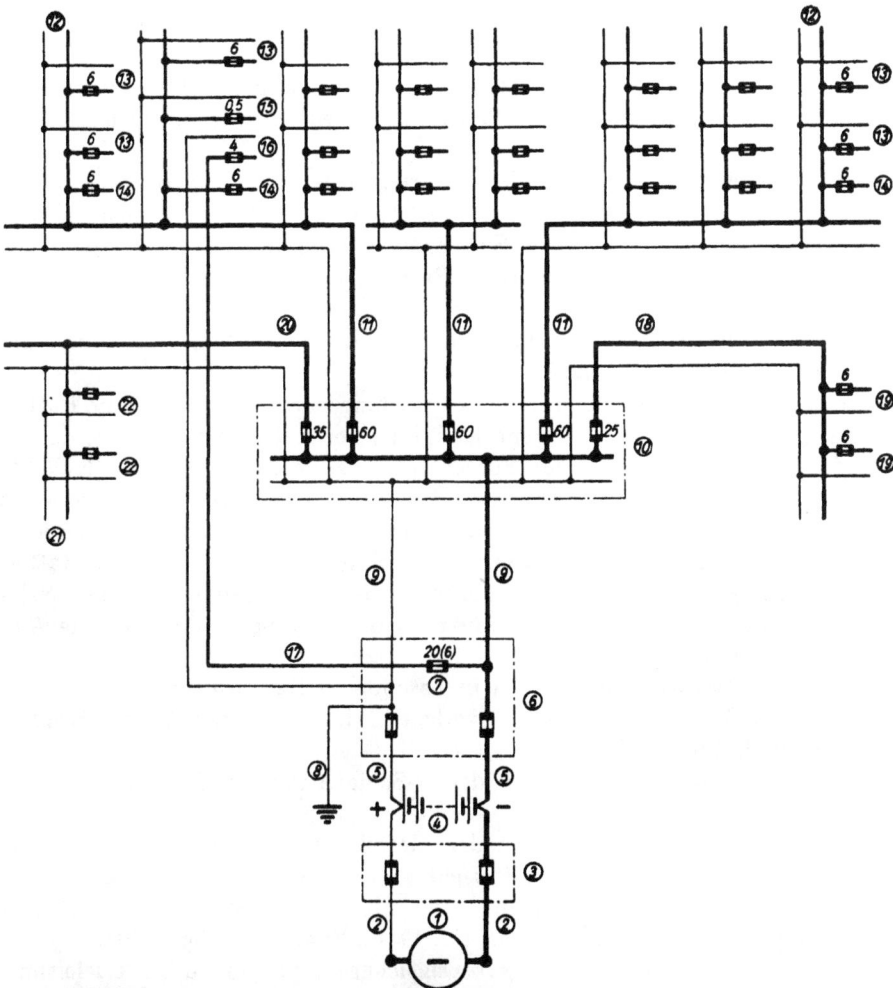

Bild 262. Stromverteilung und Absicherung.

1 = Ladegerät (Generator bzw. Gleichrichter).
2 = Generato enleitungen (bzw. Gleichrichterleitungen).
3 = Schalttafel (Maschinen- bzw. Gleichrichterfeld) mit Hauptsicherungen (Ladesicherungen).
4 = Amtsbatterie.     5 = Entladeleitung.
6 = Schalttafel (Batteriefeld) mit Hauptsicherungen (Entladesicherungen).
7 = Absicherung für den Antriebsstromkreis der Ruf- und Signalmaschine.     8 = Betriebserde.
9 = Batterieleitung von der Schalttafel zur Batterieverteilungstafel.
10 = Batterieverteilungstafel mit Zwischensicherungen für die Minusleiter.
11 = Batterieleitung von der Batterieverteilungstafel nach den Gestellreihengruppen.
12 = Batterieleitung in der Gestellreihe.
13 = Abzweige zu den Gestellrahmen mit Abzweigsicherung (Hauptsicherung des Gestellrahmens).
14 = Gestellreihensicherung für Hauptsicherungsalarm.
15 = Abzweig zum Gestellrahmen für Ruf- und Signalmaschine mit Abzweigsicherung (= Haupt-
     sicherung für den Relaisteil).
16 = Maschinensicherung für Ruf- und Signalmaschine.
17 = Batterieleitung von der Schalttafel zum Ruf- und Signalmaschinen-Gestellrahmen
     (Maschinenstromkreis).
18 = Batterieleitung von der Batterieverteilungstafel nach den Speisebrücken-Gestellrahmen
     (Zwischensicherung in der Batterieverteilungstafel oder bei den Speisebrücken).
19 = Abzweige zu den Speisebrücken-Gestellrahmen mit Abzweigsicherung (= Hauptsicherung
     des Gestellrahmens).
20 = Batterieleitung für Fernamtsstromkreise.
21 = Batterieleitung in den Gestellreihen des Fernamts.
22 = Abzweige zu den Gestellrahmen des Fernamts.

b) Vom Batteriefeld der Schalttafel im Maschinenraum zur Batterieverteilungstafel.

An der *Butterieverteilungstafel* findet die Aufteilung in Stromkreise von je 60 A statt und beginnen die Weiterführungen nach entsprechend großen Gestellreihen-Gruppen.

Der Minusleiter jeder dieser Weiterführungen ist an der Batterieverteilungstafel durch eine sog. *Zwischensicherung* gesichert (60 A, sofern nicht geringere Stromstärken eine niedrigere Sicherung erfordern). In besonderen Fällen kann durch Verwendung mehrerer Batterieverteilungstafeln eine günstigere Leitungsführung erzielt werden.

c) Vom Batteriefeld der Schalttafel im Maschinenraum zum Ruf- und Signalmaschinen-Gestellrahmen.

Die Zuführungen zur Ruf- und Signalmaschine werden nicht über die Batterieverteilungstafel geführt, um eine Kopplung der Antriebsstromkreise der Ruf- und Signalmaschine mit den Sprechstromkreisen zu vermeiden (Kollektorgeräusche). Der Minusleiter dieser Weiterführung wird über eine weitere Sicherung (z. B. 20 oder 6 A) an der Schalttafel im Maschinenraum gesichert.

d) Vom Batteriefeld der Schalttafel im Maschinenraum oder von der Batterieverteilungstafel nach den Speisebrücken-Gestellrahmen (für kleine Nebenstellenanlagen ohne eigene Stromversorgung mit Speisung über die Amtsleitungen usw.).

e) Von der Batterieverteilungstafel in besonderen Zuführungen nach den verschiedenen Gestellreihengruppen (verlegt in der sog. U-Schiene am Kopfende der Gestellreihen).

f) Von diesen Batterieleitungen in der U-Schiene führen Abzweige in die Gestellreihen hinein.

g) Von diesen Batterieleitungen in den Gestellreihen führen Abzweige zu den einzelnen Gestellrahmen. Die Plusleiter dieser Abzweige enden an den sog. Erdklemmen des Gestellrahmens. Der Minusleiter ist durch die *Abzweigsicherung* (6 A = Hauptsicherung des Gestellrahmens) abgesichert.

h) Von den Erdklemmen bzw. der Abzweigsicherung führen die Batterieleitungen in der Gestellverdrahtung zu den einzelnen Schalteinrichtungen.

In jeder Schalteinrichtung sind die Minusleiter der Stromkreise durch Feinsicherungen (rücklötbare Einzelsicherungen von z. B. 0,75 A; zu je 10 oder 20 auf Sicherungsstreifen vereinigt) abgesichert.

Der ordnungsgemäße Zustand der Sicherungen wird durch Signalrelais überwacht und ihr Durchbrennen durch Amtssignale angezeigt (vgl. Abschnitt XII, 2).

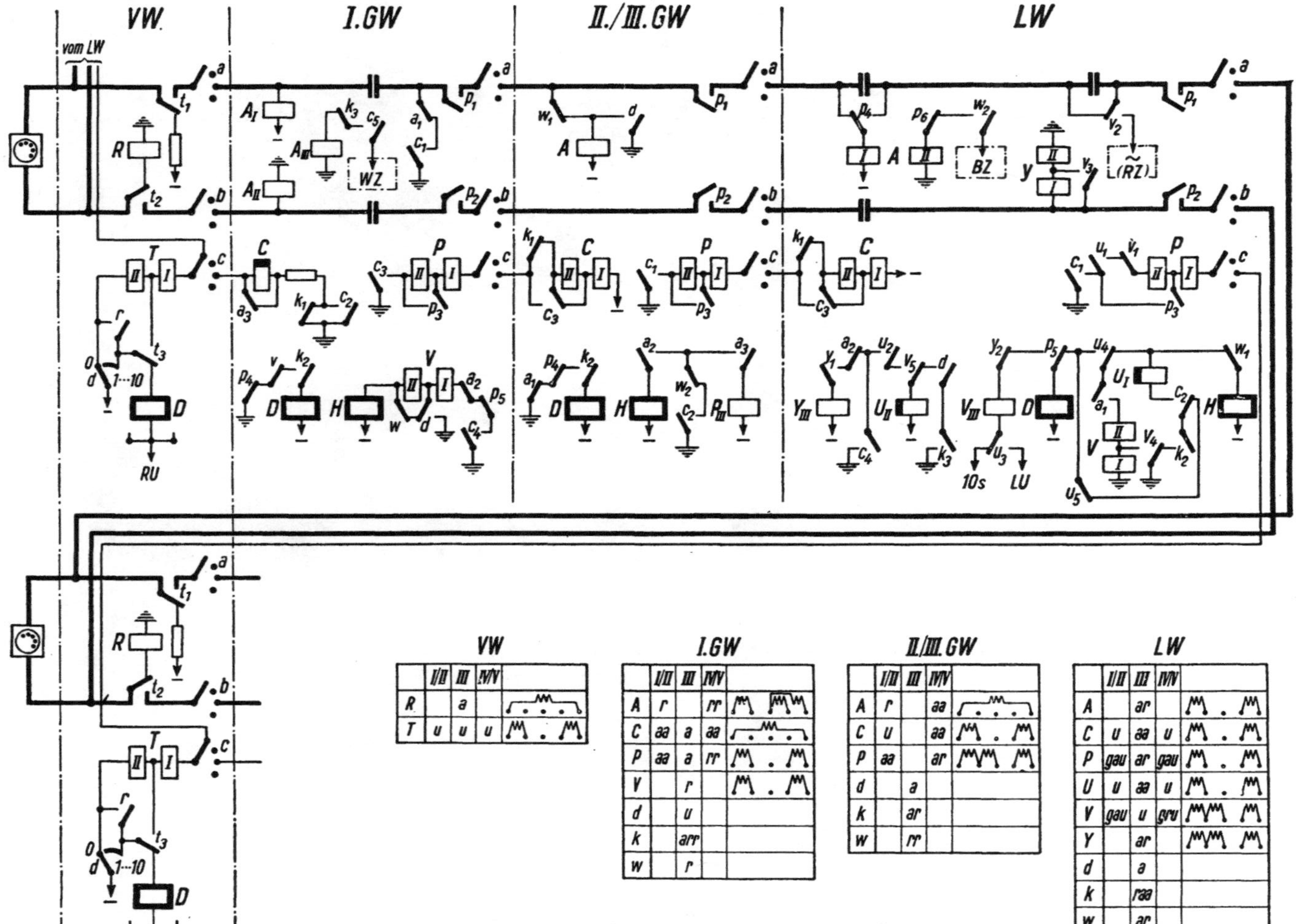

Bild 86. Stromlauf für eine Wählanlage mit vierstelligen Anrufnummern.

# SCHRIFTTUM-VERZEICHNIS

## A. Bücher

1. Boesser, W.: Die Fernsprechtarife der Welt und ihre Grundlagen. Verlag Gustav Fischer, Jena 1940.
   Boysen, J. und K. Mühlbrett: vgl. unter Nr. 13.
   Campbell und Smith: vgl. unter Nr. 15.
2. Führer, R.: Grundlagen der Fernsprech-Schaltungstechnik. Franz Westphal Verlag, Wolfshagen-Scharbeutz 1938.
3. Grau, H.: Die Stromversorgung von Fernsprech-Wählanlagen. Verlag R. Oldenbourg, München 1943, 2. Auflage.
4. Gust, Fr. W.: Fernsprecher und Fernsprechen. Siemens & Halske, 1936.
5. Hebel, M.: Selbstanschlußtechnik. Verlag R. Oldenbourg, München 1928.
6. Hettwig, E. und W. Mai: Selbstwählfernverkehr in Bahnfernsprechanlagen. Verlag J. Springer, Berlin 1944, 2. Auflage.
7. Langer, M.: Studien über Aufgaben der Fernsprechtechnik. Verlag R. Oldenbourg, München 1936.
8. Langer, M.: Studien über Aufgaben der Fernsprechtechnik. 2. Teil: Fernverkehr. Verlag R. Oldenbourg, München 1939, 2. Auflage.
9. Langer, M.: Studien über Aufgaben der Fernsprechtechnik. 3. Teil: Wählerzahlberechnung. Verlag R. Oldenbourg, München 1943, 2. Auflage.
10. Langer, M.: Ein einheitliches Motorwähler-Fernsprechsystem für Orts- und Fernverkehr. Springer-Verlag, Berlin-Göttingen 1948.
11. Lubberger, F.: Überblick über alle Fernsprech-Ortsanlagen mit Wählbetrieb (7. vollständig umgearbeitete Auflage von „Fernsprechanlagen mit Wählerbetrieb"). Verlag R. Oldenbourg, München 1941.
12. Lubberger, F.: Die Wirtschaftlichkeit der Fernsprechanlagen für Ortsverkehr. Verlag R. Oldenbourg, München 1933, 2. Auflage.
    Lubberger, F. und G. Rückle: vgl. unter Nr. 14.
    Mai, W. und E. Hettwig: vgl. unter Nr. 6.
13. Mühlbrett, K. und J. Boysen: Fernmelde-Relais. Franz Westphal-Verlag, Wolfshagen-Scharbeutz, 1933.
14. Rückle, G. und F. Lubberger: Der Fernsprechverkehr als Massenerscheinung mit starken Schwankungen. Verlag J. Springer, Berlin 1924.
15. Smith, A. K. und W. L. Campbell: Automatic Telephony. McGraw Hill Book Company, 1921.
16. Stutius, E.: Das Fernsprechwählsystem der Deutschen Post. Fernmeldetechnische Lehrhefte. Georg Siemens Verlagsbuchhandlung, Berlin 1947.

## B. Zeitschriften

17. Baltzer, J.: Die rückwärtige Sperrung bei der doppelten Vorwahl. Z. Fernmeldetechnik 1928, Heft 3 und 4.
18. Becker, A.: Entfernungszuschläge für Ortsverbindungskabel. Z. Fernmeldetechnik 1932, Heft 5 und 6.
19. Buchwald, E. und O. Rinkow: Weiterentwicklung des Nummernschalters. Siemens Techn. Mitt. (Fernsprechgerät), Bd. Fg. 2 (1938), Heft 3.

20. Dreyer, H.: Batterielose Umschalter für zehn und mehr sternförmig angeschlossene Teilnehmer. Siemens Techn. Mitt. (Fernsprechgerät), Bd. Fg. 3 (1941), Heft 3.
21. Finne, Th.: Der Fernsprecher W 38. Schwachstrom, Bd. 17 (1941), Nr. 5, 6 und 7.
Fischer, W. und B. Kudrna, vgl. unter Nr. 31.
22. Giesen, W.: Die elektrischen Gesprächs- und Doppelzähler, Gebührenanzeiger, Summenzähler und Gesprächszeitmesser. Telegr.- u. Fernspr. Techn., Bd. 28 (1939), Heft 9 und 10.
23. Hahn, Fr.: Eine Theorie der Verluste in Fernsprechanlagen. Siemens Techn. Mitt. (Fernsprechgerät), Bd. Fg. 2 (1938), Heft 2.
24. Hettwig, E.: Ortsbatterie oder Zentralbatterie in Fernsprechanlagen für Ausnahmeverkehr? Siemens-Z., 16. Jg. (1936), Heft 12.
25. Hettwig, E.: Fernsprechen über Gesellschaftsleitungen. Siemens Techn. Mitt. (Fernsprechgerät), Bd. Fg. 2 (1937), Heft 1.
26. Hettwig, E.: Eine Theorie der Belastung von Wahlrufleitungen unter Benutzung eines künstlichen Verkehrs. Siemens Techn. Mitt. (Fernsprechgerät), Bd. Fg. 2 (1938), Heft 4.
27. Hettwig, E.: Technik und Betrieb von Befehlsanlagen. Siemens Techn. Mitt. (Fernsprechgerät), Bd. Fg. 2 (1939), Heft 9.
28. Hoefert, R.: Der Gebührenzetteldrucker, seine Bedeutung und Anwendung. Siemens Techn. Mitt. (Fernsprechgerät), Bd. Fg. 3 (1942), Heft 5.
29. Holm, R.: Aus der technischen Physik elektrischer Kontakte. ETZ, 62. Jg. (1941), Heft 29.
30. Keinonen, A. A.: Studien und Messungen unbegrenzter Wartezeiten mit Hilfe einer Speicherkunstschaltung. Siemens Techn. Mitt. (Fernsprechgerät), Bd. Fg. 2 (1939), Heft 6.
31. Kudrna, B. und W. Fischer: Das Zeitpotential-System. Siemens Techn. Mitt. (Fernsprechgerät), Bd. Fg. 2 (1939), Heft 10.
Küpfmüller, K. und F. Lüschen: vgl. unter Nr. 35.
32. Ledermann, H.-G.: Projektierung von Ortsfernsprechkabelnetzen. Z. Fernmeldetechnik 1932, Heft 7 und 8.
33. Lennertz, J.: Messungen von Wartezeiten im Fernverkehr mit Hilfe einer Speicherkunstschaltung und Untersuchung der Sekundärverluste bei Wartezeitverkehr. Europ. Fernsprechdienst, 52. Folge (1939).
34. Lubberger, F.: Große Verkehrsverluste in Fernsprechanlagen. Siemens Fortschr. d. Fernspr., Bd. Fg. 1 (1935), Heft 11 und 12.
35. Lüschen, F. und K. Küpfmüller: Die Beschleunigung des Fernsprechdienstes und ihre Bedeutung für die technische Entwicklung. Siemens Veröff. aus dem Gebiet der Nachrichtentechn., 9. Jg. (1939), 3. Folge.
36. Mai, W.: Das Reichspostsystem 40. Siemens Techn. Mitt. (Fernsprechgerät), Bd. Fg. 3 (1942), Heft 5.
37. Mayer, H. F.: Die Grundzüge des allgemeinen Fernleitungsplanes. Europ. Fernsprechdienst, 30. Folge (1932).
38. Panzerbieter, H.: Stand der Entwicklung von Mikrofonen und Telefonen. Europ· Fernsprechdienst, 48. Folge (1938).
39. Pfleiderer, F. und F. Seide: Über Auswahl und Beurteilung von elektrischen Weckern in der Fernsprechtechnik. Siemens Techn. Mitt. (Fernsprechgerät) Bd. Fg. 2 (1937), Heft 1.
40. Piechetsrieder, L. A.: Über die Mischung ungleich großer Fernsprechverkehrs. werte. Siemens Veröff. aus dem Gebiet der Nachrichtentechn., 8. Jg. (1938), 4.Folge.
41. Pietsch, W.: Neue Grundsätze für eine Unterteilung der Fernsprechanschlüsse, Jb. d. elektr. Fernmeldewesens, 1939.
42. Pietsch, W.: Wählsternschalter und Gemeinschaftsanschlüsse in den Fernsprechortsnetzen. Postarchiv 69 (1941).
Rinkow, O. und E. Buchwald: vgl. unter Nr. 19.

43. Rückle, G.: Die Zusammensetzung und Teilung von Verkehrsmengen im Fernsprechwesen. Wiss. Veröff. Siemens-Werke, IV. Bd. (1925), Heft 1.

44. Schwarz, H.: Die Stromstoßgabe bei der Wahl im Selbstwähl-Ferndienst. Telegr.- u. Fernspr.-Technik, 30. Jg. (1941), Nr. 7 und 8.

Seide, F. und F. Pfleiderer: vgl. unter Nr. 39.

45. Spülbeck, H.: Die Gemeinschaftsanschlüsse der Deutschen Reichspost. Telegr.- u. Fernspr.-Techn., Bd. 29 (1940), Heft 9.

46. Spülbeck, H.: Grundsätzliches über Wählsternanschlüsse. Telegr.- u. Fernspr.-Techn., Bd. 31 (1942), Heft 6.

47. Steinig, R.: Große Verluste in Fernsprechanlagen. Siemens Fortschr. d. Fernspr. Bd. Fg. 2 (1936), Heft 16.

48. Stutius, E.: Das Fernsprechwählsystem 40. Telegr.- u. Fernspr.-Techn., Bd. 32 (1943), Heft 2 und 3.

49. Wittiber: Gemeinschaftsfernsprechanlagen in Deutschland. Europ. Fernsprechdienst, 48. Folge (1938).

# ABKÜRZUNGEN UND BEZEICHNUNGEN

| | | | | |
|---|---|---|---|---|
| A | = Ampere | | Kl | = Klinke |
| AGW | = Amtsgruppenwähler | | k | = Konzentration |
| AK | = Amtsklinke | | k | = Kopfkontakt (am Viereck- |
| AL | = Anruflampe | | | wähler) |
| AS | = Abfrageschalter | | $k_0$, $k_x$ | = Dekadenkontakt (am Viereck- |
| AS | = Anrufsucher | | | wähler), auch dk bezeichnet |
| AUe | = Amtsübertragung | | | |
| AÜ | = Ausgleichsübertrager | | LGW | = Leitungsgruppenwähler |
| AW | = Amperewindungen | | LS | = Linienschaltung (AS-System) |
| | | | LW | = Leitungswähler |
| BAS | = Blindanrufsucher | | | |
| BL | = Belegtlampe | | MW | = Mischwähler |
| b | = Zahl der Besetztfälle | | $m_0$ | = Nullkontakt (am Motorwähler) |
| | | | $m_1$, $m_2$ | = Motorkontakte (am Motor- |
| c | = Belegungszahl, Gesprächszahl | | | wähler) |
| | | | mA | = Milliampere |
| DF | = Durchgangsfernamt | | ms | = Millisekunde |
| d | = Drehmagnetkontakt (am Dreh- | | mV | = Millivolt |
| | wähler, am Viereckwähler) | | min | = Minute |
| dk | = Dekadenkontakt (am Viereck- | | | |
| | wähler), auch $k_0$, $k_x$ bezeichnet | | N | = Nachbildung |
| | | | N | = Neper |
| EF | = Endfernamt | | NK | = Netzknoten, Netzgruppenkno- |
| Erl | = Erlang (Verkehrsdichte) | | | ten |
| EV | = Endverstärker | | NGM | = Netzgruppen-Mittelpunkt |
| es | = Einzelschrittkontakt, Streufeld- | | nsa | = Steuer- (Arbeits-) Kontakt, Kurz- |
| | kontakt (am Motorwähler) | | | schlußkontakt (am Nummern- |
| | | | | schalter) |
| F | = Farad | | nsi | = Impulskontakt, Stromstoßkon- |
| FGW | = Ferngruppenwähler | | | takt (am Nummernschalter) |
| FLW | = Fernleitungswähler | | nsr | = Überbrückungs- (Ruhe-) Kon- |
| f | = Interessenfaktor | | | takt, Leerlaufkontakt (am Num- |
| | | | | mernschalter) |
| G | = Gabel | | | |
| Gl | = Glimmlampe | | OA | = Ortsamt |
| GSLW | = Großsammelleitungswähler | | OB | = Ortsbatterie |
| GW | = Gruppenwähler | | | |
| g | = Gramm | | RU | = Relaisunterbrecher |
| | | | RV | = Rufverteiler (im AS-System) |
| HU | = Haken- oder Gabelumschalter | | RVW | = Rückfragevorwähler |
| | (am Fernsprecher) | | | |
| HVSt | = Hauptverkehrsstunde | | SLW | = Sammelleitungswähler |
| Hz | = Hertz (Schwingungen/s) | | Sp | = Sperre, Sperrglied |
| h | = Stunde | | SVW | = Sammelvorwähler |
| h | = Hebmagnetkontakt (am Vier- | | s | = Sekunde |
| | eckwähler) | | s | = senkrechte Seite eines Haupt- |
| hs | = Höhenschrittkontakt (am Vier- | | | oder Zwischenverteilers |
| | eckwähler) | | | |
| $I_m$ | = mittlere Verkehrsdichte | | | |

s  = Zahl der Verkehrsquellen (Teil-
    nehmer, Anschlußleitungen,
    I. VW, AS-Kontakte, Verbin-
    dungsleitungen)
sk = Sammelkontakt (am Viereck-
    wähler)

Tr = Transformator
t  = Belegungsdauer, Gesprächs-
    dauer; Belegungswahrschein-
    lichkeit
$t_m$ = mittlere Belegungsdauer, mitt-
    lere Gesprächsdauer
$t_w$ = (mittlere) Wartezeit

U  = Haken- oder Gabelumschalter
    (am Fernsprecher)
Ue = Übertragung, Relaisüber-
    tragung, Anschlußübertragung
UeWE = Übertragung mit Weichen-
    empfänger
UeWS = Übertragung mit Weichensender
Ü  = Übertrager
ÜL = Überwachungslampe
UW = Umsteuerwähler

V  = Verlust
V  = Volt
VE = Verkehrseinheit (Belegungs-
    stunde/Verkehrsstunde)
VF = Verteilerfernamt
Vh = Hauptverteiler
VW = Vorwähler
Vz = Zwischenverteiler

W  = Watt
WE = Weichenempfänger
WS = Weichensender
w  = waagrechte Seite eines Haupt-
    oder Zwischenverteilers
w  = Wellenkontakt (am Viereck-
    wähler)
$w_{11}$ = Durchdrehkontakt (am Viereck-
    wähler)

y  = Verkehrswert, Leistung, Be-
    lastung

ZB = Zentralbatterie
ZF = Zwischenstaatliches Fernamt
ZÜ = Zwischenübertrager
ZV = Zwischenverstärker
ZZZ = Zeitzonenzähler

# SACHVERZEICHNIS

Weitere Bücher zur Nachrichtentechnik

Hermann Goetsch

# TASCHENBUCH
# FÜR FERNMELDETECHNIKER

Herausgegeben von Dipl.-Ing. Alois Ott

11. Auflage

### Teil 1

**Theoretische Grundlagen, Stromquellen, Einzelgeräte,
Schaltungen und Montage**

249 Seiten mit 392 Abbildungen, 1948, Halbleinen DM 10.—

### Teil 2

**Optische und akustische Signalanlagen,
Starkstrombeeinflussung und Schutzeinrichtungen**

254 Seiten mit 341 Abbildungen, 1950, Halbleinen DM 10.—

### Teil 3

**Telegrafen- und Fernsprechtechnik**

Etwa 500 Seiten mit über 300 Abbildungen, 1952,
erscheint im Frühjahr 1952

„. . . Der Goetsch bietet uns das, was wir brauchen: das Wichtigste —
kurz, prägnant und doch vielseitig. Dem Lernenden ist er somit ein prak-
tisches und erfreuliches Lehrbuch, dem Praktiker ein leicht bereites
Handbuch . . .“    „Der Elektro-Meister“, September 1950

„. . . Alois Ott hat es sehr gut verstanden, für die Neuauflage des Wer-
kes den vorhandenen Stoff nach neuzeitlichen Begriffen zu vervollständigen und eine Aufgliederung vorzunehmen, die das Zurechtfinden ganz
wesentlich erleichtert und damit dieses in handlichem Format erschei-
nende Buch zu einem unentbehrlichen Nachschlagewerk des Fernmelde-
technikers gestaltet . . .“    „Elektro-Zentralblatt“, Januar 1951

# R. OLDENBOURG VERLAG · MÜNCHEN

Günther Oberdorfer

# LEHRBUCH DER ELEKTROTECHNIK

Band 1

**Die wissenschaftlichen Grundlagen der Elektrotechnik**

5. Auflage, 502 Seiten mit 300 Abbildungen und 2 Tafeln, 1948
Halbleinen DM 19.30

Band 2

**Rechenverfahren und allgemeine Theorien der Elektrotechnik**

5. Auflage, 426 Seiten mit 139 Abbildungen und 8 Tafeln, 1949
Halbleinen DM 18.20

Band 3

**Die Grundlagen der Elektrotechnik in den praktischen Anwendungen**
In Vorbereitung

Band 4

**Rechenbeispiele**
Etwa 200 Seiten mit etwa 110 Abbildungen, 1952
erscheint im Frühjahr 1952

„ . . . Im Gegensatz zu den bisherigen Lehrbüchern der Elektrotechnik
bevorzugt das Werk bei der Darstellung des Stoffes keine bestimmte
Fachrichtung; es stellt vielmehr die verschiedenen Gebiete der Elektrotechnik in einheitlicher Form dar, so daß der Übergang von einem
Spezialgebiet in ein anderes sehr erleichtert wird. Der Verfasser legt
besonderen Wert auf eine sorgfältige Präzisierung der Begriffe aus der
theoretischen Elektrotechnik . . . Die Bände sind sehr klar, übersichtlich
und leicht faßlich geschrieben und daher jedem, vor allem Studierenden
und werdenden Ingenieuren, sehr zu empfehlen.''

*„Archiv der Elektrischen Übertragung'', Oktober 1950*

**R. OLDENBOURG VERLAG · MÜNCHEN**

www.ingramcontent.com/pod-product-compliance
Lightning Source LLC
Chambersburg PA
CBHW062014210326
41458CB00075B/5438